功能纺织品

（第2版）

商成杰　编著

中国纺织出版社

内 容 提 要

本书阐述了各种功能纺织品的基本原理、生产工艺和发展趋势,并详细介绍了卫生功能(抗菌、防螨、防蚊虫等)、健康功能(磁疗、芳香、负离子、远红外等)、舒适功能(吸湿速干等)、防护功能(阻燃、防紫外线、防电磁辐射、抗静电)、护肤功能(芦荟、维生素、丝胶蛋白等)、易护理功能(免烫防皱、拒水拒油等)以及军用纺织品等功能纺织品的作用机理、结构性能、制造方法以及评价标准。

本书可供纺织、染整、功能材料、精细化工领域的科技人员阅读,也可作为高等院校相关专业的教学参考书和研究生教材。

图书在版编目(CIP)数据

功能纺织品/商成杰编著. --2 版. --北京:中国纺织出版社,2017.10(2022.1重印)

ISBN 978 - 7 - 5180 - 4093 - 3

Ⅰ. ①功… Ⅱ. ①商… Ⅲ. ①功能性纺织品 Ⅳ. ①TS1

中国版本图书馆 CIP 数据核字(2017)第 231824 号

责任编辑:朱利锋 责任校对:王花妮
责任设计:何 建 责任印制:何 建

中国纺织出版社出版发行
地址:北京市朝阳区百子湾东里 A407 号楼 邮政编码:100124
销售电话:010—67004422 传真:010—87155801
http://www.c-textilep.com
中国纺织出版社天猫旗舰店
官方微博 http://weibo.com/2119887771
北京虎彩文化传播有限公司印刷 各地新华书店经销
2017 年 10 月第 2 版 2022年1月第5次印刷
开本:787×1092 1/16 印张:36.75
字数:711 千字 定价:88.00 元

第2版前言

本书是在2006年出版的《功能纺织品》的基础上重新修订而成。此次再版,使内容更加充实,谨献给从事科研、教学和功能纺织品开发的技术人员。

《功能纺织品》是一部系统的理论与科研成果著述,自2006年出版以来,博得了广大纺织行业同仁的普遍好评。此书出版迄今十年来,功能纺织品方面的新科技不断涌现,新型智能纺织品技术发展迅速。同时,《功能纺织品》已脱销多年,中国纺织出版社多次鼓励作者重编此书,希望作者将三十多年来研发功能纺织品的经验和掌握的大量相关信息编写成书,奉献给读者。2015年春,作者开始对此书予以修订,除保留原有的基础理论和基本知识外,又对此书的部分章节进行了调整充实,增加了有关的新内容。

为了保证本书的权威性和全面性,作者在本书的再版修订过程中,听取了众多读者和专家的建议,参阅了大量的近年来国内外资料,吸收了功能纺织品的最新研究成果,并加入了作者和同事们近十年来的一线科研报告,分别就不同功能纺织品的新进展进行综述和讨论,力求做到内容丰富、准确、新颖、详实。希望此书的再版,能像作者编著的《新型染整助剂手册》《功能纺织品》《织物抗菌和防螨整理》和《新型纺织化学品》一样得到行业的关注,为读者研发新型功能纺织品提供必备的理论知识、技术资料和创造性的科研思路。

本书主要阐述了各种功能纺织品的基本原理、生产工艺和发展趋势。其中卫生功能(抗菌、防螨、防蚊虫等)、健康功能(磁疗、芳香、负离子、远红外等)、舒适功能(吸湿速干等)、防护功能(阻燃、防紫外线、防电磁辐射、抗静电、防水透湿、吸湿发热、凉感、暖感)、护肤功能(芦荟、维生素、丝胶蛋白等)、易护理功能(免烫防皱、拒水拒油等)等功能纺织品是作者和同事从事过的科研项目,有些数据来自作者和同事所在课题组的研究报告,这也有别于其他同类书籍。在本书的修订中,还更新了各种相关的标准和测试方法,其中《GB/T 24253—2009 纺织品 防螨性能的评价》、GB/T 20944.1—2007《纺织品抗菌性能的评价》、GB/T 24346—2009《纺织品 防霉性能的评价》、《GB/T 30126—2013 纺织品 防蚊性能的检测和评价》和《FZ/T 01116—2012 纺织品 磁性能的检测和评价》是作者主持起草制定的国家标准及行业标准,这也是本书的一个特色。

作者长期从事于功能纺织品的科研工作,并获得多项发明专利,其中,笔者研制成功的SCJ抗菌面料用于中国人民解放军90作训鞋已有28年的历史,抗菌除臭剂SCJ-963被列入中国人民武装警察部队后勤部部标准 WHB 4109—2002《01 武警作训鞋》。

在本书的编写过程中得到了沈安京、姚穆、施楣梧、朱平、毛志平、杨栋梁、陈水林、董振礼、朱丹、张金桐等著名专家教授的多方面帮助，许多纺织及化工企业、院校、科研单位提供了大量的资料，特别是尊敬的姚穆院士，在病床上仍坚持审阅全部草稿，并书写了大量的修改意见。北京洁尔爽高科技有限公司研究中心的王爱英和张亚楠高工、上海巨化纺织科研所的李静和彭国敏研究员、深圳康益保健用品有限公司健康家纺研究中心的俞幼萍和卜志华高工、中国纺织工程学会全国纺织抗菌研发中心王兴福主任等专家教授提供了大量实验报告，并参与了部分章节的编写工作，商蔚和刘彩虹工程师承担了外文资料的编译整理工作。

尽管在本书的编写过程中，作者力图使本书尽量完善，但限于作者的水平与精力，书中难免有错误和疏漏之处，敬请广大专家及读者斧正（来信请寄：北京中关村东路18号A1210室，邮箱：scj@jlsun.com，电话：13801284988）。

商成杰

2017 年 9 月 8 日

第1版前言

随着物质生活水平的提高，人们对纺织品的要求不再局限于保暖、舒适等原有的基本特性。根据纺织品的不同用途，人们还希望其具有保健、安全等特殊功能，如抗菌、防螨、负离子、远红外、防紫外线、防毒、阻燃、防电磁波辐射、磁疗、香味、吸湿排汗、防油防水等。功能织物广泛用于家用纺织品、运动和休闲服装、环境与健康纺织品、装饰和产业用纺织品、国防建设和尖端科学等领域。据统计，世界功能纺织品的需求量每年超过500亿米。

纺织品的高性能化、多功能化是纺织技术进步的方向，也是提高产品档次和附加值的有效途径之一。近年来，新技术和新材料的不断涌现，使得功能性纺织品的种类日益增多，功能织物迅速发展成为一个重要的高新技术产业。越来越多的纺织企业开始关注高附加值的功能性纺织产品，精细化工企业也加大研发力度，开发各种功能整理剂，不同学科的科研机构和公司相互协作，开发复合功能的纺织品，以满足不断快速发展的市场需求。

本人主编的《新型染整助剂手册》出版之后，受到广大纺织行业同仁的普遍欢迎。作者将二十多年来从事功能纺织品和染整助剂科研工作的经验和掌握的大量相关资料编写出版《功能纺织品》一书，奉献给读者，以供科研、教学和从事功能纺织品开发的技术人员参阅，同时也可作为纺织大专院校相关专业的教学参考书。为了保证本书的权威性和全面性，在本书的编写过程中参阅了大量的国内外资料，并收集了纺织、化工企业和科研机构有关功能性纺织品开发的各种最新成果和资料，分别就不同功能纺织品的新进展进行综述和讨论，力求做到内容丰富、准确、新颖、翔实。

本书主要介绍了功能性纺织品、整理剂以及高性能纤维，其中抗菌防臭、防螨、防紫外线、负离子、远红外、防蛀、阻燃、香味、无甲醛防皱、护肤整理（维生素、芦荟、丝素、胶原蛋白、微量营养元素）等功能纺织品是本人从事过的科研项目，有些数据来自本人所在课题组的研究报告，这也有别于其他同类书籍。本书比较全面、系统地讲述了各种功能整理剂的基本知识、化学组成、作用机理、使用工艺，还重点介绍了各种功能纤维及织物的制造方法、生产工艺、结构与性能的关系，并列举了大量实例，书中还汇集了各种相关测试标准及方法，分别阐述了功能整理的发展历史、现状及发展趋势。

在本书的编写过程中，得到了杨栋樑、沈安京、陈水林、董振礼等著名专家教授的多方面帮助，许多纺织及化工企业、院校、科研单位提供了大量资料，北京洁尔爽高科技有限公司科研所的专家提供了大量实验报告并参与了部分章节的编写工作，在此，谨对他们表示衷心的感谢。

在编写过程中，力图使其尽量完美，但限于本人的水平与精力，书中难免有错误与疏漏之处，敬请专家及读者斧正。

编著者

2006 年 4 月

目　　录

第一章　抗微生物纺织品

近年来,随着生活水平的逐步提高,人们越来越重视纺织品的卫生性能,并追求生活环境的清洁和舒适。微生物和人们的日常生活有十分密切的联系,致病微生物会对人体健康产生巨大危害,如日本由耐甲氧西林金黄色葡萄球菌(MRSA)导致的医院内交叉感染和由病原性大肠杆菌 O－157 导致的食物中毒事件、英国的"疯牛病"和"口蹄疫"、美国的"炭疽病"和 2003 年我国春夏出现的严重急性呼吸道感染综合征(SARS)及其后的禽流感,这些传染病都与病原微生物有直接的关系。因此,人们开始研究隔离、抑制、消灭这些致病微生物的方法,抗菌加工技术就应运而生了。

在病原菌的传播过程中,纺织品是重要的媒介之一。赋予纺织品抗菌功能是其服用性能升级的重要手段,这样不仅截断了细菌传播和繁殖的途径,而且也防止了由细菌分解纺织品上的污物而产生的臭气。使用抗菌纺织品无论是从预防疾病的角度,还是从倡导健康轻松的生活方式的角度来讲,都是一种理想的选择。对纺织品进行抗菌处理的目的是为了控制细菌、真菌、霉菌的生长繁殖,从而解决由它们引起的气味、色斑,以及健康等问题。在种类繁多的微生物中,既有有益微生物,又有有害微生物。在控制有害微生物的同时必须考虑到所采取的措施不影响目标以外的微生物,也不助长微生物对药物的适应化。

对于专供纺织品整理加工用的抗菌剂,为了更确切地反映其功能,人们已习惯称它为抗菌防臭(整理)剂(Anti-microbial and anti-odor agent)或抗菌整理剂(Antibacterial finishing agent)。抗菌整理是应用抗菌防臭剂处理纺织品(天然纤维、化学纤维及其混纺织物),从而使纺织品获得抗菌、防霉、防臭、保持清洁卫生等功能。加工的目的不仅是为了防止织物由于被微生物沾污而受到损伤,更重要的是为了防止传染疾病,保证人体的安全健康和穿着舒适,降低公共环境的交叉感染率,使织物获得卫生保健的新功能。抗菌纺织品应用范围非常广泛,具有重大的社会意义。

日本、美国、欧洲、中国等国家和地区都先后建立起了各自的纺织品抗菌标准体系。然而由于各国的标准各不相同,因此不同国家的客户要求的产品检测方法和适用标准不一致,致使生产厂家无所适从,并且一定程度上也影响了抗菌产品的国际贸易。为了适应这一新形势的需要,2013 年国际标准化组织(ISO)正式发布了 ISO 20743—2013《抗菌整理纺织品的抗菌性能测定》(ISO 20743—2013 Textiles-Determination of antibacterial activity of textile products)。该标准的发布,标志着第一个全球通用的纺织品抗菌性试验方法的诞生，该标准适用于服装、纤维填料、纱线、服装材料和家庭装饰产品等各类纺织品，同时，也适用于添加各类型抗菌剂的抗菌整理。

第一节　卫生微生物学概述

微生物学（Microbiology）是研究微生物的类型、分布、形态、结构、代谢、生长繁殖、遗传、进化以及与人类、动植物等相互关系的科学。

微生物学分为基础微生物学和应用微生物学，又可根据研究的侧重面和层次不同而分为许多不同的分支学科。随着技术的发展，新的微生物学分支学科正在不断形成和建立。按研究对象分，可分为细菌学、放线菌学、真菌学、病毒学、原生动物学、藻类学等。按过程与功能分，可分为微生物生理学、微生物遗传学、微生物生态学、微生物分子生物学、微生物基因组学、细胞微生物学等。按应用范围分，可分为工业微生物学、农业微生物学、医学微生物学、卫生微生物学等。

织物卫生微生物学是卫生微生物学的一门分支学科，它主要研究微生物与纺织品之间的关系，研究织物上存留的微生物如何影响人类健康，并研究如何消除微生物造成的危害。卫生微生物学所涉及的学科领域十分广阔，其中微生物生态学是其重要的组成部分。

一、微生物的种类及其危害

微生物与人类社会和文明的发展有着极为密切的关系。一方面，适量的或有益的微生物可以给予人们很多恩惠，如酒类、酸乳酪、醋和酱油等调味品，及维生素和抗生素等药品都受益于微生物；另一方面，过多的或致病微生物一旦侵入人体，就会给人类健康带来严重的隐患。

本节所涉及的各种微生物都与纤维制品有密切的关系，它们附着在内衣、家用纺织品等各种纤维制品上会引起霉斑、色变，甚至对人体健康造成严重危害。

（一）微生物的种类

微生物（Microorganism）是存在于自然界的一群体形微小、结构简单、必须借助光学或电子显微镜放大数百倍、数千倍甚至数万倍才能观察到的微小生物。

近代生物学把生物区分为细胞生物和非细胞生物两大类。细胞生物包括一切具有细胞形态的生物，它们分属于细菌（Bacteria）、古生菌（Archaea）和真核生物（Eukaryota），如图1-1所示；非细胞生物包括病毒和亚病毒。

1. 细胞生物　古生菌（Archaea）、细菌（Bacteria）和真核生物（Eucaryoutes）三域的概念是沃斯（Woese）等1977年根据对代表性细菌类群的16S rRNA 碱基序列进行广泛比较后提出的，他认为生物界的发育并不是一个由简单的原核生物发育到较完全、较复杂的

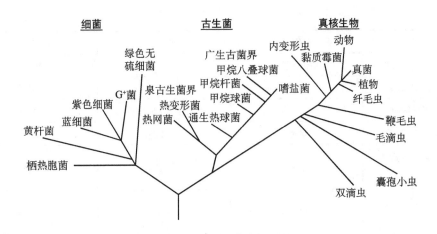

图 1 - 1　细胞生物的系统发育树（Madigan et al. ,2000）

真核生物的过程,而是明显存在着三个发育不同的基因系统,即古生菌、细菌和真核生物。并认为这三个基因系统几乎是同时从某一起点各自发育而来的,这一起点即是至今仍不明确的一个原始祖先。三域特性差异详见表1－1。

表1－1　古生菌、细菌和真核生物三域特性差异

比较项目	古生菌	细 菌	真核生物
细胞大小	通常1μm	通常1μm	通常10μm
遗传物质染色体	1条环行染色体＋质粒	1条环行染色体＋质粒	1条以上线行染色体＋细胞器DNA
细胞壁	无或蛋白质亚单位,假胞壁质,无胞壁酸	G⁺或G⁻,总是含有胞壁酸,支原体属中无细胞壁	动物无,或有纤维素,几丁质等,无胞壁酸
细胞膜	含异戊二烯醚,甾醇,有分支的直链	含脂肪酸酯,甾醇稀少,无分支直链	含脂肪酸酯,甾醇普遍,无分支直链
含DNA的细胞器	—	—	线粒体和叶绿体
核糖体大小	70S	70S	80S(细胞器中70S)
核糖体亚基	30S,50S	30S,50S	40S,60S
RNA聚合酶亚基数	9~12	4	12~15
tRNA共同臂上的胸腺嘧啶	无	一般有	一般有
延长因子	能与白喉毒素反应	不能与白喉毒素反应	能与白喉毒素反应
蛋白质或启动氨基酸	甲硫氨酸	N-甲酰甲硫氨酸	甲硫氨酸
16(18)S rRNA的3位是否结合有AUCACCUCC片段	有	有	无

比较项目	古生菌	细　菌	真核生物
对氯霉素的敏感性	不敏感	敏感	敏感
对环己胺的敏感性	敏感	不敏感	敏感
对青霉素的敏感性	不敏感	除支原体外，敏感	不敏感
对茴香霉素的敏感性	敏感	不敏感	敏感
对 Diptheria 毒素的敏感性	敏感	不敏感	敏感
对利福平霉素的敏感性	不敏感	敏感	不敏感

　　传统上，微生物按结构和组成可分为三大类，包括属于原核类的细菌、放线菌、支原体、立克次氏体、衣原体和蓝细菌（过去称蓝藻或蓝绿藻），属于真核类的真菌（酵母菌和霉菌）、原生动物和显微藻类以及属于非细胞类的病毒、类病毒和朊病毒等。

　　（1）细菌。细菌是单细胞原生生物，在温暖和潮湿的条件下，它们的生长是非常迅速的。此外，细菌大类中的亚属包括革兰氏阳性菌（例如奥里斯葡萄状球菌属）、革兰氏阴性菌（例如大肠杆菌）。有些细菌是致病的，而且会引起交叉感染。

　　典型的细菌细胞构造可分为两部分：一是不变部分或称基本构造，包括细胞壁、细胞膜、细胞质和原核，为所有细菌细胞所共有；二是可变部分或称特殊构造，如荚膜、鞭毛、菌毛、芽孢和孢囊等，这些结构只在某些细菌种类中发现，具有某些特定功能。

　　细胞壁（Cell wall）是包围在细胞表面，内侧紧贴细胞膜的一层较为坚韧、略具弹性的结构，占细胞干重的 10%～25%。细胞壁具有固定细胞外形和保护细胞的功能。失去细胞壁后，各种形态的细菌都变成球形。细菌在一定范围的高渗溶液中，原生质收缩，出现质壁分离现象；在低渗溶液中，细胞膨大，但不会改变形状或破裂。这些都与细胞壁具有一定坚韧性和弹性有关。细胞壁的化学组成也使细菌具有一定的抗原性、致病性以及对噬菌体的敏感性。有鞭毛的细菌失去细胞壁后，仍可保持有鞭毛，但不能运动，可见细胞壁的存在为鞭毛运动提供的力学支点，为鞭毛运动所必需的。细胞壁是多孔性的，可允许水及一些化学物质通过，但对大分子物质有阻拦作用。

　　细胞质膜（Cytoplasmic membrane）又称细胞膜（Cell membrane），是围绕在细胞质外面的一层柔软而富有弹性的薄膜，厚约 8nm。细菌细胞膜占细胞干重的 10% 左右，其化学成分主要为脂类（20%～30%）与蛋白质（60%～70%）。

　　细胞质（Cytoplasm）是细胞膜内的物质，除细胞核外皆为细胞质。它无色透明，呈黏胶状，主要成分为水、蛋白质、核酸、脂类，也含有少量的糖和盐类。此外，细胞质内还含有核糖体、颗粒状内含物和气泡等物质。趋磁细菌中还存在有磁小体（Fe_3O_4 的晶体）。

细胞核位于细胞质内,无核膜、无核仁,仅为一核区,因此称为原始形态的核(Primitive form nucleus)或拟核(Nucleoid)。细菌细胞的原核只有一个染色体,主要含有具有遗传特征的脱氧核糖核酸(DNA)。拟核中还有少量 RNA 和蛋白质。

细菌在固体培养基上生长发育,几天内即可由一个或几个细菌分裂繁殖成千上万个细胞,聚集在一起形成肉眼可见的群体,称为菌落(Colony)。如果一个菌落是由一个细菌菌体生长、繁殖而成,则称为纯培养。因此,可以通过单菌落计数的方法来计数细菌的数量。在微生物的纯种分离中也可以挑起单个菌落进行移植的方法来获得纯培养物。

(2)真菌、霉菌和藻类。真菌和霉菌是生长速度相对较慢的复杂的微生物。它们沾污纤维,并且影响织物的外观等性能。真菌生长的最适 pH 是6.5。真菌包括霉菌和酵母菌。它们的细胞具有与原核微生物不同成分和结构的细胞壁、原生质膜、细胞质和细胞核,细胞内还含有各种不同功能的细胞器。不同分类学家提出了不同的真菌分类系统。

真核微生物的特点是细胞中有明显的核。核的最外层有核膜将细胞核和细胞质明显分开。真菌、藻类和原生动物都属于真核微生物。真菌与藻类的主要区别在于真菌没有光合色素,不能进行光合作用。所有真菌都是有机营养型的,而藻类则是无机营养型的光合生物。真菌与原生动物的主要区别在于真菌的细胞有细胞壁,而原生动物的细胞则没有细胞壁。

通常所说的真菌包括霉菌、酵母菌和蕈子。形成疏松、绒毛状菌丝体的真菌称霉菌,如毛霉、根霉、青霉、曲霉等。酵母菌是单细胞真菌。由大量菌丝紧密结合形成真菌的大型子实体叫蕈子,如蘑菇、木耳等。

真菌的细胞结构一般包括细胞壁、原生质膜、细胞质及细胞器、细胞核(图1-2)。

藻类是一类多细胞微生物,它的生长需要持续的水和阳光。它可以在织物上生长,并在织物上形成深色的斑点。藻类生长的最适 pH 是7.0~8.0。

2. 非细胞生物 这里主要介绍病毒。病毒是一种非细胞性生物,其核心由核酸构成,外部则由蛋白质壳紧紧包裹。核酸内储存着病毒的遗传信息,控制着病毒的遗传、变异、繁殖和对宿主的传染性。由于病毒是专性寄生生物,它必须通过吸附才能进入宿主细胞内,才能存活与自我复制。病毒对人类的攻击有它的特殊性和危害性,如口蹄疫病毒、肝炎病毒、流感病毒、SARS 病毒等。

病毒是专性寄生的大分子生物。

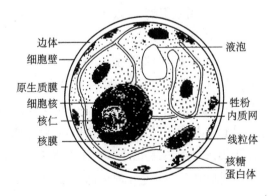

图1-2 典型真菌细胞横切面示意图

病毒个体称病毒粒子（Virion），病毒粒子有各种形态，病毒一般呈球形或杆状，也有呈卵圆形、砖形、丝状和蝌蚪状等各种形态的。病毒个体微小，常以 nm 表示，其大小相差悬殊。病毒能通过细菌过滤器，其大小大多在 20～300nm 范围内，超过了普通光学显微镜的分辨能力，必须用电子显微镜才能观察到。

传统上，病毒定义为：超显微的、没有细胞结构的、由一种核酸（DNA 或 RNA）和蛋白质外壳构成的活细胞内的寄生物；它们在活细胞外以侵染性病毒粒子的形式存在，不能进行代谢和繁殖，一旦进入宿主细胞便具有生命特征。但发现亚病毒（类病毒、朊病毒、拟病毒）之后，病毒被认为是一种比较原始的、有生命特征的、能自我复制和专性细胞内寄生的非细胞生物。

病毒粒子主要由核酸和蛋白质组成。核酸位于病毒粒子的中心，构成了它的核心或基因组（Genome），蛋白质包围在核心周围，构成了病毒粒子的壳体（Capsid）。核酸和壳体合称为核壳体（Nucleocapsid）。最简单的病毒就是裸露的核壳体。病毒形状往往是由于组成外壳蛋白的亚单位种类不同造成的。此外，某些病毒的核壳体外，还有一层囊膜（Envelope）结构。

（二）常见的有害微生物

1. 志贺氏菌属　该菌属为革兰氏阴性、需氧、无芽孢、无动力的杆菌。它是引起人类细菌性痢疾的病原菌，许多细菌性痢疾都是食用了被污染的食品、牛乳和水所致。该属细菌的感染剂量小，10 个细菌即可产生症状，在菌浓度不高时仍有可能引起人群感染。

2. 埃希氏菌属和肠杆菌属　生活在人和动物肠道中的埃希氏属细菌为革兰氏阴性杆菌，是食品中重要的腐败菌。埃希氏菌属和肠杆菌属均属于大肠菌群。大肠杆菌是引起婴儿腹泻的主要病原菌之一。致病性大肠杆菌能引起人类食物中毒。

大肠杆菌外形为杆状，周身有鞭毛，能运动，往往在新生儿或动物出生数小时后即进入肠道。除某些菌株能产生肠毒素，使人得肠胃炎外，一般不致病。大肠杆菌能合成对人体有益的维生素 B 和维生素 K，但当人或动物机体的抵抗力下降或大肠杆菌侵入人体其他部位时，可引起腹膜炎、败血症、胆囊炎、膀胱炎及腹泻等病症。

3. 沙门氏菌属　该菌属是一群抗原构造、生物学特性相似的革兰氏阴性杆菌。沙门氏菌对人体的感染有两种类型：一种是由伤寒和副伤寒杆菌引起的伤寒和副伤寒病，这些致病菌只对人类有致病性；另一种是由多种沙门氏菌引起的有发热症状的急性胃肠炎，如食物中毒。对于许多沙门氏菌，人和多种动物都有易感性，主要通过消化道感染。人体一旦感染上，可引起伤寒、副伤寒、食物中毒和败血症等严重疾病。沙门氏杆菌致病一是由于细菌本身，二是由于其产生的毒素。由毒素引起的疾病称食物中毒。毒素被食入后，潜伏期很短，在几个小时内即可发病，来势凶猛，但恢复快。但由细菌引起的疾病，潜伏期长，一般要经过 3～4 天，缓慢起病，发热时间较持久，除侵害胃肠外，还可侵犯其他脏器，以致引起败血症。

4. 假单胞菌属　该菌属为革兰氏阴性无芽孢杆菌,需氧或兼性厌氧,单毛或丛毛,有动力。绝大多数是弱毒或无毒的细菌,仅有一部分是动物和植物的致病菌。在自然界中分布极为广泛,常见于土壤、水、器具、衣物、动植物体表以及各种含蛋白质的食品中。本属细菌种类很多,达200余种。下面仅介绍与人们生活密切相关的绿脓杆菌。

绿脓杆菌能产生多种与毒素有关的物质,如内毒素、外毒素A、弹性蛋白酶、胶原酶、胰肽酶等,其中以外毒素A最为重要。绿脓杆菌感染可发生在人体任何部位和组织,常见于烧伤或创伤部位、中耳、角膜、尿道和呼吸道,也可引起心内膜炎、胃肠炎、化脓性胸膜炎(脓胸)甚至败血症。

5. 微球菌属和葡萄球菌属　这两种菌属均为革兰氏阳性球菌,呈单个、成对、不规则的团块或成堆出现,通常无动力,不形成芽孢。有些菌能在低温环境中生长,引起冷藏食品的腐败变质。某些菌株能产生色素,在这里主要介绍金黄色葡萄球菌。

人体感染金黄色葡萄球菌后,在很短的时间内(1~8h,平均为3h)就会产生肠毒素,引发食物中毒。其主要症状为呕吐、腹泻、下痢、腹痛、虚脱,大部分都不会有发烧症状。症状会持续24h到数日,死亡率几乎为零,但对病人及老人威胁较大。

6. 链球菌属　此菌属为革兰氏阳性球菌,呈短链或长链状排列,无芽孢,无鞭毛,多数无荚膜,需氧或兼性厌氧,在普通培养基上生长不良。A型链球菌是最常见的一种链球菌,在美国每年导致1000万例链球菌性喉炎、轻度皮肤感染。链球菌性喉炎如果不经治疗可导致风湿热甚至风湿性心脏病。最严重的链球菌A感染是比较罕见的链球菌坏死性肌膜炎以及中毒性休克综合征。

7. 白色念珠菌　白色念珠菌是人类易感的一种真菌。这种感染性菌一旦侵入消化系统,健康的微生物系统就会发生紊乱,营养吸收受到限制,免疫系统严重受损。由白色念珠菌引起的疾病主要是鹅口疮。这种疾病多发生在口腔不清洁、营养不良的婴儿中,在体弱的成年人中亦可发生。该疾病的主要原因是自然抵抗力差或长期使用抗生素类药物使口腔内的菌群失调,微生物自然平衡受到干扰,而白色念珠菌失去控制地大肆繁殖。当机体抵抗力降低或有其他诱因时,还可引起甲沟炎、支气管炎、肺炎、阴道炎、膀胱炎等疾病。

(三)微生物的危害

相对于自然界而言,人的皮肤是一种很好的培养基。一般情况下,人体皮肤表面正常的细菌和真菌有100~2000个/cm^2。在这个数量范围内,它们不会危害人类健康,也不会产生异味。不仅如此,人体皮肤上的一些常驻菌还可以起到保护皮肤,使之免受致病微生物危害的作用。但是当环境温度较高时,微生物中的菌群失调,它们中的少量致病菌就会以几何级数迅速繁殖,通常每20min繁殖一次。因此8h之内,一个细菌就能繁殖160万个后代。例如,在生长三要素(温度、湿度和营养)适宜的条件下,1个大肠杆菌9h后可以达到1亿个。此外,细菌和真菌会通过皮肤、呼吸道、消化道以及生殖道黏膜进行传播，从而对人体造成危害。

由微生物引起的常见问题主要有以下几种。

1. 细菌和真菌的大量繁殖会带来异味和污染问题 细菌及真菌的迅速繁殖需要三个基本要素，即营养、适宜的温度和湿度。人体及人类生活的大部分环境都具备了这三个条件，所以细菌和真菌就能在人居环境中迅速地生长和繁殖。

汗臭、腋臭、脚臭等典型异味都是由微生物引起的。微生物吸收人体皮肤分泌物和汗水中的营养成分，在温暖潮湿环境中大量繁殖，并通过新陈代谢产生出刺鼻难闻的气味。

用日常标准看，刚洗涤完的衣物是干净卫生的，但是衣服、身体及空气都没有经过消毒处理，都含有一些正常菌群。在衣服的装着过程中，人体会出汗（其中含有营养）并保持一定的温度和湿度，而衣物被很多汗液、皮脂以及各种其他人体分泌物沾污，也会被环境中的污物沾污。此时，人的皮肤、衣物都为真菌、细菌的生长提供了理想的环境。经过8~12h后，真菌、细菌的数量会急剧增加，这就导致了异味的产生。

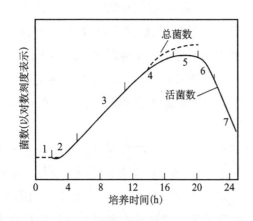

图1-3　细菌的繁殖曲线

1—潜伏期　2—诱导期　3—对数繁殖期　4—繁殖减速期

5—静止期　6—死亡加速期　7—对数死亡期

例如，在上班族的生活方式中，上午8时离家，下午5时下班，其间为9h。拿鞋子来说，若达到适度的环境，鞋子中的细菌数可增加10万倍以上。与图1-3相对照，在中午前后，即4h左右，人体就会出现恶臭气体。在繁殖曲线3~4中，即在9h左右，就会产生恶臭。这一点与许多人在日常生活中的经验是一致的。

袜子、内衣即使每天洗涤，也会产生上述情况，更不用说睡衣、床单、褥子等洗涤次数较少的纺织品了。此外，像运动衫一类在大量出汗场合穿着的衣物，短时间内细菌大量繁殖，就会产生很强烈的臭味。抗菌卫生整理加工可减轻人们在日常生活中由于不良气味所引起的不愉快。

2. 真菌的大量繁殖造成脚气、浴室发霉和床褥真菌感染 真菌在自然界中分布极广，有十万多种。现在已知的能引起人类疾病的真菌有270余种，其引起疾病的表现形式多种多样，浅部真菌可侵犯毛发、指（趾）及皮肤，而深部真菌则可以侵犯心、肝、脾、肺、肾、脑、血液、胃肠、骨骼等器官和系统。

真菌的大量繁殖会引发多种皮肤病，而且会导致浴室、床褥、墙壁等发霉。特别是在梅雨季节，我国江南及华南地区的很多家庭充满了霉味，这是因为温暖潮湿的环境非常适合真菌的生长需要。床上用品、地毯等家用纺织品绝大多数都是天然纤维制品,毛和棉纤维可以保存住大量的水分和营养物质,安装了空调的居室具有适宜的温度和湿度,这些都为真菌的生长提供了良好的环境。

二、织物微生物学

(一)人体与微生物

自然界中微生物存在的数量往往超出一般人们的想象:每克土壤中细菌可达几亿个,放线菌孢子可达几千万个;全世界海洋中微生物的总重量估计达 280 亿吨。我们生活在一个充满着微生物的环境中。在正常情况下,人体就带有无数微生物,如附着于两手的细菌有时竟超过 10^6 个/cm^2,存在于人头皮上的微生物约为 1.4×10^7 个/cm^2,上半身皮肤上的微生物为 $50 \sim 5000$ 个/cm^2,1g 粪便中的活菌数可达 $10^9 \sim 10^{11}$ 个,人体肠道中菌体总数可达 100 万亿左右,由此可知,人体下半身皮肤上的微生物数量将更多!

有人将从部分患者身上分离出的微生物统计见表 1 – 2。

表 1 – 2　从感染病人身上分离出的微生物的分布

类　别	引起感染的微生物	数量(个)	百分比(%)
革兰氏阴性菌	大肠杆菌	331	22.7
	绿脓杆菌	106	7.2
	沙门氏菌—志贺氏菌属	7	0.5
	其他革兰氏阴性菌	355	24.3
革兰氏阳性菌	金黄色葡萄球菌	282	19.3
	A 型链球菌	25	1.7
	其他菌	355	24.3
合　计		1461	100

从表 1 – 2 中可以看出,大肠杆菌和金黄色葡萄球菌是主要的菌种,而且细菌感染多半是由革兰氏阴性菌所引起的。

在高温或劳动时,人体出汗量可达 $0.5 \sim 2.0$ kg/d,汗的固体成分占 $0.3\% \sim 0.8\%$,其中 1/4 为有机物。汗液本身并无臭味,但可被内衣和袜子等吸收,而微生物则在其中繁殖,将汗及其与皮脂、表皮屑混合物含有的尿素、高级脂肪酸、糖分、蛋白质等分解,产生大量的氨基物质等带有刺激性味道的气体——臭气。此外,有人研究发现,袜子释放臭气的程度与金黄色葡萄球菌、表皮葡萄球菌、枯草杆菌、棒状杆菌的数量有关。

皮肤的不同部位栖居着不同种类的细菌、真菌、病毒或原虫;不同的生态空间栖居的微生物的种群也有所不同。如在人的前额主要栖居表皮葡萄球菌和疮疱丙酸杆菌,而在腋窝主要栖居葡萄球菌和贪婪丙酸杆菌。同一环境中不同个体的微生物种群也有差异,如在腋窝,皮肤干燥者多为凝固酶阴性的葡萄球菌,而皮肤湿润者多为棒状杆菌(分离率达50%)。在真皮层尤其是毛发根部或毛发皮脂腺管内也栖居着一定的微生物种群,如疮疱丙酸杆菌或糠秕孢子菌等。

（二）织物与微生物

人们使用的纺织品中一般都存在着微生物,它们在适宜的条件下迅速繁殖,促使人体皮肤感染并使沾有汗水和人体分泌物的织物产生恶臭。霉菌的繁殖使织物产生霉斑及色变,造成天然纤维降解,尽管合成纤维不能被微生物降解,但它的吸湿性差,卫生性能更低劣。此外,不同类型的织物上存留的微生物也不同。

最近研究证明,合成纤维织物通常比天然纤维织物更适宜细菌的繁殖。对棉、涤/棉、涤纶和丙纶织物的研究发现,纯棉织物(尤其是针织物)比涤棉混纺织物和纯合成纤维织物存留的产臭气菌(表皮葡萄球菌、棒状杆菌)和皮肤癣菌类真菌少。而且在对羊毛毯、纯棉被单、针织内衣、毛巾和纯棉耐久压烫织物的研究中发现,金黄色葡萄球菌、伤寒杆菌在纯棉耐久压烫织物上存留量最小,在羊毛毯上的存留量最大。但锦纶/棉(60/40)混纺织物以金黄色葡萄球菌接种后,棉被选择地降解,洗涤后也是如此。由于没有对纯棉织物及纯锦纶织物做这个试验,因此无法确定棉选择性降解是由于细菌长期存留,还是由于锦纶对金黄色葡萄球菌有抵抗能力。

在接种了金黄色葡萄球菌、表皮葡萄球菌、绿脓杆菌的棉或毛织物、衣服、毯子上,对通常使用的干洗剂(石油类干洗剂、四氯乙烯)和干洗过程的杀菌作用进行了测定。研究结果表明,在干洗后的织物上和没有薄膜过滤器的干洗机内的干洗剂中,许多细菌仍然存活。一定数量的细菌从污染的脏衣服上迁移到干净衣服上。由此可见,在干洗剂中加入适量的抗菌整理剂很有必要。普通的冷水洗涤对去除有害微生物根本无效,必须采用漂白消毒等方法才能有效。但是对军队等单位来说,频繁的特殊洗涤是不可能的。

临床研究指出,穿着合成纤维袜子的人,其脚部感染的可能性比穿着天然纤维袜子的人可能性大,而且接种病菌的锦纶袜子没能洗去趾间癣菌。日本学者把锦纶、丙纶、涤纶、腈纶、纯棉和羊毛袜子给成年男女穿用1~2个月,发现细菌在涤纶、丙纶袜子上最多,在羊毛、棉袜子上最少,而水溶性污染物含量则相反。这说明棉、毛袜子能很好地吸收汗液等水溶性污染物,而合成纤维制的袜子吸汗能力差,皮肤表面残留的污物、微生物在袜子里的高湿高温条件下就容易繁殖。日本另有资料介绍,在高相对湿度下(80%以上),微生物急剧繁殖,低相对湿度下(10%以下)细菌几乎停止生长。美国人研究了病毒在棉、毛织物上的生长情况,发现羊毛织物比棉织物更适宜病毒存留。在对接种病毒的合成纤维和天然纤维的洗涤实验中发现,经过洗涤,织物上的病毒数量明显地减少。尽管织物类型不是病毒在织物上存留量大小的主要因素,但是洗涤后锦纶内衣上的病毒最少,羊毛毯上的病毒最多。

另有资料介绍,多人共用的毛巾是眼科传染疾病(如沙眼、结膜炎)和呼吸器官传染疾病(如结核、流感等)的传播媒介。旅馆、理发店和洗浴中心的毛巾、卧具、浴衣等是痢疾、肠伤寒、性病、霍乱和白癣、疥癣等皮肤病传播的媒介。传染病菌的抵抗力很强,并可以长时间生存繁殖,采用一般洗涤方法难以将其清除。

(三)室内环境与微生物

根据研究结果表明,室内的环境条件容易受到室外风速的影响,温度、湿度和空气中的尘埃浓度三个环境因子中,尘埃浓度和湿度与微生物的关系尤为密切。日本学者在大阪市三家住宅中,用吸尘器吸尘测得细菌数:地毯上为$(2.1 \times 10^5) \sim (1.2 \times 10^9)$菌株/g,床垫为$(1.3 \times 10^5) \sim (1.2 \times 10^7)$菌株/g,其中真菌数分别为$(1.4 \times 10^4) \sim (1.5 \times 10^6)$菌株/g,$(9.2 \times 10^3) \sim (1.1 \times 10^5)$菌株/g,即地毯上的微生物数为床垫的10倍。

2003年上半年的SARS爆发使人们深深认识到疾病通过中央空调传播的危害。由于空调风道内的细菌滋生、灰尘堆积,天长日久风道便成为一个超级污染源。当设有中央空调的建筑物内有一个人感冒,很快整个建筑物内就会出现人员的连锁发病,这就是一个典型的中央空调传播疾病的例子。但如果将光催化空气净化单元安装到中央空调风道中,即可实现空调系统的杀菌,从而达到净化建筑物内空气的目的。

(四)医院内感染

医院内感染(Hospital infection)是指任何在医院内受到的感染。这是让医护人员感到十分头疼的问题,而感染科病房、儿科病房、烧伤病房、特别监护病房、外科病房这一问题更为突出。即使在西方发达国家,这个问题也没能得到充分解决。据资料介绍,美国、瑞士每年发生的医院内感染约占住院病人的5%,每年约有200万人发生医院内感染,每年造成经济损失达10亿美元之巨。我国有13亿人口,有些地区医疗条件较差,由医院内感染造成的损失更大。因此,医院内感染是一个在国内外普遍受到重视的问题。造成医院内感染的主要病原菌见表1-3。

表1-3　医院内感染的主要病原菌

类别	名称		对医院中病人的病原性
革兰氏阳性球菌	金黄色葡萄球菌		P
	表皮葡萄球菌和微球菌		C
	链球菌	A组	P
		B组	C
		C组和G组	P
	肠球菌		C
	其他非溶血型链球菌		C
	厌氧性球菌		C

续表

类别	名称	对医院中病人的病原性
厌氧性杆菌	梭状芽孢杆菌	C
	破伤风杆菌	C
	无芽孢革兰氏阴性杆菌	C
革兰氏阴性需氧杆菌	沙门氏菌属、志贺氏菌属、致病性大肠杆菌	P
	非致病性大肠杆菌、变形杆菌属、克雷博氏菌属、沙雷氏菌属、肠杆菌属、绿脓杆菌及其他假单胞菌、脑膜败血性黄杆菌、不动杆菌	C
其他细菌	白喉杆菌	P
	李斯德氏菌	C
	结核杆菌	P
	百日咳杆菌	P

注　P为致病微生物；C为条件致病微生物。

医用纺织品是医院内感染的重要媒介，医用纱布、绷带等也是医院内感染的重要介质。人们迫切希望更多、更有效的抗菌卫生整理织物能应用于病房、手术室和医务人员的工作服等，以减少医院内感染的发生。

（五）微生物污染

1. 水的微生物污染　自然水体中广泛存在着细菌、病毒、真菌、单细胞藻类、螺旋体、原生动物等微生物。水中的微生物主要来源于土壤、植物、动物及人。水是传染病的重要传播介质之一，由水引起的疾病流行或爆发屡见不鲜。能够通过水传播的病原体包括细菌、病毒、原虫、蠕虫、霉菌等。这些病原体多从人或动物的粪尿排出，通过污水排放、土壤经雨水冲洗等直接或间接地污染各种水源。致病菌在自然水中一般可以存活一段时间，某些致病菌在一定条件下能在其中生长繁殖，例如副溶血弧菌及霍乱弧菌。

日常生活中，衣物的洗涤通常是依靠淡水进行的。由上述可见，要想真正洗涤干净，必须使用纯净的水源，但目前很难做到这一点，因此这也是抗菌纺织品具有广阔潜在市场的原因之一。事实上，经高温洗涤后也难以清除纺织品上的细菌。中岛昭夫等人的试验表明，接种 3×10^5 菌株/0.1g 织物的试样，经40℃洗涤10min后，其细菌数为 2.5×10^3 菌株/0.1g织物之多；经80℃洗涤10min后，尚有63菌株/0.1g织物。也就是说经高温洗涤，也不能将织物上的细菌洗尽。现在家庭洗涤的温度都不高，洗后在纺织品上仍残留有大量细菌。

2. 药品和食品的微生物污染　微生物污染可以引起药品、食品的感染，带来严重的后果。特别是医药品，主要是以治疗为目的，以病人为对象，在机体防御功能低下的情况下，致病微生物同样会引起患者的严重感染。在食品卫生方面，微生物对环境影响的最大问题不是异味,而是会导致食物中毒等问题。以厨房毛巾为例,它的洗涤周期要几小时甚至一周,并且经常处在潮湿温暖的环境之中,一天内会被不同的人使用几十次,因此它会与被擦拭物体表面的许多种细菌和真菌接触,直接影响厨房食品的卫生水平,增加了食物中毒和交叉感染等发生的概率。

第二节　纺织品抗微生物标准及菌种保藏

抗菌纺织品具有卫生保健的功能,可以防止织物被微生物沾污,防止传染疾病,保证人体的安全健康和穿着舒适,降低公共环境的交叉感染。目前,抗菌纺织品广泛用于人们的内衣、睡衣、运动衣、袜子、鞋垫,公共场所的床单、被套、毛毯、沙发罩,医药、食品和服务行业的工作服等。目前市场上的抗菌性纺织品鱼龙混杂,产品质量良莠不齐。虽然不少国家都建立起了各自的纺织品抗菌标准,但试验方法不尽相同。此类产品的进出口贸易受到影响,往往是一个国家一个标准,生产厂家难以选择统一标准。

鉴于以上情况,抗菌纺织品质量的定性和定量评价方法显得越来越重要。不仅生产企业希望能采用科学的试验方法,对产品进行测试和了解,改进生产工艺,达到合理的抗菌水平,而且消费者也希望能够有统一的表征抗菌性能的指标,来说明和宣传产品达到的抗菌效果。

抗菌产业的发展已经有几十年的历史,科技进步促使纺织品抗菌测试方法与标准不断完善。国内外抗菌行业的专家与学者也相继制定了相关的标准。下面就将纺织品的抗菌方法进行概括,阐述如下。

一、纺织品抗微生物标准

(一)概述

我国在抗微生物纺织品的研究方面尽管起步较晚,但目前已经达到或超过世界先进水平。北京洁尔爽高科技有限公司等起草制定了相关国家标准,如纺织品抗菌性能的评价系列标准 GB/T 20944.1—2007、GB/T 20944.2—2007 和 GB/T 20944.3—2007,GB/T 24346—2009《纺织品　防霉性能的评价》。这些纺织品抗微生物国家标准的实施标志着在中国市场销售的所有抗菌、防霉纺织品有了统一的测试方法和质量指标,对于促进我国抗微生物功能纺织品的发展有着重大意义。

抗菌性的测试方法中,发展较早的是日本和美国,最有代表性且应用较广的是美国纺织印染师和化学师协会的试验法 AATCC 100 和日本工业标准 JIS L 1902。美国纺织印染师和化学师协会于 1958 年首次制定了纺织品领域第一个抗菌检测方法 AATCC 90,该标准是一个定性检测方法。AATCC 90 历经 8 次修订,曾于 1989 年停用,2011 年重新启用。第一个纺织品抗菌定量测试标准 AATCC 100 于 1961 年颁布,现在最新的版本是

AATCC 100—2012，该方法主要用于纺织品杀菌性能的测定。AATCC 随后陆续制定了《织物抗菌性能评价：平行划线法》AATCC 147（现在最新的版本是 AATCC 147—2011）、《地毯的抗菌性能评价》AATCC 174（现在最新的版本是 AATCC 174—2011）。日本于1990 年颁布了纺织品抗菌标准 JIS L 1902，其最新版本是 JIS L 1902—2015，该标准对AATCC 100 做了较大修改，除了可以测定纺织品的杀菌性能，还可以测定纺织品的抑菌性能，检测方法包括定性检测方法和定量检测方法，定量检测方法中除吸收法（Absorption method）外，增加了印迹法（Printing method），而计算方法包括平板培养计数法和荧光分析法（ATP 含量）。国际标准化组织于 2004 年和 2007 年分别颁布了《纺织织物抗菌活性的测定　琼脂平皿法》ISO 20645—2004 和《纺织品　抗菌产品抗菌活性的测定》ISO 20743—2007。ISO 20645—2004 为定性测试方法，ISO 20743—2007 则为定量测试方法，主要由 JIS L 1902 转化而来，但比 JIS L 1902 增加一个测试方法——转移法（Transfer method）。国际标准化组织在 2012 年正式发布了《纺织品的抗真菌活性测定　第 1 部分荧光法》ISO 13629.1—2012，又在 2014 年 9 月 19 日发布了《纺织品抗真菌性能测试标准　第 2 部分　平板法》ISO 13629.2—2014，这标志着国际上抗菌功能纺织品检测技术有了新进展。

我国于 1992 年颁布了纺织行业标准 FZ/T 01021—1992《织物抗菌性能试验方法》，该标准于 2004 年 8 月 1 日被废止。1994 年卫生部颁布了《消毒技术规范》，其抗（抑）菌方法中有"织物抗菌测试方法"（现版本为 2002），1995 年颁布了国家标准《一次性使用卫生用品卫生标准》GB 15979（现版本为 2002），其中包括杀菌率和抑菌率的计算，但该方法适用范围偏窄。我国现行的纺织品抗菌国家标准主要有：GB/T 20944.1—2007《纺织品抗菌性能的评价　第 1 部分：琼脂平皿扩散法》、GB/T 20944.2—2007《纺织品抗菌性能的评价　第 2 部分：吸收法》、GB/T 20944.3—2008《纺织品抗菌性能的评价　第 3 部分：振荡法》。

美国 AATCC 于 1946 年颁布了第一个纺织品防霉性能的检测方法 AATCC 30《纺织材料抗霉菌和抗腐烂性能的评定》，英国于 1981 年颁布了 BS 6085《纺织品抗微生物劣变性能的测定方法》，该法已被欧盟标准 EN 14119—2003《纺织品测试　微小真菌作用的评估》替代。日本 1992 年颁布的 JIS Z 2911—1992《耐真菌测试方法》中规定了纺织品防霉性能的测定，现行的版本号为 JIS Z 2911—2010。我国现行的纺织品防霉标准是北京洁尔爽高科技有限公司等起草制定的国家标准 GB/T 24346—2009《纺织品　防霉性能的评价》。

织物抗菌性能的检测方法一般分为定量试验方法和定性试验方法，也有的分为溶出型抗菌剂的试验方法和非溶出型抗菌剂的试验方法，还有的分为菌液接种于织物的试验方法和织物置于一定浓度的菌液中的试验方法。

1. 定性测试　纺织品抗菌性能定性测试方法包括在织物上接种测试菌和用肉眼观察织物上微生物生长情况。它基于离开纤维进入培养皿的抗菌剂活性，一般适于溶出性抗菌整理织物,但不适用于耐洗涤的抗菌整理织物。其优点是费用低,速度快,缺点是不能定量测定抗菌活性,结果不准确。定性的方法有美国 AATCC 90—2011(Halo Test,晕圈法,也叫琼脂平皿法)、AATCC 147—2011《纺织材料抗菌活性的评定方法:平行划线法》(AATCC Test Method 147—2011 Antibacterial Activity Assessment of Textile Materials:Parallel Streak Method)、日本 JAFET(日本纤维制品新功能协议会)标准 JIS Z 2911—2010《抗微生物性实验法》、日本工业标准 JIS L 1902—2002《纺织产品抗菌活性和效果的试验》中的定性试验(抑菌环法)部分、中国卫生部发布的《消毒技术规范》中的抑菌环试验法等。

2. 定量测试　定量测试方法包括织物的准备、接种测试菌、菌培养、对残留的菌落计数等。它适用于非溶出性抗菌整理织物,不适用于溶出性抗菌整理织物。该法的优点是定量、准确、客观,缺点是时间长、费用高。定量试验方法有 AATCC 100—2012《抗菌整理织物的评定》、JIS L1902—2015《纺织产品抗菌活性和效果的试验》中的定量试验"菌液吸收法"、我国的纺织行业标准 FZ/T 73023—2006《抗菌针织品》、卫生部发布的《消毒技术规范》中的浸渍试验部分。其中 AATCC 100—2012 和 JIS L 1902—2015 两项标准的原理、菌种、培养基成分、操作步骤基本相同,不同的是结果的指标表示不同,且 JIS L 1902—2015 标准中给出了抗菌效果的评价值。

2007 年,国际标准化组织(ISO)首次发布纺织品抗菌性能试验方法(ISO 20743—2007 Textiles-Determination of antibacterial activity of antibacterial finished products)。该新标准适用于服装、纤维填料、纱线、服装材料和家庭装饰产品等各类纺织品,同时也适用于添加各类型抗菌剂(有机、无机、天然和人工制造的抗菌剂)的抗菌整理,以及内嵌、后整理和嫁接等各种形式的抗菌整理工艺。该标准的发布,标志着第一个全球通用的纺织品抗菌性试验方法的诞生。日本为该抗菌纺织品国际标准提案国。日本 SIAA 在 2000 年设立了 ISO 准备委员会,为 JIS 的 ISO 化与相关的部门机构协调和作准备工作。在 2003 年,在成立 ISO 推进委员会的同时,SIAA 从日本产业经济省获得了 ISO 化的经费预算,成立了作为第三者组织的 ISO 日本国内研究委员会,开始从专业角度收集相关意见建议。2004 年,日本抗菌制品技术协议会和日本纤维评价协会向 ISO 提出申请。中国作为 ISO 的成员国之一也为该标准的国际标准化作出了努力。

ISO 20743—2007 主要参照了抗菌定量分析法(如 AATCC 100—1999,JIS L 1902—1998)、抗菌定性分析法(如 AATCC 147—1998)和抗霉菌评定法(如 BS 6085,AATCC 30)等相关标准。后来在前期标准的基础上,ISO 20743—2013 诞生,根据该标准的规定,抗菌试验方法可根据纺织品的用途及使用环境选择下列 3 种方法中最适用的一种:菌液吸收法(Absorptionmethod),适用于在消费过程中接触汗液等水分的抗菌加工纺织品的抗菌性试验;转移法(Transfermethod),适用于在消费过程中产生少量水分的抗菌加工纺织品的抗菌性试验;细菌转移法(Printingmethod),适用于消费过程中处于干燥状态的抗菌加工纺织品的抗菌性试验。

我国就抗菌性纺织品相继出台了 FZ/T 01021—1992《织物抗菌性能试验方法》和 FZ/T 73023—2006《抗菌针织品》两项纺织行业标准。著者作为主要起草人负责制定了我国第一部抗菌纺织品国家标准 GB/T 20944.1—2007《纺织品　抗菌性能的评价　第 1 部分：琼脂平回扩散法》、GB/T 20944.2—2007《纺织品　抗菌性能的评价　第 2 部分：吸收法》，自 2008 年 1 月 1 日起开始实施。根据国家标准法第六条、标准化实施条例第十四条、质监总局 1990 年 12 号令中"行业标准由国务院有关行政主管部门制定，并报国务院标准化行政主管部门备案，在公布国家标准之后，该项行业标准即行废止""行业标准在相应的国家标准实施后，自行废止"等条文的规定，FZ/T 01021—1992 等相应的行业抗菌纺织品标准自行废止。为了进一步实现与国际先进检测水平的接轨，切实保证抗菌性纺织品的质量安全，检验检疫部门建议有关部门尽快对此次发布的国家标准及国际标准进行解读，并积极开展标准修订及推广应用工作。部分定量测试方法的比较见表 1 - 4。

表 1 - 4　部分纺织品抗菌性能定量试验方法比较

试验方法		标准代号或相关规范	名称	评价依据
定量法	振荡法	ASTM E 2149	动态接触条件下固定化抗菌剂抗微生物活性的试验方法	抑菌率
		CAS 115—2005	保健功能纺织品	抑菌率
		《消毒技术规范》（2002）	2.1.8 抗（抑）菌试验	抑菌率（非溶出性）
		GB 15979—2002	一次性使用卫生用品卫生标	抑菌率
		FZ/T 73023—2006	抗菌针织品	抑菌率
		FZ/T 62015—2009	抗菌毛巾	抑菌率
		GB/T 20944.3—2008	纺织品　抗菌性能的评价　第 3 部分：振荡法	抑菌率
	浸滞法（吸收法）	AATCC 100—2004	后整理织物抗菌性能评价	杀菌率
	浸滞法（吸收法）	AATCC 174—2011	地毯的抗菌性能评价	杀菌率
	吸收法—平板培养法或 ATP 荧光法	JIS L 1902—2008	纺织品的抗菌性能试验方法	抑菌率和杀菌率
	浸滞—平板培养法或 ATP 荧光法	ISO 20743—2007	纺织品　抗菌产品抗菌活性的测定	抑菌活性值
	吸收法	FZ/T 73023—2006	抗菌针织品	抑菌率
		FZ/T 62015—2009	抗菌毛巾	
	吸收法	GB/T 20944.2—2007	纺织品　抗菌性能的评价　第 2 部分：吸收法	抑菌率
	吸收法	CAS 115—2005	保健功能纺织品	抑菌率

试验方法		标准代号或相关规范	名称	评价依据
定量法	吸收法	QB/T 2881—2007	鞋类衬里和内垫材料抗菌技术条件	抑菌率
	浸滞法	《消毒技术规范》(2002)	2.1.8 抗(抑)菌试验	抑菌率(溶出性)
	印迹法—平板培养法或ATP荧光法	JIS L 1902—2008	纺织品的抗菌性能试验方法	抑菌率和杀菌率
		ISO 20743—2007	纺织品 抗菌产品抗菌活性的测定	抑菌活性值
	转移—平板培养法或ATP荧光法	ISO 20743—2007	纺织品 抗菌产品抗菌活性的测定	抑菌活性值
	奎因法	FZ/T 73023—2006	抗菌针织品	抑菌率
		FZ/T 62015—2009	抗菌毛巾	
定性法	划线法	AATCC147—2011	织物抗菌性能评价:平行划线法	抑菌带宽度
	划线法	AATCC 174—2011	地毯的抗菌性能评价	抑菌带宽度
	混菌法	AATCC 90—2011	纺织品抗菌性能测定 琼脂平板法	抑菌环宽度
	混菌法	ISO 20645—2004	纺织织物抗菌活性的测定 琼脂平皿法	抑菌环(卫生用品)
	混菌法	GB/T 20944.1—2007	纺织品 抗菌性能的评价 第1部分:琼脂平皿扩散法	抑菌环大小及接触面生长情况
	混菌法	JIS L1902—2008	纺织品的抗菌性能试验方法	抑菌带宽度

注 抑菌率指作用一定时间后试样与对照样的菌数减少率;杀菌率指试样作用一定时间后的菌数与"0"接触时间菌数减少率;抑菌活性值指对照样和试样作用一定时间后菌数的对数值的差值;杀菌活性值指"0"接触时间菌数对数值与试样作用一定时间后的菌数对数值的差值。

3. 抗霉菌效力测定 我国在防霉纺织品的研究方面尽管起步较晚,但目前已经达到或超过世界先进水平。北京洁尔爽高科技有限公司和广东省微生物分析检测中心起草制定了我国第一部防霉纺织品国家标准 GB/T 24346—2009《纺织品 防霉性能的评价》,该标准的实施标志着在中国市场销售的所有防霉纺织品有了统一的测试方法和质量指标,对于促进我国防霉功能纺织品的发展有着重大意义。

(1)防霉检测原理。纺织品防霉检测主要为定性检测,试验原理为:当经过防霉处理和未经防霉处理的纺织品分别接种一定量的测试霉菌,在适合霉菌生长的环境条件下放置培养一定时间后,根据霉菌在试样表面的生长情况来评价纺织品的防霉性能。试样表面长霉面积越小,则该样品防霉性能越好,如果试样表面没有长霉,说明该试样不容易被霉菌污染。

（2）防霉检测方法。根据接种后试样放置方式分为干式法（或悬挂法）和湿式法（培养皿法）。

悬挂法：把待检测样品接菌后悬挂于一湿室（密闭箱内盛一定量水，样品悬挂于上方并不能接触水），将湿室置于一定温度的环境中，培养28天后观察样品表面霉菌生长情况。悬挂法的优点：适合大件或较厚样品的试验，只要箱内盛有足够的水，其湿度可恒定不变。缺点：多个样品同时试验需要多个潮湿箱，并占据大量的空间。

培养皿检测法：即把样品置于无机盐培养基平皿中，接种后置于一定温度与湿度的环境中，培养一定时间后观察样品表面霉菌生长情况。培养皿法优点：适合小件样品的试验，每个样品都相对独立，互不干扰，节省空间，不适用于大件样品的整体试验。缺点：湿度控制，平皿需要较多无机盐培养基以保持充分的湿度，否则培养基失水干裂，湿度降低而影响试验。

选择悬挂法或培养皿法应根据样品厚度来选择。另外，户外使用的纺织品最好使用悬挂法。

纺织品防霉检测方法概况见表1-5。

表1-5　纺织品防霉标准概况

试验方法	标准代号	名称	防霉等级或报告
平板培养法	AATCC 30—2013	耐真菌活性，纺织品材料的评定：纺织品材料耐霉菌防腐	没有生长
悬挂法			微量生长 大量生长
平板培养法	AATCC 174—2011	地毯的抗菌性能评价	0级：没有生长 1级：微量生长（显微镜下可见） 2级：肉眼可见的生长
平板培养法	BS EN 14119—2003	纺织品测定-微生物作用的评价	0级：未见长霉 1级：肉眼未见生长，显微镜下明显生长 2级：霉菌在样品表面的覆盖面积小于25% 3级：霉菌在样品表面的覆盖面积为小于（25%~50%） 4级：霉菌在样品表面的覆盖面积大于50%
悬挂法			5级：长满整个样品表面

试验方法	标准代号	名称	防霉等级或报告
干式法	JIS Z 2911—2010	耐霉菌活性测试方法	0 级:无长霉 1 级:长霉面积不超过 1/3 2 级:长霉面积超过 1/3
湿式法			
平板培养法	GB/T 24346—2009	纺织品防霉测试方法	0 级:未长霉 1 级:生长面积小于 10% 2 级:在样品表面的覆盖面积为 10% ~ 30% 3 级:在样品表面的覆盖面积为 30% ~ 60% 4 级:在样品表面的覆盖面积 >60%
悬挂法			
平板培养法	FZ/T 60030—2009	家用纺织品防霉性能测试方法	0 级:无生长 1 级:微量生长 2 级:轻微生长 3 级:中量生长 4 级:严重生长

几种常用纺织品防霉标准比较见表 1 - 6。

表 1 - 6　几种常用纺织品防霉标准比较

项目	AATCC 30—2004	EN 14119—2003	JIS Z 2911—2010	GB/T 24346—2009
试样量	培养皿法:直径 3.8cm ± 0.5cm 悬挂法:(2.5 ±0.5) cm × (7.5 ±0.5)cm	2.0cm × 8cm	5.0cm × 5.0cm	3.8 cm ±0.5cm 圆形或正方形
接种量(mL)	培养皿法:0.2 悬挂法:1.0	0.5	1.0	1.0mL
接种菌液浓度 (CFU/mL)	悬挂法:5.0×10^6	1.0×10^6	—	$(1.0 \sim 5.0) \times 10^6$
稀释液	无菌水	无机盐湿润液	无菌水(加油润湿剂)	无机盐液

续表

项目	AATCC 30—2004	EN 14119—2003	JIS Z 2911—2010	GB/T 24346—2009
培养基	全营养培养基或无机盐培养基	全营养培养基或无机盐培养基	无机盐培养基	无机盐琼脂
培养时间（天）	培养皿法：7 或 14 悬挂法：14 或 28	培养皿法：28 悬挂法：28	培养皿法：14 悬挂法：28	培养皿法：28 悬挂法：28
孵育温度（℃）	28 ±1	29 ±1	26 ±2	28 ±2

在 AATCC 30 和 EN 14119 中，还有土埋法测试纺织品对微生物抗性。土埋法主要是测定土壤中微生物的代谢作用使纺织品发生颜色、生物降解等劣变，从而使产品的拉伸强度降低，对纺织品的质量产生不好的影响。测定所埋样品的断裂强度，用断裂强度表征它的抗霉能力。

4. 纺织品抗病毒效力测定 2014 年 8 月 19 日，国际标准化组织（ISO）正式发布《抗病毒纺织品测试标准》（ISO 18184—2014），规定了纺织品（包括机织和针织面料、纤维、纱线等）抗病毒性能的测试方法。在该标准中，测试病毒包括：一种包膜病毒，流感病毒，人体感染该病毒后可导致呼吸道疾病；另一种非包膜病毒，猫杯状病毒，人体感染该病毒后可导致肠胃疾病。该标准的发布标志着国际上抗微生物功能纺织品检测技术及评价体系的研究和发展有了新进展，抗微生物功能纺织品步入了抗病毒的新时代。

（二）AATCC 147—2011 平行划线法

多年来，平行划线法用于测试抗菌性能，革兰氏阳性菌和革兰氏阴性菌，已经证明是有效的。AATCC 147—2011 是通过抗菌剂向琼脂的扩散性能来描述抑菌活性。在平行划线法中，琼脂的表面是接种过的，这样便于区分测试的微生物和未杀菌的污染物有机体。

AATCC 147—2011 法目的是检测纺织材料上的抑菌活性。这个过程的结果已经被证明具有可重现性，不同的实验室对材料用多种标准洗涤剂进行水洗之后，材料上仍然存在大量的抗菌剂（通过化学测试后得出的结论）。这种方法对于得到对活性的粗略估计是有用的，这种方法中，接种液中的微生物从每条划线的一端逐渐减少到另一端，然后又从一条划线减少到另一条划线，导致了敏感程度的增加。抑菌区域的大小和划线的变窄是由多次水洗后的残留抗菌剂的抗菌性能引起的，即剩余抗菌性能的估计。

（三）AATCC 90—2011 试验法（抑菌环法、晕圈法）

AATCC 90 适用于溶出性抗菌（抑菌）产品的定性测试，其原理是：在琼脂培养基上接种试验菌，再紧贴试样，由于抑菌剂不断溶解以致在琼脂中扩散形成抑菌环，于 37℃下培养 24h 后，用放大镜观察菌类繁殖情况和试样周围无菌区的晕圈大小，与对照样的试验情况比较，通过测量抑菌环的宽度来评价抗菌能力的大小。此法一次能处理大量的试样,操作较简单,时间短。但也存在一些问题,例如,虽然规定了在一定时间内培养试验菌液,但是菌浓度却没有明确的规定。另外,阻止带的宽度代表的是扩散性和抗菌效力,与标准织物比较是有意义的,但不能作抗菌能力的定量评定。

1. 试验准备

(1)试验用菌。金黄色葡萄球菌(ATCC 6538)、大肠杆菌(ATCC 8099)、白色念珠菌(ATCC 10231)。

(2)试验器材。取菌针、取菌环、三角瓶、比浊管、无菌滴管、无菌镊子、无菌试管、微量移液器、温箱、游标卡尺、刻度吸管、电动混合器等。

(3)试验菌液的制备。用取菌环取冻干菌种加入到适量的营养肉汤中,使菌种融化分散,在37℃培养18~24h,作为第1代培养的菌悬液。取第1代菌悬液划线接种于营养琼脂培养基平板上,于37℃培养18~24h……最后取菌种第3~14代的营养琼脂培养基斜面上的新鲜菌落加入到适量的稀释液中,混合均匀,用比浊测定法粗测其含菌浓度,再稀释至浓度为(5×10^5)~(5×10^6)cfu/mL。

(4)试验样品的制备。将未处理样品(对照样品)与处理样品各制成直径为5mm的圆片(各4块),注意,对照样品与处理样品的材质应相同,以保证试验结果的准确性。然后将样品在高压下灭菌以保证试验结果的准确性。

(5)试验培养基。营养琼脂培养基、胰蛋白胨大豆琼脂培养基与沙堡琼脂培养基。

2. 试验步骤

(1)试验菌的接种。用无菌棉拭子蘸取浓度为(5×10^5)~(5×10^6)cfu/mL试验菌悬液,在营养琼脂培养基平板表面均匀涂抹,盖好平皿置室温干燥5min。

(2)试样的放置。用无菌镊子取样片贴放于平板表面,每个平板贴放4个试验样片,1片对照样片,共5片。各样片中心之间相距25mm以上,与平板的边缘相距15mm以上,贴放好后用无菌镊子轻压样片,使其紧贴于平板表面,盖好平皿。

(3)培养试验。将平皿置37℃温箱内培养16~18h。

(4)试验结果。即试验有效性测定。

①对照样应无抑菌环产生,否则试验无效。

②抑菌环直径大于7mm者,判为有抑菌作用,抑菌环直径小于或等于7mm者,判为合格。

观察结果,用游标卡尺测量抑菌环的直径(包括样品)并记录。重复做3次试验❶。

3. 改良AATCC 90试验法(喷雾法) 在培养后的试样上喷洒一定量TNT试剂,肉眼观察试样上菌的生长情况。其发色原理为TNT试剂因试验菌的琥珀酸脱氢酶的作用被还原,生成不溶红色色素而显红色,从而达到判定抗菌性的目的。该种方法的优点就

---

❶ 测量抑菌环时,选择均匀而完全无菌生长的抑菌环,测量其直径应以抑菌环外沿为界。

是无论试样是否有抑菌圈形成，只要平板上有细菌生长，就会显出红色。

4. 改良 AATCC 90 试验法（比色法） 在培养后试样上的菌洗出液中加入一定量的 TNT 试剂使其发色，15min 后用分光光度计测定 525nm 处的吸光度，求出活菌个数。但是以上两方法不适用于无琥珀酸脱氢酶的试验菌。

（四）改良的奎因试验法

奎因试验法（QUINN TEST）发表在 1966 年美国《Appl. Microbiol》杂志，其基本原理是将试验菌液接种于织物上，再覆盖以半固体琼脂培养基，在一定条件下培养一段时间后，观察织物上的菌落数，计算出抑菌率。这种方法周期短，并且可以同时一次测试多个布样，是一种简洁、方便的测试织物抗菌能力的定量测试方法，应用广泛。但此方法也存在着一些不足，如不适用于拒水织物的测试等。作者与青岛大学医学院邹承淑教授从 1984 年起就使用该方法，之后又对该方法进行了改良。

改良的奎因试验法适用于非溶出性抗菌整理剂处理织物的抗菌能力的定量检测。其原理与奎因试验法类似。此方法是一种简便、快速、重现性好的定量试验方法，与原始的奎因试验法相比，具有以下优点。

（1）一次能测试几种不同织物对同一种细菌的抗菌性能，提高了测试效率，节省了时间。

（2）接种菌液浓度小（6000 个/mL），营养充足，菌落变大，易用肉眼来直接观察菌落的生长，避免用显微镜观察造成的污染。

（3）稀释菌液用生理盐水代替肉汤，避免稀释过程中细菌增长，影响试验准确性。

（4）省略了织物加菌液后在一定相对湿度下干燥的过程，简化了实验步骤，也避免了干燥过程中因温度掌握不准而使细菌死亡的弊端。

但此方法中也仍然存在一些不足之处：此方法在覆盖琼脂培养基步骤中，为避免培养基溢出样品外，将加菌液后的样品平皿放入冰箱内 15min，其中没有规定具体的温度，而不适合的温度会造成细菌的死亡或增长，一般在 5～10℃能保证细菌不会死亡且不会增长，而且在样品的挪动过程中也会影响试验结果。

1. 试验的准备

（1）首选规定的试验用菌。金黄色葡萄球菌、大肠杆菌、枯草杆菌和白色念珠菌。

（2）试验仪器。无菌平皿（90mm）、无菌吸管（最小刻度 0.1mL）、取菌环（4mm）、试管、无菌镊子、滴管、细菌比浊管、三角烧瓶（250mL）、电热恒温培养箱（温度控制在 37℃±1℃）、普通电冰箱、高压蒸汽灭菌器、天平、电炉等。实验所用玻璃器皿均需洗刷干净，晾干后于 121℃下高压蒸汽灭菌 30min。

（3）试验材料。1 平方英寸大小（2.54cm^2）整理及同类未整理织物。

（4）试验用培养基的制作。

①营养琼脂培养基制作方法为：琼脂 20～30g、肉膏汤 1000mL 放入三角烧瓶内混合

并溶解,于121℃高压灭菌30min,之后冷却至50℃左右,取15mL注入无菌平皿中,待其凝固,放入冰箱保存。

②沙保氏(Sabourand)培养基制作方法为:葡萄糖或蔗糖4g、蛋白胨1g、琼脂1.8g、蒸馏水100mL,放入三角烧瓶内混合并溶解,高压下灭菌15min。之后冷却至50℃左右,取15mL注入无菌平皿中,待其凝固,放入冰箱保存。此培养基用于真菌培养。

(5)试验用生理盐水的制备方法。取8.5gNaCl溶于1000mL蒸馏水制成0.85%的生理盐水,于121℃下高压灭菌30min。

2. 试验的具体操作程序

(1)试验菌液的制备。用取菌环取保存菌种,用划线法接种到适于该菌生长的培养基中,(真菌应接种到沙保氏培养基平皿中,其他菌种接种到营养琼脂平皿中),37℃±1℃培养24~48h,然后取培养后菌落接种到新的培养基中,37℃±1℃培养24~48h,再次接种,37℃±1℃培养18h,取新菌落,用生理盐水稀释配制成约6000个/mL细菌的菌液。

稀释方法:用取菌环挑取培养基上生长的数个菌落,放入盛有10mL生理盐水的试管中混匀,通过比浊管比浊配制成3×10^8个/mL的标准菌液;然后对标准菌液用生理盐水进行一系列的稀释,使最终含菌数为6000个/mL备用,具体稀释法如下(用生理盐水稀释):

生理盐水10mL+菌液=3×10^8个/mL ①
取菌液① 0.1mL+0.9mL生理盐水=3×10^7个/mL ②
取菌液② 0.1mL+0.9mL生理盐水=3×10^6个/mL ③
取菌液③ 0.1mL+0.9mL生理盐水=3×10^5个/mL ④
取菌液④ 0.1mL+0.9mL生理盐水=3×10^4个/mL ⑤
取菌液⑤ 0.2mL+0.8mL生理盐水=6×10^3个/mL ⑥

(2)试样的准备。测试前先将整理织物及同类未整理织物分别进行高压蒸汽灭菌,以去除织物上的杂菌,有时还要根据测试要求,在测试抗菌性能之前,先将抗菌织物进行其他处理,如耐洗涤性、耐高压性及耐紫外线性等。其测试时所使用的具体参数可根据所测目的等来确定。

(3)接种与培养。

①用无菌镊子将处理及未处理样品分别平贴于相应的培养基平皿上,注意镊子不要划伤培养基表面。

②用无菌吸管吸取0.1mL配制好的菌液,均匀加到每个样品上。

③以无菌滴管吸取0.5~0.7mL冷却至50℃左右的琼脂培养基,慢慢滴加到每块样品上。每块样品上均匀覆盖一层约1mm厚的培养基为宜。放入37℃温箱内培养20~24h,取出观察结果。

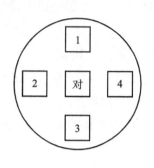

图1-4　样品的摆放

为避免覆盖培养基溢出,可将加菌后的平皿先放入冰箱内15min;取出,立即覆盖培养基。

本试验可用于多个样品对同一种细菌的抗菌性能的同一时间测试,如图1-4所示。即将不同材料样品分散平放于同一平皿中,接种同一菌液,覆盖同一培养基,相同条件下培养,观察结果。每个样品对一种细菌的抗菌性应平行测试4次。

（4）结果计算。以肉眼观察计数每个平皿上每块样品上的菌落个数。

计算出抗菌率:

$$抗菌率 = \frac{未处理样品菌落平均数 - 处理样品菌落平均数}{未处理样品菌落平均数} \times 100\%$$

抗菌率越高,性能越好。

（5）注意事项。

①裁剪样品时应注意在整块样品上取样的平均性,不要集中于一处裁剪。

②覆盖用琼脂培养基温度不能过高,以免杀死细菌,且温度过高,液体稀薄,易溢出样品外。

③试验报告中要注明试验用细菌名称及所用样品的描述,接种菌浓度,抗菌率大小,试验人员和试验日期及任何偏离本标准的情况。

（五）振荡烧瓶法

振荡烧瓶（Shake Flask）法,是 Dow corning 公司为克服 AATCC 100—1999 法的缺点而开发的可评价非溶出型纤维制品抗菌性能的一种方法。

振荡烧瓶法是模仿人体的穿着条件,使细菌在振荡条件（300r/min）下与织物内抗菌剂接触,振荡 1~6h 之后,经细菌培养计数,计算细菌减少百分率,从而确定抗菌性能大小。

此方法被测试样不受纺织品形状的限制,不仅适用于一般的纺织织物,而且还适用于凹凸不平的织物、有毛或羽的织物和粉末状织物等,使用范围广泛。而且还可适用于抗菌塑料、抗菌瓷砖等抗菌制品。

1. 试验准备

（1）试验用菌。金黄色葡萄球菌（ATCC 6538）,大肠杆菌（ATCC 8099）,白色念珠菌（ATCC 10231）。

（2）试验仪器及试剂。振荡摇床（300r/min）,三角烧瓶（250mL）,吸管（容量为 1mL 和 10mL）,天平（感量为 ±0.1g）,比浊管,取菌环（4mm）,无菌平皿（直径为 9cm）,磷酸盐缓冲液（PBS,0.03mol/L,pH 为 7.2~7.4）,蒸馏水 1000mL,非离子表面活性剂（吐温 80）。

（3）试验用培养基的制作。

①营养琼脂培养基制作方法。将蛋白胨10g、牛肉膏5g、氯化钠5g、琼脂20g、蒸馏水1000mL混合。

②沙堡氏琼脂培养基制作方法。蛋白胨10g、葡萄糖40g、琼脂20g、蒸馏水1000mL混合并溶解。

③肉汤培养基制作方法。将蛋白胨10g、牛肉膏5g、氯化钠5g溶于蒸馏水1000mL。

（4）菌液的制备方法。用取菌环取冷冻菌种接种于肉汤培养基,37℃,培养18～24h,之后取其菌落以划线法接种于营养琼脂培养基平板上,37℃,培养18～24h,再取培养基上典型菌落接种于营养琼脂斜面,37℃,培养18～24h,取第3代培养基上菌落,加入到PBS中,混合均匀,用比浊管比浊粗测其菌浓度,用PBS稀释至所需浓度,备用。

（5）试样的制备。将抗菌产品及同材料未抗菌产品剪切成10mm×10mm,或直径为10mm圆形样片,称取约0.75g分装包好,备用。

2. 试验的具体操作步骤

（1）首先本试验设不加样品组、未抗菌处理织物组和抗菌织物组,标好记号,三组试验同时进行。

（2）试验菌液准备。吸取5mL菌悬液加入至装有70mL PBS的容量为250mL的烧瓶中,使菌液浓度为$(1 \times 10^4) \sim (5 \times 10^4)$ cfu/mL。

（3）振荡前样液制备。取备好样品分别放入有上述菌液的烧瓶中,将烧瓶固定在振荡摇床上,20～25℃,300r/min,振荡2min,振荡后吸取1mL菌液,用PBS作两倍系列稀释,作为振荡前样液。吸取振荡前样液1mL,以琼脂倾注法接种平皿,37℃培养24～48h,进行活菌培养计数。

（4）振荡后样液制备。取备好样品分别加入有试验菌液的烧瓶中,将烧瓶固定在振荡摇床上,20～25℃,300r/min,振荡1h,振荡后吸取1mL菌液,用PBS作两倍系列稀释,作为振荡后样液。吸取振荡后样液1mL,以琼脂倾注法接种平皿,37℃培养24～48h,进行活菌培养计数。

（5）不加样品组。试验同时所做的不加样品试验,试验条件同（3）和（4）,只是烧瓶内不加样品,最后分别对振荡前和振荡后样液进行活菌培养计数。

（6）试验重复3次,按下式计算抑菌率。

$$抑菌率 = \frac{振荡前平均菌落数 - 振荡后平均菌落数}{振荡前平均菌落数} \times 100\%$$

（7）试验有效性评定。

①不加样品组活菌计数在$(1 \times 10^4) \sim (2 \times 10^4)$ cfu/mL,且振荡前后平均菌落数差值

在10%以内,试验有效。

②抗菌整理织物与未抗菌整理织物的抑菌率差值>26%,该样品有抗菌作用。

有专家对振荡烧瓶法进行了修改:将菌浓度从$10^8 \sim 10^9$cfu/mL每次10倍稀释到$(1.5 \times 10^5) \sim (3.5 \times 10^5)$cfu/mL,第一次用AATCC肉汤稀释,第二次开始用磷酸盐缓冲液稀释,制成接种菌液。另外,在作10倍系列稀释时,用0.85%冰冷生理盐水代替牛肉汤。

（六）AATCC 100—2012 织物防菌整理的评价

AATCC 100—2012是一种容量定量分析方法,该法于1961年由AATCC委员会提出,1965,1981,1988(标题改变),1993,1999,2012修正;1969,1971,1974,1985,2009,2010编辑修正;1977,1981,1989,1998重申;1986,2004编辑修正并重申,2012年修订。该方法是国外使用较广泛的抗菌性测试法之一,也是后来国内外一些新方法的起源。此方法的原理为:在待测试样和对照试样上接种测试菌,并在一定条件下培养后,分别加入一定量中和液,强烈振荡将菌洗出,用稀释平板法测定洗脱液中的菌液浓度,进行活菌培养计数,得到抗菌织物的细菌减少百分率,评价该织物抗菌杀菌性能。

1. 试验准备

(1)试验用培养基的制备方法。将AATCC肉汤,胨或硫酮10g,牛肉汁5g,氯化钠3g,蒸馏水1000mL混合并加热至溶解,用NaOH调节pH到6.8。并取10mL加入125mm×17mm管中,在103kPa杀菌15min。

(2)试验样品的制备。从试验织物及对照织物中分别剪取直径约为4.8cm的圆样布,以吸收1mL接种体为宜。其中,试验织物与对照织物应为相同纤维和组织的样布。在试验之前应将样布消毒,对于棉、醋酯纤维和许多黏胶纤维采取在高压锅中消毒,羊毛用环氧乙烷或者在流动蒸汽中间歇式地分馏消毒。

(3)试验菌的培养。用一直径为4mm的接种环,在2周内,每天把菌株转移到AATCC肉汤中。最后一天,从培养基中移出新的菌群到AATCC琼脂斜面上,在37℃或其他最佳温度下培养。

这个斜面的成分与AATCC肉汤一样,只是加入了1.5%的琼脂。该斜面培养基需在5℃下储藏,每隔一个月调换一次。将培育24h的试验菌用AATCC肉汤稀释,使其浓度为$(1 \times 10^5) \sim (2 \times 10^5)$个/mL。

2. 试验的具体步骤

(1)织物的接种。在准备接种前,振荡24h培养基并静置15~20min,用移液管吸取1mL菌液,小心地将菌液均匀涂于织物上,以保证其更好地分布,拧紧玻璃管的顶盖防止菌液蒸发。

(2)"0"接触时间培养。接种后,尽快地将100mL中和剂溶液加入到装有样品(未处理样布、处理过的样布）的瓶中，剧烈摇晃 1min，配制系列稀释液并平摊在色氨酸葡萄糖萃取琼脂中（复制两份），稀释倍数通常为 10^0、10^1、10^2 倍。中和剂溶液中，应包括配合剂，以便能中和特殊整理的抗菌织物，并要特别注意织物的 pH 的变化，应该记录所用的抗菌剂。

（3）超过时间培养。将接种后的样品（未处理样品、处理过的样品）在 37℃，培养 18～24h，可超时培养（超 1～6h）以便能建立超过处理时间与细菌活度有关的联系。培养后，各自加入 100mL 中和溶液，摇晃 1min，配制系列稀释并平摊在色氨酸葡萄糖萃取琼脂中（复制两份），稀释倍数通常为 10^0、10^1、10^2 倍合适，对于未处理的对照织物来说，培养的周期不同就要采用不同的稀释方法。

3. 试验结果有效性测定

（1）细菌数应是以瓶中样布中每块上的细菌数为单位，而不是以每毫升中和液中的细菌数为单位，记录"0"时间接触细菌数是指稀释 10^0 倍时小于 100 的数值。

（2）未接种试样上的菌落数应为"0"。

（3）经一定时间培养后，接种对照样上的细菌数应明显高于"0"接触时间细菌数。

（4）细菌减少率的计算。

$$细菌减少率 = \frac{B(或 C 或 \frac{B+C}{2}) - A}{B(或 C 或 \frac{B+C}{2})} \times 100\%$$

式中：A—— 处理试样经一段时间培养后的细菌数；

B—— 处理试样"0"接触时间的细菌数；

C—— 对照样"0"接触时间的细菌数。

如果 B 和 C 不相近，就用两者中较大的数；若 B 和 C 两者接近，则用 $\frac{B+C}{2}$ 数据。

（七）AATCC 100—2012 抗菌纺织品的评价方法

本测验方法对抗菌活性的评估提供一个定量程序。对抗菌纺织材料的评价将根据其抗菌活性来确定。若测试抗菌整理试样的抗菌活性（繁殖被抑制），通过定性程序，将抗菌整理试样与空白样的活性进行对比，就能清楚地说明抗菌的活性能否被接受。但是，如果需要杀菌的活性，则定量的评估是必要的。定量评估也为抗菌整理的纺织材料的使用提供了更准确描述的一种手段。

1. 原理　本测试方法通过织物与细菌接触 24h 后，对抗菌活性的定量评定，经培养后，细菌从织物上洗脱，通过计算细菌的减少百分比来评价织物抗菌杀菌性能。

2. 试验准备

（1）试验细菌。金黄色葡萄球菌，AATCC 6538 革兰氏阳性菌，CIP4. 83，DSM799，

NBRC13276，NCIMB9518 或等同菌种。肺炎克雷伯菌，AATCC 4352 革兰氏阴性菌，CIP104216，DSM789，NBRC13277，NCIMB10341 或等同菌种。

（2）培养基和试剂。营养肉汤/琼脂培养基（NB，NA），胰蛋白胨大豆肉汤/琼脂（TSB，TSA），脑心浸出液肉汤/琼脂（BHIB，BHIA），Muller - Hinton 肉汤/琼脂。

（3）设备培养箱。37℃ ±2℃（99 ℉ ±4 ℉）接种环、酒精灯、立体显微镜（40x 倍镜）。

（4）测试样品。试验的纺织品切成直径为 4.8cm ±0.1cm（1.9 英寸 ±0.03 英寸）的圆形（尽可能地使用钢模切取），将样品堆叠在 250mL 带有螺旋盖的广口瓶里，用于旋加 1.0mL 的接种液。样品数量由纤维的类型和纺织品的结构来决定。

（5）空白对照样。按上述相同的方法，准备没有抗菌处理的相同纤维类型和织物结构的样品，作为空白对照样

3. 试验步骤 从经接种并培养 24h 的营养肉汤培养物中吸取 1.0mL ±0.1mL，采用合适的稀释液进行稀释，对织物进行接种。在接种之后（即"0"接触时间），立即分别添加 100mL ±1mL 中和液到装有接种的空白对照样和接种的抗菌测试样，以及未接种的抗菌测试样的每个广口瓶内。定时保温培养。对空白对照样及抗菌处理样，接种后，在 37℃ ±2℃温度下培养 18~24h。也可在接种后分别对各试样保温培养 1~6h，为抗菌活性提供有用的信息。将已浇灌营养琼脂并凝固的平皿放入培养箱，在 37℃ ±2℃（或者其他最佳的温度）保温培养 48h。

4. 实验评价 报告细菌计数作为每个样品的细菌数量（在容器中的样布），而不是每升中和液的细菌数量。

通过以下公式计算细菌减少的百分比：

$$R = \frac{B - A}{B} \times 100\% \tag{1}$$

或

$$R = \frac{C - A}{C} \times 100\% \tag{2}$$

或

$$R = \frac{D - A}{D} \times 100\% $$

$$D = \frac{B + C}{2} \tag{3}$$

式中：A——接种的试样培养后菌数；

$\quad$ B——试样"0"接触时间接种菌数；

C——对照样"0"接触时间接种菌数。

当 B 和 C 不一致时,选择数值大的计算,应用式(1)或式(2);如果 B 和 C 相差不大时,则可以用式(3)计算。若没有对照样,则用下式来计算:

$$R = \frac{(B - E) - (A - F)}{B - E} \times 100\%$$

式中:E——未接种试样初始的菌数;

F——未接种试样经接触培养后的菌数。

5. 试验的有效性判断

(1)"0"接触时间未接种抗菌测试布样的菌落数为零。

(2)接种且定时保温培养后的空白对照样的菌落数显著增加

(3)仅适用于用肉汤作稀释液的情况。

对每个测试菌种,报告细菌减少的百分比数。

(八)JIS L 1902—2015 纺织品的抗菌性试验方法

日本工业标准 JIS L 1902—2015 纺织品的抗菌性试验方法是在 2008 年制定和 2008 年修改的基础上又作了改进的抗菌性试验方法。在 2002 年制定的方法中规定了抑菌环法,2008 年修改后添加了定量试验方法——菌液吸收法。JIS L 1902—2015 标准介绍了两种试验方法,定性试验方法和定量试验方法。定量试验方法介绍了两种,分别为菌液吸收法和细菌复制法。其定性方法(抑菌环法)和菌液吸收法与 JIS L 1902—2008 标准中的原理及方法基本相同,其细菌复制法原理是将细菌在加压条件下复制,接种至调湿过的试验片上,然后在一定湿度下培养一段时间,再对样品进行洗脱,活菌计数,最后得到细菌减少值。新旧标准对比见表 1–7。

表 1–7 日本工业标准 JIS L 1902 新旧标准对比

标准项目		新标准 JIS L 1902—2015	旧标准 JIS L 1902—2008
适用范围		抗菌除臭处理及抑菌处理的纺织品	
试验种类	定性试验	抑菌环法	菌液吸收法
	定量试验	菌液吸收法、细菌复制法	菌液吸收法
试验用细菌		金黄色葡萄球菌、肺炎克雷伯氏菌、甲氧苯青霉素耐金黄色葡萄球菌、假单胞菌属、大肠杆菌(在加工品上分别用规定的试验菌)	金黄色葡萄球菌、肺炎克雷伯氏菌

标准项目		新标准 JIS L 1902—2015	旧标准 JIS L 1902—2008
试验菌液 的调制	抑菌环法	吸光度法、发光测定法	混合平板培养法
	菌液吸收法	吸光度法、发光测定法	吸光度法
	接种法	吸光度法、发光测定法	
活菌数的 测定	菌液吸收法	混合平板培养法、发光测定法	混合平板培养法
	接种法	混合平板培养法、发光测定法	
抗菌效果的评价		定性或定量的抗菌效果	

JIS L 1902—2015 标准适用于评价用抗菌剂、除臭剂及抑菌剂处理纺织品的抗菌性能。但是对于不能形成抑菌环的非溶出型的抗菌剂加工制品，不能使用抑菌环定性试验法。

1. 试验类型及方法 根据测试的目的选择适当的方法，如抗菌除臭加工纺织品，宜采用菌液吸收法，在抑菌加工的纺织品上要灵活运用菌液吸收法或细菌复制法。

（1）定性试验。当纺织品上的抗菌剂可在琼脂培养基平板上扩散时，可通过观察抑菌环的方法评价其抗菌性能。

（2）定量试验。

①菌液吸收法。根据活菌计数或灭菌计数进行评价的试验方法。该试验方法用于评价高湿状态下纺织品的抗菌性能，最适合测试在使用过程中带有汗液或水分的制品，如内衣、衬衣、休闲装、睡衣、围裙等。

②细菌复制法。根据细菌减少值进行评价的试验方法。其最大的特点就是细菌的非繁殖试验。该试验方法用于评价低湿状态下纺织品的抗菌性能，如评价医生装、护士服、窗帘、地毯的抗菌性能。该方法不适宜测试带汗液或水分的制品。

2. 技术用语的定义

（1）抗菌防臭整理。为抑制细菌在纺织品上的增长从而达到防臭效果所采用的处理方法。

（2）抑菌整理。抑制细菌在纺织品上繁殖为目的的加工处理。

（3）抗菌性。抑制细菌的繁殖同时有杀灭细菌的功能。

（4）混合稀释平板培养法。采用 10 倍稀释法，测定稀释系列培养后的菌落数，计算细菌数的方法。

（5）发光测定法。根据细菌细胞内含有定量的 ATP（三磷酸腺苷）对活菌数换算的方法。

3. 抗菌指标及试验用细菌 抗菌除臭加工或抑菌加工纺织品应达到表 1 – 8 的抗菌

指标。

表1-8　抗菌产品与试验方法、抗菌指标的关系

试验种类		抗菌效果	抗菌加工产品
定性试验	抑菌环法	存在抑菌环	抗菌除臭加工及抑菌加工产品
定量试验	菌液吸收法	抑菌活性值2.0以上	抗菌除臭加工产品
		灭菌活性值0以上	抑菌加工产品
	细菌复制法	菌减少值0以上	（一般用途及特殊用途）

　　日本纺织检查协会的专家在北京洁尔爽高科技有限公司微生物及螨虫实验室交流时指出：尽管抑菌活性值、灭菌活性值和细菌减少值数值越大抑制细菌繁殖的效果就越好，但从对环境的影响及安全性的角度考虑，无限大的数值也并不完全是一件好事。对于抗菌除臭加工及抑菌加工产品而言，上述这些数值可以被认为是最低的抗菌效果。实际上，抗菌除臭纺织品的使用和保管的状况、纺织品上附着的细菌种类和制品本身的营养等都影响抗菌效果。试验用细菌见表1-9。

表1-9　不同的抗菌处理类型所采用的试验用菌

抗菌处理类型		试验用细菌
抗菌和除臭处理		金黄色葡萄球菌
抑菌处理	一般用途	金黄色葡萄球菌
		肺炎克雷伯氏菌
		假单胞菌属*
		大肠杆菌*
	特定用途	金黄色葡萄球菌
		肺炎克雷伯氏菌
		甲氧苯青霉素耐金黄色葡萄球菌（MRSA）
		假单胞菌属*
		大肠杆菌*

注　1. 带有*的细菌试验可以省略。

　　2. 试验用的细菌菌株必须与国际微生物菌株保存联盟或日本微生物菌株保存联盟保存的菌株有相同的系列。

4. 试验准备

（1）药品、材料和器具。

①试验用药品。酒精，氯化钠，盐酸，氢氧化钠，磷酸二氢钾，磷酸二氢钠，乙酸，非离子表面活性剂（吐温80）。符合微生物试验标准的琼脂，牛肉脯，蛋白胨，酪蛋白胨，大豆蛋白胨，卵磷脂，胰化（蛋白）胨，葡萄糖。符合生物化学试验标准的腺苷-5′三磷酸二钠

三水化合物,三羟甲基甲胺,依地酸二钠二水化合物,醋酸镁四水化合物,DL－二硫苏糖醇,荧光素酶(EC 号 1.13.12.7),D－虫荧光素,牛血清蛋白,蔗糖,双磷酸酶(腺苷三磷酸)(EC 号 3.6.1.5),腺苷脱氨酶(EC 号 3.5.1.4)。

②试验用材料和器具。棉塞,培养皿(内径约 90mm),铂金接种环(顶端有大约 4mm 的环),玻璃棒,干热灭菌器,高压锅,安全操作台,洁净工作台,pH 测定器,振动器,两支分光光度计(波长分别为 660nm 和 300～600nm),恒温箱(温度能够保持在 37℃±1℃),小瓶(30mL,玻璃或聚四氟乙烯制造,瓶盖用聚丙烯制造),不锈钢圆形盘(直径大约 28mm,重大约 20.0g),镊子(安装过滤膜的专用工具),过滤膜(聚碳酸酯膜,直径 47mm,孔径 0.4mm),复制装置,标准织物(符合 JIS L 0803 标准规定的色牢度用白布,洗涤 10 次,水温 60℃)。

(2)试验前准备。当进行细菌操作时,将袖子卷到胳膊肘上,用纱布浸 70%～90% (体积含量)的酒精或 0.1%～1% 的肥皂液后消毒手和胳膊。

试管、小瓶、烧瓶、吸管、镊子等,用碱或中性洗涤剂仔细冲洗,干燥后用干燥杀菌或高压蒸汽杀菌的方法处理。

(3)杀菌方法。有干热、高压蒸汽、火焰、酒精等灭菌方式,具体方法与 JIS L 1902—1998 相同。

(4)培养基的制作方法。

①普通琼脂培养基。取 5.0g 牛肉脯、10.0g 蛋白胨、5.0g 氢氧化钠和 15g 琼脂培养基及 1000mL 纯净水放在三角烧瓶里进行混合,在沸腾的水浴中加热,使之充分溶解。用 0.1mol/L 的氢氧化钠溶液将 pH 调到 7.0±0.2,盖上棉塞,用高压蒸汽灭菌。当需要进行稀释菌液时,将此培养基加热到 45～46℃。调试后暂不用的试剂在 5～10℃保存,保质期为 1 个月。

②牛肉汤细菌培养基。取 5.0g 牛肉脯、10.0g 蛋白胨、5.0g 氢氧化钠及 1000mL 纯净水放在三角烧瓶里进行混合,使之充分溶解。用 0.1mol/L 的氢氧化钠溶液或盐酸将 pH 调到 7.0±0.2,盖上棉塞,用高压蒸汽灭菌。调试后暂不用的试剂在 5～10℃保存,保质期为 1 个月。

③营养细菌液培养基。取 3.0g 牛肉脯、5.0g 蛋白胨及 1000mL 纯净水放在三角烧瓶里进行混合,使之充分溶解。使用 0.1mol/L 的氢氧化钠溶液或盐酸将 pH 调到 6.8±0.2 (25℃),如果有必要,取一部分加入到试管中,盖上棉塞,用高压蒸汽灭菌。调试后暂不用的试剂在 5～10℃保存,保质期为 1 个月。

④营养琼脂培养基。取 3.0g 牛肉脯、5.0g 蛋白胨和 15.0g 琼脂粉及 1000mL 纯净水放在三角烧瓶里进行混合,在沸腾的水浴中加热,使之充分溶解。用 0.1mol/L 的氢氧化钠溶液将 pH 调到 6.8±0.2(25℃),盖上棉塞,用高压蒸汽灭菌。当需要进行稀释菌液时,将此培养基加热到 45～46℃。调试后暂不用的试剂在 5～10℃保存,保质期为 1

个月。

⑤斜面细菌培养基。将按①制备的普通琼脂培养基加热溶化后,取大约 10mL 或者按④制备的营养琼脂培养基取大约 10mL 倒入试管中,盖上棉塞,用高压蒸汽灭菌。灭菌后将试管倾斜 15°放在洁净操作台上,使之凝固(图 1-5)。当试管内没有凝固水时,需要重新熔化且凝固后才能再使用。调试后暂不用的试剂在 5~10℃保存,保质期为 1 个月。

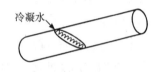

图 1-5　斜面细菌培养基示意图

⑥琼脂培养基。采用琼脂粉末 20.0g 放入加有 1000mL 纯净水的三角烧瓶里,在水浴中加热至沸腾,使粉末充分溶解后,盖上棉塞,采用高压蒸汽杀菌。调试后暂不用的试剂在 5~10℃保存,保质期为 1 个月。

⑦SCDLP 培养基。将酪蛋白胨 17.0g、大豆蛋白 3.0g、氯化钠 5.0g、磷酸二氢钾 2.5g、葡萄糖 2.5g、卵磷脂 1.0g、1000mL 的纯净水放入三角烧瓶里进行混合,使之充分溶解,再加入非离子表面活性剂 7.0g,溶解后,用氢氧化钠或盐酸溶液调试 pH 为 7.0 ± 0.2 (25℃)。根据需要装入试管内,盖上棉塞,采用高压蒸汽杀菌。调试后暂不用的试剂在 5~10℃保存,保质期为 1 个月。

⑧ATP 标准液调试用 SCDLP 培养基。取 SCDLP 培养基 10mL,加入 ATP 消除剂〔制备方法详见下述(6)⑤〕1mL 进行振动,为不受微生物污染,在 37℃保温 1h,然后放入 70~90℃的热水中保温 1h,再进行冷却。冷藏保存,24h 内使用。

(5)生理盐水的制备方法。

①生理盐水。取 8.5g 氯化钠、1000mL 的纯净水放入三角烧瓶中,使之充分溶解,如果有必要,取一部分放入试管里,用高压蒸汽灭菌,调试后暂不用的试剂在 5~10℃保存,保质期为 1 个月。在保存中,要严格密封,防止由于水分的蒸发使液量产生变化。

②洗脱用生理盐水。取 8.5g 氯化钠、1000mL 的纯净水放入三角烧瓶中,使之充分溶解,再加入 2.0g 非离子表面活性剂,溶解后取混合液 20mL 放入试管,烧瓶用高压蒸汽灭菌,调试后暂不用的试剂在 5~10℃保存,保质期为 1 个月。

(6)发光测定用试剂的制备。

①ATP 标准试剂原液(2×10^{-6} mol/L)(以下称 ATP 标准试剂)。把腺苷-5-三磷酸二钠三水化合物溶入纯净水中,调试后密封在 -20℃保存,保质期为 6 个月。

②ATP 发光试剂用缓冲液。在 240mL 纯净水中分别溶解三羟甲基甲胺 760mg、依地酸二钠二水化合物 370mg、醋酸镁四水化合物 800mg、DL-二硫苏糖醇 8mg。采用稀释后的乙酸,将 pH 调试在 7.5 ± 0.2 的范围。调试后纯净水的容量为 250mL。保质期为 8h。

③ATP 发光试剂。取 ATP 发光试剂用缓冲液 30mL,分别加入荧光素酶 10mg、D-虫荧光素 15mg、牛血清蛋白 60mg。溶解后在常温下放置 15min 后使用,保质期为 3h。

④ATP 提取试剂。把 10% 的二氯甲苯溶液用 10 倍的纯净水稀释。

⑤ATP 消除剂。在含有 0.037% 蔗糖，0.005mol/L 磷酸二氢钠，pH 为 7.2 ± 0.2 （25℃）的 10mL 缓冲液中加入 5 国际单位的双磷酸酶（腺苷三磷酸）和 5 国际单位的腺苷脱氨酸酶进行溶解，保质期为 3h。

⑥菌液调试用缓冲液。$pH = 7.2 \pm 0.2$（25℃），含有 0.037% 蔗糖，0.005mol/L 磷酸二氢钠。

（7）细菌的转接及保存。试验细菌的转接应在无菌状态下进行。用一只手拿贮藏菌株的试管和斜面培养基（定量实验用普通琼脂培养基，定性实验用营养琼脂培养基），另一只手拿铂金接种环，并拨出试管的棉塞，用火焰对试管口部灭菌。铂金接种环用火焰灭菌，然后插入到斜面培养基中冷凝水的部分进行充分冷却，将铂金接种环插入贮藏菌株的试管中，刮一环培养基表面的细菌，接种在新的斜面培养基上；再一次用火焰对试管口部灭菌，盖好棉塞，37℃±1℃培养 24~48h，然后在 5~10℃贮藏。用火焰对铂金接种环灭菌。

1 个月内应再进行一次转接。转接的代数应限制在 10 代以内，而且转接培养菌保质期 1 个月。根据转接和保存法，在细菌性质变化的同时还会混入不同类型的细菌，要经常与原菌株进行比较，注意观察。

5. 试验菌液的培养与活菌浓度的测定

（1）试验菌液的培养。

①培养 A 菌液。用铂金接种环把保存菌转接到斜面培养基上，在 37℃±1℃培养 24~48h。

②培养 B 菌液。用铂金接种环把培养 A 的培养菌转接到牛肉汤细菌培养基上，在 37℃±1℃培养 24~48h。

③培养 C 菌液。用铂金接种环取保存细菌，在营养平板琼脂培养基上划线，在 37℃±1℃培养 24~48h。平板应在 5~10℃保存，保质期 1 周。

④培养 D 菌液。取斜面细菌培养基 20mL 加入到 100mL 三角烧瓶中，用一铂金接种环从培养 C 的平板中取菌株，接种到细菌培养基上，37℃±1℃下进行培养 18~24h（转数 110r/min，标准振幅 3cm）。

⑤培养 E 菌液。取斜面细菌培养基 20mL 加入到 100mL 三角烧瓶中，加入 0.4mL 培养 D 的菌液［菌浓度为 $(1 \times 10^8) \sim (2 \times 10^8)$ 个/mL］，37℃±1℃下进行培养 3h±1h（转数 110r/min，标准振幅 3cm）。培养后达到的目标细菌数为 10^7 个/mL。冰冷的条件下，培养液保质期 8h。

（2）活菌浓度的测定。可利用混合平板培养法或发光测定法测试活菌的浓度。根据北京洁尔爽高科技有限公司微生物及螨虫实验室的经验，发光测定法步骤繁杂，并且菌浓度的测试重现性和混合培养法相同。因此，用混合稀释培养法测试活菌浓度即可。

制作混合平板时,注意混合要均匀并严格控制混合平板培养基温度。培养基的温度一旦过高,细菌就会死掉;温度过低培养基变硬,就达不到均匀的混合效果。依据 10 倍稀释法的混合培养法测试,按下列顺序进行。

用灭菌后的吸管取 1mL 洗脱液放入试管里,再加入生理盐水 9mL ± 0.1mL,进行充分搅动。然后用新的吸管从这个试管里取 1mL 放入另一只试管里,再加入生理盐水 9mL ± 0.1mL,进行充分搅动。此项操作反复进行,根据 10 倍稀释法完成稀释系列操作。从各稀释系列试管中,分别用新的吸管取 1mL 放在其他的两个培养皿里,加入 45~46℃ 营养琼脂培养基大约 15g,盖好盖子在常温下放置 15min。如果培养基凝固就把培养皿倒置,在 37℃ ±1℃ 培养 24~48h。培养后,测定出现 30~300 个菌落的稀释系列的培养皿中的菌落数。根据下式求出洗脱液的细菌浓度,有效数字到 2 位数。

$$K = Z \times R$$

式中:Z——菌落数(2 个培养皿的平均值),个/mL;

R——稀释倍数。

6. 定性试验(抑菌环法) JIS L 1902—2002 中除混合平板培养基的制备方法与 JIS L 1902—1998 稍有不同外,试片的制备要求、试片的放置、培养试验、试验有效性及结果评定等与 JIS L 1902—1998 完全相同。

混合平板培养基的制备:将灭菌后、调试好的定性试验的菌液 1mL 放入培养皿里,再把 45~46℃ 保温后的普通琼脂培养基 15mL 加入培养皿内,充分搅匀。在室温放置,使培养基凝固。将平皿倒置,并把盖倾斜放置,再在室温下放置 0.5~3h,使过量的水分蒸发。

其中,在定性试验菌液的调试方法中,菌浓度及培养基浓度会影响抑菌环的大小,因此根据吸收光度法或发光测定法推算培养 B 的菌液浓度,用室温下的牛肉汤细菌培养基把细菌浓度调试到 $10^6 \sim 10^7$ 个/mL。

7. 定量试验(菌液吸收法)

(1)试片制备。取 0.4g,尺寸大约为 18mm × 18mm 的正方形样品,作为标准试样。准备此标准试样 6 块,同大小的抑菌处理样品 3 块。取试片时,应注意避免沾污。

(2)试片灭菌。将制作好的试片分别装进小瓶中。将这些瓶子放进一个金属篮中,用铝箔封住篮子的顶部,另外用铝箔包住小瓶的盖子(图 1-6),同时用高压蒸汽处理(121℃,15min)。从高压锅中取出后,拿掉铝箔,放在一个洁净的工作台上干燥 60min 以后,盖紧小瓶盖。

说明:

①易卷曲的试片,按正方形取 0.4g,折叠成大约 18mm × 18mm 的正方形,用玻璃棒将它放入到一个小瓶中,或将其一端或两端固定。

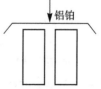

图 1-6 试片的高压蒸汽灭菌处理方法示意图

②当使用棉或羽毛时,取 0.4g 装入小瓶中,再放入一个玻璃棒。

③当使用纱线时,取几束放在一起使之成为片状,再放入一个玻璃棒。

④地毯等裁取绒毛部分,取 0.4g 绒毛放入小瓶中,再放入一个玻璃棒。

（3）试验操作。

①试验菌液的接种。取调试好的定量试验（菌液吸收法）的菌液 0.2mL,分别接种到 3 块标准织物试片上,为使菌液充分浸透试片,可以在菌液中混入 0.05% 的非离子表面活性剂,并在试验结果的记录中注明。对菌液难以浸透的试片,用玻璃棒等促进其浸透。然后将瓶盖盖紧。

其中,定量试验（菌液吸收法）菌液的调试方法是,试验菌液的菌浓度直接影响试验结果,根据吸收光度法或发光测定法推算培养 E 的菌液浓度,把斜面细菌培养基用 20 倍的纯净水进行稀释、冰冷,并把细菌浓度调试在 $(1 \pm 0.3) \times 10^5$ 个/mL,冷藏保存,1h 内使用。

菌液接种后立即洗脱,在 3 块标准织物试片中,加入洗脱用生理盐水 20mL 进行洗脱细菌。洗脱时,拧紧瓶盖,不要让液体外泄,用手摇动（振幅为 3cm,摇动 30 次）或者使用试管摇床(5s,5 次)。

②培养试验。将分别盛有已接种菌液的 6 块试片的小玻璃瓶置于 37℃ ±1℃ 培养 18h ±1h。

培养后进行洗脱,在 6 块试片中加入冰冷的洗脱用生理盐水 20mL 进行洗脱细菌。拧紧瓶盖,用手摇动（振幅 3cm,摇动 30 次）或者使用试管摇床(5s,5 次)从每个试片中洗脱细菌。

③活菌数的计算。

$$M = K \times 20 = Z \times R \times 20$$

式中：M——活菌数,个；

K——菌浓度,个/mL；

20——用于洗脱的生理盐水的量,mL。

（4）试验结果。

①试验有效性判断。按下式可求出细菌繁殖数。当细菌繁殖数超过 1.5 时,判定试验有效。当细菌繁殖数低于 1.5 时,被判定试验无效,应重新进行试验。

$$F = M_b - M_a$$

式中：F ——细菌繁殖数；

M_b——3 块标准样品培养 18h 后洗脱,测得活菌数的常用对数值的平均值；

M_a——3 块标准样品接种后立即洗脱,测得活菌数的常用对数值的平均值。

②活性值的计算。当试验有效时,按以下两式可计算抑菌活性值 S 和杀菌活性值 L（有效数字到两位）。

$$S = M_b - M_c$$
$$L = M_a - M_c$$

式中:M_a——3 块标准样品接种后立即洗脱,测得活菌数的常用对数值的平均值;

M_b——3 块标准样品培养 18h 后洗脱,测得活菌数的常用对数值的平均值;

M_c——3 块抗菌处理样品培养 18h 后洗脱,测得活菌数的常用对数值的平均值。

8. 定量试验(细菌复制法)

(1)试片准备。取边长为 60mm 正方形的标准样布 6 块,抑菌处理样品 3 块。取每个试验品时要注意避免污染。

(2)试片灭菌。把试片装进玻璃器皿内,用铝箔封住,放入高压锅进行高压蒸汽杀菌,取出后打开铝箔,在洁净的操作台放置 60min 进行干燥。

(3)试片的调湿。把流动的琼脂培养基 10mL 用膜过滤后,加入到灭菌培养皿里,打开盖子进行冷却固化(为防止结露,在室温下进行冷却)。把试片放置在上述已固化的培养皿内,盖上培养皿的盖子,调湿 18 ~ 24h。

(4)试验操作。

①试验菌的准备。把斜面细菌培养基用 20 倍水稀释,取 5mL 加入过滤器上,然后加入调试好的定量试验(细菌复制法)菌液 2mL,进行减压过滤。过滤器上的液体全部渗完后,再保持约 1min 的减压。

其中,定量试验(细菌复制法)菌液的调试方法是,培养 D 菌液的菌浓度及培养 E 菌液的菌浓度的测算方法同定量试验(菌液吸收法)菌液的调试方法。把营养细菌培养基用 20 倍的纯净水稀释,再用冰水进行处理,将培养 E 的菌浓度调试在 $1 \times 10^7 \sim 2 \times 10^7$ 个/mL,作为试验菌液。试验菌液须冷藏保存,4h 内使用。

②试验菌的接种。用镊子夹住灭菌后的过滤膜,从过滤器中取出试验菌,放置在试验菌接种的旋转台上;把调湿后的试片从带有琼脂的培养皿中取出,表面向下与过滤膜接触。然后,用压板加压(4N 的重量),旋转台在 3.0s 期间朝一个方向转 180°,进行细菌接种。接种后,很快取出试片,将附着细菌面朝上,放回原来的带琼脂的培养皿中。

试验菌接种后立即洗脱,把接种后的标准样品 3 块,立即放入到装有 SCDL 培养基 20mL 的小玻璃瓶内,用试管摇床(5s,5 次)洗脱细菌。

③培养试验。把上述②接种后的培养皿放置在培养箱内(1 ~ 4)h ± 0.1h(20℃ ± 1℃,相对湿度 RH 70% 以上)。

培养后进行洗脱,将培养后的试片,分别放入到装有 SCDLP 培养基 20mL 的小玻璃瓶内,用试验管摇床(5s,5 次)洗脱细菌。

④活菌数的计算。同定量试验(菌液吸收法)。

(5)试验结果。

①试验有效性的确认。在满足下列两项时,为有效试验;如果试验无效,须再次进行

试验。

第一,接种到标准样品的试验菌数应为 1.0×10^6 个以上;

第二,根据下式求出在标准样品上的增减值 F 为 $-0.5 \sim +0.5$。

$$F = M_e - M_d$$

式中: M_e——3 块标准样品培养 $1 \sim 4h$ 后洗脱,测得活菌数的常用对数值的平均值;

M_d——3 块标准样品接种后立即洗脱,测得活菌数的常用对数值的平均值。

②细菌减少值。按下式可求出细菌减少值 N。

$$N = M_f - M_g$$

式中: M_f——3 块标准样布 $1 \sim 4h$ 培养后洗脱,测得的活菌数常用对数值的平均值;

M_g——3 块抑菌样布培养 $1 \sim 4h$ 后洗脱,测得的活菌数常用对数值的平均值。

（九）GB/T 20944.1—2007 纺织品　抗菌性能的评价　第 1 部分:琼脂平皿扩散法

该标准主要适用于机织物、针织物、非织造织物和其他平面织物抗菌性的定性测试,不适用于抗菌剂在试验琼脂上完全不扩散或与琼脂起反应的试样。其原理是在平皿内注入两层琼脂培养基,下层为无菌培养基,上层接种了培养基,将试样放在两层培养基上,培育一定时间后,根据培养基与试样接触处细菌的繁殖程度,定性评价试样的抗菌性能。

1. 试验准备

（1）试验用菌。金黄色葡萄球菌（ATCC 6538）、肺炎克雷伯氏菌（ATCC 4352）、大肠杆菌（8099 或 ATCC 11229）

（2）试验设备。分光光度计、恒温培养箱、水浴锅、恒温调速摇瓶柜、冰箱、高压灭菌锅、显微镜、平皿、微量移液器、试管、烧瓶等。

（3）试验用培养基的制作。

①营养肉汤。将胰蛋白胨 15g、植物蛋白胨 5g、氯化钠 5g 混合,用蒸馏水定容至 1000mL。灭菌后 pH 为 7.2 ± 0.2。

②琼脂培养基。将胰蛋白胨 15g、植物蛋白胨 5g、氯化钠 5g、琼脂粉 15g 混合,用蒸馏水定容至 1000mL。灭菌后 pH 为 7.2 ± 0.2。

（4）冻干菌的活化。先将冻干菌融化分散在 5mL 的营养肉汤中成悬浮状,在（37 ± 2）℃下培养 $18 \sim 24h$。再用接种环取菌悬液以划线法接种到琼脂培养基平皿上,在（37 ± 2）℃下培养 $18 \sim 24h$。然后从培养皿上取典型菌落接种在琼脂培养基斜面试管内,在（37 ± 2）℃下培养 $18 \sim 24h$。最后将斜面试管储存于冰箱内（5 ~ 10℃）,作为保存菌,保质期不超过一个月。

（5）试验菌液的制备。先用接种环取保存菌,以划线法接种到琼脂培养基平皿上,在（37 ± 2）℃下培养 24h。再取营养肉汤 20mL 放入 100mL 的三角烧瓶内,用接种环取上述平皿上典型菌落接种在肉汤内培养。培养条件为:温度（37 ± 2）℃,振动频率

110min^{-1},时间为 $18 \sim 24\text{h}$。最后用蒸馏水 20 倍稀释营养肉汤,将其稀释至浓度为 $1 \times 10^8 \sim 5 \times 10^8 \text{CFU/mL}$ 作为试验用菌液。

(6)试验样品的准备。将未处理样品(对照样)与处理样品各剪取 4 块直径为 $(25 \pm 5)\text{mm}$ 的圆片。若没有与处理样品材质相同的未处理样,则取不经任何处理的 100% 棉织物。

2. 试验步骤

(1)向无菌平皿中加入 10mL 琼脂培养基,使其凝结得到下层无菌培养基。

(2)准备上层接种培养基:取 $(45 \pm 2)℃$ 的琼脂培养基 150mL 放入烧瓶,加入 1mL 试验菌液。振荡烧瓶使细菌分布均匀,向上述下层无菌培养基的每个平皿中倾注 5mL,并使其凝结。接种过的琼脂培养皿应在 1h 内使用。

(3)用无菌镊子将试样和对照样分别置于平皿中央,均匀地按压在琼脂培养基上,直至试样与琼脂培养基之间能充分接触。然后将试样放在琼脂培养基上后,立即放入 $(37 \pm 2)℃$ 的培养箱中培养 $18 \sim 24\text{h}$,并确保整个培养期中试样与琼脂培养基保持接触。

3. 试验结果有效性的测定 培养结束后,具有抗菌性能的测试样周围有抑菌带的产生,测量试样宽度和试样与抑菌带的总宽度,所测值至少为 3 次测试平均值。使试样将每个试样至少测量 3 次。试样抑菌带宽度的计算:

$$H = (D - d)/2$$

式中:H——抑菌带宽度,mm;

D——试样与抑菌带的总宽度的平均值,即抑菌带外径平均值,mm;

d——试样直径,mm。

根据细菌的有无和抑菌带的宽度评价每个试样的抗菌效果,具体如表 1−10 所示。

表 1−10 试样抗菌效果的描述

抑菌带宽度(mm)	试样下面的细菌繁殖情况	描述	评价
>1	无	抑菌带大于 1mm,没有繁殖	效果好
0~1	无	抑菌带在 1mm 以内,没有繁殖	
0	无	没有抑菌带,没有繁殖[①]	
0	轻微	没有抑菌带,仅少量菌落,繁殖几乎被抑制	效果较好
0	中等	没有抑菌带,与对照样相比,繁殖减少[②]一半	效果有限
0	大量	没有抑菌带,与对照样相比,繁殖没有减少或仅有轻微减少	没有效果

[①]没有繁殖,即使没有抑菌带,也可认为抗菌效果好。因为活性物质的低扩散性阻止了抑菌带的形成。

[②]细菌繁殖的减少是指菌落数量或菌落直径的减少。

（十）GB/T 20944.2—2007 纺织品 抗菌性能的评价 第2部分:吸收法

该标准适用于羽绒、纤维、纱线、织物和制品等各类纺织产品抗菌性的定量测试。其原理是将试样与对照样分别用试验菌液接种,分别进行立即洗脱和培养后洗脱,测定洗脱液中细菌数,并计算抑菌值或抑菌率,以此来定量评价试样的抗菌性能。

1. 试验准备

（1）试验用菌。金黄色葡萄球菌(ATCC 6538)、肺炎克雷伯氏菌(ATCC 4352)、大肠杆菌(8099 或 ATCC 11229)。

（2）试验设备。分光光度计、恒温培养箱、水浴锅、恒温调速摇瓶柜、冰箱、高压灭菌锅、玻璃小瓶、平皿、旋涡式振荡器、试管、烧瓶等。

（3）试验用培养基的制作。

①大豆蛋白胨肉汤(TSB)。将胰蛋白胨 15g、大豆蛋白胨 5g、氯化钠 5g 混合,用蒸馏水定容至 1000mL。灭菌后 pH 为 7.2 ±0.2。

大豆蛋白胨琼脂培养基(TSA):将胰蛋白胨 15g、大豆蛋白胨 5g、氯化钠 5g、琼脂粉 15g 混合,用蒸馏水定容至 1000mL。灭菌后 pH 为 7.2 ±0.2。

②SCDLP 液体培养基。将酪蛋白胨 17g、大豆蛋白胨 3g、氯化钠 5g、磷酸氢二钾 2.5g、葡萄糖 2.5g、卵磷脂 1g、聚山梨醇酯 80(吐温 80)7g 混合,用蒸馏水定容至 1000mL。灭菌后 pH 为 7.0 ±0.2。

③营养肉汤(NB)。将牛肉膏 3g、蛋白胨 5g 混合,用蒸馏水定容至 1000mL。灭菌后 pH 为 7.0 ±0.2。

④稀释液。将胰蛋白胨 1g、氯化钠 8.5g 混合,用蒸馏水定容至 1000mL。灭菌后 pH 为 7.0 ±0.2。

⑤计数培养基。将脱水酵母膏 2.5g、胰酪蛋白胨 5.0g、葡萄糖 1.0g、琼脂粉 12 ~18g 混合,用蒸馏水定容至 1000mL。灭菌后 pH 为 7.2 ±0.2。

（4）冻干菌的活化。先将冻干菌融化分散在 5mL 的大豆蛋白胨肉汤(TSB)中成悬浮状,在(37 ±2)℃下培养 18 ~24h。再用接种环取菌悬液以划线法接种到大豆蛋白胨琼脂培养基(TSA)平皿上,在(37 ±2)℃下培养 18 ~24h。然后从培养皿上取典型菌落接种在 TSA 斜面试管内,在(37 ±2)℃下培养 18 ~24h。最后将斜面试管储存于冰箱内(5 ~10℃),作为保存菌,保质期不超过一个月。

（5）试验菌液的培养可分为三个步骤。

①培养 I。用接种环取活化后的保存菌,以划线法接种到计数培养基(EA)平皿上,(37 ±2)℃下培养(24 ±2)h。

②培养 II。取营养肉汤(NB)或大豆蛋白胨肉汤(TSB)20mL 放入 100mL 的锥形瓶内,用接种环取培养 A 的典型菌落接种在肉汤内培养,培养条件为温度(37 ±2)℃,振动频率110min^{-1},时间 18 ~24h。最后用营养肉汤(NB)调节菌液浓度为 1×10^8 ~3 ×

10^8cfu/mL。

③培养Ⅲ。取营养肉汤(NB)或大豆蛋白胨肉汤(TSB)20mL 放入 100mL 的锥形瓶内,从培养 B 取 0.4mL 菌液加入瓶内培养,培养后菌液浓度为 107cfu/mL。培养条件为:温度(37±2)℃,振动频率 110min^{-1},时间(3±1)h。

(6)试验菌液的制备。用蒸馏水对肉汤(NB)进行 20 倍稀释,调节培养Ⅲ的菌液浓度为 $1×10^5 \sim 3×10^5$cfu/mL,作为试验菌。可采用分光光度计或适当的方法测定菌液浓度。

(7)试验样品的准备。从每个样品上选取有代表性的试样,剪成适当大小,称取 $(0.40±0.05)$g 作为一个试样。分别取 3 个待测抗菌性能试样和 6 个对照样。对照样是指用于试验菌生长条件、不经任何处理的 100% 棉织物,也可采用与目标测试样材质相同但未经抗菌整理的材料。3 个对照样用于接种细菌后立即测定细菌数,其余 3 个对照样和 3 个待测样抗菌性能试样用于细菌接种并培养后测定细菌数。

(8)试样放置。将每一个试样分别放在小玻璃瓶内。对于易卷曲的织物试样,在其上压一玻璃棒,或用线将其两边固定。纱线试样宜两头扎成束状,在其上压一玻璃棒。对于地毯或类似结构样品,剪取样品上的起绒部分作为试样,在其上压一玻璃棒。羽绒、纤维、絮片等蓬松试样上压一玻璃棒。

(9)试样灭菌。根据试样的纤维和整理类型选择灭菌方法。一般采用高压锅灭菌法,即用适当的材料将装入试样的小玻璃瓶和瓶盖分别包覆后放入高压消毒锅内消毒(121℃,103kPa,15min)。从高压消毒锅取出小瓶和瓶盖,去掉包覆材料,放在干净工作台上干燥 60min 后盖上瓶盖。

2. 试验步骤

(1)试样的接种。分别用移液器准确取试验菌液 0.2mL 分散接种在每个小瓶内的试样上,确保菌液不要沾在瓶壁上,盖紧瓶盖。

(2)接种后立即洗脱。在已接种试验菌液的 3 个对照样小瓶中,分别加入 SCDLP 培养基 20mL,盖紧瓶盖,用手摇晃 30s(摆幅约 30cm),或用振荡器振荡 5 次(每次 5s),将细菌洗下。

(3)培养。将接种试验菌液的其余 6 个小瓶(3 个对照样和 3 个试样)在 37℃±2℃下培养 18~24h。

(4)培养后洗脱。在培养后的各小瓶中,分别加入 SCDLP 培养基 20mL,盖紧瓶盖,用手摇晃 30s(摆幅约 30cm),或用振荡器振荡 5 次(每次 5s),将细菌洗下。

(5)菌落数的测定。

①用一移液器取 1mL 的洗脱液,注入装有 9mL 稀释液的试管内充分振荡。用一新移液器从该试管中取 1mL 溶液,注入另一个装有 9mL 稀释液的试管内充分振荡。以此程序操作,对(2)和(4)中得到的洗脱液分别制作 10 倍稀释系列。

②分别用新的移液器从稀释系列的各试管取1mL溶液注入平皿内,再加入45~46℃的 EA 约15mL,盖好盖子,在室温下放置。一个稀释液制作2个平皿。待培养基凝固后,将平皿倒置,(37±2)℃下培养24~48h。

③培养后,计数出现30~300个菌落平皿上的菌落数(cfu)。若最小稀释倍数的菌落数<30,则按实际数量记录;若无菌落生长,则菌落数记为"<1"。

④分别记录3个对照样接种后立即洗脱的菌落数,以及3个待测抗菌性能试样和3个对照样培养后洗脱液的菌落数。

3. 试验结果和评价

(1)细菌数的计算。根据两个平皿得到的菌落数,按下式计算细菌数:

$$M = Z \times R \times 20$$

式中:M——每个试样的细菌数;

Z——两个平皿菌落数的平均值;

R——稀释倍数;

20——洗脱液的用量,mL。

(2)试验有效性判定。根据下式计算细菌增长值F,当F大于或等于1.5时,试验判断为有效;否则试验无效,重新进行试验。

$$F = \lg C_t - \lg C_0$$

式中:F——对照样的细菌增长值;

C_t——3个对照样接种并培养18~24h后测得的细菌数的平均值;

C_0——3个对照样接种后立即测得的细菌数的平均值。

(3)抑菌值的计算。对于有效试验,可按下式计算抑菌值:

$$A = \lg C_t - \lg T_t$$

式中:A——抑菌值;

T_t——3个试样接种并培养18~24h后测得的细菌数的平均值。

(4)抑菌率的计算。抑菌率的计算方式如下,数值以百分率(%)计:

$$抑菌率 = \frac{C_t - T_t}{C_t}$$

(5)结果的表达。通过抑菌值或抑菌率来对试样进行评价,当抑菌值或抑菌率为负数时,表示为"0";当抑菌率>99%时,表示为">99%"。

(6)抗菌性能的评价。当抑菌值≥1或抑菌率≥90%时,试样具有抗菌效果;当抑菌值≥2或抑菌率≥99%时,试样具有良好的抗菌效果。

(十一)GB/T 20944.3—2008 纺织品　抗菌性能的评价　第3部分:振荡法

该标准适用于羽绒、纤维、纱线、织物和制品等各类纺织品,尤其适用于非溶出型抗菌纺织产品抗菌性能的定量测试。其原理是将试样与对照样分别放入一定浓度的试验菌液的三角烧瓶中,在规定的温度下振荡一定时间,测定三角烧瓶内菌液在振荡前及振荡一定时间后的活菌浓度,计算抑菌率,从而作为评价试样抗菌效果的依据。

1. 试验准备

(1)试验用菌。金黄色葡萄球菌(AATCC 6538)、大肠杆菌(8099 或 ATCC 11229、ATCC 8739、ATCC 29522 中的一种)、白色念珠菌(ATCC 10231)。

(2)试验设备。分光光度计、恒温培养箱、水浴锅、恒温振荡器、冰箱、玻璃门冷藏箱、高压灭菌锅、带塞三角烧瓶、培养皿、旋涡式振动器、二级生物安全柜、试管、吸管、烧瓶等。

(3)培养基的制备。

①营养肉汤。将牛肉膏 3g、蛋白胨 5g 混合,用蒸馏水定容至 1000mL。灭菌后 pH 为 6.8 ±0.2。

②营养琼脂培养基。将牛肉膏 3g、蛋白胨 5g、琼脂粉 15g 混合,用蒸馏水定容至 1000mL。灭菌后 pH 为 6.8 ±0.2。

③沙氏琼脂培养基。将葡萄糖 40g、蛋白胨 10g、琼脂粉 20g 混合,用蒸馏水定容至 1000mL。灭菌后 pH 为 5.6 ±0.2。

④0.03mol/L PBS(磷酸盐)缓冲液。将磷酸氢二钠 2.84g、磷酸二氢钾 1.36g 混合,用蒸馏水定容至 1000mL。灭菌后 pH 为 7.2 ~7.4,5 ~10℃保存备用。

(4)菌种转种及保存。将冻干菌激活后接种斜面试管培养,储存于冰箱(5 ~10℃)作为保存菌。每一个月应转种一次,转种后放于冰箱(5 ~10℃)保存,转种次数不应超过 10 代。若转种后保存时间超过一个月,则不能用于下一次的接种。

2. 菌液及试样的准备

(1)细菌菌液的培养和准备。从 3 ~10 代细菌保存菌种试管斜面取一接种环细菌,在营养琼脂平板上划线。在(37 ±1)℃下培养 18 ~24h。用接种环从平板中将一典型菌落接种于 20mL 营养肉汤中,于(37 ±1)℃、130r/min 下振荡培养 18 ~24h,得到接种菌悬液。用分光光度计法或稀释法测定菌液含量,活菌数应达到 $1 \times 10^9 ~5 \times 10^9 cfu/mL$。该新鲜菌液应在 4h 内尽快使用,以保证接种菌的活性。

将细菌接种菌液。先用试管从细菌悬液中取 2 ~3mL(参考值。由此步调整接种活菌数量,大肠杆菌取下限,金黄色葡萄球菌取上限)至装有 9mL 营养肉汤的试管中,充分混匀。再取 1mL 至另一支装有 9mL 营养肉汤的试管中,充分混匀。吸取 1mL 至装有 9mL 0.03mol/L PBS 缓冲液的试管中,充分混匀。取 5mL 至装有 45mL 0.03mol/L PBS 缓冲液的三角烧瓶中。充分混匀,稀释至含活菌数目 $3 \times 10^5 ~4 \times 10^5 cfu/mL$(由此固定的 4 次稀释程序,此接种菌液中含有微量的营养肉汤),用来对试样接种。该接种菌液应在 4h 内尽快使用,以保证接种菌的活性。

(2)白色念珠菌菌液的培养和准备。从 3 ~10 代白色念珠菌保存菌种试管斜面取一接种环,在沙氏琼脂平板上划线。在(37 ± 1)℃下培养 18 ~ 24h。用接种环从平板中将一典型菌落接种于沙氏琼脂培养基试管斜面,于(37 ± 1)℃下培养 18 ~ 24h,得到新鲜培养液,再往此试管中加入 5mL 0.03mol/L PBS 缓冲液。反复吹吸以洗下新鲜菌苔。用 5mL 吸管将洗脱液移至另一无菌试管中,用旋涡式振动器混合 20s 或在手上振动摇晃 80 次,使其充分混匀,得到接种菌悬液。用分光光度法或稀释法测定该菌悬液,活菌数应达到 $1 \times 10^8 \sim 5 \times 10^8$ cfu/mL。该新鲜菌液应在 4h 内尽快使用,以保证接种菌的活性。

用吸管从白色念珠菌悬液中取 2 ~ 4mL,移至装有 9mL 0.03mol/L PBS 缓冲液的试管中,进行 10 倍系列稀释,充分混匀。取 5mL 移入装有 45mL 0.03mol/L PBS 缓冲液的三角烧瓶中,充分混匀。稀释至含活菌数目 $2.5 \times 10^5 \sim 3 \times 10^5$ cfu/mL,用来对试样接种(可在烧瓶中加入直径为 2 ~ 3mm 的小玻璃球振摇,使接种菌液更均匀)。该接种菌液应在 4h 内尽快使用,以保证接种菌的活性。

(3)试样的准备。将抗菌织物及对照样分别剪成 5mm × 5mm 的碎片,称取(0.75 ± 0.05)g 为一份试样。根据试验需要称取多份试样,每份试样均用小纸片包好。将装有试样的小纸包放入高压灭菌锅,于 121℃、103kPa 灭菌 15min,备用。但若试样不宜采用高压蒸汽灭菌,可采用其他方法灭菌,但不应影响抗菌性能和检测结果;对于同一个检测样本的试样、对照样需采用同一种灭菌方法。

若试样需洗涤,应采用以下两种方法之一进行操作,并注明所采用的洗涤方法。

方法一:耐洗色牢度试验机洗涤。从抗菌织物大样中取 3 个小样(每个尺寸 10cm × 10cm,剪成 2 块),按 GB/T 12490—2014 中的试验条件进行洗涤,用 ECE 无磷标准洗涤剂。下述程序相当于 5 次洗涤:水温(40 ± 3)℃、100mL 水中清洗两次,每次 1min。重复操作直至规定洗涤次数。为防止残留洗涤剂影响抗菌性能测试,最后一个程序结束时充分洗涤样品,然后晾干或烘干。

方法二:家用双桶洗衣机洗涤。从抗菌织物大样中取 20g 以上的小样,试验条件为 (40 ± 3)℃,浴比 1:30,AATCC 1993 WOB 无磷标准洗涤剂 0.2%。下述操作相当于 5 次洗涤(以 20g 布样为例,实际试验根据试样按比例增加水量及洗涤剂):在洗衣机中加入 (40 ± 3)℃热水 6L,试样 20g 及陪洗织物 180g,洗涤剂 12g,开机洗涤 25min。排水,6L 自来水注洗 2min。取出织物,离心脱水 1min。再用 6L 自来水注洗 2min,取出织物,离心脱水 1min。重复此操作,直至规定洗涤次数。为防止残留洗涤剂影响抗菌性能测试,最后一个程序结束时充分洗涤样品,然后晾干或烘干。

3. 试验步骤

(1)装瓶。在第一组 3 个烧瓶中各加入(0.75 ± 0.05)g 对照样,第二组 3 个烧瓶中各加入(0.75 ± 0.05)g 抗菌织物试样,第三组 3 个烧瓶中不加试样作为空白对照组。然后在以上 9 个烧瓶中各加入(70 ± 0.1)mL 0.03mol/L PBS 缓冲液。

(2)"0"接触时间的制样与取样。制样是先用吸管往第一组和第三组共 6 个烧瓶中各加入 5mL 接种菌液,盖好瓶塞,放在恒温振荡器上,在(24 ±1)℃、250 ～300r/min 下振荡(60 ±5)s,然后进行下一步"0"接种时间的取样。先用吸管在"0"接触时间制样的 6 个烧瓶中各吸取(1 ±0.1)mL 溶液,移至装有(9 ±0.1)mL 0.03mol/L PBS 缓冲液的试管中,充分混匀。用 10 倍稀释法再进行 1 次稀释,充分混匀。吸取(1 ±0.1)mL 移到灭菌的平皿,加入 15mL 营养琼脂培养基或沙氏琼脂培养基。每个 10^2 稀释倍数的试管分别吸液制作两个平板作平行样。室温凝固,倒置平板,(37 ±1)℃ 培养 24 ～48h(白色念珠菌 48 ～72h)。记录每个平板中的菌落数。(对照样接种"0"接触时间取样并倾注平板培养后,在此 10^2 稀释倍数平板中,金黄色葡萄球菌及大肠杆菌的平均菌落数宜控制在 200 ～250cfu 的范围,白色念珠菌的平均菌落数宜控制在 150 ～200cfu 的范围,否则影响试验精确度。)

(3)定时振荡接触。用吸管往第二组 3 个抗菌织物试样烧瓶中各加入 5mL 接种菌液,盖好瓶塞。将此 9 个试样的烧瓶(已完成"0"接触时间取样且盖好瓶塞的另 6 个烧瓶不需再加接种液)置于恒温振荡器上,在(24 ±1)℃、150r/min 下振荡 18h。

(4)稀释培养及菌落数的测定。到规定时间后,从每个烧瓶中吸取(1 ±0.1)mL 试液,移至装有(9 ±0.1)mL 0.03mol/L PBS 缓冲液的试管中,充分混匀。用 10 倍稀释法系列稀释至合适稀释倍数。用吸管从每个稀释倍数的试管中分别吸取(1 ±0.1)mL 移入灭菌的平皿,加入 15mL 营养琼脂培养基或沙氏琼脂培养基。每个稀释倍数的试管分别吸液制作两个平板作平行样,在室温下凝固,倒置平板,(37 ±1)℃ 下培养 24 ～48h(白色念珠菌 48 ～72h)。

(5)选择菌落数在 30 ～300cfu 之间的合适稀释倍数的平板进行计数。若最小稀释倍数平板中的菌落数 <30,则按实际数量记录;若无菌落生长,则菌落数记为"<1"。两个平行平板的菌落数相差应在 15% 以内,否则此数据无效,应重作试验。

4. 试验结果的计算及评价

(1)活菌浓度的计算。根据两个平板得到的菌落数,按下式计算每个试样烧瓶内的活菌浓度 K(保留两位有效数字)。

$$K = Z \times R$$

式中:K——每个试样烧瓶内的活菌浓度,cfu/mL;

　　　Z——两个平板菌落数的平均值;

　　　R——稀释倍数。

(2)试验有效性的判断。根据下式计算试验菌的增长值 F。对金黄色葡萄球菌及大肠杆菌等细菌,当 F 大于或等于 1.5;对白色念珠菌,当 F 大于或等于 0.7,且对照烧瓶中的活菌浓度比接种时的活菌浓度增加时,试验判定为有效。否则试验无效,需重新进行试验。

$$F = \lg W_t - \lg W_0$$

式中：F——对照样的试验菌增长值；

　　W_t——3 个对照样 18h 振荡接触后烧瓶内的活菌浓度的平均值，cfu/mL；

　　W_0——3 个对照样"0"接触时间烧瓶内的活菌浓度的平均值，cfu/mL。

（3）抑菌率的计算。振荡接触 18h 后，比较对照样与抗菌织物（或未抗菌处理织物）试样烧瓶内的活菌浓度，按下式计算抑菌率（保留两位有效数字）。

$$Y = \frac{W_t - Q_t}{W_t} \times 100\%$$

式中：Y——试样的抑菌率；

　　W_t——3 个对照样 18h 振荡接触后烧瓶内的活菌浓度的平均值，cfu/mL；

　　Q_t——3 个抗菌织物（或 3 个未抗菌处理织物）试样 18h 振荡接触后烧瓶内的活菌浓度的平均值，cfu/mL。

（4）结果表达。以抑菌率的计算值作为结果。当抑菌率计算值为负数时，表示为"0"；当抑菌率计算值≥0 时，表示为"≥0"。

（5）抗菌效果的评价。对金黄色葡萄球菌及大肠杆菌的抑菌率≥70%，或对白色念珠菌的抑菌率≥60%，样品具有抗菌效果。

（十二）GB/T 24346—2009 纺织品　防霉性能的评价

该标准适用于各类织物及其制品，可通过培养皿法或悬挂法来进行试验和评价。其原理是将试样与对照样（与试样材质相同且未经防霉整理的材料，或未经任何处理且经高温蒸煮、蒸馏水洗涤的 100% 纯棉织物）分别接种霉菌孢子，并放在适合霉菌生长的环境条件下培养一定时间后，观察霉菌在试样表面的生长情况。根据试样表面长霉的程度来评价试样的防螨性能。

1. 试验准备

（1）试验霉菌。黑曲霉（CGMCC 3.5487 或 ATCC 16404）、球毛壳霉（CGMCC 3.3601 或 ATCC 6205）、绳状青霉（CGMCC 3.3875 或 ATCC 10509）、绿色木霉（CGMCC 3.2941 或 ATCC 28020）。

（2）试验设备。恒温恒湿培养箱、二级生物安全柜、培养皿、天平、冰箱、高压灭菌锅、喷雾器、三角瓶、显微镜、pH 计、离心机等。

（3）培养基的制备。

①无机盐营养液。将磷酸二氢钾 2.5g、硫酸镁 0.2g、硝酸铵 3.0g、硫酸亚铁 0.1g、磷酸氢二钾 2.0g、蒸馏水 1000mL 混合，用 NaOH 调节 pH。灭菌后 pH 为 6.0～6.5。

②无机盐琼脂培养基。将 20.0g 琼脂加入到上述无机盐营养液中，加热溶解定容。

③马铃薯—蔗糖培养基。将 200g 马铃薯、20g 蔗糖、20g 琼脂与蒸馏水混合定容至 1000mL。

④分散剂。聚山梨醇酯 80（吐温 80）。

⑤无菌水。用 100mL 蒸馏水加 0.05g 分散剂,充分混合后按每支 10mL 分装到无色玻璃管中,灭菌后待用。

(4)霉菌菌种与孢子液的制备。

①菌种制备。在生物安全柜操作台上,将霉菌孢子接种马铃薯—蔗糖培养基斜面,于(28±2)℃下培养,直至斜面上长满霉菌孢子(7~14d)。

②霉菌孢子液的制备。取 10mL 无菌水倒入培养好的斜面菌种中,用无菌接种环轻刮菌种表面洗出孢子,把洗出的孢子液倒入含玻璃珠的三角瓶中。振荡三角瓶使孢子液混合均匀,使成团的孢子分散。然后将孢子液用快速定性滤纸过滤以去除菌丝碎片、琼脂块和孢子团。将已过滤的孢子液经高速离心后去掉上层清液。用 50mL 无菌水洗涤沉淀,再离心。如此循环三遍后,将孢子液用无机盐营养液稀释,用血细胞计数板或活菌计数法测定孢子含量,制备的孢子液应含有孢子 $1 \times 10^6 \sim 5 \times 10^6$ 个/mL。最后将各种霉菌的孢子液以等体积混合,得到试验用孢子液。

(5)试样准备。从每个样品或对照样品上选取有代表性的试样,将其剪成直径或边长为(3.8±0.5)cm 的圆形或正方形,共 6 片。选择合适的灭菌方法进行灭菌处理。

(6)试样洗涤。若要测试防霉纺织品的耐洗涤性能,须将上述试样按 GB/T 12490—2014 中的实验条件 A1M 进行洗涤,一个循环相当于 5 次洗涤。

2. 培养皿法实验步骤

(1)培养基平皿的准备。加热溶化无机盐琼脂培养基,冷却至 50~60℃,将 20~25mL 培养基倒入灭菌培养皿中,使其在室温下冷却凝固。

(2)接种。待培养皿中的培养基凝固后,在培养基表面放上一片试样或对照样,用吸管吸取 1mL 孢子液均匀分配接种到整个试样的表面,对于薄的样品尽可能保留孢子液于样品内。待测试样表面水分稍干后盖好盖皿。每个样品做三个平行(若样品有涂层,可在霉菌孢子液内加入 0.05~0.5% 的吐温 80)。

(3)空白试验。取三片试样作为空白试验样,分别平放在无菌的无机盐琼脂培养基上,接种 1mL 无菌水到试样上,稍干后盖好皿盖。

(4)培养。把已接种的试验样、对照样品和空白样品放在恒温恒湿培养箱中,在(28±2)℃和相对湿度(90±5)% 的条件下培养 28d。

3. 悬挂法实验步骤

(1)试验箱的准备。测试用的试验箱其大小和形状应能保证放置的样品有足够的空间,不相互干扰,并保持试验箱内相对湿度为(90±5)%。

(2)接种。采用喷洒方式将 1mL 孢子液均匀分布于试样和对照样的两面。雾粒喷洒到样品表面不应形成明显液滴,每个试样和对照样做三个平行。

(3)空白试验。取 1mL 无菌水代替霉菌孢子液,按上述方法接种于一片试样表面,作为空白试验样,每种样品做三个平行试样。

（4）样品的放置。试验样与对照样稍微晾干后,采用悬挂方式分别将试样和对照样悬挂在不同的试验箱中,然后将空白试验样放置在另一试验箱内。

（5）培养。把放置了试验样品、对照样品和阴性对照样品的试验箱放在恒温恒湿培养箱中,在(28±2)℃和相对湿度(90±5)%的条件下培养28d。

4. 实验结果的评价 培养结束后,将试样、对照样和空白样从恒温恒湿培养箱中取出,直接从正面或侧面观察试样表面霉菌的生长情况,可肉眼观察,需要时再用显微镜(放大约50倍)检查。当霉菌在对照样表面的覆盖面积大于60%(即防霉效果达到4级),空白试验样表面肉眼观察不到霉菌生长时,该试验被判定有效,否则试验无效,应重新进行试验。具体可按表1-11评价样品防霉等级,并以三个平行试样的防霉等级中数字最大的检验结果作为该样品的评等依据。

表1-11 防霉等级评价表

长霉情况	防霉等级
在放大镜下无明显长霉	0
霉菌生长稀少或局部生长,在样品表面的覆盖面积小于10%	1
霉菌在样品表面的覆盖面积小于30%(10%~30%)	2
霉菌在样品表面的覆盖面积小于60%(30%~60%)	3
霉菌在样品表面的覆盖面积达到或超过60%	4

二、微生物菌种的保藏

微生物菌种是实验室乃至国家十分宝贵的生物资源,微生物菌种的保藏是微生物研究的最基础工作。

(一)微生物菌种的保藏要求

（1）广泛收集各种研究、教学和生产性菌种,满足各方面需求。

（2）高质量保藏,即要求保藏的菌种不死亡、活性不衰退、特性不变异、分类不紊乱。

（3）随时可提供保持有原始特性的菌种用于交换和使用。

菌种保藏的基本原理是将微生物菌种保存在不利于微生物活跃生长和代谢的不良环境中,如干燥、低温、缺氧、黑暗、营养饥饿等,使微生物代谢速率极为缓慢或处于休眠状态;而一旦恢复所保存菌种生长的正常环境和营养条件,即可获得具有高生理活性和保持原种优良性状的菌种。

(二)微生物菌种保藏的常用方法

菌种保藏的方法多种多样,常用方法简介如下。

1. 培养物传代保藏法 这是将微生物菌种不断地在新鲜培养基上(中)转接传代或专性寄生微生物不断地在新的寄主组织中转接传代。这种方法十分简便,但由于不断地转接传代,易造成污染和菌种本身的变异,如活性衰退、繁殖力下降等。

2. 低温保藏法 低温保藏即是将已培养生长良好的固体斜面培养物或液体培养物置于低温环境下保存。一般用4℃冰箱冷藏即可,也可置于液氮(−196℃)或其他低温环境。如果在培养物上面覆盖一层灭菌冷却的石蜡油则效果更好。置冰箱(4℃)保藏的菌种宜3个月左右转接一次,并经常检查是否安全。

3. 干燥保藏法 对于那些产生芽孢的细菌、形成孢子的放线菌和霉菌等都可用此法保藏。待细菌培养物形成大量芽孢或当放线菌和霉菌形成孢子后接入经酸洗、灭菌、干燥的沙土混合物中,真空干燥后,石蜡密封。沙土也可用其他材料如硅胶、瓷球、滤纸片、明胶小片、曲料、麦粒等代替。或直接转接入灭菌试管或安瓿小瓶中再干燥后封口。制作后置阴冷干燥处或低温处。此法菌种保存时间较长,可几个月、几年甚至更长。

(三)保藏菌种的活化

保藏菌种的活化是使用保藏菌种的第一步。活化的要求是使保藏菌种恢复旺盛的生命活动和显示其原有的代谢和生长性能。因此,保藏菌种的活化必须使用保藏菌种时使用的相同培养基和培养条件,或以保藏菌种生长和代谢最佳的培养基和培养条件,以使保藏菌种能迅速恢复其原有的代谢速率和生理特性。

生长与繁殖是生物体生命活动的两大重要特征,微生物也不例外。在适宜的环境中,微生物吸收利用营养物质,进行新陈代谢活动。如果同化或合成作用的速率高于异化或分解作用的速率,其原生质总量增加,表现为细胞重量增加、体积变大,此现象称之为生长。随着生长的延续,微生物细胞内各种细胞结构及其组成成分按比例成倍增加,最终通过细胞分裂,导致微生物细胞数目的增加,单细胞微生物则表现为个体数目的增加,在生物学上一般把个体数目的增加定义为繁殖。

在营养条件适宜的环境中,微生物的生长是一个量变过程,是繁殖的基础,而繁殖又为新个体的生长创造了条件。微生物没有生长,就难以繁殖,而没有繁殖,细胞也不可能无休止地生长。因此,生长与繁殖是互为因果的一对矛盾的统一体,是在适宜的营养条件下,微生物个体生命延续中交替进行和紧密联系的两个重要阶段。

微生物实验中每一个细微的操作条件都严重影响抗菌测试结果的重现性,测试机构之间的相互交流技术就更为重要。目前,日本纺织检查协会、SGS、中国医学检测中心、中国人民解放军军事医学科学院、中国疾病预防控制中心、北京洁尔爽高科技有限公司微生物及螨虫实验室等国际一流的实验室已拥有丰富测试经验,都可提供重现性良好的测试报告。其中,北京洁尔爽高科技有限公司微生物及螨虫实验室为国家标准 GB/T 20944.1—2007《纺织品 抗菌性能的评价 第1部分:琼脂平皿扩散法》和 GB/T 20944.2—2007《纺织品 抗菌性能的评价 第2部分:吸收法》的起草工作提供了大量的实验数据。

第三节　纺织品抗微生物整理的发展概况

近年来，随着科学技术的发展，纺织制品的种类也变得多种多样。现代人越来越追求多功能纺织品，追求生活环境的清洁性和舒适性。而抗菌卫生加工则是其中发展得比较迅速、成熟的一种。织物的抗菌整理始于20世纪40年代，目前这种织物已应用于医院、宾馆、家庭的床单、被套、毛毯、餐巾、毛巾、鞋里布、沙发布、窗帘布、医用职业装、绷带及纱布等，食品和服务行业的工作服、部队的服装等。抗菌卫生整理在美国等国家称为"抗细菌整理"和"抗微生物整理"；在日本称为"抗菌防臭加工"。

一、抗菌整理技术

（一）抗菌的有关概念

1. 灭菌（Sterilization）　灭菌是将物体上所有微生物（包括病原菌和非病原菌）的繁殖体和芽孢全部杀灭。灭菌方法很多，主要有物理的和化学的两大类。应用较多的有高温高压灭菌法和化学药物灭菌法。

2. 消毒（Disinfection）　杀死物体上病原微生物的方法，并不一定能杀死含芽孢的细菌或非病原微生物。

3. 杀菌　杀菌具有杀死微生物营养体和繁殖体的作用。用以杀灭和/或抑制微生物生长的制剂叫杀菌剂。杀菌剂中的"杀菌"并不一定需要把微生物杀死，大多数的杀菌剂对微生物只起到抑制其生长和繁殖的效果；效果大小取决于杀菌剂的浓度和杀菌时间。

4. 抑菌（Bacteriostasis）　防止或抑制微生物生长繁殖的作用叫作抑菌，用于抑菌的药物叫抑菌剂。

5. 抗菌性　抗菌性指抑制细菌繁殖或杀死细菌的性能。过去抗菌是指对活组织表面即活体皮肤和黏膜的消毒。现在抗菌的定义有了扩大，把采用化学或物理方法杀灭细菌或妨碍细菌生长繁殖及抑制其活性的过程都称为"抗菌"，尤其在未能分清消毒或抑菌情况时把对微生物的作用称为抗菌，如纺织品抗菌处理是指为抑制细菌在纺织品上繁殖所采用的处理方法。

抗菌剂通常是指用于活组织防治微生物的药物。它有别于通常用于无生命物体上微生物控制的化学制剂（消毒剂、灭菌剂等）。抗菌剂具有刺激性小，使用浓度及毒性低，作用温和等特点，并且不会引起过敏反应。它与消毒剂的主要区别在于：抗菌剂主要用于抑制或妨碍细菌生长、繁殖，抑制其活性，并具有一定的杀灭作用，多用于活体组织表面；消毒剂则主要用于清除或杀灭非活性物体表面上的病原微生物，使其达到消毒或灭菌的要求。防腐剂是指杀灭、清除或抑制无生命有机物内的微生物，防止其腐败的处理，如用甲醛处理动物组织标本。

（二）抗菌整理技术的历史

抗菌卫生整理在美国等被称为抗细菌整理和抗微生物整理；在日本被称为抗菌防臭加工。

距今4000年前，古埃及用经过提炼的草药浸渍处理木乃伊裹尸布，久历沧桑，依旧不霉不腐，可谓是抗菌防臭加工的起源。古人使用桧柏建造房屋，长期使用不易腐烂；采用抗菌性良好的樟木衣柜保护衣服。第一次世界大战中，丹麦科学家从毒气受害者伤口不易化脓这一现象得到启示，由此开始了杀菌剂的研究。据称，在第二次世界大战期间，部分德军军服经过杀菌剂处理，明显降低了战场上伤病员的二次感染。战后，美国和日本投入了大量的资金和人力，寻求抗菌织物的发展。

1955年左右，市场上曾一度出现过经抗菌防臭加工的制品，但由于技术上的缺陷，很快就在市场上销声匿迹了。抗菌整理剂的大规模开发阶段是在20世纪60年代末期至70年代初期，这一阶段开发的抗菌剂主要有以下种类。

（1）有机汞化合物。如吡啶油酸汞、苯基油酸汞、烯丙基三嗪汞。

（2）有机铜化合物。如羟基萘酸铜、五氯苯酚铜、8-羟基喹啉铜。

（3）有机锌化合物。如五氯苯酚锌、萘酸锌、水杨酸锌等。

（4）有机铅化合物。如三丁基醋酸铅、硫化甲基铅、五氯苯酚铅等。

（5）有机锡化合物。如三丁基醋酸锡、二甲基月桂基醋酸锡、三丁基丁酸锡。

（6）其他金属类化合物。如五氯苯酚镉、硬脂酸铊、五氯苯酚钴等。

（7）无机金属及其化合物。如 Ag、AgCl、Cu、Cu(OH)$_2$、Hg。

（8）酚类。如五氯苯酚、四溴邻甲酚、水杨酸苯胺、二羟基二氯二苯基甲烷。

（9）杂环化合物。如吡唑类、嘧啶类、吡咯类。

（10）其他有机化合物。如五氯苯基月桂酸、三苯甲烷染料孔雀绿和结晶紫等。

在织物整理中，这些抗菌剂大部分用量极少而效果显著，但由于它们多属于溶出型抗菌剂，一经洗涤，就会脱落，所以也没有在市场上站住脚。另外，大量用作纺织品抗菌整理剂和纤维改性剂的有机金属化合物和部分无机物都含有多种重金属离子。这些重金属离子与人体接触会被人体吸收，累积在肝脏、骨骼、肾脏、心脏及脑中。当受影响的器官中重金属含量累积到一定程度后，便会对人体健康造成巨大的损害。此种情形对儿童来说尤为严重，因为儿童对重金属具有较强的吸收能力。

后来，由于甲醛问题引起了人们对织物引发皮肤炎症事故的调查。1973年，日本确立了"关于含有害物质家庭用品限制法"，禁止使用有机汞化合物，其他部分金属化合物等，因其对人体、皮肤有伤害作用，也大多被废止。我国染整技术人员熟知的抗菌剂BCA/747［即2-(3,5-二甲基-1-吡唑)-4-苯基-6-羟基嘧啶］和α-溴肉桂醛，也因发现其具有毒性而被禁止用于衣料。一些无机抗菌剂，如 Hg、Sn、As 及其氧化物等，虽然具有较好的抗菌性，但由于其不能与织物形成牢固结合的基团，耐洗牢度差，且具有毒性,已被明确禁止用于纺织品。2001年春,耐克公司的一种T恤衫因含有毒性的锡化合物TBT,在世界各地(包括中国)遭到了封杀。在中国国家标准GB/T 1885—2002"生态纺织品技术要求"中将生态纺织品定义为"采用对环境无害或少害的原料和生产过程所生产的对人体健康无害的纺织品",禁止生态纺织品中含有甲醛、重金属、杀虫剂、氯酚、有机氯载体等有害物。

1976年,美国Dow Corning公司采用安全性和耐久性兼备的新型抗菌剂处理的袜子投入市场,新一代抗菌防臭加工再度登场。纺织厂、服装厂等也相继在袜子、内衣等纤维制品上进行抗菌卫生加工。现在,除了袜子、内衣、衬衫、工作服、礼服外,被套、床单、毯子等床上用品和居家服及毛巾、抹布、坐便套等杂货,鞋子、鞋垫等鞋用材料,地毯、窗帘等室内装饰用品,无纺布、吸尘器滤网、室内空气净化机滤网等许多方面都有抗菌卫生加工制品。

（三）抗菌纺织品存在的问题

20世纪80年代以来,出现了效果好、安全性高、耐洗涤的抗菌整理剂,加工技术日趋成熟,走向了抗菌卫生整理发展阶段。但仍有问题亟待解决。

1. 抗菌谱问题 细菌、真菌和霉菌具有不同的细胞结构,因此单一抗菌基团的抗菌整理剂很难具备广谱的抗菌作用。如卤代二苯醚类对真菌、霉菌的抗菌效果较差,而依靠季铵盐阳离子正电性抑菌的化合物(有人在商业宣传中称为"物理抗菌",其实这是不科学的)对不带负电荷的有害菌抗菌效果较差。

2. 耐久性问题 一类是由于抗菌整理剂本身没有和纤维牢固结合,因此不具有良好的耐洗涤性;另一类是季铵盐化合物,其中有机硅季铵盐是研究较多的一种,该类抗菌整理剂的抑菌机理是季铵盐阳离子吸引带负电荷的细菌,破坏细菌细胞壁,使其内容物渗出而死亡。该类产品虽然耐非离子表面活性剂、阳离子表面活性剂洗涤,但日常使用的洗涤剂绝大多数为阴离子表面活性剂,这样在洗涤时,阴离子表面活性剂就与阳离子季铵盐结合,抗菌织物就失去了抗菌作用。

（四）抗菌整理的新进展

纺织品制造商和进口商正在对新的欧盟生物杀灭法规(Biocidal Products Regulation,简称BPR)EU 528/2012可能产生的影响进行评估。该法规废除并取代了欧盟现行的生物杀灭剂指令(Biocidal Products Directive,简称BPD)EU 98/8,并已于2013年9月1日强制执行。

在美国,用以防止降解或抑制气味的抗菌纺织品不属于医疗范围,因此不受美国食品和药品管理局(Food and Drug Administration,简称FDA)监管。尽管如此,美国食品和药品管理局和美国环境保护署(EPA)对公共健康或医疗产品仍实行严格控制。美国棉花公司对大量抗菌整理剂的性能和耐久性能进行了研究,确认Anovatek有限公司的Agiene Micro Silver Crystal技术的抗菌效果,其用于棉成衣抗菌整理,经30次家庭洗涤后仍能够保持99%的抗菌防护性能。德国 Herst International Group 开发出了用于纤维素纤维织物的抗菌防臭整理剂 ATB9800,其主要成分是天然甲壳质改性高分子化合物,ATB9800 具有良好的安全性,符合 REACH 法规和 Oeko – Tex 100 等环保标准要求,它可以高效完全去除织物上的细菌和真菌,保持织物清洁,并能防止细菌再生和繁殖。ATB9800 带有的活性基团可与纤维上的羟基、胺基形成共价键,ATB9800 被固定于纤维上,故具有可靠耐洗的广谱抗菌效果,抗菌指标符合 ISO 20743:2007 、ISO 20645:2004 、美国 AATCC 100—2004 和 AATCC 147—2011 等最严格的抗菌纺织品国际标准的要求。瑞士 Sanitized AG 公司已开发了两种全新的助剂(Sanitized PL 12 – 32、Sanitized PL 12 – 33),设计用于增塑聚氯乙烯(PVC)的抗菌防护。Sanitized PL 12 – 32 具有优良的防水性和 UV 稳定性,非常适用于户外制品的抗菌整理,如雨篷和帐篷。Sanitized PL 12 – 33 具有相当高的热稳定性,可选择用于那些在加工过程中需要经受较高温度的场所。Sanitized PL 12 – 33 的透明性使其成为室内产品(如地毯、装饰织物等)的理想选择。Sanitized PL 12 – 32 和 Sanitized PL 12 – 33 能够防止细菌、霉菌、酵母和藻类的不良作用,从而避免诸如材料降解、污斑、交叉沾污、气味以及生物膜形成等问题。

我国在抗菌纺织品方面的研究起步较晚,但发展势头很猛,抗菌剂的质量水平、检测方法等都已达到国际先进水平。具有代表性的是北京洁尔爽高科技有限公司(原山东巨龙化工有限公司),该公司于 1983 年开始研究织物抗菌卫生整理技术,至今已有 30 多年的历史。其间,该公司研发了若干种性能良好的抗菌整理剂,并取得了多项中国发明专利,产品的质量、性能处于国际领先水平。该公司的抗菌整理剂 SCJ – 875 已有 28 年的生产历史,抗菌防臭整理剂 SCJ – 2000 大量销往国内外市场,JLSUN®抗菌卫生整理织物的抗菌性、耐久性和安全性等质量指标分别通过了日本纺织检查协会、日本化学纤维检查协会、日本纤维制品检验中心、ITS、SGS、中国医学科学院、中国预防医学科学院、中国人民解放军卫生监测中心等多家权威卫生单位的测试,中国人民解放军 90 作训鞋中底布全部使用该公司生产的抗菌防臭整理剂。目前该公司生产的抗菌整理剂已有十余种,分别适用于棉、麻、丝、毛、黏胶纤维、涤/棉、锦纶、腈纶、涤纶等纺织品的抗菌卫生整理,并拥有独立的知识产权。通过不断的技术改进及开拓创新,现在该公司生产的以 SCJ – 963 和 SCJ – 2000 为代表的抗菌防臭整理剂居于国际抗菌技术领域的前沿。JLSUN®抗菌整理产品在日本等国家享有很高的声誉。

(五)抗菌纺织品的生产方法

抗菌材料是一类具有抑菌和杀菌性能的新型功能材料。它是通过材料表面的抗菌成分进行接触杀菌或抑制材料表面的微生物繁殖,进而达到长期卫生、安全的目的。它的卫生自洁功能可以有效地减少交叉感染,并且免去了清洗、保洁等繁杂的劳动。其生产方法通常是在普通材料中添加或复合一种或几种特定的抗菌成分(抗菌剂)制得抗菌材料,如抗菌纺织品、抗菌塑料、抗菌陶瓷等,其应用十分广泛。

虽然抗菌纺织品的种类繁多,但其生产方法大致可以分为三种。

1. 共混纺丝法　共混纺丝法是在纤维生产聚合阶段或纺丝原液中加入抗菌剂,制得抗菌纤维,然后采用抗菌防臭纤维直接织成抗菌织物的方法。该方法的好处是无须进行后整理,成本较低。

2. 功能整理法　功能整理法是使用抗菌整理剂对纺织品进行后加工处理的方法。后整理加工中将抗菌剂与纤维结合,从而使纺织品具有抗菌的功能。这种方法既可生产纯天然纤维或纯化学合成纤维类产品,也可生产混纺纤维类产品,适应性广。

3. 复合加工法　复合加工法是先将抗菌剂加入纺丝材料中制成抗菌纤维,然后采用抗菌防臭纤维和普通纤维混纺或交织成织物,再在织物印染后整理过程中加入能和普通纤维结合的抗菌整理剂,然后制成各种抗菌纺织品。

通过对大量抗菌纤维和织物进行的对比实验,证实抗菌棉织物的抗菌耐久性明显好于抗菌合成纤维。分析其原因,主要是由于合成纤维芯层的抗菌剂不能迁移到纤维皮层,起不到抗菌作用。同时抗菌剂的添加量不能过大,否则会严重影响抗菌合成纤维的物理指标。由此,大大限制了抗菌合成纤维的抗菌效果和使用范围。解决该问题的最好方法是制成皮芯结构的抗菌纤维——即在皮层加入抗菌剂,芯层则为普通纤维。因此,目前使用比较广泛的抗菌纺织品多是通过后整理的方法制成的,大约占其总量的80%。

二、国外抗菌纺织品的发展案例

（一）欧美抗菌纺织品发展案例

1. 美国开发多功能抗菌纺织品　在美国,Dow Corning 公司开发了抗菌整理剂十八烷基二甲基(3－三甲氧基硅烷基)氯化铵;Mann 工业公司将聚丙烯与酚型化合物熔纺生产抗菌丙纶;Foss 公司将含银无机沸石嵌入纺前染色聚酯纤维;Kosa 公司将银基陶瓷添加剂嵌入在聚酯纤维中。

杜邦公司把他们生产的特殊聚酯纤维 CoolMax 和 Thermolite 与镀银纤维 X—Static,以混纤交织等方式相结合,开发了具有防菌和抗静电性能的全新织物。镀银纤维 X—Static 是 Noble 纤维技术公司研发生产的,是用纯银材料耐久牢固地涂镀在常用纺织纤维表面的方式生产的,有 10dtex 到 210dtex 多种规格供选用,能以机织和针织方式混加到任何纺织品中,具有多种用途。银是重要的抗菌医用材料,同时银也是最佳导电材料,可使镀银纤维 X—Static 具有抗静电性;银还有极好的导热性,使 X—Static 成为最好的导热纤维,有助于人体传导放热;它还能增大 CoolMax 纤维的毛细管(芯吸)效应,加快人体放热。银还是最好的反射材料,在寒冷环境下镀银纤维 X—Static 能有效反射人体通过远红外线散失的热量,这种性能与 Thermolite 聚酯中空纤维结合于一体能使穿着者倍感温暖,而又不会增加重量。

美国科学家经过长达 10 年的研究发现,种类繁多的感冒病毒,主要不是通过空气,而是通过患者的手传播的。感冒病毒沾在人的手上,再传到鼻孔里,进入人体后就会引发感冒症状。因此,经常使用可杀菌的餐巾,杀死手上和鼻孔周围的细菌,不让各种病毒进入人体,就能有效预防感冒。目前,美国研制成功了能预防感冒的餐巾,并已大量生产以供应市场。这种餐巾含有柠檬酸或苹果酸等成分,能杀死感冒病毒。

2. 英国生产抗菌连裤袜和抗菌毛巾　在英国,Courtaulds 公司采用内置氯己啶己二酸和银生产抗菌纤维;BFF 非织造布公司采用抗菌性沸石生产抗菌非织造布。

英国著名袜子制造商 Flude 公司研发成功了全新的内裤和袜子的组合,这种连体裤袜经过抗菌处理,能够有效抑制因为念珠酵母菌引起的阴道炎。Couture 品牌的抗菌连体裤袜,在 Boots 卖场的零售价是每双 4.5 英镑。这种裤袜的设计是不必再穿其他的内裤,因此轮廓线条柔顺无痕,不会产生不雅的暗纹。

英国 Avecia 公司研究表明:用其生产的 Purista 处理的毛巾不仅能在多次洗涤之后仍保持鲜艳的色彩,同时也能减少洗涤频率,从而达到省时、省水和节约能源目的。该毛巾使用标准洗涤剂以 50℃ 的水温洗涤 50 次,并且在每次洗涤后转筒烘干,仍能够抑制细菌生长,控制由细菌所带来的异味和纤维毁坏。实验室的定性研究试验还得到了体育专业人员的支持,他们把潮湿的毛巾放在运动袋中长达几天之久,仍然闻不到异味。

3. 德国生产抗菌填充纤维和镀银超细纤维织物　聚酯专业制造商——德国特雷维拉公司推出了新的多功能抗菌纤维 Trevira Bioactive,它能抵抗所有普通的细菌,手感及感官特性与其他纤维并无两样。目前特雷维拉公司投放市场的 Bioactive 纤维起球性低,可与棉花混纺或作为填充纤维。这种纤维的抗菌效果是来自该纤维在聚合过程中添加的一种内在抗菌剂成分,其抗菌效果是永久性的,并且不会造成皮肤的不良反应。

德国 Herst 公司研制成功了一种镀银超细纤维织物,可以快速杀灭皮肤上的细菌。镀银超细纤维内衣可以缓解皮肤感染患者的痛苦。皮肤感染患者大多会因金黄色葡萄球菌的繁殖而继发感染,医生对付细菌感染的药物通常是抗生素、防腐剂和可的松,但疗效常难持久,镀银超细纤维内衣可望产生长久作用。

德国 Akzo Enka 公司将抗菌性沸石用于聚酯纤维熔纺或加入锦纶纺丝原液中,生产抗菌涤纶或锦纶。

4. 法国开发抗菌锦纶面料　法国 Roudiere 公司研制出一种能够抑制细菌生长的聚酰胺纤维,并已通过欧洲卫生和环保部门的检验。这种新的抗菌纤维是通过在材料中加入一种抗菌的添加剂,来抑制细菌的滋生繁殖,从而达到消除汗臭、保护皮肤的目的。这种抗菌纤维经过反复洗涤后仍能保持抑菌性,该公司的研究人员表示,这项成果为进一步革新纺织材料开辟了途径,并计划在此基础上,通过在聚酰胺材料中加入其他添加剂来获得具有抗紫外线、防蚊、散香、润肤等各种特殊功能纤维,并推广到内衣和运动服装等领域。

5. 意大利大批量生产抗菌纤维　几年以前,意大利还只有少量的抗菌纤维进入市场,而现在已经有许多产品了。例如 Acordis 的 Amicor 和意大利 Noraceta 集团的 Rhovyl 和

Rhovyle As,以及 Silfresh 醋酸长丝等。意大利的 Montefiber 是欧洲最大的腈纶生产商,其推出的新型 Terital Saniwear T15 AB 抗菌涤纶,扩大了其在服装和家用纺织品方面的应用。另外,还推出了 Leacril Saniwear 抗细菌腈纶(2.2～3.4dtex 的棉型、6.7dtex 的羊毛型产品)。

(二)日本抗菌纺织品发展案例

在日本,邦纺公司将高纯铜粉加入腈纶中制备抗菌腈纶;蚕毛染色公司采用丙烯腈纤维浸渍硫酸铜溶液,腈基(—CN)与硫化亚铜配位结合而螯合化,形成配位高分子化合物;尤尼吉卡公司使用2,2,4′－三氯－2′－羟基连苯醚分别与乙烯和丙烯共混,然后制备乙一丙皮芯结构纤维;Rhovyl 公司将碘化银加入纤维中生产抗菌纤维;东洋纺公司及敷纺公司采用有机硅季铵盐[3－(三甲氧基硅烷基)丙基十八烷基二甲基氯化铵]整理加工棉、锦纶纺织品,其中,三甲氧基与纤维的羟基、胺基进行脱醇反应,使抗菌剂固着在纤维表面;日本纺织公司使用芳香族卤化物整理加工锦纶;可乐丽公司在 PET 中掺入抗菌性 Ag 沸石微粉、聚酯增塑剂,纺制涤纶丝;钟纺合纤公司将含银、锌、铜等金属离子的抗菌性沸石加入涤纶、腈纶、锦纶等纺丝原液中,生产抗菌纤维;富士纺织公司把脱乙酰壳多糖微细粉末混炼入黏胶纤维中,生产抗菌黏胶纤维;旭化成公司在制造铜氨纤维的凝固、再生工序中控制脱铜,使铜化合物在纤维内分散,得到含硫化铜的再生纤维;化药公司将有磺酸盐基的阳离子可染涤纶织物浸渍银离子化合物,生产抗菌涤纶织物。

日本是全世界抗菌纺织品最大的市场之一,其规模超过美国与欧洲。日本纤维制品卫生加工协议会(SEK)确立了抗菌织物的 SEK 商标认定制度,抗菌织物按其用途、性能的不同分为一般用途和特定用途两类,见表1–12 和表 1–13。

表1–12　一般用途抗菌纺织品

种类	洗涤次数	分类	
		大分类	中分类
A	10	线	缝纫线,手缝线,编织线,刺绣线
		布料	机织物,针织物,非织造布
		衣料	外衣类:上衣,裤子,裙子,礼服,大衣,防寒服,羊毛衫,童罩衣,童外衣,普通运动衫
			衬衣类:罩衣,衬衫,T恤衫等
			专业运动衣:剑道服,柔道服,游泳衣
			内衣类:男内衣,女内衣
			睡衣类:睡衣,睡裤,睡袍等
			围裙类:围裙,炊事服
			袜类:短袜,长筒袜等
		床上用品	毛巾被,铺垫布,罩布
		生活杂品	毛巾,手帕,披巾,护身带,头巾,坐便垫,尿布等

续表

种类	洗涤次数	分类	
		大分类	中分类
B	5	衣料	和服用品,连裤袜
		床上用品	毛毯,床罩,被面
		装饰用品	椅子罩,汽车罩等
		生活杂品	帽子,手套,布鞋,运动鞋,鞋垫
C	3	装饰用品	地毯
		生活杂品	背包,表带,面罩,布玩具,拖鞋,电暖足器
D	0	厨房用品	抹布,垫布,罩类,拖布
E	10	生活杂品	桌布,擦眼镜布,垫类,芯料,袋类
F	5	装饰用品	窗帘,遮阳布等
G	3	生活杂品	运动垫,布鞋,过滤材料,广告布,睡袋,腰带衬,绳、网、伞以及纸袋、麻袋等包装袋
		纤维	棉,羊毛,涤纶,腈纶,羽毛等

表 1-13　特定用途抗菌纺织品

种类	洗涤次数	分类	
		大分类	中分类
A	50	衣料	白大褂,护士服,护理服,睡衣,内衣,围裙,手帕,袜子
		床上用品	被褥
		生活杂品	面罩,帽子,头巾,毛巾,尿布,抹布,拖布
B	10	生活杂品	罩类,垫类
C	5	床上用品	毛毯,毛巾被
		装饰用品	窗帘,遮阳布
		其他	棉絮
D	0	纤维制品及其他	拖鞋,凉鞋

　　一般用途抗菌纺织品指一般家庭使用的合乎 SEK 要求的制品,使用的标志颜色为橙色。特定用途抗菌纺织品指医疗机构和养老院、疗养院、福利院、妇产院以及家庭护理等医疗机构使用的合乎 SEK 要求的制品,使用的标志颜色为红色。

　　上述两类抗菌织物又各有 A、B、C、D 等不同等级的差异,在规定的皮肤粘贴试验中,有的需要数据,有的不需要数据。表 1-12 中 A、B、C、D 类需要给出数据,而 E、F、G 类则不需要给出数据。在上述分类中规定,抗菌织物不包括适用于药品管理法的用品。

此外,还规定了不允许2岁以下婴幼儿使用的抗菌纺织品。

三、纺织品防霉整理

（一）霉菌的危害及常见霉菌

霉菌是多细胞微生物,由孢子和菌丝组成,其中孢子是非常小的霉菌繁殖体,漂浮在空气中,随风传播。霉菌广泛存在于人们的日常生活中,它们在温暖潮湿的环境中迅速繁殖,引起纺织品、家具、墙壁和食物等发霉。一些霉菌是可以引起皮肤、皮下甚至全身的感染,如过敏性疾病、肺曲霉病、蕈样肉芽肿、鼻脑毛霉病、着色霉菌病、中毒症和癌症,对人类的身体健康造成严重的危害。上海中医药大学等多家卫生机构研究证实,洗衣机内暗藏的霉菌沾染内衣后,可以导致皮肤病、妇科病、呼吸系统疾病等多种疾病,使用防霉纺织品能有效地预防疾病通过织物传播,对防治霉菌过敏、脚癣、股癣、湿疹、疖痈、汗臭、皮肤瘙痒有显著效果。

纺织品的种类很多,按纺织品的种类和使用地域环境的不同,霉菌的侵蚀和影响也千差万别。使织物发霉的霉菌有很多种,在织物上生长黑曲霉时,其孢子团块呈黑色,致使纤维着黑色,而桔青霉为黄色,灰绿青霉为绿色,分支孢子菌属为褐色等。霉菌在新陈代谢的过程中,会生成脂肪酸、乳酸、低分子挥发性化合物等,从而产生恶臭,并使织物光泽减退,出现霉斑,造成纤维损伤。国内外研究结果表明,在纺织品上生长的优势霉菌主要是曲霉（Aspergillus sp.）、青霉（Penicillium sp.）、木霉（Trichoderma sp.）和球毛壳霉（Chaetomium sp）,其次是短梗霉（Aureobasidium sp.）、根霉（Rhizophydium sp.）、毛霉（Chaetomium sp.）和交链孢（Altenaria sp.）等;空气中的优势霉菌也是曲霉、青霉、木霉等,因此,防霉试验中常用的测试菌主要有黑曲霉、青霉、球毛壳霉、绿色木霉等。

（二）防霉整理剂的种类

防霉整理是通过防霉整理剂处理织物,从而杀死霉菌孢子或抑制霉菌孢子萌发及菌丝体生长,使纺织品获得防霉性能的加工工艺。其目的不仅是为了防止纺织品被霉菌沾污而发霉变质,更重要的是为了防止微生物分解人体汗液及其他分泌物产生臭味、防止传染疾病、保证人体的安全健康和穿着舒适、降低公共环境的交叉感染率,使织物获得清洁卫生的新功能。

防霉剂有异噻唑啉酮类化合物、苯酚类化合物、苯甲酸类化合物、氰基化合物、水杨酸、水杨酰苯胺、有机锡化合物、季铵盐衍生物、8-羟基喹啉铜、单宁酸铜、环烷酸铜等化合物。理想的织物防霉剂应具备以下特点:生态环保、对人体安全、对织物的白度和色泽无影响、防霉效果持久。目前,国际知名的防霉整理剂是德国 Herst 公司的防霉剂ATE9277,它具有良好的安全性和广谱高效的防霉效果,适用于纯棉、化学纤维等织物的防霉变整理,良好的耐久性,可以完全达到欧盟标准 EN 14119—2003、美国染色家和化学家协会标准 AATCC 30—2004 规定的最好防霉等级,可以完全防止黑曲霉菌、青霉菌、石膏样毛癣菌、红色癣菌等有害菌生长。近年来,我国防霉整理取得了重大进展,北京洁尔爽高科技有限公司等单位研制成功了 JLSUN® SCJ－950、SCJ－2001 和 SCJ－2006 防霉整理剂,国内众多厂家开始生产防霉织物,其质量指标已达到世界先进水平。

(三)防霉整理工艺

防霉整理织物的方法有浸轧工艺、浸渍工艺、涂层工艺等。目前国内工厂中常用的防霉整理剂是 JLSUN® SCJ－2001,该产品适用于纯棉等纤维素纤维及其混纺织物的防霉变整理,也适用于涤纶、羽毛和皮革的防霉加工。如生产具有防霉防臭功能的浴帘、地毯、湿巾、箱包布、鞋material布、床垫、室内装饰用品、空气过滤材料等。其用量为织物重量的 3% ~5%(owf),通常厚密织物用量为 3%(owf),稀薄织物用量为 5%(owf)。

防霉整理剂 JLSUN® SCJ－2001 是中国纺织工程学会全国纺织抗菌技术研发中心重点推荐产品,通过了 Intertek 环保认证,符合欧盟 REACH 法规、GB 18401—2010《国家纺织产品基本安全技术规范》和 Oeko－Tex Standard 100 标准,对织物的白度、色光、强力、手感和透气性无不良影响。JLSUN® SCJ－2001 整理织物具有广谱高效的防霉作用,良好的耐久性,可以完全防止黑曲霉菌、青霉菌、石膏样毛癣菌、红色癣菌等有害菌生长。

工艺流程:

二浸二轧(带液率 60% ~70%)→预烘(80 ~100℃)→高温拉幅(175 ~180℃,40s)→成品

工艺配方:

防霉整理剂 SCJ－2001	60g/L
防霉催化剂 SCJ－A	60g/L

四、纺织品抗病毒整理

许多细菌、病毒可经服装等纺织品感染人体,如沙眼、"红眼病"、皮肤病、性病、肝炎等均可通过毛巾、床单、被单、内衣、内裤、口罩等产生交叉感染。在某些公共场所和特殊行业,如医院、饭店、食品行业、制药行业,若发生交叉感染产生的危害就更为严重。

病毒对人类的攻击更具特殊性和危害性,如口蹄疫病毒、肝炎病毒、禽流感、SARS 病毒等,近 10 年来,国外对职业(医院)防护和军事防生(病毒感染)的研究更加深入,并逐步将目前广义上的抗菌技术研究扩大到抗病毒技术研究。

(一)病毒的危害及传播方式

一般情况下,不同物种之间,如人与动物之间、不同动物之间对病毒有一种不可逾越的壁垒。因为病毒只是在基因(gene)的基础上通过不断复制进行繁殖的。也就是说,一类病毒通常只能在其宿主的细胞里生存下来,如禽流感病毒一般只能生存于禽类动物之中。但是像狂犬病毒、艾滋病毒(HIV)、高致病性禽流感病毒及 SARS 病毒等在不同物种之间会有危害性极大的传播,一个重要原因是这些病毒有很强的突变能力,突变的结果

有两种可能：一种是原来的病毒在不断突变的过程中消亡了；另一种是病毒中极少数通过偶然的变异,获得了某种跨越物种壁垒的能力,因而病毒从一种动物传播到了另一种动物,甚至传给人类。其中第一种占大多数。举例说,前一段时间在亚洲流行的禽流感的主要病毒 H5N1,一开始它的传染性并不强。它们原来寄宿在野鸭身上,但并没使野鸭生病,后来 H5N1 偶然传染到鸡的身上,感染了此病毒的鸡,死亡率接近100%。

（二）抗菌杀毒整理剂的选择

在纺织行业,抗菌杀毒主要是通过生产功能性纤维和在纺织品上进行抗菌杀毒整理这两种方式完成的。目前,抗病毒整理主要通过使用对病毒有消灭作用的后整理剂完成。其作用机理是：使抗病毒基团接触病毒表面,并与其蛋白衣壳结合,使其变性、变裂。通过变性使病毒损失对宿主细胞的吸附能力,失去生存的必要条件;通过变裂,使病毒壳内的核酸外流、断裂,遭到彻底破坏而失去感染性。

目前抗病毒剂的作用都是一次性的,涉及物体表面(包括纺织品)消毒效果及评价的方法,也基本都是一次性杀菌效果的评价方法。由于目前没有统一的织物抗病毒性能的测试标准,因此难以对国内外抗病毒织物的情况进行评述。

第四节　抗菌整理剂

一、概述

抗菌整理技术是一门牵涉面十分广阔的边缘学科,涉及染整、化工、医学、微生物学等诸多学科。该技术将抗菌整理剂应用于纺织品上,可以给织物提供不同程度的抗菌功能。抗菌整理中所使用的抗菌剂有许多不同,包括其自身的化学性质、使用方法、作用方式、对人类及环境的影响以及表现在不同纤维上的持久性、成本以及如何与不同的微生物发生作用等。

（一）抗菌整理剂的种类和理想特征

1. 种类

（1）按抗菌剂的结构分类。一般分为三类,即有机类、无机类和天然生物抗菌剂三大类型。

①无机抗菌剂。耐热性好,但用于纺织品后整理时难以获得耐久的效果,并且大部分品种存在重金属毒性问题。无机抗菌剂以新型光催化型和载银的纳米复合型抗菌材料为主要发展趋势,其中光催化型无机抗菌剂依赖光致激发的强氧化自由基而起杀菌作用;载银等金属离子型抗菌剂通过与活性基团如巯基键合或置换金属离子辅基等方式使微生物的生命活性物质失活而起到抗菌作用。

②有机抗菌剂。以开发专效于生物分子(如微生物代谢酶、膜受体等)的抗菌剂为其

拓展方向,其通过作用于细胞壁和细胞膜系统、生化反应酶、遗传物质等达到抗抑或杀菌作用。有机类抗菌剂效果好、品种多,是目前使用最为广泛的一类抗菌剂,但存在耐高温稳定性差等问题,难以用于合成纤维纺丝工艺。

③天然生物抗菌剂。来源于所有生物体,主要包括多糖、多肽及糖肽聚合物类物质,以及杀菌植物、矿物,是未来抗菌材料的主要发展方向;它们作用于微生物细胞外结构层或酶等生物活性物质,影响微生物的运动、跨膜物质运输或生化反应等。但其应用范围窄,多数严重影响织物的色光;不同的抗菌剂对同一种病原菌有不同的抗菌作用机理和有效性,同一种抗菌剂对于不同的病原菌也有不同的抗菌作用机制和抑制范围,因此为了得到既长效又广谱、既高效又安全的抗菌剂,对其抗菌机理的研究十分重要。

(2)按抗菌剂与纤维的结合方式有以下3种类型,并具有不同的溶出特性。

①直接吸附型抗菌剂。依靠抗菌剂与纤维的直接亲和力(分子间的范德华力、氢键、离子键等),实现抗菌剂分子与纤维分子的结合。这类抗菌剂的抗菌物质有聚六亚甲基双胍氯化氢,羟基氯代二苯醚以及某些天然抗菌剂。这类产品与纤维分子有较好的直接亲和力,抗菌织物通过水洗等过程释放抗菌剂,使其表面的抗菌剂含量维持在一定水平。这类产品一般耐洗性较差,溶出性最大。用晕圈法检测有很大的抑菌圈(抑菌圈 $D >$ 7mm),主要用来生产具有治疗作用的医用杀菌纺织品。

②交联结合型抗菌剂。为了提高抗菌织物的耐洗性,将交联树脂(也称交联剂)混入直接吸附型抗菌剂中,或在使用时将直接吸附型抗菌剂与交联树脂类拼用。这类抗菌剂一方面可以依靠抗菌剂与纤维的直接亲和力与纤维分子结合;另一方面借助交联树脂的架桥作用,将抗菌物质、交联剂、纤维分子三者结合起来。为了克服交联树脂造成的手感差的问题,可加入一些改善手感的柔软剂。工作的重点是筛选手感较好的交联树脂和满足印染后整理工艺要求的抗菌剂及其合适的配方。因开发这类抗菌剂相对比较简单,故新型号、新产品不断出现,目前国内外的抗菌整理剂大部分是这种类型。这类产品与纤维分子既有直接亲和力,又有共价键结合,故耐洗性比直接吸附型好得多。经过整理的织物能在一定的湿度下缓缓释放出抗菌物质来,但由于抗菌物质没有完全实现与纤维分子以共价键结合,使用量较少时,溶出性不太大,虽可满足抗菌纺织品溶出物的安全性要求,但耐洗涤次数不太高;若追求很高的耐洗涤次数,必须增加使用量,随之交联剂含量增多,必然导致手感及吸湿透气性差,且溶出性也较大,即使洗涤多次,用晕圈法检测仍会有不小的抑菌圈。

③反应结合型抗菌剂。这类抗菌剂的分子中含有反应性活性基团及抗菌基团,一方面依靠抗菌剂的活性基团与含有活泼氢的纤维分子以共价键结合;另一方面利用抗菌基团在织物表面生成微生物障碍体,杀灭或抑制细菌和真菌的生长。由于抗菌剂全部与纤维分子以共价键结合,抗菌物质不从纤维分子中溶出,故具有很高的耐洗涤性。这类抗菌剂开发困难,属非溶出型抗菌剂,代表着织物抗菌技术的前沿水平及发展方向,目前世

界上只有很少数产品投入了应用。国外的典型产品是美国道康宁公司的专利产品 DC - 5700，国内的典型产品是北京洁尔爽高科技有限公司的 SCJ - 877。由于抗菌物质不从纤维分子中溶出，故洗涤一次后，用晕圈法几乎检测不到抑菌圈（抑菌圈 $D \leqslant 1mm$），而且整理后的织物手感及吸湿透气性好，能满足高档抗菌纺织品的要求。

2. 理想特征　抗菌纺织品应具有高效广谱的抗菌能力，持久的抗菌效果，良好的耐洗涤性，柔软、透湿、舒适性佳，使用安全，对健康无害，不会对环境造成污染。因此要求抗菌整理剂具备以下特征。

（1）高效抗菌。要求一般纤维及织物中抗菌剂的含量低于3%时，可以确保纤维及织物具有明显的杀灭和抑制微生物的效果。

（2）广谱抗菌。即对包括细菌、霉菌、病毒和酵母菌等在内的多种微生物都具有抑制或杀灭作用。

（3）安全性。要求抗菌剂本身无毒性、无皮肤刺激性和过敏性，对使用者不造成任何不良影响，并对环境友好，使用过程和使用后不污染环境。抗菌剂安全性评价指标有急性毒性（如半数致死量），对皮肤、黏膜和眼睛的刺激性等。除急性毒性外，对纺织品用抗菌剂的慢性毒性问题也应引起足够的重视。

（4）耐久性。耐水洗涤，耐干洗，耐磨损，使用寿命长，耐热，耐日照，不易分解失效。

（5）对织物的物理性能无不良影响。抗菌剂的加入不会对纺织品的常规性能产生不良影响，不损伤纤维，不降低织物的透气性，不使织物产生色变，不影响织物的白度，并在存储和使用过程中具有良好的稳定性。

（6）加工性及成本。加工方法简单，价格便宜，成本低廉。

（7）相容性。与其他整理剂具有相容性。

3. 抗菌整理剂与医用抗菌剂及其他工业杀菌剂的区别　抗菌整理剂具有长效耐久等特点，与常见的杀菌剂、消毒剂、抗菌剂、防霉剂、防腐剂有很大的区别，并不能等同混淆。

（1）抗菌整理剂是用以制备抗菌纺织品，并使这些纺织品对接触到其表面的致病细菌具有抑制和杀灭作用；而消毒剂是通过直接施用，使之与微生物菌体迅速接触以达到快速杀灭的效果；防腐剂用于预防保护对象遭受微生物侵害而导致的变质。

（2）抗菌整理剂与纤维之间的结合相当牢固，耐洗涤、耐酸碱、耐日晒、耐热、稳定性好，而其他种类的杀菌剂一般都缺乏这一优点。

（3）抗菌整理剂的有效期特别长，长期使用仍能维持良好的抗菌效果，而普通消毒剂的有效期很短。

（4）抗菌整理纺织品是人们经常接触的物品，所以对抗菌整理剂的安全性要求特别严格，抗菌整理剂的毒性必须很低，而其他种类的杀菌剂毒性参差不齐。

(二)抗菌整理机理

1. 抗菌整理剂的抗菌机理 抗菌整理剂的品种不同,其抗菌机理也不同。就抗菌整理剂作用于细胞而言,主要的抗菌机理是促进菌体蛋白质变性或凝固,如酚类、醇类、重金属盐类、酸碱类、醛类等;干扰细菌的酶系统和代谢,如氧化剂、重金属盐类;损伤细菌细胞膜,如酚类表面活性剂、脂溶剂等。部分抗菌整理剂的杀菌方式见表1-14。

表1-14 部分抗菌整理剂的杀菌方式

杀菌方式		化合物名称
影响呼吸系统	影响磷酸氧化还原体系,打乱细胞正常的生长体系	卤化苯酚、硝基酚、四氯-2-三氟甲基苯并咪唑、水杨酰苯胺
	破坏—SH基,使细菌细胞内各种代谢酶失活	三氯甲基硫化合物、四氯异酞腈、萘醌类、异硫氰酸酯、锡化合物、铜化合物
	影响DNA复制,阻断DNA合成,抑制孢子生长	苯并咪唑化合物、甲基噻吩烷
	影响电子转移系统及氨基酸转酯酶的生成	硝基糠腙类、香芹肟、硫化酚芹
破坏膜作用	与蛋白质发生化学反应,破坏细胞壁合成系统	卤化苯酚、烷基苯酚、硝基酚、对羟基苯甲酸酯、异硫氰酸酯
	通过静电场的吸附作用,破坏细菌的细胞壁和细胞质膜	季铵盐、脂肪族胺、咪唑

2. 抗菌整理的工艺原理 就抗菌整理剂作用于纤维或织物而言,其抗菌整理机理如下。

(1)溶出迁移抗菌机理。也称为有控释放机理。经抗菌剂整理后的织物,在一定的湿度下,会缓慢地释放出抗菌剂,杀死(或抑制)细菌和真菌的繁殖,即抗菌剂从所处理织物的表面溶出和迁移起到杀死或抑制微生物繁殖的作用。如广谱抗微生物聚乙烯醇纤维的抗菌机理就属于有控释放机理。聚乙烯醇纤维在酸催化剂存在下,与5-硝基呋喃基丙烯醛反应生成一层缩醛化合物,在一定温度下,缓慢释放出硝基化合物,以达到杀菌作用。有些公司为了延长抗菌剂的使用寿命将其释放速率降低,如将抗菌剂加到磷酸锆层状结构或玻璃陶瓷中,并应用在纤维内或添加到织物中。将有效的化学药剂包在微胶囊中间,在使用过程中,该化学药剂便渗透到外层来。这种溶出迁移机理除了影响耐久性和使用寿命之外,还存在产生其他负影响的潜在可能性。例如,由于抗菌剂可能接触到皮肤,故对一般皮肤上的长住菌有潜在影响;抗菌剂穿过皮肤壁垒,导致皮疹以及其他皮肤刺激。溶出技术存在的一个更严重的问题是它可能会导致微生物的耐药性。

(2)非溶出抗菌机理。它是一种作用方式完全不同于溶出技术的抗菌处理,抗菌剂以分子状态与纤维织物结合。非溶出抗菌机理的典型代表是分子键合技术和分子作用力技术。

①分子键合抗菌技术。它是依靠活性基团(如一氯均三嗪基、一氟均三嗪基、乙烯砜基、羟甲基、烯丙基、环氧基、烷氧基硅烷等)将抗菌物质通过交联反应或聚合反应等方式结合在纤维素或蛋白质纤维等纺织品的活性基团上，从而使纺织品表面具有耐久的抗菌能力。当细菌接触到抗菌整理剂所在的纺织品表面时便将细菌杀死。此种技术的抗菌效果不随时间的延长而降低。这种不溶出类型抗菌技术主要用于可能接触到人体皮肤或者对耐久性要求较高的纺织品上。这类抗菌整理剂的典型代表是北京洁尔爽高科技有限公司的抗菌整理剂SCJ–877、SCJ–963、SCJ–2000 德国 Herst 公司的抗菌防臭整理剂 ATB9800 和 Dow Corning 公司的抗菌整理剂 DC–5700。其中抗菌整理剂 SCJ–877 是利用抗菌剂分子所带正电荷产生的电子吸附细胞膜方式杀灭与它们接触的微生物。它不会进入皮肤保护层，因而不会影响皮肤的常住细菌。

②分子作用力技术。涤纶等疏水性合成纤维的分子结构中缺少像纤维素或蛋白质纤维那样的能和抗菌整理剂发生结合的活性基团，抗菌整理剂难以通过键合和纤维结合。通常是选择与涤纶有很好亲和力的抗菌整理剂，通过对涤纶进行高温处理使抗菌剂分子吸附并固着到纤维中。这类抗菌整理剂的典型代表是北京洁尔爽高科技有限公司的抗菌整理剂 SCJ–891、SCJ–892，Herst 公司的抗菌剂 TMP–9007。该类抗菌整理剂的抗菌整理机理如下。

a. 高温高压法。抗菌整理剂随整理液的流动逐渐靠近纤维界面，并进入纤维表面的动力学边界层，抗菌整理剂则扩散接近纤维表面。随着整理液温度的上升(120 ~ 130℃)，涤纶的无定形区软化，纤维大分子链段之间逐渐松动，抗菌整理剂开始通过分子作用力被纤维表面吸附。抗菌整理剂与纤维间的分子作用力越大，吸附速度越快。

在热的作用下，纤维大分子链段振动频率增大，涤纶无定形区内出现许多可以容纳抗菌整理剂分子的"空隙"；抗菌整理剂被吸附到纤维表面的"空隙"后，在纤维内产生一个浓度差或内外化学位差，使抗菌整理剂向纤维内部扩散。同时，温度的升高增加了抗菌整理剂分子的动能，加快了其向纤维内部扩散。此扩散速度和温度、纤维结构、抗菌整理剂分子结构、抗菌整理剂浓度有关。温度越高、纤维无定形区含量越大或自由体积含量越多、纤维外层抗菌整理剂浓度越高，抗菌整理剂分子进入纤维无定形区的扩散速率就越快。

抗菌整理完成后，整理液降温至涤纶的玻璃化温度以下，抗菌整理剂分子被凝结在纤维中，不再溶出，从而获得很高的耐洗牢度。

b. 高温焙烘法。室温下涤纶织物浸轧抗菌整理剂溶液，使抗菌整理剂沉积在纤维组织中。均匀烘干后，再进行焙烘，当升温达到一定程度时，沉积在纤维表面的抗菌整理剂扩散进入纤维无定形区。焙烘温度主要视抗菌整理剂的分子结构和大小而定，一般为180 ~ 220℃。如用常压高温蒸汽(过热蒸汽)作为加热介质，焙烘温度为 160 ~ 190℃。焙烘时间一般为 1 ~ 2.5min。

(三)抗菌整理工艺

纺织品属于具有无数空隙的多孔性材料,因此织物较容易吸附菌类。抗菌整理是在纺织品印染加工过程中,采用浸渍、浸轧、涂层或喷涂等方法将抗菌剂施加到纤维上,并使之固着在纺织品中的一种方法。代表性的抗菌整理工艺如下。

(1)用抗菌剂处理织物,在反应性树脂或成膜物质的媒介作用下,将抗菌剂热固于织物中的方法。

例如,在微粉状壳聚糖水溶液中,混合可成膜的反应性树脂,用喷雾法、浸轧法或涂层法附着在锦纶或涤纶织物表面,于 130 ~ 180℃ 热处理 0.5 ~ 3min,使抗菌剂热固着在纤维表面。用这种加工法制造的代表性商品有日本敷纺的 Nonstack、郡氏的 Sanityze 等。

(2)抗菌剂吸附固着在纤维表面的方法。

例如,在涤纶织物染色后,将织物浸渍在加热到 50 ~ 100℃ 的 0.5%(体积分数)1,1 - 六甲撑 - 双[- 5 - (4 - 氯苯基)双胍]二盐酸盐溶液中,处理 15 ~ 60min,脱水后经干燥,使抗菌剂吸附在纤维表面。用该加工法制造的代表性商品有 Naigai 的 Odoiute、日本蚕丝染色的 Sandaulon SSN 等。

(3)纤维上的官能团与抗菌剂上的活性基团反应,形成牢固的化学键,使抗菌剂和纤维成为一体。

例如,采用浸渍法和浸轧法,使用有机硅系季铵盐(如 JLSUN® SCJ - 877)处理棉织物表面,80 ~ 120℃ 干燥后,去除水分和甲醇(或乙醇)。在该操作中,抗菌剂成分分散在水中,在有机硅季铵盐的三甲氧基和纤维表面的羟基之间进行脱醇反应,产生共价键。同时,使有机硅反应性树脂接枝共聚,形成非常结实的薄膜,使抗菌剂热固着在纤维上。用该加工法制造的代表性商品有德国 Herst 公司的 SAL6680、东洋纺的 Biosil、大和纺的 Milaklset 以及仓纺的 Cransil 等。

(4)用喷溅法将金属附着在纤维表面的方法。喷溅法有二极直流喷溅法、高频喷溅法、磁控管喷溅法、反应性喷溅法 4 种。

例如,用洗涤剂充分洗净涤纶塔夫绸,再干燥,然后将试样装在磁控管装置的圆筒容器内,将真空装置内的压力减小到 1×10^{-3}Pa 后,在直流电压 100 ~ 1000V 下放电 30min,去除附着在目标物(银、铜)表面上的杂质。接着,将圆筒转动速度设定为 10r/min,用 18℃ 冷却水循环,在控制目标物温度上升的同时,进行规定时间(12 ~ 120s)喷溅。用该加工法制造的产品目前尚未商品化。

二、有机抗菌整理剂

有机类抗菌整理剂可分为两种类型,即溶出型和非溶出型。

（一）溶出型有机抗菌整理剂

溶出型有机抗菌整理剂与织物不是以化学方式结合的，因此能通过与水接触而被带走，这类抗菌整理剂主要用于用即弃类纺织品（一次性纺织品）。溶出型抗菌整理剂分为7大类。

1.醛类 醛类化合物中，甲醛是应用最早和最普遍的抗菌剂。低浓度的甲醛为抑菌剂，高浓度的可作为灭菌剂。甲醛的杀菌范围广，对细菌的繁殖体和芽孢等均有杀灭作用，但由于其致癌问题，已被禁止使用。

人们熟知的另一种醛类化合物是戊二醛。它具有良好的抗菌作用，但由于其具有难闻的气味和刺激性，几乎已无人使用。

2.酚类 如五氯苯酚、四溴邻甲酚、水杨酸苯胺、二羟二氯二苯基甲烷等。

酚类抗菌剂性质比较稳定，抑菌能力强，在使用浓度下对人基本无害。但酚类大多有特殊的气味，而且杀菌能力有限，对皮肤有一定刺激性，容易变色。酚类化合物通常用于纺织品坯布的防霉防腐。这类抗菌剂的代表性产品有卤化双酚钠盐、对氯间二甲酚等。

3.醇类 醇类具有比较可靠的抗菌作用。用于皮肤消毒的醇类抗菌剂主要有乙醇、异丙醇和正丙醇，将体积分数40%~60%的正丙醇、体积分数60%的异丙醇或体积分数60%~80%的乙醇在手上涂擦1min，可使暂居的菌量减少99.9%以上。但由于醇类化合物具有可挥发性，很难用于纺织品的抗菌处理，只在湿纸巾等特殊有密封包装的情况下使用。

4.表面活性剂类 具有抗菌作用的表面活性剂主要有季铵盐类化合物。季铵盐类抗菌剂抑菌浓度较低，毒性和刺激性小，使用方便，性质稳定。由于其水溶性好，难以获得耐久性，因此只能用于对洗涤没有要求的一些产品上。

5.有机杂环化合物 如氯辛基异噻唑啉酮、10,10′-氧代双吩恶砒、吡唑类、嘧啶类、吡咯类。

6.其他有机化合物 如3-碘代丙炔基氨基甲酸丁酯、五氯苯基月桂酸、三苯甲烷染料（孔雀绿和结晶紫等）。

7.有机金属化合物 如有机汞化合物、有机铜化合物、有机锌化合物、有机铅化合物、有机锡化合物以及一些其他有机金属化合物。

（二）非溶出型有机抗菌整理剂

非溶出型有机抗菌整理剂能与纺织品以化学键形式结合，经处理过的纺织品在穿着和反复洗涤后，还表现出耐久的抗菌性。处理方法是在纤维上接枝、聚合抗菌剂或在纺丝原液中混入抗菌剂，使抗菌剂分子以化学键的形式结合到纤维上。非溶出型有机抗菌剂不进入微生物的细胞内，对细胞核（遗传因子）没有影响，不会出现耐药性。此外，非溶出型有机抗菌剂不会被人体的分泌物吸收而进入体内，对人体和环境具有很高的安全性。

1. 有机硅—季铵盐抗菌整理剂　目前,使用范围最广的抗菌整理剂之一是有机硅—季铵盐类抗菌整理剂。北京洁尔爽高科技有限公司的 SCJ – 877、德国 Herst 公司的 ATB9207 和美国 Dow Corning 公司的 DC – 5700 都属于此类产品。

这类抗菌剂可以永久地在被处理织物上形成一层单分子厚的阳离子化学膜,硅烷季铵盐化合物的硅醇官能团与织物表面之间形成共价键,硅醇官能团也能发生均聚反应,使抗菌处理剂不再从被处理物表面上迁移,因此不会穿过皮肤壁垒,也不影响正常皮肤细菌,不造成皮疹或皮肤刺激,抗菌效果变得更加耐久。

有资料报道,这类抗菌剂经美国环境保护局检验,其急性毒性 LD_{50} = 12.27g/kg(老鼠经口);对兔子的皮肤刺激试验没有反应;对虹鳟鱼的毒性 TL_{50} = 56mg/L,此外还进行了亚急性毒性、变异原试验、催畸试验、黏膜刺激试验等 18 项试验以及袜子穿着试验,均证实其安全性很好。这类抗菌剂广谱抗菌,效力涉及革兰氏阳性细菌、革兰氏阴性细菌、霉菌、酵母菌和藻类等,见表 1 – 15。

表 1 – 15　对有机硅—季铵盐抗菌整理剂敏感的微生物

种类	名称
革兰氏阳性菌	金黄色葡萄球菌(Staphylococcus aureus)
	链球菌(Streptococcus faecalis)
	细小杆菌(Bacillus subtilis)
革兰氏阴性菌	霍乱沙门氏菌(Solmonella chloeraesius)
	伤寒杆菌(Solmonella typhosa)
	大肠杆菌(Escherichia coli)
	结核杆菌(Mycobacterium tuberculosis)
	绿脓杆菌(Pseudomonas aeruginosa)
	产气杆菌(Aerobacter aerogenes)
真菌	黑曲霉菌(Aspergillus niger)
	黄曲霉菌(Aspergillus flarres)
	土曲霉菌(Aspergillus terreus)
	疣曲霉菌(Aspergillus verucaria)
	球毛壳霉(Chafominni gldosum)
	青霉菌(Pencillum fuiculosum)
	毛癣菌属(Trihophyton lnterdigital)
	芽霉菌属(Pullukina Pullulans)
	木霉菌属(Trichoderm sp. Madism Ph)
	头霉菌属(Cephalckiscus Fiagans)

种类	名称
酵母菌	酿酒酵母菌（Saccharomyces cerevisiae）
	白色念珠菌（Candido albicans）
藻类	嗜绿藻属［Cyanophyta（blue-green）Oscillatoria］
	太湖念珠藻属［Cyanophyta（blue-green）Anabaena］
	棕色藻属［Chrysophyta（brown）］
	绿色藻属 S［Chrysophyta（green）Selenastmm Gracile］
	绿色藻属 P［Chrysophyta（green）Protococcus］

有资料介绍，这类抗菌剂不是将微生物毒死，而是当微生物接触到处理过的织物表面时，细胞被一种如同剑刺似的物理作用扎破，随后被带正电的氮分子电击致死。

下面就以 SCJ-877 为例对此类抗菌剂进行详细说明。

SCJ-877 的主要化学结构：

$$[H_3CO-\underset{\underset{OCH_3}{|}}{\overset{\overset{OCH_3}{|}}{Si}}-(CH_2)_3-\underset{\underset{CH_3}{|}}{\overset{\overset{CH_3}{|}}{N}}-C_{18}H_{37}]^+ Cl^-$$

其主要成分的化学名称是 3-（三甲氧基甲硅烷基）丙基二甲基十八烷基氯化铵，一般为含40%有效成分的乙醇溶液，外观呈琥珀色，pH 为 7.5，可以溶解在水中。该抗菌剂在125℃以下稳定，温度在 -17.7~50℃ 之间变化 10 次仍然稳定。

（1）合成反应。

$$Cl_3SiH + ClCH_2CH=CH_2 \xrightarrow{\text{催化剂}} ClCH_2CH_2CH_2SiCl_3$$

$$ClCH_2CH_2CH_2SiCl_3 + 3MeOH \longrightarrow ClCH_2CH_2CH_2Si(OMe)_3 + 3HCl\uparrow$$

$$ClCH_2CH_2CH_2Si(OMe)_3 + \underset{\underset{Me}{|}}{\overset{\overset{Me}{|}}{N}}-C_{18}H_{37} \longrightarrow$$

$$(MeO)_3SiCH_2CH_2CH_2-\underset{\underset{Me}{|}}{\overset{\overset{Me}{|}}{N^+}}-C_{18}H_{37}Cl^-$$

在最后一步合成反应中，还要加入适量的碘化钾、微量抗氧剂，通入氮气并搅拌升温至设定温度，在回流温度连续反应 20~30h；过滤除去不溶性抗氧剂残渣，减压回收溶剂及未反应单体，最后得到金黄色透明液体——有机硅季铵盐。

在化学结构上，SCJ-877 左端的三甲氧基硅烷基具有硅烷偶合性。当用水稀释时，由于甲氧基与水结合析出甲醇即会形成硅醇基。其反应式如下。

$$(H_3CO)_3Si-\overset{\overset{\displaystyle CH_3}{|}}{\underset{\underset{\displaystyle CH_3}{|}}{N^+}}R \xrightarrow[-3CH_3OH]{+H_2O} (HO)_3Si-\overset{\overset{\displaystyle CH_3}{|}}{\underset{\underset{\displaystyle CH_3}{|}}{N^+}}R$$

(2)与纤维的结合方式。SCJ-877与纤维的结合方式为离子键合和共价键合。纤维具有羟基,抗菌剂的硅醇基基团中 —Si(OCH$_3$)$_3$ 使水溶性的季铵盐抗菌化合物有可能化学性地结合到织物上,即与纤维表面及彼此之间脱水缩合反应,从而与纤维键合。此外,SCJ-877为阳离子,它可与纤维的阴离子结合成离子键。

在发生这些结合的同时,硅本身也会发生聚合反应,在纤维表面自身缩聚成坚牢的薄膜。与棉的情况不同,合成纤维并不含有许多羟基,但它在合成纤维上也能坚牢地结合。

SCJ-877在纤维表面形成强有力的结合。SCJ-877彼此之间的脱水缩合反应可形成共价键结合(图1-7),经水稀释的SCJ-877在形成硅醇基的同时,其阳离子(N$^+$)因纤维表面带负电荷而被吸引,形成离子键结合(静电结合),即让其在纤维表面形成坚固的覆膜,如图1-8和图1-9所示。

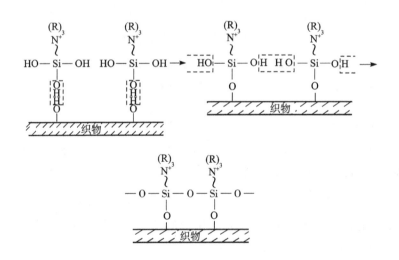

图1-7　SCJ-877的共价键结合模型

实验证实,SCJ-877能赋予纤维素纤维优良长久的抗菌功能,用于涤纶、锦纶等合成纤维及其混纺、交织产品,也能使之具有较好的抗菌效果。虽然季铵盐抑制微生物的效果良好,但它具有水溶性,在洗涤或水洗时会发生溶解,不能保持其效果,所以往往采用有机硅作为媒介。季铵盐与有机硅结合后即可改善这一缺陷。有机硅能使季铵盐在纤维表面与纤维形成化学键,使其与纤维发生化学结合,从而具有长效的抗菌效果。

(3)抗菌机理。这类整理剂对人体无害,它与纤维交联,即通过化学结合方法使之停留在织物上,达到抑制菌类生长的目的。微生物一接触季铵盐,其细胞壁则被破坏,丧失

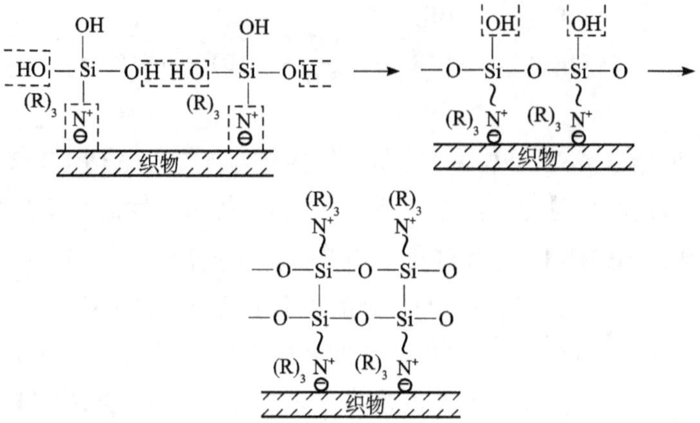

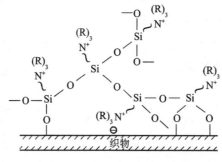

图1-8 SCJ-877的离子键结合（静电结合）模型

图1-9 SCJ-877的结合模型

了存活能力。纯棉织物经过 SCJ-877 抗菌卫生处理后，抑菌率可达99%。其杀菌机理与一般的季铵盐类化合物一样，也是破坏细胞壁和细胞膜，即作用于细胞的表层。推断 SCJ-877 的杀菌机理有如下两种方式：

①细菌的细胞壁表面带负电荷，因此被结合到纤维表面上的 SCJ-877 中的阳离子部分，SCJ-877 的长链烷基（$—C_{18}H_{37}$）穿透细菌的细胞壁，导致细菌的内容物渗出而死亡。SCJ-877 的杀菌模型如图1-10所示。

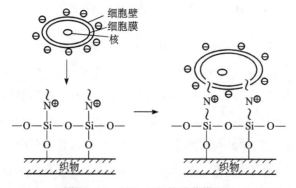

图1-10 SCJ-877的杀菌模型1

②SCJ-877 上的阳离子将细菌表面所带的负电荷吸引到抗菌剂的一侧,使和 SCJ-877 相接触的细菌的对侧细胞壁上的负电荷减少,继而细胞壁破裂,导致内容物渗出,细菌死亡。SCJ-877 的杀菌模型如图 1-11 所示。

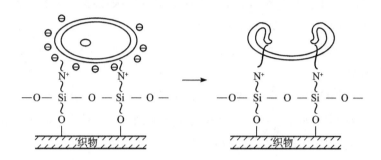

图 1-11　SCJ-877 的杀菌模型 2

一般认为有机硅季铵盐类抗菌剂都是通过破坏细菌的细胞壁和细胞膜,即作用于细胞的表层而杀死细菌的。带有正电荷或微弱正电场的抗菌剂通过静电场的作用将带有负电的细菌刺穿,使细胞壁破裂,细胞内物质渗出,从而导致细菌死亡。有人称这一过程为"物理抗菌"或"正电场抗菌"。

(4)整理方法和工艺。常用的有机硅—季铵盐抗菌整理方法有浸渍法和浸轧法。配制工作液时,要在搅拌下将 SCJ-877 加入水中,否则会产生凝聚,还可以加入非离子渗透剂。事先必须将被处理物充分洗净,再浸渍或浸轧抗菌整理剂,然后在 80~120℃ 下烘干,去除水分等,使硅烷醇基在表面完全缩合,不需高温定形处理,工艺非常简单,容易操作。

需要注意的是,该类抗菌剂对那些不带负电的细菌没有抗菌作用。同时,阳离子季铵盐很容易和阴离子表面活性剂(如肥皂)反应,使该类抗菌剂的正电性消失,从而失去抗菌作用。因此这种抗菌剂需要在不使用阴离子表面活性剂等条件下才能具有较好的耐久性。

通常,SCJ-877 可与阳离子类、非离子类助剂同浴拼用,但 SCJ-877 与阴离子类加工剂必须二浴二步加工。

2. 二苯醚类抗菌整理剂　二苯醚类抗菌整理剂的代表性产品有 Ciba 的 Triciosan AT110、东华大学的 DHA。

(1)DHA。为非离子型白色浆状液体,容易分散在水中,工作液的浓度为 5%~8%,pH 在 7 左右,与纤维的固着需要依靠反应型树脂才能完成,其主要化学结构如下:

这类抗菌整理剂抗菌的基本原理是二苯醚类化合物在纤维表面形成不溶性沉淀物或扩散进入纤维的皮层；它具有杀死微生物的功能，阻止了微生物细胞或者细胞壁的活动，抑制了细菌繁殖，从而达到抗菌防臭的目的。

此类抗菌剂对纤维没有亲和性，因而最好采用浸轧法处理。另外，由于是非离子型乳化分散液，很容易与其他的助剂、柔软剂拼用。

处理方法除浸轧法外，也可以根据产品的不同选用浸渍→脱水→干燥的间歇式加工法或喷雾加工法等。

例如，在40~140℃下，用含有1%~10%(owf)2,4,4′-三氯-2′-羟基二苯醚、氟化物和阳离子分散剂处理腈纶织物几十秒到几分钟，处理后的织物具有杀菌性和拒水、拒油性。其中氟化物可为氟乙烯、含氟烃的聚(甲基)丙烯酸酯等。

这类抗菌剂主要有以下优点：抗菌效果好，具有较好的耐久性能和耐热性能，不会影响织物的手感、外观，不会降低织物的强力，处理方法简易，加工费用低廉。但2,4,4′-三氯-2′-羟基二苯醚与含氯漂白剂反应会生成有毒氯化物衍生物，反应式如下：

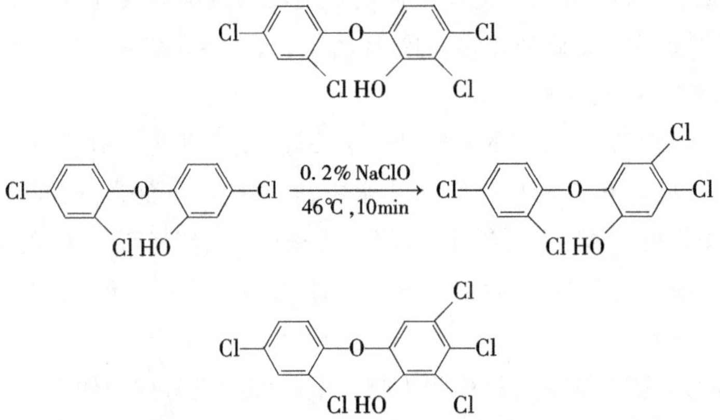

并且该抗菌剂在紫外线照射后会产生致癌物——四氯二烷，因此在日本2,4,4′-三氯-2′-羟基二苯醚(简称THDE)(Argasan DP-300)已被禁止用于服装。

(2)Triclosan 的制备。将38g 2,4-二氯苯酚、15.2g NaOH 和39g 2,5-二氯硝基苯加至200mL 丁醇中沸腾作用18h，同时蒸除水分，反应后加入活性炭2g、乙醇200mL，加热沸腾1h 后热过滤，滤液经冷却析出、过滤，得58g 2,4,4′-三氯-2′-硝基二苯醚，收率90%。

Triclosan 还可以采用如下合成路线：

①以异丙基(异丙烯基)苯酚和卤代苯为原料，经缩合、异丙基(异丙烯基)氧化、酸性分解反应制备。

②以3,4-二氯硝基苯和对氯邻烷氧基苯酚为原料，经缩合、脱烷基化、硝基还原和Sangmeyer 反应制备。

③以邻甲氧基苯酚和溴代苯为原料，经缩合、氯化、脱烷基化反应制备。

④以邻烷氧基氯代苯和卤代酚(盐)为原料,经缩合、氯化、脱烷基化反应制备。

⑤以2-氯苯甲酸和2-烷氧基酚为原料,经缩合、脱羧基、脱烷基化反应制备。

3. 有机氮抗菌整理剂 双胍类抗菌剂是有机氮类抗菌剂中的一种。此类抗菌整理剂的代表产品是$1,1'$-六亚甲基双[$-5-(4-$氯苯)双胍]二葡萄糖酸盐(商品名PBH)。急性毒性LD_{50}为$1\sim2g/kg$,安全性高,对热比较稳定,耐光性稍差,对细菌有较高的抗菌活性,但抗真菌效果较低。在双胍结构的抗菌剂中,凡水溶性低的产品均可用于纺织品的抗菌卫生整理,效果也较好。其抗菌机理是分子中的阳离子与微生物细胞表面的阴离子部位静电吸附,使细胞表层结构变形而受损,从而抑制细菌繁殖。该类化合物具有毒性低、刺激性小的特点,但处理织物的抗菌耐洗性差。将之混入锦纶等纺丝原液,能赋予纤维抗菌性。另外,由于其耐热稳定性能好,除可作抗菌整理剂,还可作合成纤维改性纺丝添加剂,如将其添加于熔融纺丝液中制成抗菌合成纤维,如涤纶和锦纶等。

另一代表产品是聚六亚甲基双胍盐酸盐(Polyhexamethylene biguanidine hydrochloride,简称PHMB)。其化学结构式如下:

$$\left[CH_2CH_2CH_2 \underset{\underset{H}{N}}{\overset{NH}{\underset{\|}{C}}} \underset{\underset{H}{N}}{\overset{\oplus}{\underset{\|}{C}}} NH_2Cl^{\ominus} \underset{\underset{H}{N}}{CH_2CH_2CH_2}\right]_n \quad (n=12 \text{ 或 } 16)$$

聚六亚甲基双胍盐酸盐(PHMB)的合成工艺:己二胺和双氰胺以铜盐或锌盐催化,于$60℃$加热反应,通二氧化氯使pH由11降至$6.8\sim7$,冷却过滤,先制得己亚甲基二胺的二氰酸盐,再用己二胺和36%的盐酸处理,然后加热至$150\sim155℃$,搅拌反应4h,即得成品。

根据有关资料介绍,该类抗菌剂可长期使用,毒性很低,其$LD_{50}>2500mg/kg$(急性口服毒性$LD_{50}=4000mg/kg$,鼠)。在21天对鼠皮肤毒性试验中,处理量为$250mg/kg$时未发现有刺激反应。

除了使用双胍类抗菌剂之外,涤纶、锦纶和腈纶织物还应浸轧含有聚氧化烯基和大于两个自由基聚合双键的单体和含有 $CH_2{=}CH{-}\underset{\underset{O}{\|}}{C}{-}NH{-}\underset{\underset{R_2}{|}}{\overset{\overset{R_1}{|}}{C}}{-}CH_2{-}SO_3H$ 的水溶液混合物,浸轧后聚合(如用电子束照射),织物再在 $-[(CH_2)_6{-}NH{-}\underset{\underset{NH}{\|}}{C}{-}NH{-}\underset{\underset{NH}{\|}}{C}{-}NH]_n{-}HCl$ 的水溶液中处理,然后轧水、烘干。整理后的织物具有良好的抗菌性、抗静电性、防污性。对比实验发现,有机氮抗菌整理剂的抑菌效果好,但其大批量生产仍在实验中。

这类抗菌剂的主要代表产品有北京洁尔爽高科技有限公司的 SCJ - 875 和 SCJ - 126、德国 Herst 公司的 ATB9200、AVECIA BIOCIDES 公司的 REPUTEX20 抗菌剂、瑞士 Santized 公司的 T9604 抗菌剂等。

SCJ - 875 是带有活性基团和有机氮结构的阳离子型高分子化合物,为淡黄色透明液体,pH = 6 ~ 7,相对密度 1.02(20℃),可溶于水、低碳醇中。SCJ - 875 的有机氮结构为:

$$\left[\begin{array}{c} \underset{\underset{\text{NH}}{|}}{\overset{\text{NH}}{||}}\text{C} \quad \underset{\underset{\text{NH}}{|}}{\overset{^{+}\text{NH}_2}{||}}\text{C} \end{array} R_1 \quad \quad R_2 \right]_n$$

SCJ - 875 属于物理抗菌整理剂,适用于各种纤维,能赋予织物良好的抗菌效果,主要用于内衣、内裤、袜子、浴巾、床单、毛地毯、装饰织物等各种纺织品的抗菌卫生整理。可与柔软剂同浴使用。

浸轧法:织物→浸轧(轧液率 75%,20 ~ 50g/L SCJ - 875)→烘干(70 ~ 100℃,3 ~ 6min)→焙烘(120 ~ 140℃,30 ~ 60s)→成品

浸渍法:织物→浸渍[抗菌剂 SCJ - 875:1% ~ 4% (owf),浴比:1:(10 ~ 15),温度 50 ~ 60℃]→脱水→烘干(80 ~ 110℃)

SCJ - 875 抗菌整理织物经急性皮肤刺激试验,证明属无刺激性。

4. 带有活性基团和吡咯酰胺结构的氯苯咪唑类高分子抗菌整理剂　北京洁尔爽高科技有限公司的抗菌防臭整理剂 SCJ - 963 和 SCJ - 2000 都属于这类抗菌整理剂。

(1)抗菌防臭整理剂 SCJ - 963。是一种永久型卫生整理剂,它具有良好的安全性、广谱高效的抗菌性和优异的耐洗涤性。抗菌整理剂 SCJ - 963 适用于棉、麻、丝、毛、涤/棉、锦纶、腈纶、黏胶纤维等纺织品的抗菌卫生整理。SCJ - 963 上带有的活性基团可与纤维上的—OH、—NH—形成共价键,同时,在高温下,其自身发生缩聚反应,使抗菌处理后的织物具有优异的耐洗涤性;SCJ - 963 带有的多种抗菌基团作用于细菌的细胞膜,使其缺损,通透性增加,细胞内的胞浆物外渗,也可阻碍细菌蛋白质的合成,耗尽菌体内核蛋白体,从而导致细菌死亡;SCJ - 963 带有的抗菌基团还能选择性地作用于真菌细胞膜的麦角固醇,改变细胞膜的通透性,导致细胞内的重要物质流失,而使真菌死亡。

抗菌防臭整理剂 SCJ - 963 由 SCJ - 963A 和 SCJ - 963B 两组分构成,其中 SCJ - 963A 为无色透明液体,可溶于冷水,有效成分含量为 85% ±1%,pH = 6 ~ 7;SCJ - 963B 是与 SCJ - 963A 配套使用的偶联剂,为淡黄色透明液体,可溶于冷水,有效成分含量 95%,pH = 6 ~ 7(10% 水溶液)。抗菌整理剂 SCJ - 963 无毒,不燃,不爆,对人体安全,对织物的白度、色光、强力、手感、吸水性和透气性无不良影响。

抗菌防臭整理剂 SCJ - 963 处理织物的方法可以是浸轧、浸渍、喷雾、涂层、涂刷。在浸渍工艺中,SCJ - 963 的用量是 1% ~ 4% (owf),通常用量多为 2% ~ 3% (owf),具体用

量根据被处理织物的品种和用途而定。

①浸轧工艺。

工艺流程:织物→漂染→烘干→浸轧抗菌溶液(轧液率70% ~75%)→烘干(80 ~ 110℃,以织物不含水分为度)→拉幅(150℃,30s 或 120 ~130℃,2 ~4min)

工艺配方(以轧液率75%为例):

SCJ – 963A	40g/L
SCJ – 963B	10g/L
非离子或阳离子有机硅柔软剂	适量

②浸渍工艺。

工艺流程:织物→漂染→抗菌柔软[浴比1:(10 ~ 15)]→脱水→烘干

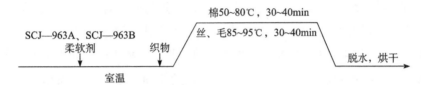

工艺配方:

SCJ – 963A	2% ~4%(owf)
SCJ – 963B	0.5% ~1%(owf)
非离子或阳离子有机硅柔软剂	适量

(2)抗菌防臭整理剂 SCJ – 2000。与 SCJ – 963 的结构与组分相似,只能与附着在抗菌织物上的细菌接触而达到抑菌或杀菌效果。但 SCJ – 2000 带有高活性反应基团,SCJ – 2000 也是一种永久型非溶出性抗菌卫生整理剂,具有良好的安全性、广谱高效的抗菌性和优异的耐洗涤性。抗菌防臭整理剂 SCJ – 2000 适用于棉、麻、丝、毛、涤/棉、锦纶、黏胶纤维等织物的抗菌卫生整理,特别适用于纯棉针织物和毛巾的浸渍法抗菌防臭处理。它可用于生产具有抗菌、防臭、防霉功能的床单、内衣、毛巾、袜子、地毯、非织造布、鞋用织物、装饰织物、空气过滤材料等。

中国人民解放军卫生检测中心、中国医学科学院、中国预防医学科学院、日本纤维制品检验中心、日本纺织检查协会、日本化纤检查协会、SGS、ITS 等多家权威单位测试和应用证明:SCJ – 2000 抗菌整理后的织物具有极高的抗菌、消炎、防臭、防霉、止痒、收敛作用,可以高效地杀灭接触织物的金黄色葡萄球菌、表皮葡萄球菌、淋球菌(国内流行株)、淋球菌(国际标准耐药株)、链球菌、肺炎球菌、脑膜炎球菌、大肠杆菌、痢疾杆菌、伤寒杆菌、肺炎杆菌、绿脓杆菌、枯草杆菌、蜡状芽孢杆菌、白色念珠菌、絮状表皮癣菌、石膏样毛癣菌、红色毛癣菌、青霉菌、黑曲霉菌等有害菌,洗涤 100 次后对金黄色葡萄球菌等的抑菌率仍达 99.9%以上;对皮肤无刺激、无过敏反应,对人体无毒,无致畸性,无致突变性,无潜在致癌性,不含甲醛和重金属离子等有害物质,符合环保要求;能有效地预防沙眼、结膜炎、淋病、盆腔炎、呼吸器官感染等疾病的传染，对防治脚癣、股癣、湿疹、疖痈、汗臭、脚臭、皮肤瘙痒有显著效果。

5. 硝基呋喃类抗菌整理剂　此类化合物是人们最感兴趣的整理剂，前苏联对这类整理剂研究较多。经它处理的纤维具有广谱的抗菌性。5-硝基呋喃化合物借助铜盐（如醋酸铜）沉积在纤维素织物上，可获得良好的抗菌性和优异的耐洗性。

6. 卤代肉桂醛类抗菌整理剂　此类化合物具有较好的抗菌效果。例如，α-溴代肉桂醛和2-（4'-噻唑基）苯并咪唑、丙烯酸酯等化合物的混合物施加到织物上，并进行热处理，具有良好的抗菌性。采用 BCA（α-溴肉桂醛）和747[2-（3,5-甲基吡啶基）-6-羟基-4-苄基嘧啶]处理锦纶66织物，洗涤10次后织物仍有较好的抗菌作用。目前由于环保问题，这种抗菌整理剂已不再被使用。

7. 铜类抗菌整理剂　国内的绿色抗菌腈纶就是将腈纶或含有丙烯氰基的锦纶用硫化铜等处理，使其具有明显的抗菌防臭效果。另一种方法是通过化学反应在腈纶上同时接上铜离子和碱性绿4号 $C_{23}H_{25}N_2^+$ 基团，使纤维改性。铜离子破坏微生物的细胞膜与细胞内酶的巯基结合，从而降低酶的活性，阻碍其代谢功能，抑制微生物的繁殖而达到抗菌效果。其中铜离子与腈纶的复合是通过腈纶中的氰基（—CN）实现的。$C_{23}H_{25}N_2^+$ 是与腈纶中的第三单体磺酸钠或衣康酸单钠盐复合的。碱性绿4号的致癌性问题引起了国内外的重视，因此这种抗菌整理剂已不再被使用。苏联学者在棉纤维上接枝共聚丙烯酸铜等化合物也获得了良好的抗菌效果。

8. 氨基糖苷类抗菌整理剂　把卡那霉素的羟基用对苯二醛脱氧而成的氨基糖苷，吸附固着在纤维表面，从而赋予其抗菌性。经测试，氨基糖苷的急性毒性 LD_{50} 在5000mg/kg以上，对兔子未见皮肤刺激性，鱼毒性 TL_{50} 为1000mg/L，由 Ames 法试验的异变性为阴性，安全性很高，对革兰氏阳性球菌和革兰氏阴性杆菌都有广谱抗菌效果。它主要作用于细菌的核糖体蛋白质的亚基，能阻止 mRNA 的密码因子和 tRNA 的反密码因子相互作用，合成异常蛋白质而死亡。

9. 羟基吡啶硫铜类抗菌整理剂　例如，用1-羟基-2-吡啶硫酮与一氯五氢氧化二铝或四异丙基钛酸处理织物，然后烘干，用改进的奎因试验检验证明其具有较高的抗菌率。

10. 苯基酰胺类抗菌整理剂　如日本 DAWAI 公司的 AMOLDEN MCM-400，外观为淡褐色透明液体，阴离子性，pH 约为7，内服毒性（白鼠）：$LD_{50}=6570$mg/kg，具有良好的抗菌效果，对荧光染料与直接染料等没有不良影响。

11. 甲壳素类抗菌整理剂　通过多官能活性基将甲壳素和织物连在一起，处理后的织物具有耐洗涤的抗菌性。如德国 Herst 公司的抗菌防霉剂 ATB9800，它是甲壳素改性高分子化合物（可能是甲壳素季铵改性化合物），外观为淡黄色澄清液体，环保，低浓度时具有良好的抗菌效果，适用于处理直接与皮肤接触的纤维素纤维产品等，可采用卷染、浸轧工艺,也适用于散纤维、筒子纱、针织物的浸渍工艺。

12. 异噻唑啉酮类化合物 此类化合物具有良好的抗菌效果。如科莱恩公司代理的瑞士 Sanitized 公司生产的 T85 - 02 抗菌剂,该抗菌整理剂不损伤织物原有的吸水性。其使用方法为浸轧法。在处理纺织品时 T85 - 02 能很好地渗入纤维,产生抗菌性。由于异噻唑啉酮类化合物原液对皮肤有刺激性,应用微胶囊技术包覆后再用于织物抗菌整理,可获得安全耐久的抗菌效果。

非溶出型抗菌整理剂的品种很多,国内外很多公司都已生产出新型、环保的产品,在此不再一一介绍。

三、无机抗菌整理剂

著名的银离子抗菌剂 JLsun® SCL - 956(洁尔爽公司)和德国 Herst® SILV9700 就属于这类化合物。这两种是由抗菌成分及抗菌剂载体组成,按照抗菌成分分类,主要分为三类:第一类是载体结合金属离子型无机抗菌整理剂,它以表面积大、分散性好、孔隙率高的沸石、硅胶、活性炭或陶瓷等材料为载体,将银、铜、锌和钛等具有抗菌功能的金属离子附着在载体上,使用时载体缓释抗菌活性离子,使制品具有抗菌和杀菌的功能。其中应用效果最好的金属离子是 Ag^+、Cu^{2+}、Zn^{2+} 等;第二类是氧化物催化型无机抗菌整理剂,即光触媒型抗菌整理剂是利用 N 型半导体材料,如 TiO_2、ZnO、Fe_2O_3、WO_3、CdS 等在光催化下,将吸附在表面的 OH^- 和 H_2O 分子氧化成具有强氧化能力的·OH 自由基,从而起到抑制和杀灭环境中微生物的作用;第三类是复合型抗菌剂,如氧化锌晶须复合抗菌剂等。

无机抗菌剂具有高效的抗菌性能,良好的耐热加工性的优点,但部分无机抗菌剂存在着重金属毒性问题。无机抗菌剂可广泛用于塑料、合成纤维、建材、造纸等行业,是非常有发展前途的高附加值的新型矿物深加工产品。由于该类抗菌剂的生产技术难度相对较低,因此国内外生产厂家很多,但产品质量良莠不齐。

严格地说,无机抗菌剂属于溶出型抗菌整理剂,但由于近期对该类抗菌剂报道较多,故在此专门对其加以介绍。

(一)载体结合金属离子型抗菌剂

由于抗菌成分基本是相同的,所以抗菌剂质量的好坏主要决定于抗菌剂载体。载体结合金属离子型抗菌剂是将具有抗菌活性的金属离子与载体结合而制得。这类抗菌整理剂利用天然或合成沸石骨骼的离子交换功能,借离子结合使其与银等金属离子结合(金属交换量1% ~2%),在涤纶、锦纶等合成纤维熔融纺丝的原液中,混入1% ~3%而赋予纺织品抗菌性。该类抗菌整理剂发展较快、应用较广,抗菌效果较好。"银离子溶出型"抗菌整理剂为其典型代表,如 SCJ -951 银系抗菌剂。

1. 金属离子的抗菌作用 多种金属离子都具有抗菌作用,其杀灭和抑制病原体的强度有以下规律：

$$Ag > Hg > Cu > Cd > Cr > Ni > Pb > Co > Zn > Fe$$

各种金属离子对沙门氏菌的最小抑菌浓度（MIC）（mol/L）见表1-16。

表1-16　各种金属离子对沙门氏菌的最小抑菌浓度（MIC）

金属离子	MIC(mol/L)	金属离子	MIC(mol/L)
Ag^+	2.0×10^{-6}	H^+	0.001
Hg^+	2.0×10^{-6}	Fe^{3+}	0.001
Cd^{2+}	6.0×10^{-5}	Al^{3+}	0.001
Cu^+	1.5×10^{-5}	Zn^{2+}	0.001
Au^{2+}	1.2×10^{-4}	Mn^{2+}	0.12
Co^{2+}	1.2×10^{-4}	Ba^{2+}	0.25
Ni^{2+}	1.2×10^{-4}	Ca^{2+}	0.5
Pb^{2+}	5×10^{-3}		

综合考虑后可知，由于 Hg、Cd、Pb、Cr 对人体有残留性毒害，Ni、Co 和 Cu 离子对物体有染色作用，不宜用在化学纤维中，因此实际上常用的金属抗菌整理剂是 Ag、Zn 及其化合物。

银是一种有着悠久历史的抗菌剂。少量银离子就有很好的抗菌效果，其最小抑菌浓度（MIC）为 $0.05\mu g/mL$，最小杀菌浓度（MBC）为 $0.5\mu g/mL$。某些形式的银被证实对烧伤等有很好的疗效。因此，目前在抗菌制品领域，无机载银抗菌剂以其高效的抗菌能力、耐热性好、化学稳定性好以及抗菌药效持久等优点，得到了广泛的关注。据报道，"银离子溶出型"抗菌剂对不同细菌及真菌的 MIC 是：大肠杆菌和绿脓杆菌为 $62.8mg/kg$，白色念珠菌和面包酵母菌为 $250mg/kg$。YoshinariT 等利用离子交换的方法得到载银 $25g/kg$ 的沸石抗菌剂，对大肠杆菌和金黄色葡萄球菌的 MIC 分别为 $62.5mg/L$ 和 $125mg/L$。粒径为 $0.2 \sim 2\mu m$ 的银/沸石粉末可直接作为抗菌织物的主要添加剂。经测试，急性毒性 LD_{50} 在 $5000mg/kg$ 以上，异变性为阴性，对环境是安全的。

银的抗菌作用与其自身的化合价态有关，这种能力按下列顺序递减：$Ag^{3+} > Ag^{2+} > Ag^+$。

开发银系抗菌剂时，可采用物理吸附或离子交换等方法，将银离子固定在沸石、磷酸盐等多孔材料中。银系抗菌剂的种类及其载体性质见表1-17。

表1-17　银系抗菌剂的种类及其载体性质

抗菌剂	有效成分	载体性质	抗菌能力
银—沸石	银离子	离子交换	强
银—活性炭	银离子	吸附	弱

抗菌剂	有效成分	载体性质	抗菌能力
银—磷酸锆	银离子	离子交换	强
银—磷酸钙	银离子/银	吸附	弱
银—硅胶	银配位化合物	吸附	弱
银—溶解性玻璃	银盐	玻璃成分	弱
银—多孔金属	银离子/银	吸附	弱

2. 抗菌机理　载体结合金属离子型抗菌剂的抗菌机理有以下两种观点。

(1)金属离子溶出型抗菌机理。即通过载体缓释 Ag^+、Cu^{2+}、Zn^{2+} 等金属离子,首先使生物膜外存在高浓度的金属阳离子,改变了正常的微生物膜内外的极化状态,并引起新的离子浓度差,从而阻碍或破坏细胞维持生理所需的小分子和大分子物质的运输,如在 Na^+/K^+ 泵的驱动作用下,运送糖和氨基酸,而一些金属离子也可扩散到达细胞膜,并被细胞膜吸附,细胞膜因此被破坏,由此阻止了微生物繁殖,具有杀菌作用。实验结果证明,重金属能使大多数酶失活,但其失活机理还不清楚。有人认为是正价的重金属离子与蛋白质的 N 和 O 元素络合后,破坏酶蛋白分子的空间构象;也可能是重金属离子与—SH 基反应,替换出质子,甚至破坏或置换维持酶活力所必需的金属离子,如 Mg^{2+}、Fe^{3+} 和 Ca^{2+} 等。酶是一切生物的催化剂,控制着微生物生化反应,酶一旦失活,引起催化效率降低或性能丧失,从而使其所催化的生化反应无法正常进行,并影响相关的生化反应,导致微生物的能量代谢和物质代谢受阻,从而达到抗菌的目的。此外,进入细胞内的金属离子也可以与核酸结合,破坏细胞的分裂繁殖能力。溶出的金属离子(特别是 Ag^+)可与细胞膜及膜蛋白质结合,导致细胞立体结构损伤(变性作用)并产生机能障碍,而到达细胞内的金属离子又可对酶以及 DNA 的功能产生影响。此外,高价态银离子的还原势极高,能使其周围的空间产生原子氧,具有抗菌作用。此外,不能排除其表面络合状金属离子(未离开基质)仍有抗菌活性。由于 Ag^+ 未饱和的配位能力与菌体表面的 N 或 O 作用,破坏菌体表面活性结构,导致菌体因生理变化或活动受阻而死亡。

例如:Ag^+ 会置换出酶硫醇中的 H^+,即 Ag^+ 可强烈吸引细菌体内酶蛋白的巯基并迅速与之结合,使酶丧失活性,致使细菌死亡。其机理简示如下:

$$R—SH + Ag^+ \longrightarrow AgS—R + H^+$$

Ag^+ 破坏了微生物的新陈代谢,从而具有杀菌作用。当菌体被杀灭后,Ag^+ 又可能游离出来,与其他菌落接触,进行新一轮杀菌。

(2)金属离子催化作用抗菌机理。有人认为不溶出的金属离子也有杀菌作用,如可见光使银磷酸锆中的电子激发,被激发的电子与吸附在银离子上的氧反应,使之还原成活性氧和过氧化物,Ag^+ 等金属离子在这里起了催化作用,即 Ag^+ 的抗菌活性是间接地通过在其周围产生活性氧而发挥的。另外，失去电子而带正电的空穴可将水中 OH^-，氧化成·OH。这样生成的负氧离子 O^{2-} 和·OH 等都具有很强的氧化还原作用，从而可产生持久的抗菌效果。Y. Inoue 等认为短时间接触时，银沸石的抗菌活性只能在有溶解氧情况下才能发挥，Ag^+ 可使氧活化为过氧离子、过氧化氢和氢氧自由基而起到杀菌作用。

银离子抗菌剂的抗真菌（包括霉菌）效果不理想，解决的办法是将无机银盐与有机硅季铵盐（如 SCJ-877）一起整理，其效果较好。然而，银的某些形态（如纳米级的金属银、氧化银）具有显色性，如果使用不当，会在化学纤维的聚合温度下或经过一段时间的储存或穿着，即老化后，呈现灰黑色。因此，采用含银抗菌剂时必须进行相应的处理。实验中发现，漂白织物经含银抗菌剂整理后，泛黄是一个难以解决的问题，因为只有 Ag^+ 缓慢溶出，才能有抗菌作用；同时，只要有 Ag^+ 溶出，就一定会泛黄。这种泛黄现象在阳光照射下的漂白织物最为明显。

3. 载体类型及其抗菌剂　载体应具有多孔、比表面积大、吸附性能好、无毒、化学性质稳定、不破坏抗菌成分和具有持久的缓释性能等特点。迄今为止所使用的抗菌剂载体有沸石、托勃莫来石、磷酸钙、磷酸锆、磷酸钛盐、膨润土等黏土矿物、可溶性玻璃和硅胶等。其中，应用最早，最广泛的是沸石抗菌剂。目前使用的这些载体所制成的抗菌剂的抗菌效果较好，但均有一定的缺点，如沸石抗菌剂分散性能差，抗菌性能不均一，使用不便等；黏土抗菌剂容易产生色变；而托勃莫来石、磷酸钙、磷酸锆等抗菌剂的制备工艺较复杂，生产成本高。

（1）沸石抗菌剂。用于制备抗菌剂的沸石，可以是人工合成沸石，也可以是天然沸石。沸石分子式为 $x M_{2/n} O \cdot Al_2 O_3 \cdot y SiO_2 \cdot 3H_2 O$（式中：M 为金属离子，$n$ 为其原子价）。天然红辉沸石矿物晶体结构呈束状、放射状和晶簇状，其主要成分为：SiO_2 58%、$Al_2 O_3$ 14%、CaO 9% 和极少量的 Fe、Mn 等，具有均匀的二维孔道结构，孔径 0.27~0.62nm，矿体中矿石白度最高可达91.7，风化粉末状沸石矿混合样的白度为83.3。沸石具有由硅氧四面体（SiO_4）在三维空间呈骨架状无限排列构成的空间结构。该四面体结构中的硅原子可以被铝原子置换成铝氧四面体结构，由于铝为三价，在铝氧四面体中有一个氧原子的负一价由于得不到中和而使四面体带负电，这种负电荷则由引入的金属离子平衡。这种金属离子通常为 Na^+、K^+，而氧的骨架链使沸石内部形成许多通道和微隙，抗菌的 Ag^+ 就可在此区域内和 Na^+、K^+ 进行离子交换而得到无机抗菌剂。不同沸石的 $SiO_2/Al_2 O_3$ 值不同，可置换的阳离子数量也不同。除此之外，沸石的交换容量还和沸石的比表面积大小、阳离子位置、性质及结晶结构有关。通常，沸石比表面积要大于 $150m^2/g$。抗菌沸石通过缓慢释放所置换的 Ag^+、Cu^{2-}、Zn^{2-} 而具有抗菌作用。

目前工业上主要使用的就是抗菌沸石。银、铜、锌的盐类水溶液与沸石进行离子交换，沸石中的 M^+ 被 Ag^+、Cu^{2+} 或 Zn^{2+} 所取代，即成为抗菌沸石。由于沸石易吸附水分，因此抗菌沸石微粉在添加之前应先进行干燥，并高温真空除去结晶水，以防止在与聚合物共混及纺丝中导致聚合物水解。其抗菌机理可以表述为：抗菌沸石中的 Ag^+、Cu^{2+} 或 Zn^{2+} 以一定速率溶出，逐渐迁移到纤维表面，进入与之接触的细菌的细胞内，与细菌繁殖所必需的酶结合而使之失去活性。抗菌沸石对金黄色葡萄球菌有良好的抑菌力。抗菌沸石具有耐热性，因此可以用于聚酯、聚酰胺等熔体纺丝聚合物。此外，抗菌沸石还具有耐有机溶剂性，因而也可处理聚丙烯腈纤维。可先将抗菌沸石微粉分散于纺丝溶剂中，再以一定比例加入纺丝原液中进行纺丝。

有人将红辉沸石矿物研磨成不同粒级样品，并于常温下用浓氨水浸泡、烘干备用；实验时，将金属离子的硝酸盐、硫酸盐或卤盐用水稀释成 0.1~0.4mol/L 的溶液，按不同浓度比和不同粒级矿物粉混合，并于室温或 100℃ 下搅拌不同时间后，过滤，多次水洗后，于 90~110℃ 烘干，制得无机抗菌剂。实验结果表明，沸石粒度、是否经氨水预处理、溶液中金属离子浓度以及反应温度与反应时间等，都对离子交换度产生影响。制取抗菌剂时，多次反复交换，能有效提高交换度。

该类含银抗菌剂的最佳生产工艺为：常温下，用 0.2mol/L 的 $AgNO_3$ 溶液与两倍量的、粒径小于 $70\mu m$ 的红辉沸石混合，搅拌 24h 后，洗滤、烘干（编号为抗菌剂 I ）。含铜抗菌剂和含锌抗菌剂的生产工艺为：100℃ 下，用 0.4mol/L 的该金属硫酸盐溶液与 2 倍量的、粒径小于 $70\mu m$、经氨水预处理的红辉沸石混合，搅拌 2h 后，洗滤、烘干。实验制得的此类抗菌剂中，铜、锌含量均达到 6%（编号分别为抗菌剂 II 、抗菌剂 III ）。经 NORAN 能谱仪（5~92 分辨率，146eV）检测，各抗菌剂主要化学组成见表 1-18。

表 1-18 实验制得的金属离子型抗菌剂主要化学组成

项　目	SiO_2(%)	Al_2O_3(%)	CaO(%)	Fe_2O_3(%)	抗菌离子(%)
抗菌剂 I (Ag 型)	58.76	14.13	8.80	0.40	2.89
抗菌型 II (Cu 型)	58.75	14.15	8.87	0.39	2.12
抗菌剂 III (Zn 型)	58.78	14.13	8.82	0.38	2.19

英国 BFF 非织造布公司利用高度选择性的合成沸石生产抗菌非织造布，产品具有独特的气味控制性能，尤其是对硫化氢、氨与胺。BFF 产品经理 Ranber Maan 博士说，沸石具有很高的性能，因而使用时只需要较小的剂量，这使薄型织物的生产成为可能，并且产品极薄，颜色也很白。当然，BFF 的 Zeovate 活性沸石粒子不会脱出。BFF 还针对工艺条件以及系列气味的成分做了深入的研究，并取得了良好的效果。例如可以针对氨或硫化氢改变沸石类型或剂量。该新产品的最终用途是需要气味控制与抗菌性，且对产品有厚度要求（较薄）和白度要求以及不允许粒子脱落的领域，诸如妇女卫生产品、揩布、成人失禁产品、服装、衬里以及制鞋材料等。日本兴亚硝子公司的 PG、北京洁尔爽高科技有限公司的纳米银系抗菌防臭粉SCJ-120也属于此类抗菌剂。

（2）磷酸复盐抗菌剂。磷酸复盐抗菌剂是以磷酸钛盐 $MTi_2(PO_4)_3$ 和磷酸锆盐

$MZr_2(PO_4)_3$ 为载体的抗菌剂。国际著名的银离子抗菌剂就属于这类化合物。在这两种无机复盐中具有大量可进行离子交换的阳离子，通过离子交换将小的碱金属离子用 Ag^+ 置换出来就可以得到具有缓释抗菌作用的磷酸复盐抗菌剂。例如，日本东亚化学合成公司发明的 US5,296,238 抗菌剂，其抗菌剂是银磷酸锆，其中的 Ag 为一价银离子。US2,911,898 和 US5,411,717 也是含银磷酸锆无机抗菌剂，如 $Ag0.16Na0.84Zr_2(PO_4)_3$、$Ag0.05H0.05Na0.90Zr_2(PO_4)_3$ 等。上述含银无机抗菌剂中的银均为一价银离子与 Na^+ 交换后负载在沸石载体或磷酸锆载体上。日本特开平 6-263612 和特开平 6-263613 是将含银抗菌剂，如含银磷酸锆（磷酸钛和磷酸锡），在分散剂存在下，在有机溶剂中用氧化锆球研磨，以降低粒径，增强其抗菌性能。

磷酸钛型载体的晶体结构中有两种位置可被阳离子占有，形成连续的三维通道，其中 M^+ 离子为 Li^+ 时占有通道形成 $LiTi_2(PO_4)_3$。该晶体具有很强的离子交换能力，并对 Ag^+ 有很强的选择性，通过离子交换可以得到载体量很大的 $AgTi_2(PO_4)_3$ 抗菌剂。由于 Ag^+ 在晶体中具有良好的稳定性，Ag^+ 的释放速度缓慢，因此该抗菌剂效果持久。

磷酸锆盐型载体也是通过离子交换，将 Ag^+ 引入到晶体结构中。不同之处在于离子交换后的固体粉末要在1200℃高温下处理。

高价银抗菌剂属磷酸复盐抗菌剂，其制备方法：采用磷酸锆钠、磷酸二氢钠、去离子水，在反应釜中制得细粒载体，调整 pH 为 3～5.5；将可进行离子交换的固体载体加到含酸性的高价银的溶液中；充分搅拌以使高价银离子与所述固体载体上的可交换离子发生离子交换反应；过滤并干燥得到的固体产物，由此得到含高价银的无机抗菌剂。

（3）可溶性玻璃抗菌剂。可溶性玻璃具有以下特点：可溶性玻璃是网络形成离子和网络修饰离子构成的无机高分子化合物；可以作为离子载体，将具有某种功能的元素长期、稳定地保持在玻璃体中，以确保功能元素不致受外界干扰而失效；可以同时将多种抗菌功能离子熔融在其中，以期达到广谱、高效的目的；玻璃的溶解速度较慢，有效期长。

将硅酸盐、磷酸盐、硼酸盐和铜盐、银盐高温熔融，制取超细粉体材料即可得到适宜用于纺织工业的可溶性玻璃抗菌剂。该抗菌剂通过缓慢释放 Ag^+、Cu^{2+} 达到抗菌效果。

①可溶性硅酸盐抗菌玻璃。M. Catauro 等采用溶胶—凝胶法，在 $Na_2O \cdot CaO \cdot 2SiO_2$ 玻璃中加入银离子，制备出具有生物活性的抗菌玻璃。他们以正硅酸甲酯、乙醇钠、四水硝酸钙、硝酸银为原料，丁酮为溶剂。获得的凝胶在600℃热处理2h，然后进行差热分析、X 射线衍射分析、抗菌性实验等性能测试，证明这种玻璃对大肠杆菌、黏液性链球菌具有很高的活性。

Masakazu Kawashita 等同样采用溶胶—凝胶法制出了含银二氧化硅粒子。首先让正硅酸乙酯在乙醇中部分水解，然后加入异丙醇铝，令其形成 Si—O—Al 键。最后加入含硝酸银的氨性溶液，形成二氧化硅粒子。粒子的直径不到1μm，无色，能够将银离子缓慢释放到水中。当 Si:Al:Ag 的摩尔比为 1:0.01:0.01 时，对大肠杆菌显示出很强的杀伤性。

②可溶性磷酸盐抗菌玻璃。磷酸盐玻璃由于其基本结构单元是磷氧四面体$[PO_4]$，磷是 +5 价，每一个磷氧四面体中都有一个带双键的氧（非桥氧），所以玻璃中每个$[PO_4]$只有三个顶角相互连接成类似于硅酸盐玻璃中硅氧网络的空间结构，而这个带双键的非桥氧使四面体的一个顶角断裂，在玻璃结构中形成不对称中心。正是这个不对称中心导致了磷酸盐玻璃的化学稳定性降低，可溶性增加。

近年来人们利用其化学稳定性差、能溶于水这一特性，将一些具有特定功能的离子掺入其中，令其在溶解过程中将这些特定功能的离子释放出来，从而达到长期有效的目的。

③可溶性硼酸盐抗菌玻璃。B_2O_3玻璃由硼氧三角体$[BO_3]$组成，虽然硼氧原子之间的化学键能很大，略大于硅氧原子间的键能，但B_2O_3玻璃的物化性能却比SiO_2玻璃差得多。这主要是由B_2O_3玻璃的层状或链状结构决定的。尽管同一层或链中硼氧原子间有较强的化学键相连，可是层与层或链与链间却是由范德瓦耳斯力维系在一起。

当往B_2O_3玻璃中加入碱金属氧化物时，硼氧三角体$[BO_3]$转变成由桥氧组成的硼氧四面体$[BO_4]$，导致玻璃的结构由二维层状向三维架状转变，加强了玻璃网络的稳定性。由于B_2O_3具有缓慢溶解于水的性质，所以硼酸盐玻璃也可制作成可溶性抗菌玻璃。

Shiraki Takashi 发明的可溶性抗菌玻璃成分为：$ZnO \cdot B_2O_3$为主要母体成分，另外加入碱土金属氧化物，如CaO、MgO等，$0 \sim 2\%$ Ag_2O。其中B_2O_3作为网络形成体，ZnO和Ag_2O作为抗菌有效成分，碱土金属氧化物作为网络修饰体来调整玻璃的溶解速度。将这种玻璃研成粉末，掺入到树脂中，使树脂具备了抗菌的性能。

④复合型可溶性抗菌玻璃。江村靖等在硼硅酸盐玻璃中加入Ag_2O和ZnO复合型抗菌剂，使制出的玻璃成分具有更好的抗菌性能。这种玻璃成分的大致范围见表 1 – 19。

表 1 – 19　硼硅酸盐玻璃成分的大致范围

成分	大致范围（%）	成分	大致范围（%）
SiO_2	$25 \sim 60$	SO_3	$0 \sim 0.1$
B_2O_3	$18 \sim 60$	Fe_2O_3	$0 \sim 0.2$
Al_2O_3	$0 \sim 20$	Ag_2O	$0.2 \sim 2.0$
$R_2O(R = Li, Na, K)$	$8 \sim 30$	ZnO	$1.5 \sim 10$
$RO(R = Ca, Mg, Ba)$	$0 \sim 20$		

SiO_2在 25% 以下时，玻璃的抗菌耐久性差，玻璃中溶解出的银离子和锌离子的量过大，影响抗菌玻璃的抗菌寿命。超过 60% 时，黏度增大，熔化困难，玻璃中溶解出的银离子和锌离子的量过少，抗菌性能不够。B_2O_3作为玻璃溶解的促进剂以及银离子的安定

剂,含量在18%以下时,银离子和锌离子的溶出量太少,抗菌效果不明显。超过60%时,玻璃的溶出量太多,抗菌寿命缩短。Al_2O_3 的加入是为了增加玻璃的化学耐久性,抑制玻璃的溶解速度,超过20%时,黏度增大、熔化困难,而且玻璃的溶出量太少,抗菌性不足。

碱金属氧化物是玻璃溶解的促进剂,含量不到8%时,银和锌离子的溶出量太低,抗菌效果不明显;超过30%时,玻璃的溶出量太大,耐久性差,抗菌有效期过短。碱土金属氧化物也是调整玻璃溶解速度的成分,总量应控制在20%以内,超过20%时,玻璃的抗菌耐久性较差。碱金属与碱土金属氧化物的总量应控制在8%~35%之间。

SO_3 是使熔化气氛保持在氧化状态的氧化剂,目的是防止银离子被还原为金属银或胶态银而失去抗菌活性。SO_3 的加入以硫酸盐的形式混入配合料中,不足0.01%时,效果不明显,超过0.1%时对大气有污染。Fe_2O_3 是作为杂质混入玻璃中的,含量高时,容易导致金属银或胶体银析出,引起玻璃着色、抗菌性能下降和损害铂金坩埚等不良后果。

Ag_2O 是抗菌玻璃的必要成分,少于0.2%时,抗菌效果不好;大于2%时,会有金属银或胶体银析出。ZnO 也是抗菌玻璃的必要成分,尤其对细菌有很强的抵抗能力,少于1.5%时,抗菌性差;高于10%时,玻璃的耐水性太好,锌的溶出量反而降低,并且这时玻璃也容易失透。

将上述成分按原料配比调制成配合料,于1200~1500℃熔融2h,成型为板状,退火后测定玻璃的抗菌性、抗霉性、水溶解性以及玻璃的着色状态。结果发现,这种组分的玻璃具有优异的抗菌抗霉性能,无着色现象发生,因此说明没有金属银或胶态银析出,水溶解性符合要求。

（4）膨润土抗菌剂。膨润土为一种天然的具有层状结构的黏土,在其层间具有可交换的阳离子,通过离子交换,将抗菌离子引入膨润土的层间结构中,得到具有抗菌作用的粉末材料,在以后的使用过程中,Ag^+ 被缓慢释放而获得抗菌效果。必须指出的是,这类载体由于其层间结构对 Ag^+ 的作用力弱,使 Ag^+ 在使用初期能较快地释放出来,造成 Ag^+ 浓度偏高而带来毒性,并且不能长久保持抗菌效果,因此直接用 Ag^+ 处理膨润土的应用不多。

（5）硅胶抗菌剂。硅胶具有很大的比表面积,可以吸附 Ag^+ 而形成吸附络合物,能提高其抗菌效果的耐久性以及耐热性能。通常在其表面用溶胶—凝胶法再形成一层 SiO_2 保护层。此外也有人在硅胶表面用碱和偏铝酸盐形成 A 型或 Y 型沸石层,通过离子交换将 Ag^+ 置换到硅胶表面,从而获得抗菌效果。

（6）白炭黑抗菌剂。白炭黑,主要成分 SiO_2,具有多孔性及大的比表面积,外观为白色无定形微细粉末,熔点1750℃,吸潮后形成聚合细颗粒,不溶于水和酸,溶于苛性钠和氢氟酸。白炭黑可作为抗菌载体,可以通过溶胶—凝胶法制备具有杀菌作用的白炭黑抗菌剂。具体制备方法包括以下步骤:配制浓度（质量分数）为5%~17%的水玻璃溶液,同时配制浓度（质量分数）为6%~8%的碳酸氢钠碱液;将预热好的部分水玻璃和小苏打以

1:1的比例注入恒温反应器中,在500r/min转速下反应后,调低转速,加入剩余的水玻璃和碳酸氢钠;将pH调至5.5~6.0,加入浓度为0.05~0.10mol/L的$CuSO_4$($ZnSO_4$或$AgNO_3$)溶液,继续反应至反应结束;反应后可得到含单一银、铜、锌、钛元素或含其中两种元素的胶体溶液;将上述反应后的胶体溶液用蒸馏水洗涤过滤3~5次;保存滤液以备进行离子检测;滤饼送烘箱,在120℃下进行干燥,将烘干的抗菌白炭黑研碎,过200目筛子,所得即为银型(铜型或锌型)微细抗菌白炭黑粉末。

白炭黑抗菌剂的抗菌能力取决于其中抗菌离子的含量,抗菌离子含量越大,抗菌白炭黑的杀菌率越高。当抗菌离子含量均为2.8%时,锌型白炭黑抗菌剂的杀菌率为88.7%,铜型为92.5%,银型为96.1%。可见3种白炭黑抗菌剂中银型抗菌白炭黑的杀菌率最高,铜型次之,锌型最低,这主要是由于银本身的杀菌能力强于铜,而铜又强于锌。

(7)不易变色的无机载银抗菌剂。无机载银抗菌剂在应用中存在两个主要的性能问题。由于银离子化学性质较活泼,对光和热比较敏感,特别是经紫外线照射以后还原为黑色的单质银,从而影响白色或浅色制品的外观,极大地限制了其应用性。目前国内外市场上销售的载银抗菌剂在使用过程中均存在一定程度的变色问题。因此,研制抗菌性能高且耐候性强的载银无机抗菌剂是当前抗菌剂行业的重要研究课题。

有学者针对无机载银抗菌剂存在的问题,进行了一系列的研究,在载银羟基磷灰石抗菌剂的基础上进行了改进。用氟磷灰石作为载体材料,改善了载银工艺,以无定形纳米载银氟磷灰石粉体作为前驱体,经过高温热处理工艺,制得了经1350℃高温后仍然具有100%抗菌效果的载银氟磷灰石抗菌剂。同时,针对抗菌剂载银量不够高的问题,利用Sr来代替氟磷灰石中Ca的位置,使得阳离子在晶格中所占的位置扩大,以便银离子替换进入以及逸出,最终得到了耐高温且不易变色的无机载银抗菌剂。

制备方法:取一定量的Na_3PO_4、NaF、$Ca(NO_3)_2$与$AgNO_3$进行反应,得到半透明沉淀,通过高速离心得到沉淀,反复醇化后进行冷冻处理干燥。将所得粉体A在1000℃下进行3h的热处理,得到最终的载银无机抗菌剂。

用透射电子显微镜观察了该抗菌剂处理后大肠杆菌和金黄色葡萄球菌细胞的形貌变化,发现细胞质收缩,细胞内出现细胞质透明区,DNA分子从原来的自由充分伸展状态变成团聚在原生质透明区内的聚合态,大量电子密度高的颗粒出现在细胞中。

北京洁尔爽高科技有限公司开发出一种活性银抗菌整理剂SCJ-951就属于不易变色的无机载银抗菌剂,这种新型银基抗菌剂以微晶玻璃为载体,其活性组分的抗菌效率比其产品效率提高了1倍。该活性组分可直接掺入到纤维或塑料材料中,当所处环境有利于微生物生长时,微晶玻璃载体激发银离子,这种基于天然银的抗菌剂活性组分可以承受的加工温度高达350℃。另外,微晶玻璃载体是透明的,因此对纤维的色光或透明塑料的光学性能影响很小。

（二）氧化物催化型抗菌剂

氧化物催化型抗菌剂是接触光即能发挥消臭、抗菌、防污等优良功能的光催化剂，最近引起了人们多方面的关注。利用光触媒材料的紫外吸收性能和光催化氧化性能，以改善纺织品的功能和特性并开发新材料、新产品，拓展其在各种产业中的应用，是目前纺织行业关注的热点。近年来，国内外一些大研究机构和企业纷纷参与研究光触媒的开发。2005年，日本光触媒相关产品的产值达到1万亿日元，并以每年30%左右的速度增长。

1. 代表产品——氧化钛光触媒型抗菌剂　这类抗菌剂的代表产品是纳米氧化钛光触媒型抗菌剂。国际著名的 JLSUN® SCJ－957、Herst® ATB8606 就属于这类化合物。光触媒是具有光催化性能的一类半导体无机材料，如 TiO_2、ZnO、WO_3、ZrO、V_2O_3、SnO_2、SiC 以及它们的复合物等。TiO_2 作为一种能进行光能—化学能转换的半导体材料早为人们所熟知。TiO_2 因其强大的氧化还原能力，具有抗化学和光腐蚀、性能稳定无毒、催化活性高、稳定性好以及抗氧化能力等优点而备受关注。20世纪70年代初，日本 Fujishina 等发现 TiO_2 电极可以利用光能将水分解为 H_2 和 O_2，从此 TiO_2 作为光能转换材料在太阳能、环境保护、卫生等领域逐渐引起人们的注目，并相继在许多应用领域得到大量研究。因此，在上述使用的这些半导体物质中，无论从使用程度还是性价比来看，纳米 TiO_2 明显优于其他几种触媒材料。

氧化钛有结晶构造，有属于正方晶系的高温型的金红石型、低温型的锐钛矿型、斜方晶系的板钛矿型这三种类型。

板钛矿型 TiO_2 结构不稳定，是一种亚稳相，应用极少；金红石型 TiO_2 主要用作白色颜料、混入合成纤维的长丝中用于消光剂和紫外屏蔽剂；锐钛矿型 TiO_2 存在晶格缺陷，结构比较开放，当颗粒尺寸降到纳米级时，具有良好的光催化活性，此类抗菌剂在织物表面上产生强氧化力，分解所接触的病菌，能产生恶臭的有机物，具有优良的抗菌、消臭、防污功能。由于纳米级锐钛型二氧化钛在光线存在下才有抗菌作用，因此这类抗菌剂应用在纺织品，特别是内衣等产品中，有其局限性。

2. 作用机理　该类抗菌剂的抗菌机理是利用光催化剂，在光参与下，使催化剂与其表面吸附物之间发生光化学反应，而产生强的氧化力，从而起到杀菌、抗菌的作用。光催化剂是指可通过吸收光而处于更高的能量状态，并将能量传递给反应物而使其发生化学反应的一类物质。TiO_2 的禁带宽为 3.2eV，它吸收了波长小于 387.5nm 的近紫外光波后，价带中的电子就会被激发到导带，形成带负电荷的高活性电子，同时在价带上也产生了带有正电荷的空穴。在电场作用下，电子空穴对发生分离而迁移到 TiO_2 表面上的不同位置。分布在 TiO_2 表面的空穴与吸附在表面的 OH^- 和 H_2O 氧化成 ·OH 自由基。而高活性电子则具有较强的还原能力，可将 TiO_2 表面的氧还原成 O^{2-}，也可将水中的金属离子还原。·OH 自由基的氧化能力最强，可不加选择地使有机物全部氧化降解，包括穿透细胞膜，破坏膜结构使细菌、病毒细胞分解，又能降解细胞产生的毒素（这是一般抗菌剂不能比拟的）。由于 TiO_2 可以作用于一切有机物质,因此,它的抗菌谱比金属离子的抗菌谱更广。

也有人认为其抗菌机理是在可见光的照射下,被激发的电子同吸附在表面上的氧产生活性氧（即 O^{2-}）,同时失去电子,带正电的空穴氧化 OH^- 生成羟基自由基·OH,而 O^{2-} 和·OH 都具有很强的氧化性能,可产生持久的抗菌作用。藤岛昭、桥本和仁发现,在试验中光催化抗菌剂能够将细菌及其残骸一起杀灭,还能分解细菌分泌的毒素,而传统的银抗菌剂就无法消除残骸和毒素。

经光照射后,TiO_2 原有的束缚态电子—空穴对变为激发态电子、空穴向晶粒表面扩散。电子、空穴到达表面的数量多,则光催化效率高,反应活性大,抗菌效果好。因此,粒子越小,电子、空穴在粒子内复合的概率越小,到达表面时间越短,光催化效率越高。目前综合应用效果最好的是粒径小于 100nm 的 TiO_2。

3. 纳米级 TiO_2 的制备　制备纳米级 TiO_2 可采用气相法和液相法。液相法又分胶溶法、溶胶—凝胶法和化学共沉淀法,其中化学共沉淀法是目前纳米 TiO_2 抗菌剂最经济的制备方法,具有原料来源广、成本较低、设备简单、便于大规模生产的特点。

化学共沉淀法制备纳米级 TiO_2 工艺如下:将蒸馏水置于冰水浴中,强力搅拌,滴入一定量的 $TiCl_4$,再将溶有硫酸铵和浓盐酸的水溶液滴加到 $TiCl_4$ 水溶液中,搅拌,温度控制在 20℃ 以下。$TiCl_4$ 的浓度为 1.5mol/L,$c(Ti^{4+})/c(H^+) = 15$,$c(Ti^{4+})/c(SO_4^{2-}) = 0.5$。将混合物升温至 90℃ 并保温 2h 后,加入浓氨水,调节 pH 为 6 左右,冷却至室温,陈化 12h,过滤,用蒸馏水洗去 Cl^-,然后用酒精洗涤两遍,过滤,室温条件下将沉淀物真空干燥,将干燥后的粉体于 600～800℃ 煅烧即得纳米级 TiO_2 粉体。其平均粒径可达到 60nm。

4. 光催化杀菌技术的影响因素　针对光催化技术的杀菌机理,科学家们展开了纳米光催化杀菌技术的全面研究,总结出影响光催化杀菌技术的 4 个主要因素。

（1）湿度的影响。光催化技术的原理表明,催化剂表面羟基的形成是纳米光催化杀菌的关键。同济大学的魏宏斌等通过实验证实了在无水存在的前提下,有机物在 UV—TiO_2—O_2 条件下不能完全降解,说明了催化剂表面羟基化对污染物降解的重要性。许多研究表明,在其他条件不变的条件下（光强、催化剂、污染物初始浓度等）,水蒸气浓度从低到高,光催化的反应速率经历了两个历程,即:在低湿度条件下,随着水蒸气浓度的增加,光催化反应速率相应增加;在高湿度条件下,随着水蒸气浓度的增加,光催化反应速率相应减小。这两个过程的分界点就是反应速率最大的湿度点,即污染物的最佳反应湿度点。第一个过程可以定义为羟基自由基浓度控制过程,即在极低湿度条件下,羟基自由基的生成控制着反应速率的大小,湿度的增加会加快羟基自由基的产生;第二个过程为竞争吸附过程,即当湿度达到最佳反应湿度点时,光催化反应速率的大小受到催化剂表面污染物和水蒸气竞争吸附的影响,由于光催化反应为表面反应,只有污染物与催化剂相接触,才会被氧化分解,所以随着湿度增加,污染物在催化剂表面吸附量减少,光催化反应速率减少。

（2）催化剂粒径的影响。光催化剂粒子粒径越小，暴露在表面的原子数就越多，整个体系的表面积越大，因此催化剂表面的吸附率就越高，光吸收效率也就越高；另外，离子的粒径越小，光生电子—空穴就容易跃迁到离子大的表面，复合的概率就减少，光催化效率就越高。研究表明，粒径减小，量子产率迅速提高，光吸收边界蓝移，尤其当粒子粒径小于 10nm 时，量子产率得到迅速提高。但是粒径越细，越易发生二次凝聚，不利于分散。一般光催化剂粒径范围为 10~30nm。

（3）催化剂的影响。纳米 TiO_2 的带隙能较大，约为 3.2eV，相当于波长为 380nm 的紫外光的能量，只有当能量大于催化剂带隙能的光照射在催化剂的表面，才能激发产生光生电子—空穴对。而太阳光中含有约 4% 的紫外光，难以被充分利用。目前解决这一问题的方法是采用主波长小于 380nm 的紫外灯作用激发光源。但紫外光若不加隔离，会对人们产生危害，从而形成光污染。因此，纳米 TiO_2 光催化剂的光利用效率是影响该项技术产业化的主要因素，拓展催化剂的光谱响应范围就成为人们研究的一个方向。

目前，对催化剂进行改性，提高催化剂的光利用效率的方法包括光敏化、表面金属离子沉积、复合半导体的掺杂、金属离子掺杂等方法。运用这些方法研究出的催化剂对光的响应向可见光区过渡，提高了催化剂对光的利用效率。但是，由于催化剂制备过程较为复杂，制造成本较高，目前这项技术还处于实验室的理论研究阶段，没有实现大规模的产业化。

（4）催化剂成膜技术。纳米 TiO_2 已实现了产业化生产，但由于纳米 TiO_2 颗粒粒径很小，表面能很大，易产生二次团聚，使其纳米性能大大降低。同时，纳米级 TiO_2 粉末颗粒细小，使其在空气中如烟一样能够漂浮，若以悬浮状纳米 TiO_2 为催化剂，虽然催化剂效率很高，但催化剂难以回收利用，且易对环境造成二次污染。

对催化剂进行成膜技术研究是纳米光催化技术产业化的重要前提。目前，催化剂的成膜技术大致分为物理成膜和化学成膜方法。化学成膜是利用纳米 TiO_2 的前驱体，通过化学方法（包括溶胶—凝胶法、共沉淀法等）制备 TiO_2 溶胶，通过将 TiO_2 溶胶喷涂或浸涂在基材上，在高温烧结条件下形成二氧化钛薄膜。由于需要高温烧结，采用的催化剂载体必须耐高温，且溶胶形成条件较为复杂，使得化学方法涂膜难以实现大规模的产业化。

物理成膜是目前许多科学家攻克项目之一。由于纳米 TiO_2 容易产生团聚，因而对其进行分散，采用合适的载体，使得产生的催化剂膜既具有活性，又具有牢固性是目前人们研究的热点。日本在形成催化剂膜时，将催化剂颗粒与纸浆、活性炭粉末混在一起，抄成纸，形成纸基 TiO_2 催化剂膜，实现产业化。国内也有将催化剂 TiO_2 与黏合剂混在一起形成催化剂膜，但直接的混合会造成催化剂颗粒被包覆，难以有效实现光催化性能。

5. TiO_2 在纺织品上的固着技术

纳米 TiO_2 是经紫外光的照射而发生光催化反应，所以要使纳米 TiO_2 暴露在纺织品的外部。在纺织品上固定纳米 TiO_2 存在困难，因为有机材料本身不耐纳米 TiO_2 材料的强氧化作用,虽可用耐氧化的无机系黏合剂涂敷,但大量无机系黏合剂包敷纳米 TiO_2 表面,会导致其光催化活性大幅下降,所以涂膜的耐久性和光催化活性不能兼顾。目前,对在纺织品上固着纳米 TiO_2 的方法主要有四类。

(1)以耐氧化性较强的氟树脂作黏合剂,将低温固化型氟树脂与纳米 TiO_2 浆液混合涂到基材上,但氟树脂成本较高。

(2)使用微细硅溶胶粒子与有机硅化合物的混合物作为黏合剂,把纳米 TiO_2 黏合到纺织品上,此法存在不能兼顾耐久性和光催化活性的缺点。

(3)纳米 TiO_2 粉末的表面用二氧化硅等多孔性材料包覆,可保证与外部空气的流通,且可防止 TiO_2 与纺织品基材接触,再混入有机树脂中,适于加工纤维、非织造布等基材。

(4)在纺织品基材上设置保护层或黏合剂层(无机物系、有机无机复合系)用以保护基材,在其上再设置纳米 TiO_2 光催化材料层。这种固定方法适用于易光催化分解的纺织品表面。其缺点是手感硬,并且需二次涂布加工,优点是兼有高耐久性和光催化活性。

6. 光触媒抗菌防臭纺织品的制备 目前,使用光触媒制备抗菌除臭纤维和纺织品的途径可分为后整理法和原丝改良法。

(1)后整理法。指先制备光触媒分散悬浮液或凝胶,然后对织物进行一般的后整理(浸轧或涂层→预烘→焙烘)的方法。该法适用的纤维和纺织材料范围广泛,天然纤维、化学纤维和混纺织物都能采用。

根据光触媒的制备和织物整理是否连续,又可将后整理法分为粉体分散负载法和原位复合法。分散负载法是指将干燥细化的成品光触媒粉体分散,然后对织物进行整理;原位复合法是指将光触媒的制备和整理连续进行。

粉体分散负载法的常用工艺为:制备光触媒分散液→二浸二轧或涂层→预烘→焙烘→后处理。将光触媒负载于织物表面,形成具有光催化特性的光触媒负载织物。另外,还有利用超临界 CO_2 法整理织物,如将光触媒粒子制备成反向乳液,通过超临界 CO_2 处理方式将 TiO_2 固着在苎麻纤维表面及其经修饰形成的孔道之中。

在原位复合法中,采用溶胶—凝胶技术制备纳米 TiO_2 溶液,然后对织物进行涂层或浸轧。该法具有较好的应用前景,将来有可能成为光触媒纺织品应用研究的方向之一。

(2)原丝改良法。指在纺丝过程中,将光触媒添加到聚合物或原液中,均匀混合后进行纺丝,该法适用于光触媒化学纤维的制备。原丝改良法又分为湿法和熔融纺丝法。湿法适用于聚丙烯腈、黏胶抗菌纤维,但此法存在光触媒在纺丝液中易沉降、聚集和难分散等缺点,且粒径均一性要求很高。如将 TiO_2 和 ZnO 复配的陶瓷粉纳米材料与黏胶纺丝液混合,然后纺丝制成具有抗菌功能的黏胶纤维。熔融纺丝法适用于PET、PP 和 PA 等纤维材料。由于抗菌除臭的光催化反应发生在纤维表面,而掺入的粉末大多埋在纤维内,不能充分发挥光触媒的功能。为了让纤维中的光触媒粒子尽可能地露出纤维表面,发挥抗菌功能,需对纤维进行碱减量加工,但减量率一般不宜过高。

（三）复合型抗菌剂

这类抗菌剂具有光催化抗菌和金属离子活性抗菌的复合抗菌作用,典型代表是氧化锌晶须复合抗菌剂。很早就有人使用氧化锌作为抗菌材料和伤口收敛剂。四针状氧化锌晶须复合抗菌剂具有很好的抗菌效果,且不通过光催化也能抗菌,同时克服了一般银系无机抗菌剂易变色的缺点。据研究者介绍,其主要抗菌机理如下。

1. 锌离子活性抗菌　与银离子类似,锌离子与细菌体内的酶蛋白的巯基迅速结合,使酶丧失活性,致使细菌死亡。其机理:

$$\text{酶} \overset{SH}{\underset{SH}{<}} + Zn^{2+} \longrightarrow \text{酶} \overset{S}{\underset{S}{<}} Zn\downarrow + 2H^+$$

当菌体被杀灭后,Zn^{2+}又可以游离出来,与其他菌落接触,进行新一轮杀菌。

2. 氧化锌晶须尖端纳米活性抗菌　具有半导体特性的氧化锌尖端的纳米活性成分能在水中和空气存在的体系中自行分解出自由移动的电子(e),同时留下带正电的空穴(h^+),产生的带正电的空穴(h^+)具有很强的氧化作用,羟基自由基(·OH)和活性氧(O^{2-})非常活泼,有极强的化学活性,能与细菌内的有机物反应,从而起到抗菌作用。

（四）可与纤维配位结合的金属化合物

1. 银化合物　与纤维能形成配位的金属化合物,其代表性产品是阳离子可染聚酯与银离子结合的银磺酸酯,如下式所示:

$$\left[OOC\text{—}\langle\!\!\text{benzene}\!\!\rangle\text{—}COOCH_2CH_2 \right]_{\!\overline{n}}\!OOC\text{—}\langle\!\!\text{ring}\!\!\rangle\text{—}COOCH_2CH_2\text{—}$$
$$SO_3^- Ag^+$$

在银离子作用下,电子传达体系受阻,细胞内蛋白质的构造遭破坏,引起代谢或 DNA(脱氧核糖核酸)反应受阻,导致细菌死亡。阳离子可染涤纶织物在浴比为 1:5 条件下,用硝酸银溶液浸渍处理,搅拌下至沸,搅拌 20mim 后冷却,用水净洗后干燥,使银离子结合于涤纶的可染性残基(—SO_3^-)上,经固着后加工,赋予织物抗菌性,但由于 Ag^+ 的原因,可使织物泛黄或发生色变。除磺酸银外,这类整理剂还有铁酞菁、金属氧化物配位的氨基系聚合物、硫酸锌配位的丙烯酸聚合物。

将具有抗菌性的无机金属盐、金属氧化物或光催化剂通过丙烯酸酯等成膜物质黏附(有人称为"植入")到织物上,在特定条件下具有较好的抗菌效果,但存在着手感硬、织物的透气性降低等问题。

将含有用于腈纶纺丝的溶剂和粉粒直径小于纤维直径 1/10 的杀菌性金属或其他化合物[如 Ag、Cu、AgCl、CuI、Cu(OH)$_2$ 等]的加工液施加到织物上,然后进行热处理,使细粉扩散入纤维皮层,最后经固着处理,处理后的织物具有良好的杀菌性。

2. 铜化合物 以铜化合物作为抗菌剂的开发方向,当推由日本蚕毛染色株式会社的商品"桑达纶—SSN",它具有导电和抗菌两种性能,是将聚丙烯腈织物或纤维浸渍于含有铵及羟胺硫酸盐的硫酸铜溶液中(浓度为2%~3%),进行还原处理后得到的。聚丙烯腈上的氰基与硫化亚铜产生络合反应,生成稳定的含铜配位高分子化合物。经上述处理后,除抗菌性外,还具有导电性。该产品耐洗性能卓越,对细菌和真菌具有强大的杀灭效果。产品的安全性良好,急性毒性 LD_{50} = 1320mg/kg(经口、小鼠),大肠杆菌和沙门氏菌的变异原试验呈阴性,合法的皮肤贴敷试验呈准阴性。

由旭化成公司开发的导电抗菌性黏胶纤维,其商品名为"Asahi BCY"。在铜氨再生纤维素制造过程中控制硫化铜量,使铜化合物均匀分散于纤维中,之后经硫化处理(如硫化钾等),使纤维中硫化铜(CuS 和 Cu_2S)含量为15%~20%。这种改性黏胶除具有抗菌性外,同时有除臭、导电和阻燃性能。

以上两种含铜化合物的纤维,其抗菌机理是利用铜离子破坏微生物的细胞膜,与细胞内酶的巯基结合,使酶活性降低,阻碍代谢机能抑制其成长,从而将微生物杀灭。

此外,棉和羊毛等天然纤维,也可在化学方法改性后,导入铜、锌等金属,同样可具有抗菌防臭性能。

(五)金属氧化物溶胶

德国西北纺织研究中心在该领域有较多的研究,他们利用金属氧化物溶胶对织物进行涂层整理,但其整理效果只能局限于织物纤维的表面。如果先用硅化物处理棉织物,硅化物分子可以进入到棉纤维的无定形区,再通过催化剂作用,硅化物可在纤维的内部经过溶胶—凝胶过程而固定在里面。在以上溶胶—凝胶过程中添加 Ag^+ 抗菌剂,抗菌剂随着硅化物凝胶一起固定在纤维内部,织物便获得了抗菌性能。

例如,将浓度为2%~4% SiO_2 载体"植入"棉织物纤维内部,纤维内外固着了一定量具有多孔结构的硅胶。再用浓度为100~200mg/L $AgNO_3$ 溶液(超声波振荡30min)处理制得抗菌织物, Ag^+ 可以通过物理吸附或某种化学作用固定到这些硅胶中。织物洗涤5次后,细菌减少百分率仍可达到99.99%。

(六)其他无机化合物

1. 过氧化物类 过氧乙酸、过氧化氢等具有很强的抗菌作用。该类抗菌剂无色、无臭、无公害,杀菌能力较强,但容易分解,不稳定,对物品有一定的漂白与腐蚀作用。2mL/L过氧乙酸可在10~15min 内杀灭金黄色葡萄球菌、大肠杆菌,50mL/L 过氧乙酸可在5min 内杀灭用20% 小牛血清保护的金黄色葡萄球菌与绿脓杆菌,较高浓度的过氧乙酸溶液对皮肤、黏膜具有刺激性,因此在用于皮肤抗菌时浓度应低于2000mg/L,用于黏膜时浓度应降至200mg/L。过氧化氢也有较强的抗菌能力,含3% 过氧化氢,溶液对细菌繁殖体的杀菌 D_{50} 值为0.3~4.0min,对病毒为2.42min,对真菌为4~18min。

该类化合物用于纺织品抗菌整理的工艺,就是世界著名的纺织化学家 M. Clerk

Welch 发明的 Permax 工艺。Permax 整理织物对细菌有良好的抗菌作用,但对霉菌效果不尽如人意,更重要的是会显著降低织物强力,并且工艺流程过长。1986 年,笔者专门就该技术的具体细节问题向 M. Clerk Welch 教授请教,他指出,Permax 抗菌织物有一个最大的特点,即 Permax 在温暖潮湿的条件下缓慢释放活性氧从而起到杀菌作用,而在干态下几乎不释放活性氧,这正好与人体需要抗菌的时机及环境相一致。因此,Permax 抗菌织物在某些特定环境条件下是最好的抗菌织物。

2. 碘类 游离碘是临床上广泛应用于皮肤黏膜消毒的经典抗菌剂,主要有碘酊、碘水、碘甘油三种制剂。此外,过碘酸钠也被证明有抗菌作用。过碘酸钠对金黄色葡萄球菌与产气夹膜杆菌的抑菌浓度仅为 2.92mmol/L,对产黑色素类杆菌的抑菌浓度为 5.84mmol/L,对大肠杆菌、绿脓杆菌、福氏痢疾杆菌、破伤风杆菌及脆弱类杆菌等的抑菌浓度均为 23.38mmol/L。

碘伏是一种广谱抗菌剂,对各种革兰氏阳性菌和革兰氏阴性菌的需氧或厌氧菌、真菌、孢子及病毒均有抗菌作用。目前市场销售及临床应用的一般为聚乙烯吡咯酮碘。由于该类化合物色泽很深,所以只能在部分医用纺织品上应用。

四、天然抗菌剂

近年来,由于回归大自然和环保意识的增加,利用天然物质提供同样功能性的话题,引起了人们极大的兴趣。在纤维染整加工中很早就利用动物、植物和矿物质用于染色。关于抗菌防臭功能的整理,近年也获得了相当大的进展。天然抗菌剂主要是来自天然物质的提取物,如壳聚糖来自于天然贝壳、蟹壳、虾壳、鱼骨及昆虫等动物壳体,经脱去 N - 乙酰基获得。由于天然抗菌剂不属于化学制品,是从天然动植物中提取或直接使用的,在生产和使用过程中,对环境一般不产生污染,生物相容性好,因而受到青睐。但其缺点也很明显:160～180℃就开始碳化分解,使应用范围受到很大限制。

目前使用天然抗菌剂处理纺织品的主要方法之一是微胶囊技术,该技术是将一种或几种天然抗菌提取物的活性成分包裹在微胶囊中,再固着在纤维中,使其成为卫生保健纺织品。一些纤维里的胶囊和皮肤接触摩擦时就爆裂开,散发出抗菌物质,发挥其卫生保健作用。对于抗菌微胶囊,通常通过改变壁材的组成和厚度,来控制微胶囊抗菌剂的释放速度,延长使用时间。应用时可以通过涂层加工或采用浸轧法与固着剂等一起应用,使微胶囊结合在纺织品上。这类抗菌剂的主要产品见表 1-20。

表 1-20 天然抗菌产品

类别	产品
壳聚糖	如 β - 1,4 - 聚葡萄糖胺(脱乙酰壳聚糖多糖)、羟甲基壳聚糖
日柏醇	如 UNIKA MCAS - 25(微胶囊化的日柏醇)、桧醇等

续表

类别	产品
油脂	如蓖麻油、椿树油、花椒油等
海藻类	琼脂低聚糖、海藻糖、褐藻胶
植物	芦荟、艾蒿、苏紫、蕺、茶叶、竹子
中草药	黄连、黄芪、鱼腥草、板蓝根、竹沥、甘草

（一）甲壳素与壳聚糖

1. 物理性质　甲壳素又称甲壳质、几丁质，是重要的天然抗菌整理剂之一，具有持续抗菌和维护生态平衡的特点。它是一种无色、无毒、无味、耐晒、耐热、耐腐蚀的结晶或无定形物。甲壳素及其衍生物具有良好的生物相容性、生物降解性、黏合性及特殊的吸附性，并且无毒性。它不溶于水、有机溶剂、稀酸和稀碱，可溶于浓硫酸、浓盐酸、85%磷酸，同时发生降解，相对分子质量由100万~200万明显下降至30万~70万。甲壳素可溶于一些特殊溶剂中，如二甲基乙酰胺—氯化锂、N-甲基吡咯烷酮—氯化锂等混合溶剂。

2. 化学结构　甲壳素的化学结构与纤维素相似（图1-12）。纤维素是葡萄糖以β-1,4糖苷结合形成的多糖，而甲壳素是一种带正电荷的天然含氮多糖高聚物。纤维素葡萄糖环2位上的羟基被乙酰胺基取代后是甲壳素。甲壳素中的乙酰基通常不易完全脱除，工业壳聚糖分子链通常含15%~20%的乙酰基。甲壳素分子排列在高度结晶微纤维的晶格中，这种微纤维位于无定形多糖或蛋白质机体中。甲壳素按晶体结构分为α型、β型、γ型三种，其中α型最为稳定，并在自然界中广泛存在。

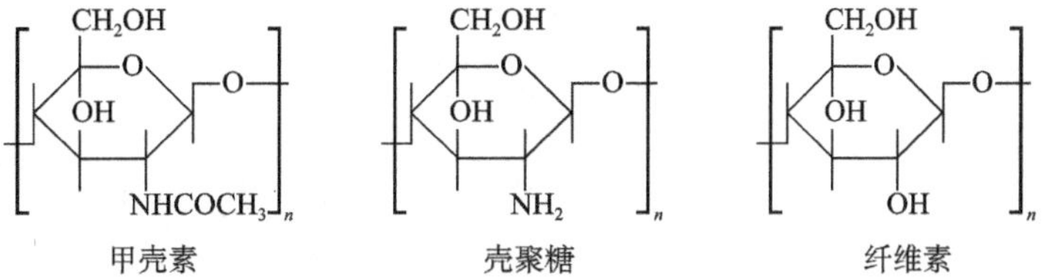

图1-12　甲壳素、壳聚糖和纤维素的结构

甲壳素属于多糖。后来人们在研究探索中发现，甲壳素经浓碱处理，可脱去其中的乙酰基。当甲壳素结构式中的N-乙酰基被脱去55%以上时，则成为甲壳素最重要的衍生物——壳聚糖。这种可溶性的甲壳素衍生物，又被称为脱乙酰甲壳素或甲壳胺。壳聚糖具有良好的生物相容性和生物活性，无毒，人体产生的免疫反应小，且具消炎、止痛及促进伤口愈合等生物活性。

据介绍，壳聚糖的聚合度为6时（又称壳聚寡糖），其抗菌效果最好，壳聚糖对大肠杆菌、枯草杆菌、金黄色葡萄球菌和绿脓杆菌等致病菌最低的抑菌浓度（MIC）为0.02%。此外，壳聚糖分子中有许多羟基和氨基等极性基团，使整理后的纺织品有较好的保湿性能。

3. 制备与化学性质　甲壳素和壳聚糖分子中含有活泼的羟基和氨基，在一定条件下，它们都能发生水解、烷基化、酰基化、羧甲基化、磺化、硝化、卤化、氧化、还原、缩合和络合等化学反应，从而生成不同性质的衍生物，扩大了其应用范围。

将蟹、虾等的外壳溶解于浓碱液中，可脱乙酰化，制成脱乙酰壳多糖，将 5μm 以下的脱乙酰壳多糖粉末均匀地混入波里诺西克的纺丝原液，加以拉抻，促使脱乙酰壳多糖分散在纤维组织中，赋予黏胶丝以抗菌性。例如，日本富士纺公司生产的商品"Chitopoly"就是利用此法生产的。

一般来说，壳聚糖易溶于醋酸的水溶液中，壳聚糖处理的棉织物具有良好的抗微生物能力，同时还具有一定的抗皱能力。壳聚糖的衍生物同样具有很好的抗菌性，部分品种的抗菌效果明显好于壳聚糖。实验证明，季铵化壳聚糖的抗菌性和耐久性明显高于壳聚糖，而且随着烷基链长度的增加，其抗菌活性也增强，这表明烷基链的长度和正电荷的取代强烈地影响着壳聚糖衍生物的抗菌活性。

壳聚糖的季铵化方法是用水溶性缩水甘油三甲基氯化铵（GTMAC）与壳聚糖反应，使之季铵化，反应式如下：

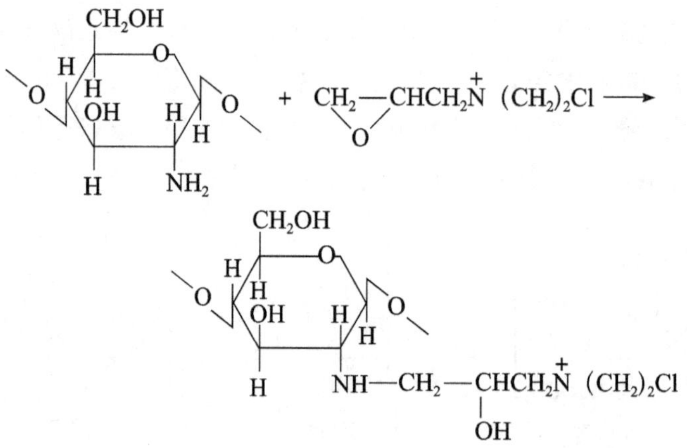

人们对水溶性壳聚糖的抗菌性进行了实验，发现水溶性壳聚糖的抗菌活性随着其浓度的提高而增强，且它的抗细菌性要强于其抗真菌性。

4. 壳聚糖及其衍生物的抗菌机理　关于壳聚糖及其衍生物的抗菌机理尚有诸多未明之处。根据现有的研究结果，壳聚糖及其衍生物之所以能够抑菌，主要是由于它们与细菌的细胞质膜发生了一定的反应，破坏了细菌正常的生理功能。尽管如此，壳聚糖与其衍生物在抗菌机理上还是存在一些差异。

（1）壳聚糖抗菌作用的机理。壳聚糖所带的阳离子与构成微生物细胞壁的唾液酸（SIALIC）或磷脂质阴离子发生离子结合，束缚了微生物的自由度，阻碍其发育。壳聚糖还被分解成低分子，渗透到微生物细胞壁内，阻碍遗传因子从 DNA 到 RNA 的转移，从而阻止了微生物的发育和繁殖。对细菌中的大肠杆菌、金黄色葡萄球菌的最小生育阻止浓度为 10~20mg/kg,对灰霉菌、斑点病菌的最小生育阻止浓度为 10mg/kg,均显示出极高的抗菌性。

据电子显微镜观察,细菌受壳聚糖作用后,发生了明显的形态学变化:革兰氏阳性菌,如金黄色葡萄球菌,细胞壁变薄及至破损,复制受到抑制;革兰氏阴性菌,如大肠杆菌的细菌细胞质浓缩,空隙明显扩大。可见壳聚糖影响了细菌细胞的生长。另一种解释为:壳聚糖溶解后是多聚阳离子,可以与细菌表面产生的物质(如脂多糖、磷壁质酸、糖醛酸磷壁质、荚膜多糖等)相互作用,类似于多聚阳离子的抗真菌机理,使其膜功能发生紊乱。

(2)壳聚糖衍生物抗菌作用的机理。据报道,阳离子消毒剂的靶点是微生物的细胞膜,细胞膜的主要成分是膜蛋白和磷脂,细菌的磷脂是磷酸甘油酯,它既有亲水末端,又有疏水末端。以季铵盐为例,由于壳聚糖季铵盐的长烷基链也有疏水性,那么壳聚糖季铵盐与磷脂之间由于疏水亲和作用的强烈反应,破坏了细菌的细胞质膜,从而形成较高的抗菌活性。

5. 壳聚糖的安全性　由于壳聚糖及其衍生物的应用日益广泛,因此其安全性也引起了人们的普遍关注。关于壳聚糖的安全性,已进行过多方面的研究,这些研究涉及急性毒性试验、亚急性毒性试验、致畸性和致癌性试验、皮肤一次性刺激性实验、皮肤累积刺激性试验、毒性试验、皮肤过敏试验、眼睛刺激性试验、皮肤吸收性试验等。结果表明,壳聚糖的 LD_{50} 大于 7500mg/kg 体重(小鼠口服),其致死量为 16000mg/kg 体重,属于实际无毒级。其他方面的结果也都是阴性。壳聚糖的安全性数据见表 1-21。

表 1-21　壳聚糖 LD_{50} 值

急性中毒	大鼠 LD_{50} > 1500mg/kg(口服);LD_{50} > 10000mg/kg(皮下注射)
Ames 试验	没有变异性
贴敷试验	人贴敷 48h 后,几乎无刺激性,皮肤没有吸收性

另有资料介绍,壳聚糖对根霉菌、枯草芽孢杆菌、白色念珠菌等有很好的抑制效果,其最小抑菌浓度分别为 0.0125%、0.043%、0.043%。此外,对假单孢菌、嗜热脂肪芽孢杆菌、大肠杆菌和毛霉菌也有较好的抑制作用,对金黄色葡萄球菌、沙门氏菌、副溶血弧菌、肠链杆菌也有一定的抑制作用。

6. 甲壳素类抗菌剂应用实例　壳聚糖是含有氨基的天然阳离子型高分子物质,因此不能和阴离子物质同浴使用。同时,这类抗菌剂可能影响某些荧光染料的牢度和色光,降低部分荧光增白剂的荧光白度,故应预先试验确认后使用。在具体甲壳素抗菌剂应用中,也有各种改进工艺,如 Ming Chien Yang 在涤纶上首先嫁接丙烯酸,然后再用壳聚糖处理,将壳聚糖整理到织物上后,经过整理的涤纶具有良好的抗菌性;樊李红等通过溶液纺丝法制备海藻酸盐/羧甲基壳聚糖（CMC）共混纤维,对金黄色葡萄球菌具有较强的抑菌效果,可用作新型伤口敷料纤维;崔胜云研究用碘化钾对壳聚糖进行碘化改性,杀菌速度明显加快。

这类抗菌剂中最具代表性的是北京洁尔爽高科技有限公司的天然抗菌保湿剂 SCJ－920、德国 Herst 公司的 ATB 和 SAL（其中 ATB 为壳聚糖的季铵盐改性化合物）以及日本 DAIWA 化工公司的 Tendre SYF 和 KIT－120。下面以 SCJ－920 为例,介绍整理工艺。

天然抗菌保湿剂 SCJ－920 主要成分为天然壳聚糖。外观为微黄色乳浊液,离子性是弱阳离子,pH 为弱酸性,易溶于任意的冷、温水中。它的有效成分通过吸附、链接作用与纤维形成永久性结合,整理后的织物具有优良的耐水洗性,经过多次水洗后,仍能保持较好的抗菌能力。SCJ－920 适用于各种纤维,包括棉、毛、丝、麻等天然纤维和涤纶、锦纶、氨纶、黏胶纤维、腈纶等化学纤维的抗菌卫生整理,也可以与纯棉织物的免烫整理同浴进行。经 SCJ－920 处理的纺织品,可获得抗菌、防霉、除臭、吸湿、抗静电、舒适的效果,对人体无毒,无致畸性,无致突变性,无潜在致癌性,对皮肤无刺激,无过敏反应,符合环保要求,属安全性非常高的天然抗菌剂。对织物的强力、手感和透气性无不良影响,对人体的肌肤有良好的保护作用。

SCJ－920 具有高效的抗菌效果,它对多种细菌、真菌具有抑制作用,如对大肠杆菌、金黄色葡萄球菌等有害病菌具有很强的抗菌活性。其原理是分子中的阳离子和微生物中的磷脂体的唾液酸结合,限制微生物的生命活动,而其抗菌基团穿入微生物的细胞,抑制 DNA 转为 RNA,从而阻止细胞分裂。

SCJ－920 适用于织物后整理,可用浸渍、浸轧工艺,其使用方法简单,不用添加新的设备,也不用更改原来的生产工艺。

（1）浸渍工艺。

工艺配方：

　　　SCJ－920　　　　　　　　　　　5%～7%（owf）

工艺流程:织物→漂染→抗菌整理（浴比1：10）→脱水→烘干。

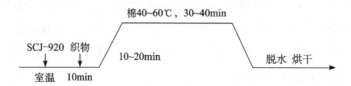

（2）浸轧工艺。

工艺配方：

　　　SCJ－920　　　　　　　　　　　40～50g/L

工艺流程:织物→漂染→烘干→浸轧抗菌溶液（轧液率60%～70%）→烘干（80～110℃,完全烘干）→拉幅（130℃,30s）。

(二)植物类抗菌剂

森林植物中的罗汉柏(丝柏、扁柏)、松树等散发出的具有抗菌作用芳香精油,不仅使人心旷神怡,而且能杀死人体上的一些细菌,故有"森林浴"之称。我国在中草药的抗菌性方面进行了大量的研究工作,取得了很大的成绩。能提取出抗菌成分的传统天然植物主要有以下几种。

1. 艾蒿　艾蒿是一种具有抗菌防腐作用的药草,据文献记载,艾叶在古代的应用不仅仅是通过口服和针灸来疗疾,还可利用艾叶烟熏治疗和预防疾病。在传染性非典型肺炎流行时,医学专家提出用艾条燃烧的烟进行空气消毒预防,中国民间习俗中,在端午节用其驱虫防病,它散发的气味有稳定情绪,松弛身心的镇定作用。艾蒿作为中药具有解热、利尿、净血和补血等作用。日本以艾蒿染色的布作为患变异反应皮炎患者的睡衣、裤和内衣的理想面料。

有人对艾烟的抑菌作用进行了研究,发现艾叶挥发油对常见致病菌,如肺炎球菌、白色及金黄色葡萄球菌、甲型及乙型链球菌、奈瑟氏菌、大肠杆菌、伤寒及副伤寒杆菌、福氏痢疾杆菌、流感杆菌、变形杆菌等均有抑菌作用。还有资料介绍,艾烟对白喉杆菌和结核杆菌(人型 H37RV)等也有抗菌作用。临床上发现,在用艾烟熏的病房中,部分病人的感冒可不治自愈,艾烟熏对局部的带状疱疹、皮肤化脓性感染、皮癣等均有良好的治疗作用。上海华东医院等单位报道,用含艾叶 20% 的消毒香烟熏 4h 能杀灭乙型溶血性链球菌 A 群、肺炎球菌、流感杆菌和金黄色葡萄球菌等,烟熏 8h 能杀灭绿脓杆菌,并能抑制枯草杆菌的生长。有人进行了艾烟熏对致病性真菌抗菌作用的观察,结果表明:艾烟熏对白色念珠菌、絮状表皮癣菌、铁锈色小芽孢菌、足趾毛癣菌、趾间毛癣菌及斐氏酿母菌等致病性皮肤真菌均有抑菌作用。抗病毒实验表明,单独用艾叶烟熏对腺病毒、鼻病毒、流感病毒和副流感病毒有抑制作用。

天然艾蒿油含有的侧柏酮等具有抑制霉菌、细菌和防虫的效果。据报道,其还具有止痒、抗过敏、扩张末梢血管、促进新陈代谢等效果。北京洁尔爽公司将艾蒿油包覆在天然多孔微胶囊中,使其效果能持续更久、更适合用于纺织品的后整理。

关于艾蒿的主要成分及其效用,根据文献记载见表 1-22。

表 1-22　艾蒿成分及其作用

成分	化学结构	作用
1,8-桉树脑		防衰老、抗炎症,抗变态反应,促进血液循环作用
α-莳酮		抗菌防腐作用,治肝脏作用,其芳香有稳定情绪、镇定作用

成分	化学结构	作用
乙酰胆碱	$[CH_3COOCH_2CH_2CH_2N(CH_3)_3]OH$	调整血压、神经传递等各种主要生理作用
胆碱	$[CH_3CH_2N(CH_3)_3]OH$	
其他，如叶绿素，多糖类，矿物质		净血，造血扩张末梢血管，抗变态反应等

2. 蕺菜 蕺菜为泊草科多年生草本植物，它对葡萄球菌、线状菌抗菌作用强，因其安全性高，常用于加工保健纺织品。日本大和纺公司的天然抗菌剂 Herbcare 和日本 Patati-umuu 化学公司的抗菌剂 Paraglas 都含有蕺菜提取物。蕺菜的抗菌防臭作用正受到人们的注目，其成分与效果见表1–23。

表1–23 蕺菜的成分与作用

采取部位	成分	作用
叶、茎部	葵酿基乙醛（蕺菜的臭味成分），甲基壬基酮，月桂酸	对葡萄球菌、线状菌的抗菌作用强
叶部分	黄酮系成分	有利泻、缓泻作用，将陈旧废物排出体外，有芦丁的作用
花穗	栎苷	
果穗	异栎苷	
叶部	矿物质，钾，叶绿素	有调整生物功能作用，消肿，再生肉芽组织

3. 甘草 甘草是豆科多年生草本植物，产地主要为中国、阿富汗等国。它在中药中常作生药，是早被人们认知的药草。甘草的主要成分是有甜味的甘草甜素，它酸解后生成甘草次酸、葡萄糖醛酸和类黄酮配糖物等。它有抗炎症、抗变异反应、抗溃疡和解毒等作用。其毒性小，对人体安全。日本大和纺公司的抗菌防臭剂 Amaxan 就是利用甘草的天然成分——甘草甜素酸二钾制成，其特点是抗过敏、抗炎症。

4. 茶叶 茶叶中含有多种化学成分，主要有多酚类化合物、生物碱（咖啡碱）、儿茶素等。研究结果表明，儿茶素对链球菌、金黄色葡萄球菌等微生物有抑制作用，它还能抑制酪氨酸脱羧酶的活性。此外，茶叶中的儿茶素还有许多药用功能，如解毒等。日本敷纺公司从天然茶叶中制取儿茶素处理加工棉织物，加工出具有高抗菌防臭功能的产品——切巴夫兰秀；大和纺公司也用这种儿茶素加工出具有防臭抗菌功能的棉织品——卡坦库林。

5. 罗汉柏的蒸馏物（又称桧柏油） 它为浅黄色的透明油，由两种组分组成，即作为香精原料的倍半萜烯类化合物的中性油和具有抗菌活性的酚类酸性油，也有人认为两种油都有抗菌效果。天然桧柏油含有的桧柏酮具有抑制霉菌、细菌和防虫的效果。据报道,柏木香还具有放松心情、降低血压、提高肝功能的神奇功效。

酸性油中含桧醇(或称日柏醇),中性油主要成分为斧柏烯。两种成分中,抗菌性以酸性为好,对革兰氏阳性菌、革兰氏阴性菌均有杀灭效果,对真菌的抗菌性也较强。桧醇的安全性很好,据日本青森县工业试验厂报道,其 LD_{50} 值如下:青蛙约 163mg/kg;小鼠约 396mg/kg;土拨鼠约 1000mg/kg。据称,桧醇的抗菌机理是其分子结构上有两个可供配位络合的氧原子,它与微生物体内的蛋白质作用而使之变性。

日本 Union 化学公司的"Unin MCAS 25"及三木理研工业公司的"无甲醛树脂"均系桧醇的微胶囊商品。而大同マルタ、クラボウ和ダイワボウ均利用这类天然抗菌剂在纯棉或高含棉的织物上开发了抗菌防臭、防虫功能性产品,用于被褥、被单、婴儿被褥、内衣、毛巾被和针织内衣等。

北京洁尔爽公司将桧柏油包覆在天然多孔微胶囊中,使其效果能持续更久、更适合用于纺织品的天然抗菌后整理。该产品为天然制品,具有安全性、环保性,是名副其实的绿色抗菌剂,符合现代人追求舒适、安全、健康的潮流。

6. 芦荟 芦荟的主要成分是芦荟素(酚系成分),它是芦荟叶表皮及内侧的苦汁,有抗炎症、抗变异反应作用,对人体无副作用。北京洁尔爽公司的 JLSUN® TSD、德国的 Herst® WSA5016 等产品是将芦荟提取液做成纳米微胶囊。日本东洋纺公司在"清洁革命"的系列产品中,也有用芦荟提取液作抗菌剂的。日本大和纺公司推出的抗菌防臭剂 Berbtrit 中含有芦荟、艾蒿、苏紫等萃取物。这种天然植物药物的组合,除了抗菌作用,对皮肤也有一定的护理作用。

7. 蜂胶 蜂胶是蜜蜂从植物的树芽、树皮等部分采集的树脂,再混以蜜蜂舌腺、蜡腺等腺体的分泌物,经蜜蜂加工转化而成的一种胶状物质。经现代化学分析证明,蜂胶具有复杂而独特的化学组成,内含 20 大类共 300 多种营养成分,富含黄酮类和萜烯类物质,其中已被鉴定的有 70 多种黄酮类化合物,蜂胶不仅对糖尿病、高血脂、高血压、多种炎症等有很好的辅助治疗作用,而且蜂胶还是珍贵的天然广谱抗菌物质。因为蜂胶中含有丰富而独特的黄酮类、萜烯类物质、多酚类化合物,对多种细菌、真菌、病毒、霉菌等有显著的抑制和杀灭作用。蜂胶作为一种天然防腐剂具有抗菌性强,安全无毒,热稳定性好,作用范围广等合成防腐剂无法比拟的优点。

第五节 抗菌纤维

不论是原料纤维还是纱线或是织物甚至成衣等纺织品,均可通过后整理方式获得抗菌功效。纺织品生产商可以根据用户或最终用途的需要选择不同的抗菌剂,生产出具有不同抗菌特性的纺织品,如耐久的抗菌防霉纺织品和不耐久的抗菌纺织品,但抗菌整理方法存在着一个致命的弱点——一些无反应基团的合成纤维如丙纶难以获得耐久的抗菌效果。另外,用这种方式处理散纤维往往会造成许多缠结,使后续加工难以进行。

抗菌防臭纤维是继抗菌防臭后整理之后发展的新技术,国际上自20世纪80年代开始出现通过化学纤维的高分子结构改性和共混改性的方法制取抗菌纤维,其中以共混方式为主。抗菌纤维的效果良好,并且具有较好的耐久性,无需再进行后整理,因而具有广阔的市场。

工业化生产的抗菌纤维主要是以含纳米级银沸石或耐高温有机抗菌剂通过共混纺丝方式开发的。抗菌纤维能杀灭金黄色葡萄球菌、趾间白癣菌、大肠杆菌、黑曲霉菌、青霉菌、红色毛癣菌等细菌和真菌,预防疾病的交叉感染;防止衣服和袜子产生恶臭,防止纤维材料霉变和脆损。目前,市场上的抗菌纺织品在产品性能方面或多或少地存在着一些问题,理想的抗菌纤维应具备以下特点。

（1）广谱抗菌。

（2）抗菌率高。

（3）抗菌效果持久。

（4）对人体安全无害。

（5）使用范围广。

（6）对纤维原有的强力、弹性和白度无不良影响。

（7）良好的手感和服用性能。

一、抗菌母粒的生产工艺

（一）抗菌母粒的配方

1. 母粒载体　用于制作抗菌母粒的载体应与生产抗菌纤维所使用的切片具有良好的相容性。两者相容性好,将有助于抗菌母粒在抗菌纤维生产过程中具有较好的分散性,从而也使抗菌剂在抗菌纤维中具有良好的分散性,确保抗菌纤维具有高效、持久的抗菌性能。同时,母粒载体与纤维切片间具有良好的相容性,也有利于抗菌纤维生产加工。在条件许可的前提下,尽可能地选取纤维切片作为母粒载体,这样可以避免由于抗菌母粒相容性不好所导致的不良影响。此外母粒载体的熔融指数、黏度等性能指标要适宜于制备抗菌母粒。

2. 抗菌剂　抗菌剂要具有较强的抗菌性能,即使在抗菌母粒中添加量较小,也能保证母粒良好的抗菌性能;良好的安全性能,对皮肤无刺激,对人体和环境不会造成伤害;抗菌剂容易分散在母粒载体中;抗菌剂的粒径控制在 $1\mu m$ 以内;抗菌剂的耐温性好（大于230℃）;合成纤维的加工温度相对较高,如果抗菌剂的耐温性达不到加工的要求,往往在加工过程中就会发生分解现象,导致抗菌母粒难以加工、变色甚至失去了抗菌性能。

抗菌剂在抗菌母粒组成中所占的比例过高,必然会对母粒的加工造成不利影响,而比例过低则影响母粒的储运成本。抗菌剂在抗菌母粒配方中的比例一般在10%～30%

之间。

3. 添加剂 添加助剂有利于母粒各组分的均匀分散及母粒的加工性能,因此助剂的选择对于抗菌母粒的抗菌性能、加工性能、力学性能及其他的性能非常重要。助剂在抗菌母粒配方中的比例一般在5%~20%之间。

(二)抗菌母粒的制备工艺

1. 混料 在混料前,要确保抗菌剂、助剂、母粒载体等物料的干燥,如有必要则置于烘箱中烘干预混物料。混料顺序、速度和时间对各物料的分散性、均匀性影响很大,直接影响后续的挤出乃至母粒的品质。在混料时,一般先用低速混料,再用高速混料,这样的好处是混料由慢到快,可以使物料充分接触高混机叶片,搅拌混合得更为均匀。而混料的时间也要控制得准确一些,混料时间过短,混料达不到分散均匀的效果;混料的时间过长,又往往由于混料产生的高速摩擦而发热,引致母粒载体发生熔融现象,使混料粘在一起,不利于挤出时的进料。一般生产抗菌母粒时,每次混料的时间(80L 的高混机)都控制在 3~6min 以内。此外,有些高速混合机还有加热的功能,但在制备抗菌母粒时,物料的混合并不适合采用加热的方式。

在制备新的抗菌母粒时,要把机器清洗干净。高混机装载的物料一般要盖过高混机的叶片表面,否则分散不均匀;但也不能转载过多,否则会引起高混机负载过大,容易损坏机器,对物料的混合也起不到好的效果。

2. 挤出 由于挤出机的料斗、内筒及螺杆经常会残留一些物料,这些物料的存在会严重影响抗菌母粒的加工制备,因此,每次抗菌母粒制备前,一般都要"洗机"。不同母粒载体的抗菌母粒都有各自的加工温度,如 PET 抗菌母粒的加工温度就高于 PP 抗菌母粒的加工温度。挤出加工温度过低,混炼效果不佳,既影响母粒的加工,也容易造成挤出机经常性的停机,造成严重损耗;温度过高,会影响母粒的成型以及组成母粒各组分的功能,从而影响母粒品质。

对挤出机主机速度、喂料速度和切粒机的转速等工艺参数要控制得当,否则会影响母粒的加工,如主机速度过高,会导致设备负载过大,造成非正常停机;喂料速度过大,容易造成"冒料"现象,造成物料损失;切粒机转速调节不当,会造成母粒切粒不均匀,严重影响母粒外观。生产过程中,还要注意控制冷却水槽的水温,母粒流体从挤出机机头牵引出来后,要在冷却水槽进行冷却。时间一长,冷却水槽的水温就会升高,此时,会影响后续的切粒工序,因此要及时补充新水。

二、抗菌纤维的制造方法

抗菌纤维的制造方法很多,如对化学纤维的高分子结构进行化学接枝或改性、通过物理方法使抗菌剂混入纤维内部、利用复合纺丝技术等。其中以共混方式应用较多。

（一）共混纺丝法

共混纺丝法是将抗菌剂和分散剂等助剂与纤维基体树脂混合，通过熔融纺丝的方式生产抗菌纤维。采用该法时，要经过抗菌剂与基体树脂熔融混合、纺丝、拉伸等工序，因此要求抗菌剂耐温性能好，粒径足够小。

抗菌剂混入纤维中的操作可以在高聚物聚合阶段、聚合结束后、聚合物熔融喷丝之前进行，黏胶纤维长丝、腈纶等纤维湿法纺丝时也可以在纺丝原液中进行。在熔融纺丝时混入的抗菌剂要求具有较高的耐热性和安全性，而该法的最大优点是工艺简便、成本低廉，并且因为溶出量少而令其使用安全，但要求使用高效抗菌剂，缺点是抗菌剂用量少时效果较差，抗菌剂用量多时影响纤维的纺丝性能。抗菌纤维的湿法制造工艺必须解决抗菌剂与纺丝液的相容性问题。

在纺丝过程中，将抗菌剂掺加到聚合物中混合纺丝，对于湿纺而言，即将合适的抗菌整理剂经有机溶剂溶解后加入到纺丝原料中。而熔纺则是将抗菌整理剂制成抗菌母粒，再与原料共混后熔融纺丝，此类抗菌剂要求耐高温，且对于聚合物有良好的分散性和相容性。研究表明，多数有机类抗菌防臭剂不耐高温，难以用于熔纺；无机抗菌剂则以其特有的耐高温性能在该用途上受到普遍重视，如以日本钟纺为代表的抗菌性沸石。

早期的用于化学纤维共混纺丝的抗菌剂一般均为含金属离子的复合物，其中有不少抗菌剂含重金属离子。近年来，随着人们环保意识的增强，抗菌效果好但毒性较大的含重金属离子的抗菌剂已逐渐被淘汰，取而代之的是含有金属离子的复合物。目前所用的是对人体无害或毒性较小的金属氧化物、盐或活性金属离子的负载物，如含 Ag 沸石、Zn、Cu 复合物或 TiO_2 等。这种抗菌剂热稳定性好，有利于共混纺丝。据报道，通过这种方法制得的抗菌纤维洗涤后的抗菌率仅达 70%～80%，抗菌效果不够理想。1997 年，北京洁尔爽高科技有限公司研制成功了 JLSUN® 永久性抗菌纤维，它对人体无害，与纤维用高分子材料相容性好，具有广谱的抗菌效果，经数十次标准方式洗涤后仍可保持90%以上的抗菌率，而且纤维特性与常规纤维基本相同，使永久性抗菌纤维的研究和生产达到了一个新的水平。

以共混纺丝改性方法制取的永久性抗菌纤维，为后续各种抗菌纺织品的开发提供了十分广阔的空间。对一些医用卫生材料以及各种卫生用品来说，不仅使用方便，而且不必再经过各种繁杂的消毒程序处理，哪怕是贮存一段时间后再使用，也不会被细菌沾污，使综合费用更低。具有永久抗菌效果的安全型抗菌纤维及其生产工艺的出现，为抗菌纺织品的发展开辟了一个全新的天地。

目前常见共混抗菌纤维的制造方法及特点介绍如下。

1. 抗菌细旦丙纶丝　其加工工艺分为抗菌母粒配置、纺丝及牵伸加弹三步。

抗菌母粒是无机抗菌剂浓缩体，通常是用同种树脂即聚丙烯切片作为母粒的载体，有时也用相容性较好的其他树脂作载体。由于抗菌粉体的加入，加大了纺制丙纶细旦丝的难度,因此制造母粒是很重要的工艺环节,该环节的重点是粉体与丙纶载体偶联和均匀分散技术。无机抗菌剂在聚合物熔体中的分散效果对于纺丝过程的可纺性是相当重要的,它不仅直接关系到纺丝工艺是否成功可行,而且也对抗菌剂的抗菌性、用量和抗菌效果有直接的影响。如以特种沸石 SiO_2/Al_2O_3 为载体,并与抗菌的 Ag^+、Cu^{2+}、Zn^{2+} 等金属离子反应,使金属离子被均匀吸附到粉体里,选用适当的偶联剂和分散剂一起加入到高速混合机内,在一定的温度条件下,高速混炼一定时间制成丙纶用抗菌粉体,再将粉体与一定比例的聚丙烯切片混合,通过双螺杆挤出机的挤出、成型、切粒,即为抗菌母粒。

北京洁尔爽高科技有限公司对纳米无机粉体做了包覆改性的表面处理,改善了无机粉体与母粒聚合物的亲和力,并选择较佳的混合工艺,使粉体能很好地在聚合物中得到分散,所得抗菌母粒使纳米粉体在抗菌丙纶细旦低弹丝纺丝领域的应用得以实现。

此外,要使抗菌聚丙烯切片具有高速纺丝的可纺性能,必须考虑聚丙烯的相对分子质量及分布、熔融指数、母粒载体等技术指标,将其调整到合适,并制定理想的加工工艺。

2. 抗菌涤纶　抗菌涤纶是通过共混法生产的另一种抗菌纤维。生产抗菌涤纶的方法首先是制成含有纳米层状银系抗菌剂或银无机沸石 AgION 的抗菌母粒,在纺丝时加入一定比例的抗菌母粒,通过共混纺丝手段,制成抗菌涤纶或抗菌中空纤维。生产过程包括切片干燥工艺、纺丝牵伸工艺等工序。生产这类纤维的公司有美国 KOSA 公司、北京洁尔爽高科技有限公司、江苏仪征化纤公司、日本可乐丽公司、德国特雷维拉公司。

3. JLSUN® 系列抗菌纤维　北京洁尔爽高科技有限公司将所发明的耐高温抗菌整理技术成功地应用于合成纤维,开发出了抗菌丙纶及母粒。其中,细旦和超细旦抗菌丙纶长丝不仅具有优异的疏水导湿性、快干性、抗污性、保湿性、相对密度小和手感柔软等特点,而且具有广谱持久的抗菌性能。

由于纤维的生产特点,一般有机抗菌剂不能很好地应用于抗菌纤维的生产中,但有些有机抗菌剂具有很好的高温稳定性,可以用于生产抗菌纤维。如 JLSUN® 耐高温抗菌剂 SCJ,其主要抗菌成分是带有吡咯酰胺结构的氯苯咪唑类化合物。它作用于细菌的细胞膜,使细胞膜缺损,通透性增加,令细胞内容物外漏;可阻碍细菌蛋白质的合成,造成菌体内蛋白质的耗尽,从而导致细菌死亡。SCJ 所带有的抗菌基团还选择性地作用于真菌细胞膜的麦角固醇,使细胞膜通透性改变,导致细菌内的重要物质流失,而使真菌死亡。

JLSUN® 系列抗菌纤维的生产采用共混技术:首先,将 SCJ 耐高温抗菌剂与切片载体共混制成抗菌母粒,再以一定比例把抗菌母粒与高聚物共混熔纺制得各类抗菌纤维。该类产品具有持久的抗菌效果,经检测 JLSUN® 抗菌纤维产品具有广谱抗菌、抗菌效果持久、对皮肤无毒无刺激,对人体安全等特点。JLSUN® 抗菌纤维的白度及各项力学性能与相应常规纤维无异,适用性广。目前已开发生产的 JLSUN® 抗菌纤维系列产品包括涤纶(长丝、短纤)、丙纶(长丝、短纤)、锦纶(长丝、加弹丝)等。该产品可广泛应用于内衣裤、袜子、无菌手术衣、手术帽、抗菌服、鞋衬（垫）、地毯、妇女卫生保健用品、床上用品、空调器过滤网及其他过滤材料。

JLSUN®抗菌锦丙复合纤维是由锦纶、丙纶复合而成，在染色加工高温洗涤过程中，复合纤维变成单根纤维，单纤细度为 0.4dtex。该产品可以高效杀灭金黄色葡萄球菌、淋球菌（国内流行株）、链球菌、肺炎球菌、脑膜炎球菌、大肠杆菌、痢疾杆菌、伤寒杆菌、肺炎杆菌、绿脓杆菌、枯草杆菌、蜡状芽孢杆菌、白色念珠菌、絮状表皮癣菌、石膏样毛癣菌、红色毛癣菌、青霉菌、黑曲霉菌等有害菌。由于该产品是超细纤维，并具有亲水（锦纶）、疏水（丙纶）结构，因此由此纤维织成的纺织品具有明显的芯吸效应和吸汗速干、湿爽透气的作用，并且手感非常柔软，织物的光泽优雅。该产品是生产高档凉爽 T 恤衫、针织内衣的首选材料。

在商业销售中，有人将 JLSUN®抗菌剂称为"抗菌功能团"，并采用"分子组装技术"，在部分树脂（的分子链）中组装上"抗菌功能团"，使这部分树脂自身就成为抗菌树脂。

JISUN®抗菌防臭丙纶和涤纶具有良好的安全性、广谱高效的抗菌性、优异的耐洗涤性、卓越的加工性能和优良的力学性能，并且具有良好的纤维外观和手感。中国医学科学院等多家权威卫生单位的测试和临床应用证明：抗菌织物具有明显的抗菌、消炎、除臭、防霉、止痒、收敛作用，可以完全杀灭接触织物的金黄色葡萄球菌、表皮葡萄球菌、淋球菌（国内流行株）、淋球菌（国际标准耐药株）、链球菌、肺炎球菌、脑膜炎球菌、大肠杆菌、痢疾杆菌、伤寒杆菌、肺炎杆菌、绿脓杆菌、枯草杆菌、蜡状芽孢杆菌、白色念珠菌、絮状表皮癣菌、石膏样毛癣菌等有害菌，洗涤 100 次后抑菌率仍达 99% 以上，对黑曲霉、黄曲霉、桔青梅霉、绿色木霉、球毛壳霉等都有 0～1 级的防菌效果（GB/T 2423.16—1999）。对皮肤无刺激、无过敏反应，对人体无毒，能有效的预防沙眼、结膜炎、淋病、阴道炎、宫颈炎、盆腔炎、前列腺炎、呼吸器官感染等疾病的传染，对防治脚癣、股癣、湿疹、汗臭、脚臭、皮肤瘙痒等有显著效果。

4. 防螨、抗菌多功能纤维　尘螨以人的皮屑为食，体长在 300μm 左右，其粪便大小为 10～40μm。尘螨及其排泄物含有诱发哮喘、皮炎或鼻炎等致过敏物质。北京洁尔爽高科技有限公司将 SCJ-998 高效防螨抗菌剂添加到腈纶纺丝原液中，通过纺丝得到防螨抗菌纤维。中国疾病控制中心和中国医学检测中心检测证明，该产品具有优良的防螨、抗菌性能，其中尘螨驱避率达到 99%、抗菌率达到 99.9%，对皮肤无过敏、无刺激性。防螨抗菌腈纶适用于所有类型的纺织品以及混纺织物。

国外类似的产品有英国 Acordis 公司的 Amicor 抗菌纤维是具有许多孔状结构的腈纶纤维，在纺丝液中添加三氯生（Triclosan,2,4,4-三氯-2-羟基联苯醚）抗菌剂，能有效抑制许多细菌的繁殖，如金黄色葡萄球菌、鼠伤寒沙门氏菌、大肠杆菌和克雷伯氏肺炎菌等。它采用内置式设计，如同在纤维内部有个抗菌仓库，通过浓度梯度的作用原理，抗菌剂源源不断地溶到纤维表面，此类抗菌纤维制成纺织品可以经受反复洗涤而不降低其抗菌性能。目前已开发了三大系列的抗菌纱线：抗菌型、抗真菌型和抗螨虫型。

爱尔兰 Wrllmqn 公司也在市场上推出了 Fillwell Wellcare 系列耐久填充纤维。这种纤维对软装饰品上的细菌与尘螨有控制其繁殖的作用，主要是在生产过程中把添加剂加到纤维中，所以用这种方法生产的装饰品在整个寿命期间都有抗菌、防螨作用，主要用于床上用品。由于抗菌防螨剂被永久固定到纤维上，因此当微生物与其接触时，它就会发生效用。在 24h 内，细菌减少 99%；在 4 个星期内，尘螨总数下降 99%；洗涤 50 次后仍能保持充分的功效。此类纤维的其他性能，如保暖、舒适性等不受添加剂的影响。

5. 抗菌腈纶和锦纶　在合成纤维制造阶段，通过离子键将银等金属固着在沸石骨架上，再将抗菌剂加入到聚丙烯腈或聚酰胺等聚合体中混炼纺丝，使抗菌剂分散在纤维内部和表面，这样纤维本身就会含有抗菌剂。这种方法通过纤维表面上的抗菌剂和部分溶出的抗菌剂显示出抗菌作用。代表商品有日本钟纺合纤公司的"Biosafe"、福助的"Non-semll"、雷纳温的"通勤快足"以及帝人的"Taizikon"等。

（二）复合纺丝法

利用复合纺丝技术也可以开发抗菌产品。复合纺丝法是利用含有抗菌成分的纤维与其他纤维或者不含抗菌成分的纤维复合纺丝，制成并列型、芯鞘型、镶嵌型、中空多心型等结构的抗菌纤维，将抗菌纤维掺到纤维的皮层或使其成为并列型复合纤维中的一个并列组分，对于前者而言，抗菌剂可以只掺加到皮层，这不仅节省原料，而且还有利于保持纤维的基本性能。复合纺丝法是抗菌合成纤维的发展方向，采用该法制成的抗菌纤维由于同样要经过熔融、纺丝过程，因此对该法和共混纺丝法有共同的要求。

这种产品的代表之一，就是日本帝人公司开发的"利帕尔泰"双组分抗菌消臭涤纶，该纤维为并列型结构，主要采用抗菌剂和消臭剂两种添加剂复合纺丝而成，具有极好的抗菌防臭效果。

另一种著名的皮芯结构的抗菌纤维是美国 Foss 公司的 FossFiber。广谱抗菌纤维 FossFiber，经 AgION 处理，可有效地减少细菌数量，可抵抗引起臭气和伤害的细菌、霉菌。目前，Foss 与其合作者正在研究用 FossFiber 纤维开发用于不同用途的各种各样的产品，包括零售、医学、汽车、袜类、工业和装饰领域等。AgION 是一种注册专利的抗菌剂，它是纯天然无机的银成分，用来保护 FossFiber 纤维。银作为最老的著名抗菌剂，被证明在保护纤维和织物避免容易引起臭味的广谱细菌、霉菌侵蚀方面非常有效。另外，AgION 的无机结构也可以通过控制纤维表面银离子的数量来提供长期的产品保护。用 AgION 处理的 FossFiber 纤维利用 Foss 开发的专利工艺把 AgION 抗菌剂添加到双组分（两种聚合物/添加剂）纤维中，该独特的设计和 AgION 专利释放系统可以使得银离子连续缓慢释放。这使得织物在产品寿命时间内一直具有抗菌性能，甚至能够经受多次洗涤。在特殊设计的双组分纤维中，活跃的 AgION 组分仅在纤维的皮层，对有害细菌的接触面可以达到最大化。据报道，Foss 与合作者已经用该纤维开发了一系列的产品，包括床垫填充物、床上亚麻制品、枕头、医院擦拭物、创伤保护用品、空气过滤器、汽车车内装潢材料、墙壁覆盖物、鞋垫和 Fosshield 清洁巾。实验表明，AgION 能消灭 99.99% 的传染性和引起臭味的细菌。该纤维即使在极其严格的生产条件下，该含银沸石也非常稳定，可耐 800℃高温，pH 在 3～10 时具有稳定性。含 AgION 的 FossFiber 还可添加其他添加剂或与其他纤维混纺，使织物具有阻燃、防紫外线、防静电、防污和保湿等性能。

（三）化学接枝改性法

化学接枝改性法是通过对纤维表面进行改性处理，通过配位化学键或其他类型的化学键结合具有抗菌作用的基团，进而使纤维具有抗菌性能的一种加工方法。

化学接枝改性法制备抗菌纤维要求纤维表面存在可以与抗菌基团结合的作用部位。将抗菌整理剂的基团接枝到纤维表面的反应基团上，对于不具备反应基团的物质，要引入反应基团，使纤维具有化学改性的条件，其典型代表为纤维硫化铜复合体。在制造铜氨纤维的过程中，控制脱铜，使铜化合物在纤维中分散并经硫化处理。如日本蚕毛染色株式会社的"桑达纶 SS—N"，它以含铜物质作为抗菌整理剂，采用染色的方法，使铜离子和锦纶上的氨基结合，在纤维的表面形成硫化铜覆盖层并经固着处理使纤维同时具有优良的导电性、抗菌性和使用的安全性。

化学接枝改性法制备抗菌纤维一般分两步进行。第一步，对纤维进行表面处理，经过处理使纤维的表面产生可与抗菌基团化合物进行接枝的作用点。目前对纤维表面处理的常用方法为化学溶剂处理法和辐射法。第二步，将带有抗菌基团的化合物与经过处理后的纤维结合，得到抗菌纤维。

（四）物理改性技术

采用物理改性技术，将纤维表面粗糙化和微孔化，使抗菌剂渗入到纤维表面较深部位。在熔纺纺丝过程中，把抗菌剂掺入纺丝油剂中，抗菌剂在纤维冷凝收缩和牵伸收缩时能包容在表层以下部位。在湿法纺丝过程中，在纺丝浴中加入抗菌剂，也会产生抗菌效果。

导电银纤维，如 X—Static 纤维（美国 Nobel Fiber 公司），是以锦纶为基质，表面均匀覆盖一层金属银。作者用化学法测得其银含量高达 16%，具有优异的抗静电效果、良好的抗菌性能和广谱抗菌效果。镀银的方法有化学镀、真空镀和溅镀，其中化学镀工艺简单，但耐久性、牢度和均匀度都不够理想；真空镀银在高真空条件下进行，属物理金属沉积；溅镀能将不同的金属、合金及金属氧化物分层或混合层溅镀，并能在一次加工过程中形成独特的组合层，这是真空镀膜无法做到的，因此溅镀法是镀银织物的发展方向。

溅镀时，不同金属（Cu，Zn，Ag）标靶使被镀纤维获得不同的抗菌性能。溅镀有直流、高频（RF）和磁控管（MG）等方式，磁控管方式比高频方式更适宜织物的溅镀。磁控溅射是一种高速、低温镀膜方法。采用磁控溅射镀膜工艺制备的膜层均匀牢固，色泽美观，品种繁多。目前，单纯磁控溅射用于抗菌材料的研究还不多，结合其他表面改性工艺的应用将有更大的发展空间。

（五）含天然抗菌成分的化学纤维

1. 甲壳素纤维和壳聚糖纤维　甲壳素或壳聚糖在适当的溶剂中可以溶解,若配制成一定浓度、一定黏度的溶液就具有较好的纺丝强度,因此可以通过湿法或干法纺丝,制成长丝或短纤维。甲壳素纤维和壳聚糖纤维属于黏胶纤维。甲壳素纤维纺织品具有较强的抑菌能力,检测表明它对革兰氏阳性菌(金黄色葡萄球菌)和革兰氏阴性菌(大肠杆菌)、霉菌(白色念珠菌)等有很强的抑制能力,抑菌能力分别达到 100%、70.43% 和 50.11%。

在保持壳聚糖纤维优异功能的基础上,为了进一步提高壳聚糖纤维的品质,降低生产成本,各国竞相研制了甲壳素纤维、壳聚糖纤维和其他纤维的共混纺丝工艺,物理共混纺丝法是其中最常见的方法之一。将壳聚糖和甲壳素粉碎到一定程度后均匀分散在黏胶纤维、腈纶、维纶等纺丝浆液中,通过纺丝过程使纤维中含有一定量的甲壳素和壳聚糖,因此产品具有壳聚糖良好的抗菌性能。

壳聚糖和甲壳素黏胶抗菌纤维目前已经有了规模性的生产。在国际上,黏胶纤维的新型产品也已进入高档服装面料的行列,而壳聚糖和甲壳素的加入还可以使纤维具有低刺激性、高保湿性、柔软性、抑菌等优点。但因其纤维强度过低及成本过高,一般与其他黏胶纤维共混纺丝。

富士纺公司的 Chitogreen 是将天然纤维抗菌成分——甲壳素加入纤维中,并以独特的制法提高精度之后使其具有抗菌效果。Chitogreen 可以破坏细菌的细胞膜,但不会进入人体皮肤的细胞,刺激性低,即使敏感肌肤的人也可以放心使用。由于其成分固定,具有卓越的洗涤持久性,适合应用于医院的制服、床单、浴巾等需要反复洗涤的物品。除抗菌性持久外,该制品还具有优越的吸湿性和柔软的触感,富士纺公司已将其应用扩大到内外衣及窗帘等产品中。

也有人研究用溶液纺丝法制备海藻酸盐/羧甲基壳聚糖(CMC)共混纤维,结果表明该纤维对金黄色葡萄球菌具有较强的抑菌效果,可用作新的伤口敷料纤维。

2. 竹纤维　中医认为,竹叶有清热、除烦、利尿之功;竹茹有清热、化痰、除烦、止呕之效;竹沥有清热、化痰之效;竹黄能泻热、化痰、凉心定惊。竹子自身具有抗菌性,这使其在生长过程中无虫蛀、无腐烂。有资料介绍,在竹纤维的生产过程中,采用高科技工艺处理,可以使抗菌物质不被破坏,让其始终结合在纤维素大分子上。竹纤维织物经反复洗涤、日晒,也不会失去抗菌作用。经测试,竹纤维产品 24h 的抗菌率达 71%,证明细菌等有害微生物在竹纤维制品中不仅不能长时间生存,而且还会在短时间内减少,甚至消失。但笔者在实验中发现,竹纤维的抑菌率达不到 60%。笔者认为这是由于竹纤维的生产过程与黏胶纤维类似,其原先具有的抗菌物质在强碱或磺化过程中被破坏,从而造成竹纤维的抗菌性远低于天然竹。

（六）天然抗菌纤维

大麻纤维是一种天然抗菌纤维。大麻纤维独具抗霉杀菌的功效，大麻纺织品在未经任何药物处理且水洗后，按定性抑菌法测试的结果表明，它对金黄色葡萄球菌、绿脓杆菌、白色念珠菌等都有不同程度的抑菌效果。民间用大麻绳扎香肠、纳鞋底、密封罐头等，既结实，又不腐烂。基于大麻纤维的这种防霉、防臭、防腐功能，大麻纺织品还可作食品包装、卫生材料、鞋袜、绳索等。

在全世界崇尚绿色、环保概念的今天，有着悠久历史的大麻再一次进入人类的视野。大麻纤维因其天然抑菌、清凉柔软、防静电、耐热等独有的优良特性，在服装加工业中得到了广泛应用。此外，苎麻、亚麻、罗布麻同样具有天然的抗菌、抑菌功能。

第六节　纺织品抗菌整理新技术

一、纺织品等离子体抗菌整理

用等离子体表面处理来获得抗菌效果是一种新兴的表面抗菌改性技术，与整体材料抗菌整理相比，表面处理抗菌更有优势，且不伤害本体材料的性能。经多年的开发，真空离子/等离子体处理在材料表面改性方面的研究已经得到长足的发展。等离子体表面处理获得材料表面抗菌性能的技术方法主要有离子注入、离子束辅助沉积（IBAD）和等离子浸没离子注入沉积（PIII—D）等。

（一）离子注入

离子注入是将高能离子在真空条件下加速注入固体表面的方法。此法几乎可以注入任何种类的离子，离子注入的深度与离子的能量、种类以及基体状态等因素有关。离子在固溶体中处于置换或间隙位置，形成亚稳相或沉淀相，从而对合金的耐蚀等性能有益。对于抗菌材料研究领域，通过在材料表面注入一些抗菌元素（如 Ag、Cu 等）使材料获得抗菌功能。离子注入的优点是在材料表面形成一层新的合金层表面来改变表面状态以获得抗菌性能，从而解决了其他工艺制备的涂层表面与基体的连接问题。

（二）离子束辅助沉积（IBAD）

离子束辅助沉积技术（Ion-Beam-Assisted Deposition）是一种将离子注入与薄膜沉积融为一体的材料表面改性新技术。它是指在气相沉积镀膜的同时，采用一定能量的离子束进行轰击混合，从而形成单质或化合物膜层。它除了保留离子注入的优点外，还可在较低的轰击能量下连续生长任意厚度的膜层，并能在室温或近室温下合成具有理想化学配比的化合物膜层（包括常温常压无法获得的新型膜层）。这种技术又称为离子束增强沉积技术（IBED）、离子束辅助镀膜（IAC）、动态离子共混（DIM）。IBAD 技术用于抗菌材料的研究还较少，有较大的发展潜力。

（三）等离子浸没离子注入沉积（PIII—D）

该技术的原理是在真空室中事先产生等离子体，然后在工件上施加负偏压来获得离子的注入或沉积。该技术的最大优势是既具备离子注入效应又具备常规离子镀效应，而人们重视的也就是这种复合效应。它能有效改善薄膜和复合层的物理化学性能，从而在抗菌材料的研究中有所应用。

二、纺织品镀银整理

如前所述，镀银抗菌纺织品具有良好的抗菌性能，镀银的方法有化学镀、真空镀和溅镀，其中化学镀工艺简单，但耐久性、牢度和均匀度都不够理想，下面则对后两种方法作进一步介绍。

（一）真空镀银抗菌纺织品

真空镀银在高真空条件下进行，其技术特征如下。

（1）利用真空的压差产生物理能量（易于蒸发）。

（2）在真空中，释放的银原子的飞行距离增大（由于在真空中，减少了释放的银原子与气体分子碰撞的能量损失）。当真空容器内的压力 P（Torr）❶与气体原子或分子的平均自由行程 λ（cm）之间的关系为 $\lambda = 102/P$。如果压力为 10Torr，则 λ 约为 10m。即从标靶飞出的银原子，在与容器的气体碰撞后，能飞行 10m。

（3）减少了释放出的银原子与气体分子的碰撞，从而减少了化学反应（与空气碰撞会产生氧化或氮化）的发生。

（4）保持被镀纺织品表面洁净，可改善银原子与纤维的附着牢度。

真空镀银装置中的蒸发室如图 1 – 13 所示。

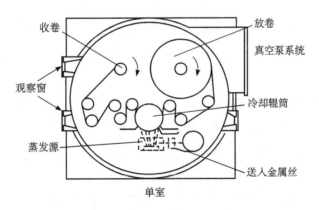

图 1 – 13　真空镀银装置中蒸发室截面示意图

---

❶ Torr 为非法定计量单位。压力的法定计量单位为 Pa，1Torr = 133.322Pa。

真空镀银时纺织品不能含有水分,否则会使真空度下降。真空镀银的纤维表面附着的银层是极薄的,其附着牢度是质量的重要问题。

(二)溅镀银抗菌纺织品

纺织品溅镀可在直流二级溅镀装置中进行。先将装置内压力抽至$(5 \times 10^{-6}) \sim (5 \times 10^{-5})$Torr,然后在真空装置内注入少量氩气(惰性气体),使其真空度达 $0.1 \sim 0.01$Torr 范围。通电流使两极之间的直流电压和电流调节至 $100 \sim 1000$V 和 $10 \sim 200$A 范围,此时两极间会放电,使氩气形成正离子(Ar^+),由阳极向阴极上的金属标靶表面飞行。由于金属标靶表面的垂直磁场作用,使 Ar^+ 呈现摆线状高速旋转加速,当 Ar^+ 与阴极上金属标靶碰撞时,碰撞能使金属标靶表面的金属以原子(或分子)状态溅射并附着在纺织品表面上。图 1 – 14 为溅镀银加工装置示意图。

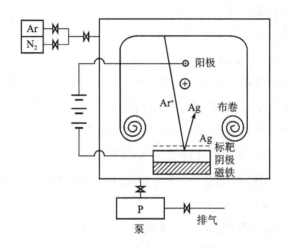

图 1 – 14　溅镀加工装置示意图

金属原子(或分子)的结晶能为 5eV 左右,而在溅镀中,Ar^+ 的碰撞能 ≥ 10eV,由此可知,溅镀中金属在纺织品上附着牢度要比真空镀好,调节金属膜厚度方便,但其成膜速度较慢。

溅镀时,水分子干扰真空放电,纤维的标准含湿率高、耐热性低和含亲水基团的纤维会影响镀膜。对涤纶、棉和黏胶纤维 3 种纤维,采用磁控管(MG)和高频(RF)两种方式溅镀铜的试验表明,涤纶织物易于溅镀,且磁控管方式比高频方式更适宜。棉和黏胶纤维溅镀后变成青铜色表示有金属光泽的消失现象。溅镀后的涤纶透气性没有变化,这与金属膜包裹在每根纤维表面上,而不是附着在纤维的间隙处有关。溅镀纺织品的刚柔性与未处理纺织品相比,其变化范围为 4% ~ 24%,即稍有些发硬的倾向,与一般的树脂整理和热定形处理的变化相仿。

磁控溅射是一种高速、低温镀膜方法。采用磁控溅射镀膜工艺制备的膜层均匀牢固,色泽美观,品种繁多。目前,单纯磁控溅射用于抗菌材料的研究还不多,但结合其他表面改性工艺的应用将有更大的发展空间。

北京洁尔爽高科技有限公司运用多靶磁控真空溅射和复合镀膜工艺开发出新型镀银纤维和面料,溅镀的纳米单质银与纤维聚合成为一体,并使纤维表面形成牢固的耐氧化膜层结构。其中,低含银量纤维具有优异的抗菌性能,是用于烧伤等重症医用敷料的顶级材料;高含银量面料具有超强隔离电磁辐射功能,隔离电磁波在10MHz～5000MHz的宽频段内,屏蔽99.99%以上的电磁波,电阻<1.5Ω/cm,耐洗涤100次,并具有抗菌除臭、抗静电、调控体温、吸湿速干、透气性好、轻薄柔软、可贴身穿着、抗氧化等特点。

三、可再生抗菌整理

通常,纺织材料的抗菌性能可以采用把功能整理剂通过化学或物理方法结合到纺织品上的方法而获得。纺织材料抗菌性能的耐久性可以归纳为两类,即暂时的和耐久的抗菌性。纺织品的暂时抗菌性在整理中容易得到,但是在洗涤中容易失去;而抗菌纺织品的耐久性大多是通过缓释的方法实现。按照这个方法,应将足够的抗菌整理剂在湿整理过程中结合到纺织品中。处理的纺织品通过从材料中缓慢地释放出抗菌剂从而使细菌失去活性。但是如果抗菌剂进到材料中,而没有和纤维以共价键连接,在长期使用过程中,它们可能就会完全消失。一旦抗菌剂在纺织品上逐渐消失,所赋予的功能就将减小直至丧失,成为一种不可再生的整理。

(一)可再生机理(卤胺化学)

为了实现抗菌功能的可再生性,目前已经出现了一种新的整理方法,那是对1962年在Gagliardi的报告中提出的理论模型的发展。按照这个工艺,在新的加工过程中,抗菌剂化合物的母体(潜在抗菌剂)代替了抗菌剂本身,应用于纤维素材料的抗菌处理中。在具有抗菌功能的基团被活化之前,抗菌化合物的母体以共价键结合在纤维素材料上,然后它可以通过一个可逆的化学过程(如一个氧化还原反应)活化,释放出具有抗菌功能的基团。这种整理方法类似于防皱整理过程。活化反应可以在一个常规的过程,如漂白中实现,由此,纺织品的抗菌性质也可以再生。抗菌剂的释放过程如下:

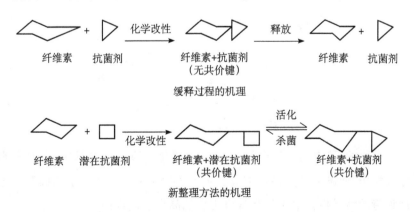

纤维素　抗菌剂　　化学改性　　纤维素+抗菌剂　　释放　　纤维素　+　抗菌剂
　　　　　　　　　　　　　　　(无共价键)

缓释过程的机理

纤维素　潜在抗菌剂　化学改性　纤维素+潜在抗菌剂　活化／杀菌　纤维素+抗菌剂
　　　　　　　　　　　　　　　　(共价键)　　　　　　　　　(共价键)

新整理方法的机理

　　潜在抗菌剂是一种乙内酰脲（Hydantoin）衍生物，即单羟甲基-5,5-二甲基乙内酰脲（MDMH）。乙内酰脲化合物是一种带有杂环结构，即乙内酰脲环的化合物，结构如下：

乙内酰脲　　　　　　5,5-二甲基乙丙酰脲（DMH）

　　乙内酰脲化合物的红外光谱在 $1720cm^{-1}$ 和 $1770cm^{-1}$ 附近有两个突出的伸展带，这对应于其环上的两个羰基，这是乙内酰脲结构的特征吸收。DMH 和 MDMH 在这两个谱带的强度明显不同。因此，在 $1720cm^{-1}$ 和 $1770cm^{-1}$ 左右处的谱带可以用来表征乙内酰脲结构接枝到了织物上。

　　乙内酰脲环有点像另一个广泛应用于耐久定形整理中流行的纺织化学试剂——二羟甲基二羟基乙烯脲（DMDHEU）的环形结构。由于 MDMH 分子结构中氮原子相邻的 α 位碳原子上是两个甲基，不像乙内酰脲是氢原子，所以前者的 ＼NH 氯化后没有机会消除 HCl，结果形成一个比较稳定的氯胺结构，而不会像后者使织物产生泛黄和氯损现象。除了键的特定结构外，卤化乙内酰脲的稳定性也可能是由于它独特的杂环结构造成的。卤化乙内酰脲的这种特殊稳定性已经令其应用于许多实践中，例如，二卤-5,5-二甲基乙内酰脲是一个卓越的氯稳定剂以及抗菌剂，被广泛地应用于游泳池中。

　　卤化的乙内酰脲不仅是对氯或溴的稳定剂，还是有效的杀毒剂。据有关文献报道，卤胺化合物是一种有氧化功能的聚合物。卤胺键中的卤元素（如氯和溴）带有正电荷，它可以氧化许多化学结构，因此卤胺键能够表现出抗菌性。此外，乙内酰脲环上的卤胺键能够在不产生环开裂的情况下可逆地脱卤和卤化。

　　这是一个重要的可逆氧化还原反应。其中，卤化反应采用氯漂来完成，而脱卤过程即通过消毒等作用，使微生物失活。因此，一个可再生的抗菌体系是由卤胺化学反应建立的。这种独特的性质也曾被用于制备可再生的高聚物消毒剂。

（二）卤胺结构的抗菌性和再生性

可再生的抗菌卤胺高聚物是在控制卤胺结构化学性质的基础上开发的。利用乙内酰脲衍生物单羟甲基－5,5－二甲基乙内酰脲（简称 MDMH）对纤维素织物进行处理。MDMH 具有两个官能团，其中羟甲基可以与纤维素纤维分子链上的羟基反应，生成共价键（发生接枝反应）；而仲氨基可用含有效氯的溶液处理，使之生成卤胺结构，反应式如下所示。

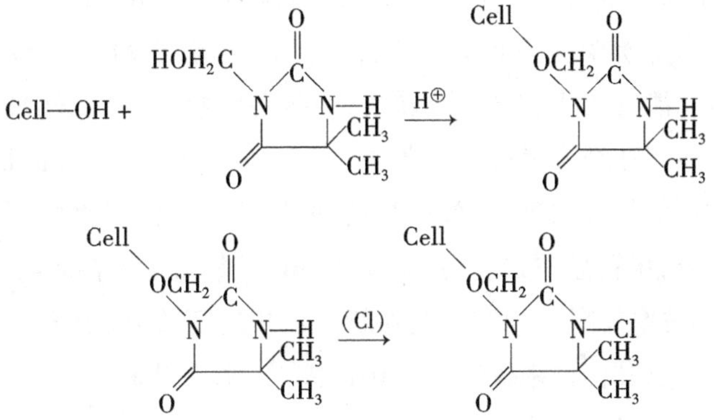

杂环结构的卤胺化合物，分解时产生正电荷氯离子（Cl^+）：

$$\diagdown N—Cl + H_2O \longrightarrow \diagdown N—H + Cl^{\oplus} + OH^{\ominus}$$

卤胺结构中共价键的氯，其极性非常强，以致部分呈正电荷的氯（Cl^+）。

具有氧化作用，可以氧化许多蛋白质或某些有机化合物，导致微生物失活；氯化后，氯原子被还原成氯化物，而卤胺键转化成仲氨基，经再次氯化处理后可再生。其抗菌性和可再生性，可用下式表示。

$$\diagdown N—Cl \underset{\text{再生}}{\overset{\text{杀菌}}{\rightleftarrows}} \diagdown N—H$$

（三）MDMH 整理的杀菌性、农药解毒性和耐久性

1. 杀菌性和耐久性　MDMH 处理织物的抗菌功能，在重复洗涤试验后非常耐久，尤其是用较高浓度 MDMH 处理的织物。这种耐久的性能可以归因于乙内酰脲环和纤维素链之间的共价键连接。在乙内酰脲环上酰胺和亚胺的 N—H 键是非常活泼的，可与卤素生成卤胺结构，正规的氯漂过程可以很容易地使活化的卤胺键再生而不损失织物上的共价键，所以每次洗涤和再生循环可以充分恢复织物的抗菌功能。

2. 农药解毒性和耐久性　含有效氯和过氧化物的聚合物，可作为分解农药的解毒剂，对聚合物的氧化功能已进行了广泛的研究。据报道，卤胺化聚合物能将醇类转换成酮类，硫化物转换成亚砜和砜类，在水中能将氰化物转换成二氧化碳和氨。

如上所述，经卤胺化整理后，纤维素纤维具有耐久和可再生的抗菌性能，氯有效地使微生物失去活性。

卤胺化整理织物的农药解毒过程，完全可以用前述卤胺化聚合物的杀菌和再生反应式来表示。经整理织物的耐久性测试，可以通过将解毒试验后的织物进行清洗，洗去农药分解物，然后进行氯漂处理，再测定其解毒能力。根据许多研究人员的设定，在耐洗牢度试验仪上的一次洗涤约相当于同样温度下 5 次常规机械洗涤的效果。经测定，卤胺化整理后能耐 50 次常规的机械洗涤，因此可认为符合耐久性要求。

织物耐久和可再生抗菌整理具有许多优点，如可以获得耐久的和可再生的抗菌功能；在织物上，特定功能的活化和再生简单方便；抗菌织物具有广谱的抗菌性。但是，该抗菌整理工艺只有应用在纤维素材料和涤/棉织物上，才获得了优异的抗菌效果，适用范围比较狭窄。在相同的处理浓度下，涤/棉织物的抗菌性比棉织物好，分析其原因，可能是除了涤纶的影响外，尽管涤/棉织物上总的 MDMH 接枝量低于棉织物，但是其纤维素纤维部分的 MDMH 接枝率却高于棉布。此项新技术的抗菌效果、耐久性和再生性都很理想，但从工业要求看来，其接枝率较低（约 20% 左右），亟待提高。

（四）乙内酰脲再生型抗菌剂的合成

取 0.05mol DMH（二甲基乙内酰脲）的水溶液 25mL，加入 0.05mol KOH，与含 0.05mol 烯丙基溴的甲醇溶液 10mL 混合，在 60℃ 搅拌 2h。冷却后，室温下抽真空干燥，将所得固体放于石油醚中结晶，得到的晶体为有机抗菌剂丙烯基二甲基乙内酰脲（AD-MH）。

ADMH 在一定条件下能形成它的改性物，再经氯化再生处理，即得改性型有机再生抗菌剂。

ADMH 在引发剂的作用下，在纤维上能通过接枝共聚反应，形成接枝共聚物，经氯化再生后具有较好的抗菌效果和广谱抗菌性。

四、纳米技术在纺织品抗菌整理中的应用

纳米粒子是一种介于固体与液体间的亚稳定中间态物质。纳米材料具有表面效应、体积效应、量子尺寸效应和宏观量子隧道效应等特点，从而拥有不同于常规材料的力学、光学、热学、磁学、催化性能和生物活性等特性，具有许多新的功能和广泛的应用前景。目前，纳米抗菌材料的物理特性、制备技术、测试方法等方面的研究已经取得了飞速的发展,受到了世界各国的普遍关注。纳米抗菌材料可分为天然纳米抗菌材料、有机物纳米抗菌材料及无机物纳米抗菌材料。除此之外,纳米抗菌材料还可按材料的结构形态、载体类型和抗菌有效成分等进行分类。

随着纳米技术的发展,近年来出现了纳米银系无机抗菌剂。纳米银系抗菌粉体能在产品中分散均匀,对加工工艺没有特殊要求,可广泛应用于塑料、陶瓷、纤维等产品中。这种抗菌剂呈中性,不溶于水和有机溶剂,耐酸、耐盐和弱碱,对热和光稳定性好。它依靠接触反应来破坏微生物活性,其抗菌成分为银离子,抗菌效果持久。同时,在光的作用下,银离子能起到催化活性中心的作用,激活水和空气中的氧,产生活性氧离子,而活性氧离子具有很强的氧化能力,能在短时间内破坏细菌的繁殖能力,致使细胞死亡,从而达到抗菌目的。

(一) 纳米抗菌材料的制备方法

通过物理吸附和离子交换等方法,将银离子固定在沸石、陶瓷、硅胶等多孔材料的表面制成抗菌剂,然后进行纳米化,将其加到相应的制品中即可获得具有抗菌能力的材料。以银的复合物为主抗菌体,以纳米 TiO_2 和 SiO_2 等为载体,纳米级粉体颗粒的特殊效应大大提高了整体的抗菌效果,使耐温性、粉体细度、分散性和功能效应都得到了充分发挥。其他一些金属离子的处理效果比银离子差。例如:汞、镉、镍、钴、铅等金属也具有抗菌能力,但对人体有害;铜等离子带有颜色,影响产品的美观;锌有一定的抗菌性,但其抗菌强度仅为银离子的1/1000。因此,银离子抗菌剂在无机抗菌剂中占有主导地位。

纳米抗菌材料的制备方法,按抗菌离子引入纳米缓释载体结构的方式,可以分为后期添加法和本体加入法两种。

1. 后期添加法　后期添加法是在已有的无机纳米材料上负载抗菌离子来实施的。具体又可分为离子交换法和络合—被覆法。其中,离子交换法是用抗菌金属离子与载体中起平衡电价作用的钠、钾、钙等阳离子相交换,从而赋予载体抗菌功能的。该法是目前最为常见的纳米抗菌材料制备方法,原则上可适用于一切结构中存在可交换阳离子的无机载体,如架状硅酸盐、层状硅酸盐、磷酸盐等诸多内部存在丰富的空穴或孔道的矿物质。络合—被覆法是通过抗菌金属离子与络合剂硫代硫酸钠等络合,然后用硅胶吸附带负电的络合金属离子或金属离子,最后用溶胶—凝胶法外涂覆一层二氧化硅膜获得抗菌产品的。一般来说,络合—被覆法制备的纳米抗菌材料具有优良的稳定性。

2. 本体加入法　本体加入法指以抗菌离子作为原料之一,参与纳米级载体的纳米抗菌材料合成的方法。该法主要应用于可溶性玻璃抗菌材料的制备,即在成分设计时将抗菌金属离子的盐作为组成部分,按照玻璃的通常制备方法制得玻璃抗菌材料。此外,载银羟基磷灰石的制备,也可通过在制备原料中加入银离子盐来实现。

（二）纳米抗菌粉体应用方法

1. 纳米抗菌陶瓷粉体应用于纺织品需要解决的主要问题

（1）如何使陶瓷粉体均匀地分散在纺织品上。

（2）陶瓷粉体是无机物，纺织纤维是高分子化合物，如何实现无机物和有机物的牢固结合。

（3）如何减少由于 Ag^+ 引起的漂白织物泛黄（特别是日晒后）和染色织物变色问题。

2. 将纳米陶瓷粉体分散固定在纺织品上的较成熟方法

（1）涂层印花法。即将陶瓷粉体通过黏合剂均匀地涂抹在纺织品表面，或把陶瓷粉体混合在印花色浆里，通过印花工艺实现陶瓷粉体与纺织品的结合。这种方法工艺简单，能达到一定的功能指标。但是陶瓷粉体在纺织品上的分散难以均匀，而且由于陶瓷粉体（无机物）与纺织品（有机物）之间没有化学键结合而耐洗牢度低，功能不能持久，同时手感硬、透气性差，目前已逐渐被淘汰。

（2）纺入法。即将陶瓷粉体分散在涤纶（或丙纶）熔融溶液中，再纺成纤维的方法。这种方法能实现陶瓷粉体与纺织品较好的结合效果，但生产工艺复杂，生产难度高，成品率低，成本高。此外，这种方法只能应用于化纤纺织品上，而不能用于天然纤维，从而限制了它的广泛应用。

除了上述两种方法以外，还有多种以纳米抗菌技术为基础的抗菌整理技术。纳米抗菌材料是跨世纪的科技前沿领域，将会有越来越多的用纳米抗菌材料生产的舒适、时尚、绿色、环保、健康产品，它将引导人们把医疗保健模式从事后的治疗转变为事前预测和预防。

（三）纳米银系无机抗菌剂举例

1. 抗菌整理剂 SCJ–951

（1）特性。抗菌整理剂 SCJ–951 为白色粉末，粒径为纳米级，可分散于水中，无毒，不燃，不爆，对人体安全。

（2）用途。抗菌整理剂 SCJ–951 具有良好的安全性、高效的抗菌性，适用于棉、涤／棉、锦纶、腈纶等织物的抗菌整理。如生产具有抗菌、防臭功能的室内装饰用布、袜子、地毯、非织造布、鞋用布、空气过滤材料等对手感要求不高的纺织产品和功能纤维。多家国内权威卫生单位测试证明：SCJ–951 抗菌整理织物具有明显的抗菌、防臭、止痒作用，对细菌、真菌和霉菌的抑菌率达99.9％以上，对皮肤无刺激、无过敏反应，对人体无毒，对防治汗臭、脚臭、皮肤瘙痒有显著效果。

（3）工艺流程。SCJ–951 处理织物的方法可以是浸轧、涂层、涂刷。SCJ–951 的用量为 2％～3％（owf），具体用量根据被处理织物的品种和用途而定。

浸轧工艺：

织物→漂染→烘干→浸轧抗菌溶液（轧液率70％）→烘干（80～110℃，以织物不含水分为度）→拉幅（180℃，30s 或 150℃，2min）

（4）工艺配方。

　　抗菌剂 SCJ – 951　　　　　　　　　　　　　20～40g/L

　　固着剂 SCJ – 939　　　　　　　　　　　　　40～80g/L

2. 纳米银系抗菌防臭粉 SCJ – 120

（1）特性。纳米银系抗菌防臭粉 SCJ – 120 是专门为合成纤维研制的抗菌防臭剂,它可以分散于合成树脂切片、海绵、橡胶和塑料等材料中。纳米防臭粉 SCJ – 120 为淡白色粉末,它的主要成分是纳米银系陶瓷粉。

（2）抗菌合成纤维的制备。

工艺配方：

　　纳米银系抗菌防臭粉 SCJ – 120　　　　　　　1%～3%

　　聚丙烯或聚酯切片　　　　　　　　　　　　　97%～99%

工艺流程：混合全造粒→纺丝→成品

（四）纳米抗菌生物蛋白纤维

有人利用没有纺织价值的羊毛、牛毛、驼毛制备出适合纺丝的角蛋白溶液,再将蛋白溶液加入到纤维素中,并将纳米抗菌粉体均匀分散在蛋白纺丝液中,制备出物性优良的抗菌功能蛋白纤维,无机抗菌剂的添加量为 0.5%～5.0%。该项技术,标志着生物技术与现代纺织技术的成功对接。纳米抗菌生物蛋白纤维保留了天然羊毛成分,具有羊毛和羊绒的手感,又增加了真丝滑爽的风格,具有垂感和挺括性,织物手感柔软、吸湿性强、染色性好、光泽亮丽,蛋白纤维富含大量氨基酸成分,服用性优良,不起皱、不起毛、不起球、不起静电、可纺性强。对大肠杆菌、金黄色葡萄球菌、白色念珠菌的抑菌率分别为99.6%、97.7%和99.9%。

五、多功能抗菌纺织品

随着生活水平的不断提高,人们对服装的功能性更为重视。仅仅具有一种附加功能的产品在市场上已经不再具备竞争优势。因此,多功能并存的纺织品应运而生。

（一）抗菌健康纺织品

深圳康益保健制品有限公司利用纳米技术开发出含有维生素 E 和维生素 C 衍生物的新型抗菌织物,利用这种织物制成的服装可以保护人体皮肤,通过体温加热织物中的纳米微胶囊 JLSUN® TSD Vc + Ve,从而将微胶囊中的物质释放到皮肤上。其中维生素 C 衍生物受人体皮肤的温度感应后被身体吸收,随后转变成维生素 C。由这种纤维制成的一件 T 恤衫含有相当于两个柠檬所含的维生素 C,并且含有微量元素硒和锗,能够营养滋润皮肤,穿着护肤整理衣物会使皮肤健康且富有弹性和光泽,对人体的肌肤有良好的保护作用。该产品具有良好的吸湿和保湿性,并且能够经受大约 30 次的洗涤。

（二）抗菌免烫整理

N—羟甲基化合物虽然有较好的免烫效果，但经这些整理剂处理后，都不可避免地会释放和残留游离甲醛。甲醛对人体有极强的刺激作用，甚至会诱发癌症。为此，国际上对织物含游离甲醛残留量的标准越来越严，如中国 GB 18401—2010 规定甲醛限量：婴儿服装为 20mg/kg(20ppm)；直接接触皮肤的服装为 75mg/kg(75ppm)；非直接接触皮肤的服装为 300mg/kg(30ppm)。因此，无甲醛免烫整理剂备受染整行业青睐。

1. 壳聚糖与多元羧酸混合使用　使用天然抗菌剂壳聚糖与多元羧酸混合，同浴整理到织物上能得到抗菌免烫效果。多元羧酸类整理剂是最有潜力取代 N—羟甲基酰胺类化合物的无甲醛免烫整理剂，但是与其他整理剂一样，多元羧酸整理剂也存在一定的缺点，如价格昂贵、易导致某些硫化染料和活性染料染色的织物变色。

（1）壳聚糖与多元羧酸混合对棉织物进行整理时，在焙烘过程中，多元羧酸与纤维素大分子发生酯化反应，也与壳聚糖的羟基发生酯化反应，从而通过分子间的酯键与织物和壳聚糖发生交联。游离羧酸的酯基也会与壳聚糖的氨基形成酰胺键，这些酯键和酰胺键使壳聚糖牢固地固着在织物上。壳聚糖在整理配方中所占比例越大，织物的强力损失越小；多元羧酸比例越大，交联反应越充分，但同时，酸对纤维素及壳聚糖分子中苷键的水解起催化作用，也会造成织物的强力下降。

美国加州大学戴维斯分校纺织实验室进行了柠檬酸、丁烷四羧酸和壳聚糖用于织物整理的实验，其中整理织物后的抑菌性见表1-24。测试菌种为大肠杆菌，水洗条件按美国 AATCC Test Method 61—2013 进行。

表1-24　整理织物的抑菌率

水洗次数	0	1	5	10	20	30	50
壳聚糖＋丁烷四羧酸	100%	91%	87%	85%	77%	76%	62%
壳聚糖＋柠檬酸	100%	90%	88%	82%	80%	72%	21%

丁烷四羧酸有四个羧基，至少与纤维素及壳聚糖的三个官能团交联，所以免烫效果较好。而柠檬酸是一个三官能团羧酸，当柠檬酸分子中间的羧基发生酯化后，酯化的柠檬酸分子不能形成另一个环酐中间体，因而不能进一步酯化形成第二个酯键（只有当一个端羧基被酯化时，柠檬酸分子才能在纤维素和壳聚糖之间形成有效的交联），且柠檬酸分子中的羟基妨碍了柠檬酸与棉纤维和壳聚糖的酯化，因此柠檬酸的交联不如丁烷四羧酸。

壳聚糖与多元羧酸混合所占比例越大，其折皱回复效果越不明显，这也可能归因于整理浴中壳聚糖数量的增加，使整理浴的黏度增加，阻止了反应剂分子向纤维的渗透，因而降低了交联反应的程度。

（2）壳聚糖与纤维素的分子结构相似，不含甲醛，而且具有抗菌防皱双重功能，是一种新型的绿色材料。但由于市场上出售的壳聚糖的相对分子质量一般较大(几十万至上百万),所以织物经壳聚糖整理后,弹性回复角虽然有所增加,但增加不是很多,而且手感变硬,布面泛黄,湿润性下降。天然抗菌剂 SCJ-920 是降解以后的壳聚糖,因为相对分子质量变小,穿透力增强,因此抗菌性能提高。实践证明,使用多元羧酸与降解壳聚糖配合对棉织物进行整理,能赋予织物抗菌免烫双重功能。

织物用整理剂进行整理后,不可避免地出现强力损失,但损失要有一定限度。通常要求强力保持在 60% 以上。如果强力损失过大,织物服用性能受到影响,就失去了对它们进行整理的意义。壳聚糖加到整理浴配方中,一方面,赋予了织物抗菌性能,另一方面,它对织物的免烫效果影响不显著,但能明显改善织物的力学性能,抑制了多元羧酸整理对织物撕破强度的损伤。

2. 无甲醛抗菌防皱整理工艺实例　以 JLSUN® DPH(主要成分为丁烷四羧酸)为例介绍整理工艺。

经抗菌整理剂 SCJ-920 和 DPH 整理后的棉及其混纺织物具有良好的形态记忆和耐洗涤性,无游离甲醛,对皮肤无刺激、无过敏反应,对人体无毒,手感丰满柔软,耐洗耐磨性好,高温下不泛黄,没有色变现象。可以完全杀灭接触织物的 MRSA、金黄色葡萄球菌、表皮葡萄球菌、蜡状芽孢杆菌、链球菌、淋球菌、大肠杆菌(包括病原性大肠菌 0157)、痢疾杆菌、肺炎杆菌、绿脓杆菌、枯草杆菌、絮状表皮癣菌、石膏样毛癣菌、红色毛癣菌、白色念珠菌、黑曲霉菌等有害菌,采用日本 JIS L 001—2014《纺织品　护理标签符号》(Textile-care Labelling Code Using Symbols)中的 103 法标准洗涤 100 次后对金黄色葡萄球菌等抑菌率仍高达 99%。此外,经整理后的纺织品,其弹性可提高 70%～90%,强力保留率高(70%～80%),极佳的平挺度(3.5 级以上)。织物穿着舒适,洗涤后不需再熨烫平整,压线可长久保持。

工艺配方:

抗菌整理剂 SCJ-920	40g/L
防皱剂 JLSUN®　DPH	100g/L
催化剂 JLSUN®　SHN	50g/L
柔软剂 S 666	20g/L

工艺流程如下。

(1)预焙烘(Precure)。织物(布面 pH = 6.5～7)→浸轧整理溶液(轧液率 60%～80%,室温)→烘干(80～100℃)→焙烘(150℃,6min)→成品。

(2)延迟(后)焙烘(Postcure)。织物浸轧整理液→烘至规定的含湿量→打卷(外面包塑料薄膜,防止运输或放置过程中失去水分)→服装制造者裁剪成衣→高温压烫(175～185℃压烫 30～40s,按要求使平整或产生褶缝)→焙烘房焙烘(140℃,15～30min,焙烘时间由织物的厚度和密度决定)。

（3）成衣整理（Garment finishing）。服装浸渍整理液→离心脱水（回收残液）→转鼓烘干（60～80℃，烘干至含潮20%左右）→蒸汽熨斗烫平→压烫机压烫（175～185℃压烫30s）→焙烘（140℃，15～30min，焙烘时间由衣服面料的厚度和密度决定）→冷却（成衣出焙烘箱后，在室温中自然冷却）→包装。

（三）抗菌防透明整理

在某些纺织品领域中，比如医院服装不仅需要具有抗菌功能，还必须进行防透明及增白处理。在抗菌过程中为提高白度可同时在抗菌液中加入增白剂。经抗菌整理后的织物进行棉增白，由于纤维被交联树脂包覆，所以在增白的过程中纤维与增白剂的反应性下降。与传统增白工艺相比，在抗菌防透明增白产品的增白过程中，可提高荧光增白剂的用量，并且延长增白过程的时间，降低轧液率等各项参数，才能得到较好的白度。因此，在抗菌防透明加工过程中，可改用耐高温、耐水洗的新型增白剂，这样可同浴完成抗菌防透明增白整理。

（1）工艺配方。

抗菌防臭整理剂 SCJ－990	50g/L
防透明整理剂 SHELL	30～40g/L
交联剂 FGA－100	10g/L
增白剂 BBT	5～10g/L

（2）工艺流程。织物→浸轧整理液（轧液率60%～70%）→烘干（80～120℃）→高温拉幅（170～180℃，30s）→成品。

（四）纳米负离子远红外抗菌整理

1. 负离子的医疗保健作用 空气中的"水合羟基离子"（H_3O_2）⁻即负离子，对人体健康是非常有益的，被誉为是"空气中的维生素"。当人们通过呼吸将负离子空气吸入肺泡时，能刺激神经中枢产生良好的效应；经血液循环把它所带电荷送到全身组织细胞中，能改善心肌功能，增强心肌营养和细胞代谢，减轻疲劳，使人精力充沛，免疫力提高；使人的身体放松并产生理疗作用。随着有关负离子与健康的研究不断发展，有关学者发现负离子对人体健康和环境的影响表现在以下几个方面。

（1）水合羟基离子（H_3O_2）⁻通过呼吸进入人体后，能调整血液酸碱度，使人的体液变成弱碱性。弱碱性体液能活化细胞，增加细胞渗透性，提高细胞的各种功能，并保持离子平衡；净化血液，抑制血清胆固醇形成，从而降低血压；负离子进入人体后提高了氧气转化能力，加速新陈代谢，能恢复或减轻疲劳，使人心情舒畅、精神放松，对人体健康产生积极的作用。

（2）能活化脑内荷尔蒙β－内啡肽，具有安定自律神经，控制交感神经，防止神经衰弱，改善睡眠效果以及提高免疫力。

（3）水合羟基离子（H_3O_2）⁻能与空气中的臭味分子反应，消除臭味；能与空气中被污染的正离子中和,从而起到净化空气的作用。

2. 远红外线医疗保健作用　人体是一个天然红外辐射源,其辐射频带很宽。无论肤色如何,活体皮肤的比发射率为98%。人体表面的热辐射波长在$2.5 \sim 15\mu m$范围,峰值波长约在$9.3\mu m$处,其中$8 \sim 14\mu m$波段的辐射约占人体总辐射能量的46%。根据基尔霍夫定律可知,人体同时又是良好的红外吸收体,吸收波长以$8 \sim 14\mu m$为主,红外辐射吸收的机理是光谱匹配共振吸收,即当辐射源的辐射波长与被辐射物的吸收波长相一致时,该物体就吸收大量的红外辐射。

现代医学证明,许多疾病与微循环障碍有关。关于红外线的生物效应,有人解释为远红外线的频率与构成生物体细胞的分子、原子间的振动频率一致,所以其能量易被生物体细胞吸收,使分子内的振动加大,活化组织细胞,促进血液循环,加速新陈代谢,提高体表血流量,有很好的温热疗效。此外,红外辐射还能使生物体分子产生共振吸收效应,在红外光子作用下,使生物体分子的能级被激发而处于较高振动能级,这便改善了核酸蛋白质等生物大分子的活性,从而发挥其调节机体代谢,增加免疫功能,改善微循环等作用。

3. 保温功能　传统服装的保暖作用是通过阻止人体的热量向外散失而实现的,如棉絮、羽绒等,而远红外织物除上述作用外,还可以吸收外界的能量(如太阳能、人体向外散发的能量)并储存起来,再向人体反馈,从而使人体有温热感,提高人的体感温度。负离子远红外织物吸收从人体或环境中释放的热能,并转换成负离子和远红外线再作用于人体。所以说,穿着负离子远红外纺织品不仅改善空气环境,而且能改善微循环,在日常生活中不知不觉地促进人体健康。

4. 负离子抗菌保健纺织品的发展概况　在日本,KOMATSU SEIREN 公司已成功开发在织物上固着能产生负离子的特定天然矿物质的整理技术——"VERBANO",该技术不同于常规将矿物质捏合入纤维的工艺可应用于所有类型的纺织面料,产品能使人心情舒畅,身体放松。VERBANO 整理织物的用途相当广泛,如:运动服、外衣、内衣、制服、手套、鞋帽、窗帘等。日本东丽(TORAY)工业公司开发了一种新型舒适后整理技术"AQUAHEAL"。该技术采用来自古老的海底深处的原料,该原料被制成精细微粒,在染色后黏附在纤维表面,它具有多孔性,通过物理刺激作用,如衣服在穿着过程中的摩擦和振动而产生负离子2000个/cm^3。该织物甚至在家庭洗涤40次以上后,仍可产生负离子1500个/cm^3。AQUAHEAL 整理能应用于任何类型的纤维。

北京洁尔爽高科技有限公司从1990年就开始研制负离子纤维和织物,并从电气石和来自海底深处的矿石等天然矿物质中筛选出"健康·环保"的负离子材料,并将其超微粉体加工制成纳米负离子远红外粉 JLSUN® 900(D50 = 50 ~ 100nm,粒径越小,产生负离子和辐射远红外线的能力越大),并成功地应用于生产化学纤维。同时又将纳米负离子远红外粉后处理,进一步加工成负离子远红外浆 JLSUN® 700,并开发出在织物上固着天然矿物质的整理技术。之后,通过分析研究电气石等负离子材料的成分、结构、粒径与表层负离子效应及远红外辐射效应之间的关系,在理论方面获得重大突破,开发出了适用于天然纤维的负离子远红外整理剂 JLSUN® 888。

5. 整理工艺

(1)浸渍法工艺流程。(浴比 1:15)织物→漂染→浸渍负离子远红外整理剂 JLSUN® 888A[4%(owf),60~65℃,30~40min]→放残液→浸渍 JLSUN® 888B[4%(owf),40~50℃,20~30min]→放残液→冷水冲洗一遍(防止影响硅油柔软剂的稳定性)→浸渍[抗菌整理剂 SCJ-2000 4%(owf),柔软剂 S-666 2%(owf),50~60℃,30~40min]→成品。

(2)浸轧法工艺流程。织物→漂染→烘干→浸轧(JLSUN® 888A 30g/L,抗菌整理剂 SCK1 30g/L,轧液率 60%~70%)→烘干(80~100℃,落布微潮)→浸轧(JLSUN® 888B 30g/L,抗菌整理剂 SCK1 30g/L,轧液率 60%~70%)→烘干(80~110℃)→拉幅→成品。

此类负离子远红外抗菌纺织品具有很高的抗菌、防臭、防霉、止痒作用,对接触织物的 MRSA、金黄色葡萄球菌、淋球菌(国内流行株)、淋球菌(国际标准耐药株)、肺炎杆菌、大肠杆菌、绿脓杆菌、白色念珠菌等有害菌具有优异的抗菌作用,高度耐干洗和水洗,水洗 100 次后对金黄色葡萄球菌的抑菌率仍达 99% 以上。且对皮肤无刺激性、无过敏反应,无毒,无致畸性,无致突变性,无潜在致癌性,不含甲醛和重金属离子等有害物质,符合环保要求;不降低织物的物理指标和外观。经不同年龄的男女志愿者的人体穿着试验表明,该产品穿着舒适、无任何副作用,具有明显的防臭和医疗保健效果。

(五)抗菌防紫外线整理

炎热的夏天,人们需要抗菌防紫外线整理纺织品,以抵抗炎炎烈日的暴晒和防止汗臭。

太阳光谱中的紫外线不仅使纺织品褪色和脆化,也可使人体皮肤晒伤老化,产生黑色素和色斑,更严重的还会诱发癌变,危害人类健康。紫外线辐射对人体的危害越来越引起世界各国的重视,瑞士 CIBA 公司推出了防紫外整理剂 CIBAFAST PEX、德国 HERST 公司推出了防紫外整理剂 HTUV 100,澳大利亚等国家明确要求学生服装等具备防晒功能,中国也制定了纺织品抗紫外线标准。目前国内行业普遍使用的防紫外线整理剂是 SCJ-966,其防护原理是 SCJ-966 吸收高能量的紫外线,通过分子能级的跳跃使之向低能量转化,变成低能量的热能或波长较短的电磁波,从而降低日晒强度,消除紫外线对人体和织物的危害;同时 SCJ-966 也可以增加织物对紫外线的反射和散射作用,防止紫外线透过织物。

防紫外线整理剂 SCJ-966 主要含有高效紫外线吸收材料,该产品无毒、不爆、对人体安全,对皮肤无刺激、无过敏反应,不影响织物的色泽、强力和吸湿透气性。SCJ-966 外观为淡褐色液体,低温时易凝固(水浴加热,搅拌后使用),有效成分含量为 33%,pH 约为 7,离子性为非离子,可与水混溶。防紫外线整理剂 SCJ－966 适用于棉、麻、丝、毛、涤棉和锦纶等织物的防紫外线整理,处理后的织物对 180～400nm 波段的紫外线(特别是 UV—A 和 UV—B)有良好的吸收转化、反射和散射作用。

工艺配方:(以轧液率 70% 为例)

防紫外线整理剂 SCJ－966	30～50g/L
低温固着剂 SCJ－939	30～50g/L
抗菌整理剂 SCJ－920	30～50g/L

工艺流程:漂染的纯棉织物→二浸二轧抗菌防紫外溶液(30～40℃,轧液率 60%～200%)→烘干(80～110℃)→拉幅(160～170℃,30s 或 120℃,5～6min)→检验→包装→产品。

第七节　纺织品清新防臭整理

由于人们对健康和舒适的要求逐渐提高,并且随着老龄化社会的到来,卧床的老龄者和在家疗养者增多,对清新防臭加工产品的需求也在逐渐增大,促进了清新消臭加工业的迅速发展。当前的清新除臭整理产品大致分为四类:第一类是用于去除日常生活中产生的恶臭,如氨气臭味(汗臭、尿臭)、硫化氢臭味(蛋类腐败臭)、三甲胺臭味(鱼类腐败臭)、甲基硫醇臭味(大葱的腐败臭);第二类是用于去除香烟烟雾产生的臭味(主要是尼古丁和乙醛);第三类是用于去除房屋装饰带来的甲醛气味;第四类是清新环境产品,如利用负离子材料清新空气。除臭清新整理还是一种处于发展中的技术,在实际应用方面有些问题尚未解决,但具有很大的潜力。

一、臭味发生机理及感知机理

(一)臭味发生机理

臭味大多是多种化学物质混合产生的。生活中的臭味主要由以下原因产生。

(1)动物体内消化、发酵、代谢的生理变化。

(2)织物上黏附的人体分泌物和皮屑等新陈代谢的分解产物。

(3)自然界微生物发生的生物化学变化。

(4)来自燃烧、热分解的物理和化学变化。

(5)工厂中发生的化学反应。

这些变化都会产生有恶臭的物质。其中第 3 点是产生恶臭的主要原因。因此,添加有抗菌作用的物质和进行表面处理是除臭整理的主要措施。

除了以上各种产生臭味的原因,现代住宅的式样提高了建筑物的气密化程度,致使室内相对湿度增高,室内空气流动受阻,不易排到室外,也成为引起恶臭的因素。

（二）气味的感知机理

在日常生活中,气味这种物质往往是在无意识中流过的。人们偶尔会嗅到来自袜子和内衣等纤维制品的气味,还有来自厕所飘来的不舒适臭气。气味除了这种不舒适的恶臭外,还有使人有好感的花草气和其他香气。

气味是散发在空气中的气体成分,在接近位于鼻腔顶端嗅觉部分的嗅觉细胞时,使其带电量变化,产生电位差,使电流流动,发生电信号。这种电信号通过嗅觉神经到达脑中枢,于是气味就被感觉到了。

二、防臭整理纺织品的检测方法

嗅觉反应因人而异且存在嗅觉疲劳问题。合理测定臭气的感觉量是不容易的,并且时间和地点也是重要的影响因素。释香的原理和嗅觉组织的感受在机理上尚不清楚,所以难以对气味进行客观的定量。嗅觉是非常敏感的,是机器测定无法能比的。这就是对消臭评定和对控制恶臭的开发、研究大大落后的原因。

现行的纺织品除臭性能的测定方法主要有 ISO 17299.1—2013《纺织品　除臭性能的测定　第 1 部分:总则》;ISO 17299.2—2014《纺织品　除臭性能的测定　第 2 部分:检测管法》;ISO 17299.3—2014《纺织品　除臭性能的测定　第 3 部分:气相色谱法》;ISO 17299.4—2014《纺织品　除臭性能的测定　第 4 部分:冷凝采样分析》;ISO 17299.5—2014 ED1《纺织品　除臭性能的测定　金属氧化物半导体传感器法》等。气味分析方法大致可分为官能实验法和化学分析法两种。消臭效果检测方法见表1 – 25。

表1 – 25　消臭效果检测方法

	测定方法	原　理	优　点	缺　点
化学分析法	检测管法	测定单一成分的浓度变化	简便	浓度过低时测定困难
	气相层析法	利用峰值面积计算	可分析多种成分	
	臭味传感器法	将附于传感器臭味成分数字化	简便、可测低浓度	测定成分范围限制
官能实验法		利用官能分阶段进行	适合现实	需专门的审查人

（一）官能实验法

官能实验法有直接采样法和三点比较式臭袋法等。该方法的结果受各人体对臭味的感觉、嗅觉的敏感度不同的影响,此外还受到性别、年龄、体格的影响。

1. 直接采样法　即直接采样,将舒适及不舒适气味用 6 档表示的方法。6 档臭气强度表示法见表 1 – 26。

2. 三点比较式臭袋法　即用无臭空气将臭味稀释,达到勉强能感觉到臭味的监测临界阈值,用所需的稀释倍率来判断臭气浓度的方法。

表1-26　用6档臭气强度表示嗅位强度感觉法

臭气强度	臭气强度的感觉
0	无臭
1	能勉强感到臭味(检测值)
2	臭味弱,能感觉到任何一种臭味(确认阈值浓度)
3	能容易感觉到臭味
4	臭味强
5	臭味很重

(二)化学分析法

化学分析法是用气相色谱法(GC)、气体检测管、臭味传感器等测定仪器计测的方法。

1. 气相色谱分析法　在用导热系数检测器时,让被检成分在氢或氦的载体气体中燃烧,利用导热系数差,测定恶臭成分的方法。在用氢焰离子检测器时,有机化合物在氢焰中燃烧,随着 C—H 键断裂,产生离子,使火焰导电。根据电流大小,检测臭气浓度。

2. 气体检测管法　将一定浓度的纯臭气物质和试样一起置于密闭容器中,随着时间的增长,用气体检测管测定臭气浓度的方法。三大恶臭成分的浓度下限值是:氨为 0.3mg/kg、甲硫醇 0.1mg/kg、硫化氢 0.1mg/kg。

3. 臭味传感器法　这是通过电压变化的增幅,测定电压强弱,从而评定臭气强度的方法。例如,在使用金属氧化物半导体传感器时,因传感器表面上吸附恶臭气体而形成的电位垒发生变化,造成电阻值变化,则回路上流动的电流也发生变化。

目前市售的除臭整理纤维产品采用的评定法,是将一定浓度的四大恶臭组分(氨、硫化氢、三甲胺、甲硫醇)分别与试样一起置于密闭容器中,放置一段时间后,用适合各自恶臭组分的气体检测管测定恶臭组分分解程度的方法。

三、纺织品防臭整理工艺

(一)抗菌防臭工艺

目前对于抗菌卫生整理还有一种比较流行的称法——抗菌防臭加工。但需要说明的是,"抗菌防臭加工"不是"抗菌加工加防臭加工",而是指抑制附着在纤维制品上的细菌或微生物的繁殖,以防止由它们引起恶臭。

汗液本身并无臭味,但皮肤表面的汗可被内衣和袜子等吸收,微生物在其中繁殖,将汗液及其与皮脂、表皮屑混合物含有的尿素、高级脂肪酸、糖分、蛋白质等分解,从而产生大量的氨基物质等刺激性气体,即臭味。此外,有人研究发现袜子释放臭气与金黄色葡萄球菌、表皮葡萄球菌、枯草杆菌、棒状杆菌的数量有关。

　　抗菌整理和防臭整理都是为了提高纺织品的档次,通过杀灭或抑制细菌防止臭气产生来改善纺织品的舒适性。对于由细菌引起的臭气,通常可以使用抗菌整理剂对纺织品进行整理,从而达到除臭的目的。

　　中岛昭夫等人用臭气测定仪(Kammor 包括记录部分),测定了不同抗菌防臭整理与未整理袜子穿着 7h 后的情况,测定结果见表1 –27。

表 1 –27　袜子穿着7h后的微生物和臭气测定

试穿人	袜子	臭气强度(MV)	防臭效率(%)	细菌数(lg 菌株/cm²)	真菌数(lg 菌株/cm²)
A	未整理试样 1	22.6	20.8	7.281	4.797
	整理试样 2	17.9		5.983	1.566
B	未整理试样 1	11.3	63.7	6.436	2.173
	整理试样 3	4.1		3.000	0.346
C	未整理试样 1	17.1	40.5	6.182	1.577
	整理试样 4	10.3		4.385	0.708
D	未整理试样 1	22.2	53.9	6.959	4.838
	整理试样 5	8.8		2.644	2.143
E	未整理试样 1	17.1	36.3	6.656	2.865
	整理试样 6	10.8		4.479	0.727
F	未整理试样 1	17.3	69.3	6.593	2.314
	整理试样 7	5.2		3.350	0.710
G	未整理试样 1	11.9	49.6	6.072	3.989
	整理试样 8	6.0		4.070	1.356
H	未整理试样 1	33.2	29.5	7.905	4.591
	整理试样 9	23.4		4.856	3.626
I	未整理试样 1	19.0	33.2	5.444	2.134
	整理试样 10	12.7		3.806	1.847
J	未整理试样 1	16.8	12.5	6.430	3.346
	整理试样 11	14.7		4.838	2.322
K	未整理试样 1	6.0	10.0	4.740	3.473
	整理试样 12	5.4		3.182	2.531
L	未整理试样 1	36.4	8.2	8.538	4.567
	整理试样 13	30.7		6.838	2.556

　　①试样 1 为市售未整理袜子;试样 2、3 为锌整理袜子;试样 4 ~ 7 为二价铁整理袜子;试样 8 ~ 10 为市售溶出型抗菌防臭整理袜子;试样 11 ~ 13 为市售非溶出型抗菌防臭整理袜子。

　　②臭气强度 = 穿着的未整理或整理袜子的臭气强度 – 未穿着的未整理或整理袜子的臭气强度(即空白样)

　　③穿着方法:左右脚同时穿整理和未整理袜子。

　　④防臭效率 = $\dfrac{\text{未整理袜子的臭气强度 – 整理袜子的臭气强度}}{\text{未整理袜子的臭气强度}} \times 100\%$。

由表 1 - 27 可知,穿着 7h 后,抗菌防臭整理袜子的臭气强度较小,未整理袜子上的臭气强度较大。未整理袜子上的细菌数比经过整理的袜子要高得多。进一步统计分析表明,袜子上的臭气强度与附着微生物数量之间有良好相关关系,见表 1 - 28。

表 1 - 28 穿着后袜子上的微生物与臭气强度关系

袜子	x 变量	y 应变量	回归方程式	相关系数	F 检验		
					分散比 F_0	F 0.05	F 0.01
全部袜子	细菌数 真菌数	臭气强度	$y = 0.130x + 3.71$ $y = 0.980x + 1.193$	0.776 0.625	69.63 29.56	4.09 4.09	7.31 7.31
未整理	细菌数 真菌数	臭气强度	$y = 0.090x + 5.018$ $y = 0.050x + 2.403$	0.814 0.538	43.20 8.96	4.33 4.33	8.02 8.02
抗菌整理	细菌数 真菌数	臭气强度	$y = 0.110x + 2.939$ $y = 0.060x + 0.947$	0.826 0.586	47.35 11.53	4.33 4.33	8.02 8.02

分析表明,未整理与抗菌防臭整理袜子的臭气强度与细菌数的相关系数分别为 0.814 和 0.826,与真菌数的相关系数分别为 0.538 和 0.586;即使对全部袜子而言,臭气强度对细菌数和真菌数的相关系数也分别达到 0.776 和 0.625。以上数据经 F 检验可信度达 99%,臭气强度与附着的细菌数量的相关系数比真菌数大 1.4 ~ 1.5 倍。这表明,穿着袜子的恶臭主要由细菌造成。

(二)物理吸附防臭工艺

物理吸附法即利用特定物质对恶臭分子进行吸附而除去臭味的方法。这种方法是利用范德华力的分子间吸附力,将恶臭物质吸附在吸附剂上的方法。通常采用比表面积大、孔隙大,且具有较强吸附能力的物质。

常用的吸附剂有活性炭、沸石、活性白土、硅胶等多孔物质以及金属氧化物等,这些吸附剂通常对恶臭物质有不同的吸附能力和选择性;可使用水、低碳醇和表面活性剂的吸收脱臭法;硫化帕拉胶、高级醇合成树脂的表面覆盖法;隔断臭源和通风换气除臭法将其除去。

例如,活性炭是非极性的,它对分子直径大的恶臭物质和饱和化合物(苯、甲苯、硫醇等)具有非常良好的吸附力;另外,合成沸石是有极性的,它对分子直径小的恶臭物质和不饱和化合物(氨、硫化氢)具有优良的吸附力。另外,载有稀土元素的沸石能够吸附多种有机溶剂挥发物,超细氧化锌可以吸附多种含硫臭气,其化学反应过程可以表述为:

$$ZnO + H_2S \longrightarrow ZnS + H_2O$$

$$ZnO + 2C_2H_5SH \longrightarrow Zn(SC_2H_5)_2 + H_2O$$

近年来，含纳米陶瓷微粉的金属化合物的除臭效果较为突出，但如果把陶瓷微粉和有机消臭剂配合使用效果更佳。例如日本住友公司生产的陶瓷微粉（氧化锌超细粒子），其表面积大，气体吸收作用强，可以快速、有效地吸收臭味。固态氧化锌对有机酸不仅有物理吸附作用，而且还有化学吸收作用，因而具有优异的除臭效果。实验表明，它对异戊酸（产生人体臭味的主要脂肪酸）的除臭作用比用活性炭更加快速。

（三）化学防臭工艺

化学防臭法是通过氧化还原反应、中和反应、加成缩合反应、离子交换反应等，使产生的恶臭物质变为无臭物质的消臭方法。简单地说，就是使恶臭分子和特定物质发生化学反应进而生成无臭物质。

化学消臭法有使用硫酸亚铁等硫酸盐除去硫化氢等臭味的反硫化作用法；使用酸性剂、碱性剂的中和法；使用醛类、臭氧、高锰酸钾等氧化剂和亚硫酸钠等还原剂的氧化还原法；使用甲基丙烯酸酯、马来酸酯加成剂和乙二醛等缩合剂的加成缩合法；使用两性活性剂、阳离子、阴离子等离子交换树脂的离子交换法。

常用于化学消臭的整理剂有如下几类。

（1）抗坏血酸。使抗坏血酸和二价铁离子共存，抑制氧化反应，再和氨、硫醇等恶臭物质反应，使其变为无臭物质。

（2）类黄酮类系列化合物。这类化合物包括黄酮醇和黄烷醇。它们与恶臭物质进行中和与加成反应，使臭味消除。

（3）叶干馏提取物。绿茶成分中的茶多酚类也是类黄酮类和单宁酸的混合物，通过包合作用、中和作用和加成反应消除臭味。

（4）环状糊精。环状糊精具有疏水性空穴和亲水性的外部相结合的独特分子结构，其性能类似于包容络合物，可利用其对胺、硫化氢及异戊酸等小分子脂肪酸等的包络作用而除臭。

（5）除氨臭纤维。该产品的特点是除氨臭效果好（为活性炭的4倍多），而且可反复使用。据报道，聚丙烯酸酯类纤维分子结构中含有羧基，可以吸附氨进行中和反应。

（四）生物催化防臭工艺

某些微生物具有生物催化消除分解恶臭的功能。近年来出现的织物防臭工艺是以与生物酶类似的化学反应机理来分解臭气物质的。它适用于醛、硫化氢、硫醇等多种恶臭物质。三价铁酞菁衍生物具有类似氧化酶的作用，因此被称为"人造氧化酶"。利用三价铁酞菁衍生物与恶臭物质生成化合物后，三价铁转变为二价铁所起的氧化作用而除臭。铁酞菁衍生物的活性中心是高旋态三价铁，遇到臭气中的硫化氢等物质，三价铁发生电子移动转变成二价铁，而硫化氢等被氧化分解，从而起到除臭的作用。然后二价铁可被空气中的氧气氧化为三价铁，继续上述的作用。如此循环，则能高效而又有选择地起到分解恶臭物质的作用。

(五)光催化氧化防臭工艺

超微粒状(纳米材料)二氧化钛、氧化锌受到阳光或紫外线的照射后分解,产生电子和正穴,使吸附的水氧化为·OH,空气中的氧被还原为 O_2^- 离子,形成过氧化物,它能与多种臭味气体反应,从而更快地消除臭味。国际著名的光触媒抗菌剂 JLSUN® SCJ – 957、Herst® ATB8606 就属于此类化合物。

1. 光催化作用机理 光催化作用的机理是二氧化钛吸收紫外线后产生电子(e)及正穴(h^+),在正穴表面发生催化作用,使吸附的水氧化,产生氧化能力很强的·OH,并与有机物反应。而电子则把空气中的氧还原,生成 O_2^- 离子,形成过氧化物。这种光催化二氧化钛实际使用时会使纤维或树脂氧化,加速其老化。用耐氧化的多孔薄膜状有机硅包覆光催化二氧化钛,其粒径有 $3\mu m$ 和 $5\mu m$ 等多种,将其混入涤纶纺丝原液,即能纺成除臭纤维。

2. 光催化纤维 正方晶系低温锐钛型二氧化钛有光催化活性。在小于 400nm 波长的紫外光照射下,光催化二氧化钛表面会发生强氧化反应,从而杀菌除臭。

3. 光热催化性超微粒状胶体 日本触媒化成工业制成了平均粒径约 $5×10^{-9}m$ 的半透明中性至微碱性液体,和粉状粒子相比,它的粒径极小,呈高度分散状态。其产品名称是 ATOMY BALL—TC,主要成分是 Cu/TiO_2,也就是以二氧化钛为载体的除臭剂。ATOMY BALL—TZ 的主要成分则是 Zn/TiO_2。经气相色谱研究证实,其除臭机理是光的催化氧化反应产生的。

(六)香味清新掩蔽防臭工艺

这种方法主要是施加比恶臭物质更强的芳香物质,起到掩盖恶臭成分的作用,在使两种气味混合的同时,利用彼此削弱对方气味的抵消作用,使人感觉不到臭味。使用消臭植物性精油,如松节油、桉树油、檀香油、肉桂醇、肉桂醛等进行臭味感觉中和。目前市场的香味掩蔽防臭整理剂主要有德国 Herst 的 SNC208,日本 DAWAI 公司的 MCM400,中国北京洁尔爽高科技有限公司的 JLSUN® SCM 等。

1. 国外香味清新纺织品的发展概况 英国 L. J. Specialities 研制出应用广泛的广谱香味微胶囊技术,包括古龙香水和水果味,如苹果、橘子等新鲜气味制成的微胶囊,用于床单、毛巾和服装。日常使用中的轻度磨损即能释出香味。微胶囊可同黏合剂做成分散体,应用浸轧或网印施加于棉织物上,能耐反复洗涤。通常要用柔软剂以改善手感。微胶囊无色,可施加于有色织物上或印花图案上,且无不良影响。

美国 R. T. Oodge 公司研究开发出微胶囊化的"擦和嗅"("Seratch and Sniff")短袖圆领衫和女用针织物,应用界面聚合技术制造胶囊。产品耐洗 8~20 次,还可耐转笼烘燥。

韩国 Eldorado International 公司研究生产出可放出花卉、水果、香草和香料等天然香味的新颖织物。织物染后用乳化的、含有天然香料、香精、香油的微胶囊附着于织物上。

穿着者运动时使胶囊破裂、释放香味。许多这类产品具有芳香疗效,如对失眠症患者的治疗有助。还生产了正常使用期间释放香料油的真丝领带;若摩擦则会产生大量突发香味,其效果能持续一年半。还供应有释放香味以及某种抗菌防臭效应的手套和短袜,可耐洗涤。

据报道,德国赫斯特国际公司开发出一种可以将香味纳米微胶囊织入服装的新技术。这种纳米微胶囊新技术可以将保湿剂、除臭剂、香料、维生素甚至微量营养元素编织到服装衣物里。使用此种新技术生产的服装经过重复机洗后仍可保留相关成分。当穿上这种衣服或走在涂有香味微胶囊的地毯上时,通过运动或摩擦,这种微胶囊就会释放出新鲜的香味。赫斯特国际公司认为,这种将嗅觉感官带入服装的新工艺将给纺织业带来一场变革。

日本郡是公司日前宣布,将推出一系列内装葡萄柚、茴香、咖啡因和香料等特殊物质的新款女式内衣和连裤袜。据称,该系列香味防臭内衣还具有瘦身效果。据说闻某些香料可以刺激交感神经系统,咖啡因对减少脂肪有效。而混合香料和咖啡因可以有利于燃烧脂肪。

2. 香精微胶囊技术　对香精的控制和延长香味在衣物上的存有时间是研究开发的重点问题。香精微胶囊可以使香味较长时间留在织物上,并减少外界因素的影响。芳香药剂大多是易挥发物质,在胶囊化过程中,如何确保有效成分充分被包覆、如何避免不环保物质以及如何使芳香微胶囊不影响纤维和织物的服用性能,是很重要的。

微胶囊技术是一种用成膜材料把固体或液体包覆使之形成微小粒子的技术。得到的微小粒子叫微胶囊。一般粒子大小在微米或毫米范围,把包在微胶囊内部的物质称为囊芯,囊芯可以是固体,也可以是液体或气体。微胶囊外部由成膜材料形成的包覆膜称为壁材。壁材通常是由天然的或合成的高分子材料形成,也可以是无机化合物。微胶囊技术的优势在于形成微胶囊时,囊芯材料被包覆而与外界环境隔离,囊芯材料的性质毫无影响地被保存下来,而在适当时机,壁材被破坏时又将囊芯物质释放出来,这样给使用上带来许多方便。

香精微胶囊一般分为如下两种类型。

(1)开孔型香精微胶囊。理想状态下,这种微胶囊囊壁上有许多微型小孔,当气温升高或穿着时体温的作用使微孔被扩大,使香精因受热而加速释放出来。反之,在人们不穿着这种香味服装时,如在家存放过程中,由于温度变低而导致微孔收缩或紧闭,香精释放速度变缓。但事实上这种开孔型香精微胶囊囊壁上的微孔通常是不随温度变化而明显变化的,并且由于开孔较大,这种微胶囊难以具有较好的耐久性。其代表性制备工艺如下。

①在室温下把一定浓度的非水溶性香精溶液加入到20%的淀粉水溶液中,经过充分搅拌混合,喷雾冷冻干燥成片状固体,再用球磨机将其粉碎成100目左右的微胶囊颗粒。

②环糊精法。环糊精(Cyclodextrins)简称 CDs,是由淀粉通过环糊精葡萄糖基转移酶降解而生成的含有 6~8 个,甚至更多葡萄糖单元,彼此间通过 $\alpha-1,4$ 葡萄糖苷键连接而成的环状低聚糖。经X—射线衍射和核磁共振研究证明,环糊精的立体结构是上狭下宽、两端开口的环状中空圆筒形。具体制备方法是:把一定量的液体香精加入到环糊精水溶液中,用络合包埋法把香精分子吸附到环糊精空腔中,然后喷雾干燥,所得的固体颗粒是多个环糊精包覆形成的微胶囊集合体。由于这种微胶囊包合物与织物之间的亲和力很弱,需要使用黏合剂来把包合物黏附在纺织品上,一般是使用涂层或印花的方法把环糊精—香精包合物整理到纺织品上。

(2)封闭型香精微胶囊。这种微胶囊囊壁上不含微孔,只有当人们穿着或与外界接触摩擦时,使囊壁破裂才释放出香味。这种封闭型香精微胶囊通常采用明胶—阿拉伯树胶体系的复合凝聚法制备。制得的微胶囊如经过固化处理,则得到壁膜坚硬的封闭型香精微胶囊;若不经过固化处理直接干燥,得到的香精微胶囊不仅是开孔型的,而且可溶于温水,明胶壁膜溶化而放出香精。封闭型香味微胶囊也可用原位聚合法制备,利用尿素—甲醛或密胺—甲醛预缩体在香精液滴周围形成封闭性良好的脲醛树脂或蜜胺树脂壁膜。

这种香味整理剂是目前市场销售的主要产品,它具有保香期长等优点。制备封闭型香味微胶囊有各种方法,从大的方面分为应用化学方法、物理化学方法、物理和机械方法制备微胶囊。

3. 微胶囊香料的应用工艺　一般微胶囊的壁材与纤维之间没有亲和力,整理过程中要加入固着剂才能使之与纤维结合,而香味剂是易挥发的,不能高温焙烘,所以要求使用低温固着剂。整理工艺可以采用浸轧法,印花法和浸渍法。现以北京洁尔爽高科技有限公司生产的香味整理剂 JLSUN® SCM 为例介绍如下。

香味整理剂 JLSUN® SCM 是全包囊型微胶囊香料,通过摩擦等方式释放香味。适用于棉、毛、丝、麻、化纤织物的香味整理。经香味微胶囊整理后的纺织品在使用过程中受到轻微的摩擦或挤压,会产生芳香的气味,在存放中可维持香味两年之久。在温水中性皂液中,建议采用家庭机洗,避免手搓洗涤,可机洗 12 次以上。香味整理剂 JLSUN® SCM 香味纯正、芬芳宜人、保香性强、留香持久、对人体无毒、对皮肤无刺激,无过敏反应,使用方便,工艺简单可行。香味整理剂 JLSUN® SCM 的外观为乳白色浆状液体,pH 为 7,粒度小于 1μm,有效成分含量为 40%,可分散于水中。香味整理剂 JLSUN® SCM 的主要香型有熏衣草、古龙香、森林香、鲜花香、茉莉香、玫瑰香、青苹香、柠檬香等。

(1)浸轧法。

工艺配方:

香味整理剂 JLSUN® SCM	30~60g/L
低温固着剂 SCJ-939	30~60g/L

| 柔软剂 SCG | 20～30g/L |

化料操作：首先加入 JLSUN® SCM，再加入等量的温水，搅拌成均匀的稀浆，然后搅拌加入其余的水，最后加入 SCJ－939 和 SCG，搅匀。

工艺流程：织物→浸轧（轧液率70%～80%）→烘干（80～100℃）→成品。

（2）浸染、后整理同步处理。可与柔软剂或抗静电剂同浴整理加工。

工艺条件：浴比：1∶（10～20）；温度：30～40℃；时间：30min

工艺配方：

| 有机硅柔软剂 SCG | 1%～3%（owf） |
| 微胶囊香型整理剂 JLSUN® SCM | 1%～3%（owf） |

（3）印花法。通过与涂料印花浆适当的比例混合，所得印花产品可获得长效芳香宜人的香味。同时微胶囊香味型整理剂与各类印花浆料有较好的适应性。印花时透网顺畅，不塞花版，印制效果好。

工艺配方：

香味整理剂 JLSUN® SCM	5%～10%
涂料色浆	x
低温黏合剂 SCP	15%～20%
增稠剂 FAG	1%～2%

化料操作：先在化料桶中配制好印浆，再搅拌加入 JLSUN® SCM，搅拌均匀。

工艺流程：印花→烘干（50～100℃）→拉幅（100～120℃）→成品。

4. 香味清新防臭纺织品的开发 室内装饰品，如床单、被罩、窗帘、地毯、睡衣可以用熏衣草、天竺葵、春黄菊、牛膝草、肉桂等香味，有助于消除疲劳、提高睡眠质量。在办公环境里，可穿戴茉莉、玫瑰、香柠檬等香味服装，可以起到提神作用，提高工作效率。森林气息、松脂气息、豌豆花的气息等香味，与大自然气息相似，清新空气，令人产生身心愉快，回归大自然的感觉。可见，香味清新防臭纺织品具有广阔的市场前景。

（七）负离子清新防臭工艺

空气负离子浓度是指单位体积空气中的负离子数目，其单位为个/cm³。在国外，评价空气的第一指标就是负离子浓度。空气中负离子的含量是空气质量好坏的关键。负离子可活化空气，改善肺功能，改善心肌功能，改善睡眠，促进新陈代谢，增强人体抗病能力，并有优良的除臭性能，因此有更好的医疗保健效果。

空气中负离子的多少，受时间和空间的影响。一般情况下，空气负离子的浓度，晴天时比阴天高，早晨比下午高，夏季比冬季高。至于地理位置，一般公园、郊区田野、海滨、湖泊、瀑布附近和森林中含量较多，因此，当人们进入这些地方的时候，头脑清新、呼吸舒畅；而进入嘈杂拥挤的人群，或进入空调房内，感觉闷热、呼吸不畅等。国内外关于负离子与健康及纺织品的研究论文总结如下。

1. 负离子对清新环境和人体健康的影响　空气由无数分子组成,由于自然界的宇宙射线、紫外线、放射线的影响,有些空气分子就释放出电子,在通常的大气压下,被释放出的电子很快又和空气中的中性分子结合,而成为负离子,或称为阴离子。空气中离子对人体医疗和生理作用的研究早在 20 世纪 30 年代就有论述,目前,负离子的问题已引起人们的普遍关注。早在 1931 年,美国的 Dessauer 等人就提出了"负离子能使人产生安宁的感觉、改善人体健康环境"的见解。1980 年,德国医学界率先证明,正离子多的地方人们患各种慢性疾病的比率高,而山清水秀的地方空气中负离子含量多,空气明显清新,发病率低。日本多年的临床实验证明,负离子对人的健康有益。近几十年来,有关专家做了许多试验,从各个方面研究负离子的生物效应,证明其除了具有降低大脑和血液中五羟色胺(5HT)的能力之外,还可调节人体中枢神经系统的兴奋和抑制状况,改善大脑皮层的功能;增加氧气吸收量和二氧化碳排放量,促进机体的新陈代谢,加速组织的氧化还原过程,增加机体的免疫力。例如,德国 1962 年用负离子治疗了 3000 名支气管哮喘患者,在小于 20 岁年龄组中,83% 治愈,15% 显著好转;在 40 ~ 60 岁年龄组中,53% 治愈,45%好转;治疗了 800 例儿童百日咳,且全部治愈。另外,有人采用负离子丙纶护膝,套在腿上 20min 之后,发现小腿血流量增加了 41%;而当采用同样结构和厚度的棉护膝时,血流量仅增加了 11%。所以,营造富含负离子的环境非常重要。此外,负离子还可以对血液有一定的净化功能,有使细胞复活的作用和协调自律神经的作用,增加人体抵抗力。此外,负离子还可以除去各种味道,有较强的吸附作用。

空气中的负离子,包括一些带负电的粉尘粒子(比带正电的粒子数少)以及大气电离产生的 O_2^- 或 $O_2^-(H_2O)_n$ 和水化羟基离子$(H_3O_2)^-$ 或 $OH^-(H_2O)_n$ 等。日本 Kubo 等人认为,对人健康有益的负离子应是"水化羟基离子"$(H_3O_2)^-$。有人把负离子称为"空气维生素",并认为它像食物的维生素一样,对人体及其他生物的生命活动有着十分重要的影响,有的甚至认为空气负离子与长寿有关,称它为"长寿素"。负离子空气对人体健康和环境的影响主要表现在以下几个方面:

(1)负离子空气是对人体健康非常有益的一种物质。当人们通过呼吸将负离子空气送进肺泡时,能刺激神经系统产生良好效应,经血液循环把所带电荷送到全身组织细胞中,能改善心肌功能,增强心肌营养和细胞代谢,减轻疲劳,使人精力充沛,提高免疫能力,促进健康长寿。

(2)水合羟基离子$(H_3O_2)^-$通过呼吸进入人体后,能调整血液酸碱度,使人的体液变成弱碱性。弱碱性体液能活化细胞,增加细胞渗透性,提高细胞的各种功能,并保持离子平衡;能净化血液,抑制血清胆固醇形成,从而降低血压;还能提高氧气转化能力,加速新陈代谢,恢复或减轻疲劳,使人心情舒畅、身体放松,并产生理疗治愈作用。

(3)活化脑内荷尔蒙 β - 内啡肽,具有安定自律神经,控制交感神经,防止神经衰弱,改善睡眠的效果,并能提高免疫力。

（4）水合羟基离子$(H_3O_2)^-$能与空气中的臭味分子反应,消除臭味;能与空气中被污染的正离子中和,从而起到净化空气的作用。

2. 负离子的来源 空气中的分子和原子在机械力、光、静电、化学或生物能作用下会发生电离,其外层电子脱离原子核,失去电子的分子或原子带有正电荷,我们称为正离子或阳离子。而脱离出来的电子再与其他中性分子或原子结合,使其带有负电荷,称为负离子或阴离子。得到电子的气体分子带负电,称为空气负离子。由于空气中离子的生存期较短,不断有离子被中和,又不断有新的离子产生,因此空气中正、负离子的浓度不断变化,保持着某一动态平衡。

自然界中空气负离子产生有三大来源:一是大气受紫外线、宇宙射线、放射性物质、雷电、风暴等因素的影响发生电离,产生负离子;二是在瀑布冲击、海浪推卷及暴雨跌失等自然过程中的水,在力的作用下高速流动时,水分子裂解,产生大量负离子;三是森林的树木、枝叶尖端放电及绿色植物光合作用形成的光电效应使空气电离,产生空气负离子。

（1）放射性物质的作用。在土壤中存在的放射性物质。（地球全部土壤几乎都存在微量的铀及其裂解产物）会通过能量大的α射线使空气电离。一个α质点能在1cm的路程中产生50000个离子。另外,土壤中的放射性物质也可通过穿透力强的γ射线使空气电离。

（2）宇宙射线的照射作用。宇宙射线的照射也能使空气电离,但它的作用只有在离地面几公里以上才较显著。

（3）紫外线辐射及光电效应。短波紫外线能直接使空气电离,臭氧的形成就是在小于20nm的紫外线辐射下氧分离的结果。光电敏感物质（包括金属、水、冰、植物等）,通过光电效应就可使这些物质放出电子,与空气中的气体分子结合形成负离子。

（4）电荷分离结果。在水滴的剪切作用下或与空气的摩擦运动下,空气也能被电离。通常在瀑布、喷泉附近或者海边,或者有风沙时,可以发现空气中的负离子或正离子大量增加,这就是电荷的分离结果。瀑布或河川里的水互相碰撞时,就会产生出负离子,也称为瀑布效应。

总之,自然界从各种来源不断产生离子,其产生5～10对离子/（cm³·s）。但空气中离子不会无限地增多,这是因为粒子在产生的同时伴随着自行消失的过程,其主要原因如下。

第一,离子互相结合:呈现不同电性的正、负离子相互吸引,结合成中性分子。

第二,离子被吸附:离子与臭气、固体物体表面相接触时被吸附而变成中性分子。

第三,离子被抑制:在空气中,离子数常维持在一定的水平。如在清洁地区,空气中离子数在1000～2000个/cm³之间,而在空气较污浊的工业区可少至100～500个/cm³。

3. 负离子的产生机理 自从1902年Aschkinass和Caspan肯定空气负离子有生物学

意义以来,特别是近年来各国开展了大量的临床和实验研究,使空气负离子的价值进一步得到了肯定。一方面,自然条件下能形成空气负离子;另一方面,在人为条件下或利用自然界物质作为负离子发生体产生负离子。负离子发生体即负离子粉,是自然界中含有稀有元素的矿物质经焙烧、研磨等处理制得,可将空气电离,将其加入到材料中即可制得功能材料。负离子粉具有热电性和压电性,因此在温度和压力的微小变化下,能够引起负离子晶体之间的电势差,这种静电高压可达 10^6 eV,从而形成电场,高压电使电场中的空气发生电离,被电离出的电子附着于附近的水和氧分子上,使其转化为空气负离子。

基于使空气电离能产生负离子的原因,目前国内外研究的负离子纤维或纺织品都借助于某种含有微量放射性的稀土类矿石或天然矿物质,采用不同技术添加到纺织材料中,使之具有发生负离子的功效。这种含天然钍、铀的放射性稀土类矿石所释放的微弱放射线不断将空气中的微粒离子化,产生负离子。考虑到安全性,研究者更为看好电气石、蛋白石等自身具有电磁场的天然矿石。这些矿石是以含硼为特征的铝、钠、铁、镁、锂环状结构的硅酸盐物质,具有热电性和压电性。当温度和压力有微小变化时,即可引起矿石晶体之间电势差(电压),这个能量可促使周围空气发生电离,脱离出的电子附着于邻近的水和氧分子使它转化为空气负离子。国内给电气石冠以"奇冰石"的商品名,而国外称电气石为托玛琳,即 Tourmaline 的音译名。还有其他一些物质,如蛋白石、珊瑚化石、海底沉积物、海藻炭等,这些物质都具有永久的自发电极,在感受到外界微小变化时,能使周围空气电离,是一种天然的负离子发生器。

(1)电气石产生负离子的机理。在负离子发生材料中电气石是研究较多的一种,电气石是一种成分与结构极为复杂的天然矿石。它具有压电性和热电性,属三方晶系,空间点群为 R3m 系,是一种典型的极性结晶,这种晶体 R3m 点群中无对称中心,其 C 轴方向的正负电荷无法重合,故晶体结晶两端形成正极与负极,在无外加电场情况下,两端正负极也不消亡,故又称"永久电极"。"永久电极"在其周围形成电场,使晶体处于高度极化状态,故又叫作"自发极化",致使晶体正负极积累有电荷。电场的强弱或电荷的多少,取决于偶极矩的离子间距与键角大小,每一种晶体有其固有的偶极矩。当外界有微小作用时(温度变化或压力变化)离子间距和键角发生变化,极化强度增大,使表面电荷层的电荷被释放出来,其电极电荷量加大,电场强度增强,呈现明显的带电状态或在闭合回路中形成微电流。电气石的电场特性,就像磁铁矿矿石一样也是天然的,电气石的电场强弱可用电极化强度来评价,电极化强度越大,产生负离子的能力就越强。

我国科技人员在研究纳米远红外负离子粉时,发现电气石超微粉体的粒径越小,其负离子发射性能越高。电气石的摩尔硬度达 7~7.5,粉碎到 325 目以后,粉体黏性增强(可能与电气石晶体两端带电有关),粉碎效率降低。如何有效地生产出纳米—亚纳米电气石超微粉体,是电气石用做负离子材料所面对的问题之一。

正常大气中的分子大部分相互结合在一起,每个分子从整体上来看呈电中性,当外界某种因素作用于气体分子,则其外层电子摆脱原子核的束缚从轨道中跃出,此时气体分子呈正电性,变为正离子,所跃出的自由电子,自由程极短(约 1nm),很快就附着在某些气体分子或原子上(特别容易附着在氧或水分子上)成为空气负离子。根据大地测量学和地理物理学国际联盟大气联合委员会采用的理论,空气负离子的分子式是 O_2^- $(H_2O)_2$ 或 $OH^-(H_2O)_n$。长久以来,电气石被作为宝石矿物加以利用,它是以含硼为特征的环状结构硅酸盐物质,是化学式为 $Na(Mg,Fe,Li,Al)_3Al_6[Si_6O_8](BO_3)_3(OH,F)_4$ 的三方晶系硅酸盐物质,该物质的重要特征是在一定条件下能够产生热电效应和压电效应,即使在温度和压力变化的情况下,即使是微小的变化,也能使电气石晶体之间产生电势差(电压),这种静电压很高,并且随着电气石粒子的细化而加强,其能量足以使空气中的分子发生电离。因此,在黏胶纤维中镶嵌电气石超微粉后,在一定的外部能量波动状态下,如体温、阳光等作用,通过电气石结晶粉末两端所具有的永久正、负极性,与普通的水、空气中的水分子或皮肤表面的水分子接触后,就能够产生瞬间放电电离效应,将水分子电解为 H^+ 和 OH^-。H^+ 与电气石释放出的电子结合而被中和成 H 原子,而 OH^- 与其他水分子结合,可连续生成羟基负离子$(H_3O_2)^-$。这就是电气石能够永久、持续发射"负离子"的主要机理。经过这一过程的水,无论是碱性水还是酸性水,都会由于 H^+ 的减少而呈有益于人体的弱碱性。具体反应过程如下:

$$H_2O \longrightarrow H^+ + OH^-$$

$$2H^+ + 2e \longrightarrow H_2 \uparrow$$

$$OH^- + H_2O \longrightarrow (H_3O_2)^-$$

总之,负离子的产生必须具备两个条件:一是能量来源;二是空气中存在的气态水分子。负离子发生材料(如电气石粉体)起到的是"促使"空气分子电离或发生电子转移的作用。纤维素纤维具有亲水基团,含水率较高(14%左右),导湿与渗透性强,因此,应用电气石微粉开发的负离子功能黏胶纤维比合成纤维产生负离子的效果要明显。这也是黏胶负离子功能纤维产生负离子的机理。

(2)蛋白石负离子发生机理。蛋白石页岩赋存于上白垩系嫩江组(K2n)泥岩、页岩及粉砂岩地层之中,其中深灰色页岩即为矿体,呈层状近水平分布。矿石呈灰色泥质结构,质地轻、硬度低、易碎,是一种含水非晶质或胶质的活性二氧化硅。主要矿物有方英石、磷石英和蛋白石,少量的蒙脱石、水云母、石英、长石等,含大量叶肢介化石。矿石孔隙度高,吸水性强,吸附性好,可吸附氯化物、亚硝酸盐、氰化物、Pb、Hg、As 等有毒有害物质或元素,并具有较好的脱色和漂白性能。其化学组成为 $SiO_2 \cdot H_2O$,含水量为 1% ~ 14%,还含有少量的 Fe_2O_3、Al_2O_3、Mn、Cu 和有机物等。矿石有大量毛孔状微孔隙,比表面积特别大,可达 $277.3cm^2/g$,吸水率为 74.4%,孔径在 5~20nm 之间。因其吸附性能特别好,可以大量吸附、氧化、分解恶臭气体,可制成负离子添加剂应用在清新防臭纺织品中。因蛋白石的每个单元体具有永久电极,当空气中的水分子与其接触时,永久电极瞬间放电,从而使水发生电解:$H_2O \longrightarrow H^+ + OH^-$。由于 H^+ 移动速度很快,迅速向永久电极的负极移动,吸收电子发生反应($2H^+ + 2e \longrightarrow H_2$),而 OH^- 移动速度慢,所以与水分子 H_2O 结合发生反应($OH^- + H_2O \longrightarrow H_3O_2^-$),从而达到永久释放 $H_3O_2^-$ 负离子的目的。

4. 负离子清新防臭织物的生产　负离子清新防臭织物与人的皮肤接触,利用人体的热能和人体运动与皮肤的摩擦加速负离子的发射,在皮肤与衣服间形成一个负离子空气层,消除了恶臭,而且负离子材料的永久电极还能够对皮肤产生微弱电刺激作用,调节植物神经系统,消炎镇痛,提高免疫力,对多种慢性疾病都有较好的辅助治疗效果。

日本是负离子清新防臭织物最先研制开发成功的国家。目前,广泛采用后整理技术来开发负离子纺织品。如日清纺公司的"IONAGE",Komatsu Seiren 公司推出的以"Verbano"冠名的负离子整理织物,东丽工业公司开发的新型后整理技术"Aquaheal",Kabopou 纤维公司的"森林浴纤维"等。日本 Komatsu Seiren 公司已成功地开发出在织物上固着、并能产生负离子的、特定天然矿物质的整理技术(类似 JLSUN® 700 技术)。Aquaheal 整理技术采用来自古老的海底深处的原料。该原料采出后被制成精细微粒(类似北京洁尔爽高科技有限公司的 JLSUN® 900),织物染色后,将其黏附在纤维表面。它具有多孔性,通过物理刺激作用,诸如衣服在穿着过程中的摩擦和振动而产生负离子 2000 个/cm^3。该织物甚至在家庭洗涤 40 多次后,仍可产生负离子 1500 个/cm^3。日本还开发了具有磁性和红外线的负离子功能的"睡出健康、穿出美丽"床上用品及内衣,其产生的负离子、磁力线及红外线能促进人体血液循环,帮助睡眠,更增强了产品的保健效果,日本的家庭或医院大量使用这种床上用品。

我国负离子清新防臭织物制造技术分为两种:一种是在纤维制造过程中就加入负离子添加剂,通过功能母粒法、全造粒法、注射法、复合纺丝法等方法生产出人造纤维或混纺纱线;另一种是采用后整理技术,通过浸渍、浸轧、涂层、印花等方法,将负离子体以共价键结合到纤维的胺基或羟基上,或用黏合剂将与纺织品本身无亲和性的负离子纺织添加剂固定在纺织品上,制成负离子功能纺织品。国内通常使用的负离子添加剂是北京洁尔爽高科技有限公司生产的纳米负离子粉 SL-900,负离子整理剂 SLM 等。

(1)SL-900 纳米负离子清新防臭织物。纳米负离子粉 SL-900 外观为黑灰色,主要含有纳米陶瓷辐射体、纳米负离子电气石粉体、分散体、保护剂等,用于生产负离子功能纤维和印花织物。

①由纳米负离子功能纤维、印花织物(含 2%～4% 的纳米负离子粉 SL-900)制得的产品可以吸收外界的能量(如太阳能、人体向外散发的能量),辐射远红外线,从而使人体有温热感。

②纳米负离子粉 SL-900 经过超细加工,粒度为纳米级,所制产品手感柔软,牢度良

好,加工过程顺利,不堵网,不堵喷丝头。

③纳米负离子粉 SL - 900 含有负离子电气石粉体,具有明显受激产生负离子的作用,测试结果表明可增加负离子 7500 个/cm^3。

(2)SLM 负离子清新防臭整理织物。北京洁尔爽高科技有限公司从 1990 年开始研制负离子纤维和织物。他们从电气石和来自海底深处的矿石等天然矿物质中选择出"健康·环保"的负离子材料,并将其超微粉体加工制成纳米负离子远红外粉 SL - 900(D_{50} = 50 ~ 100nm,粒径越小,产生负离子和辐射远红外线的能力越大),并成功地应用于化学纤维生产上。同时又将纳米负离子远红外粉后处理,进一步加工成负离子远红外保健浆 JLSUN® 700,并开发出在织物上固着天然矿物质的整理技术。尽管该技术能应用于任何类型的纺织面料,还可以与其他功能整理剂(如抗菌除臭整理剂)相结合生产多功能纺织产品,但它影响织物的手感和透气性。

该公司科研所通过分析研究电气石等负离子材料的成分、结构、粒径与表层负离子效应之间的关系,在理论方面获得重大突破,并结合本公司 20 年来在织物后整理方面积累的丰富经验,开发出了适合天然纤维的负离子整理剂 SLM。经 SLM 整理后的面料具有改善空气环境、促进人体健康的作用,适用于内衣、室内装饰物、床上用品和保健医疗用品。

负离子整理剂 SLM 主要由 SLM—A 和 SLM—B 组成。它适用于棉、麻、丝、毛等天然纤维(含有氨基或羟基的纤维)的负离子整理。

①SLM 含有的负离子体具有明显的受激产生负离子作用,将水或空气中的水分子瞬时"负离子化"。通过物理刺激作用,诸如向负离子织物施加能量(如机械能、化学能、光能、静电场能等)、衣服在穿着过程中的摩擦和振动都能产生大量的负离子。权威机构检测表明 JLSUN® 888 整理纯棉织物的负离子浓度高达 4000 个/cm^3 以上。

②负离子整理剂 SLM 单分子状态上染纤维,并以化学键和纤维上的羟基或氨基结合,使得产品牢度良好、透气舒适、手感柔软。

③负离子整理服装经不同年龄的男女志愿者的人体穿着试验表明:该产品穿着舒适、无任何副作用,具有明显的防臭效果,并可以改善空气环境,在日常生活中不知不觉地促进人体健康。

浸渍法工艺流程:

织物→漂染→浸渍远红外整理剂 SLM—A[3%(owf),浴比1:15。对棉:60 ~ 65℃, 30 ~ 40min;对毛:80 ~ 85℃,30 ~ 40min]→放残液→浸渍 SLM—B[3%(owf),40 ~ 50℃, 20 ~ 30min]→放残液→冷水冲洗一遍(防止影响硅油柔软剂的稳定性)→上硅油柔软剂→成品

浸轧法工艺流程:

漂染→烘干→浸轧 SLM—A(20g/L,轧液率60% ~ 70%)→烘干(80 ~ 110℃,落布微

潮)→浸轧 SLM—B(20g/L,轧液率60% ~70%)→烘干(80~110℃)→成品

　　虽然目前的抗菌技术已经取得了突飞猛进的发展,但同时应该清醒地认识到,目前的中国抗菌产业还存在一些问题。如要更好地解决抗菌广谱问题,研制出更加广谱的抗菌剂;改善抗菌整理的耐久性,使织物经过多次洗涤后仍然具有良好的抗菌效果。此外,在抑菌、杀菌的过程中尽可能加强控制,使抗菌剂能有选择性地抑制细菌的繁殖并使菌落数保持在对人体无害的水平上,而不是一味地彻底消灭所有细菌。回顾抗菌产品在中国的发展历程,我们深深意识到产品标准的重要性。没有规矩无以成方圆,没有标准就没有了优劣之分。尽管市场上的抗菌产品质量良莠不齐,但是质检机构以及消费者对此也无计可施。

　　随着人们追求舒适性、功能性、安全性兼备,多功能抗菌纺织产品的研究开发将进一步发展。目前已开发的抗菌防臭纺织品是跨世纪的健康产品,该产品满足了人们对清洁、健康和文明生活方式的要求,将会得到越来越多消费者的青睐。抗菌防臭纺织品将把医疗保健的模式从事后的治疗转变为事前的预防。符合保护自然、珍爱生命、科学预防、减少疾病的世界健康的主流。随着我国人民生活水平的提高和人们健康意识的增强,健康制品的需求必将构成潜在的巨大市场,市场前景十分可观,必将产生良好的经济效益和社会效益。

参考文献

[1]商成杰. 抗菌卫生整理的研究[J]. 产业用纺织品,1987(6):1-9.

[2]商成杰. 新型染整助剂手册[M]. 北京:中国纺织出版社,2002.

[3]商成杰. 功能纺织品[M]. 北京:中国纺织出版社,2006.

[4]郁庆福,杨均培. 卫生微生物学[M]. 北京:人民卫生出版社,1986.

[5]沈萍. 微生物学[M]. 北京:高等教育出版社,2000.

[6]崔胜云,池善女,刘立春,等. 碘化壳聚糖的制备及其抗菌活性的研究[J]. 中国生化药物杂志,2005 (3):26.

[7]KAWATA T. First permanently antibacterial and dedorrant fibres[J]. Chemical Fibres International,1998, 48(2):38-43.

[8]中岛照夫. 纤维制品的抗菌加工[J]. 加工技术(日),1999,34(8):54-60.

[9]HIAU Y K,WU C H. Antimicrobial composition supported on ahoneycomb shaped substrate:US, 20010043938[P]. 2001-11-22.

[10]ETREA R D,SCHUETTE R L,W HITESIDE S A. Antimicrobial polyurethane films:US,20020187175 [P]. 2002-12-12.

[11]邹承淑,商成杰. 织物的高效耐久抗菌卫生整理[J]. 印染,1997(1):58-59.

[12]杨栋梁. 双胍结构抗菌防臭整理剂[J]. 印染,2003(1):39-43.

[13] 池莉娜. 抗菌整理剂抗菌非织造布的开发应用[J]. 新纺织,2000(12):26 – 31.

[14] 邹承淑,张洪杰. 织物抗菌卫生整理的发展概况[J]. 印染,2002(增刊):58 – 59.

[15] 罗桂香,孙中义. 耐久抗菌防臭针织物的研究[J]. 针织工业,1997(2):47 – 50.

[16] 戎红仁,赵斌,古宏晨. 无机抗菌剂概述[J]. 化学世界,2000(7):15 – 19.

[17] GARZA M R,OLGUIN M T,SOSAL G,et al. Silver supported on natural Mexican zeolite as an antibacterial material[J]. Microporous and materials,2000(39):431 – 444.

[18] 王健敏,黎彤. 抗菌卫生纺织品的生产实践[J]. 上海纺织科技,2001(3):52 – 54.

[19] 高春朋,高铭,刘雁雁. 纺织品抗菌性能测试方法及标准[J]. 染整技术,2007(2):38 – 42.

[20] 闵洁. 无机抗菌剂及其纤维应用[J]. 合成纤维,2002(3):21 – 23.

[21] 王建平. 抗菌纤维的最新进展[J]. 产业用纺织品,1998(11):26.

[22] 商成杰,王伟昭. 织物抗菌卫生整理的应用[J]. 印染,2004(4):33 – 34.

[23] 周宏湘. 抗菌防臭加工新进展[J]. 上海染料,1999(2):28 – 32.

[24] 顾浩. SCJ – 963 抗菌防臭整理剂的应用[J]. 针织工业,1998(5):40 – 42.

[25] PAYNE J D, KUDNER D W. A durable anti-odor finish for cotton textile [J]. Textile Chemist and Colorist,1996,28(5):28 – 30.

[26] 杨俊玲. 壳聚糖抗菌性的研究[J]. 纺织学报,2003(4):42 – 46.

[27] 黄鹤,安玉山. 不断发展的除臭功能整理[J]. 印染,2004(11):38 – 41.

[28] 董瑛,李传梅,韩杨. 甲壳素纤维抗菌织物的染整工艺[J]. 印染,2003(2):7 – 9.

[29] 王华. 传统天然植物药与纺织品的保健抗菌整理[J]. 纺织学报,2004(2):17 – 21.

[30] 陈玉芳,许树文. 甲壳素及其衍生物纺织品[J]. 上海纺织科技,2000(3):26 – 32.

[31] RIGBY A J,ANAND S C,MIRAFTAB M. Textile materials in medicine and surgery[J]. Textile Horizons,1993(12):42.

[32] 栋梁. 纤维素纤维卤胺化整理的性能探讨[J]. 印染,2001(12):46 – 50.

[33] 王建平. 抗菌纤维与抗菌剂体系(二)[J]. 合成纤维,2003(3):5 – 9.

[34] 王立彦. 抗菌防皱织物及衬衫研制开发与生产[J]. 印染,2000(3):43 – 45.

[35] 杨栋樑. 纤维用抗菌防臭整理剂[J]. 印染,2001(3):47 – 52.

[36] 夏金兰,王春,刘新星. 抗菌剂及其抗菌机理[J]. 中南大学学报(自然科学版),2004,35(1):31 – 37.

[37] 杨力艾. 日本的消臭纤维和消臭加工[J]. 印染助剂,1997,2(4):48 – 50.

[38] 宋肇棠,施晓芳. 纤维的抗菌防臭及制菌加工进展[J]. 印染助剂,2000,17(5):1 – 5.

[39] 程天恩,张一宾. 防菌防霉剂手册(第二版)[M]. 上海:上海科学技术文献出版社,1993.

[40] 蒋挺大. 壳聚糖[M]. 北京:化学工业出版社,2001.

[41] 赵晓娣,姚金波,丁毅,等. 纳米 ZnO 在抗菌拒水拒油整理方面的应用研究[C]. 第四届功能性纺织品及纳米技术应用研讨会论文集,2004(12):38 – 42.

[42] PARK JONG SHIN,KIM JAE HONG,NHO YOUNG CHANG,et al. Antibacterial activities of acrylic acid-grafted polypropylene fabric and its metallic salt [J]. Appl. Polym. Sci. ,1998(69):2213 – 2220.

[43] NAKAJIMA T. Discussion tasks and its countermeasure in antibacterial and deodorant finishing(2)[J].

Kako Gijutsr(Osaka),1997,32(3):207 –212.

[44]姜润喜,张俊,汪进玉. 纤维及纺织品的抗菌性能评价方法研究[J]. 合成技术及应用,1999(4):
7 –9.

[45]谭绍早,刘明友,陈中豪,等. 辐射接枝聚丙烯纤维的晶态结构研究[J]. 合成纤维,2000,29:
10 –12.

[46]NORIO TSUBOKAWA, TAKESHI TAKAYAMA. Surface modification of chitosan powderby grafting of
dendrimer-like hyperbranched polymer onto the surface[J]. Reactive & Functional Polymers,2000(43):
341 –350.

[47]ESTHER PASCUAL,MARIA ROSA JULIA. The role of chitosan in wool finishing [J]. Journal of Biotech-
nology,2001(89):289 –296.

[48]王小红,马建标,何炳林. 甲壳素、壳聚糖及其衍生物的应用[J]. 功能高分子学报,1999(12):
2 –7.

[49]高燕,李效玉. 甲壳素及其衍生物在纺织工业中的应用[J]. 纺织科学研究,1998(3):7 –10.

[50]葛婕,王军,徐虹. 抗菌纤维的最新研究进展[J]. 纺织导报,2006(3):50 –59.

[51]陆宗鲁. 纺织品卫生整理(一)[J]. 印染,1995(3):46 –52.

[52]陆宗鲁. 纺织品卫生整理(二)[J]. 印染,1995(4):41 –48.

[53]GARZA M R,OLGUIN M T,SOSA I G,et al. Silver supported on natural Mexican zeolite as an antibacte-
rial material[J]. Microporous and materials. 2000(39):431 –444.

[54]冯乃谦,严建华. 银型无机抗菌剂的发展及应用[J]. 材料导报,1998(12):1 –3.

[55]廖莉玲,刘吉平. 新型无机抗菌剂[J]. 现代化工,2001(7):62 –64.

[56]弓削治(日). 服装卫生学[M]. 宇增仁,译. 北京:纺织工业出版社,1984.

[57]焦晓宁. 卫生用非织造的抗菌整理[J]. 纺织导报,1999(1):99 –100.

[58]迟广俊,姚素薇,张卫国,等. 沉淀二氧化硅载银抗菌剂的制备及其抗菌性能[J]. 天津大学学报,
2002,35(2):247 –249.

[59]杨滨. 鱼里藏着"孔雀石绿"[N]. 北京晚报,2005 –07 –11.

[60]纤维性能评价委员会编. 纺织测试手册(日)[M]. 张亮恭,等译. 北京:纺织工业出版社,1988.

[61]佐藤贤三. 新しい制菌加工纤维制品[J]. 加工技术(日),1998,33(8):1 –11.

[62]吴雄英. 1999 年 AATCC 测试标准的变化简介[J]. 印染,2000(5):42 –44.

[63]孟春丽. 纺织品的抗菌防臭整理技术[J]. 河南纺织高等专科学校学报,2004,16(3):61 –64.

[64]商成杰. 国内外织物抗菌卫生整理的进展[J]. 印染助剂,2003(5):1 –4.

[65]李雪莲. 抗菌及抗菌防臭纤维的研究(续)[J]. 上海丝绸,2005(4):1 –13.

[66]杨萍. AATCC 纺织品常规项目检测方法的新进展[J]. 印染,2004(12):32 –34.

[67]FZ/T 01021—1992 织物抗菌性能试验方法[S].

[68]GB 15979—1995 一次性使用卫生用品卫生标准[S].

[69]季君晖,史维明. 抗菌材料[M]. 北京:化学工业出版社,2003.

[70]American Association Textile Chemical Color Technical Manual. AATCC Test Method 90 [S] 55:
300 –301.

［71］American Association Textile Chemical Color Technical Manual. AATCC Test Method 100［S］55：304 – 306.

［72］AATCC 100—2012. Antibacterial Finishes on Textile Materials：Assessmetnt of［S］.

［73］JIS L 1902—2015. Testing for antibacterial activity and efficacy on tetile product［S］.

［74］AATCC 90—2011. Antibacterial Activity Assessment of Textile Materials：Agar Plate Method［S］.

［75］AATCC 147—2011. Antibacterial Activity Assessment of Textile Materials：Parallel Streak Method［S］.

［76］AATCC 174—2011. Antimicrobial Activity Assessment of New Carpets［S］.

［77］ISO 20645—2004. Textile Fabrics – Determination of Antibacterial Activity – Agar Diffusion Plate Test［S］.

［78］ISO 20743—2007. Textiles – Determination of Antibacterial Activity of Antibacterial Finished Products［S］.

［79］GB 15979—2002. 一次性使用卫生用品卫生标准［S］.

［80］CAS 115—2005. 保健功能纺织品［S］.

［81］FZ/T 73023—2006. 抗菌针织品［S］.

［82］GB/T 20944.1—2007. 纺织品　抗菌性能的评价　第 1 部分：琼脂平皿扩散法［S］.

［83］GB/T 20944.2—2007. 纺织品　抗菌性能的评价　第 2 部分：吸收法［S］.

［84］GB/T 20944.3—2008. 纺织品　抗菌性能的评价　第 3 部分：振荡法［S］.

［85］AATCC 30—2004 Antifungal Activity，Assessment on Textile Materials：Mildew and Rot Resistance of Textile Materials［S］.

［86］EN 14119—2003. Testing of Textiles – Evaluation of the action of microfungi

［87］Japanese standard association. JIS Z 2911：2010. Methods of test for fungus resistance［S］.

［88］GB/T 24346—2009. 纺织品防霉测试方法［S］.

第二章　防螨纺织品

我国人体螨虫的感染率相当高,据有的报道称感染率可达到98%以上。人体对螨虫的感染并无免疫性,因此不管人群的年龄和民族,均可能被感染。螨虫寄居于床垫、被褥、衣物以及猫、鼠等小动物的身体上。据有关部门监测,我国城市居家环境中存活的螨类共有16种之多,螨虫分布以地毯最多,其次为棉被、床垫、枕头、沙发等。调查发现,台湾地区75%住家中都充斥着尘螨,室内每克灰尘隐藏着一万只以上的尘螨,远高于诱发过敏气喘所需要的每克灰尘含有100~1000只以上尘螨的浓度。

人体每天脱落的皮屑,足够喂饱100万只螨虫,而且现代居室内的温度和湿度更适于螨虫的生长和繁殖。室内螨虫能存活约四个月,在此期间它能产生200倍于体重的粪便,并孵下可达300枚卵,造成室内过敏源在很短的时间内加剧增加,对环境造成很大污染。螨虫是一种对人体健康十分有害的生物,它能传播病毒、细菌,并可引起出血热、皮炎、毛囊炎、疥癣等多种疾病。螨虫大多寄生在毛囊皮脂腺内,吸取细胞内营养物质以及皮脂腺分泌物,破坏正常细胞。由于虫体的机械刺激、虫体排泄物的化学性刺激,螨虫寄生的部位可引发毛囊扩大、血管扩张、周围细胞浸润、纤维组织增生,同时可以引起过敏反应使皮肤出现红色斑、丘疹、肉芽肿、脓疱和瘙痒等现象。

螨虫的排泄物极其干燥,又能分裂成若干个小颗粒,它们极其轻微,可漂浮在空气中。这些经过分解的微小颗粒,通过人的走动、铺床叠被、打扫房屋等飞扬于空气之中。螨虫排泄物及其残骸等是强烈的变应原,会引起全身性变态反应,包括变应性哮喘、变应性鼻炎、变应性湿疹、皮炎、变应性荨麻疹等过敏性疾病。致喘蛋白是螨虫肠内分泌的消化液,其效力十分强大,只能通过控制螨虫的数量来预防。2003年全球哮喘防治策略(GINA)委员会提出全球哮喘病患者估计有3亿人,2000年我国儿童哮喘患病率为0.5%~3%,初步估计中国有1000万左右的哮喘儿童,全国共有2500万左右的哮喘病人,而2000年国内在27城市调查儿童哮喘患病率较1990年上升70%左右,有的大城市则上升了一倍还多。据资料显示,有60%的哮喘病人对尘螨抗原会产生过敏反应,80%的儿童哮喘起因于尘螨抗原过敏。这是由于儿童接触被褥、床垫、毛毯、地毯、布玩具时也接触了螨虫,如趴着睡觉或滚着玩耍时会直接吸入螨虫、粪便及其尸体。国外的大量临床研究也发现,儿童早期时家庭中尘螨过敏原的暴露程度与后来发展成哮喘的儿童之间是密切相关的。

防螨整理(Mite Resist Finishes)是纺织染整和医学、化工的新型交叉学科。鉴于国内这方面的专题报导不多,这部分将介绍螨虫的相关知识及其危害,归纳各种防螨措施,阐述防螨织物的防螨原理、方法、工艺及效果评价方法,同时论述了防螨织物的进展情况。

第一节 螨虫及其危害

一、螨虫的基本知识

很早以前人们在接触书柜或衣箱等房间中的灰尘(以下简称屋尘)时就会发生打喷嚏、流鼻涕等情况,知道屋尘可引起过敏反应,但一直不知道主要过敏原是什么,直到1969年才知道屋尘中的主要过敏原是螨虫。螨虫属蛛形纲,其躯体分头胸部及腹部或头胸腹愈合为一体,无触角,无翅,是小型节肢动物,外形有圆形、卵圆形或长形等。螨虫的体长通常为0.1~0.5mm,需要在显微镜下才能观察其形态。

(一)螨虫虫体的结构

螨虫虫体基本结构可分为颚体(Gnathosoma),又称假头(Capitulum)与躯体(Idiosoma)两部分。

1. 颚体 位于躯体前端或前部腹面,由口下板、螯肢、须肢及颚基组成。

2. 躯体 呈袋状,表皮有的较柔软,有的形成不同程度骨化的背板;在表皮上还有各种条纹、刚毛等;有些种类有眼,多数位于躯体的背面;腹面有4对足;有的有气门,位于第4对足基节的前或后外侧;生殖孔位于躯体前半部;肛门位于躯体后半部。

(二)螨虫引起的疾病

螨虫的生命周期可分为卵、幼虫、若虫和成虫等期。若虫与成虫形态很相似,但生殖器官未成熟,成熟雌虫可产卵、产幼虫,有的可产若虫,有些种类可行孤雌生殖(Parthenogenesis),在发育过程中有1~3个或更多个若虫期。螨虫的成熟期因季节而异,夏季为3~4天,春秋季要3~14天。螨虫的生存期视种类而定,从14~120天不等。

螨虫最容易寄生在人的额面部,包括鼻、眼周围、唇、前额、头皮等,其次于乳头、胸、颈等处,少量的寄生通常没有明显症状,或有轻微痒感或刺痛,局部皮肤略隆起为坚实的小结节,呈红点、红斑、丘疹状,可持续数年不愈。成年人的螨虫感染率高达97.68%。螨虫的分泌物、粪便、蜕皮和尸体对人体都有危害。

1. 螨虫引起的疾病及方式

(1)过敏性疾病。尘螨能致过敏性哮喘、过敏性鼻炎、皮肤过敏。

(2)寄生。疥螨寄生于人体皮肤内引起疥疮;蠕形螨寄生于毛囊、皮脂腺引起蠕形螨病(痤疮、酒糟鼻等)。

(3)叮刺或毒螯。革螨、恙螨叮刺人时可致皮炎;席螨引发虫咬皮炎,这种皮炎会使皮肤出现一块块的红斑和瘙痒症状。

(4)吸血。蜱螨类吸血量大,饱血后虫体可胀大几十倍甚至一百多倍。

(5)传播疾病。

①病毒病。革螨及恙螨可传播流行性出血热。

②立克次体病。恙螨传播恙虫病,革螨传播立克次体痘。

③细菌病。革螨传播兔热病。

④螺旋体病。

2. 螨虫传播疾病的特点

(1)传播人兽共患疾病。

(2)病原体经卵传播较普遍。

(3)既是传播媒介,也多是病原体的宿主。

(4)所传播疾病通常呈散发性流行。

(三)影响人类健康的几种常见螨虫

影响人类身体健康的有以下几种常见螨虫:尘螨、恙螨、革螨、蠕形螨、疥螨和粉螨等。

1. 尘螨 尘螨(Dust mite)属于真螨目(Acariformes),蚍螨科(Pyroglyphidae),在已知的 34 种尘螨中主要有屋尘螨(Dermatophagoides pteronyssinus,又称户尘螨)、粉尘螨(D. farinae)和埋内欧螨(Euroglyphus maynei)。屋尘螨主要存在于卧室的地面灰尘、地毯、沙发坐垫以及床垫、枕头、被褥等处。粉尘螨除存在于居室地面外,也孳生于面粉厂、棉纺车间、食品仓库等处。尘螨体呈椭圆形,大小为$(0.2 \sim 0.5)$ mm $\times$ $(0.1 \sim 0.4)$ mm。其生活史分卵、幼虫、第一期若虫、第二期若虫和成虫 5 个时期。幼虫有 3 对足,第一期若虫有 4 对足,有 1 对生殖乳突,第二期若虫有 4 对足,生殖器尚未发育,有 2 对生殖乳突,其他特征基本与成虫相同。成虫的交配约在化虫后$1 \sim 3$天内进行,雄虫终生都能交配,雌螨仅在存活期的前期交配,一般为 $1 \sim 2$ 次。一生产卵 $20 \sim 40$ 个,产卵期为一个月左右。雄螨存活 60 天左右,雌螨可长达 150 天。

全世界有许多人遭受尘螨过敏之苦,它普遍存在于家居环境中,如卧具、地毯、坐垫、枕头、褥被、衣物等,甚至小孩的毛绒玩具,都是尘螨繁殖的地方。它们也寄生于食物、猫、狗等动物身上。据调查,每克屋尘中可含多达 1350 个尘螨,床铺中可含有多达 200 多万个尘螨。尘螨是一种啮食性的自生螨,以粉末性物质为食,如人和动物的皮屑、分泌物、排泄物、面粉、棉籽饼和真菌等。尘螨生长发育的最适温度为25℃±2℃,温度再高时,发育虽能加快,但死亡率随之增高。低于20℃时则发育减慢,低于10℃不能繁殖。湿度对尘螨数量也起决定性作用,最适宜的相对湿度为80%左右,装备了空调、地毯的房间是其良好的生活环境。一般在春秋季大量繁殖,秋后数量下降。在显微镜下的尘螨如图 2 - 1、图 2 - 2 所示。

图2-1 屋尘螨雄虫

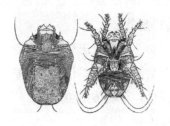

图2-2 屋尘螨雄虫的背腹面

尘螨的分泌物、排泄物、蜕下皮壳和死亡虫体,尤其是这些代谢产物在细菌与真菌作用下分解为微小颗粒,能在空气中飘浮,易被吸入,都是强烈的过敏原。尘螨含有的过敏原有:半胱胺酸水解酶(Cysteine proteases,源自于尘螨消化道的上皮细胞)、丝胺酸水解酶(Serine proteases,主要来自尘螨的躯体)、淀粉酶(Amylase)。这些具过敏原特性的酶素存于尘螨的排泄物中。当吸入过敏原后,机体能产生较多的尘螨特异性 IgE 抗体,此抗体能渗入呼吸道黏膜,并与相应抗原在肥大细胞和嗜碱性细胞表面相结合,使之成为致敏组织。当再次吸入尘螨性抗原后,在钙离子参与下,导致肥大细胞溃破和嗜碱性细胞脱颗粒,促使释放多种生物活性物质,导致细支气管的平滑肌痉挛、黏膜水肿、分泌亢进和细支气管阻塞等病变。

其临床表现如下。

(1)尘螨性哮喘。属吸入型哮喘,是一种呼吸系统顽固疾病,并且发病率较高,它是由于悬于空中的尘螨代谢产物(排泄物、脱落的皮壳等)被吸入粘在呼吸道黏膜上而引起,初发往往在幼年时期。突然、反复发作为本症的特征表现,病发时出现胸闷气急,不能平卧,呼气性呼吸困难,严重时因缺氧而口唇、指端出现紫绀。每次发作往往症状较重而持续时间较短,并可突然消失。春秋季多发,这与环境中尘螨数量增多有关。螨虫的存在使哮喘等过敏性疾病的发生率迅速增加,特别是对婴幼儿的危害尤其严重。儿童哮喘90%是由螨虫引起的。螨虫引发支气管哮喘的病例,国内外都有很多报道。

(2)过敏性鼻炎。一旦接触过敏原可突然发作,持续时间与接触时间和过敏原量的多少有关,症状消失也快。表现为鼻塞、鼻内奇痒、连续喷嚏和大量清水鼻涕。检查时可见鼻黏膜苍白水肿。

避免接触尘螨是减轻过敏症状的途径之一。最直接的方式就是利用防螨织物,将枕头、床垫、被褥套入防螨被褥套内,这样不仅使内部的尘螨无法穿透隔离材料、无法以人类的皮屑为食,同时使外界的尘螨逃离床垫、枕头及被褥,从而达到控制尘螨的目的。

2. 革螨 革螨(Gamasid mite)属于寄螨目(Parasitiformes),革螨总科(Gamasoidea),全世界已发现革螨八百多种,我国已知有约四百种。有重要医学意义的种类有柏氏禽刺螨(Ornithonyssus bacoti)、鸡皮刺螨(Dermanyssus gallinae)、格氏血厉螨(Haemolaelaps glasgowi)和毒厉螨(Laelaps echidninus)等。革螨成虫呈卵圆形,黄色或褐色,膜质,具骨化的骨板。长0.2～0.5mm,个别种类可达1.5～3.0mm。

革螨可引起皮炎、奇痒、疱疹、红色丘疹、肠螨病、伤寒、鼠疫、立克次体病、螺旋体病和病毒性疾病。革螨种类繁多,它的生存方式可分为自由生活与寄生生活两种类型。后者主要寄生在小哺乳类动物和鸟类体上,能反复吸血。

革螨的活动受温度、湿度和光线的影响,对这些条件的适应性因种而异。柏氏禽刺螨适应于25～30℃,毒厉螨为23～35℃。多数革螨喜潮湿环境,但鸡皮刺螨在相对湿度20%时最活跃。有的种类在光亮条件下较活跃,另一些种类则避光,如鸡皮刺螨白天躲藏在缝隙内,夜间侵袭宿主。多数革螨昼夜均可吸血。大多数革螨整年活动,但有明显的繁殖高峰,如格氏血厉螨、耶氏厉螨和上海犹厉螨是秋冬季繁殖;柏氏禽刺螨和鸡皮刺螨则在夏秋季大量繁殖。

革螨体形为卵圆形或椭圆形,有角化的黄色或褐色骨板,长0.2～0.5mm,虫体分颚体和躯体两部分。革螨大多数营自生生活,少数营寄生生活。革螨侵袭人体刺吸血液或组织液,可引起革螨性皮炎(Gamasidosis)。患者局部皮肤出现直径为0.5～1.0cm红色丘疹,中央有针尖大的刺螯痕迹,奇痒,重者出现丘疹样荨麻疹。侵袭人体的革螨,常见的为柏氏禽刺螨和鸡皮刺螨。

另外革螨还可传播以下疾病。

(1)流行性出血热。是鼠类中的一种自然疫源性疾病,病原体为病毒。以发热、出血倾向、休克和肾损害为特征。我国学者证实格氏血厉螨、厩真厉螨、鼠颚毛厉螨及柏氏禽刺螨均有自然感染,并能经卵传递。认为革螨对流行性出血热可起媒介和病毒宿主的作用。

(2)森林脑炎。已知有十余种革螨可以自然携带此病毒。柏氏禽刺螨和鸡皮刺螨可以感染动物并能经卵传递。

(3)立克次体痘。又称疱疹性立克次体病。是由小蛛立克次体(Rickettsia akari)引起的,由血红异皮螨(Allodermanyssus sanguineus)经卵传递传播的伴有疱疹的发热性疾病。

(4)Q热。曾从Q热自然疫源地的数种寄生革螨中多次分离出Q热立克次体。通过实验发现,格氏血厉螨、毒厉螨、柏氏禽刺螨和鸡皮刺螨等可感染动物,后两种可经卵传递病原体。

(5)地方性斑疹伤寒。从柏氏禽刺螨和毒厉螨均分离出本病病原体莫氏立克次体,前者在实验中可感染动物,并可经卵传递。

(6)细菌性疾病。曾从柏氏禽刺螨、格氏血厉螨等数种革螨分离出兔热病病原体,也曾从几种寄生革螨(如柏氏禽刺螨)分离出鼠疫杆菌,并在实验中均可感染动物和经卵传递,但后者在自然界中是否能起传播作用尚未得到证实。

3. 恙螨 恙螨（Chigger mite）属于真螨目（Acariformes），恙螨科（Trombiculidae）。全世界已知约有 3000 多种及亚种，其中有 50 种左右侵袭人体。我国已记录有 400 多种及亚种。重要种类有地里纤恙螨（Leptotrombidium deliense）和小盾纤恙螨（L. scutellare）等。恙螨幼虫的宿主范围很广泛，包括哺乳类、鸟类、爬行类、两栖类以及无脊椎动物，但主要是鼠类，有些种类可侵袭人体。大多恙螨幼虫寄生在宿主体外，多在皮薄而湿润处，如鼠的耳窝、会阴部，鸟类的腹股沟、翼腋下，爬行类动物的鳞片下等。在人体则常寄生在腰、腋窝、腹股沟、阴部等处。

恙螨的成虫和若虫营自生生活，幼虫寄生在家畜和其他动物体表，吸取宿主组织液，引起恙螨皮炎，传播恙虫病。过去中医书籍中称其为沙虱，它可引起皮疹、皮肤局部组织坏死和烈性传染病——恙虫病。其幼虫大多为椭圆形，呈红、橙、淡黄或乳白色。初孵出时体长约 0.2mm，经饱食后体长达 0.5～1.0mm 以上。恙螨生命周期分为卵、前幼虫、幼虫、若蛹、若虫、成蛹和成虫 7 个阶段。幼虫具有 3 对足，若虫与成虫都具有 4 对足。

多数恙螨幼虫是体外寄生性的，叮咬在宿主耳窝部位，一只鼠的两耳可达数千只。其中恙虫病的病原为东方立克次体，它是一种介于细菌和病毒之间的微生物，侵袭人体。带毒幼螨选择湿度大、皮肤薄的位置，以口器插入人的上皮组织，吸取组织淋巴液，同时将病原体传播给人，感染后病人将持续高热，并伴有淋巴结炎和暗红色丘疹。

恙螨引起的恙螨皮炎和传播的疾病症状如下。

（1）恙螨皮炎（Trombidosis）。由于恙螨的唾液能够溶解宿主皮肤组织，引起局部凝固性坏死，故能引发皮炎反应。被叮刺处有痒感并出现丘疹，有时可发生继发性感染。

（2）恙虫病（Scrub typhus）。是由感染立克次体（R. tsutsugamushi）的恙螨幼虫叮咬宿主所引起的一种急性传染病。其临床特征为起病急骤、持续高热、皮疹、皮肤受刺叮处有焦痂和溃疡、局部或全身浅表淋巴结肿大等（当恙螨幼虫叮刺宿主时，将病原体吸入体内，并经卵传递到下一代幼虫，然后再通过叮刺传给新宿主，包括人）。

4. 蠕形螨 蠕形螨俗称毛囊虫（Follicle mite），在分类上属真螨目，蠕形螨科（Demodicidae），是一类永久性寄生螨，寄生于人和哺乳动物的毛囊和皮脂腺内，已知有 140 余种和亚种。寄生于人体的蠕形螨叫人体蠕形螨，仅两种，即毛囊蠕形螨（Demodex folliculorum）和皮脂蠕形螨（D. brevis），这两种蠕形螨形态基本相似，螨体细长呈蠕虫状，乳白色，半透明，成虫体长 0.1～0.4mm，雌虫略大于雄虫。毛囊蠕形螨的生命周期可分卵、幼虫、前若虫、若虫和成虫 5 个时期。雌雄成虫均寄生于毛囊内，亦可进入皮脂腺。雌虫产卵于毛囊内，卵无色半透明，呈蘑菇状或蝌蚪状，大小为 $104.7\mu m \times 41.8\mu m$，卵期一般约 60h。幼虫体细长，有 3 对足，以皮脂为食，约经 36h 发育，蜕皮为前若虫。前若虫有 4 对足，经 72h 取食和发育，蜕皮为若虫。若虫有 4 对足，形态似成虫，唯生殖器官未发育成熟，不食不动，经 60h 发育为成虫。雌雄成虫可间隔取食，经 120h 发育成熟，于毛囊口交配后，雌螨即进入毛囊或皮脂腺内产卵，雄螨在交配后即死亡。完成从幼虫到成虫约需半个月,雌螨寿命约 4 个月以上。

蠕形螨寄生于人体的部位主要是:额、鼻、鼻沟、头皮、颏部、颧部和外耳道,还可寄生于颈、肩背、胸部、乳头、大阴唇、阴茎和肛门等处,蠕形螨主要刺吸宿主细胞和取食皮脂腺分泌物,也以皮脂、角质蛋白和细胞代谢物为食。

蠕形螨生命周期各期均不需光,但对温度较敏感,发育最适宜的温度为 37℃,其活动力可随温度上升而增强,45℃是其活动高峰,54℃为致死温度。皮脂蠕形螨的运动能力明显比毛囊蠕形螨强,这可能与前者虫体短小,足爪发达有关。蠕形螨对外界不良环境因素有一定的抵抗力,如在 5℃时成虫可活一周左右,而在干燥空气中则能活 1~2 天。蠕形螨以夏季寄生数量最多。

人体蠕形螨可吞食毛囊上皮细胞,引起毛囊扩张,上皮变性。虫多时可引起角化过度或角化不全,真皮层毛细血管增生并扩张。寄生在皮脂腺的螨虫还可引起皮脂腺分泌阻塞。此外虫体的代谢产物可引起变态反应,虫体的进出活动可携带病原微生物,引起毛囊周围细胞浸润以及纤维组织增生。因而临床上可表现为鼻尖、鼻翼两侧、颊、须眉间等处血管扩张,患处轻度潮红,继而皮肤出现弥漫性潮红、充血,继发红斑湿疹或针尖大小至粟粒大小红色痤疮状丘疹、脓疱、结痂及脱屑、皮肤有痒感及烧灼感。根据广泛的调查证明,患有酒渣鼻、毛囊炎、痤疮、脂溢性皮炎和睑缘炎等皮肤病的患者,他们的蠕形螨寄生的感染率及感染度均显著高于健康人及一般皮肤病人,说明蠕形螨是引起上述症状疾病的病因之一。

人体蠕形螨呈世界性分布,国外学者报告,人群感染人体蠕形螨的概率为 27%~100%。我国的人群感染也很普遍,各地的感染率在 0.8%~81.0% 之间。调查结果表明,男性感染率高于女性。感染的年龄从 4 个月婴儿至 90 岁老人,各年龄组均可感染,男女均以 30~60 岁的感染率最高。

5. 疥螨 疥螨(Itch mite)属真螨目,疥螨科(Sarcoptidae),是一种永久性寄生螨类。寄生于人和哺乳动物的皮肤表皮层内,引起一种有剧烈瘙痒的顽固性皮肤病,称为疥疮(Scabies)。寄生于人体的疥螨叫人疥螨(Sarcoptes scabiei)。

疥螨成虫体近圆形或椭圆形,背面隆起,乳白或浅黄色。雌螨大小为 $(0.3~0.5mm) \times (0.25~0.4mm)$;雄螨略小。颚体短小,位于前端。螯肢钳状,尖端有小齿,适于啮食宿主皮肤的角质层组织。

疥螨生命周期分为卵、幼虫、前若虫、后若虫和成虫 5 个时期。卵呈圆形或椭圆形,淡黄色,壳薄,大小约 $80\mu m \times 180\mu m$,产出后经 3~5 天孵化为幼虫。幼虫有 3 对足,2 对在体前部,1 对在近体后端。幼虫仍生活在原隧道中,或另凿隧道,经 3~4 天蜕皮为前若虫。若虫似成虫,有 4 对足,前若虫生殖器尚未显现,约经 2 天后蜕皮成后若虫。后若虫再经 3~4 天蜕皮而为成虫。成长为成虫需要 8~17 天。

疥螨一般是晚间在人体皮肤表面交配,是在雄性成虫和雌性后若虫之间进行交配。

雄虫大多在交配后不久即死亡；雌后若虫在交配后 20～30min 内挖掘隧道并钻入宿主皮内，蜕皮为雌虫，2～3 天后即在隧道内产卵。每日可产 2～4 个卵，一生共可产卵 40～50 个，雌螨寿命约 5～6 周。

疥螨寄生在人体皮肤表皮角质层间，啮食角质组织，并以其螯肢和足跗节末端的爪在皮下开凿一条与体表平行而迂曲的隧道，雌虫就在此隧道产卵。隧道最长可达 10～15mm。以雌螨所挖的隧道最长，每隔一段距离有小纵向通道通至表皮。雄螨与后若虫亦可单独挖掘，但极短，前若虫与幼虫则不能挖掘隧道，只生活在雌螨所挖的隧道中。雌螨每天能挖 0.5～5mm，一般不深入到角质层的下面。交配受精后的雌螨，最为活跃，每分钟可爬行 2.5cm，此时也是最易感染新宿主的时期。

疥螨常寄生于人体皮肤较柔软嫩薄之处，常见于指间、腕屈侧、肘窝、腋窝前后、腹股沟、外生殖器、乳房下等处；对儿童则全身皮肤均可被侵犯。雌性成虫离开宿主后的活动、寿命及感染人的能力与所处环境的温度和相对湿度有关。温度较低，湿度较大时寿命较长，而高温低湿则对其生存不利。雌螨最适扩散的温度为 15～31℃，有效扩散时限为 1～6.95 天，在此时限内活动正常并具感染能力。

疥疮分布广泛，遍及世界各地。疥疮较多发生于学龄前儿童及青年集体中。其感染方式主要是通过直接接触，如与患者握手、同床睡眠等，特别是在夜间睡眠时，疥螨在宿主皮肤上爬行和交配，传播机会更多。疥螨离开宿主后还可生存 3～10 天，并仍可产卵和孵化，因此也可通过患者的被服、手套、鞋袜等间接传播。公共浴室的休息更衣间是重要的社会传播场所。

疥螨引起的主要疾病：疥螨寄生部位发生的皮肤损伤导致皮肤出现小丘疹、小疱及暗槽，多为对称分布。疥疮丘疹淡红色、针头大小、可稀疏分布，中间皮肤正常；亦可密集成群，但不融合。隧道的盲端常有虫体隐藏，呈针尖大小的灰白小点。剧烈瘙痒是疥疮最突出的症状，引起发痒的原因是雌螨挖掘隧道时的机械性刺激及其产生的排泄物、分泌物的作用，引起的过敏反应所致。白天搔痒较轻，夜晚加剧，睡后更甚。可能是由于疥螨夜间在温暖的被褥内活动较强或由于晚上啮食更强所致，故可影响睡眠。由于剧痒、搔抓，可引起继发性感染，发生脓疱、毛囊炎或疖肿。许多哺乳动物体上的疥螨，偶然也可感染人体，但症状较轻。

二、室内环境中的螨虫

众所周知，即使在正常生活条件下（室温和湿度），家用纺织品也是尘螨理想的栖身场所。家用纺织品，如床上用品，通常是在室温下洗涤，是不可能完全清洗干净的。而铺地织物和家具布又是用家用吸尘器清扫的，因此它们上面残存的微生物可以很快繁殖到巨大的密度。温暖而湿润的室内环境为微生物和尘螨创造了良好的快速繁殖条件。与此同时，过敏物的浓度急剧地增加，以致环境卫生恶化。微生物的代谢作用，会产生不良的气体和引起霉斑。

(一)室内生存的螨虫种类

日本是一个潮湿的岛国,因此螨虫的危害更为严重。在我国所生产的防螨纺织品中约有50%是出口日本的。日本关于螨虫的研究较多,据日本40户住宅的调查结果,在普通家庭中检出的螨虫种类约有100种之多,其中检出率高的螨虫有40种,而固有的螨虫超过10种。近年来,在检出的螨虫中,以尘螨为最多、其次为室内甲螨、爪螨、附线螨、粉螨等。在日本室内尘螨类中以粉蛛螨、圆蛛螨为最多,两者约占室内尘埃中螨类的60%~90%。家庭中检出率高的螨虫种类及其危害性见表2-1。

表2-1 日本普通家庭中检出的螨类及其危害

亚目名	种类	主要生活场所	虫害	虫的形态
无气门亚目	(尘螨科) 粉蛛螨 圆蛛螨 室内尘埃螨	多数自由生活在室内尘埃中,在草垫、地毯、床上用品类、服装、布制玩具等屋尘中生活(对湿度的适应性大)	变应性支气喘、气管炎、鼻炎、皮炎、眼变应性	成虫体长约0.4mm,呈乳白色,腹部后方有两对刚毛
	普通谷螨	生活在草垫和贮藏食品中(对温度和湿度的适应范围小,湿度大于80%时大量繁殖)	皮炎、不适感、食品变质	成虫体长0.4mm,体表面多数长刚毛
前气门亚目	(爪螨类) 蝼蛄卡罗普西斯 粗足螨 细足螨	生活在草垫、地毯等用品中(容易发生在房屋建筑后2~3年的住宅内)	刺咬使皮肤呈红色,伴随刺痒而发疹	
	波足螨	生活在床上用品中,爱食真菌		
中气门亚目	扁虱	生活在老鼠的身体上和其穴内	刺咬人、吸血、发肤发红、皮炎、皮疹、刺痒	成虫体长约0.6mm,呈淡黄色,有肥厚板覆盖,在3、4脚趾之间有气门
	普通迷螨	生活在屋尘中		
隐气门亚目	家内甲螨 花式金翅螨	生活在新建房屋、高湿度房屋内,爱食真菌		

(二)室内环境与室内尘埃中螨类含量的关系

日本有关专家研究结果表明,室内的环境条件容易受到室外风速的影响,环境因子中温度、湿度和空气中的尘埃浓度三者,以尘埃浓度和湿度与微生物的关系尤为密切。而室内尘埃中,螨虫组成如图2-3所示。

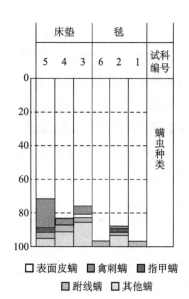

图 2-3 在 3 住宅室内尘中螨虫种类
采样日期：1988 年 9 月 16 日

抽样调查显示，三户住宅室内尘埃中的表面皮螨科（Epidemoptidae），在毛毯、床上为 89% ~ 98%，在草垫床上为72% ~84%。这个结果与吉川最近调查家庭内较为常见的螨虫种类的报告是一致的，即：表面皮螨科、禽刺螨科（Haplochthoni-idae）、指甲螨科（Hayletidae）和跗线螨科（Tarsone-midae）。

日本专家还通过家庭用吸尘器收集了室内尘埃，分析了其中的细菌数和真菌数与螨虫总数之间关系，结果发现室内空气尘埃中的细菌数与螨虫总数之间呈直线关系，室内空气尘埃的真菌数与螨虫总数之间也呈直线关系。

尽管室内尘埃中的细菌数、真菌数和螨虫数有密切的关系，但笔者认为三者并不存在着共生关系。这是由于三者都需要相同的生存环境，温暖、潮湿、有食物的环境既适宜细菌、真菌生存，也适宜螨虫生长繁殖。有些资料宣称，"尘螨以食人体脱落的皮屑为生，但人体皮屑须经细菌加以降解才能被尘螨消化，而尘螨排泄物又为真菌孢子的发育提供养料，因此尘螨与真菌两者存在着共生关系。因此，具有抗微生物性能的助剂能有效的杀灭真菌，从而切断了这一生物链，杜绝尘螨"；"织物中使用纳米银抗菌剂可以有效阻止细菌、霉菌以及尘螨的生长，以此来抑制过敏症和哮喘病的病源"。笔者认为这是不科学的，事实上，人体及其他动物的排泄物和分泌物、棉籽饼、面粉、奶粉、真菌等很多东西都是螨虫的食物。在北京洁尔爽高科技有限公司及国内外很多螨虫实验室，饲养螨虫的饲料是面粉、奶粉等；在法国标准 NF G 39 -011—2009《纺织品特性 具有防螨性能的纺织品和聚合材料 防螨性能的表征和测试》（表2-2）、北京洁尔爽高科技有限公司负责起草的 GB/T 24253—2009《纺织品 防螨性能的评价》以及日本有关防螨标准中推荐饲养螨虫的饲料也是谷物粉、奶粉等，而不是"真菌（霉菌）"或"皮屑 + 真菌（霉菌）"。

表 2-2 螨虫饲料的营养成分 （法国标准 NF G 39—11 附录部分）

用于家庭培养或饲料储藏的螨虫食物成分	食物 1	食物 2	食物 3 标准 1	食物 4 标准 2	食物 5
鱼或鱼的副产品	●	●	○		○
谷物	●	●	○	○	●
酵母	●	●	○		●

续表

用于家庭培养或饲料储藏的螨虫食物成分	食物1	食物2	食物3 标准1	食物4 标准2	食物5
牛奶或乳产品	○	●	○	○	○
蛋或蛋产品	●	●	○	○	○
蔬菜蛋白提取物	○	●	○	○	●
蔬菜	○	●	○	○	●
肉或动物副产品	○	●	○	○	○
软体动物或甲壳类动物	●	●	○	○	○
油脂或脂肪	●	○	○	○	○
海藻	●	●	○	○	●
糖	●	○	○	○	○
小麦胚芽	○	○	●	●	○
啤酒酵母	○	○	●	○	○
棕色啤酒酵母	○	○	○	●	○
原始植物的副产品	○	●	○	○	●
矿物质	○	○	○	○	●
平均分析					
天然蛋白质(%)	48	43			32
天然脂肪质(%)	9	7			6
灰状物(%)	11	9			6
天然纤维素(%)	2	2			2
湿度(%)	6	7.5			6
维生素/kg 食品					
维生素 A(UI)	37600	26000			29295
维生素 D3(UI)	2000	1700			1830
维生素 E(mg)	125	300			195
维生素 B1(mg)	45	35			
维生素 B2(mg)	125	55			
维生素 B6(mg)	25	28			
维生素 B12(mg)	0.1				
泛酸钙(mg)	125	140			
L-棕榈酸酯-2-多磷酸酯(维生素 C 稳定)(mg)	515	450			256
生物素(μg)		3500			

注 ●表示含有;○表示不含有。

第二节　防螨效果的测试方法

人类对螨的研究虽然已有一百多年的历史，但对杀螨或驱螨的测试标准化工作却是近十年的事。目前国内从事织物防螨性能测试的机构有中国人民解放军军事医学科学院、中国疾病控制中心、中国医学检验中心和北京洁尔爽高科技有限公司螨虫实验室等。

近年来，随着市场上防螨纺织品应用范围的不断扩大，对防螨纺织品质量的定性和定量评价方法进行全面考核和规范化就显得非常重要。不仅生产企业希望能采用科学的试验方法对产品进行测试和了解，改进生产工艺，以达到合理的防螨水平，而且消费者也希望能够有统一的防螨性能的指标，来说明产品达到的防螨效果。

为了提高防螨纺织品的质量，杜绝假冒伪劣产品充斥市场，保护生产者和消费者的利益，需要确立一个快速测定的方法和统一的标准，用以规范和促进防螨纺织品的发展。我国颁布了 GB/T 24253—2009《纺织品　防螨性能的评价》，该标准于 2009 年 6 月 19 日发布，并于 2010 年 2 月 1 日实施。中国已成为继法国和日本之后，世界上少数几个拥有防螨纺织品标准的国家之一。

一、国内外防螨纺织产品的检测方法

（一）防螨性能的检测方法概况

测定纺织品上螨虫数量的传统方法是采用吸尘器清扫纺织制品（如床垫、被褥、地毯等）表面上的尘埃，然后统计螨虫的数量，此种方法操作繁琐，且不够稳定。

近年来，一些国家为了规范和促进防螨织物的发展，建立了防螨性能测定的方法和标准，如 1993 年日本服装制品质量性能对策协议会，在对防螨织物开发情况调研的基础上，提出了《螨虫评价方法和标准》，1998 年又提出《防螨织物驱避螨虫的试验方法》，进一步对螨虫种类、培养基、饲养条件和计算方法等作了明确的规定。日本室内织物性能评价协会制定了防螨加工标准，要求地毯、被褥、被单和罩类的驱避率（侵入阻止法、玻璃管法）或增殖抑制率（增殖抑制试验）为 50％ 以上。日本地毯协会也提出了用于地毯的试验方法。2001 年 4 月，法国标准化协会制定了 NF G39—011—2009《纺织品特性　具有防螨性能的纺织品和聚合材料　防螨性能的表征和测试》。2003 年，中国农业部农药检定所制定了 NY/T 1151.2—2006《农药登记卫生用杀虫剂　室内药效试验方法　第 2 部分：灭螨和驱螨剂》。2007 年，北京洁尔爽高科技有限公司制定了 FZ/T 01100—2008《纺织品　防螨性能的评定》，并于 2008 年 9 月 1 日实施。2009 年，北京洁尔爽高科技有限公司又在行标基础上制定了我国第一部防螨纺织品国家标准 GB/T 24253—2009《纺织品 防螨性能的评价》。有学者将日本的纺织品防螨虫试验方法归纳见表 2－3。

纺织品防螨效果的定量试验法，可根据产品要求选用合适的试验方法。在日本，对螨虫杀灭效果的试验方法,通常选用由日本厚生省规定的标准化的接触试验法,又称夹持法。对螨虫驱避效果的试验方法,通常采用大阪府立公共卫生研究所制定的方法(简称大阪府法)。

表2-3 纺织品的防螨试验方法

效果评价	评定方法	试验方法	评价标准
杀灭螨虫效果	以螨虫的死亡率评价	螨虫培殖法	死亡率60%~90%以上
		残渣接触法(夹持法)	死亡率90%以上
		螺旋管法	死亡率50%~90%以上
驱避螨虫效果	以驱避率评价	大阪府立公共卫生研究所	驱避率70%~90%以上
		阻止侵入法	驱避率80%以上
		地毯协会法	
		玻璃管法	
		诱引法	驱避率60%以上
其他	抑制螨繁殖率评价	培养基混入法	繁殖抑制率60%以上
	螨虫通过率评价	通过率测定法	

(二)杀螨试验法

如表2-3所示,评价螨虫死亡率的方法有螨虫培殖法、残渣接触试验法和螺旋管试验法。这种杀螨效力试验条件简单,因为是强制性地使试验用螨与检测试样直接接触,因而容易确认药剂用量与效力之间的关系,试验结果波动小。

1. 混入培养基法(JSIF B 012—2001)

(1)试验步骤。将试样于70℃干热条件下处理10min后,取规定量的防螨试样平整紧密地铺放在塑料培养皿(直径3.5cm,高1cm)的底部,向培养皿中放入0.2g配制好的密度为200只/0.2g的螨虫培养基,如图2-4所示。

为了防止螨虫逃出,将上述培养皿粘在硬板上,然后放入塑料食品保鲜容器(约长27cm、宽13cm、高9cm)中,用饱和食盐溶液维持塑料食品保鲜容器中的湿度为75%±2%。

将上述装置放置于25℃±1℃、湿度75%±5%黑暗的恒温恒湿培养箱中。

经过3周后,计算培养皿内存活的螨虫数量。

同上步骤,对空白试样进行操作,需要说明的是:

①试验的次数一般为3次(空白试样也相同);取3次的平均值评定效果。

②测得的数据是3周后的试验数据。随时间的变

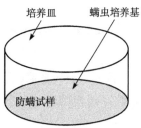

图2-4 杀螨效力试验——
培殖法螨虫

化,试验结果会有不同。

③空白试样,原则上采用未经防螨加工的试样;若该未经防螨加工的试样较难获取,也可用坯布进行空白试验。

（2）判定方法。

$$培殖抑制率 = \frac{空白试样上的螨虫数 - 防螨试样上的螨虫数}{空白试样上的螨虫数} \times 100\%$$

2. 残渣接触试验法（亦称夹持法） 如图2-5所示,在10cm×10cm的滤纸上,将一定量供试验的防螨化合物用丙酮溶解稀释后均匀涂布在滤纸的一面,晾干后对折,内侧（涂药的一面）放试验用螨虫30个,三边用夹子夹住,以防止螨虫逃逸。然后,在温度25℃,相对湿度75%的条件下,放置24h后,测定螨虫的死亡率。这种方法适用于对防螨剂的评价,也用于对防螨被面和防螨床单等的评价,是日本厚生省规定的最基础的杀螨试验法。

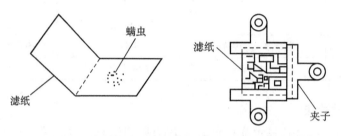

图2-5 杀螨效力试验——残渣接触法（夹持法）

3. 螺旋管试验法 在容量为5mL的玻璃螺旋管中放入防螨试样200mg,放入一定数量的螨虫和培养基,在一定时间后,测螨虫的死亡率。

（三）驱螨试验法

评价螨虫驱避率的方法,有大阪府立公共卫生研究所法、侵入阻止法、地毯协会法和玻璃管法。这类驱避效力试验是由螨虫的行动决定的,试验条件容易影响试验结果。影响效力的因素很多,故用药量与防螨效力之间的关系不能确切地表现出来,试验结果会有波动。

1. 大阪府公共卫生研究所法 这种方法适用于评价纤维制品的防螨性能。具体操作步骤如下。

（1）将7只塑料平皿（直径35mm,高10mm）按如图2-6（a）所示摆放,一只用双面黏胶带粘贴在硬板的中心。其余6只相互间隔2mm,如花瓣状紧密地粘在中心培养皿周围。

（2）取规定量的经防螨处理的试样和未经处理的（对照）试样于70℃干热条件下处理10min。

（3）在周围的6只塑料平皿内,间隔放入处理试样和对照试样,使其平整铺放于培养皿的底部,并在此6个试样的中央放入引诱物质以及约0.05g不含螨虫的培养基。

(4)在中心培养皿中放入含有10000只存活的螨虫的螨虫培养基(螨虫培养基的密度约为30000只/g)。

(5)将上述7只培养皿连同固定硬板放进塑料食品保鲜容器(约长27cm×宽13cm×高9cm)中的架条上,塑料食品保鲜容器的底部放置用饱和食盐水浸润的脱脂棉,架条置于脱脂棉上,维持湿度为75%±2%,如图2-6(b)所示。

(6)将上述装置放入25℃±1℃、相对湿度为75%±5%的恒温恒湿培养箱中培养,24h后取出周围的6只培养皿,然后用食盐水浮游法分别测定各试样上存活的螨虫数。

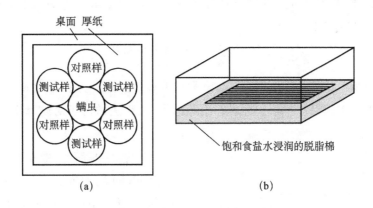

图2-6 大阪府公共卫生研究所法

(7)再按下式计算其驱避率。

$$驱避率 = \frac{对照样上的螨虫数 - 处理试样上的螨虫数}{对照样上的螨虫数} \times 100\%$$

需要说明的是:

①试验的次数一般为3次(对照样也相同);取3次的平均值评定效果。

②对照样原则上采用未经防螨加工的同种类试样;若该未经防螨加工的同种类试样较难获取,也可用坯布进行空白试验。

2. 阻止侵入法(JSIF B 010—2001) 这种方法适用于对地毯防螨功能的评价。如图2-7所示,取大小两个培养皿:大玻璃培养皿直径90mm、高15mm,小塑料培养皿直径35mm、高10mm。将试样于70℃干热条件下处理10min后,取规定量的防螨地毯试样平整紧密地铺放在小培养皿的底部。在试样上面放入0.05g引诱用不含螨虫的培养基,并将小塑料培养皿放置于大玻璃培养皿的中央。

在大小两个培养皿之间,均匀地放入螨虫培养基(含有10000只存活的螨虫)。将上述装置放入塑料食品保鲜容器(约长27cm、宽13cm、高9cm,使用饱和食盐溶液维持相对湿度为75%±2%)中,然后再粘至粘板上,于25℃±1℃、相对湿度75%±5%的黑暗恒温恒湿箱中放置24h。计算小塑料培养皿内存活的螨虫数。

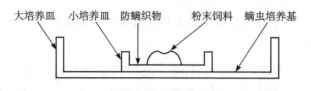

图2-7 驱螨效力试验——阻止侵入法

同上述步骤,对未加工的空白试样进行操作。

注:(1)试验的次数一般为3次。取3次的平均值评定效果。

（2）空白试样,原则上采用未经防螨加工的试样。若该未经防螨加工的试样较难获取,也可用坯布进行空白试验。

$$驱避率 = \frac{对照区螨虫数 - 试验区螨虫数}{对照区螨虫数} \times 100\%$$

3. 玻璃管法 这种方法适用于对防螨絮棉的评价。这种方法分为A法和B法。其中A法适用于对防螨棉纱、羊毛、合成纤维等的评价,B法适用于对防螨絮棉、羽绒等的评价。

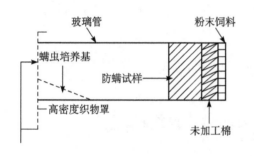

图2-8 驱螨效力试验——玻璃管法

如图2-8所示,取长度为100mm,内径为20mm的玻璃管一段,一端粘贴胶带纸,将0.01g引诱用粉末饲料均匀附着于胶带纸上。在玻璃管内先后塞入0.025g未加工棉(厚为5mm)和防螨试样(若采用A法,试样用0.4g;若采用B法,试样用0.08g),并压紧至20mm厚。在玻璃管另一端40mm以内的区域,放入10000只螨虫,用高密度织物封住端口。将这一玻璃管在25℃±2℃、湿度75%±5%的全黑暗环境中放置48h,计算引诱螨虫的数量(包括胶带纸、引诱用粉末饲料和试样上的螨虫数),求出驱避率。

（四）防止通过试验方法

该方法适用于评价高密度织物的螨虫通过性能。

将试样于70℃干热条件下处理10min,将螨虫培养基(含有30000只存活的螨虫)放入管瓶(直径30mm,高65mm),用试样包住管瓶,用橡胶圈固定试样于管瓶上,并用胶带将试样封于管瓶口。将管瓶粘在硬板上,然后放置于25℃±1℃、湿度75%±5%的黑暗恒温恒湿箱中。24h后,计算透过试样到达瓶外(包括试样外表面、管瓶表面以及粘板上)的螨虫数。据试验结果判定有无螨虫通过。

（五）纺织品　防螨性能的评价

纺织品防螨性能评价采用国家标准 GB/T 24253—2009《纺织品　防螨性能的评价》。该标准适用于羽绒、纤维、纱线、织物和制品等各类纺织品，可通过驱避法或抑制法来进行试验和评价。前者适用于所有纺织品，后者适用于不经常洗涤的产品。其原理是将试样与对照样（与试样材质相同且未经防螨整理的材料，或未经任何处理且经高温蒸煮、蒸馏水洗涤的 100% 纯棉织物）分别放在培养皿内，在规定条件下同时与螨虫接触。经过一定时间的培养，分别对试样培养皿内和对照样培养皿内存活的螨虫数量进行计数，从而计算得到螨虫驱避率或抑制率，以此来评价试样的防螨性能。

1. 试验准备

（1）试验螨虫。粉尘螨雌雄成螨或若螨。

（2）试验设备。解剖镜或体视显微镜、恒温恒湿培养箱、培养皿、粘板、螨虫用粉末状饲料、天平、试管、烧瓶等。

（3）试样准备。对于每一次试验，分别取 3 个试样和 3 个对照样。织物可剪成直径为 58mm 圆形作为测试布样，纤维或纱线可剪成长为 10 ~ 30mm 的短纤维，称取（0.40 ± 0.05）g 作为一个测试样。将试样于（65 ±5）℃ 干热条件下处理 10min。

（4）试样洗涤。若要测试防螨纺织品的耐洗涤性能，须将上述 3 个试样按 GB/T 12490—2007 中的实验条件 A1M 进行洗涤，一个循环相当于 5 次洗涤。

2. 试验具体步骤

（1）驱避法。

①在有盖容器内放入一块边长约 200mm，厚 10mm 的海绵，加入饱和食盐水直至恰好浸没海绵。

②取 7 个培养皿，其中一个放在粘板中央作为中心培养皿，其余 6 个围绕中心培养皿成花瓣状均匀放置，每个培养皿间的边缘处用相同宽度的透明胶带粘住（起桥梁作用）。然后将这 7 个培养皿固定在粘板上。

③在外围 6 个培养皿内，分别间隔性地将试样和对照样均匀、平整、紧密地铺入底部，并在待测物的中央放入 0.05g 螨虫饲料。中心培养皿上放入（2000 ±200）只存活的螨虫。

④将已放入螨虫和饲料的粘板组合放在海绵上，盖上容器盖，置于恒温恒湿培养箱中，温度为（25 ±2）℃，相对湿度为（75 ±5）%。

⑤培养 24h 后，用解剖镜或体视显微镜观察并用适当方法计数试样培养皿和对照样培养皿内存活的螨虫成虫和若虫数。

（2）抑制法。

①在有盖容器内放入一块边长约 200mm，厚 10mm 的海绵，加入饱和食盐水直至恰好浸没海绵。

②在6个培养皿内分别放入试样和对照样,将待测物均匀、平整、紧密地铺入培养皿底部,并在待测物的中央放入0.05g螨虫饲料。6个培养皿上分别放入150只存活的螨虫。

③将6个培养皿分别放在容器盒内的海绵上,培养皿间的距离大于10mm。盖上容器盖,置于恒温恒湿培养箱中,温度为(25 ± 2)℃,相对湿度为(75 ± 5)%。

④培养7d、14d、28d或42d后,用解剖镜或体视显微镜观察并记录培养皿内存活的螨虫成虫和若虫数。

⑤若对照样培养皿内存活的螨虫数量少于150只,重新进行全部的试验。

3. 试验结果的计算及评价

（1）计算。根据采用的试验方法,按下面的式子计算驱避率(Q)或抑制率(Y),以百分率(%)表示。

$$Q = \frac{B - T}{B} \times 100\%$$

$$Y = \frac{B - T}{B} \times 100\%$$

式中：B——3个对照样存活螨虫数的平均值;

T——3个试样存活螨虫数的平均值。

当驱避率或抑制率为负数时,表示为"0";当计算值>99%时,表示为">99%"。

（2）评价。试样防螨性能的评价见表2－4。

表2－4　防螨性能的评价

驱避率或抑制率	防螨效果
≥95%	样品具有极强的防螨效果
≥80%	样品具有较强的防螨效果
≥60%	样品具有防螨效果

二、防螨性试验方法的研究

经过综合分析和大量产品的测试试验,认为驱避试验法和杀螨试验法基本能反映产品防螨性的水平。考虑到目前市场上存在的防螨纺织品中90%以上是以驱避机理为主,也有少量的防螨纺织品采用抑制螨虫生长繁殖机理,而采用杀螨机理的防螨纺织品很少。我们主要研究了驱避试验法和抑制试验法。

（一）驱避试验法

作为一种测试和评价方法,其主要目的是测定和评价纺织品的防螨性能,而不考虑产品是否经过防螨整理,因此试验方法的适用范围要包括所有形态的纺织产品,如纤维、纱线、织物、地毯和羽绒产品等。

1. 试验条件的选择 通过对防螨性能试验中的螨虫添加数量、螨虫饲料的放入数量、螨虫培养的温度、湿度和时间、对照试样的选择、样品的放入数量、平皿的大小、不同的测试方式、不同的试验装置等进行了大量的试验,筛选了重现性较好的试验条件,观察表明,驱螨作用绝对有效或完全无效的样品基本上不受上述条件影响,而处于两者之间的样品则受上述条件的影响较大。

(1)螨虫及数量。考虑到防螨织物主要用于家庭环境中,所以选用的螨虫应为家庭粉尘中常见的种类,并且已经证实此种螨虫能够引起过敏反应。尘螨为近年来有关部门在检测家居环境中检出率最高、危害性较大的螨虫。尘螨主要可以引起变应性支气管哮喘、气管炎、鼻炎、皮炎等。国内外防螨试验应用最多的试验螨虫也为尘螨,故试验采用的螨虫种类为粉尘螨(Dermatophagoides farinae Hughhes)的雌雄成螨和若螨。

试验螨虫的数量既要反映出产品防螨的真实功能,又要考虑到试验的易操作性。对同一样品,在温度25℃±2℃、湿度75%±2%、培养时间24h的试验条件下,分别以不同螨虫数量进行试验,结果见表2-5。螨虫繁殖很快,放入的螨虫太多,计数困难,试验证实,采用驱避法时在中心培养皿上放入(1000±100)只存活的螨虫为宜。

(2)螨虫饲料量。在试验中发现,放入过多的螨虫饲料会附在试样的上层,使螨虫不能紧贴于试样,明显影响测试的准确性。试验证实螨虫饲料的放入数量以0.001~0.002g/cm² 为宜。

表2-5 螨虫数量实验

螨虫数	样品螨虫存活数量				对照样螨虫存活数量				驱避率(%)
	1	2	3	平均	1	2	3	平均	
1500	99	82	83	88	427	497	626	517	83.0
2000	15	27	21	21	409	366	447	407	94.8
2500	44	32	30	35	365	531	550	482	92.7
3000	147	156	167	157	749	867	757	791	80.2
3500	132	147	189	156	756	807	777	780	80.0
4000①	147	156	149	150	788	827	818	811	81.5

①螨虫数量太多,计数不太准确。

(3)试验温湿度。螨虫对温度和湿度比较敏感,试验证明,温度(25±2)℃和湿度(75±5)%最适合螨虫生长(见表2-6和表2-7),此条件与人类实际生活中的温湿度接近。

表2-6　温度实验

试验温度 (℃)	样品螨虫存活数量				对照样螨虫存活数量				驱避率 (%)
	1	2	3	平均	1	2	3	平均	
18	3	4	5	4	22	24	38	28	85.7
20	30	45	35	37	253	359	300	304	87.8
22	22	24	38	28	409	366	447	407	93.1
25	15	27	21	21	409	366	447	407	94.8
30	15	17	11	14	60	120	65	82	82.9
35	1	1	3	2	14	6	8	9	77.7

注　试验条件为湿度(75±2)%，时间24h，螨虫数(2000±200)只。

表2-7　湿度实验

试验湿度 (%)	样品螨虫存活数量				对照样螨虫存活数量				驱避率 (%)
	1	2	3	平均	1	2	3	平均	
60	12	14	16	14	29	21	37	29	51.7
65	14	15	26	18	29	35	37	33	45.5
70	34	12	25	24	380	415	450	415	94.2
75	15	27	21	21	409	366	447	407	94.8
80	20	18	19	19	329	278	347	318	94.0
85	12	15	9	12	347	334	314	332	96.4

注　试验条件为温度(25±2)℃，培养时间24h，螨虫数(2000±200)个。湿度太高时，饲料有些潮湿。

（4）试样的准备。

①对照样的选择。防螨性的评价一般是针对经过防螨整理的产品，实质上也是对没有经过防螨处理和经过防螨处理试样的比较结果，因此，检测试样就应包括1个没有经过防螨整理的试样，即需要一个对照样。但在实际中未经防螨加工的试样较难获取，除生产防螨纺织品的企业外，大多情况下检测单位无法获得未经防螨整理的对照样。另外，由于防螨产品的市场化，提供具有可比性的数据结果显得非常重要。

试验表明，用未经防螨整理的白坯布，经高温水洗和蒸馏水清洗后作为对照样较为合适。这是考虑到坯布在织造过程中为了防止霉变，往往加入防霉剂等化合物，而防霉剂影响试样的防螨性能，故要求经过高温水洗和蒸馏水清洗。目前，采用色牢度试验用标准棉贴衬布作为对照样，已基本得到了检测行业的认可。

②试样的大小和预处理。

a. 织物。从每个样品上选取有代表性的试样，剪成直径为58mm的圆形作为1个试样。

b. 羽绒、纤维、纱线、地毯。从每个样品上选取有代表性的试样(若为纤维、纱线则剪成长为 10 ~ 30mm 的短纤维),称取重量 0.40g ± 0.05g 作为 1 个试样,目的是刚好可以完全盖住底部。

分别取 3 个待测防螨试样和 3 个对照样。

将试样置于 65℃ ± 5℃ 的干热条件下 10min,以除去试样上的易挥发物质,防止试样间互相污染。

2. 试验装置 本试验中用到的仪器除试验室用常规仪器外,还用到了恒温恒湿培养箱和培养螨虫专用容器,该容器的材料可以为塑料、玻璃、搪瓷等,其上盖中间有直径为 5cm ± 1cm 的通气孔,并且在通气孔上覆盖有直径为 10cm ± 1cm 的 PTFE(聚四氟乙烯)膜或 PTFE 膜复合织物[透湿量大于 2500g/(m² · d)],用透明胶带将 PTFE 膜或 PTFE 膜复合织物和容器盒上盖粘为一体。将培养容器放入恒温恒湿培养箱,调节并保持容器内的湿度,同时 PTFE 膜含有的微孔直径为 0.2 ~ 5μm,远小于尘螨的体长[大小为(0.2 ~ 0.5)mm × (0.1 ~ 0.4)mm],保证了螨虫不会爬出保鲜盒,不污染恒温恒湿培养箱。培养皿的大小是选择了试验室中最常见的 58mm 培养皿,花瓣型培养皿的宽度为三个培养皿的直径,长约 180mm,故粘板选择直径为 180mm 的圆形板或边长为 180mm 的正方形板。而培养螨虫用容器的宽度选为 200 ~ 300mm。

将 1 个培养皿放在粘板中间,其余 6 个围绕此中心培养皿均匀放置[见图 9 - 3 (a)],并将培养皿之间的接缝口用相同宽度的透明胶带粘住。此种方法可以让螨虫在培养皿间自由通过,有利于提高试验的准确性。如果仅借助于培养皿的点连接,不利于螨虫的爬行。另外,在保鲜盒内放上 1 块 10mm 厚的薄海绵代替脱脂棉,再注入适量饱和食盐水,就可以支撑起粘板,使试验装置简化,方便操作(图 2 - 9),且 10mm 厚的薄海绵较易获得。

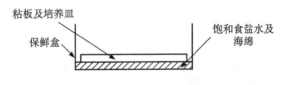

图 2 - 9　驱避螨虫试验装置

3. 操作步骤 在粘板上外围的 6 个培养皿内,分别间隔地放入试样和对照样,如图 9 - 3(a)所示。将试样均匀、平整、紧密地铺放于培养皿的底部,并在试样的中央放入 0.05g 螨虫饲料。在中心培养皿上放入 2000 ± 200 只存活的螨虫。将已放入试验螨虫和饲料的粘板组合件放在海绵上,盖上容器盒的上盖,置于恒温恒湿培养箱中,保持温度为

25℃ ±2℃，相对湿度75% ±5%，培养24h后，用解剖镜或体视显微镜观察并记录试样培养皿内和对照样培养皿内存活的螨虫成虫和若虫数。

4.防螨效果评定指标的确定

（1）结果计算。按以下公式计算：

$$驱避率 = \frac{B - T}{B} \times 100\%$$

式中：B——3块对照样存活螨虫数的平均值；

T——3块待测试样存活螨虫数的平均值。

当驱避率的计算值为负数时，表示为"0"；当计算值 >99% 时，表示为" >99% "。

（2）结果的评价。测试资料显示，目前市场上防螨纺织品中，驱避率≥95%的产品很少，少量防螨纺织品的驱避率≥80%，大部分防螨纺织品的驱避率或抑螨率≥60%，而且驱避率≥60%则表明该防螨纺织品对螨虫具有一定的驱避或抑制作用，并能满足人们日常生活中对防螨的需要。故采用3个级别来评价防螨的效果；驱避率≥95%的样品具有极强的防螨效果；驱避率≥80%的样品具有较强的防螨效果；驱避率≥60%的样品具有防螨效果。

（3）耐洗涤效果。除一次性产品和床垫等外，一般的纺织品在使用过程中都要进行洗涤，防螨纺织品的耐洗涤性也是生产企业和消费者非常关注的内容。因此，统一洗涤程序是非常必要的。本方法中参照GB/T 12490—2014《纺织品　色牢度试验　耐家庭和商业洗涤色牢度》对防螨纤维及其织物进行水洗，洗涤次数由达成协议的买卖双方根据产品的最终用途规定，或根据生产企业声称的耐洗涤次数洗涤，然后测定防螨效果。

（二）抑制试验法

1.操作步骤

（1）在有盖的容器内放入一块厚10mm，边长约200mm的海绵，注入适量的饱和食盐水（水的高度恰好浸没海绵）。

（2）在6个培养皿内分别放入3个待测试样和3个对照样，将试样均匀、平整、紧密地铺放于培养皿的底部，并在试样上均匀地分散放入0.05g螨虫饲料。再向6个培养皿中各放入150只存活的螨虫。然后将6个培养皿分别放在容器盒内的海绵上，培养皿之间的距离大于10mm（图2-10）。

（3）盖上容器盒的上盖，将容器盒置于恒温恒湿培养箱中，

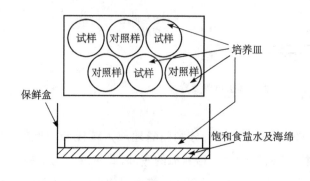

图2-10　抑制试验装置

温度为25℃±2℃,相对湿度为75%±5%。根据需要可分别培养一周、两周、四周、六周后,用解剖镜观察并记录培养皿内存活的螨虫成虫和若虫数量。

(4)如果对照样培养皿内存活的螨虫数量少于150只,重新进行全部的试验。这是因为螨虫一代的生长期为20~30天,如果在一个生长期内都没有增殖的话,则说明螨虫缺乏活性,或者培养条件不适宜螨虫的生长,为确保试验结果的准确性试验必须重做。

2. 结果计算和评价 按以下公式计算抑制率:

$$抑制率 = \frac{B - T}{B} \times 100\%$$

式中:B——3块对照样存活螨虫数的平均值;

T——3块试样存活螨虫数的平均值。

当抑制率的计算值为负数时,表示为"0";当计算值>99%时,表示为">99%"。

三、防尘螨测试的试验室操作技巧

由于尘螨的个体微小(170~500μm),扩散较快,尤其试虫(试验中的螨虫)的数量难以控制,给测试的操作和计数带来很多困难。作者和中国人民解放军军事医学科学院微生物流行病研究所张洪杰研究员、张金桐教授,中国疾病控制中心贾家祥教授以及北京洁尔爽高科技有限公司螨虫试验室测试人员对各类纺织品的防螨性能的测试技术进行了十多年的研究,积累了大量各类测试数据,并在长期实践中利用螨虫的生物习性及特点,建立了布块集螨法、成螨自动分离与净化法、标定计数法、布块浸水计数法以及螨虫的驱避和杀灭效果的测试装置与测试方法。结果表明,采用成螨自动分离与净化法获得的成螨比例为94.0%±1.7%;采用标定计数的精度(成螨数/刻度)为204只±6.6只。标定计数1000只螨的实际回收率平均为75.9%±14.6%,与手工计数无显著差别(P>0.05)。实践表明,此技术与方法操作简便,结果可靠,使防螨性能的测试速度及有效率明显提高。下面介绍几种方便可行的测试方法和技巧,以供同行参考。

(一)集螨操作方法

在测试之前将养殖容器置于高湿环境下(相对湿度85%)促使螨虫快速繁殖,也可在养殖容器的封口布上放一块湿海绵或湿棉花,可得到相同效果。

1. 布块集螨 主要是根据螨虫对外界刺激的反应性建立了布块集螨法。

在养殖杯中放入数块纹理较粗的黑色布块,快速繁殖的螨喜欢聚集并附着在黑布面上(经蓝、白、黑3种布色诱集螨虫数量的比较表明,黑布诱集的螨数是白布的3.7倍,是蓝布的6.3倍)。用镊子将布块取出,在容器内轻轻磕打数次,除去表层的饲料、碎屑以及螨卵和幼虫,用毛笔收集布面上的螨于陶瓷酒盅内进行成螨的进一步分离与净化。

2. 平皿集螨 将养殖容器内的饲料与螨虫混合体部分取出放入平皿内,置于日光灯下数分钟,螨虫自然沉积于玻璃底面上,用毛笔扫取上层饲料及杂物,将螨收集于陶瓷酒盅内进行成螨的净化。

（二）成螨自动分离与净化法

试虫中含成螨及杂质的多少直接影响到标定计数的准确性、稳定性以及测试中螨虫的扩散速度与螨虫的回收率。作者通过大量观察,利用螨虫畏光,找到一种螨虫自动分离并净化的方法。

将布块集螨法或平皿集螨法收集到的含有一定杂质的成幼虫混合体盛于小陶瓷酒盅,并置于白炽灯泡或日光灯管下片刻,成螨为避光而迅速向下移动,由于酒盅底部的斜坡形状使得全部成螨连续不断地向中心运动,结果使个体较小的幼、若虫及饲料碎屑滞留在成螨虫体的上表层及外缘部位,此时用毛笔在解剖镜下重复分离数次,获得成螨比例平均达 94% ±1.7% ,并使螨虫得到高度净化。

（三）标定管计数法

对将要用于实验观察的活螨计数,我们设计了标定管计量法,不仅省时省力,而且可避免因手工计数造成对螨虫的损伤。

标定管为 $100\mu L$ 的微量进样器管,去除针头部分,用石蜡堵塞针孔,标定芯为 $50\mu L$ 微量进样器芯,去污棒由长 12cm,直径 1mm 的细铁丝,一端 5cm 的长度内用糨糊粘 1 层棉纤维制成。标定过程中如发现标定管不光滑,可用去污棒蘸无水酒精作去污处理。在计数之前先对收集到的螨虫进行体积标定,每次采用布块浸水计数法标定试虫 3～5 格,计算标定管的 1 刻度内所含螨虫数并换算 1000 只螨所需的刻度数,用细毛笔尖将螨虫移至标定管并通过磕打的方法使管内螨虫落到实处,再用标定芯自由滑落至所标定的刻度处。采用标定法 6 次重复标计,精度为平均每个刻度 $2\mu L$ 含成螨虫数为 204 只 ±6.6 只。对采用标定计数法与手工计数法计数 1000 只螨虫的实际回收率进行 10 次重复比较,结果表明标定计数的实际回收率平均为 75.9% ±14.6% ;手工计数的实际回收率为 69.4% ±16.4% 。这说明用标定法计数完全可代替手工计数法,且采用手工计数 1000 只螨虫需要花费 1h 以上的时间,尤其在测试样品较多的情况下,采用标定计数法可大大节省操作时间。

（四）布料浸水计数法

根据成螨在浸水后的布面上无法移动的特点,建立了布块浸水计数法,适用于观察后可以废弃的螨虫计数。驱螨测试中 90% 以上的螨虫集中在有饲料的布面上,饲料中和容器内仅有少数螨虫存在。利用这一特点,可将布块浸水后在解剖镜下直接计数。具体操作如下。

（1）用眼镊轻轻取出带有饲料的布块,将饲料倒入 1 个小平皿（直径同装置内平皿）并将带有螨虫的布块放回原位,用解剖针在解剖镜下计数饲料内的螨虫数。

（2）取出带螨虫的布块平放于小平皿上（避免另一面的螨虫脱离布面）,在镜下计数螨虫数量较少的底面。

(3)用吸管在玻面上滴加 2 滴清水,将有螨的一面向上平铺于水面上,待布吸湿之后,在成堆的螨虫上滴加 1~2 滴清水,在镜下用解剖针分离并计数。

(4)最后将测试装置移入镜下,计数小平皿底面的游离螨虫。在纤维样品驱螨作用的测试中,只计数饲料内、布面与布块下纤维中的螨虫数,处于纤维边缘中的螨虫不予计数。

为防止螨虫向外扩散,在计数过程中应将测试装置保持在过饱和的食盐水中,完成计数的平皿应随时用干棉球擦拭,带有螨虫的饲料和测试布块应及时倒入盛有热水的杯内,操作结束用干抹布擦拭桌面和所用物品防止螨虫向外环境扩散。

第三节　防螨整理剂与防螨纺织品

一、纺织品防螨方法及进展

(一)纺织品防螨方法

纺织品防螨方法主要有三类:一是不让螨虫繁殖,如杀螨法、诱杀法;二是不让螨虫接近,如驱避法;三是不让螨虫侵入,如阻断法。

第一种方法,杀螨法是重要的防螨措施。其中,日晒、加热、微波、红外线等方法可使纺织品干燥,破坏螨虫的生活条件,当纺织品含水量在 10% 以下时螨虫则会死亡。化学杀螨也很重要,应用杀虫剂(如除虫菊提取物、异冰片、脱氢醋酸、芳香族羧酸酯,二苯基醚等)通过触杀、胃毒的方式杀灭螨虫。诱杀法是引诱螨虫然后将其杀灭,分为性经诱、食引诱、产卵引诱和信息素引诱等。

第二种方法,驱避法是使用驱避剂——一些带有使螨虫害怕的气味和味道的物质。驱避分为触觉、嗅觉和味觉驱避。目前使用的有机驱避剂的作用机理,如拟除虫菊酯系,是通过接触作用于螨虫的神经系统,而甲苯酰胺系驱避剂是通过汽化后被吸入作用于螨虫的嗅觉器官。但较多的驱避剂是利用嗅觉与味觉的复合作用起到驱螨效果的。另外,对于无机驱避剂则不是靠其挥发性而起到防螨作用,而是通过接触以驱避螨虫。各种驱避剂对驱避螨虫的效果不同,早在 1949 年就有人研究了各种化学品驱避螨虫的效果,并得出规律性的结论,即各化学品驱避螨虫效果的大小顺序如下:酰胺、亚胺 > 酯、内酯 = 醇、苯酚 > 醚、缩醛 > 酸 > 酐 > 卤化物 = 硝基化合物 > 胺、氰等。驱避剂的毒性通常比较小。此外,由于杀虫剂杀死的蠕虫遗骸,也是过敏反应变应原,所以驱避机理具有较大优点。

第三种方法,阻断法是采用致密的织物不让螨虫通过,但是采用致密织物的阻断法不能降低使用环境下的螨虫密度,故有些情况使用驱避剂进一步强化这种阻断效果。

（二）纺织品防螨整理剂概述

1. 纺织品防螨剂的进展　为了提高防螨的效果，目前新开发的防螨剂多是以驱避性能为主，同时具有一定的杀灭螨虫能力的药剂，并采用两种以上的防螨剂联合应用的协同效应。在确认有效的防螨加工剂中，主要有脱氢醋酸（如 Anincen CBP）、冰片衍生物（如 Markamid 1 - 20、氰硫基乙酸异冰片酯）、有机磷系化合物、烷基酰胺化合物、除虫菊类化合物、硼酸系化合物、硫氰酸乙酯等化合物、芳香族羧酸酯类、氨基甲酸酯、克菌丹、四氯异酞酸腈、β - 萘酚、二苯醚系、酞酰亚胺系（如 N - 一氟三氯甲基硫代酞酰亚胺）、除虫菊酯类、天然柏树精油等。

为了提高耐洗性，通过采用包括微胶囊化技术、交联技术等在内的各种技术，使防螨整理剂能在纤维表面形成一层牢固的弹性膜，从而具有较好的耐久性。例如北京洁尔爽高科技有限公司生产的防螨整理剂 SCJ - 999，它是由主要成分为拟除虫菊类化合物等制成的纳米微胶囊，该整理剂带有活性基团，可与纤维上的—OH、—NH—形成共价键，在纤维表面形成防虫药膜，从而达到持久、快速、高效的防螨效果。使防螨处理后的织物具有优异的耐洗涤性。

2. 纺织用防螨制剂应具备的基本条件

（1）对尘螨有高度的活性。

（2）防螨效果良好且能承受加工条件（如加热与干燥等）。

（3）无异味、不降低织物的物理指标（强力、手感、吸湿性、透气性）。

（4）与其他助剂的配伍性好。

（5）加工后无色变现象。

（6）耐久性好，即耐洗涤和耐气候性良好。

（7）天然纤维和合成纤维都适用。

（8）安全性好。通过对防螨整理剂进行包括急性口服毒性、致突变性试验和皮肤刺激性试验等在内的多重检查，以确认其安全性；防螨整理剂必须无毒，安全性好，尤其是对皮肤无过敏反应和无刺激性；防螨纺织品在后道加工使用过程中不产生有毒的化合物。

3. 防螨剂的微胶囊化技术简介　微胶囊化技术是提高防螨整理剂耐久性的手段之一。微胶囊化技术是指用各种天然或合成材料的薄层包覆气体、液体及固体微粒的一种新技术。微胶囊分为半封闭微胶囊和全封闭微胶囊，也分为普通微胶囊和纳米微胶囊。代表性的微胶囊制作方法有：界面聚合法、原位聚合法、液中硬化覆盖法（喷嘴法）、水溶液系的相分离法以及液中干燥法等。

（1）界面聚合法。将单体溶解在两种互不混溶的溶剂中，采用在两液界面上，使高分子合成的界面聚合反应来制作微胶囊的方法。例如将一种含水溶性单体的溶液（水相）、以微滴分散在和其不相混溶的溶剂（油相）中，再在该体系中添加另一种油溶性单体，搅拌时在水相和油相界面上进行聚合反应,生成高分子膜,得到了内相为水的微胶囊。如果在开始调制油/水乳液时,通过外相中加入水溶性单体,就可制成内相为油相的微胶囊。

(2)原位聚合法。在互不相溶的两相中的任一相中,溶解单体和催化剂,单体就在界面上进行聚合反应,在芯子物质的表面均匀地形成薄膜。利用这种性质制作微胶囊的方法称为原位聚合法。例如,用原位缩聚法制作以三聚氰胺树脂为薄膜物质的微胶囊时,聚合物从芯子物质外侧进行沉淀,形成胶囊膜。

(3)液中硬化覆盖法。上述的界面聚合法和原位聚合法的胶囊化法都是从单体开始的,通过聚合反应制作壁膜,而液中硬化覆盖法是使用一开始就聚合的聚合物。这种聚合物通过硬化反应而能快速硬化成膜。此外,硬化方法,即使聚合物不溶的方法,除了用无机离子、甲醛、硝酸、异氰酸脂等硬化试剂外,还可利用加热使聚合物变性,即热凝固法;通过带不同电荷的聚合物彼此中和而不溶的方法。

例如,将一滴2%海藻酸钠水溶液滴在10%氯化钙溶液中,立即就形成有弹力的圆球,并浮于溶液表面。这是因为在海藻酸钠液滴周围形成了不溶于水的海藻酸钙。这一方法就是将这种硬化的膜用作胶囊的壁膜,而且硬化反应进行得相当快。因此,在实际进行胶囊化时,含芯子物质的聚合物溶液在投入硬化剂溶液之前,必须调整成完整的形状。因为这种方法要用喷嘴,所以也可称为喷嘴法。

(4)水溶液系的相分离法。这种方法是用水溶性聚合物为胶囊壁膜的原料,用某种方法使浓的聚合物相从聚合物水溶液中相分离,形成胶囊壁膜。

利用水溶液系的相分离现象进行胶囊化的方法如下。

①可解释为静电相互作用的复合凝聚法。

②以亲水性聚合物为非溶剂,用醇等非电解质的简单凝聚法。

③可用盐析效果解释的盐凝聚法。

④改变水溶液的pH,使体系中的聚合物析出不溶化的方法。

(5)液中干燥法。在溶解作为壁材的高分子的溶剂中,使成为芯子材料的溶液或固体分散其中,再将它分散在和这种溶剂不能混合的溶剂中;逐渐去除最初的溶剂,使高分子析出在芯子物质界面上。这种方法也可称为界面沉淀法。

(6)复合凝聚法。首先,选取具有相反电荷的两种高分子材料,如明胶—阿拉伯胶作囊材,将防螨剂分散在囊材的水溶液中。阿拉伯胶是具有负电荷的高分子材料,明胶是两性蛋白质,以NaOH溶液调节两者使其呈弱碱性。然后,将被包覆的防螨剂乳化于阿拉伯胶溶液中,再与明胶混合。根据明胶在等电点前后呈现不同电荷的特点,用弱酸调节体系的pH低于等电点,使明胶从负电荷状态全部变成正电荷,并与带负电荷的阿拉伯胶产生电性吸附作用,使其溶解度降低,自溶液中凝聚形成微胶囊,将防螨剂包裹在里面。此时,为促使微胶囊析出,须对整个体系进行冰浴降温,再加入适量稀释剂以防止微胶囊粘连过度。最后，须加入适量交联剂，使微胶囊的囊壁固化，并同时从冰浴中取出，再次调整体系的 pH 至弱碱性。缓慢搅拌适当时间，使微胶囊完全成形。再静置数小时后，弃去上层清液，离心分离后备用。

（三）防螨整理剂的种类

1. 脱氢醋酸 此类脱氢醋酸防螨剂有 Anincen CBP（日本钟纺公司）等，其分子式

为：（结构式），白色无臭结晶，不溶于水，熔点 109℃，沸点 270℃，对酸很稳定，与碱反应生成盐。经实验，口服急性毒性（LD_{50}），大白鼠：500mg/kg，对尘螨类有驱避效力，因为没有臭味，可对被褥包布和床上用品类进行后加工。

2. 甲苯酰胺系化合物 如德国赫斯特公司的 MITE、日本帝三制药公司的 DEDT。其中 MITE 是这类化合物的纳米分子微胶囊，具有可靠的安全性和耐久性。DEDT 的外观为淡黄色油状液体，不溶于水，稍有氨气味，沸点 160℃，不耐酸碱；口服急性毒性（LD_{50}），小鼠：1600mg/kg，兔：2000mg/kg；经皮急性毒性（LD_{50}），大白鼠：3170mg/kg，兔：16500mg/kg；吸入急性毒性（LD_{50}），大白鼠：19635mg/kg；皮肤贴敷试验，准阴性（2B）。此类防螨剂对螨虫有驱避效力，可用于被褥棉絮后加工。为确保耐久性，此类化合物必须进行微胶囊化。

经 DEDT 整理的 Freshsleep（フレッシュスリープ）纺织品的性能测定结果见表2-8所示。

表2-8 驱避螨虫的效果及其耐久性（大阪化成试验法）

试样		驱避率（%）
Freshskeep 商品，未洗涤		98.2±1.7
商业洗涤5次后		86.2±3.0
商业干洗5次后	石油类溶剂	92.0±3.0
	过氯乙烯溶剂	87.0±3.0

3. 芳香族羧酸酯类 此类防螨剂有防螨虫整理剂 MITE（德国 Herst 公司），Markamide EDEC、DE 等（日本钟纺公司）。Markamide EDEC 为弱阴离子化合物，外观为无色透明的油状液体，几乎没有臭味；相对密度 1.10~1.15（20℃），熔点-40℃，沸点296℃，闪点为145℃以上（密闭容器）；对酸及弱碱稳定，强碱条件下会分解；在沸点附近（300℃）保持 10min，几乎不分解，但沸点以下，在水中会随水蒸气而蒸发；耐热、耐紫外线，在整理过程中不会产生色变；在水中易分散乳化；与树脂相溶性好。对尘螨等有驱避效力和杀螨效力，被褥包布用 EDEC（乳化型）后加工，被褥棉絮用 ED（油性型）混入加工。关于

Markamide EDEC 的安全性能见表2－9。

表 2－9　Markamide EDEC 的安全性能

安全项目		性能
急性 口服 毒性(mg/kg)	大白鼠 LD_{50}	8600
	小鼠 LD_{50}	6200
	豚鼠 LD_{50}	8600
	无作用量	400～800
经皮(mg/kg)	兔 LD_{50}	＞5800
	豚鼠无作用量	500
吸入(mg/m²)	小鼠 LD_{50}	4890
	大白鼠 LD_{50}	7510
静脉(mg/kg)	兔 LD_{50}(g/kg)	100
腹腔内(mg/m²)	小鼠 LD_{50}	2749
	大白鼠 LD_{50}	5058
变异性	微生物变异性	阴性
	诱发染色体异状	阴性
皮肤刺激性		无

由不同浓度 Markamide EDEC 整理的棉布,杀灭螨虫与驱避螨虫之间关系,如图 2－11所示。

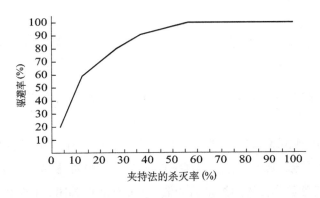

图 2－11　杀灭率与驱避率之间的关系

由 EDEC 整理棉布驱避螨虫效果的耐久性试验结果如表 2－10 所示。

表 2 - 10　Markamide EDEC 整理棉布驱避螨虫效果的耐久性（大阪府法）

样品		整理试样（1）	整理试样（2）
未洗涤		97.5	99.7
经家庭洗涤	10 次后	82.4	86.4
	15 次后	75.0	84.3
	20 次后	68.1	73.5
经干洗	5 次后	92.6	95.8
	10 次后	90.2	93.7
	20 次后	85.2	89.3
经机晒	40h	94.0	97.3
	80h	91.6	93.1
经氯漂	10mg/kg	91.8	94.2
	20mg/kg	85.9	90.6

注　整理时，EDEC 浓度试样（1）＜试样（2）；表中数据指驱避率（％）。

4. 有机磷系　此类防螨剂有 Daiazi-none MC 等。Daiazi-none MC 的主要成分是

，其外观为淡黄色油状液，不溶于水，有特殊臭味。沸点

83℃。不耐酸，耐热性也不好。经实验，口服急性毒性（大白鼠）LD_{50} 为 340mg/kg。有杀螨效力，对尘螨类有效，但对粉螨类和爪螨类的效力稍差。常混在地毯黏合剂中使用。

5. 拟除虫菊酯系　Aleslin、fleslin 是由日本帝人公司生产，主要成分是

，可浸渍吸附，微胶囊化，作为吸附粉末载体混

合使用，经口服急性毒性（大白鼠）LD_{50} 为 500mg/kg，吸入急性毒性（大白鼠）LD_{50} 为 2000mg/kg 以上。

6. 防螨虫整理剂 SCJ - 999　北京洁尔爽高科技有限公司是目前国内唯一一家批量生产织物防螨剂的厂家，其中著名的防螨整理剂 SCJ - 999 在很多厂家被广泛使用，其主要成分为胺基有机酯类化合物的纳米微胶囊，它带有活性基团，可与棉、毛、黏胶纤维等交联，也可以通过固着剂在纺织品表面形成防虫药膜，对螨虫等有高效、快速的驱避作用。防螨整理剂 SCJ - 999 可广泛用于整理床上用纺织品、针织品、地毯、窗帘等装饰用布及军用纺织品。

防螨整理剂 SCJ-999 易分散于水,对人体无毒(10% 水溶液),pH=6.5~7,可与柔软剂共同作用,但不适于170℃以上高温处理。国内权威测试机构测试结果表明,其防螨抗菌整理后的织物对人体无毒,对皮肤无过敏反应,对织物外观及物理指标无不良影响,穿着舒适。对尘螨、革螨、恙螨等的驱避率都大于99%,洗涤50次驱避率都大于85%,对防止皮肤瘙痒和哮喘病等有明显效果。

7. 防螨抗菌整理剂 SCJ-998　防螨抗菌整理剂 SCJ-998 是带有活性基团和吡卜酰胺结构的氯苯咪唑类高分子化合物和以拟除虫菊类化合物为主的纳米微胶囊,SCJ-998 上带有的活性基团可与纤维上的—OH、—NH—形成共价键,使防螨抗菌处理后的织物具有优异的耐洗涤性;SCJ-998 带有的抗菌基团作用于细菌的细胞膜,使细胞膜破损,通透性增加,细胞内的胞浆物外漏,也可阻碍细菌蛋白质的合成,造成菌体内核蛋白体耗尽,从而导致细菌死亡;SCJ-998 带有的抗菌基团还选择性地作用于真菌细胞膜的麦角固醇,使细胞膜通透性改变,导致细胞内的重要物质流失,而使真菌死亡。同时,SCJ-998 在织物表面形成防虫药膜,对螨虫等具有高效、快速的驱避防虫效果。

防螨抗菌整理剂 SCJ-998 由 SCJ-998A、SCJ-998B 和 SCJ-998C 三组分构成。其中 SCJ-998A 外观为无色透明液体,可溶于冷水,pH 为 6~7(10% 水溶液);SCJ-998B 外观为淡黄色透明液体,可扩散于水中,pH 为 7~8;SCJ-998C 外观为淡黄色透明液体,可溶解于水中,pH 为 5~6。防螨抗菌整理剂 SCJ-998 在使用浓度下对人体无毒。防螨抗菌整理剂 SCJ-998 对织物的白度、色光、强力、手感和透气性无不良影响(该产品的知识产权受国家法律保护)。

经口急性毒性:昆明种小白鼠空腹一次性经口灌胃,4% 溶液 10000mL/kg,属实际无毒;对皮肤:日本大耳标准兔脊柱两侧削去毛后,一侧贴敷浸 4% 溶液的纱布,无刺激;对眼睛:日本大耳标准兔,以 4% 溶液,对眼睛无刺激。对螨虫等有高效、快速的杀灭和驱避作用,具有广谱高效的防螨抗菌性和优异的耐洗涤性,适用于棉、毛、涤棉、黏胶纤维等纺织品的防螨抗菌整理,包括床上用纺织品、内衣、毛巾、地毯、室内装饰用品及军用纺织品的后加工等。

中国疾病控制中心等多家国内外权威卫生单位测试应用证明:SCJ-998 防螨抗菌整理后的纺织品具有明显的防螨、抗菌、防臭、防霉、止痒作用,对尘螨的驱避率高达99%,可以完全杀灭接触纺织品的金黄色葡萄球菌、表皮葡萄球菌、淋球菌(国内流行株)、淋球菌(国际标准耐药株)、链球菌、肺炎球菌、脑膜炎球菌、大肠杆菌、痢疾杆菌、伤寒杆菌、肺炎杆菌、绿脓杆菌、枯草杆菌、蜡状芽孢杆菌、白色念珠菌、絮状表皮癣菌、石膏样毛癣菌、红色毛癣菌、青霉菌、黑曲霉菌等有害菌,洗涤 100 次后抑菌率仍达 99.9% 以上。防螨抗菌整理织物对皮肤无刺激、无过敏反应,对人体无毒,穿着舒适。能有效地预防哮喘、沙眼、结膜炎、淋病、宫颈炎、前列腺炎、呼吸器官感染等疾病的传染,对防治脚癣、股癣、湿疹、疖痈、汗臭、脚臭、皮肤瘙痒有显著效果。

8. Markamide 1 – 20 Markamide 1 – 20 是由日本 SCN 公司生产,其主要成分为

。Markamide 1 – 20 外观为淡黄色油状液体,不溶于水,有独特的

樟脑气味,沸点95℃,耐酸,不耐汗,耐热、耐紫外线较差。经实验,口服急性毒性(大白鼠)
LD_{50}为 1000mg/kg,有杀螨效力,是地毯和椅套的后加工药剂。该药剂有乳化型和油性型
两种。对尘螨有效,但因其气味强,用途受到限制。

9. 防螨剂 Acitiguard AM87 – 12 该产品由瑞士 Santized 公司生产。在中国纺织工
程学会全国纺织抗菌研发中心的防螨产品测试中,按照 AM87 – 12 产品说明推荐工艺处
理的涤纶磨毛轧花家纺布,其防螨效果没有通过国家标准 GB/T 24253—2009《纺织品
防螨性能的评价》。Acitiguard 整理产品的效果,可以通过特拉斯堡大学的 48 间学生卧室
内进行的试验结果来说明。48 间卧室分成四组(即每组 12 间),全部用新的床褥、地毯和
床垫,并按各自的习惯方式生活。

第一组全部没有经防螨整理,第二组全部经防螨整理,第三组只有地毯经防螨整理,
第四组只有床垫经防螨整理。

卧室使用一年后,测定室内过敏原的数量,以第一组测得数据为 100% 计。第二组床
垫上的过敏原仅为 8% ,地毯上为 4% 。二年后的情况仍类似。而第三组的经防螨整理
过的地毯上过敏原为 9% ,而未经防螨整理的床垫上的过敏原数量与第一组的数量相同。
第四组经防螨整理床垫上的过敏原为 9% ,奇怪的是未经防螨整理的地毯上的过敏原居
然仅 55% 。由此证明,防螨整理床品的确可改善卧室的卫生条件。

10. 防螨剂 Aninsen CBP 该产品由日本 DAIWA 公司生产,其主要成分是芳香族化
合物。外观为淡黄色液体,使用时加外催化剂 Aninsen A 进行交联,可取得耐久的防虫效果。

处理工艺:

二浸二轧(CBP40g/L,催化剂 0.4g/L,轧液率 70%)→烘干(80~90℃)→焙烘
(150℃,1min)

11. 天然驱避剂

(1)Bioneem。从印度 Neem 树种子油中提取的一种浓缩物 Bioneem 是螨虫的克星,
它对人类和哺乳动物完全无毒,但能阻止螨虫的成长和繁殖,用于纺织品的防螨整理,有
持续数年的长期效果。Neem 种子含油量达 40% ,其主要成分与其他植物油(如橄榄油、
葵花子油、菜籽油等)类同。与一般食用油的不同之处是含有很多苦味成分和类固醇,对
昆虫起明显的抑制作用。其中 Azadirachtiue 能阻碍很多种昆虫的生长和繁殖,Salinine 则
是有效的驱虫剂,其提纯出的很多有效成分能对昆虫起抑制作用,各成分共同协作的结果,

即仅用极少量就能完全控制有害昆虫。只需在后整理阶段把 Bioneem 喷在织物上即可。

（2）天然柏树精油。其主要成分为类萜系化合物 （图） 。口服急性毒性（小鼠）LD$_{50}$8000mg/kg，吸入急性毒性（小鼠）LD$_{50}$781mg/kg。对尘螨有忌避、杀灭效力和抗菌防臭效力，可在棉、涤/棉床上用品后加工用。

（3）Quwenling。是一种以桉树为原料的驱螨剂，含有对薄荷基 –3,8 –醇（PMD）、异胡椒薄荷醇和香茅醇混合成分。其他还有除虫菊提取物、桉树油、柿涩等植物性物质。

12. 无机驱避剂　无机化合物作为纤维制品的驱螨剂是目前研究的热点，其中一种是呈胶体状态，虽然用量少，但存在许多粒子，能增加胶体粒子和害虫的接触频度，具有满意的忌避效果。此外，它还可施加在基材上，加工成本低。这种胶体忌避剂的尺寸为50Å（5μm），是中性至微碱性的半透明绿色液体。活性成分铜被固着在氧化钛母体上，以水为溶剂。因为它是胶体，所以受其他物质的影响大。这种忌避剂属阴离子系，即使存在阴离子、非离子系物质，也不易受到影响，但和阳离子系物质共存时，容易凝胶化。通常在 pH = 4 ~ 10 的范围中使用。

二、防螨纺织品

20 世纪 80 年代已有人从事纺织品防螨抗菌整理的研究开发。到了 20 世纪 90 年代，防螨剂实现了工业化生产，瑞士的 Santized 公司推出了纺织品防螨剂 Acitiguard AM87 – 12；德国的 Herst 公司开始生产防螨剂 MITEA；澳大利亚的 ATCP 公司推出防螨剂 Healthguard；日本的东丽和东洋纺等公司先后有多种防螨产品投放市场，同时日本客商以防螨抗菌剂客供的形式在中国内地加工防螨抗菌纺织品，有的客商要求直接加工床上用品三件套、抗菌防螨成衣。在我国，北京洁尔爽高科技有限公司已批量生产防螨剂和防螨抗菌纺织品供应国内外市场。如今在欧美各国，防螨纺织品已为不少床品、床垫厂家所采用。在国内，康益公司、飞天公司等一些优秀的保健家纺企业大批量使用 JLSUN® 防螨纺织品。

使纺织品获得防螨功能的技术是多种多样的，由于纺织品品种众多，原料组成及最终用途各异，所以防螨处理工艺及防螨整理剂均有各自的针对性。对于棉、毛等天然纤维纺织品，在染整工序中用吸尽法或浸轧法将防螨剂施加到纺织品上。有的防螨剂还可与其他染整助剂同浴施加，因此应用及质量控制均很方便。而对于合成纤维则在纺丝阶段加入防螨整理剂。类似的处理方法还可应用于其他与纺织相关的产品，如工业用纺织品、橡胶或塑料制品等。

防螨纺织品的生产方法包括功能纤维法、织物后整理法、高密织物法。下面进行详细介绍。

（一）防螨纤维的生产

防螨纤维的生产，是将防螨整理剂添加到成纤聚合物中，经纺丝后制成防螨纤维。

通过该方法可赋予纤维材料以防螨性能。具体实施方法有两种：一种是在聚合物聚合过程中添加防螨整理剂，然后进行纺丝；另一种则是制成防螨母粒，然后再和聚合物切片混合，在聚合物纺丝过程中将防螨整理剂添加到纤维中，对纤维进行化学改性。开发防螨纤维和防螨絮棉多用后一种方法。

例如，将防螨整理剂 SCJ－999 与聚酯聚合物切片混合，得到构成皮层成分的聚合物（含 SCJ－999 1%～3%）；将聚对苯二甲酸乙二酯用作芯成分，与构成皮层成分的聚合物一起，经熔融复合纺丝后制得具有防螨效果的皮芯结构的复合纤维。

近年来，日本对防螨纤维的研究较多，并申请了一些防螨纤维方面的专利。如东丽公司的特平 09/132968 防螨纤维的制造方法和特平 09/030911 防螨树脂组成物及防螨纤维构成物，石家硝子公司的特平 10/025617 防螨纤维，帝人公司的特平 10/212668 驱避害虫纤维。

日本的一些公司也开发许多防螨纤维。如日本钟纺公司以腈纶为基材，在其处于凝胶状态时涂以各种防螨整理剂（苯酰胺化合物、除虫菊酯、二苯醚或有机磷），使防螨整理剂进入到纤维表层之下，提高了其防螨性。帝人制药公司是将未牵伸的聚酯丝经防螨处理后再进行加热牵伸制出了防螨纤维。日清纺公司使用从桉树的叶子中提取的精油和柏树精油构成的天然成分，纺制得到具有防螨抗菌防臭多重功能的纤维"エカリーノ"，洗涤 10 次后防螨率约为 70%、洗涤 30 次后为 55%。日本东丽公司在开发防螨材料上颇有成效，防螨聚酯纤维"Kepach-f"与具有防螨功效的床垫"CLINIC FUTON"是其系列产品。"Kepach-f"所用的防螨剂是特殊的季铵盐化合物与特定的除虫菊提取物的混合物。用"Kepach-f"与高密织物配合而开发出的"CLINIC FUTON"在日本市场上享有很高的声誉。开发者曾在第 25 届日本儿童过敏学会上发表过一篇关于这种被褥抑螨效果的论文。这项研究是针对涉及儿童哮喘症的 22 个家庭，分别使用"CLINIC FUTON"被褥和 100% 聚酯纤维被褥，对患儿及其兄弟姐妹和父母进行对比试验，这一试验是在同一房间同时进行，干燥、保管等条件相同，使用前后进行采螨。结果，"CLINIC FUTON"被褥上的螨虫数比对比样品的螨虫数少 90%，证明了它的防螨性。

另外，有人通过化学反应在腈纶上接枝铜离子，并分别接上金黄 X—GL $C_{19}H_{24}N^{3+}O$ 基团和蓝 X—GB $C_{20}H_{24}N^{3+}O$ 基团制得了两种改性纤维，然后又与其他纤维混合在一起，经过开松、铺网等处理工序，制得具有防螨效果的非织造布。

北京洁尔爽高科技有限公司开发出了适用于丙纶及涤纶的高效防螨抗菌剂和防螨抗菌母粒，并采用防螨剂 SCJ－998 研制成功了具有防螨和抗菌双重效果的防螨抗菌黏胶长丝,经中国疾病控制中心、中国人民解放军军事医学研究院等有关权威测试机构测定,该纤维具有优异的防螨抗菌性能,对螨虫驱避率达到99%以上,抗菌率达到99%以上。该纤维还具有良好的安全性、耐久性和耐后加工性。

人们经常将防螨化学纤维与天然纤维进行混纺,以兼顾天然纤维的舒适和防螨化学纤维的防螨性能。但是,普通天然纺织品的前处理一般都要经过烧碱精练、氯氧双漂、强碱丝光等工序。由于所采用的防螨整理剂可能不耐酸、碱或不耐氧化、还原等,所以由其制得的防螨纤维及织物对染整工艺就会有一些特殊要求。这样就要求在染整加工过程中,要做到既要考虑防螨效果,又要兼顾防螨纤维及织物的特点,否则会直接影响到防螨纺织品的防螨效果。为了保证产品的防螨效果,通常最后再用防螨抗菌剂 SCJ – 998 处理,以获得防螨抗菌的双重效果。

(二)纺织品防螨整理

人体不断地以汗液、油脂、皮肤脱落物的形式产生分泌物,在纺织品与皮肤间有螨虫和微生物繁殖的理想环境——潮湿和温暖,为螨虫和微生物提供了最佳滋生场所。螨虫和微生物的大量繁殖造成卫生条件恶化、产生不良气味,甚至会引起皮肤感染。纺织品洗涤后,看上去很清洁,但仍有螨虫和病菌存活。而采用抗菌防螨处理剂整理纺织品,破坏了螨虫和细菌的滋生条件,使其无法繁殖,才能真正达到清洁卫生。

防螨整理是用防螨剂处理纺织品,从而使其获得防螨性能、保持清洁卫生的加工工艺。其目的不仅是为了保持纺织品清洁,更重要的是为了防止疾病传染,保证人体的安全健康和纺织品穿着舒适,降低公共环境的交叉感染率,使纺织品获得卫生、保健的新功能。防螨整理纺织品可广泛用于人们的内衣、毛巾、浴巾、床单、被套、毛毯、装饰织物、地毯、空气过滤材料等,具有重大的社会效益。

纺织品防螨整理技术是现代医学、精细化工与染整新技术相结合的边缘技术,其关键问题是从化工方面如何进行防螨剂的分子结构设计和合成;从医学方面要研究该防螨剂的效果和安全性等;从染整方面要解决防螨剂和纤维的结合以及对纺织品的牢度、强力、白度和透气性的影响等。

防螨整理的方法,视材料的形态(如散纤、纱线、织物、无纺布等)不同,可采取用浸渍(或喷淋)和脱液、浸轧、或喷雾等方法施加一定量的防螨整理剂,然后烘干即可。该技术的关键在于防螨整理剂的选择和整理剂的配制。例如,将防螨剂装入微胶囊,通过树脂等成膜材料与纺织品粘接来获得具有耐久性的防螨效果。将防螨剂与有机硅氧烷等制成涂层液,赋予纺织品良好的防螨效果。将防螨整理剂溶解于"页岩焦油 A"溶剂,搅拌加入乳化剂,再将此防螨乳液与树脂混合为防螨处理液,纺织品浸轧防螨处理液后,再经过烘干,焙烘(130℃,1min),就具有良好的防螨效果。还有人利用异氰硫乙酸盐的乳液处理涤纶织物,在通过干燥和焙烘(180℃,2~4min)之后,获得耐洗的防螨涤纶织物。

国内外常用的防螨整理工艺介绍如下。

1. 日本 在日本,有许多公司生产防螨织物或防螨多功能纺织品。如东丽公司开发了防螨抗菌多功能织物ケパックⅡ和防螨抗静电高密度织物クリニック;尤契尼卡公司采用防螨微胶囊开发了防螨织物バラーリ和防螨抗菌多功能织物バラーリ;钟纺公司推出了防螨加工地毯パンサー和防螨纺织品"快眠梦中";日清纺使用桉树和柏树精油生产出了防螨纺织品ユカリーノ;大同染工公司推出了防蚊防螨织物パイオースロン―M;敷纺公司采用冰片类化合物生产出了防螨纺织品インパダC;东洋纺开发了防螨抗菌多功能织物アローストップDK,大和纺采用防螨微胶囊化加工剂生产出了防螨纺织品クリーンホーマC,C/E;可乐丽公司推出了防螨织物バチカットE;富士纺公司推出了防螨织物アンチバック等。根据纺织品的不同用途选用合适的防螨制剂,举例见表2-11。

表2-11 不同纺织品适用的防螨整理剂

纺织品		防螨整理剂
絮类	涤纶絮	二苯醚类 邻苯二甲酰亚胺 芳香族羧酸酯(Markamide EDEC)
	羊毛絮	冰片衍生物(Markamide 1—20) 芳香族羧酸醋(Markamide EDEC)
	羽绒絮	冰片衍生物(Markamide 1—20) 芳香族羧酸酯(Markamide EDEC)
	包覆面料(棉)	去氢醋酸(Aninsen CBP) 芳香族羧酸酯(Markamide EDEC)
地毯类		防螨地毯大都选用防螨纤维(即防螨剂在制造过程中就已加入的纤维)植入的基本方法制成,防螨纤维中加入的防螨制剂为有机磷化合物,如Mark JN—50
基布		冰片衍生物(Markamide 1—64) 有机磷化合物(微胶囊化的Mark)
家具布类	椅子面料	冰片衍生物(Markamide 1—20)
	家具、毛毯等材料	冰片衍生物(Markamide 1—20)

2. 瑞士 瑞士的Santized公司开发了成衣抗皱防螨整理工艺,其整理工序为面料成衣加工、前处理洗水加工(酵洗)、烘干(布pH=6~7)、浸渍抗皱药液(pH=5±0.5)、脱水(60%~80%湿度)、烘干(100~110℃以下,湿度10%~20%)、定形压熨(140℃,20s)、入焙烘炉前检查、炉焙烘(145~155℃,5~15min),然后进行防螨处理,最后冷却、包装。

3. 德国 德国的Herst公司开发了防蚊防螨多功能整理工艺(Insect resist and mite protection finishes)用于生产户外纺织品。防蚊防螨微胶囊剂Healtho 2M的外观为乳白色液体,pH 为 7,闪点 > 100℃,密度(20℃)0.98 ~ 1.02g/cm³,符合生态环保要求,可以使用浸轧、浸渍、涂层工艺处理天然及合成纤维,加工后的织物对蚊子、螨虫有良好的驱避、灭杀效果和出众的耐水洗牢度。

浸轧工艺:

织物→浸轧防蚊防螨溶液(Healtho 2M 20 ~ 50g/L,轧液率 60% ~ 90%)→烘干(100 ~ 120℃)→拉幅(140 ~ 150℃,1min)

4. 中国 中国的大部分企业使用的防螨整理剂是 SCJ - 999 和防螨抗菌整理剂 SCJ - 998(北京洁尔爽高科技有限公司),其应用工艺分别介绍如下:

(1)防螨整理剂 SCJ - 999。防螨整理剂 SCJ - 999 处理织物的方法可以是浸轧、浸渍和涂层。防螨整理后的织物安全,穿着舒适,满足 Oeko—tex 100 标准,对尘螨、革螨、恙螨等的驱避率都大于 99%,洗涤 50 次驱避率都大于 85%。

①工艺配方。

防螨虫整理剂 SCJ - 999	20 ~ 40g/L
低温固着剂 SCJ - 939	20 ~ 40g/L

②工艺流程。织物→浸轧整理溶液(轧液率 70% ~ 80%)→烘干(70 ~ 100℃)→焙烘(150℃,30s,或 120℃,2min)→成品。

(2)防螨抗菌整理剂 SCJ - 998。防螨抗菌整理剂 SCJ - 998 处理纺织品的方法可以是浸轧、浸渍、喷雾、涂层、涂刷。SCJ - 998 的用量是 3% ~ 4%(owf),具体用量根据被处理纺织品的品种和用途而确定工艺。SCJ - 998 防螨抗菌整理后的纺织品具有明显的防螨、抗菌、防臭、防霉、止痒作用,对尘螨的驱避率高达 99%,可以完全杀灭 20 余种有害菌;洗涤 100 次后抑菌率仍达 99.9% 以上;对人体无毒,对皮肤无过敏反应,满足 Oeko—tex 100 标准。

①工艺流程。织物→漂染→烘干→浸轧防螨抗菌溶液(轧液率 70%)→烘干(80 ~ 100℃)→高温拉幅(150℃,20 ~ 30s,或 120℃,2 ~ 3min)。

②工艺配方(以轧液率 70% 为例)。

内销品牌产品:

SCJ - 998A	36g/L
SCJ - 998B	16g/L
SCJ - 998C	8g/L

内销品牌产品不仅要在防螨抗菌效果测试时达到标准要求,而且要在使用过程中让消费者明显感觉到防螨、抗菌、防臭、防霉、止痒效果,故建议使用此配方。

出口产品:

SCJ - 998A	22g/L
SCJ - 998B	10g/L

SCJ - 998C   5g/L

出口到美国、日本、西欧、澳大利亚的产品要求在防螨抗菌效果测试时达到国外标准,使用此配方就能满足其要求。

(三)防螨微孔纺织品

采用致密的织物不让螨虫通过来达到防螨效果,此种方法为隔离方法。这种方法源自塑料薄膜,但塑料薄膜不能透气,有闷感。

实验数据表明:螨虫身体大小在 $100 \sim 500\mu m$ 之间,螨虫粪便的大小为 $10 \sim 40\mu m$,雨滴的大小为 $500 \sim 3000\mu m$,雾滴的大小为 $100\mu m$ 左右,水汽分子的大小为 $0.0004\mu m$。美国 Virginia 大学的试验证实,布缝的孔径在 $53\mu m$ 就可防止尘螨通过,当布缝的孔径在 $10\mu m$ 以下就可以防止尘螨排泄物通过。隔离方法主要是依靠织物本身编织紧密或具有的微孔结构而防止螨虫的侵入或穿透织物,但不能驱避或杀灭螨虫,不能降低使用环境下的螨虫密度。如用这种高密织物制做床单,床单上的螨虫不能进入床单下的床垫,但螨虫仍可依靠人体的分泌物等生存繁殖,故通常是使用驱避剂进一步强化这种阻断效果。

这种材料有聚四氟乙烯层压复合织物、涂层织物、特卫强(Tyvek)等。

美国杜邦公司生产的特卫强(Tyvek)是由极细的高密度聚乙烯(HDPE)纤维组成,经杜邦独创的闪蒸法制成的特殊织物。组成特卫强的单丝线密度约 $0.5\mu m$,可以透气,但包括尘埃、液态水、油污、皮屑等均不能透过。

聚四氟乙烯(PTFE)层压复合织物、涂层织物等材料除了物理隔离螨虫的功能以外,还具有防尘、防水透气、柔韧轻盈、保暖等特殊性能。其性能指标见表2-12。

表 2-12   透湿涂层织物和聚四氟乙烯层压织物的部分物理性能指标

性能指标	Entrant 透湿涂层织物	Gore - Tex 聚四氟乙烯层压织物
孔径(μm)	2 ~ 3	0.2 ~ 5
透湿量 $[g/(m^2 \cdot d)]$	4000	5000
耐静水压(kPa)	200	>9.82
膜厚(μm)	—	25
开孔率(%)	—	82

螨虫对温湿度的需求与人体相似,随着家庭空调设备的普及化,室内的温湿度更适宜于微生物和螨虫的生长繁殖。螨虫等大量滋生于家用纺织品中,如地毯、沙发及床褥用品等。螨虫引起的疾病在媒体中被大量提及,螨虫的危害日益成为人们所关心的环境卫生问题。纺织品的防螨处理被视为一道必要的后整理工序而被普遍采用。防螨纺织品将大量应用于地毯、墙布、幕帘、家具布、装饰织物、褥垫填充物及床上织物等家用纺织品。根据我国台湾学者研究统计,床垫、被褥使用防螨套后,可以显著降低尘螨浓度,有

效防止因尘螨引发皮肤病的发生。

随着我国防螨纺织品标准的建立和产品质量监督工作的加强,以及我国人民生活水平的迅速提高,人们对纺织品的质量要求由传统的实用和美观趋向更重视安全和卫生。特别是近两年来,国内乃至全球,生物安全事件频频发生,提高了广大消费者对生物危害的认识,也促进了各类功能性、保健纺织产品的研究与开发。因此,防螨整理纺织品将具有良好的发展前景。

参考文献

[1]张洪杰,张金桐,商成杰. 防尘螨药物的实验室药效测试方法[J]. 昆虫知识,2004(3):275-278.

[2]詹希美. 人体寄生虫学[M]. 北京:人民卫生出版社,2001.

[3]孟阳春,李朝品,梁国光. 蜱螨与人类疾病[M]. 合肥:中国科学技术大学出版社,1995.

[4]陈佩惠,孔德芳,李慧珠. 人体寄生虫学实验技术[M]. 北京:科学出版社,1998.

[5]邹永淑,商成杰. 防螨抗菌织物的研究[J]. 纺织导报,2000(1):26-28.

[6]齐藤俊夫. 具有抗尘螨效果的纤维构造品的制造方法:日本,827671[P].

[7]何中琴. 纤维产品的防螨加工[J]. 印染译丛,2000(3):52-60.

[8]中曷照夫. 纤维制品的防螨整理[J]. 加工技术(日),2000,35(3):52.

[9]酒井宏幸,吉村喜一郎. 防尘螨性聚酯纤维制品及其制造方法:日本,3234865[P].

[10]齐藤俊夫. 具有抗尘螨效果的纤维构造品的制造方法:日本,827671[P].

[11]夏原丰和. 东洋纺的"清洁革命"产品[J]. 加工技术(日),1999,34(6):2.

[12]布生敏一. 抗菌防臭、抑菌和防虫素材[J]. 加工技术(日),2000,35(8):14.

[13]日本服装制品等品质性能对策协议会. 防螨纺织制品忌避试验的基本方法[J]. 加工技术(日),1998,33(2):51-53.

[14] SCHINDLER W D, HAUSER P J. Chemical finishing of textiles [M]. Woodhead Publishing Limited,2004.

第三章　防蚊虫纺织品

第一节　概述

　　蚊子属昆虫纲双翅目蚊科,小型昆虫,体长 0.5~1.5cm,触角细长,口器形成一长喙,雌蚊的喙一般适于刺吸血液。雌性蚊子需要吸食血液来产卵、育卵。其嗅觉灵敏,对人体呼吸和新陈代谢所产生的二氧化碳及乳酸等挥发物非常敏感。可以从 30m 外直接冲向吸血对象。蚊科中常见的有按蚊(Anopheles)、库蚊(Culex)及伊蚊(Aedes)。

　　蚊子对人类进行直接叮咬吸血,不仅骚扰人们正常的睡眠和休息,更严重的是传播多种疾病,危及人类的健康和生命。蚊子在叮咬的时候,为了防止血液凝固,在叮入人畜后,会在伤口上注入一些唾液,病原体就由此传播。国内常见的蚊媒病有疟疾、丝虫病、登革热和流行性乙型脑炎。在国外还流行黄热病、西尼罗热、东方马脑炎、西方马脑炎、委内瑞拉马脑炎、圣路易脑炎和基孔肯雅热等蚊媒病。据世界卫生组织统计,在非洲、亚洲、中南美洲,伊蚊传播黄热病和登革热,这些地区每年至少 1 万人死于黄热病、100 万人死于登革热;全球每年被按蚊叮咬而感染疟疾的有 5 亿人,因感染疟疾而死亡的人数超过 100 万。有些伊蚊叮咬其他动物后再叮咬人,将嗜睡性脑炎病毒传给人,致使每年 3 万人丧命。因此,蚊子防治工作具有十分重要的意义。

　　20 世纪初,人们通过减少孳生源来控制蚊子的增长。30~40 年代,蚊子控制技术除强调减少孳生源外,还有用矿物油和植物粉(天然除虫菊酯和菌酸)来消灭蚊子,同时也出现了针对蚊子幼虫和成虫控制的其他方法。60~70 年代,科学家仿制和改进天然除虫菊酯的结构特征,这便是合成拟除虫菊酯。虽然它对蚊子幼虫的活性很高,但由于对鱼的毒性高,因而并不能广泛用于幼虫控制。在 80 年代中期,科学家开发出了一项应用细菌来防虫的新技术,即用苏芸金杆菌(BT)和球形杆菌(BS)来控制蚊子。这两种细菌可以在自然界的树叶、土壤和虫体上产生腐烂菌。在形成孢子的过程中细菌合成各种蛋白质,某些蚊子的幼虫吃了便会中毒。BT 和 BS 对某些库蚊、按蚊有毒性。细菌杀虫剂已被广泛应用到许多疾病传播媒介的防治计划中。可是由于某些蚊子已产生变异性,现在科学家们正在设法通过基因工程获得毒性高度转移的细菌品系。90 年代,昆虫生长调节剂的研究引人注目。它是应用神经肽对昆虫产生发育、生殖的调控,干扰昆虫的正常生理功能,开辟化学防治的新途径。最近,科学家正在将一种阻断疟疾传播的基因转入蚊子胚胎,使这种经基因工程改造后的蚊子将不再传播疟疾。可见,基因工程结合分子生物学技术将是未来蚊子防治的主要模式。目前,世界卫生组织倡导各国采取以环境治理为主的综合措施来控制蚊子的大量繁殖。生态环境的改善自然降低了蚊子的数量。合理应用现存的各种防蚊措施,将把蚊子对人类的危害降低到最低限度。

随着科学技术的发展,人们在探索更多的方法应用在防蚊产品中。虽然目前已经将大量的现代化科技融入杀虫剂产品中,但是这些方法依旧是比较传统的,如蚊香、电蚊香、防蚊剂、防蚊液等,虽然这类方法使用简便、经济实惠,但是效果并不持久,而且这种驱蚊方式存在不同程度的不良后果,如产生气味、散发有毒气体,长期使用会造成人的不良反应,尤其在密闭的环境,容易产生严重过敏现象,如咽喉疼痛、鼻塞、头痛等。为解决此问题,防蚊虫纺织品应运而生,人们可以通过使用或穿着防蚊纺织品而达到驱避蚊虫的效果。

防蚊虫纺织品是一种新的织物功能化产品,是对蚊虫进行驱避或杀灭的一种卫生防护用纺织品,近年来,在国内外逐渐引起重视,并取得了较为迅速的发展。它采用防蚊虫整理剂,对经常与人体接触的纺织品进行加工整理,在特定的温度、时间等工艺条件下,通过黏合剂等与纤维结合在一起,在纤维表面形成不溶于水及一般有机溶剂的驱蚊药膜,这种药膜能散发出蚊虫所厌恶的气味,使其不愿在此纺织品上停留而逃跑。此种防蚊虫整理剂对蚊、蝇、蚤、虱、蛀虫等具有高效、快速的击倒灭杀和驱避作用,可广泛用于床上用纺织品、地毯、蚊帐、窗帘等装饰用布和袜子、衣料等夏季用纺织品及军用纺织品,使之具有比较耐久的防蚊虫效果。这种方法操作简单、使用方便、技术工艺成熟,经过长时间的生产实践,证明具有良好的防蚊效果,并且耐多次水洗,对人体无毒无害。

第二节　防蚊虫纺织品标准

一、概述

蚊虫对人类危害较大,它不仅影响人们的工作、生活和睡眠,更重要的是传染疾病。防蚊虫纺织品是各种防蚊措施中较有效、安全、环保的手段之一。防蚊虫纺织品是一类对蚊虫具有驱避、击倒或灭杀效能的纺织品,它通过固着在织物纤维上的防蚊化合物产生防蚊作用,防止蚊虫对人体的伤害,保护人类的健康。

近年来,随着各种各样的防蚊虫纺织品在市场上的出现和消费群体不断增加,防蚊虫纺织品消费量成快速上升趋势。在这种情况下,统一防蚊虫纺织品的检测标准显得越来越重要。采用统一的防蚊标准,不仅生产企业能采用科学的试验方法,对产品进行测试,改进生产工艺,提高产品的质量水平,而且消费者也能够了解表征防蚊虫纺织品的性能指标,为健康消费提供保障。为了提高防蚊纺织品的质量,杜绝虚假宣传,保护生产者和消费者的利益,有必要研究和制定统一的纺织品防蚊性能评定标准。

防蚊虫纺织品是一种新事物,防蚊虫纺织品的测试手段还很少,目前国外没有专门针对纺织品防蚊性能评定的标准。相关防蚊产品的防蚊性能评定标准主要如下。

(1)世界卫生组织 CTD/WHOPES/IC/96.1 Appendix I《实验室和户外杀虫剂驱避效应的评估》。

(2)美国实验和材料协会 ASTM E939—94《用化合物点滴法驱除医学上重要的有害的节肢动物(包括蜱虫和螨虫等)的现场试验的测试方法：Ⅰ蚊子》。

(3)美国环保署 OPPTS 810.3700 产品试验规范《户外和人体皮肤防虫测试》。

(4)美国 ASTM E951—94《用于皮肤防蚊剂配方的非商业性实验室测试方法标准》。

(5)GB/T 13917.1—2009《农药登记用卫生杀虫剂室内药效试验及评价 第1部分：喷射剂》。

其中,(1)~(4)为世界卫生组织文件 WHO/CDS/WHOPES/GCDPP/2000.5《促进杀虫剂在公共健康领域发展的全球性合作——个人防护的驱避性和毒性》中推荐的国际常用的测试方法。

国家标准化管理委员会下达的制定国家标准计划项目《纺织品 防蚊性能的评定》(项目编号 20074090-T-608),由北京洁尔爽高科技有限公司、深圳康益保健用品有限公司、上海巨化纺织科技研究所、纺织工业标准化研究所负责起草。2013 年我国首部防蚊纺织品标准 GB/T 30126—2013《纺织品 防蚊性能的检测和评价》实施,这标志着在中国市场销售的所有防蚊纺织品有了统一的测试方法和质量指标,对于规范防蚊虫纺织品的发展,保护生产者和消费者的利益,引导我国防蚊虫纺织品走向世界先进水平具有重要的促进作用。

二、GB/T 30126—2013《纺织品 防蚊性能的检测和评价》

GB/T 30126—2013《纺织品 防蚊性能的检测和评价》的试验方法具有良好的重现性,便利的可操作性,特别是驱避测试器法和吸血昆虫供血器法具有重大的创造性和新颖性。该标准利用驱避率、击倒率和致死率评价防蚊性能,该标准适用于所有形态的纺织产品,包括纤维、纱线和织物。

1. 测试仪器

(1)试验蚊笼。长×宽×高为 40cm×30cm×30cm,蚊笼一端的圆孔外缘连接直径为 15cm、长度为 30cm 的布袖,用于放入蚊子,以及将胳膊伸入蚊笼或将喂血盒放入蚊笼的底部,实际操作时非常方便。

(2)驱避测试器。驱避测试器的形状为长方形,体积较小,选用常用材料制成。

(3)吸血昆虫供血器。人体的体表弥散气味引起蚊虫刺叮,人工膜喂血装置模拟了人的体温、血液及皮膜散发的血腥味道,从而达到诱导蚊虫刺叮,替代人体进行驱避试验。

此装置是由温控仪和带有热敏探头的血盒两部分组成,每个温控仪可带 2 个以上喂血盒同时供血;喂血盒内的血温是通过温控仪进行调节与控制。在标准中规定了喂血盒的材质和温度。

2. 测试方法

(1)驱避器测试法。该方法创新了待测样品和对照样品同时在同一驱避测试器中测试的方法和仪器,使测试结果更加接近实际情况。驱避测试器可以方便地固定在胳膊上,测试孔紧密接触皮肤上的试样。通过移动滑板,可以方便地遮盖和暴露测试孔,在准确的试验时间内测试试样上的蚊虫停落数量。驱避测试器试验孔设计为 4 个,分别用于 2 个待测试样和 2 个空白对照试样,并进行了合理排列,满足蚊子停落。驱避测试器操作简便,测试结果的重现性明显提高。

(2)吸血昆虫供血器法。这是该标准独创的新方法,该方法提供了防蚊测试的新渠道,提高了测试结果的重现性,解决了多年来蚊虫测试工作者面临的操作烦琐、测试成本高和蚊虫叮咬测受试人体重大难题,使本标准测试方法更加完善,成为一个比较全面的纺织品防蚊类测试标准。人工膜喂血装置模拟了人的体温、血液及皮膜弥散气味,从而达到诱导蚊虫刺叮,替代人体进行驱避试验。在带有热敏探头的喂血盒中分别加入 10mL 血液,用人工膜将血液封闭,待测试样和对照试样分别覆盖在喂血盒的人工膜上;由温控仪设定喂血盒内的血液温度为 36℃,当血液温度达到设定温度时,将喂血盒放入盛有 300 只雌蚊的蚊笼底部,计数 2min 时待测试样和对照试样表面停落的蚊虫数。试验重复 4 次,并计算出防蚊织物对蚊虫驱避率。

(3)强迫接触法。该方法要求每个试样使用淡色库蚊 20 只做强迫接触,蚊虫和试样接触时间为 30min,记录被击倒的蚊虫数。30min 后将全部蚊虫转移至清洁的养蚊笼内,置于 25℃±1℃室内,并用 5% 糖水棉球饲养,24h 时记录死亡蚊虫数。试验重复 3 次,并计算出死亡率。蚊虫死亡的判断标准:试验蚊虫经震动不能活动者为死亡。

3. 效果评定 采用驱避测试器法或吸血昆虫供血器法,以蚊虫在试样和对照表面停落数,计算出驱避率,以对蚊虫的驱避率来评价织物的防蚊性能。采用强迫接触法,以织物对蚊虫的击倒率和致死率来评价织物的防蚊性能。

考虑到不同用途的纺织品要求的防蚊方式和防蚊性能不同,该标准对防蚊效果分为三种方式和三个级别。

防蚊虫纺织品的防蚊效果采用驱避、击倒和致死效果进行评定。待测织物试样的防蚊效果有一项符合驱避、击倒、致死效果评价时,该待测织物试样评定为合格的防蚊虫纺织品。

(1)驱避效果的评级分为三个级别:A 级 B 级 C 级。

A 级 驱避率大于 70% 具有极强的防蚊效果。

B 级 驱避率为 70% ~50% 具有良好的防蚊效果。

C 级　驱避率为 50% ~30% 具有防蚊效果。

（2）击倒效果的评级分为三个级别：A 级 B 级 C 级。

A 级　击倒率大于 90% 具有极强的防蚊效果。

B 级　击倒率为 90% ~70% 具有良好的防蚊效果。

C 级　击倒率为 70% ~50% 具有防蚊效果。

（3）致死效果采用 24h 死亡率测定，评定评级分为三个级别：A 级 B 级 C 级。

A 级　24h 杀灭率大于 70% 具有极强的防蚊效果。

B 级　24h 杀灭率为 70% ~50% 具有良好的防蚊效果。

C 级　24h 杀灭率为 50% ~30% 具有防蚊效果。

第三节　纺织品的防蚊虫整理剂

理想的防蚊虫整理剂应满足防虫效果耐久性好、安全无害、不易产生抗药性且不影响织物原有的各种性能。目前纺织品所用的防蚊虫整理剂主要有驱避剂和杀虫剂两类。

一、驱避剂和杀虫剂

最近十几年，我国防蚊虫原药的科研与生产取得了显著成效。一方面由于改革开放，引进了国外许多先进品种与技术，同时，国内有关单位亦在努力，使卫生杀虫剂原药向提高质量与开发新类型药物发展。

具有驱避效能和杀蚊效能的化合物有许多种，但效果差异较大。理想的驱避剂和杀虫剂具有高效、快速、对人体无害、对皮肤无刺激、无难闻气味、性质稳定、价格低廉、使用方便等优点。

1. 驱避剂　驱避剂本身并无杀虫作用，一般认为其驱蚊的机理是因为驱避剂具有蚊虫所厌恶的气味，使其不愿在含有驱避剂的地方停歇而逃之夭夭，借以预防蚊虫的叮咬和侵袭。另一种观点认为，驱避作用很可能是因为驱蚊化合物的分子阻塞了蚊子感觉器官毛状物中的小孔，使蚊子失去了对人体散发的热气和湿气的跟踪能力，从而不能正确地找到目的物所致。

驱避剂按来源可分为天然驱避剂和合成驱避剂。

（1）天然驱避剂。一般以植物源驱避剂为主，从一些具有防虫特性的植物根、茎、叶、花中提取出的有效防虫成分，多为萜类的酯类、醇类和酮类等物质。如从植物精油中提取的萜烯成分，和从赤桉精油中分离得到的一种成分，都对蚊虫具有驱避作用。另外，从桑橙、假荆芥、印楝树种子中也可提取具有高度驱避活性的成分。天然驱避剂具有许多优点，如无毒或低毒、气味清新、易降解、对环境无污染等。虽然大部分天然驱避剂在驱蚊高效性和持久性方面不尽人意，但德国等有公司找到了高效天然驱避剂，将这种高效天然驱避剂做成纳米微胶囊,使防蚊效果持久并且耐洗涤,此类代表性的产品是 Herst? 防虫整理剂 PBS8300。

(2)合成驱避剂。主要包括有机酯类、芳香醇类、不饱和醛酮类、胺类和酰胺类等。目前可用于纺织品处理的合成驱避剂有以下几种。

①DEET。即 $N,N-$diethyl$-m-$toluamide($N,N-$二乙基间甲苯甲酰胺),中文别名为避蚊胺。不溶于水,溶于醇、醚等有机溶剂,其使用量为 5% ~ 100%。但是近年来,研究人员发现 DEET 会引起神经系统疾病、脑病和皮肤病等,泰国和我国台湾地区已经禁止使用 DEET。

②Picaridin。即 KBR 3023(羟乙基哌啶羧酸异丁酯)。

③Oil of Lemon Eucalyptus(柠檬桉叶油)/PMD。

④IR3535。即 3 – ($N-$butyl$-N-$acety1)– aminopropionicacid – ethylester,中文别名为伊默宁,是一种酯类化合物。与酰胺类驱避剂相比,其香气宜人,对皮肤无刺激、无毒副作用、无过敏性,使用非常安全,已逐渐成为研究热点。

2. 杀虫剂 杀虫剂主要通过触杀、胃毒或熏蒸作用杀灭害虫。虽然杀虫剂的种类很多,但在目前用于杀灭蚊蝇等昆虫的卫生杀虫剂中,拟除虫菊酯最受推崇。

除虫菊酯是从除虫菊中提取的两种酯类中的一种,可用做杀虫剂。

拟除虫菊酯是近 50 年才迅速发展起来的一种不挥发烃类化合物。它是模拟天然除虫菊素的化学结构,人工合成的一类新型卫生杀虫剂,其生物活性类似天然除虫菊酯的仿生合成杀虫剂。它具有快速击倒、杀虫谱广、药效高等特点,对昆虫有驱避作用,对人体毒性低,易生物降解,在生物降解后不产生有毒残留物。另外,拟除虫菊酯的理化性质也比较理想,适合制成各种类型制剂。但它存在着大部分品种对鱼类毒性高、对天敌选择性差、无内吸传导作用等缺点。

拟除虫菊酯类杀虫剂分为两代产品。第一代主要有丙烯菊酯、胺菊酯和苄呋菊酯等,它们对蚊虫击倒时间快,毒力较弱。第二代主要有氯菊酯、氯氰菊酯、溴氰菊酯、高效氯氰菊酯等。其中胺菊酯和氯菊酯适宜用于织物防蚊虫整理。

(1)胺菊酯(Tetramethrin)。其分子结构如下:

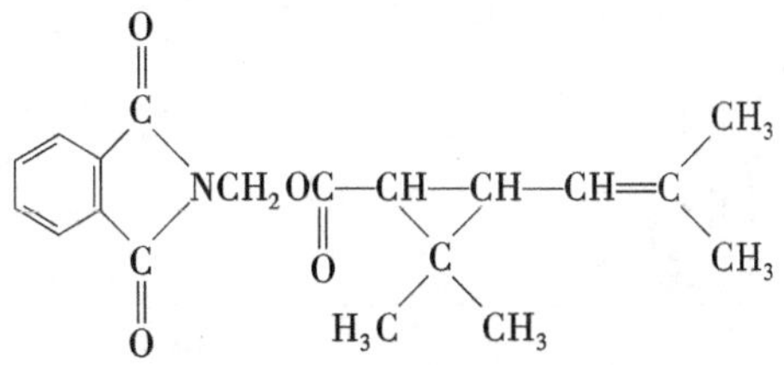

纯胺菊酯为白色晶体,不溶于水,溶于有机溶剂,对昆虫的击倒作用极快,常温下储存 3 年品质不变。

(2)氯菊酯。它的通用名称是二氯苯醚菊酯,化学名称为苄氯菊酯、除虫菊,是一种广谱性低毒杀虫剂,对蚊虫有良好的杀灭效果,对皮肤无刺激,在体内蓄积性很小,在试验条件下无致畸、致突变、致癌作用。氯菊酯的结构式如下:

$$\text{Cl} \quad \text{Cl} \quad \text{CO}_2-\text{CH}_2 \quad \text{O}$$

氯菊酯是淡黄至琥珀色黏稠液体,密度在 1. 19 ~ 1. 27g/mL,在二甲苯、丙酮、甲醇、乙醇、二氯甲烷、乙醚中溶解度均大于50% ,乙二醇中溶解度为3% 。在酸性介质中稳定,但在碱性介质中水解较快。正常条件下储存,至少稳定两年。人们用菊酯作防蚊剂已经作了很多研究,试验证明它对人体无害,长期使用以菊酯为防蚊剂的织物对人体无不良影响,说明使用氯菊酯作为防蚊剂是安全可靠的。

二、驱避剂和杀虫剂的筛选试验

驱避剂和杀虫剂的种类很多,因此为了筛选高效低毒,且适合织物整理需要的驱避剂和杀虫剂,笔者所在的研究所对驱避剂和杀虫剂进行了筛选试验。

1. 驱避剂的筛选   驱避剂的筛选试验采用空气流动法,其装置如图3 -1 所示。将50 只蚊子放入用板隔开、下面连通的玻璃箱2 和3,在玻璃瓶5 中放试料100mg,然后启动流水泵12。于是空气经充填活性炭的容器13,一部分经由玻璃瓶5 流入玻璃箱2,其余部分则由玻璃瓶6 进入玻璃箱3,这两部分空气均由玻璃管11 排出箱外。空气流量可控制在3. 5L/min。此时玻璃瓶5 中的试料因蒸发而被空气挟进入玻璃箱2。如果有驱避活性,玻璃箱2 中的蚊子应向玻璃箱3 逃去,分别记下通气前后玻璃箱2、3 中蚊子的个数,即可比较试料的驱避活性。

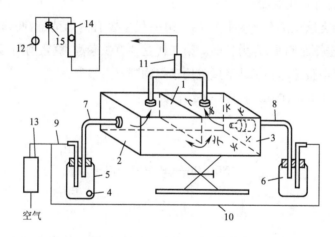

图3 -1 空气流动法的装置图

1—隔板 2、3—分成两室的玻璃箱 4—试料 5、6—玻璃瓶 7 ~ 10—玻璃管

11—带支管的玻璃管 12—流水泵 13—充填活性炭的容器 14—流量计 15—流量调节阀

2. 杀虫剂的筛选　杀虫剂的筛选试验采用三角烧瓶药膜法,每次实验重复3次。实验中的溶剂为丙酮,药品浓度为1g/L,使用药量为1mL,使其均匀涂在烧瓶内壁,待丙酮挥发后,拟除虫菊酯在烧瓶内壁上形成一层药膜,放入15～20只蚊子,开始计时,并数被击倒的蚊子数,接触30min后,移置干燥器中恢复30min,统计蚊子死亡和恢复活动能力的百分比。

第四节　防蚊虫纺织品新技术

一、纳米树脂黏合技术

美国某实验室新推出的采用氯菊酯驱虫整理剂,将其耐久地黏合于织物上,利用纳米树脂黏合专利技术使氯菊酯交联到涤纶、锦纶、棉、毛等纤维上,从而保证了整理织物可耐50次的家庭水洗。

世界卫生组织曾提议以杀虫剂浸泡蚊帐,以防蚊子侵扰。然而,采用浸泡法处理后的织物杀虫效果维持时间较短,水洗后药效大幅度下降,必需再一次浸泡。这样既麻烦又耗费药剂,效率低,易污染环境。为了克服这一缺点,研究人员考虑用胶囊包裹复配型杀虫剂,再通过整理工艺使其吸附在织物纤维上,这样可以使杀虫剂缓慢释放,延长织物药效,也使其水洗牢度有较好的提高。

二、微胶囊化技术

微胶囊化技术是用各种天然或合成材料的薄层包覆从几十纳米至数百微米的气体、液体及固体微粒的一种新技术。微胶囊具有保护物质免受环境影响,屏蔽味道、颜色、气味,改变物质密度、体积、状态或表面性能,隔离活性成分,降低挥发性和毒性,控制可持续释放等多种作用。因此,微胶囊技术包裹防蚊虫趋避剂或杀虫剂,可有效控制其有效成分的释放速度,达到缓释目的,从而延长产品的使用时间。微胶囊分为半封闭微胶囊和全封闭微胶囊,也分为普通微胶囊和纳米微胶囊。代表性的微胶囊制作方法有界面聚合法、现场聚合法、液中硬化覆盖法(喷嘴法)、水溶液系的相分离法以及液中干燥法等。

1. 界面聚合法　界面聚合法是将单体溶解在两种互不混溶的溶剂中,采用在两液界面上使高分子合成的界面发生聚合反应来制作微胶囊的方法。例如,将一种含水溶性单体的溶液(水相)以微滴分散在和其不相混合的溶剂(油相)中,再在该体系中添加另一种油溶性单体,搅拌时在水相和油相界面上进行聚合反应,生成高分子膜,得到了内相为水的微胶囊。如果在开始调制油/水乳液时,通过在外相中加入水溶性单体,就可制成内相为油相的微胶囊。

2. 现场聚合法　在互不相混的两相中的任一相中,溶解单体和催化剂,单体就在界面上进行聚合反应,在芯子物质的表面均匀地形成薄膜。利用这种性质制作的微胶囊法称为现场聚合法。例如,用现场缩聚法制作以三聚氰胺树脂为薄膜物质的微胶囊时,聚合物从芯子物质外侧进行沉淀,形成胶囊膜。

3. 液中硬化覆盖法(喷嘴法) 上述的界面聚合法和现场聚合法的胶囊化法都是从单体开始的,通过聚合反应制作壁膜。而液中硬化覆盖法是使用一开始就聚合的聚合物。这种聚合物通过硬化反应而能快速不溶化、硬化成膜。此外,硬化方法,即作为聚合物不溶化的方法,除了用无机离子、甲醛、硝酸、异氰酸酯等硬化试剂的方法外,还可利用加热使聚合物变性,即热凝固方法;通过带不同电荷的聚合物彼此中和而不溶化的方法。

例如,将一滴2%海藻酸钠水溶液滴在10%氯化钙溶液中,立即就形成有弹力的圆球并浮游于液中。这是因为海藻酸钠液滴周围形成不溶于水的海藻酸钙之故。本方法就是将这种硬化的膜用作胶囊的壁膜。

本方法是通过聚合物的硬化,直接形成胶囊壁膜,而且硬化反应进行得相当快。因此,在实际进行胶囊化时,含芯子物质的聚合物溶液在投入硬化剂溶液之前,必须调整成完整的形状。因为这种方法要用喷嘴,所以也可称为喷嘴法。

4. 水溶液系的相分离法 水溶液系的相分离法是取水溶性聚合物为胶囊壁膜材料的原料,用某种方法使浓的聚合物相从聚合物水溶液中相分离,形成胶囊壁膜。

利用水溶液系的相分离现象进行胶囊化的方法有以下几种。

(1)可解释为静电相互作用的复合凝聚法。

(2)以亲水性聚合物为非溶剂,用醇等非电解质的简单凝聚法。

(3)可用盐析效果解释的盐凝聚法。

(4)改变水溶液的 pH,使体系中的聚合物析出而不溶化的方法。

5. 液中干燥法 液中干燥法即在溶解作为壁材的高分子溶剂中,使成为芯子材料的溶液或固体分散其中,再将它分散在和这种溶剂不能混合的溶剂中,然后逐渐去除最初的溶剂,使高分子析出在芯子物质界面上的方法。这种方法也可称为界面沉淀法。

三、微胶囊的制备

1. 微胶囊制备方法 在试验的开始阶段,设想以微胶囊技术包覆易挥发性的驱蚊剂液体,通过控制微胶囊囊壁材料的组分、交联度和囊壁的网孔大小,达到较高温度时利用驱蚊剂的蒸汽压力,徐徐地通过囊壁释放驱蚊剂气体,达到远距离(大于30cm)驱蚊的目的。

本试验采用复合凝聚法。首先,选取具有相反电荷的两种高分子材料——明胶、阿拉伯胶作囊材,将驱蚊剂分散在囊材的水溶液中。阿拉伯胶是具有负电荷的高分子材料,明胶是两性蛋白质。以 NaOH 溶液调节两者使其呈微酸性。然后,将被包覆的复配型驱蚊剂乳化于阿拉伯胶溶液中,再与明胶混合。根据明胶在等电点前后呈现不同电荷的特点,用弱酸调节体系的 pH 至低于等电点,使明胶从负电荷状态全部成正电荷,与带负电荷的阿拉伯胶产生电性吸附作用,使溶解度降低,自溶液中凝聚出微胶囊,将杀虫剂包裹在内。此时,为促使微胶囊析出,须对整个体系进行冰浴降温,再加入适量稀释剂,以防微胶囊粘连过度。最后,须加入适量交联剂,使微胶囊的囊壁固化,并同时从冰浴中取出,再回调整个体系的 pH 至弱碱性。缓慢搅拌适当时间,使微胶囊完全成形。再静置数小时后,弃去上层清液,离心分离后备用。

2. 驱避剂微胶囊与拟除虫菊酯复配后驱蚊效果试验 为了在比较低的成本条件下获得良好的驱蚊效果,研究人员又进行了驱蚊剂与拟除虫菊酯共同使用的驱蚊效果试验。将拟除虫菊酯混合使用后,其驱避、击倒、灭杀作用都有不同程度的提高,并且成本较为合适。

3. 不同工艺条件对微胶囊形成的影响

(1)在搅拌速度为 900r/min、乳化时间 120s、固化剂用量 1% 的工艺条件下,芯料浓度对微胶囊外径的影响如图 3 - 2 所示。

从图 3 - 2 中可以看出,随着芯料浓度增大,由于分散于体系中的油珠颗粒相应变大,这样在油珠界面两胶聚合形成的微胶囊颗粒外径也相应变大。

(2)在芯料物质的浓度为 2%、乳化时间 120s、固化剂用量 1% 的工艺条件下,搅拌速度对微胶囊外径的影响如图 3 - 3 所示。

由图 3 - 3 可见,搅拌速度增加,

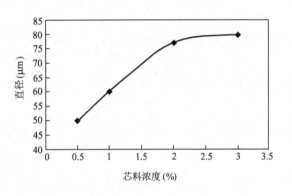

图 3 - 2　芯料浓度对微胶囊外径的影响

杀虫剂在两胶体系中分散比较彻底,油珠颗粒直径相对较小,这样在其界面聚合成囊时,颗粒就比较小了。从图 3 - 3 可以看出,搅拌速度变化,对外径的变化幅度影响较大。

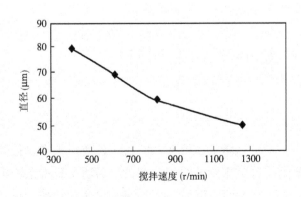

图 3 - 3　搅拌速度对微胶囊外径的影响

(3)在芯料物质的浓度为 2%、搅拌速度为 900r/min、固化剂用量 1% 的工艺条件下,不同乳化时间对微胶囊外径的影响如图 3 - 4 所示。

由图 3 - 4 可看出,适当延长乳化时间,直接影响微胶囊外径,使其下降,但由于分散于两胶体系的油珠相对较细,所以变化不大。

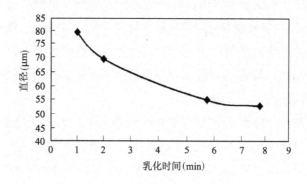

图3-4 乳化时间对微胶囊外径的影响

（4）在芯料物质的浓度为2%、搅拌速度900r/min、乳化时间120s的工艺条件下，固化剂对微胶囊外径的影响如图3-5所示。

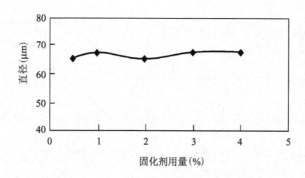

图3-5 固化剂用量对微胶囊外径的影响

由图3-5可见，固化剂用量增加，微胶囊外径的变化不大。

综上所述，从外径变化的范围来看，搅拌速度对外径影响最大，芯料及乳化时间次之，而固化剂对粒径基本没有影响。因而在微胶囊制备时，在调节pH促使两胶凝聚的过程中，转速应稍快，而在后期微胶囊析出、固化过程中，转速稍慢。

第五节 防蚊虫纺织品的生产方法

一、防蚊虫纤维的开发

防蚊虫纤维是最先由日本开发的一种可以防蚊虫叮咬的纤维。此类纤维主要是通过在化学纤维生产过程中混入一部分杀虫剂的主要成分而制得的。目前由日本生产的OLESET聚乙烯单丝防虫纤维已经通过世界卫生组织认证，可用于制作防止疟疾的防虫蚊帐。其主要生产方法是在高密度聚乙烯纤维喷丝过程中加入氯菊酯母粒，氯菊酯母粒用量占高密度聚乙烯纤维用量的 2%。由于聚乙烯树脂内部分子间的空隙较大,纤维中的氯菊酯会逐渐从内向外迁移,覆盖在纤维表面,因此,纤维经洗涤或其他类似原因表面的药物会脱落。但在太阳下晾晒 4h 左右,纤维表面就会渗出足够的药物。将纤维织成 0.4mm×0.4mm 的网孔面,在使用过程中昆虫接触到纤维上的药物便会被药灭。

二、防蚊虫织物的后整理方法

防蚊虫织物的后整理就是应用防蚊虫整理剂对纺织品进行后整理加工,其加工方法主要有三种。

第一种是用防蚊虫整理剂浸渍织物而成。

第二种是先将防蚊虫整理剂浸渍织物,再用高分子化合物进行表面处理,使其生成的膜将防蚊虫整理剂封在织物纤维上。

第三种是先将防蚊虫整理剂进行微胶囊处理制成微囊防蚊剂,然后借助于微囊固着剂或其他交链剂使微囊防蚊剂牢固地附着在织物纤维上。

第一种方法很有效,用该法整理的织物具有较好的驱蚊防蚊效果,但由于直接用防蚊剂浸泡织物,无法控制药剂挥发速度,药效不持久,经过水洗后,药效损失严重,所以不耐水洗或雨水冲淋。后两种方法不仅很有效,且具有耐洗性能。此外,经微胶囊防蚊剂处理后的织物可以控制驱蚊药物的释放过程,达到均匀持久的功效,还能与柔软剂等后整理助剂同浴使用,既方便又经济。下面采用北京洁尔爽高科技有限公司生产的微胶囊防蚊剂对织物进行后整理工艺的实例探讨。

(一)防蚊虫整理实例

防蚊虫整理剂 JLSUN® AI 广泛应用于各类纺织品的防蚊虫整理,对蚊虫的杀灭率高,效果长久。

防蚊虫整理剂 JLSUN® AI 是一种新的织物功能化整理剂,它的主要成分是以拟除虫菊酯类化合物为主的纳米级微胶囊。它通过固着剂在织物表面形成防蚊虫药膜,对蚊、蝇、蚤、虱、蛀虫等有高效、快速的击倒灭杀效果,并具有良好的驱避作用。防蚊虫整理织物可广泛用于床上用纺织品、地毯、蚊帐、窗帘等装饰用布和袜子、衣料等夏季用纺织品及军用纺织品。

防蚊虫整理剂 JLSUN® AI 为白色乳液,有效成分含量为 20%,易分散于水,对人畜等基本无毒性,10% 溶液的 pH 为 6.5～7,可与各种低温交联的树脂、黏合剂、柔软剂共同作用,但不适于 120℃ 以上的高温处理。蚊子与整理后的织物接触 30s,蚊子立即死亡,家蝇接触 15s 立即死亡。埃及伊蚊试验保护率为 98%,接触筒法实验 5min,90% 以上淡色库蚊被击倒,蛀虫、虱蚤的杀亡率为 100%。防蚊虫整理剂 AI 对织物外观及物理指标无不良影响。防蚊虫整理织物洗涤 15 次仍具有良好的防蚊虫效果,蚊、蝇、虱、蚤、蛀虫的死亡率仍达 80% 以上。防蚊虫整理织物对皮肤无刺激、无过敏现象,对人体无毒,穿着舒适。

1. 工艺配方 工艺配方见表3-1。

表3-1 工艺配方

浓度(g/L) \ 织物 \ 用剂	棉、涤/棉、丝、毛织物	化纤蚊帐、袜子
防蚊虫整理剂 JLSUN® AI	30~50	100~150
低温固着剂 SCJ-939	30~35	90~100

2. 化料操作(以配制500L溶液为例) 首先在化料桶内加入300~400L水,搅拌,加入防蚊虫整理剂AI,然后加入低温固着剂SCJ-939,加水至500L,继续搅拌。

3. 工艺流程

织物 →→ 浸渍→脱水(甩出溶液可重复使用)——
    →→ 浸轧整理液(轧液率70% ~80%) —— →烘干(70~100℃,以不含水为

度)→焙烘(120℃±2℃,30s,或108℃±2℃,2min)→成品

(二)不同工艺条件对织物驱避性能的影响

1. 工艺试验 对不同织物浓度的防蚊虫整理剂进行应用工艺试验。

(1)工艺配方见表3-2。

表3-2 工艺配方

配方	1号	2号	3号
防蚊虫整理剂 AI(g/L)	15	30	50
固着剂 SCJ-939(g/L)	30	30	30

(2)工艺流程。

二浸二轧(轧液率70%)→烘干(70~100℃,3min)→焙烘(110℃,30s)

2. 驱蚊性能测试

(1)强迫接触试验。参照WHO规定的圆筒法,将防蚊虫整理织物裁成12.5cm×16cm,面积为200cm²,然后用滤纸衬好,并用钉书钉固定四角,卷成圆筒放到接触筒内,再将羽化5~7天的淡色库蚊雌虫和家蝇(雌雄不分)各20只左右分别置于接触筒内,每隔5min观察一次击倒数,连续观察30min。每组试验重复2次,并设空白对照组。试验完毕将试虫移至清洁笼内,放到饲养室内饲养24h,记录死亡数。测试结果见表3-3。

表3-3 强迫接触试验测试结果

防蚊虫织物		对淡色库蚊数不同时间（min）击倒率（%）						24h死亡率（%）	对家蝇不同时间（min）击倒率（%）				24h死亡率（%）
		5	10	15	20	25	30		10	15	20	25	
1号配方	纯棉平布	0	15.9	36.5	67.8	95.3	100	100	87.5	100	—	—	100
	涤/棉府绸	0	0	35.5	54.8	87.1	90.3	100	77.1	94.3	—	—	100
	涤/棉细纺	0	0	10.5	18.7	27.9	38.1	32.5	0	30.8	92.1	100	80.7
2号配方	涤/棉平布	0	22.5	76.5	97.5	100	—	100	92.5	100	—	—	97.5
	涤/棉细纺	0	20	57.6	87.5	97.5	100	97.5	87.5	97.5	100	—	100
3号配方	纯棉平布	97.5	100	—	—	—	—	100	100	—	—	—	100
	涤/棉细纺	92.5	97.5	—	—	—	—	100	100	—	—	—	100

从表3-3的结果可以看出，配方1击倒杀灭效果最差，主要是防蚊虫整理剂AI浓度较低。由试验结果可以看出，防蚊虫整理剂AI使用浓度不能低于30g/L。

（2）驱避试验。选择若干男女青年，将布严密包裹受试者手腕关节以上，分别到羽化4~5天未吸血的埃及伊蚊笼中（每只笼内有成蚊约2000只）停放2min，观察停落和叮咬数，并设平行空白的对照组。

$$有效保护率 = \frac{空白组蚊叮咬数 - 防蚊组蚊叮咬数}{空白组叮咬数} \times 100\%$$

试验结果见表3-4。

表3-4 驱避试验结果

防蚊虫织物	2号纯棉	2号涤棉	3号纯棉	3号涤棉
保护率（%）	100	90	100	100

可以看出，防蚊虫整理剂AI浓度较高时的驱避效果较好。

3.耐洗涤试验 试验结果见表3-5。

表3-5　耐洗涤试验

洗涤次数\样品		未洗涤		洗涤1次		洗涤5次		洗涤10次	
		KT_{50} (min)	死亡率 (%)	KT_{50} (min)	死亡率 (%)	KT_{50} (min)	死亡率 (%)	KT_{50} (min)	死亡率 (%)
涤棉布	2号	4.2	100	4.5	92.8	4.8	94.1	5.6	61.5
	3号	3.6	100	3.5	93.3	5.1	36.3	6.1	72.5
纯棉布	2号	3.2	100	3.5	92.3	5.1	66.6	6.5	66.5
	3号	3.5	100	3.4	100	5.1	81.6	6.0	70

注　实验用直径为9cm的玻璃漏斗，直接固定在布上，每斗放入15只未吸血成蚊，开始按时计算击倒蚊数，10min后转入恢复笼内，24h后检查死亡率。KT_{50}是击倒半数蚊子的时间。

4. 检测效果　我们的研究小组把经过驱蚊整理的纺织品做成窗帘、床单、裙子、短裤等，经过部队、旅馆以及试验人员穿着试用，普遍反映穿着舒适，对防止蚊虫叮咬有显著的功效，并且均未发现皮肤过敏等不良反应。这对杀灭室内蚊蝇具有明显的作用。

经过测试，通过防蚊虫整理剂 JLSUN® AI 整理的织物对蚊蝇等具有高效快速的击倒及杀灭和驱避作用，对人体皮肤的保护率为100%，对淡色库蚊的击倒率为100%。接触试验死亡率达100%，并具有较好的耐洗涤性，对皮肤无过敏反应，手感柔软，穿着舒适。

参考文献

[1]商成杰.新型染整助剂手册[M].北京:中国纺织出版社,2002.

[2]U. S. Patent 3,796,669.

[3]Japaness. patent 62,104,976.

[4]French P. 1,278,621.

[5]S. N. Luu et al,Pharm,Sci. 62,452(1973).

[6]O. Kedem and Kathalsky,Biophys. Ac ta 27,229(1971).

[7]Scientific American 1975,233,104~111.

[8]U. S. P,4228954.

[9]GB 1577674.

[10]CN. 85100799.

[11]商成杰.防蚊整理的研究[J].山东纺织科技.1991(2):10-13.

第四章 负离子纺织品

第一节 概述

随着现代社会工业和文明的快速发展,人类赖以生存的地球环境日趋恶化,大气污染对环境造成了极大的破坏。在人口密集的居住、工作场所,大量空调及各种电器设备的使用,使室内空气质量恶化。另外,汽车废气、工厂排放的各种煤烟、焚烧垃圾时的污染、使用农药和有机化合物的污染等因素使空气质量受到不同程度的污染并逐渐恶化,导致了环境中正离子的增加。美国统计数据显示,20 世纪初,大气中正离子与负离子的比例为 $1:1.2$,但现在的比例是 $1.2:1$。一个多世纪以来,地球大气中的正负离子平衡状态发生了显著变化,使得人类生存环境被浓厚的正离子所包围。随着科学技术的进步和社会经济的发展,人们的保健意识增强,改善离子平衡,并采取积极有效的措施来增加大气环境中负离子的比例,从而改善人类赖以生存的地球环境,增加舒适度,使人类身体恢复健康,所以,负离子问题越来越受到人们的关注。

大气中的分子或原子在机械、光、静电、化学或生物能作用下能够发生电离,其外层电子脱离原子核,这些失去电子的分子或原子带有正电荷,称为正离子或阳离子;而脱离出来的电子从产生的瞬间即被 2.7×10^{19} 个/cm^3 分子所包围,与周围分子的 10^9 次/s 碰撞率,使电子很容易被周围分子迅速捕获形成带负电荷的离子,称为负离子或阴离子。

空气中的负离子种类繁多,通过对大气离子的质谱分析,常压下,由 X 射线和电晕放电产生的负离子的成分基本相同,主要负离子成分为 $O_2^- OH(H_2O)_n$、$CO_3^- HNO_x(H_2O)_n$、$HCO_3^- HNO_x(H_2O)_n$、$NO_2^- HNO_3(H_2O)_n$、$HCO_3^- HNO_3(H_2O)_n$。当气压下降时,由电晕放电产生的负离子主要是 $NO_2^-(H_2O)_n$、$CO_3^-(H_2O)_n$、$NO_3^-(H_2O)_n$,由射线产生的负离子主要是 $O_2^-(H_2O)_n$。这是在电离能量强的情况下测得的结果,当电离能量不高,比如由纺织品激发产生的电离能,空气负离子的主要成分包括 O_2^-、$O_2^-(H_2O)_n$ 和水化羟基离子 $(H_3O_2)^-$ 等。日本 Kubo 等人认为,对人体健康有益的负离子应是"水化羟基离子 $(H_3O_2)^-$",并称为"负碱性离子"。

随着科学技术的发展,空气负离子与人体健康的关系日益被认清。空气中的负离子被吸入人体后,能调节神经中枢的兴奋状态,改善肺的换气功能,促进新陈代谢和血液循环,缓解疲劳,维持人体健康,它还对高血压、气喘、流感、失眠、关节炎等许多疾病有一定的治疗作用,所以有人称负离子为"空气中的维生素",认为它像食物的维生素一样,对人体及其他生物的生命活动有着十分重要的影响,有人甚至认为空气负离子与长寿有关,称它为"长寿素"。

由于负离子对人体具有多种保健功效,具有负离子功能的纺织品便吸引了国内外研究者的眼球,各种负离子纺织品应运而生。负离子纺织品指人们借助于各种不同的技术和加工方法,将自然界能发射负离子的材料与纺织品相结合,使其纺织品在一定条件的刺激下,具有发生负离子的功效,此种功能纺织品涉及服用、家用纺织品,医用非织造布,室内装饰物,汽车内织物,过滤材料等领域。负离子纺织品作为功能性产品迎合了当今人们崇尚环保、追求健康的需要。

第二节　负离子对人体和环境的作用

负离子作为氧的活性物种之一,早在一百年前国外就有学者开展这一内容的研究。大量研究结果表明,负离子可以净化和分解空气,改善环境,对人体有保健作用,其浓度的高低与人们的健康和周围的环境息息相关。

一、负离子对人体生理健康的影响

早在 1931 年,美国的 Dessauer 等人提出了"负离子能使人产生安宁的感觉、改善人体健康环境"的见解。负离子对人体的保健作用已为国内外医学界专家通过临床实践所验证。在 1980 年德国医学界率先证明,正离子多的地方人们患各种慢性疾病的比率高,发生交通事故也多,而山青水秀的地方空气中负离子含量多,空气明显清新,发病率低。研究者指出,正离子可以使人情绪不安、感到不适,而负离子则可以使人放松心情、心旷神怡。

近几年来,随着分析科学和技术的发展,空气离子对于生物体的影响机理研究日益深入,通过对大量的数据进行分析和论证,证实了负离子对各种生物效应均具有积极的促进作用。有关专家做了许多试验,从各个方面研究负离子的生物效应,证明其具有降低大脑和血液中五羟色胺(5HT)的能力。五羟色胺是一种作用力强的神经激素,它可以在神经血管系统、内分泌系统、代谢系统产生不良的影响。代谢系统消除五羟色胺的主要渠道是通过一种叫氧化一元胺的生物酶,而实验表明空气负离子可以促进这种生物酶的产生,从而降低血液中五羟色胺的含量。Glibert 于 1973 年在老鼠身上做的试验证明了空气负离子的这一作用。另外,负离子还可调节人体中枢神经系统的兴奋和抑制状况,改善大脑皮层的功能;促进机体的新陈代谢,增加机体的免疫力。例如,民主德国的科学家于 1962 年用负离子治疗 3000 名支气管哮喘患者,在小于 20 岁年龄组中,83% 治愈,15%显著好转;在40~60岁年龄组中,53%治愈,45%好转;治疗800名儿童百日咳,全部治愈。另外,有人采用负离子丙纶护膝,套在腿上20min之后,发现小腿血流量增加了41%;而当采用同样结构和厚度的棉护膝时,血流量仅增加了11%。因此,营造富含负离子的环境非常重要。负离子对血液有一定的净化功能,有使细胞复活和协调自律神经的作用,增加人体的抵抗力。此外,负离子还可以除去各种味道,有较强的吸附作用。由表4-1可见,因环境不同,空气的负离子浓度存在着巨大差异,这也正是疗养中心都设在山林、海滨、瀑布周围的主要原因。

根据清华大学化学系副主任林金明教授的著作《环境、健康与负氧离子》所述,含有负氧离子的空气被人体呼吸后,进入人体循环,可调节人体植物性神经、改善心肺功能、加强呼吸深度、促进人体新陈代谢,有利于人体健康。长期处于负氧离子丰富的环境中,可明显改善呼吸系统、循环系统等多项机能,使人精神焕发、精力充沛、记忆力增强、反应速度提高、耐疲劳度提高、稳定神经系统、改善睡眠;又因其带负电荷,呈弱碱性,可中和肌酸,消除疲劳;还可中和环境中过多的正离子,使室内空气恢复自然状态,防治空调病。人体的健康状况与空气中负离子的含量呈正比关系(表4-1)。

表4-1 负离子含量与人体健康的关系

环境	负离子含量(个/cm^3)	关系程度
森林、瀑布区	10000~20000	具有自然痊愈能力
高山、海边	5000~10000	杀菌减少疾病传染
效外、田野	1000~5000	增强人体免疫力和抗菌力
都市公园里	400~600	维持健康的基本需要
街道绿化区	200~400	诱发生理障碍边缘
都市住宅封闭区	40~50	诱发生理障碍如头疼、失眠、神经衰弱、倦怠等
装空调的室内	0~40	引发"空调病"症状

医学专家通过临床实践证明,负离子对人体健康、寿命及生态有重要影响。当代科学揭开了生物电的奥秘,生物体的每个细胞就是一个微电池,细胞膜内外有50~90mV的电位差。如果"细胞电池"得不到充分的电荷补充,机体的电过程就难以继续维持,从而影响到机体的正常活动,产生老化和早衰。

负离子空气对人体健康的影响主要表现在以下几方面。

(1)对神经系统的影响。空气负离子可以降低血液中五羟色胺的含量,增强神经抑制过程,可使大脑皮层功能及脑力活动加强,精神振奋,工作效率提高,改善睡眠质量,促进人体新陈代谢。负离子还能使脑组织的氧化过程力度加强,使脑组织获得更多的氧。活化脑内荷尔蒙 β-2-内啡肽,具有安定自律神经、控制交感神经、防止神经衰弱、改善睡眠的效果,并能提高免疫力。

（2）对心血管系统的影响。负离子具有明显扩张血管的作用,可解除动脉血管痉挛,降低血压,增强心肌功能,并具有明显的镇痛作用。负离子对于改善心脏功能和改善心肌营养也大有好处,有利于高血压和心脑血管病人的病情恢复。

（3）对血液系统的影响。负离子有使血液流速变慢,延长凝血时间的作用,使血液中的含氧量增加,有利于血氧输送、吸收和利用;能调整血液酸碱度,使人的体液变成弱碱性,弱碱性体液能活化细胞,增加细胞渗透性,提高细胞的各种功能,并保持离子平衡;还能净化血液、抑制血清胆固醇形成,从而降低血压。还能提高氧气转化能力,加速新陈代谢,恢复或减轻疲劳,使人心情舒畅、身体放松,并产生理疗治愈作用。

（4）对呼吸系统的影响。因为负离子是通过呼吸道进入人体的,它可以提高人体的肺活量。故负离子有改善和增强肺功能的作用,对呼吸道、支气管疾病等具有显著的辅助治疗作用,且无任何副作用。

（5）刺激人体上皮再生,促进创面愈合,提高免疫能力。由于负离子和空气中的灰尘、病毒、细菌等有非凡的结合能力,所以它能除尘、灭菌,具有防病、消毒和净化空气的作用。

（6）增强人体免疫力。可改变机体的反应活性,具有活化网状内皮系统的机能,增强机体的抗病能力。负离子能提高机体的解毒能力,使激素的不平衡正常化,并能够消除人体内因组胺过多引起的不良反应,避免过敏性反应及"花粉症"的发生。

（7）负离子对老年人的睡眠、精神情绪等均有好处,可以防治某些老年病,延缓衰老、延年益寿。在负离子含量高的地方,空气清新,一般都是长寿老人比较多的地方。

二、负离子对人体的作用原理

负离子对人体健康的作用早已被医学界证实,也越来越被广大消费者认知。充满负离子的空气,对支气管炎、冠心病、脑血管病、心绞痛、神经衰弱、溃疡病等二十多种疾病均有较好的保健治疗功效。有人认为负离子对人体作用原理如下。

（1）调节中枢神经的兴奋和抑制功能。作用过程为:负离子→肺泡→血液→血脑屏障→脑脊液→中枢神经系统。

（2）改善肺换气功能。负离子通过呼吸道黏膜,促进黏膜上纤毛运动,使腺体分泌上升、平滑肌兴奋性上升、换气功能上升。

（3）降低血压作用。负离子→单胺氧化酶(MAO)→氧化脱氨作用→使五羟色胺、儿茶酚胺、去甲肾上腺素浓度下降,起到降压作用。

（4）刺激造血机能,使血液成分正常化。作用过程为:负离子→血液,增加红细胞排斥力→血沉减慢;负离子→脾脏功能上升,红细胞和血钙上升。

（5）促进组织细胞生物氧化还原过程。

（6）增强免疫功能,主要表现在以下两方面。

①氧负离子(超氧阴离子自由基),生物活性高,有一定的杀菌作用。

②负离子使上皮细胞带负电荷,增强对同电荷离子的排斥力,使病毒失去对细胞的攻击能力。

(7)负离子使淋巴细胞增殖,使 IgA、IgM、补体、干扰素增高。

三、空气负离子对环境的作用

由于越来越快的工业化进程,每年都有大量的工厂废气、汽车尾气排放到大气中,严重污染环境,使得空气中负离子浓度减少,并且导致人体组织细胞对氧的利用率降低,进而影响组织细胞的正常生理功能,使得支气管炎、肺炎、肺气肿流行,肺结核、肺癌等疾病逐年增加,为了人类健康而改善周围环境和杜绝环境污染成为当务之急。

1. 大气中的污染物

(1)气体污染物。如一氧化碳、氨、甲烷,氧化气体,氮化硫、氧化氮、臭氧,氯化氢、硫化氢等。

(2)悬浮微粒污染物。这一类包括固态、液态和生物型,固态悬浮微粒包括灰尘、烟雾及固体所有物质;液态悬浮微粒是散状物,在常温下为液态,如 CS_2、Hg、H_2SO_4 以及一些有机液体(如脂肪族化合物和芳香族化合物);生物型悬浮微粒包括病毒、细菌、花粉和孢子。

2. 负离子对空气的作用 研究表明,负离子对空气有净化和分解的作用,主要体现在以下几个方面。

(1)除尘作用。空气在某些"催离素"作用下,能够发生电离,形成正、负离子。这些空气正、负离子与荷电及末荷电的污染物相互作用、复合、扩散,进而影响着空气污染物的变化,或作为催化剂在化学反应过程中改变痕量气体的毒性,尤其对小至 $0.01\mu m$ 的微粒以及在工业上难以除去的飘尘,亦有明显的沉降去除效果。最近美国农业部(USDA)的一项研究表明,空气负离子的存在使一定空间内的灰尘减少了52%。

(2)抑菌、除菌作用。负离子具有较高的活性,有很强的氧化还原作用,能破坏细菌的细胞膜或细胞原生质活性酶的活性,它可以使活的生物细胞带负电荷,使细菌和病毒失去对细胞的攻击能力,从而达到抑菌除菌的目的。美国农业部的一项研究表明,空气负离子的存在可以有效地消除禽舍中的沙门氏菌,效率高达81.1%~92.2%。研究还表明,负离子还能降低感染流感病毒的小鼠的死亡率。

(3)除臭作用。空气负离子可以消除各种室内装饰材料挥发出来的苯、甲醛、酮、氨等刺激性气体,日常生活中剩饭、剩菜的酸臭味、体臭味、香烟异味等。因为负离子能与空气中的有机物起氧化作用而清除其产生的异味。如与甲醛气体作用存在以下的反应:

$$HCHO + O^- \longrightarrow H_2O + CO_2$$

$$CO + O^- \longrightarrow CO_2$$

因此，负离子能使甲醛转变成为没有异味的水和二氧化碳，达到清洁空气的目的。

第三节　负离子的产生及机理

一、负离子的产生

早在 18 世纪中期，Frallklin 和 d'Ailbard 各自独立地发现空气电荷的存在，认为大气中存在带电粒子。继之许多学者对之进行了多方面的研究，1889 年，德国科学家埃尔斯特和格特尔发现了空气负离子的存在。

有人认为，自然界中空气负离子产生有三大来源：一是大气受紫外线、宇宙射线、放射性物质、雷电、风暴等因素的影响发生电离，产生负离子；二是在瀑布冲击、海浪推卷及暴雨跌失等自然过程中的水，在重力作用下高速流动，水分子裂解，产生大量负离子；三是森林的树木、枝叶尖端放电及绿色植物光合作用形成的光电效应使空气电离，产生空气负离子。

1. 放射性物质的作用　土壤中存在的放射性物质（地球全部土壤几乎都存在微量的铀及其裂解产物）会通过能量大的 α 射线使空气离子化。一个 α 质子能在 1cm 的路程中产生 50000 个离子。另外，土壤中的放射性物质也可通过穿透力强的 γ 射线使空气离子化。

2. 宇宙射线的照射作用　宇宙射线的照射也能使空气离子化，但它的作用只有在离地面几公里以上才较显著。

3. 紫外线辐射及光电效应　短波紫外线能直接使空气离子化，臭氧的形成就是在小于 20nm 的紫外线辐射下氧分离的结果。光电敏感物质（包括金属、水、冰、植物等）通过光电效应就可使这些物质放出电子，与空气中的气体分子结合形成负离子。

4. 电荷分离的结果　在水滴的剪切作用下或与空气的摩擦运动下，空气也能离子化。通常在瀑布、喷泉附近或者海边，或者风沙时，发现空气中的负离子或正离子大量增加，这就是电荷分离的结果。瀑布或河川里的水互相碰撞时，就会产生出负离子，也称为瀑布效应。

总之，自然界不断产生离子，但空气中离子不会无限地增多，这是因为粒子在产生的同时伴随着自行消失的过程，其主要原因如下。

（1）离子互相结合。呈现不同电性的正、负离子相互吸引，结合成中性分子。

（2）离子被吸附。离子与固体物体表面接触时被吸附而变成中性分子。

（3）离子被抑制。在空气中，离子数常维持在一定的水平。如在清洁地区，空气中离子数为 1000 ~ 2000 个/mL，而在空气较污浊的工业区可少至 100 ~ 500 个/mL。

二、负离子的产生机理

自从 1902 年 Aschkinass 和 Caspan 肯定空气负离子有生物学意义以来,近年来各国开展了大量的临床和实验研究,使空气负离子的价值进一步得到肯定。一方面,自然条件下能形成空气负离子;另一方面,在人为条件下,或利用自然界物质作为负离子发生体产生负离子,人工负离子发生器是常用的人为产生负离子的机器。但人工负离子发生器的使用也带来一些新的环境问题,比如在产生空气负离子的同时也产生臭氧。利用负离子发生体作为产生负离子的方法,在纤维材料和涂料方面有应用。负离子发生体即负离子粉,是自然界中含有稀有元素的矿物质经焙烧、研磨等处理而得,可将空气离子化,将其加入到材料中即可制得功能材料。负离子粉具有热电性和压电性,因此在温度和压力的微小变化下,能够引起负离子晶体之间的电势差,从而形成电场,高压电使电场中的空气发生电离,被击中的电子附着于附近的水和氧分子,使其转化为空气负离子。

基于使空气电离能产生负离子的原因,目前国内外研究的负离子纤维或纺织品都借助于某种含有微量放射性的稀土类矿石或天然矿物质,采用不同技术添加到纺织材料中,使之具有发生负离子的功效。这种含天然钍、铀的放射性稀土类矿石所释放的微弱放射线不断将空气中的微粒离子化,产生负离子。考虑到安全性,研究者更为看好电气石、蛋白石等自身具有电磁场的天然矿石。这些矿石是以含硼为特征的铝、钠、铁、镁、锂环状结构的硅酸盐物质,具有热电性和压电性。当温度和压力有微小变化时,即可引起矿石晶体之间电势差(电压),这个能量可促使周围空气发生电离,脱离出的电子附着于邻近的水和氧分子,使它转化为空气负离子。国内给电气石冠以"奇冰石"的商品名,而国外称电气石为托玛琳,即 Tourmaline 的音译名。还有其他一些物质,如蛋白石、珊瑚化石、海底沉积物、海藻炭等,这些物质都具有永久的自发电极,在受到外界微小变化时,能使周围空气电离,是一种天然的负离子发生器。

1. 电气石产生负离子的机理　在负离子发生材料中电气石是研究较多的一种。电气石是一种成分与结构极为复杂的天然矿石。它具有压电性和热释电性,电气石的晶体结构决定了它沿 C 轴两个结晶端具有天然的正、负极性。电气石的电场特性,就像磁铁矿矿石一样也是天然的,电气石的电场强弱可用电极化强度来评价,电极化强度越大,产生负离子的能力就越强。

我国科技人员在研究纳米远红外负离子粉时,发现电气石超微粉体的粒径越小,其负离子发射性能越高。电气石的摩尔硬度达 7 ~ 7.5,粉碎到 325 目以后,粉体黏性增强(可能与电气石晶体两端带电有关),粉碎效率降低。如何有效地生产出纳米—亚纳米电气石超微粉体,是电气石用做负离子材料所面对的问题之一。

正常大气中的分子大部分相互结合在一起,每个分子从整体上来看是电中性,当外界某种因素作用于气体分子,则其外层电子摆脱原子核的束缚从轨道中跃出,此时气体分子呈正电性,变为正离子,所跃出的自由电子,自由程极短(约1nm),很快就附着在某些气体分子或原子上(特别容易附着在氧或水分子上)成为空气负离子。根据大地测量学和地理物理学国际联盟大气联合委员会采用的理论,空气负离子的分子式是$O_2^-(H_2O)_2$或$OH^-(H_2O)_n$。长久以来,电气石被作为宝石矿物加以利用,它是以含硼为特征的环状结构硅酸盐物质,该物质的重要特征是在一定条件下能够产生热电效应和压电效应,即在温度和压力变化的情况下,即使有微小的变化,也能引起电气石晶体之间的电势差(电压),这种静电压很高,并且随着电气石粒子的细化而加强,其能量足以使空气中的分子发生电离。因此,在黏胶纤维中镶嵌电气石超微粉后,在一定的外部能量波动状态下,如在体温、阳光等的作用下,通过电气石结晶粉末两端所具有的永久正、负极性,与普通的水、空气中的水分子或皮肤表面的水分子接触,就能产生瞬间放电电离效应,将水分子电离为H^+和OH^-。H^+与电气石释放出的电子结合而被中和成H原子,而OH^-与其他水分子结合,可连续生成羟基负离子$(H_3O_2)^-$。这就是电气石能够永久、持续发射"负离子"的主要机理。经过这一过程的水,都会由于H^+的减少而呈有益于人体的弱碱性。具体反应过程如下:

$$H_2O \longrightarrow H^+ + OH^-$$

$$2H^+ + 2e \longrightarrow H_2 \uparrow$$

$$OH^- + H_2O \longrightarrow (H_3O_2)^-$$

总之,产生负离子必须具备两个条件:一是能量来源;二是空气中存在气态水分子。负离子发生材料(如电气石粉体)起到的是"促使"空气分子电离或发生电子转移的作用。纤维素纤维具有亲水基团,含水率较高(14%左右),导湿与渗透性强,因此,应用电气石微粉开发的负离子功能黏胶纤维比合成纤维产生负离子的效果要明显。这也是粘纤负离子功能纤维产生负离子的机理。

2. 蛋白石负离子发生机理　蛋白石页岩赋存于上白垩系嫩江组(K2n)泥岩、页岩及粉砂岩地层之中,其中深灰色页岩即为矿体,呈层状近水平分布。矿石呈灰色泥质结构,质地轻,硬度低,易碎,是一种含水非晶质或胶质的活性二氧化硅。主要矿物有方英石、磷石英和蛋白石,少量的蒙脱石、水云母、石英、长石等,含大量叶肢介化石。矿石孔隙度高,吸水性强,吸附性好,可吸附氯化物、亚硝酸盐、氰化物、Pb、Hg、As等有毒有害物质或元素,并具有较好的脱色和漂白性能。其化学组成为$SiO_2 \cdot H_2O$,含水量为1%~14%,还含有少量的Fe_2O_3、Al_2O_3、Mn、Cu和有机物等,嫩江蛋白石的化学成分见表4-2。矿石有大量毛孔状微孔隙,比表面积特别大,可达277.3cm^2/g,吸水率为74.4%,孔径在5~20nm。因其吸附性能特别好,可以大量吸附、氧化、分解有毒、有害气体,可制成负离子添加剂应用在纺织品中,为人类健康服务。因蛋白石的每个单元体具有永久电极,当空气中的水分子与其接触时,永久电极瞬间放电,从而使水发生电离。

表4-2 蛋白石的化学组成(%)

SiO$_2$	Al$_2$O$_3$	Fe$_2$O$_3$	CaO	MgO	K$_2$O	Na$_2$O	P$_2$O$_5$	H$_2$O$^+$	H$_2$O$^-$	TiO$_2$	Mn
81.01	7.84	1.68	6.60	0.589	1.13	0.20	0.01	0.01	2.42	0.20	0.01

$$H_2O \longrightarrow H^+ + OH^-$$

由于 H^+ 移动速度很快,迅速向永久电极的负极移动,吸收电子发生反应。

$$2H^+ + 2e \longrightarrow H_2 \uparrow$$

而 OH^- 移动速度慢,所以与水分子结合发生反应[$OH^- + H_2O \longrightarrow (H_3O_2)^-$],从而达到永久释放 $H_3O_2^-$ 负离子的目的。

为了研究蛋白石的微观结构,进行了扫描电镜下的观察。首先鳞石英呈细小鳞片状集合体,并组成一个绒球体,在这些球体的外边往往套着一圈方英石,在一些单独的蛋白石球周边也包着一个方英石壳,它的大小在电镜下测得为 0.1~0.3μm。不同放大倍数下蛋白石的扫描电镜照片如图4-1所示。

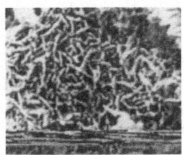

蛋白石页岩具有蛋白石球（5000倍）　　　　蛋白石页岩具有纳米级孔（20000倍）

图4-1 不同放大倍数下蛋白石的扫描电镜照片

通过以上观察可得这样的结论:蛋白石的吸水性是由大量的毛孔状微孔隙所致;硬度低是由于组成岩石的单个矿物晶体很小,而结合又很不牢固,并存有大量微孔隙所致。

三、负离子的浓度

空气负离子浓度是指单位体积空气中的负离子数目,空气中负离子的含量是空气质量好坏的关键。负离子浓度与空气清新程度的关系见表4-3。

据统计,成年人每天呼吸约2万次,吸入的空气量为 10~15m^3。洁净的空气对生命来说,比任何东西都重要。

表4-3　负离子浓度与空气清新程度的关系

负离子浓度（个/cm³）	等级	空气清新程度
>2000	1级	非常清新
1500~2000	2级	清新
1000~1500	3级	较清新
500~1000	4级	一般
≤500	5级	不清新

空气中负离子的多少，受时间和空间影响而含量不同。一般情况下，空气负离子的浓度晴天比阴天多，早晨比下午多，夏季比冬季多。一般公园、郊区、田野、海滨、湖泊、瀑布附近和森林中负离子含量（浓度）比城市和居室多。世界卫生组织规定，清新空气中负离子含量不应低于 1000~1500 个/cm³。因此，当人们进入上述场地的时候，头脑清新，呼吸舒畅和爽快。而进入嘈杂拥挤的人群，或进入空调房内，使人感觉憋闷、呼吸不畅。

空气中负离子的浓度与空气分子处于电离和激发的状态有很大关系。所谓电离，就是大气中形成带正电荷或负电荷粒子的过程。所谓激发，就是原子从外界吸取一定的能量，使原子的价电子跃迁到较高能级去的过程。电子获得外界一定动能与空气中分子碰撞，是造成空气分子激发和电离的重要条件。

有人认为，电子对原子的碰撞分为两种，一种是完全弹性碰撞，即离子部分间交换能量而它们的动能总和保持不变。这时，空气原子内部的状态也是不变的，如图4-2所示。在这种状态下，氧分子就不会变成负氧离子。另一种是非弹性碰撞，非弹性碰撞又分为两种情况，一种非弹性碰撞是原子吸收电子的能量，只引起原子的激发，碰撞电子附在中性原子的外层，如果这中性原子是氧原子，它就会变成人们所需要的空气负氧离子，如图4-3所示。另一种非弹性碰撞是原子吸收碰撞电子的能量而电离，除了原始碰撞电子，还出现正离子及电离离子，如图4-4所示，这时电子附在原子上，不形成负离子。

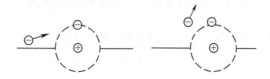

图4-2　电子对原子的完全弹性碰撞

图4-3　电子对原子的非弹性碰撞——产生负氧离子

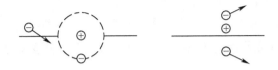

图4-4　电子对原子的非弹性碰撞——不产生负氧离子

　　显然,只有激发原子,才能使电子附在原子上产生负离子。所以,要增加负离子浓度,实际上是靠负离子发生器电极所产生的电压,使电子动能达到一定的值,以保证原子激发而不被电离来实现的。为了激发原子,电子所必需的能量称为激发能,激发能量可用激发电位 U_0 表示,使一个常态原子电离所需的最小能量称为电离能 U_1。

　　从表4-4可以看出,运动电子在电场中电离某一元素的电位 U_1,比激发它的电位 U_0 大。这说明电子激发中性氧分子,使之变为负氧离子所需要的电压,要比使它电离的电压小,前者是增加空气中负氧离子浓度的条件,而后者不能增加空气中负氧离子的浓度。所以,要提高空气中负离子的浓度,只能对负离子发生器加适当电压,盲目增加电压不仅不能增加负离子浓度,反而会随着电离产生一些有害气体,对人体带来不良影响。图 4-5 是用大气离子浓度测试仪在距电击点 30cm 处的测试数据。

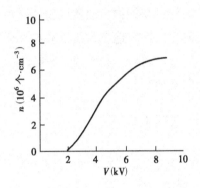

图 4-5　电极电压与负离子浓度的关系

表4-4　激发电位与电离电位

气体	激发电位 U_0(V)	电离电位 U_1(V)	气体	激发电位 U_0(V)	电离电位 U_1(V)
H_2	11.10	15.4	Ar	11.56	15.7
Hc	20.86	24.5	Kr	9.98	14.0
Ne	16.62	21.5	Xe	8.39	12.1

第四节　负离子纺织品的加工方法

　　从 20 世纪 90 年代开始,国际上开始关注负离子纺织品的研究。负离子纺织品直接穿在身上,大面积与人体皮肤接触,利用人体的热能和人体运动与皮肤的摩擦加速负离子的产生,在皮肤与衣服间形成一个负离子空气层,消除了氧自由基对人体健康的多种危害,使人体体液呈弱碱性,从而使细胞活化,促进新陈代谢,起到了净化血液、清除体内废物、抑制心血管疾病的作用,而且负离子材料的永久电极还能直接对皮肤产生微弱电刺激作用,调节植物神经系统,消炎镇痛,提高免疫力,对多种慢性疾病都有较好的辅助治疗效果。通过负离子纺织品与人体经常性的直接接触发挥负离子的健康功效是负离子作用于人体的最佳途径。

负离子对人体健康及生态环境的重大影响,已引起国内外专家的高度重视。一般来说,城市房间内的负离子浓度仅为 $40 \sim 50$ 个/cm³,而负离子纺织品可以自动、长期地释放负离子,其浓度可达 4000 个/cm³ 以上,超过了城市公园内的负离子浓度,对人类的健康大有益处。

目前,负离子纺织品主要应用在以下几个方面。

(1)衣物及家用纺织品。如内衣、内裤、床上用品、毛巾等。

(2)室内装饰物。如壁布、地毯、沙发套、垫子等。

(3)医用非织造布。如手术衣、护理服、病床用品等。

(4)过滤材料。如空调过滤网、水处理材料等。

(5)其他织物。

一、负离子添加剂

负离子纺织品的生产,主要是在纤维生产过程中或织物印染后整理过程中添加负离子添加剂。

负离子添加剂的主要成分负离子素,主要是晶体结构,属于三方晶系,空间点群为 R3m 系,是一种典型的极性结晶,R3m 点群中无对称中心,其 C 轴方向的正负电荷无法重合,无对称中心,故晶体结晶两端形成正极与负极,在无外加电场的情况下,两端正负极也不消亡,故又称"永久电极"。

"永久电极"在其周围形成电场,使晶体处于高度极化状态,故又叫做"自发极化",使晶体正负极能积累电荷。电场的强弱或电荷的多少,取决于偶极矩的离子间距与键角大小,每种晶体有其固有的偶极矩。当外界有微小作用时(温度变化或压力变化),离子间距和键角发生变化,极化强度增大,使表面电荷层的电荷被释放出来,其电极电荷量加大,电场强度增强,呈现明显的带电状态或在闭合回路中形成微电流。因此负离子素是依靠纯天然矿物自身的特性并通过与空气、水气等介质接触而不间断地产生负离子的环保型功能材料。

可以释放负离子的功能材料见表 4-5。

由于天然矿石内部结构的稳定性差,无论使用上述哪一种天然矿石作负离子纤维的添加剂,都不能保证负离子纺织品的性能具有一致性。因此,用于纤维添加剂的负离子材料必须经过严格的筛选和科学合理的配制。

表 4 – 5　可以释放负离子的功能材料

名称	组分及特征
奇冰石	主要含硼,少量铝、镁、铁、锂的环状结构的硅酸盐
电气石	三方晶系硅酸盐
蛋白石	含水非晶质或胶质的活性二氧化硅,还含有少量 Fe_2O_3、Al_2O_3、Mn 和有机物等
奇才石	硅酸盐和以铝、铁等氧化物为主要成分的无机系多孔物质
古代海底矿物层	硅酸盐和以铝、铁等氧化物为主要成分的无机系多孔物质

目前,国内通常使用的负离子添加剂是北京洁尔爽高科技有限公司生产的纳米负离子粉远红外粉 JLSUN® 900 和多功能整理剂 JLSUN® SL – 99。

1. 纳米负离子粉 JLSUN® 900　它主要含有纳米远红外陶瓷辐射体、纳米负离子电气石粉体、分散体、保护剂等,它经过超细加工,粒度为纳米级,所制产品手感柔软,牢度良好,加工过程顺利,不堵网,不堵喷丝头,并含有负离子电气石粉体,具有明显的受激产生负离子作用,经有关权威机构动态法检测,表明 JLSUN® 900 织物负离子浓度高达 3000 个/cm^3 以上。经本产品加工过的纺织品穿着舒适、无毒、无味、无任何副作用,还具有明显的防臭效果。

2. 纳米负离子粉 JLSUN® SL – 99　JLSUN® SL – 99 具有多功能性,并且工艺流程短(一步法),操作简便,储存稳定期长,广泛适用于棉、麻、丝、毛等含有氨基或羟基的天然纤维织物,也适用于涤纶及锦纶织物,整理后的面料可以广泛地应用于运动服、外衣、内衣、床上用品和健康纺织品。

(1)JLSUN® SL – 99 多功能整理剂具有优异的吸湿功能,减少汗臭,有利于环境清洁,是功能健康产品的发展方向。

(2)经多功能整理剂 JLSUN® SL – 99 处理过的织物具有柔软的手感,较高的强力,良好的透气性和舒适性。

(3)通过物理刺激作用,向 JLSUN® SL – 99 整理织物施加能量,衣服在穿着过程中的摩擦和振动都能产生负离子,具有受激产生负离子作用。纺织工业化纤产品质量监督中心依据 SFJJ – QWX25—2006《负离子浓度检验细则》检测证明,JLSUN® SL – 99 整理纯棉织物的平均负离子浓度高达 2000 个/cm^3 以上。

(4)多功能整理剂 JLSUN® SL – 99 可以单分子状态上染天然纤维,并可以化学键和纤维上的羟基或胺基结合,使得产品具有优异的牢度、柔软的手感。

(5)JLSUN® SL – 99 整理过的织物经不同年龄的男女志愿者的人体穿着试验表明,该产品穿着舒适、减少臭味、无任何副作用。

二、负离子纤维

（一）负离子纤维生产方法

负离子纤维产生于20世纪80年代末期,由日本首先发表相关专利。其主要生产方法可分为共混纺丝法、共聚法和表面涂覆改性法三大类。

1. 共混纺丝法 它是在聚合或纺丝前,将能激发空气负离子的矿物质做成负离子母粒加入到聚合物熔体或纺丝液中纺丝制得负离子纤维。首先制成与高聚物材料具有良好相容性的纳米级粉体,经表面处理后,与高聚物载体按一定比例混合,熔融挤出制得负离子母粒,再进行干燥,按一定配比与高聚物切片混合,采用共混纺丝法进行纺丝,制备负离子纤维。

2. 共聚法 它属于化学反应,是在聚合过程中加入负离子添加剂,制成负离子切片后纺丝。一般共聚法所得切片添加剂分布均匀,纺丝成形性好。

3. 表面涂覆改性法 这是在纤维的后加工过程中,利用表面处理技术和树脂整理技术将含有电气石等能激发空气负离子的无机物微粒的处理液固着在纤维表面的一种方法。如一项日本专利报道,将珊瑚化石的粉碎物、糖类、酸性水溶液加上规定的菌类,在较高温度下长时间发酵制成的矿物质原液涂覆在纤维上,因该矿物原液中含有树脂黏合剂成分,得到了耐久性良好的负离子纤维。

（二）几种负离子纤维的生产工艺介绍

1. 负离子黏胶纤维 在我国化纤行业,经过许多科技工作者的不懈努力,目前已经开发出电气石法、奇冰石法黏胶负离子功能纤维的生产方法。主要是采用纳米级超细添加剂,经特殊工艺加入黏胶中,使功能性微粉镶嵌到纤维之中。用该纤维制作的服饰和制品,具有激发产生负离子的功效。

（1）工艺过程。黏胶负离子功能纤维的生产方法是将电气石微粉,如 JLSUN® 900 与活化剂和分散剂均匀配制成乳浆料,按一定比例通过特殊方法加入,经过静态和动态混合,使该粉体均匀分散在黏胶液中,经过纺丝得到产生负离子功效的黏胶纤维。

（2）主要设备。

①制胶设备。该功能纤维制胶设备可由原来生产系统的设备改造完成,主要设备有自动喂粕机、浸渍筒、压榨机、老成箱、黄化机、溶解机、混合机、板框式过滤机、脱泡筒等。

②纺丝设备。负离子功能长纤维纺丝可在 R535 型半连续纺丝机上生产,短纤维可在 R371 型纺织机上生产。

③其他辅助设备。主要有供酸浴设备、供脱盐水设备、压缩空气设备、真空脱泡设备、油剂乳化制造设备、供汽供水供电设备、负离子功能乳化浆料设备、帮助负离子功能浆料分散的静态和动态混合设备等。

（3）生产方法。黏胶负离子功能纤维的生产方法是将 JLSUN® 900 电气石（Tourmaline)微粉与活化剂和分散剂均匀配制成乳浆料,按一定比例通过特殊方法加入,经过静态和动态混合,使该粉体均匀分散在黏胶中,再经近似常规纺丝,得到产生负离子功效的黏胶纤维。

(4)负离子功能浆料的制作。因为负离子功能粉体 JLSUN® 900 属于干态,直接加入黏胶中难以分散均匀,必须在加入黏胶中之前把它制作成水乳浆体。首先要在负离子功能粉体的配制容器内加入一定量的水以及非离子型与阴离子型分散剂,制得负离子粉体与水呈1∶5比例的负离子功能水乳浆体,由于表面活性剂分散作用,使负离子粉体表面水化浸润。这样,负离子功能微小粉体颗粒与黏胶内纤维素磺酸酯紧密结合,减少其在黏胶中的泳移现象,减少颗粒之间的碰撞概率,大大提高黏胶可纺性。

(5)负离子功能粉体在黏胶中的分散。由于负离子功能超细微粉 JLSUN® 900 比表面积大,且具有一定的电负性,在黏胶中负离子粉体小颗粒极容易碰撞,产生团聚效应,在纺丝过程中堵塞喷丝孔,使纤维产生毛丝甚至断头现象,降低可纺性。因此,添加该功能粉体首先要考虑其在黏胶中的分散问题。采用添加分散性功能材料与机械作用等手段,可使负离子功能微粉均匀分散在黏胶中,满足连续纺、半连续纺黏胶长丝以及黏胶短纤维纺丝工艺要求,从而使其纺丝工艺与常规纺丝并无太大差异。

(6)黏胶负离子功能纤维的物理指标。有关专家进行了负离子黏胶纤维和常规产品的比较,结果如下。

测试仪器:QS—1 强伸度仪、QX—1 振动细度仪;

测试条件:21℃、相对湿度65%;

样品为 100 根。

测试结果见表 4–6。

表 4–6 负离子黏胶纤维与常规黏胶纤维物理指标的对比

物理指标	负离子黏胶纤维 (0.17tex,38mm)	常规黏胶纤维 (0.17tex,38mm)
干断裂强度(cN/dtex)	2.11	2.01
干断裂伸长率(%)	18.3	20.1
干强 CV 值(%)	19.34	20.0
湿断裂强度(cN/dtex)	1.24	1.06
回潮率(%)	10.19	13.0
含油率(%)	0.11	0.12
干断裂强度(cN/dtex)	1.98	1.77
干断裂伸长 CV 值(%)	16.47	13.2
FDN(cN/dtex)	2.37	2.36
弹性模量(cN/dtex)	17.6	9.4

从表4-6可看出：

①负离子黏胶短纤的干断裂强度在一定程度上大于常规黏胶短纤维,常规黏胶纤维较负离子黏胶纤维干断裂伸长率增加9.84%,应理解为常规黏胶纤维中加入电气石微细粉后增加了结晶区的比例。

②负离子黏胶短纤维湿/干断裂强度比为58.77%,与常规黏胶纤维接近。

③负离子黏胶短纤维1%定伸长潜力与常规黏胶纤维接近,但其弹性模量较常规黏胶纤维平均高出8.2cN/dtex。

④负离子黏胶短纤维拉伸曲线如图4-6所示。

从图4-6可看出,负离子黏胶纤维在拉伸的初步阶段,拉伸变形极小,直到拉伸力接近2cN,可以理解为在黏胶中加入电气石微粉,不会影响纤维的拉伸强力,反而使其具有较大的抗拉模量和拉伸初始阶段较小的断裂伸长值。

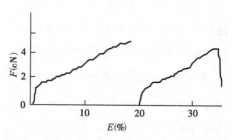

图4-6 负离子黏胶纤维拉伸—伸长曲线

2. 负离子涤纶短纤维 为生产负离子涤纶,需要在聚酯切片中添加负离子粉JLSUN® 900,将其制备成可直接加工成负离子纤维的负离子切片,其生产过程与生产一般涤纶类同。

(1)负离子涤纶短纤维的一般加工参数。

螺杆各区温度	260~285℃
箱体温度	278~282℃
组件温度	275~280℃
纺丝速度	650~700m/min
熔体喂入速度	620~650m/min
拉伸槽温度	65~80℃
松弛区温度	110~140℃
总牵伸	4~5倍
切断长度	38~65mm

(2)负离子涤纶POY丝的一般纺丝工艺参数。

①切片干燥及纺丝温度、喷丝板组件。

干燥温度	120~125℃
干燥时间	8~10h
螺杆温度	280~290℃
熔体温度	285~295℃

　　　　喷丝孔直径　　　　　　　　　　　　　0.28mm

　　　　过滤层目数　　　　　　　　　　　　　24~48 目

　②油剂侧吹风条件、卷绕参数。

　　　　母粒浓度　　　　　　　　　　　　　　10%~12%

　　　　侧吹风温度　　　　　　　　　　　　　20~25℃

　　　　侧吹风风速　　　　　　　　　　　　　0.5~0.7m/s

　　　　卷绕速度　　　　　　　　　　　　2500~3200m/min

　　　　卷绕张力　　　　　　　　　　　　　　10~20cN

3.负离子丙纶　负离子丙纶的一般纺丝工艺条件如下。

(1)切片干燥及纺丝温度、喷丝板组件。

　　　　干燥温度　　　　　　　　　　　　　　100~105℃

　　　　干燥时间　　　　　　　　　　　　　　8~10h

　　　　螺杆温度　　　　　　　　　　　　　　255~285℃

　　　　熔体温度　　　　　　　　　　　　　　285~295℃

　　　　喷丝孔长度　　　　　　　　　　　　　0.28mm

　　　　过滤层目数　　　　　　　　　　　　　24~48 目

(2)油剂侧吹风条件、卷绕参数。

　　　　母粒浓度　　　　　　　　　　　　　　10%~12%

　　　　侧吹风温度　　　　　　　　　　　　　20~25℃

　　　　侧吹风风速　　　　　　　　　　　　　0.5~0.7m/s

　　　　卷绕速度　　　　　　　　　　　　　600~800m/min

　　　　卷绕张力　　　　　　　　　　　　　　10~20cN

三、负离子织物举例

　　日本广泛采用后整理技术开发负离子纺织品。如日清纺公司的"IONAGE"、Komatsu Seiren 公司推出的以"Verbano"冠名的负离子整理织物、东丽工业公司开发的新型后整理技术"Aquaheal"、Kabopou 纤维公司的"森林浴纤维"等。后整理技术的优势在于可应用于所有类型的纺织面料,且工序简单,它不同于常规将矿物质混入纱线的工艺。

　　1.SLM 负离子整理织物　在国外,德国 Herst 公司推出了纳米负离子整理剂 DH306,日本 DAIWA 化工公司推出了负离子整理剂 1010W。在国内,北京洁尔爽高科技有限公司从 1990 年开始研制负离子纤维和织物。他们从电气石和来自海底深处的矿石等天然矿物质中选择出健康、环保的负离子材料,将其超微粉体加工制成纳米负离子远红外粉 JLSUN® 900(D_{50} = 50~100nm,粒径越小,产生负离子和辐射远红外线的能力越大),并成功地应用于化学纤维生产上。同时又将纳米负离子远红外粉后处理,进一步加工成负离子远红外浆 JLSUN® 700,并开发出在织物上固着天然矿物质的整理技术。尽管该技术能应用于任何类型的纺织面料,还可以与其他功能整理剂(如抗菌除臭整理剂)相结合生产多功能纺织品,但它影响织物的手感和透气性。

该公司科研所通过分析研究电气石等负离子材料的成分、结构、粒径与表层负离子效应之间的关系,在理论方面获得重大突破,并结合公司30年来在织物后整理方面积累的丰富经验,开发出了适合天然纤维的负离子整理剂 SLM。经 SLM 整理后的面料具有改善空气环境、促进人体健康的作用,适用于内衣、室内装饰物、床上用品和保健医疗用品。

（1）负离子整理剂 SLM 的整理机理。负离子整理剂 SLM 主要由 SLM—A 和 SLM—B 组成,它适用于棉、麻、丝、毛等天然纤维(含有氨基或羟基的纤维)的负离子整理。

①SLM 含有的负离子体具有明显的受激产生负离子的作用,将水或空气中的水分子瞬时"负离子化"。通过物理刺激作用,诸如向负离子织物施加能量(如机械能、化学能、光能、静电场能等)、衣服在穿着过程中的摩擦和振动都能产生大量的负离子。

②负离子整理剂 SLM 单分子状态上染纤维,并以化学键和纤维上的羟基或氨基结合,使得产品牢度良好,透气舒适,手感柔软。

③负离子整理服装经不同年龄男女志愿者的人体穿着试验表明,该产品穿着舒适,无任何副作用,具有明显的防臭效果,并可以改善空气环境,在日常生活中不知不觉地促进人体健康。

（2）负离子整理剂 SLM 的整理工艺。

①浸渍法工艺流程(浴比1:15)。

织物→漂染→浸渍远红外整理剂 SLM—A[3%(owf),棉:60～65℃,30～40min;毛:80～85℃,30～40min]→放残液→浸渍 SLM—B[3%(owf),40～50℃,20～30min]→放残液→冷水冲洗一遍(防止影响硅油柔软剂的稳定性)→上硅油柔软剂→成品

②浸轧法工艺流程。

漂染→烘干→浸轧 SLM—A(20g/L,轧液率60%～70%)→烘干(80～110℃,落布微潮)→浸轧 SLM—B(20g/L,轧液率60%～70%)→烘干(80～110℃)→成品

③注意事项。

a. 浸轧法难以操作,一般降强为20%;浸渍法对强力影响很小,最好使用浸渍工艺。

b. 浸轧 SLM—A,烘干后落布一定要微潮(含潮率为8%～12%);若烘干过度,则织物强力下降严重。

c. 浸轧 SLM—A,烘干后不能长时间堆置,要尽快浸轧 SLM—B,否则织物强力降低。

d. 浸轧 SLM—B 时,可与柔软剂 SCG 同浴进行。若使用其他牌号的柔软剂,请先进行 SLM—B、柔软剂同浴稳定性实验。也可以在拉幅工序中加入柔软剂。

2. 负离子远红外保健浆 JLSUN® 700 印花及涂层织物 负离子远红外浆 JLSUN® 700 不仅具有良好的升温、保健作用,而且具有较好的手感、优良的耐洗牢度,可应用于多

种医疗保健产品。

(1)负离子远红外浆 JLSUN® 700 的整理及作用机理。负离子远红外浆 JLSUN® 700 主要含有负离子远红外辐射体、分散剂、保护剂等。它由经过严格筛选的几种常温下有较高发射率的材料,经过超细加工后配制而成。

①经负离子远红外浆制得的涂层、印花织物具有远红外线保健作用和保温功能,其远红外发射率高达 85% 以上,可使人体感到温度上升。

②负离子远红外材料经过超细加工,粒径在 1μm 以下,所制产品手感柔软,牢度较好,加工过程顺利,不会堵网。

③JLSUN® 700 含有的负离子体具有明显的受激产生负离子的功能,将水或空气中的水分子瞬时"负离子化"。通过物理刺激作用,诸如向负离子织物施加能量(如机械能、化学能、光能、静电场能等)、衣服在穿着过程中的摩擦和振动,都能产生大量的负离子。

④负离子远红外印花涂层织物经不同年龄的男女志愿者的人体穿着试验表明,该产品穿着舒适,无毒,无味,无任何副作用,具有明显的防臭和医疗保健效果。

(2)负离子远红外织物的整理工艺。

①负离子远红外保健印花织物。

a. 工艺配方。

负离子远红外保健浆 JLSUN® 700	10% ~20%
色浆	x
自交联型黏合剂 SP	10% ~30%
增稠剂 FAG	1.5% ~2%
水	x

b. 工艺流程。

织物→印花→烘干(80~100℃)→高温拉幅(180~190℃,30s)

②负离子远红外保健涂层织物。

a. 工艺配方。

负离子远红外保健浆 JLSUN® 700	3% ~6%
水溶涂层胶	x

b. 工艺流程。

织物→涂层→烘干(100~120℃)→高温拉幅(180~190℃,30s)

③负离子远红外保健整理织物(JLSUN® 700 影响深色织物的色光及手感)。

a. 工艺配方。

负离子远红外保健浆 JLSUN® 700	30~50g/L
固着剂 SLT	30~50g/L
阴离子或非离子柔软剂	适量

b. 工艺流程。

织物→浸轧整理液(轧液率60%~70%)→烘干(80~120℃)→高温拉幅(170~180℃,30s)→成品

3. 负离子发生剂 Kayacera 印花及涂层织物

(1)负离子发生剂 Kayacera 的特点。

①由于采用黏合剂等进行处理,故具有耐洗涤性。

②兼有远红外线(波长7~20μm)的温热效果。

③以天然矿石(类似温泉矿石)为原料,有较高的安全性。

④放射线一年的放射量在1mSv以下,低于标准值。

⑤原体的放射能(放射能力)低于标准值370Bq/g以下,已调至330Bq/g,不需要递交申请书。

(2)负离子发生剂 Kayacera Paste 的应用方法。森林中所含的负离子量为2000~3000个/cm³。如果以这个值为基准的话,10%的 Kayacera Paste 中就存有与森林浴等量的负离子。

①加工工艺。

浸轧(轧液率80%)→烘干(110℃,5min)→焙烘(170℃,1min)

②工艺配方。

被试材料:棉针织品

使用浓度:Kayacera Paste　10%

黏合剂:Kayacryl Resin T－126　5%

水:85%

4. 多功能整理剂 JLSUN® SL－99 整理织物　北京洁尔爽高科技有限公司从托玛琳等天然矿物质中筛选出健康、环保的功能材料,并将其超微粉化加工制成纳米多功能粉体 JLSUN® 900,并成功地应用于生产化学纤维,并开发出在织物上固着天然矿物质的整理技术。之后,通过实验研究电气石等功能材料的成分、结构、粒径与吸湿性、负离子效应及远红外辐射效应之间的关系,在理论方面获得重大突破,开发出了适用于天然纤维的多功能整理剂 JLSUN® 888。又在20多年来功能整理方面积累的丰富经验的基础上,研制成功了使用简便的多功能整理剂 JLSUN® SL－99。

(1)工艺流程。

织物→漂染→烘干→浸轧 JLSUN® SL－99(轧液率70%)→烘干(80~100℃)→拉幅(140~150℃,30~60s)→成品

(2)工艺配方。

多功能整理剂 JLSUN® SL－99　　　　　　　　40~50g/L

(3)化料操作。首先加入适量水,加入多功能整理剂 JLSUN® SL－99,搅拌均匀,(然

后加入柔软剂),最后加入其余的水,搅匀。

第五节　负离子纺织品的测试及标准

随着负离子纺织品的迅速发展,如何检测纺织品的负离子含量成了关键问题。由于负离子纺织品所产生的负离子所携带的电荷量极其微弱,必须使用专用的空气离子测量仪进行测量,这种仪器容易受到如空气温度的变化、测试区气流的扰动、测试对象(即纺织品)的摆放位置等因素的影响。另外,检测方法及检测人员的手法也会直接影响最终的测试结果。迄今为止,国内外针对纺织品的负离子性能还没有出台统一的检测方法和评价标准。在目前无检测标准可循的现状下,纺织品负离子性能的检测只能根据各自需要进行,不同研究者采取的测试方法和仪器各不相同,导致测试结果之间差异较大。但是关于测试的最基本的理论基本相同。

一、空气离子测量仪

空气离子测量仪是测量大气中气体离子的专用仪器,用于测量空气离子的浓度,分辨离子正负极性,还可依离子迁移率的不同来分辨被测离子的大小。一般采用电容式收集器收集空气离子所携带的电荷,并通过一个微电流计测量这些电荷所形成的电流。测量仪主要包括极化电源、离子收集器、微电流放大器和直流供电电源。

1. 空气离子测量仪的类型　根据收集器的结构不同,又可以划分为圆筒式和平行板式。

(1)圆筒式收集器。圆筒式收集器(图4-7)由同心圆筒组成,外部圆筒作为极化极,内部圆筒作为收集极。

这种收集器结构简单,常用于一些要求体积较小的测量项目。但存在以下几个缺点。

①灵敏度较低,不适合作空气本底测量。

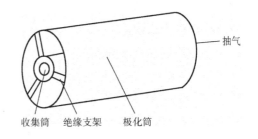

图4-7　圆筒式离子收集器结构示意图

②收集器前端的绝缘支架附着了离子以后,会形成一个排斥电场,妨碍外部空气中离子进入收集器,造成测量误差。

③圆筒型电场为不均匀电场,不适合作离子迁移率测定。

(2)平行板式收集器。平行板式离子收集器的收集板与极化板为互相平行的两组金属板,这种收集器可采用多组极板结构,在不影响离子迁移率的前提下使极板距离较小,而使收集器截面相对大一些,可以增大取样量,提高灵敏度。平行板电场属于均匀电场,它不但可以测量离子浓度,而且适合用来测定离子迁移率。其结构如图4-8所示。

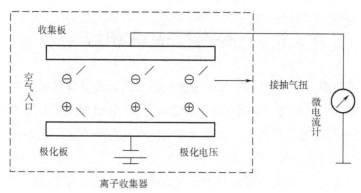

图4-8 平行板式离子测量仪示意图

正、负离子随取样气流进入收集器后,在收集板与极化板之间的电场作用下,按不同极性分别向收集板和极化板偏转,把各自所携带的电荷转移到收集板和极化板上。收集板上收集到的电荷通过微电流计落地,形成一股电流I;极化板上的电荷通过极化电源(电池组)落地,被复合掉,不影响测量。一般认为,每个空气离子只带一个单位电荷。

①离子浓度的计算。离子浓度可以由所测得的电流及取样空气流量用下式换算出来:

$$N = \frac{I}{qVA}$$

式中:N——单位体积空气中离子数目,个/cm³;

I——微电流计读数,A;

q——基本电荷电量,1.6×10^{-9}C;

V——取样空气流速,cm³/s;

A——收集器有效横截面面积,cm²。

②离子迁移率的计算。空气离子在单位强度(iv/m)电场作用下的移动速度称为离子迁移率,计算公式如下:

$$K = \frac{d^2 \times V_x}{L \times U}$$

式中:K——收集器离子迁移率极限,cm²/(V·s);

d——收集板与极化板之间的距离,cm;

V_x——收集器中气流速度,cm/s;

L——收集板长度,cm;

U——极化电压,V。

2.现有的空气离子测量仪 测试空气离子浓度的仪器有很多,虽型号和产地不同,但其工作原理基本相同。部分离子浓度测试仪种类见表4-7。

表4-7 空气离子测试仪的名称及测试范围

国别	公司	仪器名称	测定范围（个/cm³）	离子迁移率（cm²/V·s）
美国	Alphalab	AIR ION COUNTER	±10~10⁶	大于0.1
		AIC 1000	±10~10⁶	大于0.1
中国	漳州连腾	DLY-2空气离子测量仪	±10~10⁹	0.15,0.04,0.004
	上海电动工具研究所	大气离子浓度测量仪 SD9901	±10~10⁸	大于0.01
中美合资	北京杜威远大	抗湿离子测量仪 ZLI-DLY-3G,5G	±10~10⁹	1.0,0.4,0.15
日本	ECO、HOLSTIC INC	EB-12A	±10~10⁵	大于1.0
		EB-2000	±0~2×10⁶	
	Inti(株)	ITC-201A	±10~10⁶	小于0.4

国内外测量仪器的一个共同特点是采用平行板电容器作为离子采集器,通过抽风设备使空气离子通过采集器,捕获空气中的离子,通过检测电流或电压来确定空气中的离子数。目前从国外进口的测量仪器产地主要为美国和日本,国内生产空气离子测量仪器的厂家主要有漳州连腾电子有限公司、上海电动工具研究所。

由美国 Alphalab 公司生产的空气离子测量仪 Air Ion Counter 是目前应用较广泛的测试仪器,可以达到最小 10 个/cm³ 的测量精度,而且操作简便。主要存在的问题是读数的稳定性不够,因为试验操作过程中环境因素和人为因素的影响,使得在利用该仪器进行测试的时候所得数据不是很稳定,降低了测试结果的可信度。

国内空气离子测试仪器技术领先的是福建省漳州市连腾电子公司的 DLY 系列空气离子测量仪,其中的 DLY-2 型空气离子测量仪首创了镀金二级平行收集板收集器,电荷复合时间缩短,收集效率提高,离子浓度检测范围是 10~10⁹ 个离子/cm³。综合考虑各项指标均达到国际先进水平。

二、纺织品负离子检测方法

目前止,国内外针对纺织品负离子发生量的测试方法主要有动态法和静态法。在空气负离子测试方面,我国于 2002 年 10 月颁布了 GB/T 18809—2002《空气离子测量仪通用规范》作为国家标准,这是针对建立、健全空气离子测量仪产品标准体系而定的。此外,2006 年由中华人民共和国发展和改革委员会颁布了 JC/T 1016—2006《材料负离子发生量的测试方法》作为建材行业负离子发生量的测试标准。

1. 动态法测试 动态法测试是指采用平行板电容器或圆筒式电容器作为离子采集器,强制空气流通通过采集器,采集空气中离子进行测试的方法,主要适用于纺织品负离子发生量的测定。

（1）开放式测试。一般是指在某开放的环境中进行的测试，可以是在室外开阔的环境，也可以是在室内的某个房间内。在开放式环境中进行的测试一般采用传统手搓法，由于测试空间较大，也可以采用其他任何方法。这种测试最明显的缺点就是受环境影响很大，如测试房间内各种电器设备、强导电体、空气流动等。

（2）封闭式测试。由于负离子本身的特殊性，对测试环境的要求也比较高。封闭式测试严格地说需要在一个密闭的测试空间内进行，要求不受环境以及其他可能因素的影响，这样的测试室要求很高，而且也不容易排除人为因素的影响。为此，一般在温度和湿度可以人为控制的房间内采用绝缘透明的有机玻璃制备一个相对封闭的箱体来进行测试。

（3）对织物施加物理刺激的方法。在纺织品负离子发生量的测试中，如果不对织物施加一定的物理刺激，则面料释放负离子的效果不明显，不能较为客观地表现出织物负离子发生能力的高低。目前，主要有以下几种方法。

①静置法。将待测织物置于空气离子测试仪下方距进风口 1cm 处，由测试仪器自动进风口吹拂织物表面而进行测试。

②手搓法。以手握住织物进行往复的揉搓物理刺激，并通过测试仪读取实验数据。

③紫外光照射法。在一个不透明的密闭容器中，将紫外灯悬挂在织物上方，在照射条件下进行测试。

④平磨法。模拟一种近似手搓的摩擦效果，采用四连杆传动机构，在水平摩擦方向上设置滑块摩擦缓冲装置对织物进行平磨的测试装置。

⑤振动法。将待测织物悬挂在摆动杆上，使其在不同频率下振动产生负离子的测试方法。

2. 静态法测试　静态法测试是指不需要气流通过采集器的条件下，采集空气中离子的方法，主要适用于粉体、浆料、涂料及各类建筑板材等材料负离子发生量的测定。此方法的工作原理是采用带电体（初始电量 Q_n）在空气中自由放电，并通过带电体剩余电荷 Q 与放电时间 t 的关系（$Q—t$）进行科学分析，从而得出带电体周围空气中离子浓度。

三、负离子纺织品的检测标准

到目前为止，全世界未有公认的空气负离子检测标准，世界各国也没有形成一个统一的、得到全世界公认的关于空气负离子的保健卫生功能评估标准。我国在负离子检测标准制定方面走在了世界前列，因此虽然在世界范围内缺少完整、规范的负离子检测、评估标准，但国内外负离子标准工作的制定已经取得了一定的成果。目前国内外与纺织品负离子相关的标准主要有 GB/T 30128—2013《纺织品　负离子发生量的检测和评价》。

GB/T 30128 适用于各类纺织物及其制品，可采用摩擦法测定纺织品动态负离子发生量并作出评价。其原理是在一定体积的测试仓中,将试样安装在上下两摩擦盘上,在规定条件下进行摩擦,用空气离子测量仪测定试样与试样本身相互摩擦时在单位体积空间内激发出负离子的个数,并记录试样负离子发生量随时间变化的曲线。

1. 试验准备

(1)试验设备。空气离子测试仪、测试仓、摩擦仪、聚氨酯泡沫塑料衬垫。

(2)试验条件。按 GB/T 6529—2008 规定的标准大气下对试样进行调湿及试验,且试验应在干净、气流稳定的环境下进行。

(3)试样准备。从样品上裁取至少 3 组试样,每组各 2 块测试样,一块安装在上摩擦盘上,另一块安装在下摩擦盘上,其尺寸要分别跟上下两个摩擦盘的尺寸相适应,以保证 2 块试样能分别用夹持装置固定于上摩擦盘和下摩擦盘上,并且能够完全地覆盖两摩擦盘的表面。

2. 试验步骤

(1)试样的安装。在测试仓内,用夹持装置将两块试样和其对应的衬垫分别固定于上摩擦盘和下摩擦盘上,其中衬垫置于试样和摩擦盘之间,同时保证试样在自然平整的状态下能完全覆盖两摩擦盘表面。对于涂层织物,使涂层面相互摩擦。

(2)测试。将负离子测试仪放置在测试仓内,测试口距离摩擦盘 50mm。开启空气负离子测试仪,关闭测试仓,测定未摩擦前测试仓内空气负离子浓度,测定时间至少为 1min,待显示的测定值稳定(读数在 0 ~ 100 个/cm³ 范围内变化)后,对空气负离子测试仪清零。然后启动摩擦装置摩擦试样,同时开始测定试样摩擦时负离子的发生量,测定时间至少为 3min,并记录试样负离子发生量随时间变化的曲线。

(3)测试完毕后关闭空气负离子测试仪和摩擦装置,启动换气装置至少 5min,按上述的安装及测试方法测定下一组试样。

3. 试验结果的计算及评价　从记录的负离子发生量—时间关系曲线图上,在 30s 以后除去异常峰值(大于最大有效峰值的 10 倍)后选择并读取前 5 个最大有效峰值(单位为个/cm³,保留至整数位)。计算这 5 个最大有效峰值的平均值,作为每组试样的负离子发生量。最后计算样品 3 组试样的负离子发生量的平均值。

若有需要,可按表 4 - 8 对负离子发生量进行评价:

表 4 - 8　对负离子发生量的评价

负离子发生量(个/cm³)	评价
>1000	负离子发生量较高
550 ~ 1000	负离子发生量中等
<550	负离子发生量偏低

第六节　负离子纺织品的市场与开发现状

我国负离子纺织品中所使用的高效多功能负离子材料有超微粉体（亚微米级）、水性浆料、凝胶等多种形态，其原料均选自天然矿物，由高科技手段进行配比、提炼、复合加工而成，因而对人体绝对安全。目前我国负离子功能纺织品制造技术分为两种：一种是在纤维制造过程中就加入负离子纺织添加剂，通过功能母粒法、全造粒法、注射法、复合纺丝法等方法生产出再生纤维或混纺纱线，供面料企业及针织企业选用，制成负离子功能纺织品；另一种是采用后整理技术，通过浸渍、浸轧、涂层、印花等方法，将负离子体以共价键结合到纤维的氨基或羟基上，或用黏合剂将与纺织品本身无亲和性的负离子添加剂固定在纺织品上，制成负离子功能纺织品。经国家权威部门检测，我国负离子功能纺织品在使用状态下与人体摩擦产生的负离子达到 3600 个/cm^3，完全达到日本同类产品的水平。并能确保洗涤 50 次，其功能损失不超过 10%。

我国开发生产释放负离子功能纤维，使用无机矿物粉体做成母粒，采用共混法或共聚法进行纤维改性；合成纤维以研究为多，包括涤纶、腈纶、锦纶、丙纶和 PVC 薄膜及纤维等。负离子功能纤维的制成品有壁纸、窗帘等，它们能不断释放负离子，制成毛巾、服装、床单等具有保健和环保双功能。我国有丰富的矿产资源，在新疆、内蒙古、辽宁、黑龙江、广西桂林和云南等地发现了丰富的电气石矿、蛋白石矿等可以释放负离子的矿产，充分开发利用这一自然资源，深入研究负离子在纺织领域的应用，开发和研制更多的保健型负离子纺织品，具有很大的经济价值和广阔的市场前景。

日本是负离子功能纺织品最先研制开发成功的国家，也是目前负离子功能纺织品品种多、性能质量优、规格花样全、市场销售规模大、开发生产能力强的成熟市场。日本做了大量负离子纺织品的研究工作，有多篇专利发表和多种产品问世。日本负离子纺织品主要有如下特点。

（1）功能多、质量好。不仅可以释放有益于人体健康的负离子，而且具有很高的远红外线辐射功能和抗菌抑菌、除臭去异味、抗电磁辐射等功能。

（2）面料种类多、规格花样全。从纤维材料上讲，有天然纤维，如棉、麻、毛线等，也有化学纤维，包括涤纶、腈纶、锦纶、氨纶、丙纶等合成纤维和黏胶纤维等再生纤维。日本许多大型纤维企业，如富士纺、钟纺、日清纺、东丽、大和纺等都相继开发或生产出负离子功能纤维及纺织品。

（3）应用广泛。产品有床上用品、服装、室内用品、体育用品等。

负离子功能性纺织品进入日常生活，可以认为是回归大自然的有效方法之一。由于具有的优良使用效果，使其在装饰用、产业用、服装用三大领域都有着广阔的市场前景。负离子纺织品添加剂的开发应用，不仅为国内纤维行业及纺织行业的厂家提供了提升产品档次、扩大市场份额、提高企业知名度的极好机遇,而且能够给企业提供不断扩大出口,占领更广阔的国际纺织品市场的内在基础,最主要的是给人们提供了一种全新的多功能负离子环保与健康纺织品,以切实提高人们的生活品位和生活质量。

参考文献

[1]范尧明.保健纺织品的产品结构及进展[J].产业用纺织品,2004(12).

[2]张艳,陈跃华,孟宪鸿.纺织品负离子测试探讨[J].上海纺织科技,2003,31(4):61-62.

[3]陈跃华,公佩虎,张艳,等.纺织品负离子性能测试方法和负离子纺织品开发[J].纺织导报,2005(1):58-61.

[4]苍风波.负离子功能纺织品的现状及其发展趋势[J].纺织科技进展,2005(2):7-9.

[5]王万秀,李娟娟.负离子及其纺织品的功能和应用[J].现代纺织技术,2004,12(3):46-48.

[6]杨栋樑,王焕祥.负离子技术在纺织品中的应用近况[J].印染,2004,30(20):46-49.

[7]朱正峰.永久性黏胶负离子纤维及其纺纱试验研究[J].中原工学院学报,2004,15(3):28-31.

[8]毕鹏宇,陈跃华,李汝勤.振动型负离子测试装置与测试方法探讨[J].纺织学报,2004,25(5):115-116.

[9]商成杰,张洪杰.对天然纤维织物进行负离子整理的研究[J].功能性纺织品及纳米技术应用,2002(2):4-7.

[10]谢跃亭,张瑞文,邵长金.负离子功能黏胶纤维的研制[J].天津工业大学学报,2003(4):44-47.

[11]高洁,李青山,周可富,等.负离子添加剂在纺织品中的应用[J].纺织科学研究,2004(3):27-30.

[12]http://www.jlsun.com.cn

[13]毕鹏宇.纺织品负离子特性及测试系统研究[D].上海:东华大学,2006.

[14]蔡淑君.负离子纺织品的测试及溶胶—凝胶法用于负离子功能整理[D].上海:东华大学,2008.

[15]莫世清,陈衍夏,施亦东,等.负离子纺织品的检测方法及应用[J].染整技术,2010(5):24-47.

[16]公佩虎,陈跃华,王善萍.负离子纺织品及其测试进展[J].上海纺织科技,2005(10),31-34.

[17]公佩虎.纺织品负离子性能测试方法研究[D].上海:东华大学,2005.

[18]何秀玲.纺织品负离子性能测试方法研究[J].印染助剂,2011(8):50-52.

[19]邵敏,王进美.负离子纺织品的开发与应用[J].纺织科技进展,2008(4):4-6.

[20]杨明霞,普丹丹.负离子纺织品及其开发现状[J].纺织科技进展,2009(2):10-14.

[21]林金明,宋冠群,赵利霞,环境、健康与负氧离子[M].化学工业出版社,北京,2006.

第五章 远红外纺织品

第一节 概述

随着科学技术的进步,经济发展速度的不断加快,人民生活水平也不断得到提高,温饱问题已经基本得到解决,如今越来越多的人已经开始向着追求高质量、高水平生活的方向发展,对于服装和纺织品也有了更高的要求。一方面,保温、保暖是服装用纺织品的基本功能之一,但传统的保温纺织品大多厚重臃肿,在这样一个追求美感及个性的时代,这样的纺织品已经不能满足人们的要求,人们需要的是质地轻薄,但保温性极佳的新型纺织品;另一方面,随着生活节奏的加快,人们的休息及体育锻炼都相对减少,人们一直在寻求更加方便、有效地保持人体健康的方法,因此各种各样的保健品层出不穷。在这种大趋势的影响下,具有保暖、保健功能的纺织品也越来越受到人们的青睐。

远红外纺织品正是在这种情况下应运而生的,远红外纺织品以其具有的保温性良好、促进血液循环、促进新陈代谢、消除疲劳等保健性能,而又无任何副作用、使用方便等特点,满足人们对于保暖、保健性的要求,具有良好的市场需求及发展前景。另外,远红外纺织品具有技术含量高、附加值高的特点,生产这种产品,能够增加纺织企业的效益,促进纺织行业的生存和发展。

远红外纺织品对人体的保健功能已经广为人们所熟知,其辐射出的远红外线对人体的生命活动有着极其重要的作用。远红外纺织品可在很宽的波长范围内吸收来自环境和人体发射出的红外波长能量,并辐射出波长范围在 $2.5 \sim 30\mu m$ 的远红外线,并反馈给人体。这是由于纺织品上添加的具有远红外辐射功能的添加剂在吸收了外界的电磁辐射能量后,其分子的能态从低能级向高能级跃迁,而后又从不稳态的高能级回复到较低的稳态能级而辐射出远红外线。由于红外线是一种电磁波,因此生物体中的偶极子和自由电荷在电磁场的作用下,有按电磁场方向排列的趋势,从而引发分子、原子的无规则运动的加剧而产生热,这就是红外线的热效应,并引起一系列的生理效应,包括活化水分子、活化组织细胞、改善微循环等。另外,此种在一定波长范围内的远红外线与人体细胞中水分子的振动频率相同,当人体表面受到辐射时,会引起细胞的分子共振。因此,远红外线具有激活人体表面细胞、促进人体新陈代谢、提高人体免疫力的功效,还可以促进和改善局部与全身的血液循环,激活生物大分子的活性,具有蓄热保暖、保健、抗菌功能等。

人体的生命一刻也离不开远红外光,人们把远红外光称为生命之光。

由于远红外纺织品的保健性能,20世纪80年代,德国、美国、日本、俄罗斯等国家的科研机构投入很大的力量对远红外纺织品进行研究。德国赫特国际集团在全球率先开发了纳米远红外剂FRN396。1987年,日本的前田信秀提出将远红外陶瓷粉纺入纤维而申请发明专利。1988年,日本针纺公司公开采用远红外陶瓷粉和聚合物为主要原料纺成了远红外纤维。随后,NANASAY、尤尼吉卡、可乐丽、三菱人造丝公司、帝人公司、旭化成公司等都对远红外纺织品的研制和开发作了大量的工作,并有远红外寝具、护腕、护膝、束腹等多种保健产品问世。我国远红外纺织品的研究和开发始于20世纪90年代初,特别是东华大学、天津工业大学、江苏纺织研究所、清华大学、北京合成纤维研究所、北京洁尔爽高科技有限公司等单位开展了这方面的工作。远红外纺织品在我国发展较快,如今已有涤纶、丙纶等远红外纤维和远红外针织品、机织品、非织造布等远红外产品问世。

远红外纺织品是将能发射远红外线的功能材料与纺织品相结合,赋予纺织品远红外功能,一般通过两种方法来实现:一种方法是采用后整理技术,即把远红外微粉和溶剂、黏合剂、助剂按一定比例配制成远红外整理剂,通过浸渍、浸轧、涂层或喷雾等后整理方法,使纺织品与远红外整理剂相结合,使之具有远红外功能。浸渍、浸轧和涂层方法采用传统的工艺即可,喷雾方法常用于生产远红外非织造布。另一种方法是制造远红外纤维,是向纤维基材中掺入远红外微粉,纤维基材可以是聚酯、聚酰胺、聚丙烯、聚丙烯腈等常用合成纤维。制造远红外纤维对于远红外物质粒子的粒径要求更高,一般要求在$1\mu m$以下,掺加量多在5%~30%(质量百分数)之间,所用纺织工艺可以完全借助于传统纺织工艺,按掺加远红外粉的不同和纺丝工艺的变化,这种纤维的开发呈现多样化的现状。

第二节　远红外线及其作用机理

从服装工效学的观点出发,研究人体—服装—环境之间的相互作用关系,启示人们寻求最适用的能量交换,达到健康、舒适的目的,是研制远红外纺织品的出发点。

一、远红外线的特性

太阳光可分为可见光和不可见光。在太阳光中,一般可见光占51.8%左右,可见光穿过三棱镜后会折射出红、橙、黄、绿、青、蓝、紫七种色光;不可见光占48.2%左右,它包括紫外线、红外线。其中,紫外线约占太阳光的6%。红外线是位于可见光和微波之间的一种电磁波,约占太阳光的42%,其波长在$0.76~1000\mu m$,习惯上又将其分为近红外、中红外和远红外三段。人们通常将位于$4~1000\mu m$的红外线称为远红外线,远红外线约占红外线的20%。

红外线与可见光的差别在于前者是一种肉眼看不见的电磁波。从本质上讲,红外线是物质的化学键振动和转动过程中能量状态变化的结果。红外线与可见光属于同一性质的具有明显热效应的光线，但各自的波长范围不同。因此，如同可见光一样，红外辐射具有电磁波的一般属性，能以电磁波的形式进行能量传输和物质的相互作用，是可以定性定量分析的，其规律符合物理学中的定律。

远红外线主要具有三个特征，即具有放射性、共振吸收性和渗透性。

1. 具有放射性　与可见光一样，远红外线具有相同的活动状态，可直接传给物体。

辐射是物体吸收热能或本身发热使分子或原子激发后，为了消除能量不均衡而使能量转移的一种过程。因此，当稳定状态的原子被加热或受到电磁照射时，就会因外界赋予的能量而产生电子的激发，而后原子趋向另一稳定状态，这期间便会释放出能量。而某些特定的物质就会以放射红外线的形式释放出能量来。

放射率是衡量物体吸热性能的一项重要指标。所谓放射率（通常以 ε 表示）是在同一条件下比较物质与黑体电磁波放射量的比值，而实际物质的放射率呈 $0 < \varepsilon < 1$。ε 越接近1，表示热能对电磁波的转换方式越理想。黑体是作为完全吸收入射光能量的理想物体，能够将能量理想地转换为电磁波的物质（即无能量损失）。放射率的表达式如下：

$$放射率\,\varepsilon = \frac{物质电磁波放射量}{黑体电磁波放射量}$$

通常将黑体的放射率定为1，其余物体的放射率是相对于黑体的比较值，其数值均小于1；某物体的放射率愈大，说明其吸热效果愈好。辐射体的温度愈高或其放射率愈大，其放射能量也就愈高。当远红外线放射到人体时，能活化人体内的生物大分子，从而促进血液循环和细胞的新陈代谢，并能提高免疫能力。

2. 具有共振吸收性　物质内的原子和分子各自具有特定的振动频率和回转周波数，以其振动频率不断地做微观运动。人体组织中的 O—H 和 C—H 键伸缩，C—C、C ═C、C—O、C ═O 键及 C—H、O—H 键弯曲振动对应的谐振波长大部分在 $3 \sim 16\mu m$。根据匹配吸收理论，当红外辐射的波长和被辐照物体的吸收波长相对应时，物体分子产生共振吸收。这样，远红外辐射（$3\mu m$ 以上）恰与皮肤的吸收相匹配，形成最佳吸收。当供给电磁波物质的振动频率与被供给物质的分子振动频率相一致时，则被供给的物质会吸收供给物质电磁波的能量，并将此能量转换成热能，以提高物质的温度。研究证明，$9 \sim 10\mu m$ 波长段的电磁波最易与人体产生共振。

3. 具有渗透性　远红外线与可见光和近红外线不同，它具有十分强烈的渗透力，能够渗入皮下 $4 \sim 5mm$，使皮下组织升温，给予更深层的生物细胞以活力。

综上所述，和可见光一样，远红外线具有相同的活动状态即为"放射"，同时，又能够深入皮下组织，从内部温暖身体，给生物细胞以"活力"。在远红外线的作用下，使人体细胞处于活性化状态，换句话说，此时人体的一切机能皆处于活泼、旺盛状态。这些都是远红外线特性同时相互作用的结果。

二、远红外线的作用

远红外线易被人体吸收。远红外线不仅使皮肤的表层产生热效应,而且还通过分子产生共振作用,从而引起皮肤深部组织的自身发热。这种作用的产生可刺激细胞活性,改善血液的微循环,提高机体免疫能力,起到一系列的医疗保健作用。

1. 具有保暖功能 用于服装方面的保温材料可分为两类,一类是单纯阻止人体热量向外散失的消极保温材料,如棉絮、羽绒等;另一类是通过吸收外界热量(如太阳能等)并储存起来,再向人体放射,从而使人体有温热感的积极保温材料。远红外织物就属于积极保温材料。普通织物和远红外织物保暖性能的差异见表 5 – 1。

表 5 – 1   灯光照射后织物保温性能的变化

光照时间(min)	远红外织物的克罗值(CLO)	普通织物的克罗值(CLO)
0	0.77	0.72
1	1.60	1.25
2	2.90	1.84
3	4.61	2.63
4	7.27	3.42
5	12.71	3.85

注 $1CLO = 0.155m^2 \cdot ℃/W$。

可见,远红外加工织物经 5min 照射后,其克罗值为未加工织物的 3.3 倍左右,效果明显。

2. 提高人体免疫功能 免疫是人体的一种生理保护反应,它包括细胞免疫和体液免疫两种,对人体防御和抗感染功能具有极其重要的作用。临床观察表明,远红外保健品具有提高机体吞噬细胞的吞噬功能,能增强人体的细胞免疫和体液免疫功能,有利于人体的健康。这是由于远红外线激活了生物体的核酸蛋白质等分子的活性,从而发挥了生物大分子调节机体代谢、免疫等活动的功能,有利于机体机能的恢复和平衡,达到防病治病的目的。

3. 消炎、消肿和镇痛 远红外的热效应使皮肤温度提高,使血管活性物质释放,血管扩张,血流加快,血液循环得以改善,活跃了组织代谢,提高了细胞供氧量,改善了病灶区的供血氧状态,提高了细胞再生能力,控制了炎症的发展,加速了病灶修复。此外,远红外的热效应也改善了微循环,促进了有毒物质的代谢,加速了渗出物质的吸收,促进炎症、水肿的消退。

远红外线能促进身体不同部位的血液循环,预防酸痛不适,消除疲劳。对风湿性关节炎、前列腺炎、骨质增生、肩周炎、颈椎炎、腰痛、手脚麻痹等都有一定的治疗作用。

远红外的热效应降低了神经末梢的兴奋性,减轻了神经末梢的化学和机械刺激,能起到缓解疼痛的作用。利用远红外纤维能促进新陈代谢的功能,可制成各种护膝、护腕、护腰,解除关节疼痛病人的烦恼。

4. 改善人体循环 微循环是反映人体血液状况的重要指标,远红外织物所辐射的远红外线易渗透于人体皮肤深部,被吸收的远红外线转化为热能,引起皮肤温度升高,刺激皮肤内热感受器,通过脑丘及时使血管平滑肌松弛,血管扩张,加快血液循环。另一方面,热作用引起血管活性物质的释放,血管张力降低,减小动脉、浅毛细管和浅静脉扩张,血液循环得以改善。

5. 增强新陈代谢 如果人体的新陈代谢发生紊乱,则体内外物质的交换失常,这会引起各种疾病。水和电解质代谢的紊乱将给生命带来危险,糖代谢紊乱会引起糖尿病,脂代谢紊乱会引起高血脂症、肥胖症。远红外热效应可以增加细胞的活力,调整神经液机体,加强新陈代谢,使体内外的物质交换处于平稳状态。

6. 消除疲劳,恢复体力 穿用由这种织物制成的服装有一种轻松舒适的感觉,具有消除疲劳,恢复体力的功能。如远红外针织内衣及袜类,可改变老年人和体弱者对药物治疗的依赖,通过衣着的物理治疗达到安全、持久地促进身体健康。远红外袜为他们提供了冬季最为简单的防治冻疮的方法,解除冻疮的困扰。

7. 具有一定的美容功能 利用远红外线促进血液循环的功能,可利用远红外织物制成美容面罩,促进面部的新陈代谢,达到使面部表皮脂肪轻松舒展、面部皮肤柔和光滑的目的。

8. 辅助医疗功能 远红外线对糖尿病、心脑血管病、气管炎等常见病具有一定的辅助医疗功能。

远红外纺织品贴身穿着有利于发挥其功效。第一,各类纺织纤维对远红外线的透射能力都有一定影响。第二,远红外的辐射量与温度的关系可由下式表示:

$$\omega = \lambda \varepsilon T^4 S$$

从这一公式可以看出:温度对远红外线辐射量有极大的影响,借助于人体温度,远红外纺织品的远红外辐射量会明显增加。第三,远红外材料与人体接触时,除远红外辐射以外,对人体可能还有其他保健作用。这个问题涉及陶瓷粉的保健机理,有待深入研究。

三、远红外线的作用机理

据有关资料介绍,人体是辐射率很高的有机体、一个天然的红外发射源,其辐射频带很宽。无论肤色如何,活体皮肤的发射率为 98%。人体表皮、肌肉、血液、骨骼、组织和器官以及神经系统按照各自的需要吸收红外辐射。三磷酸腺苷(ATP)是生物体内能量转换的主要形式,为人体细胞活动提供有效的能量。ATP 释放和合成涉及的光量子能量为 0.44eV,相当于 3μm 远红外光子的辐射和吸收。脱氧核糖核酸(DNA)的合成、复制和转录是人体细胞生长繁殖的基础。生物大分子的 DNA 有大量氢键和双螺旋结构。DNA 合成和分离由氢键的结合或断裂引起,这两种氢键能约为 0.28eV 和 0.48eV,对应红外波长 2.6μm 和 4.4μm。DNA 的主要吸收带在 2.5 ~ 3μm 以及 6 ~ 12μm 波段。人体红外吸收的主要受体很可能是细胞内的 DNA 分子。

红外辐射能量使血管主动充血,促进血液循环,为病灶提供有利于康复的重要生化反应的动力和营养,加速代谢,增强网状内皮细胞的吞噬能力,有利于抗体的形成和酶活性的提高,改善人体的免疫机能,缩短疾病的恢复过程。

组成人体的基本物质是水(60% ~ 70%),血液的水分比率更高达 80%。水的红外特征吸收峰是 3μm 和 6μm。这样,远红外辐射(3 ~ 14μm)恰与皮肤的吸收相匹配,形成最佳吸收。也就是说,远红外线的振动频率与人体组织中相同振动频率的水分子相遇,水分子由于吸收能量又激起另一次振动,结果引起共振作用,使人精神更旺盛,进而提高抗病能力,延缓衰老。

人体内的每个细胞就像是一个微电池,细胞电池所提供的电流是神经系统活动的源泉,只有细胞电池不断地充电和放电,神经系统才能正常工作。长期处于精神高度紧张状态和工作繁忙的脑力劳动者,经常出现精神不振、疲劳倦怠、注意力不集中、失眠多梦等现象,这些都是身体发出的弱电信号。远红外线能全面改善微循环,促进血流量的功能,使人能迅速消除机体疲劳感和疼感,有效预防神经衰弱、失眠、头痛、头晕等症状。

此外,由红外辐射引起的生物体分子共振吸收效应,使物体的分子能级被激发而处于较高能级,这便改变了核酸蛋白质等生物大分子的活性,从而发挥其调节机体代谢、改善微循环、提高免疫能力等作用。

四、远红外线的保温机理

保温材料可分为两种类型,一种是阻止从人体发出的能量逃逸到衣服的外部的消极保温材料;另一种是从外部主动给予热量到人体的积极保温材料。消极保温材料的隔热机理只是通过减少热传导和热对流来达到保温效果,但不能全面、高效地阻断热辐射、热传导和热对流。传统的纤维织物所做成的衣物只具有让体表热量散发较慢的保暖效果,却不能高效地吸收并向人体辐射热量。某些有机材料具有由于谐振所引起的吸收人体向外辐射的红外线,并同时又用同样的频率向人体辐射所吸收的能量的功能。此外,还能吸收来自太阳光和人体周围所释放的为人体所需要,相当于 8 ~ 14μm 波长的红外辐射能量,然后向人体辐射。红外辐射照射人体时,其能量能在皮肤和皮下组织中被吸收转变成热,使人体受益。新开发的远红外纤维的保暖机理就是通过吸收太阳能及人体本身发射出的能量转化为远红外线向人体再辐射,共同产生热效应。它属于积极保温材料。

第三节　远红外辐射材料

远红外辐射材料是远红外纺织品中起主要功能作用的物质，它的选择是开发远红外纺织品成败的关键。纤维的远红外发射性能主要决定于纤维中所含远红外微粉的组成及添加量。合理选择远红外微粉不仅有利于纤维及纺织品发挥较好的保健功能，而且有利于提高纤维的高速纺丝性能，提高纺丝状态的稳定性，降低生产单耗。

远红外辐射材料主要是金属和非金属的氧化物、氮化物以及复合物等经研磨后在高温下烧结而成的。改变物质的组成、结构和表面状态等性能可以提高其远红外发射率。

一、远红外辐射材料的红外辐射机理

物体中的电子振动或激发，会向外辐射能量。对于具有高红外辐射能力的材料，辐射能以红外线的形式输出。因此，温度高于绝对零度的任何物体都会向外辐射红外线。辐射体材质子分子结构和温度等条件不同，其辐射波长也各不相同。

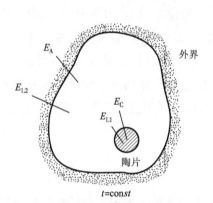

图 5-1　远红外辐射材料的
能量流动示意图

在红外辐射波段中，当分子中的原子或原子团从高能量的振动状态转变到低能量的振动状态时，会产生 $2.5 \sim 25\mu m$ 的远红外辐射。如果辐射是由分子的转动特性改变引起的，则发生大于 $25\mu m$ 的远红外辐射。研究表明：振动光谱的能量约为转动光谱能量的 100 倍。$2.5 \sim 25\mu m$ 为高载能波，特别是 $8 \sim 15\mu m$ 波段的远红外线，具有较好的应用价值。此外，不同的材料有不同的红外光谱特性，这是由于晶格振动不同。

图 5-1 简单地说明了远红外辐射材料的能量流动。假定从外界进入系统的能量为 E_A，从系统向外界输出的能量为 E_{L2}，系统内粉体从系统吸收能量为 E_{L1}，粉体向系统输出能量为 E_C，则其能量平衡为：

$$E_A \Longleftrightarrow E_{L2} \quad \Delta t = 0$$
$$E_C \Longleftrightarrow E_{L1} \quad \Delta t = 0$$

则系统中总能量平衡为：

$$E_A + E_C \Longleftrightarrow E_{L2} + E_{L1} \quad \Delta t = 0$$

以热量 Q 表示的能量平衡形式为：

$$Q_A + Q_C \Longleftrightarrow Q_{L2} + Q_{L1}$$

这符合热力学第二定律。也就是说,远红外辐射材料从外界吸收能量,而后以远红外能量形式输出,最终保持能量平衡。

二、远红外发射物质

开发远红外纺织品所使用的远红外线放射性物质主要有陶瓷材料(氧化铝、氧化锆、氧化钛等)、海藻炭(高温炭化海藻)、天然矿石(三仙石、麦饭石、蛇纹石)、植物提取物等。

1. 远红外发射物质的种类 目前国内的远红外纺织品几乎都采用陶瓷材料作为改性物质。这些原料的主要成分为 SiO_2、Al_2O_3、ZrO_2、MgO 或 TiO_2,亦有用分子筛、硅藻土、堇青石、莫来石、SiC、SiN、稀土氧化物等,或掺杂 Mn、Cu、Ag 化合物以改进它们的性能。烧结成这些材料,其结构中存在非对称性的电荷,其电荷中心不重合,所形成偶极矩分子中的原子受到环境中能量的激发,发生伸缩振动和转动而产生特定的远红外辐射波段,成为远红外辐射材料。具有远红外线辐射功能的化学元素和化合物见表 5 - 2。

表 5 - 2 具有远红外线辐射功能的化学元素和化合物

元素	氧化物	碳化物	氮化物	硼化物
B	B_2O_3	B_4C	BN	—
Cr	Cr_2O_3	Cr_2C_3	CrN	CrB、Cr_3B_4
Si	SiO_2	SiC	SiN	—
Ti	TiO_2	TiC	TiN	TiB_2
Zr	ZrO_2	ZrC	ZrN	ZrB_2
Al	Al_2O_3	—	—	—
Fe	Fe_2O_3	—	—	—
Mn	MnO_2	—	—	—
Ni	Ni_2O_3	—	—	—
Co	Co_2O_3	—	—	—

根据元素的特性以及远红外粉体的颜色和粒径不同,选用表 5 - 2 中的几种元素、化合物并添加少量助剂,通过先进的纳米生产制作工艺,即可制备高远红外辐射材料。

从表 5 - 2 中可以看出,使用最多的是氧化物和碳化物,有时也使用氮化物。用于研制远红外纤维和织物的远红外粉应具有尽量高的常温比辐射率。人体的温度一般保持在 36.5 ~ 37.0℃,只有在此温度左右具有最大比辐射率的远红外辐射体才具有最好的辐射效果。

2. 远红外发射物质的选择 放射率是红外样品的辐射能量与标准黑体辐射能量(在同一温度)之比,因而也叫比辐射率。检测时,一般只测量法向能量,所以又叫法向发射率或法向比辐射率。根据检测仪器性能不同,又分为全波长积分发射率、单色发射率和某波长区间的平均发射率。发射率数值常用小数或百分数表示。目前的发射率检测方法还不能完全排除样品表面结构、颜色、样品回潮率等客观因素的影响,因此从一定意义上说,单纯根据发射率的大小并不能完全说明远红外性能的好坏。

几种常见的远红外辐射材料的法向比辐射率对比试验结果见表5-3。

表5-3　几种常见远红外辐射材料法向比辐射率比较

远红外辐射材料	细度(μm)	白度(%)	升温性(℃)		法向比辐射率(%)
			灯照	灯灭	
氧化铝系(A)	≤10	84.6	52	42	88
氧化钛系(B)	≤5	94.4	54	42	88
复合型系(C)	≤15	92.0	53	42	88
粗粉体(D)	≤80	82.1	54	43	75
氧化锆(E)	≤15	89.8	52	41	83
纳米级粉体(F)	<0.035	92.2	53	41	92

注　1. 升温性试验,灯照时间20min,灯灭时间30s,PT—303型红外线测温仪。

　　2. 氧化铝系(A)采用固相常温气流粉碎法;氧化钛系(B)采用液相化学沉淀法生产;复合型系(C)采用固相常温气流粉碎法和液相化学沉淀法或其他方法混合。

从表5-3的结果可以看出,各类远红外辐射体的辐射率均较高。超细粉体A、B、C类均达到88%;粗粉体达75%;纳米级粉体的辐射率高达92%,其辐射能量均集中在人体的吸收范围之内。从实际使用效果来看,其中选用常温型辐射能量大、白度好、超细粉、质量稳定、成本较低的氧化钛系(B)和复合型系(C)以及纳米级粉体(F),这三类辐射材料较有实际意义和发展前途。

3. 远红外发射材料选择的基本依据

(1)提高总辐射功率的途径。要使远红外辐射材料的保温、保健效果好,就应提高其总辐射功率。根据斯特潘—玻尔兹曼定律的公式可知,提高总辐射功率主要有三种途径。

①提高表面温度。这是一些电热型理疗装置常用的手段。但一味提高物体的温度是不合适的,因为纺织品是与人的皮肤直接接触的,人体皮肤感觉最舒适的温度应是常温。因此,服装织物不能单纯用提高温度的办法来提高远红外辐射材料的总辐射功率。

②增大表面积。远红外纺织品表面积明显大于红外理疗仪的面积,但使用时间明显长于红外理疗仪。

③提高发射率。物质发射远红外线的能力是用发射率衡量的。通过提高表面的发射率,可以大大提高远红外纺织品的发射功率。人体的核心温度为36.5℃,皮肤表面温度为33℃,纺织品的温度在31℃左右。一般纺织品的远红外发射率为0.73左

右,其单位面积辐射功率为 $3.5 \times 10^{-2} \mathrm{W/cm^2}$。远红外纺织品的发射率为 0.85,其单位面积辐射功率为 $4.1 \times 10^{-2} \mathrm{W/cm^2}$。如按发射率为 0.73 计算,其对应的温度为 43℃;若发射率提高到 0.90,则其发射功率相当于发射率为 0.73、表面温度为 47℃的效果。因此,研制高远红外发射率纺织品是提高其辐射功率的主要途径,是高性能远红外纺织品的开发方向。

(2)选择远红外物质的基本依据。通过以上分析,可以得出远红外物质选择的基本依据。

①应尽量选择常温下吸收峰与人体皮肤辐射的峰值波长相匹配的远红外物质。

②选择辐射率尽可能大的远红外物质,以提高其辐射功率。

③采用几种远红外物质进行混配,可以有效地提高最终产品的保温效果。

三、远红外粉的规格对其使用性能的影响

远红外粉是指具有远红外辐射能力的粉状材料,又称远红外陶瓷粉。远红外粉的种类也很多,许多物质都具有较强的发射远红外线的能力。能做成织物的粉是复合粉,这种粉的红外线辐射能力高,能满足保健需求。人体温度一般在 36℃左右,只有在此温度下具有较高远红外辐射能力的材料才具有使用价值。

1. 远红外粉的粒度　用于织物后整理的远红外粉的粒径要求略低,一般平均颗粒直径达到 $10\mu m$ 左右即可使用,显然粒径过大不但影响产品的手感和使用效果,还影响其加工过程涂覆混合液的稳定性。

用于制造纤维的远红外粉的粒径要求则较高。在生产过程中,远红外粉的粒度大小对纺丝影响很大,平均粒径最好在 $1\mu m$ 左右,太大纺丝会困难,太小则加工微粉的难度增加,最大粒径应不大于 $10\mu m$。因此,必须进行专门的筛选和微粉处理,才能达到使用要求。添加有远红外粉的高聚物,最终要经过过滤网、喷丝板等设备才能纺丝,因此添加的远红外粉的粒径要满足纺丝的要求。经验表明,远红外粉粒径偏大时,在纺丝过程中易堵塞喷丝孔,影响可纺性;当粒径过小时,则使微粒比表面积过大;当颗粒的间距很小时,其静电排斥势能小于"范德华相互吸引势能"而产生团聚现象,由于这些团聚体比原生粒子大几倍甚至几十倍,在纺丝时会堵塞喷丝板,使可纺性变差。为了强化远红外粉的分散性,减少其团聚现象,必须加入适当的分散剂,以改善远红外粉在基体中的分散均匀性,提高粒子与聚合物的相互粘结力,增大熔体的流动性,从而有利于纺丝。因此在加工远红外粉的过程中,降低粒径和防止团聚是两大工艺要求。经试验表明,用于短纤维纺丝的远红外粉平均颗粒直径应在 $5\mu m$ 以下,而用于长丝的远红外粉的平均粒径在 $2\mu m$ 以下,用于细特长丝的远红外粉的平均粒径最好在 $0.1\mu m$ 左右。目前,某些纳米远红外辐射性物质的微粉加工还存在一定难度,尚需投入力量继续进行研究。

2. 远红外粉的含量　除了远红外发射物质的种类和粒径要求,远红外粉的含量也是

一个重要参数。纤维发射远红外线主要靠纤维中含的远红外物质。有人认为，纤维的保暖、保健功能与远红外粉的加入量成正比。其实远红外粉的含量与发射率呈曲线关系，存在一个极限值，一般在1%～15%。过大增加粉的含量不仅不能增加远红外线的发射率，而且还会降低纤维的其他物理指标，并影响可纺性；反之，如果粉的含量过低，则其远红外发射率较低，影响健康效果。远红外粉的加入量与纤维远红外辐射率的关系如图5-2所示。

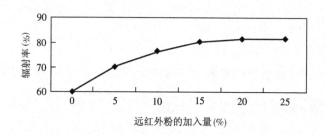

图5-2　远红外粉在纤维中的含量与辐射率的关系

从图5-2可以看出，随着远红外粉加入量的增加，纤维的辐射率有不同程度的提高；当辐射率达到某一范围时，再加大添加量，纤维的辐射率将趋于平衡。由此可见，一味加大纤维中的远红外粉含量并不可取。对涂层法加工出的远红外织物进行测试时也发现有类似的规律存在。

四、远红外粉体的制备

制备远红外辐射材料的工艺流程如图5-3所示。

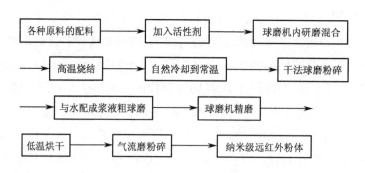

图5-3　远红外辐射材料制备的工艺流程

远红外辐射材料制备的操作步骤如下。

（1）将所用原料按拟定配方配制，而后于振动混料机中充分混合，粉碎原料中的聚合体，使各种原料都能均匀地混合。

（2）将混匀后的配合料压块并置于容器中，于1050～1250℃的温度下，高温煅烧合成。

（3）冷却到常温，在滚动研磨机中研磨。

（4）将远红外粉体、刚玉球、水配制成 1∶1∶4 的浆液，在滚动球磨机中粗磨。

（5）将粗磨后的浆液打入振动球磨机内，用氧化锆球研磨，并加入适量的分散剂，进行研磨。

（6）研磨完后，将浆液低温烘干。

（7）烘干后的远红外粉体用气流磨进行粉碎和分离，即得到纳米级远红外粉体。

以上方法为干湿混合法，其优点是通过在水介质中研磨，使其颗粒的细度均匀并圆滑；高温烧结使表面吸附的气体分子脱离，增加自极化强度，增加红外线的发射率，并带有热处理分相（分散）的作用；用气流磨能够对远红外粉体进行再一次的分散和研磨，解决以前喷雾干燥时粉体团聚的问题。

第四节　远红外纺织品

远红外纺织品是在纤维或织物的加工过程中，将能够吸收外界能量（包括阳光和人体热量）并能高效发射远红外线的材料附着或结合在纺织品上，使织物在 4 ~ 20 μm 波长范围内有较高的远红外发射率。由于远红外线具有放射、渗透及共振吸收等特性，对人体非常有益，并具有温热作用。远红外织物，可吸收太阳光等，并将其转换成远红外线辐射；也可将人体的热量反射而获得保暖效果。因此，远红外织物可以长期促进人体新陈代谢，增进血液循环，是理想的保暖健身纺织品。

通常将在常温下远红外发射率大于 65% 的织物称为远红外织物。一般性能优良、起到保健作用的远红外织物，其常温远红外发射率应达 80% 以上。远红外纺织品能在接收外界能量之后，辐射出 3 ~ 25 μm 的远红外光波。4 ~ 15 μm 波长的远红外线与生物的生长发育有密切的关系，因此有人称这类纺织品为生化功能纺织品。

一、远红外功能纤维

1. 远红外功能纤维的概念　所谓远红外纤维，是指在纤维基材（高分子化合物）中混入少量远红外微粉，经纺丝加工而成的纤维。纤维基材可以是聚酯、聚酰胺、聚丙烯、聚丙烯腈等常用合成纤维。制造远红外纤维对远红外物质粒子的粒径要求比较高，粒径一般在 1 μm 以下，远红外粉的掺加量多在 2% ~ 10%（owf）。其纺丝可完全借助于传统纺丝工艺。按掺加远红外粉量的不同和纺丝工艺的变化，远红外纤维的开发呈现出多样化。就纤维结构而言，除普通结构外，还包括中空纤维、异形纤维和复合纤维等纤维结构。

远红外纤维具有热效应，可分为保暖型和保健型两种。保暖型属于保温蓄热纤维，主要用于需要保暖功能的产品；保健型主要是增强循环功能。远红外功能性纤维吸收人体自身散发的热量，并反射出人体最需要的、波长为 3～15μm 的远红外线，渗入皮下组织产生热效应，从而激发机体细胞活性，有效地改善人体微循环，提高组织供氧，改善新陈代谢，增强免疫力。目前，有远红外涤纶、远红外丙纶、远红外锦纶、远红外腈纶、远红外黏胶纤维等产品。

2. 远红外功能纤维的生产工艺　远红外功能纤维主要有以下几种生产工艺。

（1）直接混合纺丝工艺。

①将远红外辐射材料超微化，制成纳米—亚纳米超微粉体。

②将远红外材料超细粉体和纤维切片烘干。

③加入载体树脂、偶联剂、分散剂，进行高速捏合。

④高温下经双螺杆挤出，制成远红外功能纤维母粒。

⑤纤维母粒和纯纤维切片混合，通过熔融、挤压纺丝，纺出长丝或短纤。

⑥经卷绕、牵伸、加弹、加捻或卷曲，即制得远红外合成纤维。

（2）全造粒法直接混合纺丝工艺。这种工艺是将纤维母粒和纯纤维切片混合，高温下经双螺杆挤出，制成全造粒母粒，然后将全造粒母粒按普通纤维切片纺丝工艺进行纺丝。这种工艺的优点是聚合物和远红外粉体混合均匀，提高了可纺性。缺点是增加了一道全造粒工序。目前，该方法是国内生产远红外丙纶普遍采用的工艺。

（3）湿法黏胶纺丝工艺。

①将制好的远红外微粉和分散剂分散在水中，充分搅拌和研磨后，形成远红外乳浆料。

②碱纤维素黄化终了后，在溶解过程中将所得的远红外乳浆料均匀加入黏胶中。

③经充分搅拌后制成远红外黏胶纺丝液。

④按常规黏胶纤维纺丝工艺进行纺丝、酸洗等工序。

⑤经洗涤、烘干得到具有辐射远红外线功能的黏胶纤维。

3. 远红外功能纤维　目前市场上远红外功能纤维的种类很多，比较具有代表性的就是 JLSUN® 系列远红外纤维。

（1）远红外丙纶长丝。丙纶具有重量轻的特点，而细特和超细特丙纶又具有良好的芯吸效应等优点，因此成为研究开发者关注的热点。

高速纺生产远红外细特丙纶长丝需选用长丝级聚丙烯、远红外母粒、降温母粒等数种原料，选择合适的共混方式使以上几种基本原料混合均匀。

由于远红外丙纶长丝的纺速比短纤维的纺速高，尤其是 POY 纺速高达 2km/min 以上，因此对远红外丙纶切片质量及纺丝工艺要求极为严格。常用规格的成品 DTY 长丝物理指标见表 5-4。

表5-4 远红外丙纶 DTY 长丝成品物理指标

项目	物理指标	
线密度(48f)(dtex)	111	85
强度(cN/dtex)	2.8	3.0
强度 CV 值(%)	9.28	10.17
伸长率(%)	38.7	27.7
伸长率 CV 值(%)	10.10	11.23
含油率(%)	2.11	3.02

（2）远红外丙纶短纤维。在纺织加工过程中，不同的织物结构、织物档次和加工方法对纤维规格的要求不同。非织造布或絮片要求线密度为 3.33～6.66dtex 的短纤维。织造高档针织品或机织布纺纱需要线密度为 1.44dtex、1.59dtex 的棉型细特短纤维。各种常用规格远红外丙纶短纤维的成品质量见表5-5。

表5-5 常用规格远红外丙纶短纤维的成品质量指标

项目	物理指标			
线密度(dtex)	1.44	1.59	2.20	3.35
强度(cN/dtex)	4.49	5.10	4.80	3.92
强度 CV 值(%)	10.84	11.10	7.30	8.86
伸长率(%)	33.7	35.8	32.4	36.5
伸长率 CV 值(%)	18.42	12.90	7.30	15.10
比电阻($10^{-8}\Omega \cdot cm$)	2.10	0.24	3.09	1.18
回潮率(%)	0.33	0.24	0.18	0.36

远红外丙纶短纤维存在低模量、低回弹等缺点，在用作被褥絮片时，其蓬松性差。三叶形和中空形远红外丙纶短纤维可以提高纤维的手感及保温等性能，其纤维截面如图5-4所示（放大 500 倍）。

（3）远红外腈纶。远红外腈纶是将具有发射远红外线功能的陶瓷粉末通过匀混的方法分散到其纤维中。所用的陶瓷粉末的粒径一般在 $2\mu m$ 以下（最好在 $1\mu m$ 以下）。远红外腈纶的生产方法决定了远红外腈纶的大分子结构和大分子组成。远红外腈纶与常规腈纶无大的区别，但因为存在着陶瓷颗粒，所以纤维的物理指标会受到一些影响。又由于陶瓷粉末为无机物，基本上不与丙烯腈大分子产生化学反应，因此在颗粒嵌入基材的同时，还会附带产生一些空洞，所以对比用同一工艺生产的常规腈纶和远红外腈纶，后者的空洞、凹槽比前者多。

由于远红外陶瓷粉末与高温聚丙烯腈纺丝溶液相互间不会产生影响，因此远红外腈

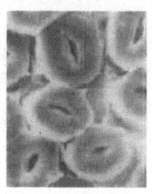

(a) 三叶形纤维　　　　　　(b) 中空形纤维

图 5-4　远红外丙纶短纤维截面图

纶的化学性质和常规腈纶的化学性质基本一致。

腈纶中的陶瓷粉末虽然会使纤维在拉伸过程中应力集中,但是由于陶瓷粉末的含量较少,因此不会对纤维断裂强度和断裂伸长率产生太大的影响。另外,基材中加入的颗粒也能使腈纶的表面变得粗糙,表面摩擦系数加大。陶瓷是电的不良导体,而化学纤维的导电性又较差,因此远红外腈纶的电阻就可能比常规腈纶要高,在加工过程中更容易产生静电积聚现象,增加了生产的难度,甚至会对成纱质量产生不良影响。远红外腈纶的主要参数见表 5-6。

表 5-6　远红外腈纶的主要参数

线密度(tex)	0.32	断裂强力不匀率(%)	16 ~ 30
回潮率(%)	1.9	断裂伸长不匀率(%)	14 ~ 33
长度(mm)	58.7	卷曲数(个/20mm)	5.30
干断裂强度(cN/dtex)	4.3	质量比电阻($\Omega \cdot g/cm^2$)	1.235×10^8
干断裂伸长率(%)	37.1		

注　测试条件为:干球温度 15.5℃,湿球温度 14.5℃,相对湿度 87%。

在生产实践中,可以制成远红外腈纶/细特涤纶短纤维和远红外腈纶/羊毛纤维等产品。

（4）其他远红外功能纤维。近年来出现的海藻纤维非常引人注目,海藻炭是以海带等海洋植物为原料煅烧而成的。采用特殊的工艺可将海藻炭化得到海藻炭,粒径可达到 0.4μm,用共混纺丝法掺到涤纶长丝内,制成远红外涤纶长丝,其低温(接近体温)远红外线辐射率在 80% 以上。据悉,海藻纤维制造成本比陶瓷纤维低,其功能特点是除辐射远红外线外,还有使人松弛安神的效果。当织物中含海藻纤维的量达到 15% ~ 30% 时,就能获得充分的远红外放射效果,而且海藻炭价格便宜,可降低远红外织物的成本。

远红外合成纤维织物中添加的红外线吸收剂可以改善织物的吸汗速干性能,穿着远红外线织物有显著的干爽不闷气的感觉。红外线吸收剂通常密度较大,可以提高织物的悬垂性,改善化纤织物的极光现象,使其更接近于天然织物。

二、远红外织物

1. 远红外后整理技术

(1)远红外浆。将远红外微粉与纺织品结合成为远红外织物有两条工艺路线。除了前面提到的纤维加工法外,第二类就是涂层法,即采用后整理技术对织物进行涂层和浸轧,将远红外陶瓷微粉加工成远红外浆,并使其附着于织物纱线之间和纱线的纤维之间。前者加工成的远红外织物的永久性和手感均较好,但加工路线长,成本较高;后者加工路线短,操作简单、方便,适用范围广,成本低,但织物手感和耐久性均逊于第一类加工法生产的织物。

涂层法是把远红外微粉、黏合剂和助剂按一定比例配制成远红外浆,然后对织物进行浸轧、涂层和喷雾等。所用溶剂可以是水,也可以是有机溶剂。所用黏合剂是聚氨酯、聚丙烯腈、丁腈橡胶等低温黏合剂。由于远红外微粉的粒径决定了最后织物上黏附远红外物质的量以及织物的手感等效果,因此要求远红外微粉粒子的粒径要尽量小。浸轧和涂层方法采用传统的工艺即可,喷雾方法常用于生产远红外非织造布。

采用涂层法时应特别注意助剂的选择,它对织物的性能有显著影响。

①分散剂的选择。远红外粉属于无机粒子,平均粒径为 $0.1\sim2\mu m$,由于粒子小,比表面积大,常形成团聚体,以达到稳定状态。

由于使用的远红外物质为无机氧化物,在水中不溶解,难以分散于水中,因此需要使用适当的分散剂将其制成悬浮液,以减少团聚现象,满足后续加工的要求。分散剂的作用主要是防止已经分散的粒子再团聚,在分散介质中防止粒子团聚而沉降,保持悬浮状态稳定存在。

②黏合剂的选择。由于远红外微粒无法自己在织物上附着牢固。因此需要使用黏合剂将它与织物紧密结合起来。最终产品中远红外物质附着的牢度有很大一部分是由黏合剂决定的。黏合剂经烘焙后,结成的薄膜应无色透明,黏着力强,柔软而耐摩擦,要有较高的化学稳定性,耐日常化学药品和酸、碱、氧化剂、还原剂等的作用,日久不泛黄,不溶于水和有机溶剂。用于远红外浆的黏合剂还应具备下列条件:低温固着,耐水洗、无毒、无刺激,与远红外物质不起反应,具有优良的牢度;价格便宜。

③其他助剂的选择。根据所使用黏合剂和分散剂的具体情况,有时需要加入少量消泡剂、交联剂、扩散剂、柔软剂和尿素等其他助剂。其中,交联剂可改善黏合剂的性能,降低固着温度,提高成膜性能,也可以提高黏合剂的各项牢度。交联剂应具备下面四项条

件,即与黏合剂配合性能好、与远红外物质不反应、无毒无刺激、能提高黏合剂的各项性能指标。

（2）纳米远红外浆。纳米技术产业是目前比较热门的高科技产业之一,它主要是利用纳米材料对纤维表面进行处理,在纤维表面实现纳米层级的修饰和改性。经过纳米界面处理的纺织品,一方面保持了原有的结构、成分、强力、牢度、色泽、风格、外观、透气性能;另一方面又具有超常规的特定功能效果。

在纺织印染上,纳米材料目前主要用于生产功能性化纤原料和作为一种新型的功能性助剂,从而开发相关的功能性产品或取代其他助剂。目前,国内已将有关的纳米微粒稳定地分散在涤纶或其他合成纤维的纺丝液中,然后纺出具有远红外线功能的合成纤维。在印染后整理方面,则采用涂层、浸轧或"植入"等方法,使天然纤维或普通化纤也具有远红外的功能性。

纳米远红外材料是在远红外加热所使用的陶瓷粉体上开发出来的,根据应用的纺织品和性能要求的不同,通常有三氧化二铝、氧化锆、氧化镁、二氧化硅、氧化锌、三氧化二锑等,其中 ZrO 系是最好的远红外材料之一。制备远红外纳米微粒时,除了要将它们的粒径控制在 100nm 左右,还要对其进行一系列的表面涂饰、改性等处理,以确保这些粉体在后整理时的分散性、相容性,这类产品的代表性品种有 JLSUN®700。

液相法生产纳米微粒可通过控制化学反应实现。对于不同的材料,液相反应的原料与控制条件也不同。ZrO_2、TiO_2、ZnO 三种材料的纳米浆均为黏稠的含水溶胶微粒状,纳米粒子处于水合氧化物的分散状态,称为单分散纳米材料。其外观为半透明的乳白色膏状物。利用电子显微镜可对单分散纳米材料进行测试。采用不同纳米材料与有机树脂单体混合,可形成水介质中应用的纳米远红外浆。试验表明,单分散纳米材料的远红外温升性能比普通纳米材料要好得多。这是由于单分散纳米材料的颗粒粒径细,并且分散均匀的原因。

（3）远红外整理剂。另外一种国际领先的远红外整理技术,即 JLSUN® 777 远红外整理技术,它是北京洁尔爽高科技有限公司在纳米远红外负离子粉 JLSUN® 900 和负离子远红外保健浆 JLSUN® 700 的基础上研制成功的。远红外保健整理剂 JLSUN® 777 含有可以与羟基、胺基反应的活性基团,并且可以单分子状态上染棉纤维等纤维,通过化学键和纤维上的羟基、氨基等牢固地结合。经过整理的纺织品不仅具有良好的升温、保健作用,而且具有良好的手感、牢度和吸湿透气性,也开辟了天然纤维织物远红外保健整理的先河,这是该领域的一大技术进步。

远红外整理剂 JLSUN® 777 主要由在常温下有较高发射率的带有活性基团的远红外辐射体 JLSUN® 777A 和 JLSUN® 777B 组成。它适用于棉、麻、丝、毛、黏胶纤维等含有氨基或羟基的纤维的远红外整理。JLSUN® 777 整理的纯棉漂染、印花织物,经天津大学采用美国 5DX 傅里叶变换红外光谱仪测试证明,其远红外发射率达 86% 以上。国家远红外产品监督检验中心等权威机构检测证明:远红外整理后棉织物的远红外发射率达86%以上,洗涤80次后,远红外发射率仍高达85%。

2. 远红外整理纺织品举例

(1)远红外丙纶/棉多层织物。为了克服远红外丙纶抗静电及吸湿性差等缺点,用远红外细特短纤维纱线或DTY长丝作内层,以染色性好、吸湿性高并抗静电的细特棉纱作外层,开发出棉盖远红外丙纶双层及三层保暖衬纬织物,最后再以远红外整理剂JLSUN®777处理,以提高外层棉纱的远红外发射率。

(2)远红外毛/腈针织保健内衣的工艺流程。

羊毛/腈混纺纱→坯布编织→漂白/染色→浸渍远红外助剂JLSUN®777→柔软、抗静电处理→焙烘→起绒→裁剪、缝纫

开发高档毛织物面料时,可在远红外毛织物后整理之前,采用苛性钠水溶液使毛纤维表面的鳞片膨润化,以有效地吸附远红外助剂,当低温下鳞片恢复原状时,远红外助剂被封入毛纤维内,从而提高了远红外毛织物的质量和性能。

(3)远红外保健理疗纯棉床单。床单多为印花产品,根据这一点,远红外功能整理可通过下面三种工艺实现:一是与印花工艺复合进行,即将远红外保健浆加到印花浆中;二是先印花,然后进行远红外功能整理;三是先进行远红外功能整理,再印花。第一种方法仅印花花纹图案处有远红外辐射性能,保健效果差,并且由于远红外粉对纤维无亲和力,故必须借助黏合剂的机械黏着作用将远红外粉固着于织物上,同时因作用面积大(满地),要求黏合剂的性能要好,用量要少,否则手感差;第二种方法产品带有荧光的花型略有下降;第三种方法对带有荧光花纹的色光无影响,且远红外比辐射率高,辐射面积大,保健效果好。

生产远红外保健理疗床单的工艺流程如下。

①浸渍法(浴比1:15)。

织物→漂染(印花)→浸渍远红外整理剂JLSUN®777A[4%(owf),棉60~70℃,毛80~85℃,30~40min]→放残液→浸渍JLSUN®777B[3%(owf),40~50℃,20~30min]→放残液→冷水冲洗一遍(防止影响硅油柔软剂的稳定性)→上硅油柔软剂→成品

②浸轧法工艺流程。

织物→漂染(印花)→烘干→浸轧JLSUN®777A(32g/L,轧液率60%~70%)→烘干(80~100℃,落布微潮)→浸轧JLSUN®777B(30g/L,轧液率60%~70%)→烘干(80~110℃)→拉幅成品

三、远红外纺织品的应用

远红外保健整理织物可用来开发保健蓄热产品、医疗用品等,如内衣、贴身保暖服及床罩、床单、毛毯等床上用品,坐垫、护膝、腰带、保健鞋袜和电热制品等一系列产品。

日本的某些工业机构对具有远红外辐射功能纤维的生物效应进行了初步研究，发现穿着某些含有远红外发射体的衣物可使实验组人体穿着部位的平均皮肤温度升高 0.6 ~ 1.6℃，同时皮肤平均血流量也在脱去此衣物后的 5 ~ 15min 内明显高于对照组。他们认为这些纤维可在人体发射出的热能和红外线的激发下辐射出能被人体吸收的远红外电磁波，这种远红外电磁波通过人体产生共振热效应而促进了血管扩张，最终导致皮肤温度和血流量的增加。

第五节　新型远红外功能纺织品的开发

目前，单一功能的纺织品已经越来越不能满足人们对高附加值产品的需求。随着技术水平的进步，很多多功能复合纺织品被开发出来，技术含量比单一功能品种的织物更高，更受人们的欢迎。目前，新一代远红外产品主要包以下几种。

一、远红外电热布

利用多种特制纤维复合纺成电热纱，按照多根电热纱并联供电的方案织布，再以纳米远红外浆（$ZrO_2 : TiO_2 = 2:1$）和有机硅树脂等黏合材料对织物进行纳米远红外涂层，最后制成远红外电热布成品。将电热布成品接通 24V 以下安全电压，辐射高能量远红外线而产生热量。该电热布与普通棉布一样柔软、平整，发热快速、均匀，反复洗涤不影响发热效果。

二、负离子远红外织物

负离子远红外织物吸收从人体或环境中释放的热能，并将其转换成负离子和远红外线再作用于人体。因此穿着负离子远红外纺织品不仅能改善空气环境，而且还能改善微循环，促进人体健康。

北京洁尔爽高科技有限公司从 1990 年就开始研制负离子远红外纤维和织物。该公司从电气石和来自海深处的矿石等天然矿物质中选择出健康、环保的负离子材料，将其超微粉体加工成纳米负离子远红外粉 JLSUN® 900，并成功地应用于化学纤维生产上。同时又将纳米负离子远红外粉后处理，进一步加工成负离子远红外浆 JLSUN® 700，并开发出在织物上固着天然矿物质的整理技术。

该公司又通过分析研究电气石等负离子材料的成分、结构、粒径与表层负离子效应及远红外辐射效应之间的关系，在理论方面获得重大突破，并结合该公司 30 年来在织物后整理方面积累的丰富经验，开发出了适合天然纤维的负离子远红外整理剂 JLSUN® 888。经 JLSUN® 888 整理后的面料不仅具有良好的负离子发生和升温保健作用，而且具有柔软的手感、良好的牢度，可以广泛地应用于运动服、外衣、内衣、窗帘、床上用品和保健医疗用品等方面。JLSUN® 888负离子发生材料含有一种特殊的内部结构,环境压强、湿度和温度的变化都影响负离子的产生。

1. 负离子远红外整理剂 JLSUN® 888　负离子远红外整理剂 JLSUN® 888 主要由 JLSUN® 888A 和 JLSUN®888B 组成。它适用于棉、麻、丝、毛等天然纤维(含有氨基或羟基的纤维)的负离子远红外整理。

JLSUN® 888 含有的负离子体具有明显的受激产生负离子作用,能将水或空气中的水分子瞬时"负离子化"。通过物理刺激作用,诸如向负离子织物施加能量(如机械能、化学能、光能、静电场能等)、衣服在穿着过程中的摩擦或振动都能产生大量的负离子。权威机构检测表明:JLSUN® 888 整理纯棉织物的负离子浓度高达 3000 个/cm^3 以上。

JLSUN® 888 整理的纯棉织物还具有远红外线保健作用和保温功能,其远红外发射率高达86%以上,可使人的体感温度上升。负离子远红外整理剂 JLSUN® 888 以单分子状态上染纤维,并以化学键和纤维上的羟基或氨基结合,使得产品牢度良好、透气、舒适、手感柔软。

(1)浸渍法(浴比1:15)。

织物→漂染→浸渍远红外整理剂 JLSUN® 888A[4%(owf),棉:60~65℃,30~40min,毛:80~85℃,30~40min]→放残液→浸渍 JLSUN® 888B[4%(owf),40~50℃,20~30min]→放残液→冷水冲洗一遍(防止影响硅油柔软剂的稳定性)→上硅油柔软剂→成品

(2)浸轧法。

织物→漂染→烘干→浸轧 JLSUN® 888A(30g/L,轧液率60%~70%)→烘干(80~100℃,落布微潮)→浸轧 JLSUN® 888B(30g/L,轧液率60%~70%)→烘干(80~110℃)→拉幅成品

2. 负离子远红外浆 JLSUN® 700　负离子远红外浆 JLSUN® 700 主要含有负离子远红外辐射体、分散剂、保护剂等。

经负离子远红外浆制得的涂层、印花织物具有远红外保健作用和保温功能,其远红外发射率高达85%以上,可使人的体感温度上升。负离子远红外材料经过超细加工,粒径在 1μm 以下,所制产品手感柔软,牢度较好,加工过程顺利,不会堵网。负离子远红外印花涂层织物经不同年龄男女志愿者的人体穿着试验表明:该产品穿着舒适、无毒、无味、无任何副作用,具有明显的防臭和医疗保健效果。

(1)负离子远红外保健印花织物。

①工艺配方。

负离子远红外保健浆 JLSUN® 700　　　　　　　10%~20%

色浆　　　　　　　　　　　　　　　　　　　　　　x

自交联型黏合剂 SP　　　　　　　　　　　　　　10%~30%

　　　　增稠剂 FAG　　　　　　　　　　　　　　1.5% ~2%

　　　　水　　　　　　　　　　　　　　　　　　　x

②工艺流程。

织物→印花→烘干(80~100℃)→高温拉幅(180~190℃,30min)

（2）负离子远红外保健涂层织物。

①工艺配方。

　　　　负离子远红外保健浆 JLSUN® 700　　　　　3% ~6%

　　　　水溶涂层胶　　　　　　　　　　　　　　　x

②工艺流程。

织物→涂层→烘干(100~120℃)→高温拉幅(180~190℃,30min)

（3）负离子远红外保健整理织物。JLSUN® 700 影响深色织物的色光,建议在满足质量要求的前提下,适当降低 JLSUN® 700 的用量。

①工艺配方。

　　　　负离子远红外保健浆 JLSUN® 700　　　　　30 ~50g/L

　　　　固着剂 SCJ - 939　　　　　　　　　　　　30 ~50g/L

　　　　阴离子或非离子柔软剂　　　　　　　　　　适量

②工艺流程。

织物→浸轧整理液(轧液率60% ~70%)→烘干(80~120℃)→高温拉幅(170~180℃,1min)→成品

3. 纳米负离子远红外粉 JLSUN® 900　　纳米负离子粉 JLSUN® 900 主要含有纳米远红外陶瓷辐射体、纳米负离子电气石粉体、分散体、保护剂等。

由纳米远红外负离子粉 JLSUN® 900 制得的功能纤维、印花织物,其远红外发射率可达85%以上。它可以吸收外界的能量(如太阳能、人体向外散发的能量),辐射远红外线,从而使人体有温热感。纳米远红外负离子粉 JLSUN® 900 经过超细加工,粒径为纳米级,所制产品手感柔软,牢度良好,加工过程顺利,不堵网,不堵喷丝头。纳米远红外负离子粉 JLSUN® 900 含有负离子电气石粉体,具有明显的受激产生负离子作用,加工织物负离子浓度高达 3000 个/cm³ 以上。

负离子远红外保健纤维举例。

①工艺配方。

　　　　纳米远红外负离子粉 JLSUN® 900　　　　　5%

　　　　聚丙烯或聚酯　　　　　　　　　　　　　　95%

②工艺流程。

混合全造粒→纺丝→成品

总之,负离子远红外整理剂作为一种健康、环保新型多功能材料,对于提高人们医疗

保健水平和满足人们回归自然与健康长寿的愿望有着重要的价值。

三、远红外辐射体包芯型复合丝

据文献报导,由于远红外纤维含有导热系数高的硅酸盐类物质,如在100℃时,Al_2O_3的导热系数为26W/(m·K),ZrO_2的导热系数为1.7W/(m·K),使整个纤维的导热系数增加,容易向外部发散所吸收的热,这就不能充分发挥远红外辐射材料所带来的保温效果。为了完全解决向外散热的问题,经研究发现,若制成以含有具备远红外辐射能力的远红外辐射体微粒的丝束为芯丝A,以普通导热系数低的合成纤维丝为皮芯B的皮芯型复合丝,使之具有优良的吸热性和蓄热性,就可以很好地达到所需要的要求。

此种远红外辐射材料皮芯型复合丝的研制,主要是为了解决由于加入远红外辐射材料而使导热系数增大,向外散发所吸收热量的问题。它是作为保暖防寒材料使用的。目前,日本已开发出这种材料,但国内还没有开发产品的报导。理论上,它的保健作用不如一般的远红外纤维的好,但其保暖性应优于一般的远红外纤维。这种纤维制品的开发适用于那些高寒地区、野外作业等冬季防寒服装。

四、远红外磁性纤维

利用磁性治疗各种疾病对现代人来说并不是陌生的。利用磁性材料产生的磁场作用于人体的穴位,不仅有治疗疾病的作用,而且有舒通血脉、消除疲劳等保健作用。目前,有人就在远红外纤维的基础上提出了远红外磁性纤维的设想。如果将远红外辐射材料的保健作用和保暖作用与磁性材料的治疗作用等结合起来,生产出的远红外磁性纤维产品会更受人们的青睐。

磁性材料有多种,按磁性可分为强磁性材料、顺磁性材料和抗磁性材料,其中强磁性材料又可分为软磁材料和硬磁材料两种。根据纺丝的要求,要求加入的磁性材料首先要进行消磁作用,这样可避免磁性材料结合在一起,堵塞喷丝孔。将磁性材料和远红外辐射材料在不影响其可纺性、可编性及所要达到的保健、保暖和治疗作用的条件下,按比例与基质均匀混合后进行纺丝。然后将纺得的丝在磁场的作用下对纤维或织物内的磁性材料进行激磁作用,从而使这种纤维制品达到所设想的效果。目前北京洁尔爽高科技有限公司已经研制开发出一种远红外磁性纤维及面料。

五、远红外海藻碳纤维

在研究远红外纤维及产品过程中,人们在不断地寻求新的高效远红外发射体,寻求低温发射体。目前日本研制出一种海藻碳纤维,它是将从日本特产的一种海藻中提取"海藻碳"材料加入基质中纺丝而成。此种"海藻碳"原料的发射率在接近人体体温35℃时就能高效地发射远红外线,发射率高达94%。织物中含海藻碳纤维的用量达15%～

30%就能得到充分效果,这给远红外织物提高质量和降低成本带来希望。但目前这种提取"海藻碳"的技术还没有公开,而且原料来源于日本特产的一种海藻,我国如果要引进成本也高,如大量提取更增加了成本。这种纤维只是从日本的报导中有所叙述,还没见有成品投入市场。

远红外纤维及成品作为纺织业中新生的一种原料,应具有很大的开发和利用的前景。它的开发与研制正是顺应人们的需要,具有很大的生命力。

参考文献

[1]袁兵.远红外纺织品的保健效果[C].第三届功能性纺织品及纳米技术应用研讨会论文集,2003, 194－197.

[2]曹俊周.远红外纺织品的功能性评价研究[J].纺织导报,1996(2):19－23.

[3]林华.远红外织物及其最新发展[J].广西纺织科技,1998,27(3):49－50.

[4]张兴祥.远红外纤维和织物及其研究和发展[J].纺织学报,2003(11):37－40.

[5]吕开勇,陈明华.远红外功能纤维的制备与应用[C].首届中国功能性家用纺织品论坛会论文集, 2002,63－68.

[6]王宝军.远红外纺织品的性能及检测[C].第三届功能性纺织品及纳米技术应用研讨会论文集, 2003,257－259.

[7]江慧.远红外腈纶纤维混纺针织产品的开发[J].纺织科学研究,1999(4):12－16.

[8]商成杰.新型染整助剂手册[M].北京:中国纺织出版社,2002.

[9]姚鼎山.远红外保健纺织品[M].上海:中国纺织大学出版社,1996.

[10]L.福特,N.R.S.霍利斯.服装舒适性与功能[M].曹俊周,译.北京:纺织工业出版社,1984.

[11]曹俊周,商成杰.织物远红外保健整理工艺[J].印染,1998(1):19－20.

[12]姚鼎山.红外医疗技术[M].上海:复旦大学出版社,1991.

[13]张兴祥.远红外织物的保健作用探悉[J].远红外技术,2004(6):46.

[14]汪贵长,管文超.高分子及纳米复合材料的研究进展[J].化工新型材料,2004(9):28－33.

[15]陈和生,孙振亚,陈文怡,等.纳米科学技术与精细化工[J].湖北化工,1999(1),19－22.

[16]张兴祥,赵家祥.远红外织物保健功能综述[J].棉纺织技术,1997(10):33－35.

[17]http://www.jlsun.com.cn.

[18]薛少林,阎玉霄,王卫.远红外纺织品及其开发与应用[J].山东纺织科技,2001(1):48－51.

[19]张平,张娓华.远红外织物保暖功能的测试与评价[J].西安工程大学学报,2010,24(1):13－16.

[20]秦文杰,刘洪太,张一心.纺织品远红外功能评价标准研究[J].纺织科技进展,2009(6):52－56.

[21]董绍伟,徐静.远红外纺织品的研究进展与前景展望[J].纺织科技进展,2005(2):10－12.

[22]张富丽.远红外纺织品的研究与应用[J].海军医学,1999,20(2):154－156.

[23]张娓华,张平,王卫.远红外纺织品性能与测试研究[J].染整技术,2009,31(9):36－39.

[24]徐卫林.红外技术与纺织材料[M].北京:化学工业出版社,2005.

［25］廖声海,陈旭炜,李毓陵.远红外织物功能的测试与评价［J］.产业用纺织品,2003(10):30-33.

［26］廖声海,陈旭炜,李毓陵.远红外织物温升性能与紧度关系的研究［J］.广西纺织科技,2003(4):2-5.

［27］张兴祥,赵家祥.远红外织物保健性能综述［J］.棉纺织技术,1997,10 (25):28-30.

［28］刘拥君.浅谈远红外纤维的开发与应用［J］.纺织科学研究,1998(3):15-16.

第六章　防紫外线纺织品

第一节　概述

20 世纪以来,随着工业的高度发展,人类排放的废气(耗氧物质)不断增加,大量氟里昂等含氟化合物滞留在空气上空,被紫外线分解成活性卤,它们进而与臭氧发生连锁反应,导致大气臭氧层受到严重破坏。据科学资料分析,臭氧分子每减少 1%,到达地表的紫外线辐射量就增加 2%,人类患皮肤癌的可能性会提高 3%。这些到达地表的紫外线是一种比可见光波长更短的电磁波,具有一定的能量,适量的紫外线是人类和生物界的一种自然营养,可促进维生素 D 的合成,有利于人体对钙的吸收,促进骨骼健康发育,防止佝偻病,并能抑制病毒,起到消毒和杀菌作用。但过量紫外线的照射则会降低人体的免疫功能,使免疫系统紊乱,削弱人体对某些传染病的抵抗力,使脱氧核糖核酸出现异常,从而导致一些诸如皮肤癌、白内障等严重疾病。据报道,1996 年全球皮肤癌患者数量已经比 1980 年翻了一番,美国每年新增皮肤癌患者多达 20 万,是前列腺癌、乳癌、肺癌、胰腺癌患者人数的总和。我国近年来有关臭氧层的观测结果也表明,我国存在着世界第三个臭氧层空洞——青藏臭氧层低谷,情况也不乐观。近几年来,我国因为紫外线照射引起的皮肤过敏患者明显增加,上海市统计资料指出,皮肤癌已居恶性肿瘤发病率的第十一位。有关科学家预测,到 2050 年,大气平流层臭氧量将会减少 20% 左右,到那时紫外线将会给人类的健康带来更大的危害。因此,紫外线辐射量增加和短波长化的问题,已成为人们日益关注的焦点之一。在世界各国政府着力借助各种保护条约阻止臭氧层继续遭到破坏的同时,人们也在寻求对自身的保护。其中,具有防紫外功能的纺织品自然成为防止紫外线过量辐射的主要屏障,对于保护人体健康方面具有重要意义。

一、各国对防紫外线纺织品开发的情况

20 世纪 90 年代,各国相继开始开发抗紫外线织物。

1. 低纬度、日照较强的国家　澳大利亚、新西兰等地处低纬度、日照较强的国家率先开发了抗紫外线织物,并促使抗紫外线织物进入商品化阶段。他们主要采用添加抗紫外线整理剂和紫外线屏蔽剂的方法。其中,日本的研究成果最为显著。在短短几年内,就有数十种抗紫外线织物投放市场。1991 年,日本可乐丽公司首先开发"埃斯莫(ESMo)"

纤维,该纤维利用无机紫外线屏蔽剂的耐热耐氧化性能,然后掺入聚酯母粒后纺成,具有很高的紫外线屏蔽率和热辐射遮蔽率,投放市场后,深受客户青睐。之后,日本其他公司又相继开发了多种抗紫外线纤维和织物。仓敷人丝公司利用氧化锌及陶瓷微细粉末掺入聚酯共混纺丝,生产异形截面短纤或皮芯长丝,其织物的紫外线阻隔率高达90%。尤尼卡公司的托纳多 UV 先将含有特殊陶瓷粉的聚酯长丝制成织物,再用紫外线吸收剂进行处理,所得织物的紫外线屏蔽率高达97%。KURARAY 公司开发出了单纤细度小于8.9dtex(8 旦)的紫外线屏蔽皮芯复合纤维,采用平均粒径 0.5μm 的 TiO_2 和 0.3μm 的 ZnO,含量5%(质量百分数),皮芯比例1:1,紫外线屏蔽率可达95%。此外,还有将纳米技术应用到抗紫外线纺织品中的实例。

2. 中国　我国从20世纪90年代中期也开始了抗紫外线纺织品的研究开发工作。经过二十几年的努力,也取得了巨大的成果。例如,北京纺织研究所开展了可溶性光敏还原染料对抗紫外线整理织物的测定;北京服装学院研制了一种简捷快速测定抗紫外线织物整理效果的方法;上海交通大学科研人员完成纳米 TiO_2 抗紫外线纤维研制项目,采用纳米 TiO_2 与聚酯原位聚合方法制备纳米 TiO_2/聚酯复合材料,实现纳米颗粒在高聚物中的纳米级分散,织物的紫外线防护系数(Ultroviolet Protection Factor,简称 UPF)大于50,在290~400nm 波段紫外线的屏蔽率大于95%,紫外线透过率小于3%等。

北京洁尔爽高科技公司作为全球领先的功能整理剂专业生产厂家,最先成功研制出 JLSUN®防紫外线整理剂 SCJ-966,大批量投放市场已有16年历史,此产品整理的织物完全满足我国标准 GB/T 18830—2009《纺织品 防紫外线性能的评定》,澳大利亚/新西兰标准 AS/NZS 4399—1996,欧盟标准 EN 13758—2006,美国 AATCC 183—2010、ASTM D 6544—2001,英国标准 BS 8466—2006、BS 7914—2006 和 BS 7949—1999,国际检定协会标准 UV Standard 801 等国内外标准要求。它含有高效紫外线吸收材料,无毒、不爆、对人体安全,对皮肤无刺激、无过敏反应,不含甲醛和重金属离子等有害物质,符合环保要求,并且不影响织物的色泽、强力和吸湿透气性。适用于棉、麻、丝、毛、涤棉和锦纶等织物的防紫外线整理,处理后的织物对 180~400nm 波段的紫外线(特别是 UVA 和 UVB)有良好的吸收转化、反射和散射作用。澳大利亚等国内外权威机构测试证明,JLSUN®防紫外线整理剂整理后的织物的 UPF 值高达 50+,并且 40 次洗涤后 UPF 值仍为 50+。

二、防紫外线纺织品的制备方法

防紫外线纺织品是将紫外线吸收剂或屏蔽剂与纺织品相结合,赋予纺织品防紫外线功能,一般通过几种方法来实现。

(1)通过原位复合和熔融共混两种方法,将紫外线屏蔽剂与化纤原料共混,再制成具备屏蔽紫外线功能的纤维。

（2）含有高浓度紫外屏蔽剂的母粒与化纤原料通过复合纺丝直接制成芯鞘结构的防紫外线复合纤维。

（3）对纤维织物纺织品利用后整理技术，通过浸渍、浸轧、涂层等手段，通过高温、高压等措施使紫外线屏蔽剂附着在织物上，赋予织物防紫外线功能。

第二节　紫外线及其对人体健康的影响

太阳光是一种电磁波，波长范围为 200～3000nm，由紫外线（6.1%）、可见光（51.8%）和红外线（42.1%）等辐射线组成，其中波长为 200～400nm 之间的是紫外线部分，它具有生物活性作用，它是一种比可见光波长短的电磁波，它对人类来说是一把锋利的双刃剑。

一、紫外线的分类及其对人体的作用

紫外线根据波长可以划分为长波紫外线（UVA）、中波紫外线（UVB）和短波紫外线（UVC）三种。波长越长，穿透能力越强。不同波长紫外线的特征见表6-1。

表6-1　不同波长紫外线的特征

紫外线	UVA	UVB	UVC
波长（nm）	320～400	280～320	200～280
被臭氧层的吸收程度	能穿透臭氧层	大部分被臭氧层吸收	绝大部分被臭氧层吸收
到达地面的辐射量	95%以上	不足2%	几乎为零
对人的影响	会对人体皮肤造成损伤，使其过早衰老	其作用是 UVA 的 1000 倍，过量暴晒可引起皮肤癌、白内障等疾病	难以到达地面，对人体无影响

1. UVA 造成皮肤损伤老化　UVA 的波长为 320～400nm，具有很强的穿透力，能穿透玻璃、水等介质。日常皮肤接触到的紫外线 95%以上是 UVA，因此它对肌肤的伤害最大。UVA 能透过表皮袭击真皮层，令皮肤中的骨胶原和弹性蛋白受到重创，并且真皮细胞自我保护能力较差，很少量的 UVA 便能造成极大伤害。久而久之，皮肤就会产生松弛、皱纹、微血管浮现等问题。同时，它又能激活酪氨酸酶，启动皮肤的天然防卫系统，导致黑色素沉积和新的黑色素形成，使皮肤变黑、缺乏光泽。

UVA 会造成长期、慢性和持久的损伤，使皮肤过早衰老，因此又被称为老化射线。

2. UVB 引起皮肤即时晒伤　UVB 的波长为 280～320nm，会令表皮中具有保护作用的脂质层氧化，使皮肤变干，进而使表皮细胞内的核酸和蛋白质变性，产生急性皮炎（即晒伤）等，皮肤会变红、发痛。长时间的暴晒，还容易导致皮肤癌变。此外，UVB 的长期照射还会引起黑色素细胞的变异,造成难以消除的太阳斑。

3. UVC 不影响皮肤健康　UVC 的波长为 $200 \sim 280\text{nm}$,在到达地面之前就被臭氧层吸收了,因此其对皮肤的影响可以忽略。

UVA 段称为晒黑段,它对皮肤的伤害是日积月累的。UVB 段称为晒红段,其穿透力可达表皮层,它引致的皮肤损害是即时和严重的,能使皮肤晒伤,临床表现为皮肤潮红、灼痛明显,可出现水疱,1 周后开始脱皮,这是人们需要预防的主要波段。因此理想的防护品应该安全性高、刺激性小,更关键是同时具备抵御 UVA 和 UVB 伤害的功能。

二、紫外线作用的双重性

1. 紫外线的益处

(1)中长波紫外线的照射,可使皮肤中的脱氧胆固醇转变为维生素 D,维生素 D 可增强钙、磷在体内的吸收,能帮助骨骼生长发育,多在户外活动,适当接受太阳照射,有利于预防佝偻病。

(2)不同波长的 UVA、UVB 波段能够治疗类风湿性关节炎、银屑病、硬皮病、白癜风、玫瑰糠疹和皮肤 T 细胞性淋巴瘤等皮肤病。对红斑狼疮的治疗研究表明,用紫外线治疗的病人可以显著减轻症状并减少综合症发生的危险,而且随着治疗时间的延长,治疗的有效性不断增强。

(3)紫外线还可使微生物细胞内核酸、原浆蛋白发生化学变化,杀灭微生物,对空气、水、污染物体表面进行消毒灭菌。

2. 紫外线的危害

1993 年 12 月由世界卫生组织举办的关于紫外线对人体影响的研讨会上,专家指出"20 世纪以来,随着碳氟系溶剂和氟里昂的大量使用,使地球大气层中臭氧层遭到严重破坏,到达地面的紫外线不断增加,如果不注意,将会对人体健康造成伤害。"有资料分析,臭氧层每减少 1%,紫外线辐射强度就增大 2%。

(1)强烈日光长时间照射会引起日光晒伤。长时间强烈日晒可使暴露的皮肤出现弥漫性红斑,红斑初为鲜红色,以后渐变为暗红色,并有烧灼或刺痛感。轻者 $2 \sim 3$ 天内脱屑,遗留褐色素沉着而愈,重者可出现皮肤肿胀或水疱。

(2)长期日光照射会引起皮肤慢性损伤。长期日晒的工作者,如海员、地质勘探工作者、农民、运动员等的外露皮肤(如面、颈、胸三角区、四肢露出部等处皮肤)明显干燥、粗糙、脱屑、色素沉着、萎缩、皱纹和失去弹性。

(3)日光引起的癌前期疾病——日光性角化病。该病发生于长期受日晒的老年人面、耳、手背等暴露部位。症状多为单个或少数米粒至蚕豆大小的高出皮肤表面的疣状丘疹,表面有干燥角质痂皮,不易剥脱。强行剥脱即现潮红渗出面,极易出血,周围还可有毛细血管扩张。此病 20% 可发展为癌,故应及时请皮肤科医生确诊后做彻底手术或冷冻治疗。

(4)内服或外涂某些光敏物质后受日晒引起皮肤病。有些人进食了某些食物,如藜(灰菜)或泥螺,一至数天后,在受日晒后面部和手背出现红肿。有些人内服某些药物,如磺胺、四环素、氯丙嗪、补骨脂等以后,被光线照射也可引起皮炎。有些人使用外用药物或用化妆品后,可在照射部位出现红肿等皮炎症状。

(5)某些疾病可在日晒后诱发或使病情恶化。面部黄褐斑较常见于夏季和南方,日光是致病因素之一。白化病患者全身皮肤、毛发、眼睛因缺乏黑色素保护而容易被晒伤。强烈的太阳光是人患白内障的主要原因之一。

(6)紫外线还可导致真丝泛黄。紫外线波长的不同引起真丝泛黄的程度也不同,能引起泛黄的紫外线波长约为 $200 \sim 331nm$,但影响最大的波长为 $279 \sim 292nm$ 部分,这恰好与酪氨酸和色氨酸的吸收特征相同。在紫外线等光照下,组成真丝纤维的氨基酸,尤其是色氨酸、酪氨酸残基吸收光能量,发生光氧化作用而变成有色物质,导致真丝强力下降。一般认为,酪氨酸在光照作用下形成吲哚化合物,再变成有色物质;而色氨酸在光照时迅速分解,明显地呈现黄褐色,从而引起泛黄。因而,在丝绸上施加紫外线吸收剂可以防止黄变。

第三节　防紫外线辐射原理

一、紫外线指数

由世界卫生组织与国际预防非电离辐射委员会、联合国环境规划署和世界气象组织共同制定的紫外线指数是国际公认的衡量紫外线辐射强度的标准尺度。紫外线指数是度量到达地球表面的紫外线对人类皮肤损伤的程度。紫外线对人类皮肤的损害是根据"红斑作用光谱曲线"做出的。这个光谱曲线已被国际光照委员会采纳,用来代表人类皮肤对紫外线的平均反应。

世界气象组织及世界卫生组织建议的计算紫外线指数的方法为:量度不同波长的紫外线强度,将不同波长的紫外线强度乘以"红斑作用光谱曲线"内对应的加权数值,以反映人类皮肤对紫外线的反应,将以上相乘的结果加起来,得出受红斑光谱加权后的总紫外线强度,单位是 mW/m^2。然后再将红斑光谱加权后的总紫外线强度乘以 0.04,得出紫外线指数(单位紫外线指数为 $25mW/m^2$)。例如,中午阳光最强的 $15min$ 内,紫外线到达地面的平均辐射量为 $100mW/m^2$,转换为紫外线指数为 4。

紫外线指数从 0 级至 15 级,其中 1 级强度最低,11 级以上为危险级。通常,夜间的紫外线指数为 0,热带、高原地区、晴天时的紫外线指数甚至能达到 15。紫外线指数越高,表示紫外线辐射越强,其危险性也越高。紫外线到达地表的量随地理位置、季节、气候以及天气的不同而变化。紫外线指数与暴晒级数对应关系见表 6-2,影响地面紫外线强度的因素见表6-3,紫外线指数、分级、对人体的影响及防护措施见表6-4。

表6-2　紫外线指数与暴晒级数

紫外线指数	0~2	3~5	6~7	8~10	≥11
暴晒级数	低	中等	高	很高	极高

表6-3　影响地面紫外线强度的因素

影响因素	对到达地面紫外线强度的影响
太阳的位置	随每日和每年时间不同及纬度的高低而变化
大气中的臭氧量	臭氧吸收紫外线,大气中的臭氧越多,能到达地面的紫外线越少
云和烟霞	云和烟霞吸收和散射紫外线
地面反射	自然界中大多表面,如草地、泥地,反射不足10%的紫外线,但雪地会强烈反射(多达80%)紫外线。沙地也会反射10%~25%的紫外线
海拔	海拔越高,紫外线强度越高。这是因为大气的厚度减少,紫外线被吸收较少

表6-4　紫外线指数、分级、对人体的影响及防护措施

紫外线指数	等级	紫外线照射强度	对人体的影响	建议采取的防护措施
0~2	1	最弱	安全	可以不采取措施
3~4	2	弱	正常	外出戴防护帽或太阳镜
5~6	3	中等	注意	除戴防护帽和太阳镜外,应涂擦防晒霜(防晒霜的SPF值应不低于15)
7~9	4	强	较强	在上午10:00至下午4:00避免外出活动,外出时应尽可能在遮荫处
>10	5	很强	有害	尽量不外出,必须外出时,要采取一定的防护措施

二、防紫外线辐射机理

紫外线照射到织物上,一部分被吸收,一部分被反射,一部分透过织物。透过的紫外线对皮肤产生影响。在一般情况下,紫外线的透过率+反射率+吸收率=100%。因此,吸收率和反射率增高,透过率就降低,防护性能就优越。

紫外线的防护原理就是采用紫外线屏蔽剂对纤维、纱线或织物进行处理,从而达到防紫外线的目的。

从光学原理的角度来讲,紫外线照射到织物上的情况遵守光的反射、折射和吸收定

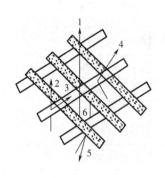

图6-1　紫外线作用于织物的情况

1—透过部分　2—透过部分　3—吸收部分

4—透过部分　5—反射部分　6—反射部分

律。即紫外线照射到织物上一部分被织物反射，一部分被织物吸收，其余的紫外线透过织物，作用到人体上。紫外线作用于织物上的情况如图6-1所示。在一般情况下，透过率+反射率+吸收率=100%。因此，反射率和吸收率增大，透过率就减少，对紫外线的防护性就越好。

三、影响织物防紫外线辐射性能的因素

织物防紫外线的能力，主要取决于织物本身屏蔽紫外线的能力。织物通常具有比较复杂的表面，它们除了吸收光线之外，还有散射和反射光线的作用。散射和反射作用要考虑织物本身的各种因素：织物的组织结构、原纱结构、纤维品种和规格、织物色泽等。

1. 织物组织结构的影响　织物结构决定了织物的几何形态。织物结构包括厚度、紧密度（覆盖系数或空隙率）等。织物结构紧密，覆盖系数大，紫外线透射率低，对人体的防护作用就大。稀松织物的覆盖系数低，不易遮蔽光线，其防护作用就小。紫外线防护系数（UPF）随着织物密度的增加而增大。厚重织物也有相似的情况。

（1）织物厚度。织物越厚，防紫外辐射性能越好。用未经过和经过防紫外线辐射整理的纯棉织物做实验，观察它们的UPF值分别随厚度变化而变化的规律。实验发现，未经整理的织物厚度和UPF值的关系很密切；但经过防紫外辐射整理后，即使织物本身厚度不大，也能得到较大的UPF值，再加厚织物，UPF值增大就不再明显。可见，夏季室外工作未必需要很厚实的衣服来防晒，只要对夏季常用面料进行适当的防紫外辐射整理，就能兼顾防晒和透湿排汗功能。

（2）织物紧密度。表征织物紧密度的指标通常为覆盖系数或孔隙率，两者基本上为互补关系。国内覆盖系数常用紧度理论值表示，国外有的采用紧度实测值。

为便于讨论，将理想的纺织品定义如下。

①织物的纱线结构完全透不过UVR射线。

②织物结构的空隙微小（小于0.2mm），足以避免由Mezieseral定义的"孔隙效应"。

理想纺织品的UVR透射率（T）与覆盖系数（C）的关系如下：

$$T = 100 - C \tag{1}$$

同一纺织品的UPF定义为：

$$UPF = 100/T \tag{2}$$

合并方程式(1)和式(2),得出:

$$UPF = 100/(100 - C) \qquad (3)$$

根据方程式(3)计算得出表 6-5 的 UPF 值(假定织物纱线为 UVR 屏蔽纱线)。

表 6-5 覆盖系数织物和 UPF 值的关系

覆盖系数(%)	UPF 值	覆盖系数(%)	UPF 值
90.0	10	98.0	50
93.3	15	99.0	100(50 +)
95.0	20	99.5	200(50 +)
97.5	40		

由表 6-5 所给的数据可以得出,要想使 UPF 值高于 15,纺织品的覆盖系数必须大于 93%。此外,一旦覆盖系数超过 95%,覆盖系数的极小变化将导致纺织品 UPF 发生极大变化。这一效应与方程式(3)的例式直接有关。

很显然,为了获得高 UPF 值,就必须提高织物的覆盖系数。覆盖系数越大,机织物或针织物结构越紧密,织物的透气性就越差。因而必须将高 UPF 值与夏季轻薄服装的凉爽、舒适性互相权衡。在这种情况下,双层组织、蜂窝组织等织物结构的开发利用具有明显潜力。

覆盖系数也可通过一系列整理工艺加以改变。例如,在拉幅机上超喂可使织物产生收缩,提高覆盖系数。反之,如果织物经拉幅机拉伸(喂入不足),将会减小覆盖系数和织物的 UPF 值。通常用于获得尺寸稳定性的预缩工艺,可提高织物的覆盖系数,从而提高织物 UPF 值。薄型毛织物可通过轻度缩绒来提高覆盖系数。轧光工艺可使纱线扁平化,也能提高织物的覆盖系数。

在测试空隙率不同的防紫外线纯棉织物的 UPF 值的实验中发现,经过防紫外线整理的纯棉织物的空隙率 P 值由 10% 减小为 2%,UPF 值明显增大。这说明,由防紫外辐射性能较差的纤维(如棉、黏胶纤维等)制成的织物,UPF 值较低,孔隙率大小对其影响相对较小,但防护整理后,孔隙率对纤维防紫外辐射性能的影响就变得非常明显。这说明对孔隙率小的薄型织物进行适当的防紫外线整理,是生产具有高 UPF 值轻薄面料的一种理想途径。

因此,孔隙率是影响防紫外线织物性能的一个先决条件,经验表明,孔隙率以 1.5% 为好。

(3)织物定重。织物定重是织物厚度、紧密度等的综合反映,生产者和贸易商都乐于采用,因此探求织物定量与 UPF 值的关系,有实用之处。

取棉、涤纶、黏胶纤维、亚麻、腈纶、锦纶和羊毛等不同纤维种类的织物各若干块（定重均不相同），按纤维种类不同，分别计算这些织物定量与 UPF 值的相关程度。实验表明，织物重量与 UPF 值有很大的正相关影响。即织物越厚，UPF 值越高。织物参数与紫外线透射率见表 6-6。

表 6-6　织物参数与紫外线透射率

纤维种类	经纬密度（根/10cm）	厚度（mm）	覆盖系数（%）	透射率（%）
棉	578.7	0.279	88.8	25.1
黏胶纤维	610.2	0.254	86.0	27.3
锦纶	641.7	0.229	89.2	24.1
毛	397.6	0.559	93.1	8.6
丝	704.7	0.254	90.0	14.6
涤纶	574.8	0.229	79.5	23.2

2. 纤维和纱线的影响　在织物组织结构相同的情况下，纤维种类不同，其紫外线透过率也不同。涤纶、羊毛纤维等比棉、黏胶纤维的紫外线透过率低，这是由于涤纶分子中含有苯环，羊毛、蚕丝等蛋白质纤维中含有氨基酸，这些基团对波长小于 300nm 的紫外光有良好的吸收性。麻类纤维具有独特的果胶质斜偏孔结构：苎麻、罗布麻纤维中间有沟状空腔、管壁多孔隙；大麻纤维中心有细长的空腔并与纤维表面纵向分布着的许多裂纹和小空洞相连。由于这些结构上的原因使麻纤维不仅吸水性好，而且对声波和光波有很好的消除作用，因而具有较强的防紫外线功能。棉织物的防紫外线能力相对较差，是紫外线最易透过的织物，因此对棉织物进行防紫外线整理最为迫切。不同纤维未染色织物的 UPF 值见表 6-7。

表 6-7　不同纤维未染色织物的 UPF 值

纤维种类	织物类型	厚度（mm）	克重（g/m²）	UPF 值
棉	府绸（未漂）	0.18	107	6
棉	府绸（漂白）	0.22	110	2
麻	平布	0.14	89	18
蚕丝	缎纹绉	0.20	84	6
毛	试验织物	0.28	125	24
涤纶	试验织物	0.29	165	13
黏胶纤维	试验织物	0.11	92	4

经比较分析可知，涤/棉混纺比例为 80/20 的织物的紫外线屏蔽性能远比 40/60 的

涤/棉织物更理想,而相同截面内纤维根数多比纤维根数少的防紫外线能力强,异形纤维织物比普通圆形纤维织物的防紫外线能力强。

3. 织物色泽的影响 每种染料的 UVR 吸收性能因其结构而异,可对织物的 UPF 值产生不同的影响。为获得可视颜色,染料必须有选择地吸收可见光辐射(400~800nm),所有染料的吸收带均伸展到 UVR 光谱区(280~400nm),因此染料可起到 UVR 吸收剂的作用,吸收具有潜在危害的 UVR 射线。染料在 UVR 光谱区的衰减系数将决定其提高织物 UPF 的能力。

众多关于染色对织物 UPF 影响的研究报告指出,染色织物比未染色织物有较高的 UPF 值,并且随着织物色泽的加深,织物的紫外线透过率随之减小,即防紫外线辐射性能提高。以常规的涤纶产品做试验,不同色泽相应的紫外线辐射透过率从小到大的顺序依次为:黑色的透过率为5%,藏青、红、深绿、紫色的透过率为5%~10%,绿色、淡红、淡绿、白色的透过率为15%~20%。由于染料颜色是该染料分子结构吸收可见光谱的特性反映,只有某些染料分子的吸收光谱延伸进 UV 区,特别要在 UVB 区有较高的吸收率,才能提高染色织物 UPF 值。化学纤维的消光处理也影响其紫外线透过特性。

染料的色泽是由可见光区的吸收特性决定的,而 UV 区的吸收特性对色泽的影响不大。不同染料与紫外线透射率的关系见表6-8。

表6-8 不同染料与紫外线透射率的关系

染料	染浴1		染浴2	
	吸收率(%)	透射率(%)	吸收率(%)	透射率(%)
直接黄11	58	12.9	59	18.4
直接黄26	82	19.9	87	29.5
直接黄44	60	18.4	60	29.1
直接黄120	65	19.1	58	28.2
直接红23	78	27.4	73	36.9
直接红28	90	39.0	91	50.5
直接红83	70	17.5	70	24.9
直接蓝80	40	16.0	31	18.2
直接蓝199	71	13.8	68	19.7
直接绿26	70	22.7	60	29.6
直接棕154	83	23.1	85	30.8
直接黑56	77	30.0	71	40.9

4. 其他因素的影响 构成织物的不同纤维种类对织物 UPF 值有直接影响,特别是对白色(未染色)织物的 UPF 值具有较大影响。例如,由漂白棉和黏胶纤维构成的白色织

物具有相对较低的 UPF 值,而以完全相同方法,采用天然棉制成的织物则具有较高的 UPF 值。这是由于天然棉中的色素、木质素等能吸收紫外线。

分别比较煮练、漂白、UVR 吸收剂处理对 9 种纯棉织物平均 UPF 值的影响,试验用织物分别采用不同参数、不同的棉纱制成。9 种坯布的平均 UPF 值十分低,达不到最低等级 UPF 15。松式煮练后,由于松弛和自然收缩的共同作用,导致了更高的覆盖系数,其直接结果是 9 种织物平均 UPF 值提高。漂白工艺除去了棉花中的色素、果胶等天然 UVR 吸收剂,9 种织物经过漂白后其 UPF 值均明显减小。在这种情况下,对漂白棉施加 UVR 吸收剂 SCJ - 966,使平均 UPF 值大幅度提高,织物全部达到 UPF 为 15 的额定值或以上,其中 2 种达到和超过 UPF 值 50 + 。

织物的 UVR 吸收性能取决于生产织造过程中所采用的加工方法,例如漂白、染色、施加消光剂、施加荧光增白剂、施加 UVR 吸收剂等。这些加工过程都会对织物的 UVR 吸收性能产生作用。

荧光增白剂的品种很多,虽然各种增白剂的化学结构和性能不同,但对纤维或织物的增白原理都是一样的。其增白原理主要是由于增白剂分子中都含有共轭双键,具有良好的平面性,这种特殊的分子结构在日光照射下能吸收日光中的紫外线(波长 300 ~ 400nm),发出蓝紫色光(波长 420 ~ 500nm),蓝紫色光与纤维或织物上的黄光混合而变成白光,从而使纤维或织物明显变白。由此可知,织物的增白处理可影响织物的防紫外线性能。

织物防紫外线辐射性能的一般规律是:短纤维优于长丝纤维,加工丝产品好于原丝产品,细纤维织物比粗纤维织物好,扁平异形丝织物优于圆形截面丝织物,机织物好于针织物。

第四节　纺织品防紫外线测试标准

纺织品在使用过程中经常会受日光的曝晒而褪色或变色,这是日常生活中可以直观地看到日光对纺织品的影响。而且经常会有一些报道提及,有些地方在特殊天气下,人的皮肤在日光下曝晒,会晒伤甚至会引起皮肤病变等。因此,纺织品在日常服用过程中对太阳光中的紫外线防护性能,越来越受到大家的关注。随着服用性能要求的多样化,市场上出现了各种具有抗紫外效果的纺织品(如防晒衣、遮阳伞、遮阳篷、遮阳窗帘等)。目前国内外纺织品防紫外线性能测试标准的依据主要有:GB/T 18830—2009《纺织品　防紫外线性能的评定》、AATCC 183—2014《紫外辐射通过织物的透过或阻挡性能》、BS EN ISO 13758 - 1—2006《纺织品　太阳紫外线防护性能　第 1 部分:服装织物的试验方法》等。

一、AATCC 183—2014 紫外辐射通过织物的透过或阻挡性能

AATCC 183 可用来测试试样在干态或湿态下防紫外线纺织品透过或阻碍紫外线辐

射的能力。其原理是用分光光度计或已知波长范围的分光辐射度计测定穿过试样的紫外线 UV - R；紫外线防护系数 UPF 是穿过空气时计算出的紫外线辐射平均效应 UV - R 与穿过试样时计算出的紫外线辐射平均效应 UV - R 之间的比值；无试样时，探测器处的红斑加权紫外线辐射 UV - R，等于测量出的光谱辐射在所测量波长范围内的辐射量总和，乘以相应的相对红斑作用的光谱效能，再乘以相应的太阳光谱辐射能，再乘以相应的紫外线光波长度间距。放置试样时，探测器处的红斑加权紫外线辐射 UV - R 等于测量的光谱辐射在所测量波长范围内的辐射量总和，乘以相应的相对红斑作用的光谱效能，再乘以试样的紫外线辐射能，再乘以相应的紫外线光波长度间距；同时也需要计算 UV - A 和 UV - B 辐射的阻隔百分率。

1. 试验准备

（1）试验设备。分光光度计或配备积分球的分光辐射度计、滤光片、Schott 玻璃 UG11、聚偏氯乙烯或聚氯乙烯食物保鲜膜（湿试样时使用）、AATCC 吸水纸。

（2）仪器的测定和校正。

①校准。按照厂商的说明校准分光光度计或分光辐射度计。推荐使用物理标准来确认光谱透射率的测量。当测试湿试样时，把塑料膜覆盖在观测口上，并重新校正。

②波长标度。用水银蒸气放电器发射的辐射谱线来校准分光光度计或分光辐射度计上的波长标度，也可用氧化钬玻璃滤光片的吸收光谱来校准。ASTM 275《说明和测量紫外线、可见和近红外线分光光度计性能的标准操作规范》提供了水银灯发射光谱参考波长和氧化钬吸收光谱参考波长。

③透射比比例。当光路上没有放置试样时，将透射比比例设置为 100%，这是相对于空气的透射。零透射比比例可通过用不透光的材料挡住光路的方法来校准。可用仪器生产商或标准化实验室提供的中性滤光片或校准多孔板筛来确认透射比比例。

（3）试样准备。每块样品至少准备两个试样，以备干态和湿态测试。每个试样的尺寸至少为 50mm × 50mm 或直径为 50mm 的圆。在准备和处理试样时需注意不要使试样扭曲。如果样品含有不同的颜色和组织结构，则要测试每种颜色和组织结构，试样的尺寸应足够覆盖测试点。

（4）调湿。对于干燥试样，在测试前要根据 ASTM D 1776 所述对试样进行预处理和调湿，每个试样要在标准 ASTM D 1776 规定的温度（21 ±1）℃、相对湿度（65 ±2）% 的标准大气环境下放置至少 4h，每个试样都单独放在有孔的筛网架上或放置架上。

2. 试验步骤

（1）干态测试。把试样直接放在积分球的试样传输端上。先对试样在任意方向进行紫外线测定，然后旋转 45°再进行测定，接着再旋转 45°进行测定，分别记录每个结果。在有多种颜色的试样上，要检测紫外线透过最高的区域，并在此区域要测定三个值。

（2）湿态测试。把试样平铺在烧杯或培养皿底部，倒入蒸馏水，使试样整个浸在水中,浸泡30min,并不时挤压试样,使试样润湿均匀、完全。最好每次只做一个试样。把湿试样夹在两张吸水纸中间,在轧车或类似装置中挤压,使其含湿率为(140±5)%。若试样含湿率不够,则重新润湿试样并挤压,以达到要求的含湿率。但一些合成纤维紧密组织的机织面料可能达不到要求的含湿率,可根据双方协议使用其他的含湿率。然后用塑料膜挡在观测口前,防止仪器沾水。

3.试验结果计算

(1)先计算每个试样三个测试值的平均光谱透过率。

(2)按下式计算每个试样的紫外线防护系数 UPF。

$$UPF = \frac{\sum\limits_{280nm}^{400nm} E_\lambda \times S_\lambda \times \Delta\lambda}{\sum\limits_{280nm}^{400nm} E_\lambda \times S_\lambda \times T_\lambda \times \Delta\lambda}$$

式中:E_λ——相对红斑的光谱效能(表6-9);

S_λ——太阳光谱辐照度(表6-10);

T_λ——试样的平均光谱透过率(测得);

$\Delta\lambda$——检测的波长间隔,nm。

注:虽然 UPF 值表示从 280nm 到指定波长的综合值,但 280~290nm 波长的光谱作用很小或几乎没有。

表6-9 相对的红斑光谱效应(E_λ)

波长 (nm)	E_λ	波长 (nm)	E_λ	波长 (nm)	E_λ	波长 (nm)	E_λ	波长 (nm)	E_λ	波长 (nm)	E_λ
280	1.00e+00	302	4.21e-01	324	3.60e-03	346	7.85e-04	368	3.67e-04	390	1.72e-04
282	1.00e+00	304	2.73e-01	326	2.33e-03	348	7.33e-04	370	3.43e-04	392	1.60e-04
284	1.00e+00	306	1.77e-01	328	1.51e-03	350	6.84e-04	372	3.20e-04	394	1.50e-04
286	1.00e+00	308	1.15e-01	330	1.36e-03	352	6.38e-04	374	2.99e-04	396	1.40e-04
288	1.00e+00	310	7.45e-02	332	1.27e-03	354	5.96e-04	376	2.79e-04	398	1.30e-04
290	1.00e+00	312	4.83e-02	334	1.19e-03	356	5.56e-04	378	2.60e-04	400	1.22e-04
292	1.00e+00	314	3.13e-02	336	1.11e-03	358	5.19e-04	380	2.43e-04		
294	1.00e+00	316	2.03e-02	338	1.04e-03	360	4.84e-04	382	2.26e-04		
296	1.00e+00	318	1.32e-02	340	9.66e-04	362	4.52e-04	384	2.11e-04		
298	1.00e+00	320	8.55e-03	342	9.02e-04	364	4.22e-04	386	1.97e-04		
300	6.49e-01	322	5.55e-03	344	8.41e-04	366	3.94e-04	388	1.84e-04		

注 (1)表中的波长间隔为2nm。以"5"为波长尾数对应的紫外线传播数据,可使用那些以"4"和"6"为波长尾数对应数据的内插值。

(2)数据来源于 CIE 出版物 106/4。

表 6 – 10　正午太阳光分光辐照度(S_λ)

（7月3日中午　阿尔伯克基市）

波长 (nm)	S_λ $[\mathrm{W}/(\mathrm{cm}^2 \cdot \mathrm{mm})]$	波长 (nm)	S_λ $[\mathrm{W}/(\mathrm{cm}^2 \cdot \mathrm{mm})]$	波长 (nm)	S_λ $[\mathrm{W}/(\mathrm{cm}^2 \cdot \mathrm{mm})]$	波长 (nm)	S_λ $[\mathrm{W}/(\mathrm{cm}^2 \cdot \mathrm{mm})]$	波长 (nm)	S_λ $[\mathrm{W}/(\mathrm{cm}^2 \cdot \mathrm{mm})]$
280	4.12e – 11	306	7.19e – 06	332	5.33e – 05	358	5.38e – 05	384	5.85e – 05
282	2.37e – 11	308	9.68e – 06	334	5.23e – 05	360	5.64e – 05	386	6.26e – 05
284	3.14e – 11	310	1.34e – 05	336	5.04e – 05	362	6.00e – 05	388	6.72e – 05
286	4.06e – 11	312	1.75e – 05	338	4.99e – 05	364	6.48e – 05	390	7.57e – 05
288	6.47e – 11	314	2.13e – 05	340	5.39e – 05	366	7.18e – 05	392	7.16e – 05
290	3.09e – 10	316	2.43e – 05	342	5.59e – 05	368	7.62e – 05	394	6.55e – 05
292	2.85e – 09	318	2.79e – 05	344	5.35e – 05	370	7.66e – 05	396	6.81e – 05
294	2.92e – 08	320	3.14e – 05	346	5.34e – 05	372	7.50e – 05	398	8.01e – 05
296	1.28e – 07	322	3.32e – 05	348	5.37e – 05	374	6.61e – 05	400	1.01e – 04
298	3.37e – 07	324	3.61e – 05	350	5.59e – 05	376	6.66e – 05		
300	8.64e – 07	326	4.45e – 05	352	5.89 – 05	378	7.46e – 05		
302	2.36e – 06	328	5.01e – 05	354	6.13e – 05	380	7.54e – 05		
304	4.35e – 06	330	5.32e – 05	356	6.06e – 05	382	6.42e – 05		

注　(1)表中的波长间隔为2nm。以"5"为波长尾数对应的紫外线传播数据,可使用那些以"4"和"6"为波长尾数对应数据的内插值。

　　(2)引自如下文献:Sayre RM, et al.. Spectral Comparison of Solar Simulators and Sunlight. Photodermatol Photoimmunol, Photomed, 7, 159 – 165(1990)。

（3）用下式计算 UV – A 的紫外线平均透射率。

$$T(\mathrm{UV} - \mathrm{A})_{\mathrm{AV}} = \frac{\sum\limits_{315\mathrm{nm}}^{400\mathrm{nm}} T_\lambda \times \Delta\lambda}{\sum\limits_{315\mathrm{nm}}^{400\mathrm{nm}} \Delta\lambda}$$

（4）用下式计算 UV – B 的紫外线平均透射率。

$$T(\mathrm{UV} - \mathrm{B})_{\mathrm{AV}} = \frac{\sum\limits_{280\mathrm{nm}}^{315\mathrm{nm}} T_\lambda \times \Delta\lambda}{\sum\limits_{280\mathrm{nm}}^{315\mathrm{nm}} \Delta\lambda}$$

（5）分别用下式计算 UV – A 和 UV – B 的阻挡率。

$$\mathrm{UV} - \mathrm{A}\ 阻挡率 = 100\% - T(\mathrm{UV} - \mathrm{A})$$

$$\mathrm{UV} - \mathrm{B}\ 阻挡率 = 100\% - T(\mathrm{UV} - \mathrm{B})$$

其中,$T(\mathrm{UV} - \mathrm{A})$和$T(\mathrm{UV} - \mathrm{B})$用百分率表示。

二、GB/T 18830—2009《纺织品　防紫外线性能的评定》

GB/T 18830 适用于评定织物在规定条件下对日光紫外线的防护性能。其原理是用单色或多色的 UV 射线辐射试样，收集总的光谱投射射线，测定出总的光谱透射比，并计算试样的紫外线防护系数 UPF 值。试验可采用平行光束照射试样，用一个积分球收集所有透射光线；也可采用光线半球照射试样，收集平行的透射光线。

1. 试验准备

（1）试验设备。UV 光源、积分球、单色仪、UV 透射滤片、试样夹。

（2）试样的准备。试样的尺寸应保证能充分覆盖住仪器的孔眼。对于匀质材料，至少取 4 块有代表性的试样，距布边 5cm 以内的织物应舍弃；对于具有不同色泽或结构的非匀质材料，每种颜色和每种结构至少要取 2 块有代表性的试样。

（3）调湿。调湿及试验按 GB/T 6529—2008 进行，若试验装置未放置在标准大气下，则调湿后试样从密闭容器中取出直至试验完成应不超过 10min。

2. 测试 在积分球入口前方放置试样，将穿着时远离皮肤的织物面朝着 UV 光源。对于单色片放在试样前方的仪器装置，应使用 UV 透射滤片，并检验其有效性。然后记录 290～400nm 之间的透射比，每隔 5nm 至少记录一次。

3. 结果的计算和表达

（1）通则。按式（1）计算每个试样 UV－A 透射比的算术平均值 $T(\mathrm{UVA})_i$，并计算其平均值 $T(\mathrm{UVA})_{\mathrm{AV}}$，保留两位小数。

$$T(\mathrm{UVA})_i = \frac{1}{m} \sum_{\lambda=315}^{400} T_i(\lambda) \tag{1}$$

按式（2）计算每个试样 UV－B 透射比的算术平均值 $T(\mathrm{UVB})_i$，并计算其平均值 $T(\mathrm{UVB})_{\mathrm{AV}}$，保留两位小数。

$$T(\mathrm{UVB})_i = \frac{1}{k} \sum_{\lambda=290}^{315} T_i(\lambda) \tag{2}$$

其中，$T(\lambda)$ 是试样 i 在波长 λ 时的光谱透射比；m 和 k 是 315～400nm 之间和 290～315nm 之间各自的测定次数。

按式（3）计算每个试样 i 的 UPF。

$$\mathrm{UPF}_i = \frac{\sum_{\lambda=290}^{\lambda=400} E(\lambda) \times \varepsilon(\lambda) \times \Delta\lambda}{\sum_{\lambda=290}^{\lambda=400} E(\lambda) \times T_i(\lambda) \times \varepsilon(\lambda) \times \Delta\lambda} \tag{3}$$

式中，$E(\lambda)$——日光光谱辐照度（表 6－11），$\mathrm{W}/(\mathrm{m}^2 \cdot \mathrm{nm})$；

$\varepsilon(\lambda)$——相对的红斑效应（表 6－11）；

$T_i(\lambda)$——试样 i 在波长为 λ 时的光谱透射比；

$\Delta\lambda$——波长间隔，nm。

表 6 –11   日光光谱辐照度和红斑效应

λ/nm	$E(\lambda)[W/(m^2 \cdot nm)]$	$\varepsilon(\lambda)$	λ/nm	$E(\lambda)[W/(m^2 \cdot nm)]$	$\varepsilon(\lambda)$
290	3.090×10^{-5}	1.000	350	5.590×10^{-1}	0.684×10^{-3}
295	7.860×10^{-4}	1.000	355	6.080×10^{-1}	0.575×10^{-3}
300	8.640×10^{-3}	0.649	360	5.640×10^{-1}	0.484×10^{-3}
305	5.770×10^{-2}	0.220	365	6.830×10^{-1}	0.407×10^{-3}
310	1.340×10^{-1}	0.745×10^{-1}	370	7.660×10^{-1}	0.343×10^{-3}
315	2.280×10^{-1}	0.252×10^{-1}	375	6.635×10^{-1}	0.288×10^{-3}
320	3.140×10^{-1}	0.855×10^{-2}	380	7.540×10^{-1}	0.243×10^{-3}
325	4.030×10^{-1}	0.290×10^{-2}	385	6.055×10^{-1}	0.204×10^{-3}
330	5.320×10^{-1}	0.136×10^{-2}	390	7.570×10^{-1}	0.172×10^{-3}
335	5.135×10^{-1}	0.115×10^{-2}	395	6.680×10^{-1}	0.145×10^{-3}
340	5.390×10^{-1}	0.966×10^{-3}	400	1.010	0.122×10^{-3}
345	5.345×10^{-1}	0.81×10^{-3}			

注   日光辐照度 $E(\lambda)$ 和相对红斑效应 $\varepsilon(\lambda)$ 的数据引自欧盟标准 EN 13758。

(2)匀质试样。按式(4)计算紫外线防护系数的平均值 UPF_{AV}。

$$UPF_{AV} = \frac{1}{n}\sum_{i=1}^{n} UPF_i \tag{4}$$

按式(5)计算 UPF 的标准偏差 S。

$$S = \sqrt{\frac{\sum_{i=1}^{n}(UPF_i - UPF_{AV})^2}{n-1}} \tag{5}$$

按式(6)计算 UPF 值,修约到整数位。$T_{\alpha/2, n-1}$ 按表 6 –12 规定。

$$UPF = UPF_{AV} - t_{\alpha/2n-1}\frac{s}{\sqrt{n}} \tag{6}$$

对于匀质材料,当样品的 UPF 值低于单个试样实测的 UPF 值中最低值时,则以试样最低的 UPF 作为样品的 UPF 值报出。当样品的 UPF 值大于 50 时,表示为"UPF >50"。

表 6 –12 α 为 0.05 时 $t_{\alpha/2, n-1}$ 的测定值

试样数量	$n-1$	$t_{\alpha/2, n-1}$	试样数量	$n-1$	$t_{\alpha/2, n-1}$
4	3	3.18	8	7	2.36
5	4	2.77	9	8	2.30
6	5	2.57	10	9	2.26
7	6	2.44			

(3)非匀质试样。对于具有不同颜色或结构的非匀质材料,应对各种颜色或结构进

行测试,以其中最低的 UPF 值作为样品的 UPF 值。当样品的 UPF 值大于 50 时,表示为
"UPF > 50"。

4. 评定与标识

(1)评定。按此测试方法,当样品的 UPF > 40,且 $T(UVA)_{AV} < 5\%$ 时,可称为"防紫外线产品"。

(2)标识。当 40 < UPF ≤ 50 时,标为 UPF 40 + ;当 UPF > 50 时,标为 UPF 50 + 。

第五节　防紫外线整理剂

一、无机类紫外线反射剂

无机类紫外线反射剂没有光能的转化作用,只是利用陶瓷粉、金属氧化物等细粉或超细粉与纤维、纱线或织物结合,增加织物表面对紫外线的反射和折射作用,从而达到防紫外线透过的目的。

具有反射或折射紫外线作用的无机类物质有高岭土、碳酸钙、滑石粉、氧化铁、氧化锌、二氧化钛等。它们的安全性优良,能反射或散射波长范围较广的紫外线,而且一般是不具有色泽的微粒子,将其导入织物的纤维中,因其对光反射和散射率大,可使纤维具有优良的防紫外线效果。通常粒径越细,效果越好。

纳米材料是全新的超微固体材料,微粒直径通常在100nm 以内。由于纳米材料的尺寸效应和表面效应,其表面原子数增多,表面能提高,因而具有很高的化学活性,具有许多传统材料所没有的性能。在提高织物防紫外线辐射性能的纳米材料中,目前最常用的是纳米氧化锌和二氧化钛粒子。纳米 ZnO 价廉、无毒、屏蔽紫外线范围广(240 ～400nm) ,在波长 350 ~400nm 范围内,ZnO 的屏蔽率明显高于 TiO_2。

氧化锌除了具有良好的防紫外线功能外,还具有一定的杀菌防臭功能。氧化锌具有吸收和散射紫外线的双重性质。氧化锌必须在基料中悬浮分散良好,保持超细微粒状态,不可凝聚,一旦凝聚就失去散射紫外线的能力。

二氧化钛对紫外线的散射优于氧化锌,在基料中悬浮分散性良好。氧化锌和二氧化钛兼有反射红外线的能力。

纳米级紫外线屏蔽剂具有耐紫外线照射、耐热、无毒、稳定性强等特点;对纺织品的色牢度、白度和强度等没有影响;其功能是将紫外线屏蔽、反射至织物以外,而不将紫外线的能量转换、释放在织物内部。

1. 纳米氧化锌的制备、表面改性及应用　纳米氧化锌是一种新型精细无机产品,其粒径为 1 ~100nm。

(1)纳米氧化锌的制备及性能。氧化锌的制备方法分为三类,即直接法、间接法和湿

化学法。目前所用氧化锌多为直接法或间接法制备的产品,粒径为微米级,比表面积较小,这些性质大大制约了它们的应用领域及其在制品中的性能。在此采用湿化学法(NPP法)制备纳米级超细活性氧化锌,可以各种含锌物料为原料,用酸浸出锌,经过多次净化除去原料中的杂质,然后沉淀,获得碱式碳酸锌,最后焙烘、熔解,获得纳米氧化锌。

纳米级氧化锌的突出特点在于产品粒子为纳米级,同时具有纳米材料和传统氧化锌的双重特性。与传统氧化锌产品相比,其比表面积大、化学活性高,产品细度、化学纯度和粒子形状可以根据需要进行调整,并且具有光化学效应和较好的遮蔽紫外线性能,具有一定的抗菌、除味等独特性能。

(2)纳米氧化锌的表面改性。由于纳米氧化锌具有比表面积大和比表面能大等特点,自身易团聚;另外,纳米氧化锌表面极性较强,在有机介质中不易均匀分散,这就极大地限制了其纳米效应的发挥。因此,对纳米氧化锌粉体进行分散和表面改性成为纳米氧化锌在基体中应用前必要的处理手段。

(3)纳米氧化锌的应用。纳米氧化锌应用于化纤产品中有两种途径。

①把纳米微粒直接添加在化学纤维的初始反应液中,采用常规的聚合反应合成功能纤维,使纳米微粒均匀分布于纤维内部。

②把纳米氧化锌制成纤维母粒,再与相应的聚丙烯、聚酯等切片混合进行熔融纺丝。纳米氧化锌用于织物整理的途径是把纳米微粒配制成一种后整理剂,通过浸轧使纳米微粒吸附在纤维的表面,或者用黏合剂等成膜物质将纳米微粒涂覆到织物表面形成一种功能性的涂层,改善织物的防紫外线性能。但该方法存在手感硬、透气性差等问题。

纳米氧化锌的制备技术已经取得了一些突破,在国内形成了数个产业化生产厂家。但是纳米氧化锌的表面改性技术及应用技术尚未完全成熟,其应用领域的开拓受到了较大限制,并制约了该产业的发展。如何克服纳米氧化锌表面处理技术的瓶颈,加快其在各个领域的广泛应用,成为诸多纳米氧化锌生产厂家面临的亟待解决的问题。

2. 纳米氧化钛 在所有无机紫外线遮蔽剂中,纳米 TiO_2 具有较高的化学稳定性、热稳定性、非迁移性,无味、无毒、无刺激性,使用安全等特点,对 UVA 区和 UVB 区紫外线都有屏蔽作用,因此纳米 TiO_2 很快登上了抗紫外材料的舞台。

上海交通大学科研人员研究的"纳米二氧化钛(TiO_2)防紫外线纤维"项目采用纳米二氧化钛与聚酯原位聚合方法制备纳米 TiO_2/聚酯复合材料,实现了纳米颗粒在高聚物中的纳米级分散,不仅提高了纺丝效率,而且使材料的力学、热学性能得到了较大提高,由该纤维制成的织物具有较高的紫外线屏蔽率,具有触感凉爽的性能,特别适宜织造高档 T 恤衫、运动服、训练服等。

二、有机类紫外线吸收剂

紫外线吸收剂吸收紫外光是由该化合物的共轭 π 电子体系和能够进行氢移动的结

构这两部分决定的。有机类紫外线吸收剂本身能吸收 280~400nm 波长范围内的紫外线,使自身由基态变为激发态,并把能量向低能量的热能或波长较长的电磁波转换,从而消除紫外线对人体和织物的危害。理想的紫外线吸收剂吸收紫外光能量后转变成活性异构体,随之以光和热的形式释放这些能量,使之恢复到原分子结构,用它处理过的纤维和织物具有较强的抗紫外线功能。

理想的紫外线吸收剂应具有以下特征。

（1）对皮肤无刺激,无毒性,无过敏性,即安全性高。

（2）吸收紫外线波长范围广,效果良好。

（3）在阳光下不分解,有一定的耐热性。

（4）配伍性好,与其他组分不起反应。

（5）与生物成分不结合。

（6）对织物的牢度、白度、色泽、强度、手感和风格没有影响。

实验表明,各种合成的紫外线吸收剂的作用机理并无不同之处,故按照其有机化学结构的类别可分为水杨酸酯系、金属离子螯合物系、二苯甲酮系、苯并三唑系、三嗪系及氰代丙烯酸酯系等。

1. 第一代紫外线吸收剂　目前,纺织品上应用的有机类紫外线吸收剂的主要类型见表6-9,这些吸收剂因没有反应性官能团而不易与织物固着,各自有如下特点。

（1）水杨酸酯系。水杨酸酯系紫外线吸收剂具有以下特点。

①价格低廉。

②能吸收 280~330nm 波长的紫外线（即大量吸收 UVB,仅吸收少量 UVA）。

③熔点低,易升华,并在强光照下会出现色变现象,故应用较少。

此类化合物有水杨酸苯酯、水杨酸-4-叔丁基苯酯等。易吸收 280~330nm 的紫外线,但吸收系数较低,在曝晒过程中,分子重排成二苯甲酮类,有强烈吸收辐射能的作用,然而,此重排反应是不完全的,且形成带有颜色的醌型反应物。

（2）金属离子螯合物系。金属离子螯合物系紫外线吸收剂具有以下特点。

①不能与纤维反应,但对部分染色纤维或织物,在一定条件下能形成螯合物络合体,主要提高染色的耐光率。

②离子有颜色,适用有局限性。

（3）二苯甲酮系。二苯甲酮系紫外线吸收剂具有以下特点。

①这类化合物具有共轭结构,和氢键成互变异构,它吸收紫外线后放出荧光、磷光,回到基态能级,同时伴随着发生氢键的互变异构,此结构能够接受光能而不导致键的断裂,且能使光能转变成热能,从而消耗吸收的能量。

②多个羟基对纤维有较好的吸附能力,是棉纤维良好的防紫外线整理剂。

③能吸收 UVA 和 UVB（280~400nm）紫外线。

④对 280nm 以下紫外线吸收较少,有时易泛黄。

此类化合物有 2,4 - 二羟基二苯甲酮、2 - 羟基 - 4 - 正辛氧基二苯甲酮、2 - 羟基 - 5 - 氯二苯甲酮等。

(4)苯并三唑系。苯并三唑系紫外线吸收剂具有以下特点。

①这是品种最多、产量最大的一类紫外线吸收剂。

②大量吸收 UVA(315~400nm)紫外线,效果好。

③分子结构和分散染料相似,可采用高温高压处理,故是较好的涤纶防紫外线整理剂。

④吸附在纤维上,有一定耐洗性。

⑤无反应性基团,活性不高,处理时要吸附于纤维表面才能达到紫外线吸收和屏蔽效应。

⑥毒性小。

此类化合物有 2(2' - 羟基 - 5' - 甲基苯基) - 苯并三唑、2(2' - 羟基 - 3' - 叔丁基 - 5' - 甲基苯基) - 5 - 氯苯并三唑等。

第一代紫外线吸收剂的吸收特性见表 6 - 13。

表 6 - 13　第一代紫外线吸收剂的吸收特性

| 类型 | 化学名称 | 相对分子质量 | 有效吸收波长(nm) | 最大吸收 | | 外观 | 熔点(℃) | 备注 |
				波长(nm)	系数(%)			
二苯甲酮类	2,4 - 二羟基二苯甲酮	214	280~340	288	66.5	灰白	140~142	
				323	43.0		142~143	
	2 - 羟基 - 4 - 甲氧基二苯甲酮	238	280~340	287	68.0	浅黄色粉末	63~64	1978 年美国 FDA 认可安全
				328	44.0			
	2 - 羟基 - 4 - 辛氧基二苯甲酮	326	280~340	280	48.0	浅黄色粉末	48~49	
	2 - 羟基 - 4 - 癸氧基二苯甲酮			288	42.0	灰白色粉末	49~50	
	2 - 羟基 - 4 - 十二烷氧基二苯甲酮	380	270~280	288	40	浅黄色粉末	43~44	
	2,2' - 二羟基 - 4 - 甲氧基二苯甲酮	224	270~280	285	45	浅黄色粉末	68~70	1978 年美国 FDA 认可安全
	2,2' - 4,4' - 四羟基二苯甲酮			280	48.8	黄色粉末	195	

续表

类型	化学名称	相对分子质量	有效吸收波长(nm)	最大吸收		外观	熔点(℃)	备注
				波长(nm)	系数(%)			
二苯甲酮类	2－羟基－4－甲氧基－5－磺基二苯甲酮	308		288	46.0	白色粉末	109~135	1978年美国FDA认可安全
	2,2′－二羟基－4,4′－二甲氧基二苯甲酮	274	270~340				130~140	
苯并三唑类	2(2－羟基－5′－甲基苯基)－苯并三唑	225	270~370	298	61	灰白色粉末	128~132	
				340	70			
	2(3′,5′－二特丁基－2′－羟基苯基)－苯并三唑			305	50	浅黄色粉末	152~156	
				345	49			
	2(3′－特丁基－2′－羟基－5′－甲基苯基)－苯并三唑	306	270~380	313	46	浅黄色粉末	140(152~154)	
				350	50			
	2(3′,5′－二特丁基－2′－羟基苯)－5－氯苯并三唑	361	270~380	315	42	浅黄色粉末	151	
				325	47			
	2(2′－羟基－4′,6′－二特丁基苯基)－苯并三唑			300	45.0	浅黄色粉末	87	
				340	44.0			
	2(2′－羟基－3′－特丁基－5′－甲基苯基)－5－氯苯并三唑	315	270~380				140	

2. 第二代紫外线吸收剂——反应型紫外线吸收剂 反应型紫外线吸收剂是在紫外线吸收剂母体上接上活性基团,处理织物后可以获得耐久的防紫外线效果。目前国际上生产反应型紫外线吸收剂的厂家有瑞士 CIBA 公司、德国 HERST 公司和 CLARIANT 公司、日本 DAIWA 公司和 HAVASHI 公司、北京洁尔爽高科技有限公司等。

（1）北京洁尔爽高科技有限公司开发的紫外线吸收剂 UV－120。该产品带有活性基团,可与纤维素纤维上的羟基和聚酰胺纤维上的氨基发生反应,不改变织物外观、手感、透气性,具有良好的耐光和水洗牢度,长时间强紫外线照射也不会引起分子分解。

（2）北京洁尔爽高科技有限公司开发的紫外线吸收剂 SCJ－966。它属于带有活性基团的苯并三唑类衍生物,可用于涤纶、锦纶及其混纺及交织物的防紫外线整理。该产品可与分散染料同浴使用,处理后的织物在 60℃下洗涤多次不会减弱效果,而且不会影响耐光牢度,对色泽、白度和手感几乎没有影响,具有良好的升华牢度和热固着性能。

(3)有一些紫外线吸收剂对纤维没有亲和力,容易挥发,易被洗去,如将其制成微胶囊后使用,可大大提高使用的耐久性。

3. 紫外线吸收剂的生态问题 紫外线吸收剂的生态参数(如 AOX 含量,COD 值,生物降解性和氮、磷含量)有显著的差异。应注意常用的有机紫外线吸收剂对生态环境的影响,首先是潜在的危害性,例如二苯甲酮类化合物属于环境激素,不宜采用。其次,应注意推荐的使用量是否降至最低水平,并应关注其残液的处理。

三、紫外线吸收剂应用举例

1. CIBAFAST PEX

(1)主要组分。苯并三唑衍生物。

(2)物化性能。白色的黏性乳液,阴离子型,5% 溶液的 pH 为 6~7,在硬水中对一般用量的酸、碱和电解质稳定。

(3)特性及应用。

①用于需承受曝晒的涤纶、改性涤纶及其混纺的染色织物,尤其是汽车坐垫和车内装饰织物。

②提高分散染料的染色耐晒牢度,使颜色和纤维更加耐久,尤其是在高温日晒条件下。

③提高纤维的稳定性,大大减少光和风化所引起的纤维降解。

④可用于喷射染色机,以确保纺织材料的平滑运行。

⑤在染色循环之初将 CIBAFAST PEX 加入染浴中,可采用高温吸尽法或浸轧—热熔法进行加工。一般用量为 1.5%~5.0%(owf)。

2. HERST HTUV–200

(1)主要组分。杂环化合物。

(2)物化性能。白色黏稠液体,阴离子型,pH 约为 7,密度(20℃)约 1.20g/cm³,能用冷水稀释到任何比例,对硬水、酸稳定性好,与非离子、阴离子产品相容性好,低泡。

(3)特性及应用。HERST HTUV–200 能与含羟基的纤维素纤维和含氨基的锦纶反应,显示出优良的耐久性。经 HERST HTUV–200 处理过的织物,其紫外线吸收性能在重复洗熨(ISO 102 E2 S,95℃,熨烫 10 次)、氯洗(M&S C37)及 300h 暴晒后(氙灯)仍保持不变,日晒和水洗牢度优良。

HERST HTUV–200 适用于浸染和轧染法处理。HERST HTUV–200 一般用量为 1%~4%(owf),全白织物用量最高,深色织物用量最低。

3. JLSUN® 防紫外线整理剂 SCJ - 966

（1）主要组分。苯并三唑衍生物。

（2）物化性能。淡黄色液体,含固量为33%,pH约为7,非离子型,可与水混溶。防紫外线整理剂 SCJ - 966 无毒,不燃,不爆,对人体安全,对皮肤无刺激、无过敏反应,不影响织物的色泽、强力和吸湿透气性。

（3）特性。防紫外线整理剂 SCJ - 966 适用于棉和涤/棉等织物的防紫外线整理,处理后的普通织物对 180 ~ 400nm 波段的紫外线(特别是 UVA 和 UVB)有良好的吸收转化、反射和散射作用。国内外权威机构测试证明,用 SCJ - 966 整理过的精梳 14.6tex × 14.6tex,433 根/10cm × 354 根/10cm 色平布,UPF 值高达 50 + ,并且洗涤 40 次后 UPF 值仍为 50 + 。

（4）应用及工艺。SCJ - 966 整理织物的方法可以是浸轧、涂层、浸渍或喷涂,用量通常为 2% ~ 4%（owf）,具体用量、用法视织物的品种和用途而定。

①浸轧法工艺。

a. 工艺配方(以轧液率70%为例)。

防紫外线整理剂 SCJ - 966	20 ~ 50g/L
低温固着剂 SCJ - 939	20 ~ 50g/L

b. 工艺流程。

漂染后的织物→浸轧防紫外线整理剂溶液→烘干(80 ~ 110℃)→拉幅(160 ~ 170℃,30s 或 120℃,5 ~ 6min)

②涂层法工艺。

a. 工艺配方。

防紫外线整理剂 SCJ - 966	2% ~ 5%
涂层浆	x

b. 工艺流程。

漂染后的织物→涂层→烘干(→高温焙烘或拉幅)

③浸渍工艺。SCJ - 966 可单独或与分散染料同浴使用,适用于高温高压浸染工艺、沸点载体染色工艺、热熔轧染工艺。

纯涤纶织物及纱线:

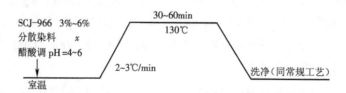

4. JLSUN® 防紫外线整理剂 UV – 120

（1）主要成分。苯并三氮唑。

（2）物化性能。淡蓝色黏稠状液体，pH 为 7 ~ 8，非离子型，能与水以任意比例混溶。无毒，不燃，不爆，对人体安全，对皮肤无刺激，无过敏反应。它对波长 180 ~ 400nm 的紫外线具有强烈的吸收作用，并将之转化为光能和热能释放。该物质具有反应性基团，可与纤维上的羟基、氨基发生键合，耐洗涤性优良。UV – 120 对织物原来的色泽及手感无不良影响，在纤维素纤维织物上用量低，可赋予织物持久的抗紫外线辐射功效。UV – 120 可与活性染料或直接染料用同浴吸尽法加工，也可和活性染料一起用于印花工艺。

（3）特性。防紫外线整理剂 UV – 120 适用于棉、麻、丝、毛、锦纶等及其混纺织物的防紫外线整理，可提高织物防紫外线性能，保护纤维，提高染色织物的耐日晒牢度。

（4）应用及工艺。

①染色、防紫外线整理同浴。加入 UV – 120 1% ~ 2%（owf），UV – 120 与染料同时加入染缸，按染色工艺加工处理。

②柔软、防紫外线整理同浴。漂染后的织物→浸轧防紫外线溶液（UV – 120 10 ~ 20g/L，柔软剂适量）→烘干（80 ~ 110℃）→拉幅（160 ~ 170℃，30s）。

③皂洗时加入。UV – 120 3 ~ 20g/L（轻薄织物）。

5. YIMANANO PL – LF

（1）主要组分。特殊纳米材料分散液。

（2）物化性能。非离子型，米白色液体，密度 1.798g/cm^3，可溶于水。

（3）特性、用途。本品主要由特殊纳米材料组成，具有优异的提高日光牢度性能和良好的光吸收、紫外线吸收能力，是优良的紫外线屏蔽剂和吸收剂，可应用于任何纤维，不会损伤纤维。适用于任何染料，可有效提高染料日晒牢度，解决固色后牢度下降的问题。本产品非常安全，无毒，无味，对皮肤没有刺激性，稳定性好，高温下不变色，不分解，不变质。使用简便，成本低廉。任何工艺均可采用，如浸渍工艺或浸轧工艺。

（4）应用及工艺。

①本品用于纤维后整理时，建议使用该公司配套的黏合剂，用量 2%，以获得更优异的耐洗效果。

②建议采用浸轧法处理，二浸二轧，轧液率75% ~ 90%，配套浓度 40 ~ 50g/L（YIMANANO PL – LF）；100℃烘干，140℃焙烘 1min。客户可根据具体需要调整。

第六节　防紫外线纤维及织物的生产方法

改善纺织品防紫外线效果的途径有两种，一是使用防紫外线纤维，一是采用功能性整理技术。前者仅限于化学纤维；后者适用范围广、工艺简便。根据防紫外线整理的途径可以把防紫外线产品分为两大类，即防紫外线纤维和防紫外线后整理织物。

一、防紫外线纤维

防紫外线纤维兴起于功能纤维迅速发展的时期，防紫外线纤维几乎与防紫外线后整理技术同时进入开发阶段。因为防紫外线纤维织物在风格、耐洗涤性和工艺成本方面比后整理织物具有更大的优势，所以很受日本化纤企业的青睐。可乐丽公司捷足先登，开展了这方面的研究，开发了著名的"埃斯莫"纤维，于 1991 年投放市场。这是一种把超微细氧化锌粒子掺入聚酯纺丝液中纺成的纤维，具有很高的紫外线屏蔽率和热辐射屏蔽率，在 $20J/(cm^2 \cdot h)$ 剂量紫外线的照射下，紫外线透过率只有 0.4%。在热辐射屏蔽性能的对比测量中，比普通织物的温度要低 3 ~ 4℃。

继可乐丽公司之后，日本诸多公司在短时间内纷纷开发出自己的产品，在两三年时间内，防紫外线纤维就有了十多个品种，见表 6 – 14。

表 6 – 14　日本市场上的防紫外线纤维

公司名称	产品商标	技术途径
可乐丽	埃斯莫（短纤）	将氧化锌微粉掺入聚酯共混纺丝
	埃斯莫（长纤）	芯鞘纤维，以普通聚酯为鞘，含高浓度氧化锌的聚酯为芯
尤尼吉卡	萨拉克尔	芯部含氧化锌微粉的聚酯短纤纺成纱线
	拉拜纳	用含陶瓷粉的聚酯短纤纺成纱线
	托纳多 UV	先用含陶瓷物质聚酯长丝织成织物，再用有机紫外线屏蔽剂整理
	塞米塞利阿	含陶瓷微粉的聚酯超细纤维
东洋纺织	潘斯瓦多	将陶瓷微粉和有机紫外线屏蔽剂同时掺入聚酯中，纺成长丝
东丽	阿罗夫托	把陶瓷微粉掺入聚酯，纺出特殊截面的长丝
帝人	菲齐奥塞萨	将含紫外线遮蔽成分的聚酯纺成特殊结构的纤维
三菱人造丝	奥波埃	把陶瓷微粉纺入聚丙烯纤维

1. 防紫外线添加剂　防紫外线纤维首先要选择合适的防紫外线添加剂，这是一类能选择性地强烈吸收波长为 280 ~ 400nm 的紫外线、有效防止和抑制光老化作用而自身结构不起变化的助剂。这类助剂还应具备无毒、低挥发性、热稳定性好、化学稳定性好、耐水解性、耐水中萃取、与高聚物的相容性好等特点。

用于防紫外线纤维的防紫外线添加剂必须具有以下几个主要性质。

（1）有良好的紫外线屏蔽功能。

（2）有良好的持久性。

（3）与普通制品一样耐洗，耐烫性好。

（4）从聚合物中不溶出屏蔽剂。

（5）安全性好，光稳定性好，不伤害皮肤。

（6）穿着舒适，服用性能好。

（7）陶瓷细粉或金属氧化物有较高细度，符合纺丝工艺要求。

（8）紫外线吸收剂必须与纤维有较好的相容性。

（9）纺丝工艺不使添加剂产生分解、升华等不良影响。

（10）要求添加剂对纤维质量，包括强度、透明度和染色性能等各项物理和化学指标无严重影响。

2. 防紫外线纤维的加工方法

（1）在成纤聚合物聚合过程中或熔融状态下加入具有紫外线屏蔽性能的成分。即选择一种合适的紫外线屏蔽剂与成纤高聚物的单体一起共聚，制得防紫外线共聚物，然后纺成防紫外线纤维。例如，用常规的直接酯化或酯交换后缩聚的方法制得防紫外线聚酯切片，再通过常规的熔融纺丝法纺制成纤维。该方法中防紫外线剂经历聚合过程中的搅拌和挤出纺丝两次分散，分散均匀性好，同时聚酯仅经过干燥和挤出纺丝两次热过程，其分子量和特性粘度下降较少，因此该方法的可纺性非常好。这种防紫外线纤维具有良好的防紫外线性能，能有效吸收波长为 $280 \sim 340nm$ 的紫外线，可用做室外用品。

（2）利用无机物陶瓷微粉与聚合物切片混合，制成母粒再进行纺丝。这些陶瓷微粉包括高岭土、碳酸钙、滑石粉、氧化铁、氧化锌、氧化亚铅等。经试验，这些无机物对紫外线吸收作用较小，没有光能转化作用，但光热稳定性、耐久性等性能优良。例如，将丙纶的聚合体和具有吸收紫外线功能的陶瓷纳米微粒混合，制成防紫外线母粒，再进行纺丝，可获得具有出色防紫外线效果的细特丙纶。再如，预先制备高含量无机紫外线遮蔽剂（ $>15\%$ ）涤纶母粒，添加这种防紫外线母粒进行纺丝，母粒在纤维中的添加量可高达 10% 以上。由于防紫外线涤纶母粒的载体——聚酯经过挤出造粒和添加前干燥、纺丝生产的熔融挤出等加热过程已多次降解，尤其是母粒添加量较大，促使纺丝熔体的分子量、特性黏度下降，造成相对分子质量分布加宽，可纺性下降。此外，在添加抗紫外线涤纶母粒的纺丝过程中，其无机粒子仅经一次分散，分散达不到均匀程度，分散不均匀也影响其可纺性。再者，共混纺丝法由于粉体加入量的多少、颗粒的大小和均匀度的不同，其功能也不一样，并有可能逐渐堵塞喷丝孔，缩短喷丝板的寿命，增加成本。

此外，紫外线吸收剂与陶瓷微粉在纤维上同时应用，使纤维可吸收并反射紫外线，相互起到增效作用，防护效果更为优越。可在纤维制造过程中或任意阶段将防紫外线添加剂混入纤维中，即将紫外线屏蔽剂的粉体在聚合物聚合时加入或共混纺丝。

3. 防紫外线纤维的生产工艺举例

（1）将紫外线屏蔽剂与聚酯切片熔融共混制成改性母粒后，将其与 PET 切片混合纺丝，然后加捻成丝。即：

母粒→干燥→母粒加料器

聚酯切片→筛选→干燥 ┐→纺丝→卷绕（中速纺）→涤纶半预取向丝（POY）→

平衡→拉伸加捻→防紫外线涤纶低弹丝（DTY）→检验、分级、包装

①工艺操作性。由于熔体中所添加的防紫外线母粒通常含水较高，经干燥后一般在 80～100mg/kg，导致熔体黏度降低，可纺性较差，操作难度大，纺丝过程中断头较多。此外，加入母粒后，组件使用周期缩短，一般在 24～48h，增加了操作工的劳动强度。

②纤维质量。

a. 物理性能。防紫外线低弹丝强度较常规丝低，这主要是由于加入防紫外线母粒后，熔体黏度较低所致。其他物理性能（如卷曲收缩率等）和常规丝差别不大，质量稳定。

b. 染色性能。防紫外线涤纶低弹丝染色均匀性良好。因织物纤维的内部加入了陶瓷粉，有消光作用，因而改善了涤纶的光泽，经染色后织物的色泽柔和、细腻，染色上染率明显高于普通涤纶。

c. 产品外观。僵丝、小卷丝降等较多，主要是由于纺丝过程中飘丝、断头较多而引起重量降等所致。

③功能性指标。防紫外线纤维最重要的指标是紫外线屏蔽率，防紫外线涤纶 DTY 丝织成织物，对 250～390nm 的紫外线屏蔽率在 96% 以上，对 UVB 的屏蔽率可达到 95% 以上。

④穿着舒适性。由防紫外线涤纶纯纺和与棉纱交织制成的面料，手感舒适，织造性能良好，并具有较好的透气性、导湿性。另外，在后加工过程中，若对织物进行碱减量处理，可使其透气性、悬垂性、吸湿性、手感和穿着舒适性得到明显改善。

（2）POY—DTY 纤维和 FDY 纤维的生产。

①防紫外线聚酯的合成。在半连续聚酯聚合生产装置上，将DMT: EG = 1: 2.11（摩尔比）浆液加入聚合釜中，添加酯化催化剂，加热到 175～215℃进行酯交换反应。反应结束后，加入缩聚催化剂、热稳定剂以及预先细化的无机紫外线屏蔽剂的 EG 浆液，在 215～255℃的常压下预缩聚、减压，加热到 275～285℃后缩聚，待物料的黏度达到要求时，通氮气、铸带、切粒。

②纺丝加工工艺流程。

a. 空气变形丝—低弹丝。

防紫外线改性聚酯→预结晶干燥→熔融挤出→预过滤→纺丝→冷却→上油集束→卷绕→空气变形丝→平衡→拉伸变形→低弹丝

b. 牵伸丝。

防紫外线改性聚酯→预结晶干燥→熔融挤出→预过滤→纺丝→冷却→上油集束→热辊拉伸→卷绕→牵伸丝

二、防紫外线织物

日本市场上的防紫外线后整理织物见表 6 - 15，这些产品多是从 20 世纪 90 年代初期开始投放市场的。

表 6 - 15　日本市场上的防紫外线后整理织物

公司名称	产品商标	技术途径
尤尼吉卡	萨恩古兰	用紫外线吸收剂对棉或涤棉织物进行整理
东洋纺织	鸠米奈司	用无机和有机紫外线遮蔽剂共同处理织物
日清纺织	桑西尔达	用无机和有机紫外线遮蔽剂共同处理织物
东丽	泰阿萨纶	用紫外线吸收剂对织物进行整理
钟纺	纳比尤菲	用无机、有机紫外线遮蔽剂处理棉、毛、丝和化纤混纺织物
敷岛纺织	利卡嘎多	以脂肪族多元醇与纤维素纤维交联
仓敷纺织	密尔密瓦	用有机紫外线吸收剂对棉和涤棉织物进行整理
日东纺织	坦西雅音	用有机紫外线吸收剂对棉、棉麻和涤棉织物进行整理
大和纺织	利恩兹	用紫外线吸收剂对棉织物进行整理
三菱人造丝	桑阿米	用紫外线遮蔽剂对三醋酯纤维素织物进行整理

防紫外线织物的加工主要是采用各种方法将无机和有机紫外线整理剂分别或共同对纤维、纱线或织物进行处理，并使之牢固结合。

（1）后整理法。将防紫外线整理剂和纺织品结合的方法中，以后整理法最简单，应用最广泛，常用于天然纤维、合成纤维及其混纺织物。

①高温高压吸尽法。一些与分散染料分子结构相近的防紫外线整理剂，可采用类似分散染料染涤纶的方法，在高温高压下吸附扩散进入涤纶。

涤纶及涤棉混纺织物的防紫外线整理可以采用热熔法，选用分解温度较高的紫外线吸收剂与分散染料同浴，使防紫外线整理与热熔染色同时进行。

②常压吸尽法。一些水溶性的紫外线吸收剂处理羊毛、蚕丝、棉以及锦纶纺织品，可采用常压吸尽法，类似于水溶性染料染色。有些紫外线吸收剂也可以采用和染料同浴进行一浴法染色—防紫外线整理加工。

③浸轧或轧堆法。

a. 浸轧法。主要用于纤维素纤维织物的后整理。和染色一样，浸轧后烘干，或和树脂整理一起进行，采用轧—烘—焙工艺加工。

b. 轧堆法。该法特别适用和活性染料染色一起进行，经堆置使吸收剂吸附扩散进入纤维内部，在染色过程中完成后整理。

④注意事项。

a. 涤纶可用苯并三唑系或改性过的苯并三唑系紫外线吸收剂。

b. 部分紫外线吸收剂可与树脂共同整理,可提高耐洗性。

c. 荧光增白剂漂白织物,用紫外线吸收剂整理有时会影响白度,应加以注意。

由于防紫外线整理剂不同、处理浴浓度不同以及处理工艺条件和参数不同,就形成质量不同的防紫外线制品。

（2）涂层法。涂层法可使紫外线吸收剂和反射剂与涂层剂共同牢固地黏合在织物上。涂层剂可采用 PA、PU、PVC 和橡胶等。涂层技术使用的紫外线反射剂,大多是一些高折射的无机化合物,它们反射紫外线的效果与其颗粒大小有关。实验证明,最适用涂层法防紫外线剂的是有机类化合物,如北京洁尔爽高科技有限公司生产的 JLSUN® 紫外线吸收剂 SCJ – 966,它处理织物的 UPF 值高达 50 + ,手感明显好于无机化合物,并且不影响织物色光。

涂层法对纤维种类的适用性广,工艺成本低,对应用技术要求不高,唯独对织物的耐洗牢度和手感有影响。如果采用泡沫涂层设备和工艺,则产品的手感柔软。

涂层法生产的防紫外线产品以阳伞、窗帘和帐篷较多。

参考文献

[1]商成杰.新型染整助剂手册[M].北京:中国纺织出版社,2003.

[2]R. Teichm ann.防紫外线整理[J].国外纺织技术,2000(9):32 – 34.

[3]赵家祥.日本开发防紫外线织物的现状[J].1998(4):43 – 47.

[4]夏季正确防御紫外线的知识[J].日本.自然与健康,2005(7).

[5]翁泰文.防紫外线整理织物的研究[J].印染,1995(8):5 – 9.

[6]张剂邦.防紫外线织物(一)[J].印染,1996(2):39 – 44.

[7]张剂邦.防紫外线织物(二)[J].印染,1996(2):35 – 38.

[8]张永久,冯爱芬.棉织物抗紫外线整理剂 UV – R 的研制[J].纺织学报,2004(2):95 – 98.

[9]张莉.防紫外线纤维的开发及应用[J].合成纤维,1999(5):53 – 54.

[10]吴雄英.纺织品抗紫外线辐射性能的测试方法比较[J].印染,2001(2):38 – 41.

[11]白刚,刘艳春.真丝织物防紫外线多功能整理[J].丝绸,2002(9):20 – 22.

[12]杨栋樑.紫外线屏蔽整理的近况[J].印染,2002(3):38 – 43.

[13]林大林,渠东梅,金志成.抗紫外改性聚酯的高速纺长丝试验[J].合成纤维,2001(5):32 – 34.

[14]万震,刘嵩,李克让.防紫外线织物的最新研究进展[J].印染,2001(1):42 – 44.

[15]曲琨玲,金晓东,王万秀.防紫外线纺织品的开发技术及研究方向[J].针织工业,2001(2):90 – 92.

[16]商成杰.纺织品防紫外线整理的探讨与实践[J].印染,1999(8):39 – 40.

[17]沈勇,秦伟庭,张惠芳,等.改性纳米氧化物的抗紫外整理研究[J].印染,2003(9):1 – 4.

[18]http://www. jlsun. com. cn.

第七章　香味保健纺织品

第一节　概述

现代工业的迅猛发展极大地改变了人类的生活方式和生存环境。当我们享受令人眼花缭乱的工业产品时,也不得不承受被污染的大气和环境对人类生命健康的威胁。社会经济的飞速发展使人们的生活节奏日益加快,来自社会、工作和家庭的各种压力也日益增加。因此,现在越来越多的人开始崇尚自然、简洁和健康的生活方式。回归自然,追求健康已悄然成为都市新时尚。各种加香产品的蓬勃兴起顺应了这一趋势,因为香味不仅使人产生美好遐想,令人心旷神怡,还可舒缓紧张情绪、解除压力和催人兴奋,并且还具有镇静、杀菌等许多医疗保健之功效。欧美和日本等发达地区和国家采用现代脑电波分析方法证实了香味能对人产生心理和生理上的保键医疗作用,其疗效首先是调整神经系统功能,影响人脑意识;其次是香气溶入血液循环,其药理性能促进细胞的新陈代谢,消除疲劳。这也是我国古代医疗上使用芳香疗法的原因之所在。

芳香疗法是我国医药宝库中一颗璀璨的明珠。早在殷商甲骨文中就有薰燎、艾蒸和酿制香酒的记载。到周代已有佩带香囊、淋浴兰汤的习俗。魏晋时,芳香疗法已成风气。隋唐时期李洵的《海药本草》收集的芳香药物达50余种,成为第一本芳香药物的专集。宋代,芳香疗法曾达到了鼎盛时期,出现了专事海外运输贸易芳香药的"香航",还出现了许多芳香疗法专集。著名的药剂如安息香丸、沉香降气汤、龙脑引子等都出现于此时。如今,我国专家预计未来的就诊方式将以预防和自我治疗为主,而芳香疗法被认为是最适宜进行家庭日常自我保健和治疗的方法之一。

芳香疗法通过刺激大脑皮层,改变气血运行状态,从而达到消除疲劳,提高身体免疫力等效果。日本在深入研究香气与人的生理和心理之间的关系后,推出了一种边缘科学——芳香心理学。香气与人的关系之密切由此可见一斑。著名的日本钟纺公司迎合这一潮流,率先推出了加香纺织品并取得了巨大的商业成功。美、西欧等国家相继出现了许多芳香疗法也被广泛用于休闲疗养胜地。一些美容院也以芳香疗法作为美容护肤的辅助方法来增强美容效果。此外,芳香浴液还可治疗慢性湿疹、疹痒症、毛囊炎等皮肤病。芳香卫生香也可有预防感冒、提神醒脑的作用。有人认为,芳香疗法盛行的原因是与都市人生活节奏紧张有关。人们渴望回归大自然去享受天然的花草之香。总之,芳香疗法以其对抗精神压力、舒缓紧张情绪以及许多特殊功效而倍受世人的青睐。

被誉为人类"第二皮肤"的纺织品是人们日常生活最为依赖的产品之一，也是芳香疗法的良好媒介，可以使人们十分方便地进行芳香治疗。早在古代人们就有将香粉洒在服装上的嗜好，后来又采用吸附的方法，将纺织品与有香味的物质放在一起，使香气挥发渗入纤维的孔隙中，达到留香的目的。或是采用直接上香的方法，即采用含有香水的溶液浸渍，或是将香精加到黏合剂中，采用涂层的方法加香。然而植物精油都是挥发性物质，使用这些方法加香的纺织品，留香时间通常都很短，水洗后香味便会消失。如何使香味达到缓释的效果在服装上长留，并且整理织物耐水洗、经久耐用，成为研究开发香味保健功能织物的重点问题。香精微胶囊化是解决这一问题的有效途径，它可保护香精免受外界环境因素的影响，并延长其留香期限。

20世纪80年代末，日本钟纺公司率先推出了采用微胶囊技术开发的芳香织物"花之香"系列，引起了巨大的轰动效应。在国内，北京洁尔爽高科技有限公司经过多年的研究，开发出香味整理剂SCM，通过微胶囊技术和织物固着技术使织物耐久香味整理变为成熟的工艺，并且在纺织行业大量投入使用，普遍反映操作简便，香味持续时间长，手感好，不影响织物的特性，提高了产品档次。当人们穿着经过此种微胶囊香味剂整理过的衣服时，通过动态摩擦，衣料上的香味便会弥漫开来，香飘四逸，令人心旷神怡，不仅使人在视觉上获得美的享受，而且在嗅觉上得到愉快的满足，同时也享受到了香味赋予纺织品的医疗保健功能。因此，随着功能纺织品新品种的不断出现，此种芳香保健纺织品越来越受到人们的欢迎。

芳香保健纺织品是运用技术手段将香味整理剂与纺织品相结合，将芳香学和芳香疗法应用于纺织品，赋予纺织品芳香医疗保健等特殊功能，提高了纺织品的技术含量、经济附加值和产品的档次，并赋予纺织品新的内涵，满足了一些追求时尚的人们的需求。香味整理剂有多种香味，如薰衣草、古龙香、森林香、鲜花香、茉莉香、玫瑰香、青苹香、柠檬香等香型。微胶囊香味整理是当前面料发展中较为流行的整理技术，同时也广泛用于床上用品、窗帘及其他装饰用品。

第二节　芳香疗法对人体的保健作用

一、芳香疗法的心理保健作用

由香料基金会支持的香气研究基金会用一种严格的科学方法来分析凭借最新的香气技术阐述香气与心理学相互的关系。研究表明，气味与人的情绪有着密切的关系。从脑生理学的角度来看，处理气味的器官与主管记忆的器官及主管情绪的边缘组织区域系统直接相联系，因此，香味可影响人的大脑意识，产生情绪的冲动。如天竺葵香气有消除疲劳和镇静安眠的作用;水仙花香可诱发温馨的感情,使人精神焕发;玫瑰花香能激发人的开朗情绪;茉莉、薄荷、香豆素的香气有助大脑清醒;菊花和薄荷香气可激发儿童的智慧和灵感,使之萌生求知欲和好奇心。但是,并非所有香味都对人类有益,比如"香蕉水"香味可使人头晕、记忆力衰退。具有情感镇静作用的芳香药物见表7-1。

表7-1　芳香药物的情感镇静作用

情感	具有镇静作用芳香药物
不安	安息香、香柠檬、春黄菊、玫瑰、肉豆蔻、丁香、茉莉
悲叹	海索草、牛膝草、玫瑰
刺激	樟脑、滇荆芥油、橙花
愤怒	春黄菊、滇荆芥油、玫瑰、衣兰
优柔	罗勒、柏木、薄荷、广藿香
过敏	春黄菊、茉莉、滇荆、芥油
多疑	薰衣草
忧郁	樟脑、柏木、香叶、茉莉、滇荆芥油、薰衣草、牛膝草、橙花、檀香、罗勒、香柠檬、春黄菊、香叶、茉莉、薰衣草、橙花、薄荷、广藿香、玫瑰、荆香油、依兰
癔病	春黄菊、鼠尾草、牛膝草、滇荆芥油、薰衣草、橙花、茉莉
偏狂	罗勒、鼠尾草、茉莉、杜松子
急爆	春黄菊、樟脑、柏木油、薰衣草、牛膝草
冷淡	茉莉、杜松子、广藿香、迷迭香

二、芳香疗法对人的生理保健作用

香味对人体的生理也可以产生巨大的作用,现将近年来的主要科研成果介绍如下。

1. 脑电波　经研究发现,薰衣草油、按油、檀香和α-蒎烯的香气会引起人的α波活动性增加,而茉莉花香气会增强人的β波活力。

2. 随伴性阴性脑电波变化(CNV)　这是脑电图上记录的一种慢的向上移动的脑电波。发现茉莉花香气在大脑皮层前部和左中部的CNV引起明显的增加,同喝咖啡后的CNV变化是同一方向,这是兴奋的表现;而闻了薰衣草油香气CNV呈显著的下降,说明有镇静作用。柑橘味和有些花香也会增加CNV,表示快乐、兴奋,磨香、檀香等香气则使CNV下降。

3. 心脏收缩期血压　当一个人受到一点轻微的生理压力时,典型的表现是心脏收缩血压升高,适度吸入肉豆范油、橙花油、撷草油的香气后会明显地降低这种升高了的血压。Konishi等人用体积描记法研究了香精对人体的作用,认为人体吸入薄荷油和茉莉油的香气后产生神经生理活性使应激状态得到松弛,从而使外周血管系统的最大收缩得到舒张。

4. 微小震动　温血动物的一种细微的抖动,受肌肉扩张而影响。人在闻了橘子、薰衣草油后会减少微震的频率和振幅,表示得到了松弛,而茉莉、甘菊、康香气味则会增加这个参数。

5. 心率　1991年,Kikuchi探测出柠檬香味会使心率减速,而玫瑰香气会使心率加快。心率和CNV在同一香气条件下的变化趋向是一致的。

6. 瞳孔扩大　研究发现所有香气刺激后都会诱起瞳孔扩张,表示激动。

7. 大脑的血液流动(CBF)　B. Nasel使用计算机体层摄影术研究了8名20~30岁健康受试者吸入1,8-桉叶素后脑血流的变化,其中一名为嗅盲妇女。结果表明,全部测试者的CBF均增加,嗅盲妇女也一样。因此,否定了香气对人体的作用纯粹是条件反射的结果。与此同时,实验还测定了血液中吸入香料的浓度,4~20min之内1,8-叶桉素在血液中的浓度几乎成直线上升,直到最高值275mg/mL,此数据表明,香气在血液中的吸收速度是很快的,但是当香气吸入停止,在静脉血液中的香料浓度也立刻下降,证明使用香料对人体来说是非常安全的,不会成瘾。

8. 皮肤电位(SPL)　Torii研究了对皮肤电位的影响,SPL对精神性出汗有关。它与被试者的觉醒程度有很好的相关性。完全觉醒时为-40mV,兴奋时为-60mV,睡眠时接近于0mV。同时,测定脑电波的变化,证实SPL的变化与交感神经系统的活动水平相一致。据报道,春黄菊油对人体有镇静作用,而茉莉油则有兴奋作用。

由此可见,香味对人的心理和生理作用都是巨大的,不可忽视。

三、芳香疗法的药理保健作用

芳香疗法是植物精油产生的挥发性气味物质,对人体脑神经系统产生的抑制或激励的功效,即人体心理和生理上受到芳香物质的作用结果。香气被呼吸道黏膜吸收后能促进体内免疫蛋白的增加,提高人体抵抗力,并有调节人体植物神经平衡的作用。芳香植物大多为药用植物,具有药理作用功效。随着先进医学知识与传统医学相结合,尤其是先进的分析检测手段,现在对芳香疗法的药理作用有了比较系统完整的认识。从芳香药物的药效上可以将芳香药物大致分为抗病毒,解热、镇咳、祛痰,健脾悦胃,消炎、杀菌四大类。

1. 抗病毒芳香药物　这是提高免疫力的芳香药物,在中医学中属于扶正辟邪秽类药物。Belaiche测定42种精油抗12种最普通微生物病源的有效情况,这些微生物包括大肠杆菌、变形杆菌、粪链球菌、白色葡萄球菌、金黄葡萄球菌、乙型链球菌、肺炎球菌、白色念珠菌等,并用"香气指数"来表现被调查的精油对所有被研究病源的全面的有效性。他还发现香气指数高的精油可有效阻止大肠杆菌、金黄色葡萄球菌等的生长。我国近代医药界也分离出柴胡挥发油,用于小白鼠实验,证明了它对流感病毒的抑制作用。

2. 解热、镇咳、祛痰芳香药物 中医称为解表散邪类药物,此类药物有甘草、薄荷、冰片、麻黄等。Vagner 和 Sprinkmeger 认为,药方菇烯类组合体似乎在呼吸道疾病中比广谱抗生素有着更为有效的抗微生物作用。菇烯和苯丙化合物的有效混合物主要含有柠檬醛、芳樟醛、香茅醛、香叶醇等。临床表明,从艾叶中分离出的菇烯醇-4以及从香樟中分离出的芳樟醇,用于平喘作用效果显著。此外,茴香油、桉树油、春菊油等还可预防呼吸系统的多种传染疾病,并具有抗病原菌作用,对肺部或器官黏膜有消炎作用。

3. 健脾悦胃类芳香药物 这类药物大多为辛辣味,服用后对肠胃有缓和的刺激作用,可以促进唾液及胃液分泌,增强消化功能,并能解除内脏平滑肌痉挛,缓解肠胃痉挛性疼痛。含有高比例酚类成分和桂醛的精油已被证实具有广泛的抗细菌微生物的有效能力。中药藿香正气丸中就含有白芷、甘草油、广茬香油、香紫苏油等芳香药物。

4. 消炎杀菌芳香药物 这类药物有消炎、杀菌作用,因此能够达到治疗痈疽、溃疡的效果。例如,西黄丸的主要成分是牛黄、磨香、乳香等。值得一提的是,某些芳香植物还具有抗癌细胞分裂的作用,进而使其固缩、脱落。如从郁金香中分离出的获木醇和羲木双酮对宫颈癌有抑制作用,从白术挥发油中分离的苍术酮和白术内酯对食道癌有抑制作用。

各种芳香药物及其主要功效见表7-2。

表7-2 芳香药物及其功效

功效	芳香药物
镇静作用	杜松、香草、丁香、薰衣草、牛膝草、薄荷、洋葱、牛至、迷迭香、鼠尾草、松节油、大蒜、春黄菊
镇咳去痰	迷迭香、牛至、百里香、大茴香、牛膝草、洋葱、海水草
杀菌作用	大蒜、春黄菊、薰衣草
止泻作用	杜松、香草、姜、丁香、薰衣草、薄荷、肉豆蔻、洋葱、橘、迷迭香、檀香、鼠尾草、百里香、大蒜、春黄菊、肉桂、柠檬
防治感冒	薰衣草、牛膝草、薄荷、洋葱、迷迭香、鼠尾草、百里香、大蒜、春黄菊、肉桂、水杉、柠檬、桉树
促进食欲	小茴香、姜、牛至、大蒜、春黄菊、葛缕子、鼠尾草、百里香、龙蒿
催眠作用	罗勒、春黄菊、薰衣草、牛膝草、桔、灯花油、茉莉

第三节 香精微胶囊及其制备

微胶囊技术是一种用成膜材料包覆固体或液体,使其形成微小粒子的技术。得到的微小粒子叫微胶囊。一般粒子大小在微米或毫米范围,包在微胶囊内的物质称为囊芯,囊芯可以是固体,也可以是液体或气体。微胶囊外部由成膜材料形成的包覆膜称为壁材。壁材通常是由天然的或合成的高分子材料形成,也可能是无机化合物。微胶囊技术的优势在于形成微胶囊时,囊芯材料被包覆而与外界环境隔离,囊芯材料的性质被毫无影响地保存下来,而在壁材被破坏时又将囊芯物质释放出来,这就给使用带来了许多方便。

一、香精微胶囊的类型

香精微胶囊一般分为开孔型和封闭型两种。

1. 开孔型香精微胶囊 理想的开孔型微胶囊是壁壳上有许多微型小孔,当气温升高或穿着时由于体温作用使微孔扩大时,香精因受热而加速释放出来。反之,人们不穿着这种香味服装时,由于温度变低而导致微孔收缩或紧闭,香精释放速度变缓。但事实上,这种开孔型香精微胶囊囊壁上的微孔通常不随温度变化而明显地变化,并且由于开孔较大,微胶囊难以具有较好的耐久性。其代表性制备工艺如下。

(1)在室温下把一定浓度的非水溶性香精溶液加到20%浓度的淀粉水溶液中,经过充分搅拌混合,然后喷雾、冷冻、干燥成片状固体,再用球磨机将其粉碎成100目左右的微胶囊颗粒。

(2)环糊精法,环糊精(Cyclodextrins)简称CDs,是由淀粉通过环糊精葡萄糖基转移酶降解而生成的含有 $6 \sim 8$ 个,甚至更多葡萄糖单元,彼此间通过 $\alpha - 1,4 -$ 葡萄糖苷键连接而成的环状低聚糖。经X射线衍射和核磁共振研究证明,环糊精的立体结构是上狭下宽、两端开口的环状中空圆筒形。具体制备方法是:把一定量的液体香精加入到环糊精水溶液中,用络合包埋法把香精分子吸附到环糊精空腔中,然后喷雾干燥,所得固体颗粒是多个环糊精包覆形成的微胶囊集合体。由于这种微胶囊包合物与织物之间的亲和力很弱,需要使用黏合剂把包合物粘附在纺织品上,一般是使用涂层或印花的方法把环糊精—香精包合物处理到纺织品上。

2. 封闭型香精微胶囊 微胶囊囊壁上不含微孔,只有当人们穿着或与外界接触摩擦时,使囊壁破裂才释放出香味。这种封闭型香精微胶囊通常采用明胶—阿拉伯树胶体系的复合凝聚法制备。制得的微胶囊如经过固化处理,则得到壁膜坚硬的封闭型香精微胶囊,若不经过固化处理直接干燥,得到的香精微胶囊不仅是开孔型的,而且可溶于温水,明胶壁膜溶化而放出香精。封闭型香味微胶囊也可用原位聚合法制备,原位聚合法即利用尿素—甲醛或密胺—甲醛预缩体在香精液滴周围形成封闭性良好的脲醛树脂或密胺树脂壁膜。

封闭型微胶囊香味整理剂是目前市场销售的主要产品,它具有保香期长、耐久性好等优点。制备封闭型香味微胶囊有各种方法,从大的方面分有应用化学方法、物理化学方法、物理和机械方法制备微胶囊。

二、化学制备方法

(一) 界面聚合法

利用界面缩聚反应合成高分子化合物的方法是20世纪50年代末美国杜邦公司发明的。首先被应用于制备聚酰胺材料上,目前已广泛应用于聚酯、聚酰胺、聚氨酯等高分子材料的合成上。

1. 界面缩聚反应的特点　两种含有双(多)官能团的单体,分别溶解在不相溶的两种溶液中,缩合反应的单体在界面上接触,几分钟即形成缩聚产物的薄膜或皮层。在向上抽拉这种薄膜或纤维时,可以得到连续的薄膜或长丝,而缩聚反应则在界面上不断进行,直到单体完全耗尽。界面缩聚反应制备微胶囊的示意图如图7-1所示。

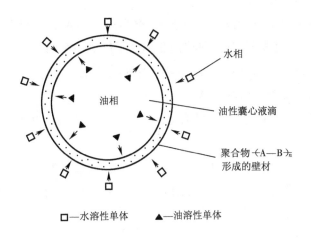

图7-1　界面缩聚反应制备微胶囊示意图

2. 界面缩聚反应制备微胶囊的方法　利用这种方法既可制备含水溶性囊芯的微胶囊,也可以制备含油溶性囊芯的微胶囊。在分散过程中,要根据芯材的溶解性能选择水相与有机相的比例。一般把数量少的作为分散相,数量多的作为连续相。水溶性囊芯分散时形成油包水型乳液,而疏水性囊芯分散时形成水包油型乳液。为使所得分散体系均匀、稳定,通常在水—有机相体系中加入乳化剂并充分搅拌。

一般在反应前,先把两种发生聚合反应的单体分别溶于水和有机溶剂中,并把囊芯溶于分散相溶剂中。然后把两种不相溶的溶液加入乳化剂并充分搅拌,以形成水包油或油包水乳液。两种聚合反应单体分别从两相内部向乳化液滴的界面移动,并迅速在相界面上发生反应生成聚合物,将囊芯包覆形成微胶囊。

3. 界面聚合反应的技术特点　两种反应单体分别存在于乳液中两个不相溶的分散相和连续相中,而聚合反应是在相界面上发生的。这种制备微胶囊的方法简单、方便,反应速度快，效果好，不需要昂贵复杂的设备，可以在常温下进行，避免了由于要求严格控制温度给操作带来的困难。

利用界面聚合反应生产微胶囊，既可以间歇式生产，也可以是连续式生产。

（1）间歇式生产。首先把囊芯及溶于分散相的单体 A 溶于分散相溶剂中，然后把分散相溶剂与连续相溶剂混合，在乳化和机械搅拌作用下形成乳状分散体系。在这种条件下，容易控制得到所需大小的分散液滴。然后在乳化体系中加入溶于连续相溶剂的另一种单体 B。此时降低搅拌速度有利于微胶囊的形成。最后把得到的微胶囊过滤、洗涤、干燥。

（2）连续式生产。与间歇操作不同，反应体系是处于连续运动中的，把含有分散相与单体 A 的分散体系连续地加到连续相溶剂中，并与不断加入的连续相中的单体 B 反应，生成微胶囊。再将其过滤、洗涤、干燥。

如果反应单体中含有三个以上的官能团，缩聚反应得到的微胶囊将含有交联结构。交联度越大，壁膜的强度显著提高，对溶剂和小分子化学物质的过滤性越低，囊芯溶液向外扩散速度也明显降低。这种微胶囊具有密封性好的特点。

4. 界面聚合法制备微胶囊存在的不足

（1）用这种方法制备微胶囊，不可避免地夹杂着一些未反应的单体。而这些单体有些是有毒的。

（2）由于单体和囊芯发生副反应，会破坏囊芯性能或使其失去生物活性。

（3）界面聚合形成的壁膜，一般可透性较高，不适合包覆要求密封的芯材。

（4）用到大量的有机溶剂，生产成本较高。

（二）原位聚合法

原位聚合法中的单体和催化剂全部位于囊芯液滴的内部和外部，而且要求单体是可溶的，而生成的聚合物是不溶的，聚合物沉积在囊芯表面并包覆形成微胶囊。

许多高分子合成反应，如均聚、共聚和缩聚都可用于原位聚合法制备微胶囊。

均聚反应是指由一种单体加成聚合形成高分子均聚物的反应。反应可表示为：

$$nA = [A]_n$$

式中：A——单体。

所使用的单体包括气态的、液态水溶性的和液态油溶性的。当均聚反应产物的相对分子质量超过一定值时，就不能溶于原来的溶剂中。

共聚反应是指由两种或两种以上单体加成聚合形成高分子共聚物的反应。根据产生的共聚物分子中单体链节的排列情况，分为有规共聚和无规共聚。有规共聚（嵌段共聚，接枝共聚）可发挥两种单体的不同优点，更能适合生产实际的需要。

缩聚反应是由一种多官能团的单体或其低聚合度的预缩体，自身缩合形成的高分子缩聚物。

原位聚合反应可以在水、有机溶剂或气态介质中进行。

(1)以水为介质的原位聚合反应。在用油溶性单体进行原位聚合时,单体溶解在囊芯溶液中。当使用水溶性单体或水溶性预聚体作为制备高聚物的原料时,也是首先将油溶性囊芯分散到水中,通过搅拌形成均匀并且大小符合要求的分散油滴。如果使用水溶性单体,则先要加入加聚反应的引发剂,使其包覆在油滴表面,然后再向水中加入单体进行反应;使用水溶性预聚体时,要加入酸、碱作反应催化剂,并把预先制好的预聚体加入水中。

(2)以有机溶剂为介质的原位聚合反应。在反应前,先把水溶液或固体囊芯分散在有机溶剂中呈细微分散状态,并把催化剂(聚合反应引发剂)分散包覆在分散相界面上,以保证聚合反应在界面进行,然后在有机介质中加入反应单体。单体可以是气体状态,也可以是液体状态。为了保证生成的高聚物是不溶性的,并能沉积在分散相界面上形成微胶囊,要根据不同的单体选择合适的有机溶剂。

(3)气态介质中的原位聚合反应。把囊芯、催化剂和单体混合成气溶胶状态,使单体发生聚合并在囊芯表面凝聚,也可形成微胶囊。气态介质中的原位聚合反应速度较快,包覆率也高,但需要专门的设备。

与其他方法相比,原位聚合法实际生产中应用较少。

(三)锐孔—凝固浴法

锐孔—凝固浴法是利用锐孔装置和凝固浴制备微胶囊的方法。采用锐孔—凝固浴法可把成膜材料包覆囊芯的过程与壁材固化过程分开进行,有利于控制微胶囊的大小、壁膜的厚度。许多微胶囊是采用这种方法制备的。美国 3M 公司设计的两种锐孔装置如图 7-2 所示。

三、物理制备方法

物理方法制备微胶囊技术包括水相分离法(复合凝聚法和简单凝聚法)、油相分离法、干燥分离法、熔化分散凝聚法、粉末床法等。这些技术的共同特点是改变条件,使溶解状态的成膜材料从溶液中沉积出来,并将囊芯包覆形成微胶囊。

(一)复合凝聚法

复合凝聚法是应用高分子物理化学原理制备微胶囊的技术。

1. 制备微胶囊的原理　从高分子电解质的基础知识中得知,氨基酸或蛋白质是分子中同时含有酸式电离和碱式电离基团的两性离子电解质。在某一 pH 下,它们的两种基团电离程度相等,而整个分子以偶极离子(或内盐)形式存在。把这时的溶液 pH 称为它的等电点(PEI)。当溶液中 pH 高于等电点时,氨基酸或蛋白质以酸式电离为主,分子带有负电荷,在电场中向正极运动;而在溶液 pH 低于等电点时,它以碱式电离为主,分子带

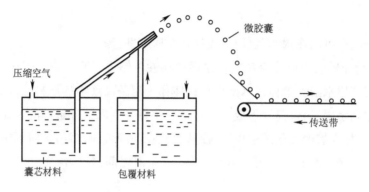

（a）囊芯与成膜材料分装在两个容器中

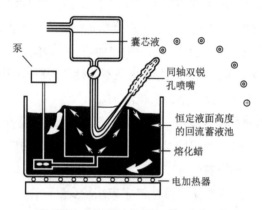

（b）囊芯与成膜材料在相互隔开的一个容器中

图7－2　美国3M公司设计的两种锐孔装置

正电荷,在电场中向负极运动。明胶是一种水溶性蛋白质,是一种典型的两性高分子电解质,在其等电点以上的溶液中,以带负电的粒子形式存在,而在等电点以下溶液中,以带正电的粒子形式存在。阿拉伯树胶是由多种单糖缩聚形成的聚合物,除在特低的 pH下(pH＜3),在水中的阿拉伯树胶分子总是带有负电荷。当 pH 在明胶等电点以上时,将明胶与阿拉伯树胶水溶液混合均匀,因此这时明胶与阿拉伯胶粒子均带有负电荷,不会发生相互吸引的凝聚作用。当把混合液 pH 调节到明胶等电点以下时,明胶离子变成带有正电荷粒子与带有负电荷的阿拉伯树胶粒子相互吸引发生电性中和而凝聚,并对分散在溶液中的香精囊芯进行包覆,形成微胶囊。

2.获得凝聚相的要求　实验表明,明胶—阿拉伯树胶混合胶体溶液若获得凝聚相,必须做到如下四点。

（1）配制胶体混合液时,明胶、阿拉伯树胶的浓度不能过高,一般两种胶体溶液浓度均在3%以下时,得到凝胶产率较高。

（2）保持适宜的 pH 是保证带正、负电荷的高分子电解质产生凝聚的必要条件。不同方法处理制得的明胶等电点一般在 pH 为 4~9 之间变化,使用前应对明胶的来源及等电点有所了解,而 pH 在 4.0~4.5 即可保证明胶在溶液中成为带正电荷的粒子,而阿拉伯树胶在这种 pH 时仍为带负电荷的粒子。

(3)通常明胶溶液的胶凝点在 0~5℃,为使明胶没有单独形成凝胶析出,反应体系温度应保持在 40℃左右,以保证复合凝聚相的产生。

(4)为了防止无机盐起盐效应作用,使相分离受到影响,反应体系中无机盐含量要低。

3. 具体制备工艺 把 4% 以下浓度的明胶水溶液和同浓度的阿拉伯树胶水溶液以 1:1 质量比例混合,并保持溶液温度在 40℃,pH 为 7,此时得到一种均匀的单相溶胶。把油性香精囊芯在搅拌条件下加入,在保持 40℃的条件下,搅拌并滴加 10% 浓度的醋酸溶液直至混合体系的 pH 为 4.0,此时胶液黏度逐渐增强,变为不透明并发生相分离,形成一个由 20% 浓度左右的明胶—阿拉伯树胶组成的凝聚相和一个胶体浓度低于 0.5% 的液体连续相。使原水包油两相体系转变为囊芯油相、凝聚相和溶剂连续相三相体系,冷却至 0~5℃,加入 10% NaOH 溶液至 pH 为 9~11,加 37% 的甲醛溶液,搅拌 10min,然后升温至 50℃进行固化处理,过滤、干燥,即得到微胶囊产品。

在固化处理之前,凝胶与溶胶的互相转化是可逆的。因此发生凝聚相分离之后,如果产生的微胶囊粒子大小不令人满意,还可以加碱使 pH 再次升高,使凝胶再溶解,通过搅拌使香精油性囊芯再次分散,直至符合要求时,再滴加醋酸使 pH 降至 4.0 左右,再次引发凝聚相分离,利用反复调节 pH 的办法控制粒子大小是 pH 调节法的优点。利用明胶—阿拉伯树胶复合凝聚法制备微胶囊具有材料易购、原料无毒、易生物降解、使用简便等优点,但阿拉伯树胶价格较贵,使微胶囊生产成本较高。可使用其他原料替代,如采用扩散剂 NNO(亚甲基双萘磺酸钠)与明胶进行复合凝聚制备微胶囊,还可使用阴离子高分子电解质,如海藻酸钠、琼脂、羧甲基纤维素钠(CMC)等。采用这些原料代替阿拉伯树胶时,工艺上稍有变化,但基本原理一致。

4. 应用实例

(1)工艺配方。

5% 明胶	80g
吐温-80	2g
香精(茉莉型)	10mL
3% CMC	6g
10% Na$_2$CO$_3$	(调节 pH 为 9~10)
3% 合成龙胶	6g
扩散剂 NNO(50g/L)	25mL
10% HAc	(调节 pH 为 5~6)

      36%以上的甲醛溶液   1.5mL

    （2）制备方法。将吐温 - 80 加入明胶水溶液中，置于 50℃ 左右的水浴内搅拌（3200 ~ 4000r/min）5min，然后慢慢滴加香清（2 ~ 3s 加 1 滴），然后再搅拌 10min，加入 CMC 搅拌 5min 后，滴加合成龙胶，充分搅拌 5 ~ 10min，加入扩散剂 NNO，搅拌并滴加 10% HAc 直至混合体系的 pH 为 5.0，然后在不断搅拌下降温至 10℃ 以下，边搅拌边加甲醛，充分搅拌 30min，再以每分钟 5℃ 速度升温至 40 ~ 50℃，使凝聚相固化，即制得微胶囊。按上法制得的香味微胶囊直径 5 ~ 10μm，pH 为 5 ~ 6，含有效成分 40% 左右。

（二）单凝聚法（简单凝聚法）

    从水相分离的凝胶中只含有一种水溶性高分子，水溶性高分子可能是高分子电解质，也可能是高分子非电解质。高分子电解质或高分子非电解质溶解在水中后，在高分子链周围会结合许多水分子形成水化层，使其稳定地分散在水中。如果向高分子溶液中加入能使水溶性高分子聚沉的物质，就会使高分子在水中变得不稳定，浓缩而聚沉。这些物质包括易溶于水的无机盐、酸、碱及具有良好亲水性的高分子材料等物质。

（三）油相分离法

    只能用有机溶剂把水溶性固体或液体囊芯分散成油包水的乳液，再用油溶性壁材包覆而形成微胶囊。因为壁材溶于有机溶剂中，要使其包覆囊芯，必须加入非溶剂，使其发生相分离。所谓非溶剂是一种可溶解在溶剂中而具有使壁材不再溶解在溶剂中发生凝聚作用的溶剂。用这种方法制备微胶囊，必须控制好壁材高聚物在有机溶剂中的浓度、加入非溶剂的数量和温度。

    实践证明，当壁材高聚物浓度较低时，加入非溶剂时容易发生相分离，产生一个含壁材较多的聚合物凝聚相和一个含壁材较少的聚合物缺乏相。聚合物凝聚相是可以随意流动的，能够逐渐在囊芯周围形成包覆的液相。只有控制好反应条件，在体系中形成充分流动的聚合物凝聚相，并能使其稳定地环绕在囊芯微粒周围，才能很好地形成微胶囊。

    油相分离法使用的非溶剂是小分子的有机溶剂或水，在一些特殊情况下，也可以使用聚合物作非溶剂。

    油相分离法制备微胶囊要消耗大量价格昂贵的有机溶剂。有机溶剂和非溶剂很难从壁膜中去除干净，因而不能得到完全干燥的产品。有些有机溶剂易燃易爆，存在安全隐患，而且存在有毒性和环境污染问题，因此油相分离法在使用上受到一定限制。

（四）干燥分离法（复相乳液法）

    把壁材溶液或芯材的乳化体系以微滴状态分散到水、石蜡、豆油类介质中，然后通过加热、减压搅拌、溶剂萃取、冷却或冷冻等方式逐渐去除壁材溶液中的溶剂，壁材从溶液中析出并将囊芯包覆形成囊壁。干燥分离法分水浴干燥法和油浴干燥法，其示意图如图 7 - 3 所示。

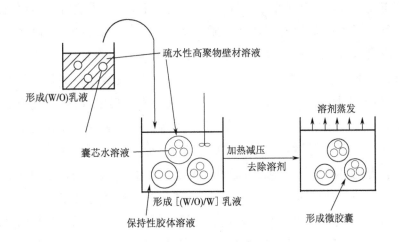

图7-3 干燥分离法示意图

(1)水浴干燥法适合于形成水溶液囊芯的微胶囊。选择一种与水不相溶的溶剂,一般为沸点比水低的有机溶剂,把成膜聚合物溶解在这种溶剂中,然后把囊芯水溶液分散到聚合物溶液中,通过搅拌、加入表面活性剂等手段,形成油包水型(W/O)乳液。另外,单独制备一种含有保护胶体稳定剂的水溶液作为微胶囊化的介质溶液。在搅拌作用下,将油包水乳液加到介质溶液中分散,形成水包"油包水"[(W/O)/W]乳液的复相乳液。由于在制备微胶囊过程中要形成复相乳液,这种方法又称复相乳液法。

(2)油相干燥法是用石蜡或豆油作分散介质,使O/W乳液分散到其中得到(O/W)/O型复相乳液,再用加热或冷却鼓风等方式去除溶剂水并使水溶性壁材凝聚,将囊芯包覆形成微胶囊(图7-4)。

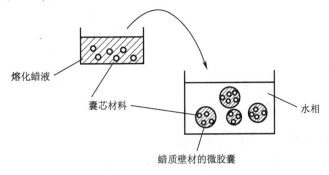

图7-4 熔化分散冷凝法示意图

相对而言,油相干燥法中的(O/W)/O型复相乳液要比水浴干燥法中的(W/O)/W型复相乳液稳定性好。

(五)熔化分散冷凝法

这是利用蜡状物质在受热时独特的性质来实现微胶囊化的一种方法。蜡状物质在常温为固态,疏水,热稳定性好,具有较低的软化点和熔点,受热时易熔化成液态并使囊芯分散在其中形成微粒,冷却后蜡状物质围绕囊芯形成壁膜,产生微胶囊。形成微胶囊使用的介质可以是液态,也可以是气态的,还可用锐孔形成微胶囊。

1. 在液态介质中形成微胶囊　其方法是把蜡状物质熔化并将囊芯分散到这种液态壁材中,然后把所形成的分散液滴加到低温惰性液态介质中,使壁材凝固并对囊芯进行包覆形成微胶囊。这种液态介质必须对囊芯和壁材有高热稳定性和化学惰性。使用这种方法的前提是囊芯、蜡状物质与液体分散介质彼此之间都是不相混溶的,而且在蜡状物质熔化状态的温度范围内都是稳定的。能否成为微胶囊,关键在于要使蜡状物质在囊芯表面充分润湿,能形成良好的包覆,不能出现囊芯与蜡状物质在冷却过程中分离的情况。因此,在囊芯分散于液态蜡状物质的过程中要用表面活性剂作润湿分散剂,提高搅拌速度并控制好分散体系的温度和黏度。这是以水为分散介质的熔化分散法。还有以硅油为分散介质的熔化分散法。以水为介质的熔化分散冷凝装置如图7-5所示。

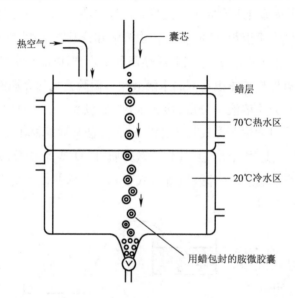

图7-5　以水为介质的熔化分散冷凝装置

2. 在气态介质中形成微胶囊　利用加热使石蜡或硬化油脂形成微滴悬浮在空气中与囊芯接触形成包覆,然后任其自然地从空气中降下,在此过程中被冷却、固化,形成表面不粘的干燥颗粒。这就是用空气为介质的熔化冷凝法的基本过程。既可以把囊芯先在熔化的蜡质材料中分散成细粒,再以喷雾形式加入到空气介质中,也可以把囊芯和固体蜡先分散成细粒再一同分散在热气流中,在蜡熔化后形成包覆并调整成球形液滴。

3. 使用锐孔装置熔化分散冷凝法　熔化分散冷凝法是利用蜡质材料受热熔化、遇冷凝固的特点制备微胶囊的。如果使用锐孔装置就可以使囊芯在加热熔化的壁材中形成的分散液迅速、高效地完成包覆成形的工作,配合高效的冷凝条件就可以大大提高生产效率。目前已使用各种改进的锐孔装置进行连续化的大规模生产。美国西南研究院分散冷凝法的生产装置如图7-6、图7-7所示。

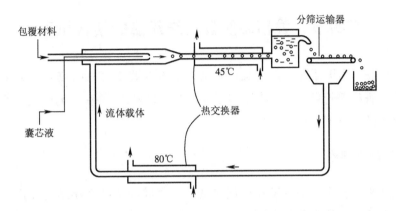

图7-6 美国西南研究院熔化分散冷凝法的生产装置

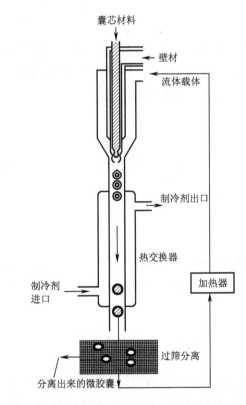

图7-7 美国西南研究院熔化分散冷凝法的另一种生产装置

除以上这些方法外,利用物理和机械原理制备微胶囊的方法具有设备简单、成本低、易于推广、有利于大规模连续化生产等优点,药品、食品行业常用这种方法生产微胶囊。

具体方法有锅包法、空气悬浮成膜法、喷雾干燥法、喷雾冷凝法等。

制备微胶囊还有多孔离心法、旋转悬浮分离法、挤压法、静电结合法等。

第四节　香精微胶囊与纺织品的结合机理

香精微胶囊是借助于黏合剂或交联剂而结着在织物上,因此,黏合剂或交联剂的性能直接影响着香精微胶囊的结合牢度和缓释效果。目前,有关黏合剂或交联剂的结合机理归纳起来大致有以下几种。

一、化学结合理论

该理论认为黏合作用是由于黏合剂与被黏物之间的化学力相结合而产生的。通过黏合剂与被黏物之间的化学反应而得到牢固的化学结合力。这一理论适用反应性特定的黏合剂,对没有化学反应的黏合剂是不适用的。

二、吸附理论

吸附理论是目前较为人们普遍接受的理论。它认为黏合作用是黏合剂与被黏物分子在界面上相互吸附而产生的。这种吸附力是分子之间的相互作用力和原子之间的相互作用力引起的,即物理作用和化学作用的共同结果。

三、极性理论

该理论认为黏合作用与材料及黏合剂的极性有关,极性材料要用极性黏合剂黏合,非极性材料要用非极性黏合剂黏合。

四、静电吸附理论

该理论认为一般两种不同的物质相互接触,都会产生如电容器般的正负双电层,黏合剂与被黏物之间也是由于这种静电引力而相互黏合的。这一理论未得到人们的广泛认可。

五、机械结合理论

该理论认为液体状的黏合剂流入并填满凹凸不平的被黏物表面,定型、固化,黏合剂与被黏物之间通过表面互相咬合而连接。显然,它不能解释非多孔性的、表面十分光滑的某些物体的黏合以及由于材料表面化学性能的变化而形成的黏合现象。

六、扩散理论

该理论认为黏合剂涂敷在被粘物表面时,若被粘物是可以被它溶解或溶涨的高分子材料,则相互之间会越过界限而扩散交织起来。这种理论是以高分子链具有柔顺性为条件,当然也只能适用于与黏合剂相溶的链状高分子材料的黏合。

七、弱界面层理论

该理论认为黏合剂与被粘物表面间形成的弱界面层对黏合效果会产生影响,应尽可能消除弱界面层以增加黏合强度。

黏合剂的种类繁多、组分复杂,这就决定了各种黏合机理都有一定的局限性,很难用一种理论来解释各种黏合现象。但黏合的前提都是黏合剂首先对被黏物表面要充分"润湿"或渗透。

采用黏合剂将香精微胶囊黏着在织物上,除需考虑黏合牢度外,织物手感及对香精微胶囊的缓释性能影响也应给予足够重视。

第五节　香味保健纺织品的生产方法

一、芳香纤维及制备方法

芳香纤维属于性能经过改进的一种新型纤维,科研人员把不同类型的香料和纺丝原料共混熔融纺丝,将香料分子熔化在超细的纤维内部,使纤维具有久洗不褪的天然芬芳。用这种纤维织出的内衣可使香味散布在人体各个部位。最近几年来,芳香纺织品市场前景非常好,芳香纤维也从开发到应用,很快就取得了成功。目前,芳香纤维的主要制备方法有共混法、复合纺丝法等。

1. 共混法　共混法实施比较方便,但要求香精具有较高的沸点,一般是将耐高温香精先与载体共混造粒,得到较高含香浓度的香母粒,再将此种香母粒以一定比例与切片共混纺丝。由于香精包含其中,纤维的香气持久性较好。另外,用香母粒纺丝如同色母粒纺丝一样简单,预计此方法会有很好的前景。

共混纺丝的优点是不需要改动传统的纺丝设备,但是这类纤维所选用香精香料成分的沸点都限定在250℃以上。因而,香料可选择范围大大缩小。而根据调香原则,每调配一种香型要由几种或几十种香料组成。再者,采用共混纺丝法生产芳香纤维时,如果将香料直接与切片共混,处理物料量比较大,香料损失比较严重,生产成本较高。

2. 复合纺丝法　通过添加母粒进行复合纺丝,生产具有皮芯结构的芳香纤维,具有香气纯正、耐洗涤、留香时间长等优异性能,缺点是纺丝设备复杂,生产成本较高。由于母粒中香料含量较高,在制造、纺丝、应用过程中要考虑对香料有保护、储存和释放功能的母粒与不同切片的相容性、香料分子的稳定性及对纺丝工艺的影响等诸多因素,特别是香料分子的加入对纺丝的流变学性能的变化,将直接影响其纺丝过程和纤维性能。

开发复合型芳香纤维一般选用熔点低且耐水解的聚合物作芯层,香料加在芯层中。香料与芯层共聚物结合牢度高,且基本不能透过纤维皮层,而是沿着纤维纵向从横截面逸出,达到持久的芳香效果。

二、香味保健织物的后整理方法

一般微胶囊的壁材与纤维之间没有亲和力,整理过程中要加入交联剂才能与纤维结合,而香味剂易挥发,不能高温焙烘,因此要求使用低温固着剂。整理工艺可以采用浸轧法、印花法和浸渍法。目前市场上的香味整理剂主要有北京洁尔爽高科技有限公司的JLSUN® SCM、德国 Herst 公司的 SNC-208、日本 DAIWA 公司的 SUN、JAS 和 LAVE 等。

香味整理剂JLSUN®SCM 为乳白色浆状液体,pH 为 7,粒径小于 1μm,有效成分含量为40%,可分散于水。香味整理剂 SCM 的主要香型有薰衣草、古龙香、森林香、鲜花香、茉莉香、玫瑰香、青苹香、柠檬香等。

香味整理剂 JLSUN® SCM 为全包囊型微胶囊香料,通过摩擦等方式释放香味。适用于棉、毛、丝、麻、化纤织物的香味整理。经香味微胶囊整理后的纺织品在使用过程中受到轻微的摩擦或挤压,会产生芳香的气味,在存放中可维持香味五年之久。在温水中性皂液中,建议采用家庭机洗,避免手搓洗涤,可机洗 12 次以上。香味整理剂JLSUN®SCM香味纯正,芬芳宜人,保香性强,留香持久,对人体无毒,对皮肤无刺激,无过敏反应,使用方便,工艺简单可行。

(1)浸轧法(通常和柔软工艺同浴进行)。

①工艺配方。

香味整理剂 JLSUN® SCM	30~60g/L
低温固着剂 SCJ-939	30~60g/L
柔软剂 SCG	20~30g/L

②化料操作。首先加入 JLSUN® SCM,再加入等量的温水,搅拌成均匀的稀浆,然后搅拌加入其余的水,最后加入 SCJ-939/SCG,搅匀。

③工艺流程。

织物→浸轧(轧液率70%~80%)→烘干(80~100℃)→成品

(2)浸染、后整理同步处理。可与柔软剂或抗静电剂同浴整理加工。

①工艺条件。

浴比	1:10
温度	50~60℃

时间	30min

②工艺配方。

有机硅柔软剂 SCG	1% ~3%
香味整理剂 JLSUN® SCM	1% ~3%

（3）印花法。通过与涂料印花浆适当的比例混合,可获得长效芳香宜人的香味。同时香味型整理剂与各类印花浆料有较好的适应性。印刷时透网顺畅,不塞花版,印制效果好。

①工艺配方。

香味整理剂 JLSUN® SCM	5% ~10%
涂料色浆	x
低温黏合剂 JLSUN® SCP	15% ~20%
增稠剂 JLSUN® FAG	1% ~2%

②化料操作。先在化料桶中配制好印浆,再搅拌加入 SCM,搅拌均匀。

③工艺流程。

印花→烘干(50~100℃)→拉幅(100~120℃)→成品

第六节　国外香味纺织品的发展状况和应用前景

一、国外香味纺织品的发展状况

1. 英国研制广谱香味微胶囊产品　英国 L. J. Specialities 研制出应用广泛的广谱香味微胶囊技术,包括古龙香和水果味(如苹果、橘子等)等新鲜气味制成的微胶囊,用于床单、毛巾和服装。还应用了特殊的,例如可乐、比萨饼等香味的微胶囊,添加于纺织品上。日常使用中的轻度磨损即能释出香味。微胶囊可同黏合剂做成分散体,应用浸轧或网印等方式施加于棉织物上,能耐反复洗涤。通常要用柔软剂以改善手感。微胶囊无色,可施加于有色织物上或印花图案上,且无不良影响。

2. 美国开发"擦和嗅"香味女衫　美国 R. T. Oodge 公司研究开发出微胶囊化的"擦和嗅"("SeratchandSniff")短袖圆领衫和女用针织物,应用界面聚合技术制造胶囊。产品耐洗 8~20 次,还可耐转笼烘燥。

3. 韩国研究香味疗效纺织品　韩国 EldoradoInternational 公司研究生产出可放出花卉、水果、香草和香料等天然香味的新颖织物。织物染后用乳化的、含有天然香料、香精、香油的微胶囊附着于织物上。穿着者运动时使胶囊破裂、释放香味。该织物可耐洗并可储存使用 3~5 年。此技术用于生产香味帘布、沙发布、垫子、被单以及一些玩具。许多这类产品具有芳香疗效,如对治疗失眠症患者有帮助。最常用的香料包括薄荷、柠檬、茉莉等。还生产了正常使用期间释放香料油的真丝领带,若加摩擦则会大量突发香味,其效果能持续一年半。还供应有释放香味以及某种抗菌效应的手套和短袜,可耐洗涤。

4. 德国赫斯特国际公司开发出将香味织入服装的新技术 据海外媒体报道,赫斯特国际公司宣布,该公司开发出一种可以将香味纳米微胶囊织入服装的新技术。这种纳米微胶囊新技术可以将保湿剂、除臭剂、香料、维生素甚至微量营养元素编织到服装衣物里。使用此种新技术生产的服装经过重复机洗后仍可保留相关成分。当穿上这种衣服或走在涂有香味微胶囊的地毯上时,通过运动或摩擦,这种微胶囊就会释放出新鲜的香味。赫斯特国际公司认为,这种将嗅觉感官带入服装的新工艺将给纺织业带来一场变革。

5. 日本郡是公司推出具有瘦身效果的香味内衣 日本内衣生产商郡是公司宣布,将推出一系列内装咖啡因和香料等特殊物质的新款女式内衣和连裤袜。据称,该系列内衣具有瘦身效果。郡是公司新推出的内衣系列品牌为 VIFA,内含资生堂公司畅销的润肤液 Inicio Body Creator 的主要成分。Inicio Body Creator 是该公司首款具有瘦身效果的化妆品。

郡是公司表示已开发出将咖啡因和葡萄、茴香、胡椒等香料附加在纺织品上的技术,这些香料在衣物漂洗多次后仍能保留下来。

资生堂公司认为,闻某些香料可以刺激交感神经系统,咖啡因对减少脂肪有效。而混合香料和咖啡因可以有利于脂肪燃烧,起到瘦身效果。

二、香味纺织品的市场前景

香味纺织品具有广阔的市场前景。室内装饰品,如床单、被罩、窗帘、地毯、睡衣可以用薰衣草、天竺葵、春黄菊、牛膝草、肉桂等香味,有助于消除疲劳,提高睡眠质量。在办公环境里,穿戴茉莉、玫瑰、香柠檬等香味服装,可以起到觉醒作用,提高工作效率。用香味微胶囊进行香味整理,工艺简单,可以减少香精挥发的损失,使香味更持久,粒径容易控制,使用方便,对人体无毒副作用,适用于芳香医疗保健纺织品。

它能够取代某些药物,或者对人体起到辅助、长久的治疗。高血压患者可将罗勒、鼠尾草、薄荷、金银花等芳香纺织品做成枕头,可起到镇静作用。对于皮肤病患者,药物涂敷有许多不便,用芳香纺织品制成的手套、鞋垫、袜子等不仅杀菌,而且使用方便。内衣、内裤加入薰衣草、茶树、金银花等有杀菌、消炎作用,对于妇女的妇科病更是大有疗效。有咽喉肿痛或轻度咳嗽的人,带上具有香味的口罩,能够在无形中缓解症状。人的一生几乎无时无刻不在接触纺织品,芳香纺织品应用于医疗,无论是起到治疗效果还是保健效果,都具有广阔的前景。

参考文献

[1] Buschmann H J. 贮香纺织品[J]. 陈水林,译. 国外纺织技术,2002(8):23 – 24.

[2] 王潮霞,陈水林. 芳香疗法及其在纺织品上的应用[J]. 印染,2001(8):40 – 42.

[3] Asaji Kondo. Microcapsule Processing[M]. New and Technoloogy. Marcel Dekker Inc. ,1979.

[4] Boca Raton Fla. Biomedical Applications of Microcapsulation[M]. CRC Press Inc. ,1984.

[5] Gutcho M H. Microcapsules and Microcapsulation Technology[M]. Noyes Data Corporation,1976.

[6] Ranney M W. Microcapsulation technology[M]. Park Ridge N. J. ,1969.

[7] 陈庆华. 现代微丸制备包衣装置的类型及应用[J]. 中国医药工业杂志,1996,27(3):134 – 139.

[8] Max Donbrow. Microcapsules and Nanoparticles in Medicine and Pharmacy[M]. CRC Press,1992.

[9] Martel B, Morcellet M, Ruffin D, et al. Capture and Controlled Release of Fragrances by CD Finished Textiles[J]. Journal of Inclusion Phenomena & Macrocyclic Chemistry, 2002, 44(1 – 4):439 – 442.

[10] Hebeish A, El - Hilw Z H. Chemical finishing of cotton using reactive cyclodextrin[J]. Coloration Technology, 2010, 117(2):104 – 110.

[11] Lee M H, Yoon K J, Ko S. Synthesis of a vinyl monomer containing β - cyclodextrin and grafting onto cotton fiber[J]. Journal of Applied Polymer Science, 2015, 80(3):438 – 446.

[12] Deo H T, Gotmare V D. Acrylonitrile monomer grafting on gray cotton to impart high water absorbency [J]. Journal of Applied Polymer Science, 2015, 72(7):887 – 894.

[13] Martel B, Weltrowski M, Ruffin D, et al. Polycarboxylic acids as crosslinking agents for grafting cyclodextrins onto cotton and wool fabrics: Study of the process parameters[J]. Journal of Applied Polymer Science, 2002, 83(7):1449 – 1456.

[14] Thuaut P L, Martel B, Crini G, et al. Grafting of cyclodextrins onto polypropylene nonwoven fabrics for the manufacture of reactive filters. I. Synthesis parameters[J]. Journal of Applied Polymer Science, 2015, 77(10):2118 – 2125.

[15] Hara K, Mikuni K, Hara K, et al. Effects of Cyclodextrins on Deodoration of "Aging Odor"[J]. Journal of Inclusion Phenomena & Macrocyclic Chemistry, 2002, 44(1 – 4):241 – 246.

[16] Hashimoto H. Present Status of Industrial Application of Cyclodextrins in Japan[J]. Journal of Inclusion Phenomena & Macrocyclic Chemistry, 2002, 44(1 – 4):57 – 62.

[17] 刘永庆. 香味印花香飘四溢[J]. 广东印刷,2003(2):62 – 63.

[18] 顾超英. 芳香熏得"衣"人醉[J]. 国际染整工业商情,2005(8):21 – 23.

[19] http://www. jlsun. com. cn.

第八章　吸湿排汗纺织品

第一节　概述

随着人类文明的发展、科技的进步及人们生活水平的不断提高,人们的消费观念也在转变,对影响生活质量的衣、食、住、行的要求越来越高。就穿着而言,人们对服装的要求,已经从最初的遮体、保暖、防护等实用性转向功能性、功效性、舒适性。其中,尤其是对服装面料的舒适性方面提出了更高的要求。最近,美国对消费者的一项调查显示,81%的消费者把服装的舒适性作为主要选择,服装的款式设计已经退到相对次要的位置。在我国,消费者也把舒适性作为选择服装的重要因素之一。因此,服装的舒适性和功能性已成为服装生产企业取得市场竞争优势的关键所在。服装及纺织品流行的主题已从单纯的造型款式逐渐朝着以舒适、卫生、健康的方向发展。服装舒适性已成为人们着装的普遍要求,凸显出21世纪的生活新理念——绿色与舒适。舒适性是人体对织物的生理感受,主要包括热湿舒适性和接触舒适性。从目前纺织技术分析,接触舒适性和压感舒适性一般在织物后处理过程中都能基本解决,而热湿舒适性是指人体热量的散发通过皮肤的呼吸进行的,其表现形式是向周围环境散热和散湿。纺织品是人体与环境的中间体,其在人体皮肤的呼吸过程中起到媒介作用,即在寒冷时能对皮肤起到保温御寒作用,在炎热时能帮助皮肤快速散发热量和汗液。对于服装来说,穿着的舒适性就是要求它具有吸湿、干爽、透气、保暖的效果。

天然棉纤维材质的衣物由于其吸湿性好、穿着舒适等特点,一直都是人们服用的首选。但是,当人体排汗量较大时,由于棉纤维吸湿膨胀,导致其透气性下降并粘贴在皮肤上,同时水分的扩散速度也变慢,汗液不能及时排出,给人造成一种湿冷感。传统的合成纤维自问世来,凭借其优良的物理和化学特性而被广泛应用于服装面料。但由于大多数化纤的亲水性都比较差,如涤纶在标准大气条件下回潮率只有0.4%,使得在吸湿性要求较高领域中的应用受到了限制。在这种情况下,同时具有吸湿和快干两种特性的纤维,即吸湿排汗快干纤维应运而生。

一、吸湿排汗纤维的作用及其机理

吸湿排汗快干纤维是指在湿热环境下穿着时,织物能迅速吸收皮肤表面的汗液,并快速将其传导至织物外表面进而蒸发掉,使皮肤表面保持干爽,人体感觉舒适的纤维。一般而言,在高温高湿的季节和人体由于运动而大量出汗的情况下,在未处理前无论是天然纤维还是合成纤维都很难兼具吸水性和快干性这两种性能,但是新的吸湿排汗快干加工技术可以突破传统纺织品这一缺憾。吸湿快干功能性纤维通过改变对水分的吸收、传输和排出,使得纤维同时具有优良的亲水性和快干性。纤维表面通过异形喷丝孔制得的微细沟槽,不仅增强了纤维间的毛细效应,使纱线传输水分的能力增强,而且增大了纤维的比表面积,加快了水分在织物表面的蒸发速度。亲水性能的提高是通过化学改性的方法在纤维大分子结构中接入或引入亲水基团。这样,汗水经浸润、芯吸、传输等作用,迅速传导至织物表面并快速蒸发,从而保持人体皮肤的干爽感。同时,纤维在湿润状态时也不会像棉纤维那样倒伏,能够始终保持织物与皮肤间舒适的微气候状态,从而达到提高舒适性的目的。人们形象地将该种纤维称为"可呼吸纤维"。

二、吸湿排汗纤维的发展历程

早在1982年初,日本帝人公司就开始了吸水性聚酯纤维的研究,其研制的中空微多孔纤维在1986年申请了专利。1986年,美国杜邦公司首次推出名为"Coolmax"的吸湿排汗聚酯纤维,这种纤维外表面具有四条排汗沟槽,可将汗水快速带出,导入空气中。据称,用它制成的衣料洗后30min已完全(98%)干透,在夏季穿着可保持皮肤干爽。1999年,杜邦公司结合研发的低药剂用量快干特性的专利技术,推出升级换代Coolmax Alta系列布料。自从杜邦公司推出吸湿排汗功能纤维Coolmax后,人们通过异形纤维表面积增大、毛细现象增强的机理开发了很多吸湿排汗纤维。如日本东洋纺公司的Y形截面纤维Triactor、韩国东国株式会社的I-COOL系列纤维、我国台湾豪杰公司的W形截面纤维Technofine、中兴纺织厂的改性聚酯纤维Coolplus、远东公司的Topcool、中国石化仪征化纤股份有限公司的Coolbst、顺德金纺集团的Coolnice纤维、泉州海天轻纺有限公司的Cooldry纤维等。另外,北京洁尔爽高科技有公司研制开发出了适用于织物后整理的吸湿排汗整理剂SW和STA,赋予织物优良的吸汗透气性、亲水抗静电性和柔软性,使其整理过的织物不仅吸汗性优良、透气性好,而且柔软滑爽、手感舒适、风格优雅。

三、获得吸湿排汗功能的途径

普通的纤维及纺织品要达到吸湿排汗功能,大致通过以下几种途径。

1. 物理改性

(1)纤维截面异形化。如Y、+、W形截面,增加纤维比表面积,使纤维表面有更多的凹槽可以提高传递水气的效果。

(2)中空或多孔纤维。利用毛细管作用和增加纤维比表面积的原理将汗液迅速扩散出去。

2. 化学改性　增加纤维的亲水性基团（接枝、交联），达到迅速吸湿的目的，包括纤维表面化学改性、双组分复合共纺、纤维细旦化。

3. 结构设计　采用多层织物结构，利用亲水性纤维做内层织物，将人体产生的汗液快速吸收，再经外层织物空隙传导散发至外部，达到舒适凉爽性能。

4. 后整理法　运用吸湿排汗整理剂，通过后整理的方式，赋予织物优良的吸汗排汗功能。

吸湿排汗速干纤维纺织品不但解决了传统化学纤维的一系列缺点，如吸湿透气性差、易产生静电和极光等，同时也解决了天然纤维吸湿膨胀、粘贴皮肤、湿冷感等缺点，开辟了纺织品的新时代。由于吸湿排汗速干纤维及纺织品具有性能优越、风格独特的特性，其纤维织物高雅，是一种高技术含量、高附加值的产品，已引起全球瞩目，并已广泛应用于内衣、运动装、竞赛服等领域，产品具有良好的市场前景。

第二节　吸湿排汗功能的原理

一、织物与水

1. 水在织物中的存在形式　由于织物纤维本身的结构、化学组分不同，它们与水分子的作用力各异，因此它们的吸水速度和吸水量有很大差别。不论这些差别有多大，它们吸收的水可以分成三部分，即结合水、中间水和自由水。

结合水是与纤维分子键合的水分子，它们靠氢键或者分子间力紧密结合在纤维分子上。这部分结合水的量与纤维分子结构、化学组成密切相关，如聚酰胺纤维分子上一个氨基结合一个水分子。这部分水在与大分子结合时放热，从而进入稳定状态。它们在冰点已不能结晶，也不会在沸点蒸发气化。这部分水与纤维紧密结合，因此当织物上只有吸附的结合水时，人体不会有湿感。中间水是由于与结合水分子间存在氢键作用而被吸附在结合水之外的水，它们也不同于普通的水分子，它们的凝固点和沸点分别低于0℃和高于100℃。当织物与皮肤接触时，它们会从皮肤吸热而脱离织物并按照中间水—结合水、水—皮肤的相互作用力不同而重新分配。由于中间水要从皮肤吸热才能与结合水脱离，因此若有中间水存在，皮肤会有凉感。中间水之外的水称做自由水，由于浸泡、淋湿等原因，它们会暂时地被吸附于织物上，分布在中间水之外。但由于它们与织物间作用力非常微弱，故称之为自由水。它们在热力学上与普通水有相同的相变点，若此时织物与皮肤接触，这些水则会迅速分配到皮肤表面，使人感到湿润。

由于织物吸附的水有结合水、中间水、自由水之分，故我们在表征纤维与水的相互关系时，要区别对待。

2. 织物的吸水

(1) 气相水的吸附。由于天然纤维内的纤维素和氨基酸均存在极性基团，所以它们能吸附较多气相水而变成结合水。即使是锦纶等合成纤维，在相对湿度很低时也会迅速完成结合水的吸附。当相对湿度逐步升高时，所增加的吸附量为中间水。不同的纤维，其结合水的量是一定的，而中间水的多少则与环境的湿度有关。因此，在测定回潮率时，一定要有准确的相对湿度参数。

(2) 液相水的吸附。当纤维或织物遇到液相水时，由于水量较大，大部分以自由水形式被吸附，这些自由水一般存在于纤维之间的空隙或纤维自身的孔穴里。吸水速度的快慢决定于芯吸作用的大小，比如麻纤维很细的中空腔、细特丙纶间的狭缝、异形纤维的毛细作用等。

这些自由水在挤压或离心力的作用下，大部分可以被除掉。由于在孔隙很小时弯曲液面造成的附加压力会很大，因此在织物被水浸泡之后，再经机械方法除去水分，所保留下来的水分量占纤维干重的百分率称做保水率。显然，保水率所测得的水量，特别是回潮率不高而保水率较高的织物，它所包含的水大部分应属于自由水，即织物上这部分水的存在会让穿着的人感到潮湿。

3. 水在织物中的传输与蒸发 织物中水的传输以自由水的传输为主，它们在沿纤维轴方向传输时也是靠毛细管，而在垂直纤维轴方向上的传输应该按非线性扩散的方式处理。从速度上讲，沿纤维轴方向的毛细作用比垂直纤维轴的扩散要快得多。

人们穿着衣服时，皮肤表面的法向与纤维轴方向是垂直的，因此要让水分迅速传输，必须具备以下两个条件：一是纤维材料易被润湿；二是在纤维的径向有微孔并能与纤维中的空腔贯通。这样，在纤维与皮肤接触时，才能迅速把汗水输导开。天然纤维一般不具有径向微孔，因此垂直纤维轴方向水分的传输靠扩散。由于天然纤维亲水，即天然纤维分子与水分子作用力较合成纤维与水分子的作用力大，因此水由高浓度向低浓度扩散时，天然纤维的扩散系数较合成纤维大，水分传输较快。

水从织物表面蒸发，在环境温度、湿度固定的情况下，应该与蒸发表面积和纤维本身的亲水性、疏水性有关。在蒸发面积相同时，疏水纤维应蒸发较快。

二、水气传递的基本原理

织物的透湿性是指织物透过皮肤排泄高热汗气的能力。人体循环、运动产生能量，而体内过度的能量是通过热能和湿气经皮肤向体外散发的。在温湿度适宜的环境中，人体在静态条件下，过度能量释放和周围环境的吸纳达到平衡，皮肤水蒸气散发或水蒸气压很小，穿着纯棉或涤纶织物没有显著的舒适性差异。而当人体大量出汗或周围环境温度高、湿度大时则不然。通常织物覆盖下的皮肤表面的湿度由于织物不同会影响到散发速度，在湿度很高时，就会影响皮肤正常呼吸，从而使人感到闷热、憋气，使人难受。作为皮肤呼吸传递的媒介，服装面料尤其是贴身织物理应起保温导湿、调节体温的重要作用。因此，作为服装热湿舒适性的吸湿、透湿、放湿性能，已成为衡量织物好坏的重要因素。一般来说，服装材料中纤维的亲水基团多，纤维的吸水率就高；纤维与空气接触的面积越大，纤维的放湿速度也越快，干爽舒适性就好。同样，纱线中孔隙多，气流通道顺畅，水气传递也快，干爽舒适性就好。根据水气传递原理，影响纱线液态水流量 q 的计算式为：

$$q = \frac{6.7960 \times 10^{-3} d^3 \sigma \cos\theta \cos\alpha}{\eta L''} \times (3n - 2)$$

式中的影响因素包括液气界面张力 σ、液体黏度 η、液体/材料接触角 θ、纤维截面形状和直径 d、纤维根数 n、纱线加捻角 α 和纱线长度 L''。最重要因素是 θ、d、α。以往制造舒适性面料多以棉等亲水性纤维原料为主，主要是利用此类纤维的吸水性吸去皮肤上的汗水。但吸足汗水而湿透的衣物由于不能及时向空气传递散发，此时就会黏附在皮肤上，使人不舒服。而用现代导湿性纤维做成的织物，能把皮肤上的汗水迅速从织物内层引导到织物外表，并散发到空气中，从而保持贴身层始终处于干爽状态，使人体感觉舒适。

三、影响吸湿排汗作用的因素

"吸湿排汗"一词包含两种意义。

（1）快速吸收且排放人体的汗气，不易产生闷热和发黏的现象。

（2）通过吸湿性和放湿性，对穿着空间和外部环境的湿度变化进行响应，也就是说具有调节湿度，使人们服用时感到舒适的性能。

"吸湿排汗"织物是指织物同时具有吸水性和快干性。一般来说，无论是天然纤维还是合成纤维，都很难兼具这两种性能，但是吸湿排汗加工技术则可以实现这一点。

1. 纤维微观结构的影响　纤维的微观结构是决定纤维是否具有吸湿能力的关键因素。纤维中常见的亲水基团有羟基（—OH）、氨基（—NH$_2$）、羧基（—COOH）等，这些亲水基团对水分子有较强的亲和力，它们与水蒸气分子缔合形成氢键，使水蒸气分子失去热运动能力，而在纤维内依存下来。纤维中游离的亲水基团越多，基团的极性越强，纤维的吸湿能力就越高。天然纤维都是靠水分生长的，动物纤维和植物纤维都含有较多的亲水基团，因而吸湿率都很高；而合成纤维大分子中亲水基团比较少，只有依靠物质所固有的表面张力使纤维表面或内部微孔和孔隙的表面吸附水气，因此合成纤维的吸湿率很低。

纤维中的大分子在结晶区中紧密地排列在一起，水分子不容易渗入结晶区，因此，纤维的结晶度越低，吸湿能力越强。

2. 纤维中微孔和缝隙的影响　物质表面分子由于引力不平衡，使它比内层分子具有多余的能量，称为表面能。由于固体表面的吸附作用，纤维表面、纤维中缝隙孔洞的表面在大气中能吸附一定量的水气和其他气体。

天然纤维在生长过程中,形成各种结晶聚集体,其中原纤之间存在一些缝隙和微孔,这些微孔结构给天然纤维提供了很高的吸湿率。化学纤维中只有很少品种在成形过程中形成微孔结构。很明显,化学纤维的吸湿率比不上天然纤维。

3.纤维表面形态结构及截面形态结构的影响 纤维表面具有凹槽或断面异形化,不仅增加了表面积,使纤维表面吸湿能力增加,而且也使纤维间毛细空隙保持的水分增加,因此异形纤维和表面凹凸化的纤维其吸湿率高于同组分的、圆形截面、表面光滑的纤维。

由此可见,对于疏水性的化学纤维来说,为了获得吸湿排汗功能,首先要改善纤维的吸湿能力(如用 JLSUN® SW 和 SAT 处理),然后改变纤维的表面形态及结构。

吸湿排汗功能纤维一般都具有高的比表面积,表面有众多的微孔或沟槽,截面一般设计为特殊的异形,利用毛细管原理,使纤维能够快速地吸水、扩散、传输和挥发,迅速吸收皮肤表面湿气和汗水,并排放到外层蒸发。其织物比传统的布料吸水率高 10~15 倍,具有较高的干爽性——比纯棉快干 5 倍,比锦纶快干 2 倍。纤维制品(机织物、针织物、非织造布)的吸水性是由于纤维间隙中的毛细管作用产生的现象,毛细管效应是最常用也是最直观表征织物具有吸汗能力和扩散能力的指标,它对衣服的舒适性和卫生性能起到很大作用。在平衡状态下,毛细管直径越小,达到水分平衡状态所需要的时间越长,因此,吸水速度也成为现实的问题。目前,市面上的吸湿排汗织物多采用异形断面纤维、中空微多孔纤维、多层织物、使用吸湿速干整理剂对纤维进行表面改性等。

四、皮肤、汗水与吸湿速干织物

疏水性合成纤维经物理变形和化学改性后,在一定条件下,在水中浸渍和离心脱水后仍能保持15%以上水分的纤维,称为高吸水纤维;在标准温湿度条件下,能吸收气相水分,回潮率在6%以上的纤维,称为高吸湿纤维。

测试资料表明,人在静止时通过皮肤向外蒸发水分约为 $15g/(m^2 \cdot h)$;在运动时,有大量的汗水排出,既有液态,也有气态,数量约为 $100g/(m^2 \cdot h)$。人体排出的这些汗水和汗汽,应能透过衣服而迅速扩散到大气中,以保持皮肤表面的干爽和舒适。在排散的汗气中,少部分是直接从织物的孔隙中排出的,称为透湿扩散;而大部分被织物中的纤维吸附,再扩散到织物表层,通过蒸发排入大气,称为吸湿扩散。人体排出的汗水,则主要通过毛细管现象吸入织物内层,进而扩散到织物的表面,称为吸水扩散。天然纤维具有良好的吸水吸湿性能,因此穿着舒适。

一般的合成纤维由于其合纤聚合物分子上缺少亲水基团,吸湿性差,用其织物制作的服装穿起来使人感到闷热。天然纤维虽有很好的吸湿性,在标准温湿度条件下,棉和蚕丝的平衡吸湿率分别为8%和11%,在人体大量出汗时,其吸湿速度、水分扩散速度和蒸发速度都不尽如人意,也有不舒适感。这是因为在吸湿后,天然纤维的杨氏模量大幅度降低,产生较大的溶胀,例如棉纤维的膨润度达20%,而羊毛可达25%,这样的膨润度堵塞了汗水渗出的孔道。要解决这一问题,合成纤维反而比天然纤维更容易些,通过对聚合物改性、纺丝和织造等各种渠道,制成高吸水、吸湿合成纤维。天气热时,当表皮空气层的蒸汽压大于外部环境时,使汗汽有向外迁移的动力。带有亲水性基团的吸湿排汗面料,有助于汗汽向外排放,使皮肤感觉干爽、凉快,使制成的衣服兼具吸水、吸湿、透气、干爽的特性。

第三节　织物吸湿速干整理工艺

改善合成纤维织物吸湿性的方法很多,如混纺、与亲水性物质接枝共聚以及纤维表面处理等。利用亲水整理剂,使之均匀而牢靠地固着在纤维表面形成亲水性的方法,是近年来合成纤维织物亲水整理的发展方向。

一、吸湿速干整理剂

新一代吸湿速干整理剂是以水分散性聚酯为主组分的复配物,其中有瑞士 Ciba 公司的 ULTRAPHIL、德国 Herst 公司的 HMW8870、英国 ICI 公司的 Permalose。其中 Permalose T 用于涤纶织物,Pemalose TG 用于涤棉混纺织物。国内类似产品为北京洁尔爽高科技有限公司的 JLSUN® STA,用于涤纶,JLSUN® SW 用于涤棉混纺织物。

1. 亲水剂 JLSUN® STA　亲水剂 JLSUN® STA 的主要成分是聚酯和聚醚嵌段共聚物与聚硅氧烷的复配物,聚酯与涤纶分子组成单元相同,在高温处理后能够形成共结晶,提供了亲水整理的耐洗性。聚醚组分因具有亲水性,使整理后的涤纶织物改善了吸湿性,从而提高了涤纶的抗静电性和防沾污性。聚硅氧烷含有一个—OH 基团,可以在织物发生交联时得到一种弹性薄膜,使织物不仅具有良好的弹性,还使整理具有耐久性。

2. 亲水剂 PA　亲水剂 PA 的主要成分是环氧树脂亲水整理剂,环氧树脂在催化剂作用下环氧基开环,自交联而形成醚键,具有亲水性,但其整理效果的耐久性较差。

3. 亲水剂 JLSUN® SW　亲水剂 JLSUN® SW 的主要成分是有机硅亲水整理剂和聚氨酯类的混合物,这是一种含有环氧基团的有机硅三元共聚物。高温时,自交联在纤维表面形成亲水薄膜而获得耐久性。侧链上的聚醚基团则为亲水基团,提供亲水性和柔软性。

4. 含磺酸基和氨基的亲水剂　它是一种渗透剂,由于含有磺酸基团和氨基,因此渗透性好,但整理效果不耐久。

二、吸湿速干整理工艺实例

常用的吸湿速干整理工艺是:织物前处理→浸轧吸湿速干整理剂（JLSUN® STA 或

JLSUN® SW 10～40g/L,轧液率70%)→烘干(90～110℃,1.5～2min)→焙烘(180～190℃,30s)。

实际生产中有时也采用浸渍工艺。

1. 织物前处理 碱浴处理可以使涤纶产生"碱剥皮"的效果,改变涤纶的光洁度,使其表面微孔增多,有利于后面的亲水整理。但碱浴条件不能太剧烈,以免使涤纶减量过多,改变织物风格。

(1)工艺配方。

烧碱	2g/L
保险粉	1g/L
JFC	1g/L
浴比	1:20

(2)工艺流程。

90℃处理20～30min→80℃热水洗→60℃热水洗→冷水洗→酸中和→水洗→脱水→烘干

2. 吸湿速干整理 将织物前处理后,进行吸湿速干整理。

(1)工艺配方。

亲水剂 JLSUN® STA 或	3%～5%(owf)
亲水剂 JLSUN® SW	
pH	4
浴比	1:20

(2)工艺流程。

浸渍整理液(60℃,40min)→水洗→烘干(90～110℃,1.5～2min)

3. 染色同浴吸湿速干整理

(1)工艺配方。

分散染料	x(%,owf)
pH	4～5
高温匀染剂	1%
JLSUN® STA	4%(owf)

(2)工艺流程。

升温至60℃保持20min→添加染料升温至130℃,染色60min→还原清洗→冷水洗→烘干

毛效测试结果证明染色前后毛效提高了2～3cm,同样可达到增加织物吸湿性能的作用。

第四节　吸湿排汗纤维

众所周知，涤纶是一种结晶度较高的纤维，所以其织物有良好的强度和稳定性，具有耐热、耐光、耐酸碱、耐氧化剂和耐磨等性能。但是，分子主链中没有亲水性基团，因此呈疏水性，吸湿排汗性能很差，以致应用受到了限制，服装穿着透湿性差，有闷热感，又有因静电易于积累而引起的种种麻烦，从而影响了人们穿着的舒适性。

通过对聚酯纤维进行物理和化学改性，可以提高聚酯织物的吸湿性，减少表面静电，提高穿着的舒适性。

一、利用物理改性获得吸湿速干性

可以通过改变喷丝板微孔的形状，纺制具有表面沟槽的异形纤维，或通过与含有亲水性基团的聚合物共混和复合共纺的方法，研制生产具有吸湿排汗性能的纤维。

1. 原料共混纺丝　采用含有亲水性基团的聚合物与聚酯共混进行纺丝，同时采用特殊设计的异形喷丝板，生产吸湿排汗纤维。利用磺酸盐作为吸湿基团，生产具有吸湿排汗功能的改性聚酯纤维。

2. 双组分复合共纺　将聚酯和其他亲水性聚合物，用双螺杆进行复合共纺，研制具有皮芯复合形式的异形截面的新型吸湿排汗纤维，改善其吸水性和外观。亲水性材料作为皮层，常规聚酯作为芯层，两种组分分别起亲水吸湿和导湿的作用。亲水性聚合物一般是聚醚改性聚酯和/或亲水性改性的聚酰胺，这样的复合纤维有吸湿、导湿的作用，具有吸湿排汗的功效。

德国巴斯夫（BASF）公司申请了吸湿排汗纤维专利，该专利是利用改进喷丝孔形状和选用 PET、PA 双组分复合共纺的方法，使纤维吸湿排汗性能具有持久性。

3. 改变喷丝孔形状　改变喷丝孔形状是提高纤维导湿性的简单、直观和行之有效的方法。导湿性的提高主要是由于在异形纤维的纵向产生了许多沟槽，纤维通过这些沟槽的芯吸效应起到吸湿排汗的功效。使纤维间产生较大的空隙而具有良好的毛细效应，明显加快水分的扩散，润湿蒸发面积显著增大，水分的扩散和干燥速度大大增强，从而具有良好的吸湿排汗和导湿功效。由于汗水的大量快速蒸发带走人体的部分热量，使得体表的温度有所下降，从而使人体具有凉爽的感觉，即使在大运动量的场合，衣物也会较为干爽且不贴身，能够使运动员达到最佳运动状态。通过比较各异形纤维可以发现，纤维的吸湿功能不仅与异形度有关，还与沟槽的深度和形状有关。而不同异形截面的纤维在异形度相同时，导湿性能也不一样，带有较深且较窄沟槽的异形纤维导湿性能好。当水珠滴落在上面时，无法稳定滞留，沟槽产生加速的排水效果，人体的汗液利用纱中纤维的细小沟槽被迅速扩散到布面，再利用十字形截面产生的高比表面积，使水分快速的蒸发到空气中。十字形截面还使纱具有良好的蓬松性,织物具有良好的干爽效果。

杜邦公司的 Coolmax 纤维、台湾中兴公司的 Coolplus 纤维、仪征化纤股份有限公司的 CoolBest 纤维以及海天公司 Cooldry 纤维就是利用该方法制成的。

(1)Coolmax 吸湿排汗纤维。

①纤维特性及用途。Coolmax 吸湿排汗纤维是一种新型异形截面聚酯纤维,并有 4 条排汗管道的异形截面的纤维,它的截面呈扁平型的凹凸槽截面结构,形成许多毛细效应强烈的细小芯吸管,它能将汗水迅速排到织物表面,当汗水排至该纤维织物表面后,能快速蒸发到周围大气中,具有优良的导湿快干性能。它综合了棉的舒适性和涤的快干性,使皮肤保持干爽,达到快速吸湿排汗,加工的面料吸湿性好,穿着舒适,无闷热感,其独特的清凉性和轻快性已成为高档服饰的独特风格,是目前的理想面料。

Coolmax 功能性纤维面料的干燥率约是棉的 2 倍。将 Coolmax 功能性纤维面料应用于牛仔织物上,其强大的透气性和良好的吸湿控制性,能使穿着者的皮肤保持干燥,减少体能消耗,使出汗不再成为一个扰人的问题。

②Coolmax 织物的染整工艺。

a.工艺流程。

翻缝→烧毛→退浆→漂白→定形→染色→后整理

b.工艺要点。

• Coolmax 等异形纤维织物不能用强碱处理,否则会导致纤维迅速降解,影响其诸多性能。

• 织物的定形温度不能过高,一般控制在 185 ~ 190℃。

• 染色温度控制在 120℃,不宜过高,过高会使纤维结构中的孔道产生变形,使纤维膨胀、扭曲,冷却后形状固定下来,使孔道产生堵塞而影响织物的透湿性能。

• 为了保证 Coolmax 具有良好的吸湿排汗性能,后整理必须用吸湿速干整理剂,如北京洁尔爽高科技有限公司的 JLSUN® SW、JLSUN® STA。

• 吸湿排汗织物进行柔软处理时,不宜采用具有疏水性的品种,否则会影响织物的芯吸作用,降低其吸湿排汗功能。故宜选用吸水性柔软剂 JLSUN® SCG。

(2)Coolplus 吸湿排汗纤维。Coolplus 纤维是利用纤维表面的四条细微沟槽产生"毛细现象"将肌肤表面排出的湿气与汗水经芯吸、扩散、传输,使水滴通过织物瞬间排出体外而蒸发,让肌肤充分感受干爽和清凉。其湿汽扩散能力较棉高 12% ~ 74%,干燥效率较棉高 11% ~ 47%。

①Coolplus 纤维的理化性能。Coolplus 纤维的截面呈"＋"形(图8 - 1、图 8 - 2),通过纤维表面这些细微的孔洞和沟槽可以产生毛细效应,将人体肌肤表层排除的湿气和汗水迅速吸收到织物表层,不仅改善了涤纶的吸湿性,还可快速散发湿气和汗水,达到吸湿快干的效果。

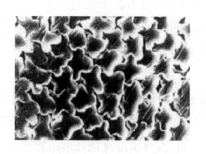

图8-1　Coolplus 纤维的截面形状　　　图8-2　Coolplus 纤维的放大效果（550 倍）

Coolplus 纤维与其他纤维性能的对比见表8-1。Coolplus 纤维的可纺性好，虽然其强度比普通涤纶低，但强度、伸长率均高于纤维素纤维，可与其他纤维混纺，提高 Tencel 纤维、Modal 纤维以及棉等纱线的强度，并改善纱线的条干均匀度。由于其截面的几何特征，使其具有比其他圆形纤维更高的抗弯性能，增加了纤维间的抱和力、蓬松性、透气性和丝条的硬挺性，光泽柔和，消除了圆形纤维织物的蜡状感，手感舒适。Coolplus 纤维吸水性较其他纤维高，因其纤维表面的纵向沟槽和无数微孔可以起到毛细管作用，吸收汗液的速度和扩散的速度均比棉纤维快，可使皮肤表面保持干燥，使人感觉既凉爽、清新，又无寒冷的感觉，而微孔效应使其更具温暖、柔软的手感。

表8-1　Coolplus 纤维与其他纤维性能的对比

性能	Coolplus 纤维	Tencel 纤维	Modal 纤维	棉纤维	涤纶	大豆蛋白 纤维
干强（cN/tex）	37 ~ 54	38 ~ 42	32 ~ 34	20 ~ 24	55 ~ 60	55 ~ 67
湿强（cN/tex）	36 ~ 50	34 ~ 38	19 ~ 21	26 ~ 30	54 ~ 58	40 ~ 52
干伸长率（%）	15 ~ 45	14 ~ 16	13 ~ 15	3 ~ 10	25 ~ 30	15 ~ 21
湿伸长率（%）	18 ~ 30	16 ~ 18	14 ~ 16	12 ~ 14	25 ~ 30	16 ~ 21
干模量（cN/tex）	220	1100	700	90 ~ 110	60 ~ 280	—
吸水性（%）	65 ~ 85	65 ~ 70	75 ~ 80	45 ~ 55	2 ~ 3	30 ~ 45

②Coolplus 织物的染整加工。Coolplus 纤维的纺织染整加工生产工艺路线与涤纶基本相同。考虑到 Coolplus 纤维为非常规形截面，纵向成棱槽状，成纤具有机械卷曲形成的弯面，有较好的卷曲弹性恢复率，只需稍加调整和设计，就能用涤纶纺织染整加工工艺和设备进行生产。

工艺流程：

原料准备→坯布编织→漂染→JLSUN® SW 吸汗速干整理→预烘→定形→光坯检验 裁剪→缝纫→整烫→检验→包装入库

日本帝人公司开发销售了多孔中空截面聚酯纤维,纤维表面到中空部分有许多贯通的细孔,该纤维具有优良的吸湿排汗功能,表面风格粗糙。

吸水性纤维中著名的品种有德国拜耳公司开发的材料,它是芯鞘二层结构。在芯部沿纤维轴方向并列许多细孔,鞘部中有许多导管使芯部与纤维表面相连接,被吸收的水分在芯部多孔质中有选择地被保留,纤维的表面则成为干燥状态。此后,日本的钟纺、三菱人造丝等公司也相继开发了类似的吸水性纤维。一般情况下,在聚酯纤维中可制作出直径 $0.01 \sim 3\mu m$ 的大量微细孔,从而得到高吸水率纤维。

二、利用化学改性获得吸湿速干性

(1)通过接枝共聚方法,在大分子结构内通常引入羧基、酰胺基、羟基和氨基等,增加对水分子的亲和性,从而增强纤维的吸湿排汗性能。

对织物表面进行等离子体处理,开发出能够排放汗汽的纤维。利用连续发生高密度等离子体的装置,对纤维表面进行改性并与丙烯酸分子接枝共聚,可很好地吸收水分,而里面不沾水,即使反复洗涤,效果仍能长久保持。人们的穿着试验结果表明,这种织物比棉汗衫的闷热性和粘糊感低。

日本东洋纺公司开发出会呼吸的聚酯织物"Ekslive",它采用聚合方法利用化学键接的方式,将聚丙烯酸酯粉末连接到聚酯纤维上,通过吸湿排除热量,改善织物的饱和吸水性。日本 Komatsu Serien 公司也通过蚕丝化合物接枝聚合改性得到吸水排汗聚酯纤维。

(2)为了使纤维表面亲水化,通常使用亲水性化合物覆盖于表面,但要求在洗涤时该亲水性高分子不易脱落。其中可与涤纶生成共熔结晶型的聚乙二醇嵌段共聚物是最好的加工剂,它可以使面料具有毛细管效应,让水分子在最短的时间散发出去,从而使面料保持干爽。JLSUN® SW 亲水加工剂的对苯二甲酸酯部分和聚酯纤维有完全相同的结构,因此,用这样结构的亲水加工剂处理之后,进行加热时,与涤纶分子具有相同结构的部分成为熔合的状态,进入聚酯纤维的结晶区形成共熔结晶,从而获得耐久性,聚乙二醇链段同时获得亲水性。

三、利用纺纱和织造结构获得吸湿速干性

1. 与纤维素性纤维的复合 现在已有将纤维素纤维和聚酯纤维的特性相互结合制成的复合纤维问世。例如,由日本东洋纺公司开发的多层结构丝,它能控制由于大量出汗引起的黏糊感和湿冷感,纤维结构最内层是疏水性长丝,中间层为亲水性短纤维,最外层用疏水性复丝包覆形成三层结构复合丝。

2. 多层结构 高度达20m的杉树从根部吸收的水分能上升到树梢,这是毛细管现象所产生的效果。运用这种原理的100%聚酯多层结构针织品已开发出来,靠近肌肤一侧用粗纤维形成粗网眼,外侧则配置细的纤维形成的细网眼,通过这种形式使汗水迅速向

外部放出，日本东丽公司与帝人公司都在生产这种多层结构的聚酯纤维针织品。

第五节　吸湿排汗织物的应用前景

世界各大权威纺织机构的研究表明，吸湿排汗纤维以及高附加值功能性纺织品是未来消费市场发展的一大趋势。目前，在迎合市场需求、节省成本、提高产品竞争力三大因素的前提下，国内外纺织业界纷纷结合上、中、下游的生产厂商开发出功能性纤维、功能性高科技纺织品。如一系列运动、休闲及内衣产品以展现经济性、舒适性、功能性的产品特色，创造化纤与纺织产品的最高附加值。吸湿排汗纤维能够广泛应用于紧身衣裤、外衣、运动服、西裤、衬里、装饰制品等领域。

一、紧身衣裤

在对众多消费者对服饰要求的调查中发现，生活中有80%以上女性对紧身衣裤的闷热和出汗粘身感到非常不满，因此预料使用吸湿排汗纤维可以改善紧身衣裤的舒适性。关于穿着紧身衣裤时感到舒适性的原因，有紧身衣裤和皮肤表面间水分及湿度之间的关系、紧身衣裤在和皮肤接触时的压力或肌肤接触感风格等。

二、外衣

1. 女式外衣　吸湿排汗纤维织物将进入女性服装领域，该领域中，穿着舒适性也已经成为关键，吸湿排汗纤维已被大量采用。特别是女式外衣应用上，对于附加弹性、清凉性、轻快性等时装性已成为材料开发的重点。消费者对易于实际感受到功能性，对所附加的功能易于了解的制品的要求在提高。

2. 男式外衣　虽然吸湿排汗材料是从衬衫、西装、衬衣等女式服装开始的，但是，目前应该逐渐推广在西服长裤、成套内衣、休闲短裤等男式服装领域。

三、运动服

吸湿排汗纤维的用途中所见到的最突出的开发工作是在与运动有关的领域，围绕运动服、竞赛服等大量的应用。在过去，人们都喜欢用棉花做运动服的纺织原料，因为棉纤维本身就具有亲水基团，吸水能力优良，为此使下游纺织服装行业广泛将棉纤维应用于内衣、运动服、袜子等领域。但是，亲水性的棉制品虽然有在出汗时吸汗水的性质，可棉纤维的保水性也是非常强的，棉纤维在吸收入了汗水之后，一旦为汗水所饱和，干燥速度慢，从湿润状态到水分平衡所需时间非常长。此外，浸润水分的棉织物重量加重，对人体皮肤有粘贴的不快之感。而吸湿排汗纤维原料制造出的织物就解决了棉纤维诱发出的实际问题，吸湿排汗纤维在出汗时不令纤维粘贴于皮肤表面，因此在运动服、竞赛服等用途上已经有被大量使用的趋势,运动服领域对该类纤维需求十分强劲。

参考文献

[1]徐晓辰.吸湿排汗聚酯纤维的开发及应用[J].合成纤维,2002(11):9.

[2]李燕立,林朔.织物的吸湿排汗性及其评价方法[J].北京服装学院学报,1996(1):80-81.

[3]翟涵,徐小丽,王其,等.吸湿排汗纤维及其作用原理研究[J].上海纺织科技,2004(2):6.

[4]华兴宏等.吸湿排汗纤维的发展概述[J].合成纤维,2005(1):44.

[5]徐晓辰.吸湿排汗聚酯纤维的开发及应用[J].合成纤维,2002(11):10-11.

[6]赵博.Coolmax吸湿排汗纤维混纺产品的研制开发[J].广西纺织科技,2005(1):11-13.

[7]关燕等.Coolplus纤维的吸湿速干性能及其产品的开发[J].纺织科学研究,2002(4):16-19.

[8]翟保京,王贤瑞.吸湿排汗整理织物的测试技术及其进展[J].印染,2005(2):33-34.

[9]http://www.jlsun.com.cn.

第九章　阻燃纺织品

第一节　概述

近年来,随着科技的发展,纺织工业不断进步,纺织品种不断增加,各类装饰用和产业用纺织品的应用领域逐渐扩大,已经从人们的日常生活扩展到工业、农业、交通运输、军事、卫生、防护等诸多领域。如在高层建筑、商业大厦、高级公寓、宾馆、机场、礼堂、室内娱乐场所、交通运输等各个场所和领域,纺织品因具有易燃性,已经成为引发火灾的主要隐患。我国近十几年来,平均每年发生的火灾次数为三四万起,死亡人数 2000 ~ 3000 人,并且最近几年呈上升趋势,而纺织品引起的火灾占 50% 以上。据国外统计,由纺织品引起的火灾约占火灾总数的 40% 以上,特别是建筑住宅火灾,纺织品引起的着火蔓延而引发的火灾所占的比例更大。纺织品的阻燃问题越来越受到社会各界的普遍重视。提高纺织品的阻燃性能对确保安全和减少火灾事故有极其重要的现实意义。

国外对织物的阻燃研究早在 18 世纪就已开始了,但阻燃织物生产在 20 世纪才得到迅猛发展。20 世纪 60 年代后期,一些工业发达国家把阻燃技术初步应用于工业,这些国家和相关组织机构,开始制定有关阻燃法规和评价材料燃烧性能的标准。1971 年,美国对儿童睡衣、地毯、家具提出了相关的防火法规;日本制定《消防法》《建筑法》,对电缆及相关可燃物做出了明确规定。我国纺织品阻燃技术始于 20 世纪 50 年代,以研究棉织物暂时性阻燃整理起步;60 年代开始研制耐久性纯棉阻燃纺织品;70 年代,随着合成技术的发展,纺织品品种从纯棉纺织品扩大到混纺纤维、合成纤维,纺织品的阻燃也从纯棉纺织品的阻燃,进入难度更大的混纺和合成纤维的阻燃,开发出可用于混纺纤维和合成纤维的阻燃剂;80 年代,我国阻燃织物进入了新的发展时期,开发了许多适合于棉、涤及混纺织物的阻燃剂及阻燃整理技术。

近年来,我国在纺织品阻燃技术的研究方面取得了较大进展。开发了一系列性能优异的阻燃纺织品和可用于纺织品阻燃的阻燃剂。中国纺织科学研究院先后研制成功了丙纶阻燃母粒、抗燃烧抗静电复合熔料、安全无毒的毛黏混纺阻燃产品等;上海合成纤维研究所、上海纺织研究院、中国纺织大学(现东华大学)和山西煤化所、山西纺织研究院承担的攻关项目"预氧丝阻燃织物的配制"通过鉴定,一系列性能优良,且长久使用或经多次熨烫、日晒水洗,性能仍然不变的永久性阻燃纤维及其系列织物,目前已开始全面上市,使我国成为世界上少数可以生产永久性阻燃产品的国家。目前,不少企业已开发研制出一系列品种齐全、性能优异、应用广泛的新型阻燃剂,其中有代表性的是北京洁尔爽高科技有限公司研制生产出的适用于棉、麻等天然纤维及涤纶等化学纤维的一系列纺织品用的耐久性阻燃剂,其整理过的纺织品的阻燃性能达到国家标准 GB/T 5455—2014 B2级以上,水洗 30 次后,阻燃效果仍能满足要求,阻燃产品降强小,手感良好。

随着阻燃科学技术研究和阻燃产品的开发与利用,相应的法律法规及标准也相继出现。一些发达国家对纺织品的阻燃制定了较系统的法规,我国也相继推出了不少阻燃规定和防火规范。1982 年 4 月经过纺织部批准,以中国标准化协会纺织代表团的名义派代表首次参加在西柏林召开的国际标准化组织(ISO)第 38 纺织技术委员会(TC38)第 19 分委会(SCl9)纺织品及其制品的燃烧特性的国际标准会议。此后,我国的纺织品阻燃标准制定工作与国际标准紧密结合起来。1984 年,我国已制定出三种纺织物燃烧试验标准,并于 1985 年颁布实行,以适应我国织物及有关制品出口创汇的需要。1988 年,我国颁布了国家标准《阻燃防护服》;1998 年,颁布实施了《消防法》。根据国家工程建筑消防技术标准的规定,公共场所室内装修、装饰应当使用不燃或难燃材料。从而使阻燃防护材料的应用有了法律保证。

随着经济的发展及人民生活水平的提高,人们对阻燃纺织品的需求更加迫切。阻燃产品推广很快,现已被广泛应用于高层建筑、宾馆、医院,以及飞机、轮船和汽车的内部装修。随着科学技术的进步,新的有机合成材料还将不断地涌现,现有的有机合成材料的应用领域也还在不断地扩大,这些都对阻燃科学技术提出更高要求。总之,阻燃技术及产品的市场发展更趋于多样化、功能化。

第二节　纺织品的热裂解

纺织品的种类很多,其结构也不尽相同,因此燃烧情况也不同。根据燃烧的难易程度燃烧可分为不燃、阻燃、难燃(准阻燃)、可燃、易燃等形态。纺织品的燃烧必须具备热、空气和可燃物三个条件。纺织品的燃烧,都是由外来热源引起的,当热源的温度达到一定高度时,使其分解或裂解产生可燃性气体,与空气中的氧气混合而使其着火。这期间,在气相、液相和固相中发生的物理和化学反应十分复杂,且受种种因素的影响,因此至今仍难以对它进行定量分析。对纺织品燃烧的定性说明还很不完善。

纺织品燃烧的过程包括加热、熔融、裂解和分解、氧化和着火等步骤。各个步骤的进行速度受许多因素的影响。纺织品加热后,首先是水分蒸发、软化和熔融这样的物理变化,随后才是裂解和分解等化学变化。物理变化与纺织纤维的质量热容、热导率、熔融热和蒸发潜热等因素有关;化学变化又决定于纤维的分解和裂解温度、分解潜热的大小。此外,纺织品的种类、组织结构、表面形态等对其燃烧也有影响。对纺织品燃烧性的划分,有不同的表述,表9-1是日本东洋纺公司和田有义提出的一种分类方法。

表9-1 纤维从燃烧形态分类

纤维品种	燃烧形态	燃烧性	纤维品种	燃烧形态	燃烧性
玻璃纤维、石棉、碳纤维	非熔融	阻燃	阻燃聚酯	熔融	可燃
阿拉明特、诺波拉依特	非熔融	难燃（准阻燃）	羊毛	非熔融	可燃
阻燃整理棉、羊毛、富强纤维	非熔融	可燃	聚酯、耐纶、丙纶	熔融	易燃
波来克勒尔、阻燃聚丙烯腈、改性聚丙烯腈、氯乙烯	收缩	易燃	棉、聚丙烯腈、醋酯	非熔融	易燃

一、纤维素纤维的热裂解

纤维的热裂解在纺织品的燃烧过程中是一个至关重要的步骤,它决定裂解产物的组成和比例,与能否续燃关系极大。了解纺织品的热裂解及热裂解的产物,可以帮助人们研制阻燃剂、制定纺织品的阻燃整理工艺。

纤维素纤维是天然高分子材料,其主要成分是纤维素,纤维素是由许多脱水的 β - 葡萄糖($C_6H_{10}O_5$)$_n$ 以 1,4 - 苷键连接的多糖类。

纤维素纤维受热不熔融,遇火焰后燃烧较快。纤维素受热后产生热裂解,裂解产物为固态、液态物质和挥发性气体。纤维的燃烧可分为有焰燃烧和无焰燃烧(阴燃)。有焰燃烧主要是纤维受热裂解时产生的可燃性气体或挥发性液体的燃烧,而阴燃则是固体残渣(主要是碳)的氧化,有焰燃烧所需温度比阴燃要低得多。纤维素的裂解是纤维燃烧最重要的环节,因为裂解将产生大量裂解产物,其中可燃性气体和挥发性液体将作为有焰燃烧的燃料,燃烧后产生大量的热,又作用于纤维使其继续裂解,使裂解反应循环进行。

1. 纤维素纤维的热裂解过程 一般认为,纤维素纤维的裂解反应分为纤维素脱水炭化,产生水、二氧化碳和固体残渣;纤维素通过解聚生成不挥发的液体 L - 葡萄糖,而后 L - 葡萄糖进一步裂解,产生低分子量的裂解产物,并形成二次焦炭。在氧的存在下,L - 葡萄糖的裂解产物发生氧化,燃烧产生大量热,引起更多纤维素发生裂解。这两个反应相互竞争,始终存在于纤维素裂解的整个过程中。

通过试验发现,纤维素纤维的热裂解可以分为三个阶段:初始裂解阶段、主要裂解阶段和残渣裂解阶段。

温度低于370℃的裂解属于初始裂解阶段,这个阶段是纤维素裂解的开始,主要表现为纤维物理性能的变化及少量失重。纤维素纤维的初始裂解阶段主要与纤维素纤维中的无定形部分有关。

温度在 370~430℃ 的裂解是主要裂解阶段。这一阶段纤维的失重速率很快,失重量很大。裂解的大部分产物在这一阶段产生,左旋葡萄糖是主要中间裂解产物,再由它分解成各种可燃性气体。纤维素纤维的主要裂解阶段发生在纤维的结晶区。

温度高于 430℃ 时,纤维素纤维的裂解属于残渣裂解阶段。在纤维素的裂解过程中,脱水、炭化反应与生成左旋葡萄糖的裂解反应始终相互竞争,存在于整个裂解过程中。到了残渣裂解阶段后,脱水、炭化裂解反应的方向更加明显,纤维素燃烧残渣继续脱水、脱羧,放出水和二氧化碳等物质,并进行重排反应,形成双链、羰基和羧基产物,残渣中碳含量越来越高。

由于纤维素纤维种类或实验条件不同,纤维素纤维裂解的三个阶段温度范围会有变化,但纤维素纤维裂解的阶段性总是存在的,这是由纤维素纤维微结构的特点所决定的。从初始裂解阶段到主要裂解阶段,其实质就是纤维从无定形区到结晶区的一个裂解过程。

2.纤维素纤维的热裂解产物 纤维素纤维的裂解是决定纤维(织物)燃烧性能的关键。纤维素纤维的裂解产物中,大部分是纤维燃烧的燃料。研究纤维阻燃前后裂解产物的变化及裂解产物的认定,对研究纤维素纤维的燃烧及阻燃机理非常有意义。

国外有文献介绍,纤维素纤维裂解产物确认的有 12 种,主要有醛、酮、呋喃、糠醛和核葡聚糖等。国内有人做出裂解气相色谱图后,认定棉纤维有 45 个色谱峰,人工检出的裂解产物有 21 个峰,含 28 种裂解产物,其中有 2 种为可能裂解产物;阻燃棉纤维检出 24 种裂解产物,其中有 2 种为可能裂解产物。近年有人利用 PY—GC—MS 色质联用仪研究棉纤维的热裂解产物,其结果与以前的结果有所不同。棉纤维裂解产物及其含量见表 9-2。在所有的裂解产物中,只有水、二氧化碳是不燃烧的,而醇、醛、醚、酮、酯、呋喃、苯等都是易燃的。这在研究阻燃整理和阻燃剂时都是非常重要的。通过阻燃整理使这些易燃物质减少或将其封闭,可以达到阻燃的目的。

表 9-2 棉纤维热裂解产物及其含量

类别	热裂解产物	峰面积百分比(%)	合计(%)
不燃性物质	水	18.33	49.81
	二氧化碳	31.48	
醇类物质	丙醇(含甲酸甲酯)	17.10	17.44
	丙烯-1-羟基乙醚	0.13	
	2-醛丁醚	0.21	
醛类物质	丙醛	0.96	1.24
	戊醛	0.28	

类别	热裂解产物	峰面积百分比（%）	合计（%）
酮类物质	羟基丙酮	4.18	8.99
	1-烯-3-戊酮	1.15	
	2-丁酮	0.58	
	羟基丙酮	0.49	
	环己酮	0.70	
	2-羟基-2-烯-3-甲醛环戊酮	0.34	
	1-烯-2-甲基-3-戊酮	0.16	
	2,4-二辛酮	1.39	
呋喃类物质	二甲基二氢呋喃	0.33	5.65
	糠醛	0.86	
	二甲基二氢呋喃	0.53	
	5-甲基糠醛	0.52	
	2-乙基-5-羰基二甲基二氢呋喃	0.18	
	2-羟基-二甲基-二甲基二氢呋喃	0.22	
	5-羟甲基糠醛	2.99	
	2,5-二甲基-4-羟基二甲基二氢呋喃	0.02	
酯类物质	2-烯-丁酸乙酯	0.58	0.58
醚类物质	2,3-丙二酮甲醚	1.72	4.83
	1-烯-1,5-环戊醚	0.16	
	乙烯基乙醚	0.16	
	1-甲基-4-羟基环戊醚	0.52	
	2-甲基-5-乙基-1,4-戊二醚	2.27	
其他类物质	核葡聚糖	5.02	5.02
未知物质		6.44	

二、涤纶的热裂解

涤纶是应用较广的合成纤维之一，它的燃烧与其他合成高分子材料一样。涤纶与高温热源接触，吸收热量后发生热裂解反应，热裂解反应生成易燃气体，易燃气体在空气（氧）存在的条件下，发生燃烧，燃烧产生的热量被纤维吸收后，又促进了纤维继续热裂解和进一步燃烧，形成一个循环。

合成纤维持续燃烧，必须具备下列条件。

(1)高聚物裂解,能产生可燃气体。

(2)燃烧产生的热量,足以加热高聚物,使之连续不断地产生可燃气体。

(3)产生的可燃气体能与氧气混合,并扩散到已点燃的部分。

(4)燃烧部分蔓延到可燃气体与氧气的混合区域中。

针对这四个条件,人们提出了阻燃的基本原理:减少(或者基本没有)热裂解气体的生成,阻碍气相燃烧的基本反应,吸收燃烧区域的热量,稀释和隔离空气。

第三节　纺织品阻燃剂的阻燃机理

材料的阻燃性,常通过气相阻燃、凝聚相阻燃及中断热交换阻燃等机理实现。抑制促进燃烧反应链增长的自由基而发挥阻燃功能,属于气相阻燃;在固相中延缓或阻止高聚物热分解起阻燃作用,属于凝聚相阻燃;将聚合物燃烧产生的部分热量带走而阻燃,则属于中断热交换机理类的阻燃。燃烧和阻燃都是十分复杂的过程,涉及很多影响和因素,将一种阻燃体系的阻燃机理严格划分为某一种很难,实际上很多阻燃体系同时有几种阻燃机理起作用。

一、纺织品的阻燃机理

1. 熔融理论(表面覆盖理论)　有些物质,如硼砂、硼酸,加热时熔融,在纤维表面形成一层玻璃状的膜,起到隔离空气的作用。磷化物在固相产生作用,促进炭化,阻止可燃性气体的放出;溴化物在气相起作用,受热分解产生不燃性气体浮在纤维表面,隔离空气或稀释可燃性气体,从而产生阻燃效应。

2. 吸热作用　通过阻燃剂发生吸热脱水、相变、分解和其他吸热反应,降低聚合物表面和燃烧区域的温度,从而减慢高聚物的热分解速度。

3. 脱水理论　磷系阻燃剂在与火焰接触时,会生成偏聚磷酸,而偏聚磷酸有强大的脱水作用,使纤维炭化,而炭化膜则起到了隔绝空气的作用。这种作用和覆盖理论同时起作用。

4. 凝聚相阻燃　凝聚相阻燃是指在凝聚相中延缓或中断阻燃材料热分解而产生的阻燃作用。下述几种情况均属于凝聚相阻燃。

(1)阻燃剂在固相中延缓或阻止可产生可燃气体和自由基的热分解。

(2)阻燃材料中比热容较大的无机填料,通过蓄热和导热使材料不易达到热分解温度。

(3)阻燃剂受热分解吸热,使阻燃材料温升减缓或终止。

(4)阻燃材料燃烧时在其表面生成多孔炭层,炭层难燃、隔热、隔氧,又可阻止可燃气体进入燃烧气相,使燃烧中断。

5. 气相阻燃　在材料受热燃烧过程中,生成大量的自由基,加快气相燃烧反应。如能设法捕捉并消灭这些自由基,就可控制燃烧,起到阻燃效果。气相燃烧反应的速度与燃烧过程中产生自由基 HO·和 H·的浓度有密切关系。气相阻燃剂的作用主要是将这类高活泼性的自由基转化成稳定的自由基,抑制燃烧过程的进行,达到阻燃目的。

6. 尘粒或壁面效应　自由基与器壁或尘粒表面接触,可能失去活性,在尘粒或容器壁面可发生下述反应:

$$H\cdot + O_2 \longrightarrow HO_2\cdot$$

在尘粒表面生成大量活性比 H·和 HO·等低得多的自由基$HO_2\cdot$,从而达到抑制燃烧。

7. 熔滴效应　某些热塑性纤维,加热时发生收缩熔融,减少了与空气的接触面,甚至发生熔滴下落而离开火焰,使燃烧受到一定的阻碍。

为了获得最佳阻燃效果,应使这些理论尽可能共同起作用,如利用协同效应❶。

二、阻燃剂的阻燃机理

阻燃剂的种类众多,可分为卤系、磷酸酯类和无机阻燃剂。不同种类的阻燃剂,其阻燃机理也不相同,有些阻燃剂的阻燃机理目前尚不清楚。阻燃剂是通过物理效应和化学效应两个方面发挥阻燃作用的。物理效应主要有稀释可燃物和氧含量的作用、吸热和隔离氧的作用,化学效应主要是消除游离基和形成致密炭质膜的作用。

1. 卤系阻燃剂的阻燃机理　卤系阻燃剂受热时分解出不可燃性气体卤化氢,覆盖在材料表面隔绝外界氧的进入,同时对材料表面的环化反应有催化作用,迅速形成能隔离空气和热量的固相表面层,发挥其阻燃作用。卤化氢还能与高活性的自由基 HO·、H·、O·反应,生成活性较低的卤自由基,致使燃烧减缓或终止。卤系阻燃剂的阻燃效果的顺序为:I > Br > Cl > F,这是因为 H—X 键解离能的大小不同,溴化物的阻燃效果是氯化物的两倍,这不仅因为 H—Br 键的解离能比 H—Cl 键小,而且与碳键的解离能的大小有关,C—Br 键解离能为 226.087kJ/mol、C—Cl 键解离能为 280.52kJ/mol。从化合物的结构来看,脂肪族类比芳香族类阻燃效果大。卤原子的位置不同,效果也不同,溴化物溴原子 α 位的 H 原子的数目越少,热稳定性、阻燃效果越好。

$$RX \xrightarrow{\triangle} R\cdot + X\cdot$$

$$HR + X\cdot \xrightarrow{\triangle} R\cdot + HX(R\cdot 活泼性较低)$$

HX 捕获自由基 HO·和 H·:

---

❶ 协同效应指两种物质共同作用比它们单独作用的总和贡献要大。

$$HX + H \cdot \longrightarrow H_2 + X \cdot$$

$$HX + \cdot O \cdot \longrightarrow HO \cdot + X \cdot$$

$$HX + HO \cdot \longrightarrow H_2O + X \cdot$$

$X \cdot$ 继续和自由基 $HO \cdot$、$H \cdot$ 反应:

$$X \cdot + HO \cdot \longrightarrow HX + \cdot O \cdot$$

$$X \cdot + H \cdot + M \longrightarrow HX + M(M \text{ 为其他载能体})$$

生成的 HX 重复进行反应。

此类阻燃剂(主要是溴系阻燃剂)还可以与其他一些化合物(如三氧化二锑)复配使用,通过协同效应明显提高阻燃性。所以,此类阻燃剂的适用范围非常广泛,适用于多种塑料、橡胶、纤维及涂料等物质,是目前世界上产量最大的有机阻燃剂之一,溴系阻燃剂的主要产品有十溴二苯醚、四溴双酚 A、四溴二季戊四醇、溴代聚苯己烯、五溴甲苯和六溴环十二烷等。溴系阻燃剂的主要缺点是降低被阻燃基材的抗紫外线稳定性,燃烧时生成较多的烟、腐蚀性的 HXO 和有毒气体,造成二次污染。因此,其使用受到一定的限制。

2. 无机磷酸盐的阻燃机理　无机磷酸盐阻燃剂最主要的产品有红磷阻燃剂、磷酸铵盐、聚磷酸铵盐等。磷系阻燃剂起阻燃作用的步骤在于高聚物初期分解时的脱水而炭化。而脱水炭化必须依赖被阻燃物本身的含氧基团,与这些含氧基团反应,生成磷的含氧酸,磷的含氧酸可催化含羟基化合物脱水成炭。在高温时(大于400℃),磷酸盐可发生缩合反应,生成环状聚磷酸盐以及高聚合度的多聚偏磷酸盐玻璃体,生成的聚磷酸盐可将材料表面与氧隔绝。

钾、钠、钙、镁、铝、锌等金属的酸性磷酸盐及其与氯化物的混合物可以与蛋白质大分子表面的氨基结合,形成离子对固定在材料表面。用离子对理论可较合理地解释一些实验现象。如毛织物的阻燃整理。

毛织物的阻燃剂是由不同的磷酸盐与氯化物混合,其组成通式为:

$$A_x \cdot B_y [MC_z]$$

式中:A——H^+、Na^+、K^+、NH_4^+;

　　　B——Cl^-、$H_2PO_4^-$;

　　　C——Cl^-、$H_2PO_4^-$;

　　　M——Mg^{2+}、Ca^{2+}、Zn^{2+}、Al^{3+};

x、y、z——1~5 的整数。

这类混合物是酸性的,H^+ 和蛋白质分子链上裸露的氨基(—NH_2)结合形成—NH_3^+ 离子,然后再与 $[Ca(H_2PO_4)_4]^{2-}$、$[Zn(H_2PO_4)_4]^{2-}$ 等配合阴离子或 $H_2PO_4^-$、Cl^- 等酸根阴离子结合形成离子对。将这些阴离子基团牢固地吸附在蛋白质大分子链上,如下式所示:

$$K[Zn(H_2PO_4)_4]^-$$

$$NH_3^+ \qquad NH_3^+ Cl^- \qquad NH_3^+$$

$$NH_3^+ Cl^- \qquad NH_3^+ \qquad NH_3^+ Cl^-$$

$$K[Zn(H_2PO_4)_4]^-$$

3. 磷酸酯类阻燃剂的阻燃机理　磷酸酯类阻燃剂受热时和氧作用生成不挥发性磷的含氧酸和磷酸。含氧酸能催化含羟基化合物脱水成炭，降低材料的质量损失和可燃物的生成量；磷酸受热生成偏磷酸，最后生成多聚磷酸玻璃体。不挥发性磷的氧化物和聚合磷酸玻璃体能严密地覆盖在材料表面，使其与空气隔绝。用质谱分析经三苯基氧化膦处理的聚合物的产物，证实了气态产物中含有 PO·，它可以捕获自由基 OH· 和 H·，在气相抑制燃烧链式反应。

$$H_3PO_4 \longrightarrow HPO_2 + PO· + 其他$$

$$PO· + H· \longrightarrow HPO$$

$$HPO + H· \longrightarrow H_2 + PO·$$

$$PO· + OH \longrightarrow HPO_2$$

4. 三氧化二锑对卤系阻燃剂的协同效应　三氧化二锑单独使用不是有效的阻燃剂，它和卤代化合物混合使用具有协同阻燃作用，生成的 SbOX 能使空气与火焰分开。同时 SbOX 可以在很宽的温度范围内继续分解为 SbX₃ 气体，吸收大量的热，降低材料表面温度，并与气相中的自由基反应，降低游离基浓度，改变气相中的反应模式，减少反应放热量，起到阻燃作用，如下式所示：

$$MX \longrightarrow M' + HX$$

$$6HX + Sb_2O_3 \longrightarrow 2SbX_3 + 3H_2O$$

$$2HX + Sb_2O_3 \longrightarrow 2SbOX + H_2O$$

$$SbX_3 + 3H· \longrightarrow Sb + 3HX$$

$$HX + H· \longrightarrow H_2 + X·$$

$$Sb + HO· + M' \longrightarrow SbOH + M'$$

$$Sb + O: + M' \longrightarrow SbO + M'$$

$$SbO + H· \longrightarrow SbOH$$

此外，挥发性的卤化锑比 HX 有较强的稀释和覆盖火焰的作用，并可抑制卤素从火焰中逸出，因此，协同效应更强，取得更强、更有效的阻燃效果。

5. 磷—氮系阻燃剂的阻燃机理　磷—氮系阻燃剂又称膨胀型阻燃剂，它不含卤素，也不采用氧化锑为协效剂。含这类阻燃剂的高聚物受热时，表面能够生成一层均匀的碳质泡沫层,起到隔热、隔氧、抑烟的作用,并防止产生熔滴现象,因此具有良好的阻燃性能。

膨胀型阻燃体系一般由三部分组成,即气源(氮源、发泡源)、酸源(脱水剂)和碳源(成碳剂)。膨胀型阻燃剂主要通过形成多孔泡沫碳层在凝聚相起阻燃作用,此碳层主要按以下几步形成。

(1)在较低温度(150℃左右,视酸源和其他组分性质而定)下,由酸源放出能酯化多元醇和可作为脱水剂的无机酸。

(2)在稍高于释放酸的温度下,无机酸与多元醇(碳源)进行酯化反应,而体系中的胺则作为酯化反应的催化剂,使酯化反应加速进行。

(3)体系在酯化反应前或酯化过程中熔化。

(4)反应过程中产生的水蒸气和由气源产生的不燃气体使已处于熔融状态的体系膨胀发泡,与此同时,多元醇和酯脱水碳化,形成无机物及碳残余物,且体系进一步膨胀发泡。

(5)反应接近完成时,体系胺化和固化,最后形成多孔泡沫碳层。

此类阻燃剂因生烟量低、产生的腐蚀性气体少而受到重视。尤其是笼状结构的磷酸酯三聚氰胺磷酸盐的研制成功,使它具有更丰富的碳源和酸源,改善了碳源、酸源和气源的比例,提高了阻燃性能。北京大学的欧育湘教授等也合成了一系列环状或笼状磷酸酯阻燃剂。

三、阻燃剂的新发展

目前,所用阻燃剂主要有含卤化合物、含磷化合物、卤—磷化合物、无机添加剂及膨胀型阻燃剂。其中含卤阻燃剂是目前世界上产量最大的有机阻燃剂之一,但由于卤系阻燃剂在燃烧时会产生有毒、腐蚀性气体及烟雾,造成二次污染,引起了人们的普遍关注。阻燃剂无卤化呼声日益高涨,2003年11月,欧盟国家已经明令禁用五溴二苯醚和十一溴二苯醚等含卤素阻燃剂。而无机添加型阻燃剂由于添加量大,对材料(高聚物)性能,尤其是力学性能影响严重,也不是理想的阻燃剂。

在无卤阻燃体系中,膨胀阻燃剂是重要的一类。膨胀阻燃剂优于含卤阻燃剂之处在于其燃烧时烟雾小,而且放出的气体无害。另外,膨胀阻燃剂生成的炭层可以吸附熔融、着火的聚合物,防止其滴落而传播火灾,因此它是比较有发展前途的阻燃剂。无机水合物的阻燃剂,如 $Mg(OH)_2$、$Al(OH)_3$ 等,将向微细化及纳米化方向发展。单一阻燃剂将被复合型具有协同效应的阻燃剂所替代,其中纳米复合材料将作为阻燃的一种新途径。

1. 氮系阻燃剂 磷酸氢二铵[$(NH_4)_2HPO_4$]、氯化铵(NH_4Cl)、硫酸铵[$(NH_4)_2SO_4$]等铵盐目前已经很少使用,近期开发成功了三聚氰胺基聚合物,可用于聚氨酯和聚酰胺的阻燃,其作用较为明显。这种阻燃剂不需添加其他任何助剂,且添加量少,可用于多种聚合物,具有良好的经济效益。

2. 膨胀型石墨阻燃剂 膨胀型石墨(EG)是近期发展起来的一种无卤无机膨胀型阻燃剂,它资源丰富、制造简单、价格低廉、无毒、低烟,当其与某些协效剂共同使用时,阻燃效果良好。可用做 EG 阻燃协效剂的有以下几种。

（1）磷化合物。如红磷、聚磷酸铵、三聚氰胺磷酸盐、磷酸胍。

（2）金属氧化物。如三氧化二锑、五氧化二锑、氧化镁、硼酸锌（$2ZnO \cdot 3B_2O_3 \cdot 3.5H_2O$）、八钼酸铵等。

3. 超细化阻燃剂　目前，$Al(OH)_3$、$Mg(OH)_2$ 的超细化、纳米化是主要研究开发方向。大量添加 $Al(OH)_3$、$Mg(OH)_2$ 会降低材料的力学性能，然而填充微细化 $Al(OH)_3$、$Mg(OH)_2$，反而会起到刚性粒子增塑增强的效果，特别是纳米级材料。阻燃作用是由化学反应支配的，等量的阻燃剂，其粒径越小，比表面积就越大，阻燃效果就越好。超细化也是从亲和性方面考虑的，正因为 $Al(OH)_3$、$Mg(OH)_2$ 与聚合物的极性不同，才导致以其为阻燃剂的复合材料的加工工艺中力学性能的下降，由于超细纳米化的 $Al(OH)_3$、$Mg(OH)_2$ 增强了界面的相互作用，其可以更均匀地分散在基体树脂中，从而能更有效地改善共混料的力学性能。例如，在 EEA 树脂中添加等量 $Al(OH)_3$ 时，$Al(OH)_3$ 的平均粒径越小，共混料的拉伸强度就越高。

4. 表面改性阻燃剂　无机阻燃剂具有较强的极性与亲水性，同非极性聚合物材料相容性差，界面难以形成良好的结合和粘接。为改善 $Al(OH)_3$、$Mg(OH)_2$ 与聚合物间的粘接力和界面亲和性，用偶联剂对 $Al(OH)_3$、$Mg(OH)_2$ 阻燃剂进行表面处理是最为有效的方法之一。

$Al(OH)_3$、$Mg(OH)_2$ 常用的偶联剂是硅烷和钛酸酯类。经硅烷处理后的 $Al(OH)_3$、$Mg(OH)_2$ 阻燃效果好，能有效提高聚酯的弯曲强度和环氧树脂的拉伸强度；经乙烯—硅烷处理的 $Al(OH)_3$、$Mg(OH)_2$，可用于提高交联乙烯—醋酸乙烯共聚物的阻燃性、耐热性和抗湿性。

钛酸酯类偶联剂和硅烷偶联剂可以并用，能产生协同效应。经过表面改性处理后的 $Al(OH)_3$、$Mg(OH)_2$，表面活性得到了提高，增加了与树脂之间的亲和力，改善了制品的力学性能，增加了树脂的加工流动性，降低了 $Al(OH)_3$、$Mg(OH)_2$ 表面的吸湿率，提高了阻燃制品的各种电气性能，而且可将阻燃效果由 FV-1 级提高到 FV-0 级。

5. 大分子键合处理　用大分子键合方式处理氢氧化铝、氢氧化镁的效果优于铝酸酯类偶联剂。改性后的 $Al(OH)_3$、$Mg(OH)_2$ 的表面张力均明显下降，其中表面张力的极性分量大幅度下降而色散分量稍有提高。且非极性液体与处理过的 $Al(OH)_3$、$Mg(OH)_2$ 的接触角度小，而极性液体与它的接触角一般明显增大。因而可改善填充后聚合物的力学性能。

6. 泡沫整理法　泡沫整理法是将阻燃剂以泡沫的形式施加到织物上，是一种节水、节能有益于环境保护的新方法，适用于纺织品的各种后整理。如 Autofoam 泡沫整理系统，通过特殊的施加装置，对地毯、绒类织物的阻燃整理还可以取得其他方法无法达到的良好效果。

7. 阻燃增效剂　有些阻燃剂，特别是无机阻燃剂单独使用时，阻燃效果并不是很好，总有些不足的地方,克服的方法是添加与阻燃剂有协同效应的所谓增效剂。通常选用锑—磷、磷—氮等协同体系。

(1)微胶囊增效剂。红磷阻燃效率高、用量少、适用面广,微胶囊化的红磷克服了红磷吸湿、易着色、易爆炸等缺点。由于阻燃剂微胶囊化提高了阻燃剂的热稳定性及强度,因此很有发展潜力。微胶囊红磷是主要的阻燃协效剂之一,它对 $Al(OH)_3$、$Mg(OH)_2$、氮等阻燃体系都有协同作用。

(2)硼酸锌阻燃增效。硼酸锌($2ZnO \cdot 3B_2O_3 \cdot 3.5H_2O$)和 $Al(OH)_3$、$Mg(OH)_2$ 有较好的协同作用,它具有促进材料燃烧时的磷化和抑烟作用。单独使用时,硼酸锌也是一种阻燃剂。实验发现,在 EVA 体系中,硼酸锌部分代替 $Al(OH)_3$ 后,成碳量可以增加 10 倍,而且使阴燃方式转为有焰燃烧方式。

有机硅化合物也是 $Al(OH)_3$、$Mg(OH)_2$ 等的有效阻燃增效剂,它的阻燃作用主要在于燃烧时生成硅碳化物,形成燃烧进展的屏障,阻止生成挥发性物质而增强了阻燃性。如美国通用公司开发的 SFR - 100,它对 PE 等材料具有良好的阻燃和抑烟效果,与材料的相容性好,使材料加工性能优良。SFR - 100 的加入不仅提高了无卤阻燃材料的阻燃性,而且较大地减少了无机阻燃剂的添加量,还提高了聚合物的冲击性、热稳定性和表面光洁度,甚至在高填充条件下,流变性能仍很好。由于有机硅系阻燃剂的独特性能,它们将在不能使用含卤阻燃剂的场所获得更广泛的应用,以硅系化合物阻燃的高聚物将开拓新的阻燃材料市场。同时,新的硅系阻燃剂及以硅阻燃剂为基础的复合物将问世。

8. 阻燃剂的发展趋势 随着工业技术发展的不断进步,国内外对阻燃剂工业的需求已经越来越高。发达国家对阻燃剂工业相当重视,新的阻燃剂层出不穷。相比之下,我国的阻燃剂工业在开发新产品方面有待进一步提高,我国的阻燃产品大部分都停留在仿制国外产品阶段。目前,我国的科学家正在积极开展新一代阻燃剂的研究工作。综合说来,今后阻燃剂的发展大致有以下几种趋势。

(1)开发高效、无毒、对材料性能影响小的阻燃剂,从而导致反应型阻燃剂的开发以及具有良好相容性的添加型阻燃剂的开发。

(2)开发具有协同作用的阻燃剂,如磷、氮、溴在分子或分子间的结合。

(3)开发具有不同应用范围的系列阻燃剂。

(4)开发各种混纺织物用耐久阻燃剂。

第四节　阻燃纺织品测试标准

随着经济的发展和城市现代化进程的加速,消费者对纺织品的需求量与日俱增,家用纺织品作为装饰和美化生活的纺织品,与消费者的关系也越来越密切。据美、英、日对现代火灾起因的调查,由纺织品引起的火灾约占火灾总数的50%,在纺织品中床上用品和室内装饰织物为起火的主要原因,且死亡率比其他原因引起火灾的死亡率要高。为此,英、美、日等国均制定了一系列法规和标准严格控制家用纺织品的燃烧性能,禁止不符合相应阻燃标准的家用纺织品进入市场。而我国消费者对家用纺织品的阻燃功能需求不高,仅占3.76%。目前,家用纺织品存在安全隐患,导致了人员伤亡和经济损失。因此,对家用纺织品的阻燃性能及标准进行研究和探讨就显得尤为重要。目前,现行的阻燃纺织品国家标准主要有:

　　GB/T 5454—1997 纺织品　燃烧性能试验　氧指数法

　　GB/T 5455—2014 纺织品　燃烧性能　垂直方向损毁长度、阴燃和续燃时间的测定

　　GB/T 5456—2009 纺织品　燃烧性能　垂直方向试样火焰蔓延性能的测定

　　GB/T 8745—2001 纺织品　燃烧性能　织物表面燃烧时间的测定

　　GB/T 8746—2009 纺织品　燃烧性能　垂直方向试样易点燃性的测定

　　GB/T 14644—2014 纺织品　燃烧性能45°方向燃烧速率的测定

　　GB/T 14645—2014 纺织织物　燃烧性能45°方向损毁面积和接焰次数测定

　　GB/T 20390.1—2006 纺织品　床上用品燃烧性能　第1部分:香烟为点火源的可点燃性试验方法

　　GB/T 20390.2—2006 纺织品　床上用品燃烧性能　第2部分:小火焰为点火源的可点燃性试验方法

　　GB/T 24279—2009 纺织品　禁/限用阻燃剂的测定

　　GB 20286—2006 公共场所阻燃制品及组件燃烧性能要求和标识

　　GB 8965.1—2009 防护服装　阻燃防护　第1部分:阻燃服

　　GB 8965.2—2009 防护服装　阻燃防护　第2部分:焊接服

　　表9－3列出了部分纺织品阻燃性能试验方法比较。

表9－3　部分纺织品阻燃性能试验方法比较

项目	标准名称	适用范围	测试方法	测试原理	测试指标
GB/T 5455—2014	纺织品　燃烧性能　垂直方向损毁长度、阴燃和续燃时间的测定	各类织物及制品	垂直燃烧法	用规定点火器产生的火焰,对垂直方向的试样(300mm×89mm)底边中心点火,点燃时间设置条件A为12s,条件B为3s。然后测量其续燃时间、阴燃时间及损毁长度	损毁长度、续燃时间、阴燃时间
GB/T 5456—2009	纺织品　燃烧性能　垂直方向试样火焰蔓延性能的测定	各类单组分或多组分(涂层、绗缝、多层、夹层制品及类似组合)的纺织织物和产业用制品	垂直燃烧法	用规定点火器产生的火焰对尺寸为(560±2)mm×(170±2)mm的试样表面或底边点火10s。测定火焰在试样上蔓延至三条标记线分别所用的时间	火焰蔓延时间

项目	标准名称	适用范围	测试方法	测试原理	测试指标
GB/T 8746—2009	纺织品 燃烧性能 垂直方向试样易点燃性的测定	各类单层或多层（如涂层、绗缝、多层、夹层和类似组合）纺织织物及其产业用制品	垂直燃烧法	用规定点火器产生的火焰，对尺寸为（200mm ± 2mm）×（80mm ± 2mm）的试样表面或底边点火，测定从火焰施加到试样上至试样被点燃所需的时间，并计算平均值	最小点燃时间
GB/T 5454—1997	纺织品 燃烧性能试验 氧指数法	各种类型的纺织品（包括单组分或多组分），如机织物、针织物、非织造布、涂层织物、层压织物、复合织物、地毯类等	氧指数法	将尺寸为150mm×58mm的试样夹于试样夹上并垂直于燃烧筒内，在向上流动的氧氮气流中，点燃试样上端，观察其燃烧特性，并与规定的极限值比较其续燃时间或损毁长度。通过在不同氧浓度中一系列试样的试验，可以测得维持燃烧时氧气百分含量表示的最低氧浓度值，受试试样中有有40% ~ 60%超过规定的续燃和阴燃时间或损毁长度	极限氧指数
GB/T 20390.1—2006	纺织品 床上用品燃烧性能 第1部分：香烟为点火源的可点燃性试验方法	床罩、床单、被单、毯子、被子和被套、枕头、枕套、床垫罩布等床上用品	香烟法	试样放在试验衬底上，在试样的上部或下部放置发烟燃烧的香烟。记录所发生的渐进性发烟燃烧或有焰燃烧	观察有无渐进性发烟燃烧或有焰燃烧
GB/T 20390.2—2006	纺织品 床上用品燃烧性能 第2部分：小火焰为点火源的可点燃性试验方法	床罩、床单、被单、毯子、被子和被套、枕头、枕套、床垫罩布等床上用品	小火焰法	试样放在试验衬底上，在试样的上部或下部施加小火焰。记录所发生的渐进性发烟燃烧或有焰燃烧	
GB/T 14645—2014	纺织织物 燃烧性能 45°方向损毁面积和接焰次数测定	各类纺织品	45°燃烧法	A法：在规定的试验条件下，对45°方向试样点火，测量织物燃烧后的续燃和阴燃时间、损毁面积和损毁长度 B法：测量织物燃烧距试样下端90mm处需要接触火焰的次数	A法：续燃时间、阴燃时间、损毁面积、损毁长度 B法：接触火焰次数
GB/T 8745—2001	纺织品 燃烧性能 织物表面燃烧时间的测定	表面具有绒毛（起绒、毛圈、簇绒或类似表面）的纺织织物	垂直法燃烧法	在规定的试验条件下，在接近顶部处点燃夹持于垂直板上的干燥试样的起绒表面，测定火焰在试样表面向下蔓延至标记线的时间	表面燃烧时间

第五节　阻燃纤维与阻燃织物的生产途径

纤维及纺织品的阻燃方法大致分为两种：纤维的阻燃改性和阻燃整理。对于棉、毛、麻等天然纤维，只有采用后整理的阻燃方法，即通过吸附沉积、化学键合、非极性范德瓦尔斯力结合及黏合等作用，使阻燃剂固着在织物或纱线上，从而获得阻燃效果。对于涤纶、腈纶、维纶等合成纤维，则可在纺丝过程中加入阻燃剂，通过共聚或共混改性的方法使纤维具有阻燃性。当然，合成纤维也可以通过阻燃后整理来获得阻燃性能。两种方法相比而言，阻燃后整理方法工艺简单，投资少，见效快，比较适合开发新产品，但后整理技术对织物的强力、手感和色光有一定的影响，且阻燃耐久性不如原丝改性。

一、阻燃纤维的生产

1. 共聚法　将含有阻燃元素（主要是磷、卤、硫）或同时含有这些元素的化合物作为共聚单体，引入纤维高聚物分子链中，以提高难燃性。该法的优点是纤维具有耐久的阻燃性，缺点是阻燃改性单体在聚合物合成的高温条件下易分解，或伴有副反应，而且会对纤维的性能造成一定的不良影响。

2. 共混法　将阻燃剂加入纺丝熔体或纺丝液中，纺制阻燃纤维。该法要求阻燃剂能经受熔体纺丝的高温，并要求与聚合物的相容性好，不影响纺丝和后处理的正常进行，不使纤维及其制品的主要性能发生较大变化，无毒，耐久性好。

3. 接枝共聚　采用高能辐射或化学方法接枝，使含有磷、卤的化合物单体成为纤维高聚物的支链。

4. 阻燃剂吸收法　类似分散性染料染色，使阻燃剂被纤维吸收。缺点是阻燃剂的吸收率很低，并且需要合适的表面活性剂的辅助作用。

5. 纤维表面卤化　纤维表面经辐射诱导卤化后，阻燃性提高。缺点是卤化纤维强度下降，热稳定性变差。

6. 后整理法　用阻燃剂均匀分散液对合成纤维、织物进行涂层，使阻燃剂附着于纤维上。该法简单易行，但织物手感差，不耐水洗。

二、阻燃织物的生产

阻燃织物可以由阻燃纤维直接织造而成，但此法用得很少，一般是织物用阻燃剂经后整理而成。根据阻燃剂和织物的品种以及织物的用途，可采用不同的整理方法。

1. 浸轧焙烘法　浸轧焙烘法是阻燃整理工艺中应用最广的一种，其工艺流程为：浸轧→预烘→焙烘→水洗→后处理。此法可以和其他整理同浴完成，如柔软整理等。

2. 竭染法　竭染法又称吸尽法。此种工艺是将织物在阻燃液中浸渍一定时间，再干燥、焙烘后处理。一般用于疏水性合成纤维织物,要求阻燃剂和纤维具有亲和性。这种阻燃整理法有时可与染色同浴进行,阻燃效果一般不是太好。

3. 涂布法　涂布法是把阻燃剂混入交联剂或黏合剂中,使其固着在织物上的一种整理方法。根据机械设备的不同分为刮刀涂布法、浇铸涂布法和压延涂布法。不同的产品采用不同的方法。

刮刀法是先将阻燃剂等配制成的浆料,用刮刀直接涂布在织物上,这种方法也叫涂层法;浇铸法是将阻燃剂浆料浇铸成薄膜加压附着在织物上,此法适用于需要高阻燃剂含量的大型帷幕和土木工程用的制品;压延法是将阻燃剂浆料在压延机上制成薄膜,再黏合在织物上。

4. 有机溶剂法　有机溶剂法可直接使用非水溶性的阻燃剂,其优点是阻燃整理工艺时间短、能耗低,但需要溶剂回收装置,还要注意溶剂的毒性和燃烧性。

5. 喷雾法　喷雾法有手工喷雾和机械连续喷雾两种。凡是不能用普通设备整理的厚型帷幕、大块地毯、挂毯等针刺产品,都是在最后一道工序用手工喷雾法进行阻燃整理的。对于一些表面蓬松、有花纹、簇绒或绒头起毛的织物,一般都可采用连续喷雾法。

三、几种典型阻燃织物的生产

(一)涤纶及其织物的阻燃

1. 阻燃涤纶　随着高分子材料的应用领域越来越广,其缺点也越来越突出,特别是易燃性。在合成纤维中,涤纶与人的生活关系最密切,它属于可燃纤维,所以涤纶的阻燃性很受重视。

自20世纪70年代以来,世界各国对涤纶阻燃的研究和应用开发非常活跃,专利文献大量涌现,新的阻燃涤纶产品不断问世。若按生产工艺过程对其阻燃方法进行分类,则可归纳为以下5种。

(1)在酯交换或缩聚阶段加入反应型阻燃剂进行共缩聚。

(2)在熔融纺丝前向熔体中加入添加型阻燃剂。

(3)以普通聚酯与含有阻燃成分的聚酯进行复合纺丝。

(4)在聚酯纤维或织物上与反应型阻燃剂进行接枝共聚。

(5)对聚酯纤维织物进行阻燃后处理。

前三种方法属于原丝的阻燃改性,后两种方法属于表面处理改性。涤纶的阻燃改性(不考虑织物的阻燃后整理)有共混改性和共聚改性两种方法。共混改性是在聚酯切片制造过程中添加共混阻燃剂制造阻燃切片将阻燃切片纺丝制成共混阻燃纤维,或在纺丝时添加阻燃剂与聚酯熔体共混制成共混阻燃纤维;共聚改性就是在制造聚酯过程中加入共聚型阻燃剂作单体,通过共聚方法制造阻燃聚酯。到目前为止,已工业化的阻燃聚酯纤维主要是采用共聚法和共混法阻燃改性的。

2. 涤纶的阻燃方法

（1）共聚阻燃改性。由于这种方法使阻燃剂结合到大分子链上,因此其阻燃耐久性极佳。作为阻燃共聚单体,除了含有阻燃元素、具有反应性基团、能经受酯交换和缩聚过程长时间的高温作用外,还要考虑对纺丝工艺、加工性及对纤维其他性能的影响程度。

到目前为止,已工业化的阻燃聚酯纤维品种主要是采用共聚阻燃改性方法制得的,其实例如下。

①Dacro - 900F。该纤维是美国杜邦公司于1974年生产的。它是用四溴双酚A—双羟乙基醚作阻燃共聚单体,与DMT、EG经酯交换、共缩聚后熔融纺丝制得,其溴含量在6%左右,限氧指数27~28。该纤维的熔点比普通聚酯纤维低得多,因此热定型温度要比普通聚酯纤维低30℃。它对分散染料有良好的染色性,染浅色时,可在沸点不用载体进行染色。该纤维因价格高和聚合物熔融性问题于1976年停产。我国吉林化学纤维研究所对该纤维也进行了研究,并通过了中试。

②Trevira CS。该纤维由德国赫斯特公司及其美国子公司生产的。目前已开发出多种规格和型号,如220、271、690、870等。根据该公司的专利推断,它们可能是用含有羟基的次膦酸衍生物为阻燃性共聚单体,与DMT和EG经酯交换、缩聚、纺丝制得,磷含量约1%。

Trevira CS系阻燃聚酯纤维的主要型号为270和271,它们的物理性能、外观、纺织与染整加工基本上与普通聚酯纤维相同。这种纤维的结构疏松,分散染料对它有高度的亲和力,上染速度快。若染浅色或中等色泽,在沸腾温度下可不用载体;若染深色或黑色,每升染液加1g载体即可。染色牢度（干洗、摩擦等）与普通聚酯纤维相同。该纤维的阻燃性能良好,限氧指数26,产品多用于织造家具布、帷幕、窗帘、地毯及汽车坐椅、沙发布等织物。Trevira 271是1977年研制成功的,具有持久的阻燃性、良好的染色性,能耐强酸、强碱,毒性低,主要用于工作服、轻质帐篷、家具装饰物等。

③Wistel FR。意大利Snia公司1977年开始生产这种阻燃聚酯纤维。它是用四溴双酚、二羟乙基醚和3,5 - 间苯二甲酸二甲酯 - 1 - 碘酸钠为阻燃共聚单体,与DMT、EG经酯交换、缩聚、熔融纺丝制得。纤维中溴和硫的含量分别为4.5%和0.3%。含硫共聚单体的作用主要是减少溴系阻燃剂对纤维的耐光性和热稳定性所带来的不利影响,并且使溴系阻燃剂在燃烧区内缓慢分解,从而提高阻燃效果。Wistel FR纤维的平均分子质量不高（$\overline{M}_n = 1.4 \times 10^4$）,强度比普通聚酯纤维低,但并不影响纺织加工。该纤维有良好的染色性和色牢度,可用阴离子染料染色,但在强酸性介质中（pH < 3）会发生轻度水解。

Wistel FR可以纯纺,也可与其他纤维混纺,用于制造婴儿睡衣、薄型帷幕、窗帘、家具装饰布、旅行毯等,产品的限氧指数为26~27,并且没有熔滴现象。

④Heim。Heim是日本东洋纺公司于1973年生产的阻燃聚酯纤维。它是用聚苯膦酸二苯砜酯齐聚物与聚酯原料混合进行共缩聚制得。纤维中的含磷量为0.4%,具有优

异的阻燃性,限氧指数28～33,各项物理指标及后加工性能与普通聚酯纤维相似,但其染色性比普通聚酯纤维好,用分散染料可染得较浓的深色。耐紫外线及耐热性与普通聚酯纤维相近。Heim 纤维主要用于窗帘(薄型花纱窗帘及悬挂的帷幕)、地毯、椅子的座套、车辆船舶内的装饰品、床上用品及衣料等。

⑤GH。这是日本东洋纺公司因 Heim 纤维存在水解稳定性差的问题,于 1977 年开发的另一个阻燃聚酯纤维。它是用含有羟基、羧基或酯基的环状膦酸酯与 DMT 或 TPA、EG 缩聚、熔融纺丝制得。它避免了 Heim 纤维中磷出现在主链上,而是位于侧链上,因而具有优异的耐水解性。GH 纤维的磷含量约为 1%,限氧指数达 30～32,对人和鱼的经口急性毒性较低。Ames 试验呈阴性,对人的皮肤刺激性小,比普通聚酯纤维更易用分散染料染色。

(2)共混(添加)阻燃改性。这种阻燃改性方法较共聚阻燃改性简单易行,生产费用低,但选择适宜阻燃剂的困难性阻碍了这种方法的广泛采用。文献上报道较多的聚酯用添加型阻燃剂的例子。尽管以共混(添加)阻燃改性方法制备阻燃聚酯纤维的专利文献很多,但已工业化的品种却较少,远远少于共聚阻燃改性方法。商标为 Firem aster – 935 和 Forflam 的阻燃聚酯纤维是共混纺丝改性的例子,前者以多溴二苯醚为阻燃添加剂,后者以含磷的齐聚物作阻燃剂与聚酯共混纺丝而得。近年来,国内在这方面也开展了不少工作,但基本上都是采用小分子有机物或无机物作阻燃添加剂,其可纺性存在很大问题,并且阻燃剂添加量多,对纤维的其他性能影响也较大,因此尚无综合性能较好的阻燃聚酯纤维投放市场。国内有人近年来合成了一系列聚合物型阻燃剂,系统研究了阻燃剂添加于聚酯后对体系各种性能的影响,其中聚苯膦酸二苯基酯齐聚物已成功地应用于纺制阻燃聚酯纤维。阻燃剂添加量为 4%(质量浓度)的聚酯纤维,限氧指数可达到 28 以上,并且具有很好的染色性能。

(3)复合纺丝阻燃改性。这种原丝阻燃改性方法不及上述两种方法普遍,主要原因是由于其需要复杂的纺丝设备。近年来,用复合纺丝法制备阻燃聚酯纤维多采用皮芯型结构,即以共聚型或添加型阻燃聚酯为芯,普通聚酯为皮层复合纺制而成。这样既可以防止卤素阻燃剂过早分解卤化氢离开火焰而影响阻燃效果,又可防止某些含磷阻燃剂不耐高温的缺点,并且还能使纤维保持原有的外观、白度和染色性。若将阻燃组分与聚酯偏芯纺丝,则可提高阻燃复合聚酯纤维的弹性回复率。

3. 涤纶织物的阻燃整理方法　涤纶织物的阻燃整理方法工艺简单、成本低,从流通的多样性及对阻燃要求程度多方面的适应性来看,其较纤维改性方法有利。但如果阻燃剂用量多,其对织物的手感和色泽影响较大。聚酯纤维织物阻燃整理的方法大致有三类。

(1)将阻燃剂设计成像分散染料一样的吸附型结构,采用整理—染色—浴法工艺。如阻燃剂 JLSUN® ATF、FRAN JP – 40。

（2）用热熔法将与聚酯纤维亲和性很大的阻燃剂固着在纤维上。适合于这种方法的阻燃剂品种不多，阻燃剂对织物手感的影响较小。如阻燃剂 JLSUN® ATP。

（3）用黏合剂将如十溴联苯醚、三氧化二锑、五氧化二锑等非水溶性固体阻燃剂固着在纤维表面，然后用涂布或浸轧—干燥—热定形方法固着，从而使聚酯纤维具有阻燃效果。该方法的主要缺陷是易使纤维发生染料渗色，摩擦牢度低，手感差，有白霜现象，整理液稳定性差等问题。

4. 涤纶织物的阻燃整理工艺

（1）非耐久性阻燃整理。涤纶织物的非耐久性阻燃整理与棉织物相似，也是用一定浓度的硼砂—硼酸、聚磷酸铵等的溶液进行整理，整理后的织物通过调节增重一般都能达到所要求的阻燃效果。较难处理的是薄型涤纶织物，通常在相同的增重条件下，单位面积重量越大的织物，阻燃效果越好，因此稀薄织物往往需要较高的增重率。而薄织物对阻燃剂的吸附不能像厚织物一样充分，阻燃剂易在织物表面形成白霜，产生阻燃剂渗出现象，影响外观和手感。因此薄型涤纶织物的阻燃整理要兼顾织物的阻燃性能和外观整理效果。

（2）六溴环十二烷耐久阻燃整理工艺。六溴环十二烷阻燃整理工艺采用高温高压同浴染色的方法，也可使用传统的轧—烘—焙工艺，效果较好的是高温高压同浴染色工艺。实验证实，单独将六溴环十二烷用于聚酯纤维织物，其阻燃效果并不理想，需要加入增效剂等利用协同效应提高其阻燃性能，其代表品种是北京洁尔爽高科技有限公司的JLSUN® ATF。

①工艺配方。15% ~30%（owf）阻燃整理剂（JLSUN® ATF），pH 为 5.0 左右，染料适量。

②工艺流程。

分散染料与阻燃剂同浴（130 ~135℃，40 ~60min）→水洗→烘干→定形（180℃，1 ~2min）

JLSUN® ATF 阻燃整理涤纶织物的阻燃性、耐洗性、手感均较好，不足之处是白色的六溴环十二烷吸附在织物上，会导致织物色泽变浅，可在整理过程中稍稍加大染料的用量来解决此问题。

（3）环膦酸酯耐久阻燃整理工艺。这类阻燃剂的特点是阻燃效果好、耐久性好、毒性小、不含卤素，符合生态纺织品要求。其代表产品有美国 Mobilchem 公司的 Antiblaze 19T、德国 Herst 公司的 TPM9007、北京洁尔爽高科技有限公司的 JLSUN® ATP。

该类阻燃剂是一种新型的耐洗型阻燃剂，适用于纯涤纶织物耐久阻燃整理。该产品使用方便，可在常规设备上应用，只需较低的用量，就能达到优良的阻燃效果，阻燃指标达到国家标准 B2 级以上。阻燃整理不影响织物的手感和色泽，不降低织物的强度，耐洗达 30 次以上。阻燃加工过程中不产生任何刺激性气味，无毒，安全使用。其中

JLSUN® ATP阻燃剂为无色至浅黄色透明黏液,密度$1.2 \sim 1.3 \text{g/cm}^3$,含磷量大于19,pH为$4 \sim 6$,可溶于水。

使用工艺:

①前处理。在阻燃整理前最好做碱减量处理,以改变涤纶织物吸水性差、带液量低的弱点,有效去除织物表面的杂质,防止其他助剂存在,提高阻燃整理效果。

a. 工艺配方。

NaOH 溶液	$20 \sim 30 \text{g/L}$
阴离子渗透剂	$0.2 \sim 0.5 \text{g/L}$

b. 工艺条件。$95 \sim 100 ℃,20 \sim 60 \text{min}$。

处理过的织物充分水洗,去除残碱后烘干。

②阻燃整理。阻燃剂 JLSUN® ATP 的使用量随织物厚度的不同做相应的调整。

a. 工艺配方。

JLSUN® ATP 阻燃剂	$90 \sim 180 \text{g/L}$

用$5\% \sim 10\%$ NaOH 调节 pH 至$6 \sim 6.5$。

也可以在工艺配方中加入交联剂、防泳移剂、柔软剂,以进一步提高织物质量,但要求进行配伍性实验。

b. 化料操作。先加入少量软水,再加入所需的 ATP,充分溶解。用$5\% \sim 10\%$ NaOH溶液滴加至溶液的 pH 至$6 \sim 6.5$,加入总水量80%的水,再加入其他助剂后搅拌,并用水稀释至规定刻度。配制好的工作液应尽快使用。

c. 工艺流程。

二浸二轧(轧液率$50\% \sim 70\%$)→烘干($100℃,1 \sim 2\text{min}$)→焙烘($185 \sim 195℃,1.5 \sim 2\text{min}$)→水洗→烘干

③注意事项。上述工艺配方和工艺过程可根据具体加工条件做适当调整。

a. 加入其他助剂应进行必要的小试试验。

b. 焙烘温度必须严格控制,否则影响耐洗性和阻燃效果。

c. 对一些特殊的染料,生产前应做色光变化小试。

(二)阻燃腈氯纶

腈氯纶阻燃纤维,又称改性聚丙烯腈纤维或阻燃腈纶,是通过共聚或共混等方法制成的一种耐久性阻燃纤维。近年来,腈氯纶作为一种阻燃材料越来越受到人们的重视,在我国有了越来越多的应用。

腈氯纶是丙烯腈与第二单体、第三单体的共聚纤维,与普通聚丙烯腈纤维相比,第一单体丙烯腈的含量通常在60%以下。第二单体通常为氯乙烯或偏二氯乙烯,第二单体的引入使纤维获得阻燃性能。第三单体为亲染料基团,含量较低,引入它的目的在于改善纤维的染色性能。因此,腈氯纶既具有常规腈纶手感柔软、色彩艳丽、服用舒适的特点,

又具有阻燃的性能，是一种性能优良的纤维。表9-4列出了两种国产纤维的性能指标。

表9-4 腈纶与腈氯纶的性能指标

性能指标	腈纶(16.7cN)	腈氯纶(16.7cN)
强度(cN/tex)	20.3～24.7	23.8
卷曲数(个/10cm)	≥40	50
沸水收缩率(%)	≤4	3.4
纤维含油率(%)	≤±0.15	0.7
超长纤维率(%)	≤3	4.0
回潮率(%)	2.0～2.8	4.57
限氧指数	16～18	29.5～33.4

腈氯纶最早由美国联合碳化物公司 Dynel 投入工业生产，较早研究并投入批量生产的还有日本钟渊化学工业株式会社的腈氯纶、日本钟纺公司的 Lufnen 纤维以及意大利 Snia 公司的 Velicren 等，我国通过引进意大利公司的成套设备和生产技术，已经完全能够采用国产原料自主生产。表9-5 为一种日本产腈氯纶与国产腈氯纶的性能指标。

表9-5 日本产腈氯纶与国产腈氯纶的性能指标

性能指标	进口腈氯纶	国产腈氯纶
线密度偏差(%)	33.34	42.25
强度(cN/tex)	2.5	3.2
卷曲数(个/10cm)	55	49
沸水收缩率(%)	≤3	3.7
超长纤维率(%)	3.2	4.4
回潮率(%)	2.48	3.83
限氧指数	29～34	28～34

1. 腈氯纶的生产方法　世界上已工业化生产的腈氯纶产品大多是采用共聚法制造的，即将含阻燃元素的乙烯基化合物作为共聚单体，与丙烯腈进行共聚而实现阻燃改性。表9-6 为部分腈氯纶商品的生产工艺。其阻燃单体主要以偏氯乙烯为主，这是因为丙烯腈和偏氯乙烯可在常压下聚合，用偏二氯乙烯作阻燃共聚单体，具有投资少、工艺简单等优点，生产的纤维含氯量比氯乙烯作单体的纤维高，即纤维的限氧指数高，阻燃性好。但根据不同的技术要求和工艺路线，也可使用氯乙烯甚至溴乙烯做阻燃共聚单体。腈氯纶的生产，一般可分为聚合、纺丝和回收三部分。相比较而言，回收属典型的化工分离过程，生产原理和操作较简单，而聚合和纺丝则要复杂得多。

表 9 - 6　部分腈氯纶商品的生产工艺

名称	生产厂家	阻燃单体	聚合工艺	纺丝工艺	溶剂
开来司纶 N	日本旭化成	VDC	沉淀	湿纺	硝酸
勒夫纶	日本钟纺	VDC	溶液	湿纺	二甲基甲酰胺
恩夫拉	日本东丽	VDC	溶液	湿纺	二甲基亚砜
卡耐卡纶	日本钟渊	VC	沉淀	湿纺	丙酮
代纳尔	美国 U.C.C	VC	沉淀	湿纺	丙酮
奥纶 FLR	美国杜邦	VDC	沉淀	干纺	二甲基乙酰胺
蒂克纶	英国 Courtaulds	VDC	沉淀	湿纺	丙酮
韦利克纶 FR	意大利 Snia Viscosa	VDC	溶液	湿纺	二甲基甲酰胺
德拉纶 C	德国拜耳	VDC	沉淀	干纺	二甲基甲酰胺
腈氯纶	中国抚顺阻燃腈纶厂	VDC	溶液	湿纺	二甲基甲酰胺

2. 聚合工艺的分类　纺制腈氯纶所用共聚物的聚合工艺,按原液制备方法分为两种,即一步法和两步法。按照生成共聚物的状态,又可分为沉淀聚合和溶液聚合两类。沉淀聚合是指单体溶于聚合介质,而共聚物则不溶于聚合介质,以沉淀的形式析出,这属于两步法生产工艺。沉淀聚合又分乳相共聚和水相共聚。前者产品组成均匀,共聚物质量好,但反应时间长,成本高,回收困难;后者则反应湿度低,时间短,相对分子质量和转化率较高。溶液聚合是指单体和共聚物均溶于聚合介质中,聚合溶液脱单体后可直接纺丝,这属于两步法工艺。其特点是工艺流程短,占地少,反应时间长,转化率低,自动控制复杂。一般来说,共聚合是容易的,但要得到理想的能纺出优质纤维的共聚物是很复杂的。共聚合要控制的主要工艺参数是单体的配比、共聚温度、停留时间和引发剂的加入量,主要目的是控制共聚物的黏度和相对分子质量。

3. 腈氯纶的基本性质特点　腈氯纶具有普通腈纶柔软的特性,其手感极类似于棉、毛等天然纤维的手感。由于其聚合物分子的无晶态结构,因此像普通腈纶一样,腈氯纶没有固定的熔点,受热后逐渐软化,至 140~180℃时,纤维硬化不可回复。利用腈氯纶的热塑性可以织造一些特殊织物。

生产改性腈纶一般采用卤系阻燃剂,这是由于卤系阻燃剂的阻燃效果以及其与有机合成材料的相容性非常好所致。但卤系阻燃剂在材料燃烧时会产生有毒烟气。

腈氯纶具有很好的染色性能,像普通腈纶一样,主要采用阳离子染色工艺。在腈氯纶与其他纤维混合使用时,要考虑混合纤维的加工性能与腈氯纶纤维加工工艺的匹配问题。

(三)棉织物的阻燃整理

在天然纤维中,棉织物因为具有柔软的触感、优良的吸汗吸湿性和良好的抗静电性等优点,受到了人们的普遍欢迎和广泛接受。但是它属于可燃性纤维,限氧指数一般在17~19,所以必须对其进行阻燃处理。

1. 非耐久性阻燃整理　棉织物的非耐久性阻燃整理,通常是用硼砂—硼酸、磷酸铵、氯化铵、胍类、聚磷酸铵等含磷、氮、硼的阻燃剂,配成一定浓度的溶液,均匀地施加于织物,烘干即可。上述阻燃剂经适当的混合复配使用,能产生阻燃协同作用,效果比单组分阻燃剂有不同程度的提高。为达到良好的阻燃效果,织物的增重应在10%以上,并要保证阻燃剂在织物上的均匀分布。

尽管棉织物的非耐久性阻燃整理工艺比较简单、成熟,但实际生产中也时常出现一些问题。比如有些类型的阻燃剂易于吸潮,整理后的织物在一定湿度的空气中严重吸潮,影响阻燃织物的整体效果;有的阻燃剂则过于干燥,整理后的织物不是手感过硬,就是易于在深色织物上泛白。因此,要达到满意的整体效果,应根据产品需要选择合适的阻燃剂。

非耐久性阻燃整理成本低廉,工艺简单,阻燃效果好,在大量的一次性阻燃产品中占有一定的市场份额。

阻燃剂 SCJ - 968 的阻燃效果良好,适用于天然纤维织物和纸张的阻燃整理,还适用于宾馆、汽车等内装饰材料的阻燃整理。SCJ - 968 为无色透明液体,含固量大于15%,能与水互溶,pH 为 7~8,主要用于天然纤维织物和纸张等一次性制品的阻燃整理。使用方法:织物→浸轧或浸渍阻燃液(SCJ - 968,30%~50%)→烘干。也可以将 SCJ - 968 直接喷洒到房间内的窗帘、壁布、沙发、地毯等装饰织物和吸收性材料上,晾干后即可获得良好的阻燃效果。

2. 耐久性阻燃整理　用于纯棉织物耐久性阻燃整理的方法较多,优劣各异,国内对于纯棉织物耐久性阻燃整理的研究始于 1958 年。当时主要应用四羟甲基氯化膦(THPC)和脲醛树脂,以浸轧—焙烘工艺对纯棉织物进行整理。由于生产气味较大,整理后织物手感硬,强力损失大而未能批量生产。20 世纪 70 年代曾改用膦氰树脂等阻燃剂对纯棉织物进行小批量整理,因其毒性或工艺复杂未能工业化生产。80 年代,由于国内市场的需要,北京、辽宁、河南、浙江等地先后建立了氨熏法纯棉织物阻燃整理生产线,但一直未能大规模生产,这一方面与阻燃剂价格较高有关,另一方面其较硬的手感和较大的强力损失也影响了其推广应用。直到国家颁布了阻燃防护服标准之后,并随着出口量增加,阻燃产品才开始较大量的生产和应用。目前国际上最流行、效果最佳的阻燃整理剂有 Herst® FPK8002、Pyrovatex CP、Proban、四羟甲基卤化膦(THPC)、FPK - 8002、Fyrol - 76 等。

(1)N - 羟甲基 - 3 - (二甲氧基膦酰基)丙酰胺阻燃整理工艺。这类含氮有机磷酸酯类化合物的代表品种有 Herst® FPK8002、Pyrovatex CP 和 JLSUN® CP,它适用于加工棉、麻、黏胶纤维等纤维素纤维的耐久性阻燃整理。一般与六羟甲基三聚氰胺树脂(6MD)等化学助剂联合使用,采用浸轧—焙烘—皂洗常规工艺。当其用量为 30% ~ 45% 时,所整理的纯棉织物的阻燃性、耐洗牢度、强力损失都较为理想。又因该阻燃剂具有合成简单、应用方便、低毒等优点而备受推崇。

阻燃剂 JLSUN® CP 为淡黄色透明溶液,含固量 80%,为非危险品。阻燃剂 JLSUN® CP 使用方法简单,可在常规印染设备上进行处理,能与各种整理助剂相容。经其阻燃处理后的织物无续燃和阴燃现象,耐洗 30 次以上,阻燃产品降强小,手感良好。其典型的工艺配方如下。

①工艺配方。

阻燃剂 JLSUN® CP	300 ~ 450g/L
六羟甲基三聚氰胺树脂(6MD)	80 ~ 100g/L
柔软剂 S – 960	30g/L
磷酸	20g/L

②工艺流程。

棉织物→浸轧(二浸二轧,轧液率 65% ~ 70%)→烘干(105℃)→焙烘(160 ~ 170℃,3 ~ 4min)→碱洗(平洗槽,第一槽 20g/L 碳酸钠,第二槽 10g/L 碳酸钠,第三槽 5g/L 碳酸钠)→水洗→烘干

JLSUN® CP 与多羟甲基三聚氰胺树脂共用,在整理过程中与棉纤维素的羟基发生化学反应,这是其具有耐久性的根本原因。也正是使用了树脂与酸性催化,致使整理后的织物强力下降,通常强力降低 20% ~ 30%。另外,使用树脂会在织物上残留甲醛,在绿色环保呼声日益高涨的今天,残留甲醛是有待解决的问题。

(2)THPC 阻燃工艺。四羟甲基卤化膦的分子式为 $(CH_2OH)_4PCl$。THPC—脲—TMM 体系是美国农业部南部研究中心开发的,用于棉布的耐久性阻燃整理。由于 THPC 在生产和使用过程中有可能产生致癌物质,因此又开发了四羟甲基硫酸磷。到 1981 年改为 THPS—脲—TMM 体系。目前许多阻燃剂的开发是在 THPC 基础上发展起来的。如瑞士 Ciba – Geigy 公司开发的 Pyrovatex 3726;英国 Albright Willson 公司开发的 Proban 整理。国内也已经有上海纺织科学研究院、山东巨龙化工有限公司等单位开发出相应的产品。该方法对纯棉织物的阻燃整理可获得极佳的阻燃性和耐久牢度。对涤/棉织物的耐久阻燃整理也有较好的效果。

Proban 是英国 Albright Willson 公司 20 世纪 80 年代初的产品和技术。传统的 Proban 法是 THPC 浸轧焙烘的工艺,改良的方法是 Proban/氨熏工艺。Proban 是 THPC 与尿素的预缩体,浸轧液组成为:

阻燃剂预缩体	20% ~ 50%
醋酸钠(无水)	0.8% ~ 2%
非离子表面活性剂	0.2%

工艺流程为：

浸轧→烘干→氨熏→氧化→水洗→烘干

织物经整理液浸轧后，烘至基本干燥，含湿率控制在 5%～10%，进入氨熏机固化，然后进行充分的氧化和皂洗。由此工艺可以看出，Proban 法工艺复杂，加工时需要特殊的氨熏设备，因此使用推广受到一定限制。但 Proban 法整理工艺的最大优势在于，整理后的织物耐洗性极佳，能承受 200 次洗涤，据称能达到与棉纤维相同的使用寿命。

（3）Fyorl－76 由美国 Stauff 公司于 1976 年开发，是 2－（β－氯乙基）－乙烯亚膦酸酯（CEVP）与甲基丙烯酸酯进行缩聚后的齐聚物。含磷量高达 22%，也采用传统的轧烘技术。该方法较适于对薄棉织物的阻燃整理，阻燃剂成本较高。

影响纯棉织物阻燃整理效果的因素很多，包括织物的结构、助剂的性能、配方的组成以及工艺整理过程等。就目前的整理水平看，纯棉织物整理后其阻燃效果与手感、强力之间的矛盾仍然是主要的。经过阻燃整理的纯棉织物，一般撕破强力损失 20%～25%，高者达 30% 左右。对于本来强力就不太高的纯棉织物来说，这种矛盾显得更为突出。只有通过优选配方，优化工艺，使阻燃效果与强力损失之间达到最佳平衡状态，才能解决它们之间的矛盾。

提高撕破强力最有效的方法，就是通过添加柔软剂以及用机械方法进行处理。选好柔软剂是改善织物手感和强力损失的一项很重要的措施。研制复配性能好，又有阻燃协效作用的专用柔软剂；采用能将阻燃织物表面物理附着的较硬挺的高分子链节打碎的后整理设备（如白拉卡尼柔软机），可以改善织物手感，增强阻燃防护服的舒适性，会有助于阻燃整理的进一步推广。

浸轧—焙烘和浸轧—氨熏两种工艺都无法彻底解决阻燃织物表面带有轻微异味的问题，这主要是由游离甲醛造成的。游离甲醛的量达到一定的程度，就会对人体造成危害。我国关于纺织品安全规定的强制性国家标准 GB 18401—2001 纺织品甲醛含量的规定中，对甲醛的含量进行了严格的限制（婴儿服装 20mg/kg，直接接触皮肤类 75mg/kg），日本、欧洲等国家和地区也有同样的要求，而现行的上述耐久纯棉织物的阻燃工艺中，甲醛的含量一般都会超过此标准，因此这是纯棉阻燃织物所面临的重大技术问题。在实践中，一般在阻燃处理液中添加能与甲醛或其他产生异味的成分起化学反应的材料，加强后清洗过程并在阻燃加工的最后工序施加高效除味剂是去除阻燃织物异味的有效措施。

（四）毛织物的阻燃整理

羊毛的分子结构中含有阻燃元素——氮，回潮率较高，具有较好的天然阻燃性，因此不属于易燃纤维，但对于阻燃要求较高的场合仍需进行阻燃整理。

最早的羊毛阻燃整理是采用硼砂、硼酸溶液浸渍法或常用的氮、磷阻燃剂进行整理，产品用于飞机上的装饰用布。这种方法阻燃效果良好，但不耐水洗。

20 世纪 60 年代后，采用 THPC 处理，其处理后的织物耐洗性较好，但工序繁复，手感粗糙,通常会破坏羊毛制品的原有风格。国际羊毛局研究的方法是采用钛、锆和带有羟基酸的络合物对羊毛织物进行整理,以获得满意的耐洗阻燃效果,且不影响羊毛的手感,故得到普遍采用。该方法是用钛或锆的络合物,在酸性条件下保温浸渍一段时间,即可使羊毛获得阻燃性。据介绍,经该方法整理后的织物耐水洗可达50次之多,是一种较为理想的高效阻燃方法,得到普遍的推广。但锆或钛的络合物可能会对毛织物的色泽有影响,生产时应予以注意。

20世纪80年代后期以来,国内有几个单位研究开发毛用阻燃剂及其整理工艺,获得了满意的结果。天津合成材料研究所研制了复合型WFR-866系列阻燃剂,一种为WFR-866F(以氟的络合物为主要成分),一种为WFR-866B(以含溴羟基酸为主要成分)。北京洁尔爽高科技有限公司开发了羊毛阻燃剂JLSUN® AFW,此种阻燃剂是锆素盐、钛素盐的复配物,适用于羊毛、毛条、纺纱、筒子、匹布染色和织物后整理及毛毯的阻燃整理。JLSUN® AFW可与染色同浴进行,也可在织物后整理采用浸渍法。

同浴法配方:

JLSUN® AFW-1	6%~8%(owf)
JLSUN® AFW-2	12%~16%(owf)

浸轧法配方:

JLSUN® AFW-1	10g/L
JLSUN® AFW-2	20g/L

目前,纯毛阻燃织物主要应用于飞机舱内、高级地毯、窗帘、贴墙材料及军队校官以上军服。

(五)麻类织物的阻燃整理

麻类纤维具有强力高、吸湿散湿快、绝缘好、防霉、防腐、抗静电等特点,具有良好的卫生保健性能及挺括大方、爽身、纹理自然、色调柔和等独特风格。在国际纺织品市场追求返璞归真,回归大自然的今天,麻类制品被广泛地应用于服装、装饰和其他领域。目前,发达国家对麻类制品的需求量日益增加,其中居室装饰织物占20%以上,如桌布、沙发布、墙布、窗帘及床上用品等。麻纤维极易燃烧,用于室内装饰会增加不安全的因素。因此,研究麻类纺织品的阻燃整理成为人们关注的课题。

亚麻、苎麻、大麻、黄麻纤维的主要成分是纤维素。纤维素在火源作用下会发生先降解后分解的热裂解过程,主要产生四类物质,即不燃烧的CO_2和H_2O极易燃烧的醛酮类化合物、呋喃类裂解产物、由纤维素脱水形成的杂环类裂解产物。由于裂解时产生了大量的热和易燃烧的物质,因此就产生了火焰,发生了燃烧现象。

从纤维素的热裂解和燃烧过程可知,阻燃整理就是通过阻燃剂在纤维素的热裂解过程中,促进脱水、脱羟反应,抑制醛酮类化合物的产生,促进麻纤维的脱水炭化,减少可燃性气体的产生,从而达到阻燃效果。

麻纤维经含磷阻燃剂整理后，降低了麻纤维素的起始裂解温度。含磷阻燃整理剂在较低温度下会分解生成磷酸。随着温度的升高，磷酸变成偏磷酸，继之缩合成聚偏磷酸。聚偏磷酸是一种很强烈的脱水剂，能促使纤维素炭化，抑制可燃性裂解物的生成，从而起到阻燃作用。此外，磷酸还会形成不挥发性的保护层而隔绝空气，磷酸还是纤维素燃烧中碳氧化成一氧化碳的催化剂，减少了二氧化碳的生成。由于碳生成一氧化碳的生成热（110.4kJ/mol）小于生成二氧化碳的生成热（394.6kJ/mol），因而有效地抑制了热量的释放，能有效阻止纤维素的燃烧。

由于麻和棉同属于纤维素纤维，其阻燃工艺和棉织物基本一致，最常用的阻燃工艺如下：

麻处理→水洗→烘干→浸轧阻燃剂 JLSUN® CP 工作液→预烘→焙烘→碱洗中和→烘干

（六）锦纶织物的阻燃整理

含氮、磷元素的阻燃剂用在涤、棉织物上效果很好，而用在锦纶织物上效果却很不理想，而氯化物、溴化物等含卤阻燃剂对锦纶的阻燃作用也不大，所以锦纶织物的阻燃整理不能按常规的方法进行。含硫阻燃剂，如硫脲、硫氰酸铵、硫酸铵、硫胍等对锦纶有较好的阻燃效果，整理后的织物能降低锦纶的熔点，被加热的织物很快熔融滴落，带走热量，使织物不能升温燃烧。用硫脲等整理的织物不耐洗。国内目前尚没有耐洗的锦纶阻燃剂。据介绍，用硫、溴、锑化合物对锦纶塔夫绸进行涂层整理，能获得满意的阻燃效果，用羟甲基脲树脂处理的锦纶也有一定的阻燃作用。

（七）涤棉混纺织物的阻燃整理

1. 涤棉混纺织物阻燃困难的原因　涤棉混纺织物因具有纯棉织物吸湿性、透气性等优点，又具有涤纶织物的高强力的特性，深受消费者欢迎，一直在我国纺织面料市场占有重要地位。但涤/棉织物的可燃性超过了纯棉织物和纯涤织物。迄今为止，人们发现对涤/棉织物的阻燃整理远比对其中任一组分的阻燃要困难。其主要原因如下。

（1）由于棉是一种不熔融、不收缩的易燃性纤维，当涤/棉制品燃烧时，棉纤维发生炭化，对涤纶起了一种类似于烛芯的支架作用，从而阻碍涤纶的熔滴脱离火源。

（2）涤纶和棉或它们的裂解产物相互热诱导，加速了裂解产物的溢出，因此涤/棉织物的着火速度比纯涤和纯棉快得多。

（3）在燃烧过程中，阻燃剂会在涤和棉两种组分间迁移，因此，也给涤/棉织物的阻燃带来了困难。

（4）涤棉混纺织物受热时，受热熔融的涤纶组分会覆盖在其纤维表面，而涤纶及其裂解生成的炭会形成骨架，阻止织物收缩，致使熔融的涤纶成为着火区的一种燃料，使织物燃烧更加剧烈。

2. 降低涤/棉织物可燃性的要求　降低涤/棉织物的可燃性，需做到以下几点。

(1)混纺织物中每一组分都要进行阻燃化。

(2)混纺织物阻燃整理时,采用各自合适的阻燃剂,其作用最好能互补并互不干扰。

(3)消除骨架效应和两组分的干扰作用。

目前国内外市场尚没有理想的涤棉混纺织物的阻燃剂。

3. 对涤棉混纺织物进行阻燃整理的方法　对涤棉混纺织物的阻燃整理通常采取以下几种方法。

(1)阻燃涤纶和棉混纺,然后经纯棉阻燃剂整理。

(2)用纯棉织物耐久整理阻燃剂对涤棉织物进行整理。

(3)开发涤/棉织物专用阻燃剂,对涤/棉织物具有高效、低毒或无毒、耐久、成本低、不影响或很少影响织物的物理机械性能的产品。

4. 涤棉混纺织物的阻燃剂　通常是采用专用涤/棉阻燃剂对涤/棉织物进行耐久阻燃整理。目前可用于涤棉混纺织物耐久整理的阻燃剂主要有 THPS—脲—TMM,LRC -100,LRC - 15,F/RP - 44。F/RP - 44 主要成分为十溴联苯醚和三氧化二锑的水分散液。近年来,由于用溴—锑阻燃剂整理的织物燃烧时产生气体的毒性、腐蚀性和较大的烟密度,西欧国家已经率先呼吁停止使用溴—锑阻燃剂。现在德国已经正式宣布在织物阻燃加工时禁止使用溴—锑阻燃剂,所以它用于涤/棉织物阻燃整理的前景并不十分光明。LRC - 15 整理的涤/棉织物既有很好的阻燃性和耐洗性,又无脱色和渗色问题,是最有使用价值,代表目前国际涤/棉阻燃织物研制水平的一个产品。

国内对于涤棉混纺织物的阻燃研究起步较早,山东巨龙化工有限公司、北京洁尔爽高科技有限公司等先后进行了相关研究。以原国家劳动部劳动保护科学研究所为主,解放军总后勤部军需装备研究所科技开发部为协作单位共同承担国家“九五”攻关课题,对涤棉混纺织物的阻燃整理技术进行攻关,1998 年底在工厂进行了大试。研制成功的阻燃产品具有较好的耐洗性能,强力高,整理后的织物没有异味,并具有抗静电的功能,但存在着手感较硬的问题。

5. 涤棉混纺织物阻燃整理的工艺　若涤棉混纺织物中涤纶的含量在15%以下,可采用一般的纯棉阻燃整理工艺。对于50/50、65/35 等常用的涤棉织物,阻燃整理的一般思路是用溴锑复合体系,采用轧—烘—焙工艺进行整理。

(1)工艺配方。

十溴二苯醚与三氧化二锑分散液	40% ~50%
黏合剂	20% ~25%
柔软剂	3% ~5%
加水至	100%

(2)工艺流程。

浸轧(轧液率80% ~100%)→烘干→焙烘(140℃,2min)→水洗

　　国内有许多科研院所及生产厂家曾对此阻燃方法的研究做过大量的工作，产品的阻燃性能较好，但存在的问题也很多，如手感硬、黏合剂粘轧辊、色泽有变化、耐洗性不好、穿着舒适性差等。因此到目前为止采用此方法整理涤/棉织物的工业化生产还为数不多。

　　国外有些磷氮系阻燃剂产品，如 Herst 公司的 FPK8007、汽巴—嘉基公司的 Pyrovatex3672 和 THPN 等是用于涤/棉织物的良好的阻燃剂。

　　磷氮系阻燃剂是纯棉织物最有效的阻燃剂，且磷氮之间有良好的协同效应。这类阻燃剂在涤棉混纺织物上的应用也最引人注目，磷氮系阻燃剂在不同混纺比的涤/棉织物上可能达到的阻燃效果见表9－7。

表9－7　不同混纺比能达到的阻燃效果

磷氮系阻燃剂	涤棉混纺织物的限氧指数				
	20/80	35/65	50/50	65/35	80/20
SCJ－969（含磷量2%～8%）	29～41	25～38	24～35	24～33	25～32
THPC（含磷量1%～4%）	22～28	22～27	22～26	22～27	22～26
CP（含磷量1%～4.5%）	26～34	18～32	19～29	19～27	2～26
Fyrol—76（含磷量0.5%～3%）	26	25～26	21～27	23～28	—
Tris（含磷量0.5%～2.7%）	23～32	22～32	23～29	21～30	23～31

　　从有关应用磷氮系阻燃剂报道来看，以盐（如 THPC 等）衍生物、膦酸酯和膦酰胺衍生物最受人重视。但是施加量与限氧指数之间不存在线性关系。一些研究报告的试验结果表明，棉织物上膦酰胺较磷盐低聚物的阻燃性能好（即达到某一阻燃性所需施加的含磷量较小），但这种优势在混纺织物上随着涤纶含量增加而减小，在纯涤纶织物上情况则完全相反。涤棉混纺中涤纶含量在75%以下的织物，经膦酰基丙烯酰胺和磷盐低聚物整理后，在未经洗涤前，前者试样仍能保持较好的阻燃性能，可是由于其耐洗性能很差，只有磷盐低聚物整理的试样的阻燃性尚可接受。两种阻燃剂阻燃效果的差异，是因为磷盐低聚物整理的混纺织物，在高温燃烧时释放出氧化磷，降低了凝聚相棉的可燃性；同时它也进入气相对涤纶组分起阻燃作用。

　　在膦的低聚物中，汽巴—嘉基公司曾推出一种涤棉混纺织物阻燃整理用商品（Pyrovatex 3672），它是四羟甲基氯化磷自身醚化的综合产物。Pyrovatex 3672 是一种耐洗型阻燃剂，但其具有不良气味，因而未能在市场上站稳。

　　单独使用磷阻燃剂仅适用于棉含量大于50%，或阻燃涤纶混纺织物，而这类阻燃剂中以 THPS 的效果为好。但 R. B. Bane 等人指出，由于磷阻燃剂施加量高，使织物手感过硬，可以部分采用上述的 THP 低聚物来改善。他们特别设计了一种 THP 盐与三甲基膦酰胺分子的摩尔比为2.3：1的缩合物,使织物具有较好的阻燃性和手感。20世纪至80年代中期,一种改进手感的研究以THPS与NH₃先行预缩体,其他分子的摩尔比为2.5：1,称为THPN。由THPN与尿素和三羟甲基三聚氰胺(TMM)整理50/50涤棉混纺织物,施加量达20%~30%(owf)时,可获得很高的阻燃性,经50次洗涤后仍能通过DOCFF3-71标准,但此时织物的手感仍稍硬,较能适应各方面使用的要求。此工艺若用于阻燃涤纶与棉混纺或阻燃性能要求稍低的用途,减少施加量后,手感就能改善。

美国LeBlance研究有限公司曾系统研究含磷阻燃剂在涤棉混纺织物上应用的可能性,推出的商品为LRC-15,是THPS与氨的预缩物,又称THPN。THPN一般是含有效成分约70%呈微红色而有气味的液体,其分子量较THPN大得多。与尿素和三羟甲基三聚氰胺拼用可获得良好的耐洗阻燃效果。但尿素和三羟甲基三聚氰胺的用量要合适,否则会影响整理织物的手感和耐洗性。为了改善整理后织物的手感,可同浴添加柔软剂,通常采用轧—烘—焙工艺,并需氧化和充分皂洗,以去除织物上的异味等。

现举国内厂家一实例如下。

织物:29.2tex×29.2tex,425根/10cm×228根/10cm,200g/m²,涤棉(45/55)混纺布。

①工艺流程。

二浸二轧(轧液率70%~75%)→预烘(红外线和热风烘燥)→焙烘(160℃,3.5min)→氧化(35% H₂O₂ 4~5g/L,40~45℃)→皂洗(洗涤剂2~3g/L,纯碱1~2g/L,80~90℃)→热水洗→温水洗→冷水洗→烘干

②浸轧液组成(g/L)。

THPN(50%)	650
MF树脂(40%~45%)	80
尿素	30
柔软剂S-960	10
渗透剂JFC	2
85%磷酸	5~10

整理后织物的质量水平见表9-8。

表9-8 整理后织物的质量水平

比较项目	断裂强力[N(纬)]	撕破强力(N)	织物含磷量(%)			垂直燃烧法损毁长度(cm)			手感
			L_0	L_5	L_{10}	L_0	L_5	L_{10}	
空白	709.99	74.63	—			—			—
整理后	585.27	55.97	3.0	2.8	2.2	6.1	7	9.4	稍硬

THPN整理剂用于涤/棉(50/50)织物很合适,可根据不同用途的阻燃性能要求设计

施加量。例如，要达到DOCFF3-71标准，对每平方米干重大于150g以上的混纺织物，其整理后织物上固着的含磷量应稍大于3%。同样混纺比织物，如仅需要通过MAFT测试要求（即不点燃或热传递很低），则含磷量大于1.8%就能达到MAFT测试法的一级标准。达到同一标准，同一单位重量的混纺织物的涤棉混纺比为65/35时，织物上需要更高的含磷量才能达到阻燃性能要求。

（八）非织造布的阻燃

非织造布常用的纤维原料主要为棉、黏胶纤维、木浆、聚酯、聚丙烯等纤维，可归纳为纤维素纤维和合成纤维两大类。对非织造布进行阻燃整理就是对以上两类纤维集合体的阻燃整理，即通过附着在非织造布表面的阻燃成分，在燃烧时抑制火焰与非织造布之间的热量传递、纤维的热裂解、纤维裂解产物的扩散与对流或抑制空气中氧气和裂解产物的动力学反应而达到阻燃目的。棉、黏胶纤维、木浆等纤维素纤维在燃烧过程中容易受热裂解，如棉纤维在340℃左右，纤维素1,4-苷键断裂，生成可产生各种可燃性气体的L-葡聚糖，从而助长火势，加速纤维的燃烧。因此为了抑制可燃气体的产生，纤维素纤维非织造布通常采取降低纤维裂解起始温度的办法阻燃，即采用以磷酸盐或有机膦化合物为主体阻燃剂对纤维素纤维非织造布进行整理，磷酸盐及有机磷化合物能有效地降低纤维裂解的起始温度，并在较低的温度下生成磷酸，随温度的升高变成偏磷酸再缩合形成聚偏磷酸，使纤维在300℃左右剧烈脱水炭化，达到阻燃的目的。纤维素纤维非织造布适用的阻燃剂有四羟甲基氯化磷（THPC）、四羟甲基氢氧化磷（THPOH）、N-羟甲基-3-（二甲基膦酸基）丙酰胺（JLSUN® CP）、三乙烯亚胺（APO）聚合物等，但由于有机膦的成本较高且大部分非织造布产品均不要求耐洗性，因此常用的还是磷酸盐类阻燃剂。聚酯纤维属于易燃的熔融性纤维，温度高于300℃时，会分解成乙醛、一氧化碳、二氧化碳和少量其他气体。主要是通过制止聚对苯二甲酸乙二酯的羧基断裂和阻止挥发碎片形成而达到对聚酯非织造布阻燃的目的。卤素阻燃剂是专为聚酯开发的。常用阻燃整理剂有卤膦酸酯、三（-2,3-二溴丙基）溴酸酯、六溴环十二烷（HBCD）、四溴双酚A环氧乙烷（TBA EO）、四溴双酚S环氧乙烷（TBS 2EO）等，整理工艺较复杂。

磷酸盐和有机膦化合物阻燃剂对应纤维素纤维、卤素阻燃剂对应聚酯纤维，都是单一对应的阻燃体系。纤维素纤维与合成纤维混纺的产品，如黏/涤非织造布，若只对黏胶纤维阻燃整理，则熔融聚酯熔滴黏附在炭化的黏胶纤维上，使织物更易燃烧；若只对聚酯纤维阻燃整理，又阻止不了黏胶纤维的炭化燃烧，因此对于纤维素纤维与合成纤维混纺产品的阻燃整理通常是用两种类型的阻燃剂配伍，如采用四羟甲基氯化磷、三（-2,3-二溴丙基）溴酸酯、三氧化二锑、六溴环十二烷等按一定比例配制。

近年来，磷—氮类协效阻燃剂不断完善。由于其具有整理工艺简单、生产高效等特点，国内外非织造布生产厂家常用磷—氮阻燃剂对熔融性纤维或其与纤维素纤维混纺的非织造布进行阻燃整理，通过在固相及气相的阻燃作用，抑制纤维裂解产物的扩散和对流而使非织造布阻燃。整理工艺可采用浸渍、浸轧、喷洒等方法。

1. 涂层覆盖法　涂层覆盖法主要是针对硼酸、硼砂等传统上常用的阻燃剂,该类阻燃剂在 500℃ 以下时很稳定,不会分解。当非织造布被涂层后,在高温时阻燃剂能在非织造布表面形成玻璃状覆盖层,阻止氧气的供给而达到阻燃的目的。

2. 反应整理法　反应整理法是创造一定的条件使阻燃剂分子与纤维发生化学反应而相互结合,当非织造布受到高温时与阻燃剂发生化学反应,使纤维发生相应的性能变化或产生动力学反应而达到阻燃的目的,如 THPOH NH$_3$ 法、Proban 法、NMPPA 法、高温高压法等。整理过程中一般都需要一定的烘燥和焙烘时间。

3. 便捷式整理方法　便捷式整理方法主要指浸轧烘干法、喷洒晾干法、黏合剂黏合法等方法,由于整理方法简单,工艺便捷,一般可以在线进行整理。采用该方法整理的产品多数只具有暂时的阻燃性,一旦附着在水刺非织造布表面,阻燃成分脱落,则不再具有阻燃性能。常用的阻燃剂除了以上提及的磷酸盐类阻燃剂和磷—氮类协效阻燃剂外,还有明矾、硫酸铝、硫酸锌等。

涂层整理往往使非织造布透气性明显下降,手感差,不能满足多数产品使用性能的要求,而利用印染后整理设备对非织造布进行阻燃整理,其生产工艺路线长,产品需连续牵伸,要有足够的强力,产量低,生产成本高。非织造布阻燃整理方法以浸轧烘干法和喷洒晾干法居多。

第六节　阻燃纺织品的现状与发展趋势

一、我国阻燃纺织品的现状

1. 用于纤维和织物阻燃整理的技术研究　近年来,我国在纺织品阻燃技术的研究方面取得了较大进展。中国纺织科学研究院先后研制成功了丙纶阻燃母粒等科研成果;上海纺织科学研究院也先后研制和开发了酚醛纤维、聚酰亚胺纤维、芳砜纶、阻燃黏胶纤维、耐热纤维等阻燃纺织品;上海合成纤维研究所、上海纺织科学研究院、东华大学和山西煤炭化工研究所、山西纺织研究院承担的攻关项目"预氧丝阻燃织物的配制"通过鉴定;东华大学研究的高阻燃黏胶纤维及其混纺织物,限氧指数(LOI)达 45 ~ 50;上海巨化纺织科学研究所先后完成了防火、防水、防霉棉盖布整理工艺、涤棉混纺织物阻燃整理及阻燃剂 SCJ – 969 合成、防火与防水消防服面料、纯棉防水防静电阻燃帆布、羊毛纺织品阻燃整理技术等科研项目;北京洁尔爽高科技有限公司研制成功的防强酸、防强碱、抗氧化、防霉变、防虫蛀、防静电、耐日晒、耐水洗的永久性阻燃织物已全面上市,使我国成为世界上少数可以生产永久性阻燃产品的国家。此外,我国研制成功的以回收聚酯废料瓶为主要原料,添加阻燃母粒共混纺丝生产的阻燃短纤维,用作地毯、墙布等非织造布的原料,因价格低廉,原料充足,具有广阔的市场前景和良好的社会效益。大连华阳工程有限公司与日本材田嫁接设备应用瑞士公司生产的 T20 型减量注射器,开发的母粒注射染色法,为有色阻燃织物开拓了极广阔的前景。

2. 阻燃剂的研究　目前,我国已研制出一系列品种齐全、性能优异的新型阻燃剂。北京洁尔爽高科技有限公司生产的 JLSUN® 织物阻燃剂系列可分别用于棉、麻等天然纤维素纤维织物;毛呢丝绒、腈纶、涤纶、维纶等化纤制品。JLSUN® ATF 型阻燃剂是涤纶织物阻燃整理剂,与日本阻燃剂 TS-1 属于同类产品,广泛用于涤纶及涤棉交织纺织品(包括针织品、机织品)的阻燃整理,也可用于地毯等纺织品。JLSUN® ATP 是环保生态型涤纶及锦纶织物用阻燃整理剂,JLSUN® SCJ-968 型阻燃剂用于纤维处理(棉纤维、醋酯纤维、黏胶纤维、聚酯纤维、锦纶等),限氧指数可达 31 以上;JLSUN® SCJ-969 型阻燃剂由 Br、P、Sb、N 多种元素组成,处理时浸喷均可,适用于毛、麻、棉织物、涤纶以及混纺及交织品的阻燃处理,限氧指数达 50 以上;JLSUN® AFW 型阻燃剂,是由 F、Ti、Br 等多种化合物经化学反应与混配而成,低毒,高效,用于纯毛地毯的阻燃整理,限氧指数达 32 以上。上海巨化纺织科学研究所的 JHF-8 高效阻燃剂是以氮—磷为基础的水溶性阻燃剂,并含有阻燃增效剂、渗透剂等,适用于天然纤维和合成纤维,如化纤织物、麻织物、毛织物、丝织物,并可用于牛皮纸及壁纸,处理后的阻燃织物,限氧指数可达 30 以上;JHF-9 高效阻燃剂,使用多种含磷、含氮及含其他阻燃元素的化合物,通过化学反应导入具有特定活性的官能团,使阻燃剂分子键合在棉纺织品的纤维素分子上或键合在化学纤维、合成纤维的大分子上,同时阻燃剂高分子自身缠绕和包裹。可以广泛用于由棉、棉涤、羊毛、再生纤维和大多数合成纤维制成的各种窗帘、沙发面料、壁布、幕布、帷幕等装饰纺织品阻燃处理或阻燃后处理。此外,吉林石油化工集团公司研究所、山西省化纤研究所、江苏省化工研究所也开发研制了一系列纺织品用阻燃剂。

3. 阻燃纺织产品的研究　纺织阻燃产品研究是纺织阻燃技术发展的一个重要标志。我国在科研试制及投入工业化生产方面都取得了可喜成果。北京制呢厂生产的"兰羽牌"纬编涤纶阻燃装饰呢是高级系列阻燃产品,经国家有关检测中心检测,其阻燃性能及烟雾和毒性物,均符合标准的技术要求,产品花色品种丰富,适用于飞机、船舶、汽车内饰材料,也适于宾馆、写字楼、会议厅等高层建筑内装饰;天津市仁立毛纺厂生产的"天马牌"阻燃装饰布 1986 年已用于民航用装饰材料;燕山石油化工总公司的"燕山"牌丙纶阻燃地毯,除具有耐磨损、防起毛、耐酸碱、防虫蛀、防霉、弹性好、强度高等性能外,还具有耐老化、阻燃性好、抗静电等优点;周口店壁纸厂的"金巢"牌高级阻燃布基壁纸,能有效地阻隔火、烟对墙面的损害,限氧指数可达 30;公安部四川科学研究所研制出阻燃效果理想、物理性能良好的耐久性阻燃棉装饰织物,皂洗 50 次后,阻燃效果不变,限氧指数大于 32,手感好,各项指标均达到 GB 8624—1997 难燃材料 B1 级(窗帘、幕布类纺织物材料)的规定,该所研究出的耐久性阻燃涤纶装饰织物,皂洗 50 次,阻燃效果不变,限氧指数大于42,手感好,各项指标均达到了 GB 8624—1997 难燃材料 B1 级的规定,达到了国内外同类产品的先进水平。江苏仪征化纤股份有限公司开发的阻燃聚酯具有优异的阻燃性能及使用性能。

二、我国阻燃纺织品的发展要求与趋势

1. 加强阻燃纤维的开发和研究 目前我国生产和使用最多的是阻燃整理织物,包括纯棉、纯涤纶、纯毛、涤/棉和各种混纺的耐久性阻燃织物,阻燃纤维织物的生产和使用量较少,年产量只有 300t 左右。随着人民生活与环境条件的不断改善,人们对阻燃纺织品性能的要求越来越高,应投入力量和资金加大高性能、多功能阻燃纤维的开发。随着我国国力的增强,军队和消防部门等对具有高强力、高阻燃性能的芳纶的需求量将会逐步增大,我们应大力开发新型芳纶产品,以适应国防和安全的需要。

2. 加强阻燃纺织品多功能化的研究 目前多数阻燃纤维或织物仅具有阻燃功能,不能满足某些部门的特殊要求,发展多功能阻燃产品(如阻燃拒水、阻燃拒油、阻燃抗静电等)势在必行。如在生产方法上采用多种形式相结合,对阻燃纤维织物进行防水拒油、防紫外线、抗菌防臭整理;采用阻燃纤维纱与导电纤维交织,以生产抗静电的阻燃织物;利用阻燃纤维与高性能芳纶进行混纺、交织生产耐高温织物;采用阻燃纤维与棉、黏胶纤维等纤维混纺,以改善最终产品的舒适性并降低成本等。

3. 开发新型低毒低烟、无污染的阻燃剂 阻燃聚丙烯纤维用阻燃剂的发展方向是将目前使用的溴系阻燃剂转向磷—氮体系阻燃剂及膨胀型阻燃剂,利用其与聚合物相容性好、用量少、热稳定性高等特点,生产低烟、低毒、无腐蚀且无滴落的阻燃聚丙烯纤维。阻燃腈纶用阻燃剂的发展方向将从目前使用卤系阻燃剂转向磷—氮体系阻燃剂,纤维除具有阻燃特性外,还兼具抗静电功能,这种具有"双抗"功能的腈纶发烟低、毒性小、后续加工性能及使用性能良好。阻燃聚酰胺的发展方向是寻求持久高效、防滴落、毒性低、烟尘小以及对纤维的各项物理性能指标影响小的阻燃新品种,将从目前的溴系转向氮—磷系。阻燃聚酯的生产是向具有高附加值的纤维系列方向发展,选用的阻燃剂将由溴系转向磷系化合物并增加其他复合功能,如抗静电、低起球、抗菌、易染色等。

4. 加强交流合作,完善法规标准 阻燃纺织品的研究开发、生产和应用应视为系统工程,涉及行业广泛,除纺织系统外,其他工业领域应予以配合。因此,应加强交流合作,学习和借鉴国外的先进技术和经验,并吸取我国火灾的教训,建议政府部门加强对阻燃纺织品的立法,使宾馆、高层建筑必须使用阻燃纺织品。法律、法规的健全和完善,对推动阻燃纺织品的开发和推广应用,对预防因纺织品易燃引起的火灾事故有着重要的实用价值。正确评价纺织品的阻燃性能,应以其使用场合的要求为准,按用途制定标准。试验方法应以实际着火情况代替实验室小型实验为基准,这是纺织品阻燃标准的发展方向。此外,还应做好阻燃纺织品法规标准的宣传工作,使防火工作落到实处。

参考文献

[1]Horrocks A R, Ugras M. The persistence of burning of textiles in different oxygen environments and the determination of the extinction oxygen index[J]. Fire & Materials, 1983, 7(3):111 – 118.

[2]Franklin W E. Initial Pyrolysis Reactions in Unmodified and Flame – Retardant Cotton[J]. Journal of Macromolecular Science Chemistry, 2006, 19(4):619 – 641.

[3]William E. Franklin, Stanley P. Rowland. Thermogravimetric Analysis and Pyrolysis Kinetics of Cotton Fabrics Finished with THPOH – NH3[J]. Journal of Macromolecular Science Chemistry, 1983, 19(2): 265 – 282.

[4]章新农,邵行洲. 纤维素热裂解及阻燃剂作用的研究[J]. 印染,1988,14(5):69 – 75.

[5]柘植新,大谷肇. 高分辨裂解色谱原理与高分子裂解谱图集[M]. 金烹高,罗远芳,译. 北京:中国科学技术出版社,1992.

[6]Jr R F S, Jr L R B. Study of the pyrolytic decomposition of cellulose by gas chromatography[J]. Journal of Polymer Science Polymer Symposia, 1963, 2(1):331 – 340.

[7]朱平,纯棉织物低甲醛耐久阻燃整理工艺研究[J]. 印染,2003,29(6):5 – 7.

[8]肖维为. 阻燃纤维检验方法介绍[J]. 合成纤维,1986(1):43.

[9]沈宗伟. 锦纶及其制品阻燃性能的研究概述[J]. 合成纤维,1987(3):29.

[10]肖维为. 阻燃纺织品及其性能测试的发展动态[J]. 合成纤维,1986(2):51.

[11]Horrocks A R. An Introduction to the Burning Behaviour of Cellulosic Fibres[J]. Coloration Technology, 2010, 99(7 – 8):191 – 197.

[12]朱平,隋淑英. 我国纺织品阻燃整理技术的现状及发展趋势[J]. 山东纺织科技, 1997(1): 41 – 45.

[13]方志勇. 我国纺织品阻燃现状及发展趋势[J]. 染料与染色, 2005, 42(5):46 – 48.

[14]Nrino T. Funcionaliztion of ionrganie Powder surface by the grafting of polymers[J]. J. of polymer 1996,45 (6):412 – 416.

[15]欧育湘. 新型磷—氮系阻燃剂的性能、合成与应用[J]. 江苏化工,1998,26(3):6 – 8.

[16]欧育湘. 膨胀型石墨及其协效剂[J]. 塑料科技,1999,131(6):13 – 14.

[17]Papaspyrides C D, Pavlidou S, Vouyiouka S N. Development of advanced textile materials: Natural fibre composites, anti – microbial, and flame – retardant fabrics[J]. Proceedings of the Institution of Mechanical Engineers Part L Journal of Materials Design & Applications, 2009, 223(2):91 – 102.

[18]李波. 腈氯纶阻燃织物的开发及应用[C]. 第三届功能性纺织品及纳米技术应用研讨会论文集, 2003,12(3):359 – 362.

[19]张建春,钟铮. 腈氯纶阻燃纤维生产技术及应用[J]. 纺织导报,2000(2):15 – 17.

[20]吕丽华,吴坚. 亚麻织物阻燃机理及其整理工艺条件[J]. 大连轻工业学院学报,2003,22(3): 200 – 202.

[21]徐晓楠,韩海云.我国纺织品阻燃现状及发展趋势[J].消防技术与产品信息,2002(2):32-36.

[22]朱平,隋淑英.我国纺织品阻燃整理技术的现状及发展趋势[J].山东纺织科技,1997(1):41-45.

[23]王黎明,沈勇,丁颖.PN系阻燃剂对涤棉织物阻燃性能的研究[J].印染,2002(8):11-14.

[24]陈喆,李洪.非织造布的阻燃整理及其应用[J].产业用纺织品,2001,19(9):22-26.

[25]王艳钗,张春香,张淑琦.涤纶织物的阻燃整理概述[C].第四届功能性纺织品及纳米技术应用研讨会论文集,2004(10):12-14.

[26]商承杰.抗菌阻燃免烫多功能整理的研究[J].山东纺织科技,1991(3):1-5.

[27]武绍学,商承杰.涤纶织物的阻燃整理[J].针织工业,1999(6):34-35.

第十章　拒水拒油纺织品

第一节　概述

当前,随着经济不断向前发展,人们生活水平普遍提高,对于纺织品,人们不再满足它单一的基础功能,而对其功能性提出了进一步的要求。根据人们生活的需要和国内外纺织品的发展趋势及国际市场的需求,拒水、拒油和易去污功能性纺织品的需求量不断增多。越来越多的纺织品不仅要求具有防水、防油、防污等多种功能,还不能改变织物原有的透气、透湿、柔软等性能。因此,在具有织物本身良好性能的情况下,如何赋予织物拒水、拒油和易去污的功能成为功能纺织品领域研究的热点。

一般,赋予织物拒水拒油功能,是在织物上施加一种具有特殊分子结构的整理剂,改变纤维表面层的组成,降低织物表面能,使水和油不易在织物表面展开,并牢固地附着于纤维或与纤维化学结合,使织物不再被水和常用的食用油类所润湿,这样的工艺称为拒水拒油整理,所用的整理剂分别称为拒水整理剂和拒油整理剂。整理后织物的纤维间和纱线间仍保存着大量的孔隙,这样织物仍保持良好的透气和透湿性,有助于人体皮肤和服装之间的微气候调节,增加穿着舒适感,适用于服装面料。

通常,使水不能透过织物的整理分为防水整理和拒水整理。织物的防水性是指织物具有难以润湿、渗透、吸水等性能。防水整理是在织物表面涂布一层连续的不透水、不溶于水的薄膜,以防止水渗透到织物内部,同时空气、水蒸气也难以通过。防水整理纺织品主要用在帆布、雨布、帐篷以及包装用布等,作为防水剂的材料有沥青、干性油、纤维素衍生物、各种乙烯系树脂、各类橡胶、聚氨酯树脂等。用于涂层的织物和结构与成品的功能和耐久性密切相关,各种织物都可用来作为基布如棉、人棉、锦纶、涤纶、腈纶、丙纶及混纺织物等。而织物的拒水性是指织物不易被水润湿的特性。拒水整理是改变纤维表面的性能,使纤维表面的亲水性转变为疏水性,而织物中纤维间和纱线间仍保存着大量孔隙,这样的织物既透气,又不易被水润湿,只有在水压相当大的情况下,才会发生透水现象。拒油性与拒水性相似,是指织物不易被油浸湿,防止油及油污沾污纺织品。

早期的防水整理主要是用作雨衣、雨伞、雨布等,是人们避雨的需要,使水不能浸透和通过织物。后来人们为了方便,希望普通的风衣、外衣也要具有一定的防水性,但这种织物作成的衣服不透气、不服帖,会使人穿着时感到气闷、不舒服。为了改善其透气性、手感、弹性等,既防水又透气的新型纺织品就产生了。另外,用作油田工作服、台布的纺织品等,由于经常接触油类物质,为了防止油性沾污,就发展了拒水、拒油又防污的整理加工技术。

在拒水拒油又防污的整理加工技术中,目前较多采用的拒水拒油整理剂为有机硅类和含氟类整理剂。常用的有机硅拒水剂具有柔软织物的作用,它通过在纤维表面形成柔性薄膜,赋予织物柔软的手感的同时具有拒水效果,但它主要有溶剂型和乳液型两种。溶剂型有机硅需要有适应溶剂整理的特殊设备,而且要考虑溶剂的毒性和危险性。乳液型有机硅的拒水性因残留的乳化剂而低于溶剂型有机硅。而对于含氟类拒油拒水剂,由于其整理剂中的氟离子的电负性大,直径小,可以使化合物的表面自由能显著下降,表现出优异的疏水疏油性和稳定性。经含氟织物整理剂整理过的织物能显示出一般碳氢或硅树脂整理剂所不能达到的特性,即拒水拒油性。含氟织物整理剂集所有要求的性能于一身,它防水、防油、防污且不会改变织物原有性能,显示出烃类或硅酮类防水剂所不具备的优越性,得到迅速普及推广,成为当今拒水拒油整理剂的主流。

最早应用含氟聚合物的是杜邦公司,早在1950年就申请了聚四氟乙烯乳液处理纺织品的专利(K. L. Berey,DuPont USP 2532691—1950)。由于聚四氟乙烯成膜温度大大超过常用纤维熔融温度,该项技术未能获得开发。1951年,美国3M公司首先合成了全氟辛酸与三氯化铬的络合物(Scotchgard FC - 805),继而于1951~1953年合成了丙烯酸全氟烷基酯乳液;1955年后推向市场的防水拒油整理剂商品有 Scotchgard FC - 208 等。之后,德国 Hoechst、法国 Atochem 等公司相继开发了同类产品,如 Nova 和 Forapel 等。1962年,日本大金化学公司推出了 Uni - dyne;1971年,日本旭硝子公司推出了 Asahi Guard 系列商品。我国染整行业规模性使用含氟拒水拒油整理剂是在20世纪的70年代末至80年代初。

利用有机氟树脂对织物进行拒水、拒油、防污"三防"整理,是在织物表面引入表面能很低的—CF_3基团。有机氟化合物中起拒水拒油作用的是全氟烷基(C_nF_{2n+1}),当—CF_3基团中的一个 F 被 H 取代,基团的表面能(SE)就增加一倍。所以,聚合物中全氟烷基分子链越长,表面能(SE)就越低,氟碳基团在织物表面就形成垂直紧密网状排列,提高了织物的拒水、拒油和防污性能。纳米材料的加入,通过黏合剂的作用与纤维结合,由于纳米粒子的小尺寸效应、表面和界面效应,纳米粒子表面的原子存在大量的表面缺陷和许多悬挂键,具有很高的化学活性,纳米粒子高度分散在纱线之间、纤维之间和纤维表面,它们与有机氟树脂、交联剂、黏合剂在纤维表面形成一层很薄而致密的膜,阻止了油污的进一步渗透,大大提高了拒水、拒油和防污性能。

第二节　拒水、拒油、易去污纺织品测试标准

目前,现行的拒油、防水、防污、易去污以及透湿纺织品国家标准主要有:GB/T 4744—2013《纺织品　防水性能的检测和评价　静水压法》、GB/T 23321—2009《纺织品

防水性　水平喷射淋雨试验》、GB/T 19977—2014《纺织品　拒油性　抗碳氢化合物试验》、GB/T 31906—2015《纺织品　拒水溶液性　抗水醇溶液试验》、GB/T 4745—2012《纺织品　防水性能的检测和评价　沾水法》、GB/T 30159.1—2013》纺织品　防污性能的检测和评价　第1部分:耐沾污性》、GB/T 24120—2009《纺织品　抗乙醇水溶液性能的测定》、GB/T 12704.1—2009《纺织品　织物透湿性试验方法　第1部分:吸湿法》、GB/T 12704.2—2009《纺织品　织物透湿性试验方法　第2部分:蒸发法》、AATCC 130—2000《去污性:油渍清除法》、GB/T 28895—2012《防护服装　抗油易去污防静电防护服》和FZ/T 01118—2012《纺织品　防污性能的检测和评价 易去污性》。具体测试指标根据产品要求确定,其中,易去污测试则是将油污(如玉米油、机油、14 号机油 100g + 碳黑 0.1g)施加到织物上,再进行一定条件的水洗,判断污迹残留状况。

一、AATCC 130—2000《去污性:油渍清除法》

AATCC 130 适用于测试织物在洗烫过程中去油污的能力。其原理是用指定重量的重物将一些污渍压迫于织物上,被沾污的织物以规定的方式洗烫,残留的污渍按5到1级不等的防污评级卡进行评级。

1. 试验准备

(1)试验设备及材料。吸墨纸、粟米油、玻璃纸或其他相当的物品、计时器/秒表、砝码、医用点滴器、全自动洗衣机、全自动干衣机、商用粒状洗涤剂或家用 AATCC 1993 标准指定的洗涤剂、填衬物、评级区(可用 AATCC 124 测试的评级灯光和区域)、带不刺眼黑色面的工作台、防污评级卡或 3M 防污色卡、温度计、天平。

(2)试样准备。每次测定用两块测试样布(38.1 ±1.0)cm×(38.1 ±1.0)cm[(15.0 ±0.4)英寸×(15.0 ±0.4)英寸]。测试样布需在温度(21 ±1)℃和相对湿度(65 ±2)%下处理 4h。

2. 沾污步骤　将未沾污的试样布平铺在 AATCC 白色吸墨纸上,用医用点滴器滴 5 滴(约 0.2mL)玉米油于测试布样的中心位置。放置一块 3.6cm×3.6cm(3.0 英寸×3.0 英寸)的玻璃纸于污渍区上,再将 2.268kg 砝码压在玻璃纸上。静置(60 ±5)s 后,移开砝码,丢弃玻璃纸片。试验时不要使测试样布相互接触而使污点转移扩散。沾污后经(20 ±5)min 再进行洗涤。

3. 洗涤过程

(1)洗涤温度设定。将洗衣机注满高水位的水,从表 10 - 1 中选择一个温度的水温,并用温度计进行检查。

(2)在洗衣机内加入(100 ±1)g 洗涤剂,然后放入填衬物和测试样布,总重量为(1.80 ±0.07)kg(每台洗衣机每次测试最多的样布数量为 30 块)。

(3)将洗衣机设定为标准洗涤,运行 12min 后结束。最后一次脱水完成后,将所有填衬物、测试样布放入干衣机。

表 10 -1　各洗涤步骤的温度

洗涤步骤	温度	洗涤步骤	温度
2	$(27 \pm 3)℃$	4	$(49 \pm 3)℃$
3	$(41 \pm 3)℃$	5	$(60 \pm 3)℃$

（4）干衣机在标准（棉类强洗）程序下，设置 45min 干燥或直至烘干，出风口处最高温度可达$(65 \pm 5)℃$（有些干衣机的标准程序在烘干后有一个 5min 的自动冷却过程。无此特性的干衣机在处理(45 ± 5)min 后可设定为风干运行 5min）。

（5）在干衣机旋转完成后立即取出试样布，平放以防止形成折痕或皱折而影响防油污评级，需在烘干后 4h 内进行评估。

4. 评估　将评级卡放于衬板上，中心离地面(114 ± 3)cm。将试样正面朝上平放在不光滑黑色桌子的中间，桌子的一边与观测板接触。将织物旋转到能够产生最低等级的方向。观察距离应为离黑色观测板(76.2 ± 2.5)cm[(30 ± 1)英寸]，眼睛（观测高度）离地面(157.5 ± 15.2)cm[(62 ± 6)英寸]。观测者应站在样布正前方。在水平或垂直方向改变观察角度都会影响一些织物的评级。每位观测者应独立完成评级，可评 0.5 级，5级最好，1 级最差。

二、GB/T 28895—2012《防护服装　抗油易去污防静电防护服》

GB/T 28895 适用于评定经易去污整理后织物的易去污性能，其原理是先用油污沾污试样，在试样上放置一定重量的重物，使油污渗入织物，然后按照规定的方式洗涤已沾污的试样，将织物上剩余的油污与油污去除样卡进行比较来评级，级别为 5 级到 1 级。

1. 试验准备

（1）试验设备。三辊研磨机、均质机、刮板细度计、无色透明聚乙烯薄膜、定性滤纸、移液管、压重砝码。

（2）标准污油的准备。

①取 14# 机油和炭黑配成 5% 污油，配比 $W_{炭黑} : W_{机油} = 1 : 19$，充分搅拌后用均质机在6500 ~ 7500r/min 速度下使其分散均匀。

②启动三辊研磨机，加入适量污油，调节三辊研磨机使污油经研磨后均匀排出，收集污油。

③用刮板细度计检查排出污油均匀程度和研磨细度，细度达到 20μm 以下即可。若细度未达到 20μm 以下，可微调三辊研磨机数次研磨，直至其细度达到要求。

④取 14# 机油和配置好的 5% 污油，按比例配制成 1‰标准污油，配比 $W_{炭黑} : W_{机油} = 1 : 999$，用均质机在 6500 ~ 7500r/min 速度下使其分散均匀，备用。

⑤配好的污油应在 8h 内使用，超过时间后应重新在均质机处理达到分散后再使用。

（3）织物试样准备。

①从易去污整理织物距布边至少2m处剪取无外观疵点的试样，尺寸为150mm×150mm，耐洗涤处理前后试样各4块。分别取耐洗涤处理前后试样各1块作为评级参照样备用。

②剪取6块无色透明聚乙烯薄膜，尺寸为70mm×70mm。

③剪取6块定性滤纸，尺寸为70mm×70mm。

2. 试验具体步骤 将6块滤纸平铺于试验台上，把未经耐洗涤处理的3块试样和按试样准备步骤①处理的3块试样分别平铺在滤纸上。然后用移液管取1‰标准污油0.2mL，在试样的中心位置（管口距布面10～15mm）缓缓滴下全部污油。在每个滴有污油的试样上加盖1块无色透明聚乙烯薄膜，在薄膜与污油接触处放上压重砝码。待停留1min后取下砝码，移去薄膜，试样在室温下继续放置（20±3）min后进行沾油污的洗涤。

3. 试样评级 根据GB/T 250—2008规定，用评定变色用灰色样卡，对比试样准备步骤①中预留的参照样，分别评定经耐洗涤处理前后的试样的易去污级别，沾污面积直径超过40mm的，评定为1级。以最低级别为最终结果。

三、FZ/T 01118—2012《纺织品 防污性能的检测和评价 易去污性》

FZ/T 01118适用于各类纺织物及其制品，其原理是在纺织试样表面施加一定量的沾污物，静置一段时间或干燥后，在规定条件下对沾污试样进行清洁。通过变色用灰色样卡比较清洁后试样沾污部位与未沾污部位的色差，以此来评定试样的易去污性。根据沾污的清洁方式可分为洗涤法和擦拭法。

1. 试验准备

（1）试验设备。

①洗涤法。花生油（非工业污染物）或炭黑油污液（工业污染物）、中速定性滤纸、滴管、塑料薄膜、轻质平板、重锤或砝码[（2±0.01）kg]、洗衣机、搅拌器、ECE标准洗涤剂、评定变色用灰色样卡。

②擦拭法。高盐稀态发酵酱油（老抽）、中速定性滤纸、滴管、玻璃棒、棉标准贴衬、评定变色用灰色样卡。

（2）试样的准备及调湿。从每个样品中取有代表性的试样。洗涤法取2块试样，每块尺寸为300mm×300mm；擦拭法取1块试样，尺寸能满足试验要求。试样应在GB/T 6529—2008规定的标准大气中调湿。

若需考核易去污性的耐久性，需对试样进行水洗处理后再进行试验。水洗处理程序推荐采用与维护标签相适宜的洗涤程序；或采用GB/T 8629—2001中6A程序，洗涤次数根据双方协商确定。

2. 试验具体步骤

（1）洗涤法。

①将滤纸水平放置在试验台上,取 2 块试样分别置于滤纸上,在每个试样的 3 个部位分别滴下约 0.2mL(4 滴)污液,各部位间距至少为 100mm。然后在污液处覆上塑料薄膜,把平板放在薄膜上,再压上重锤,(60 ±5)s 后,移去重锤、平板和薄膜,将试样在此状态下静置(20 ±2)min。最后选一处沾污部位,用变色用灰色样卡评定其与未沾污部位的色差,记录为初始色差。

②按 GB/T 8629—2001 规定的 6A 程序对两块试样进行洗涤,加入(20 ±2)g 的 ECE 标准洗涤剂。洗涤完成后平摊晾干,应确保试样表面平整无褶皱。然后用变色用灰色样卡评定每块洗涤后试样未沾污部位与三处沾污部位的色差。

(2)擦拭法。

①将试样平铺在滤纸上,用滴管滴下约 0.05mL(1 滴)污液于试样中心。用玻璃棒将液滴均匀地涂在直径约 10mm 的圆形区域内(若液体自行扩散,则无须涂开)。将试样平摊晾干后,用变色用灰色样卡评定沾污部位与未沾污部位的色差,记录为初始色差。

②用水将棉标准贴衬浸湿,使其带液率为(85 ±3)%。使用棉标准贴衬朝同一方向用力擦拭被沾污部位,棉标准贴衬每擦一次需换到另一个干净部位继续擦拭,共擦拭 30 次。然后用变色用灰色样卡评定未沾污部位与擦拭后试样圆形沾污区的色差。

3. 结果表示

(1)洗涤法。对于同一试样,若有 2 处或 3 处色差级数相同,则以该级数作为该试样的级数;若 3 处色差级数均不相同,则以中间级数作为该试样的级数。取两个试样中较低级数作为样品的试验结果。

(2)擦拭法。以试样未沾污部位与擦拭后试样圆形沾污区的色差作为样品的试验结果。若擦拭过程中沾污随水分在织物上发生了扩散,扩散后的污渍面积超过擦拭前沾污面积的一倍,直接评定为 1 级。若在擦拭过程中造成评级区周围被沾污或试样出现褪色等现象,应在试验报告中加以说明。

4. 结果的评价

(1)当初始色差等于或低于 3 级时,试验结果的色差级数为 3 - 4 级及以上,则认为该样品具有易去污性。

(2)当初始色差等于或高于 3 - 4 级时,试验结果的色差级数高于初始色差 0.5 级及以上,则认为该样品具有易去污性。

第三节 拒水整理

一、拒水原理

1. 杨氏公式 一滴液体滴在固体表面,假设此表面理想平,液滴重力集中于一点,并且忽略液滴的量。由于织物中纤维的表面张力(γ_S)、液体的表面张力(γ_L)以及液—固间的界面张力（γ_{LS}）相互作用的结果，液滴会形成各种不同的形状（从圆珠形到完全铺平）。除液滴完全铺平外，液滴在固体表面上处于平衡状态时（图10-1），A点受到三种力的作用，并应满足下列方程

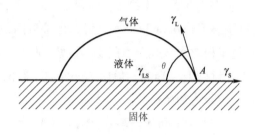

$$\gamma_{LS} + \gamma_{L}\cos\theta = \gamma_{S} \qquad (1)$$

$$\cos\theta = \frac{\gamma_{S} - \gamma_{LS}}{\gamma_{L}} \qquad (2)$$

图10-1　固体表面的润湿和接触角

在图10-1中，角θ称为接触角，当$\theta = 0°$时，液滴在固体表面铺平，这是固体表面被液滴润湿的极限状态；当$\theta = 180°$时，液滴为圆珠形，这是一种理想的不润湿状态。在拒水整理中，可将液体（水）的表面张力看作常数。因此，液体能否润湿固体表面，取决于固体的表面张力（γ_{S}）和液—固的界面张力（γ_{LS}）。从拒水要求来说，接触角θ越大越有利于水滴的滚动流失，也就是说（$\gamma_{S} - \gamma_{LS}$）越小越好。

2. 黏着功　由于γ_{S}和γ_{LS}实际上几乎不能直接测量，所以通常采用接触角θ或$\cos\theta$来直接评定润湿程度。但是接触角并非润湿的原因，而是其结果，因此有人采用黏着功（W_{SL}）表示液—固间相互作用的关系，即润湿程度的参数。所谓黏着功是指分离单位液—固接触面积所需的功，它与表面张力的关系可用下式表示：

$$W_{SL} = \gamma_{S} + \gamma_{L} - \gamma_{LS} \qquad (3)$$

合并式（1）和式（3），则得

$$W_{SL} = \gamma_{L} + \gamma_{L}\cos\theta = \gamma_{L}(1 + \cos\theta) \qquad (4)$$

式（4），表示黏着功的γ_{L}和$\cos\theta$都是可以测定的，因此式（4）具有实际意义。同理，将截面为单位面积的液柱分割为两个液柱时所需要的功为$2\gamma_{L}$，可称为液体的内聚功（W_{LL}）。从式（4）可知，黏着功增大时，接触角减小，当黏着功等于内聚功（$2\gamma_{L}$）时，接触角为零，这时液体在固体表面完全铺平，由于$\cos\theta$不能超过1，因此即使黏着功大于$2\gamma_{L}$（即$W_{SL} > W_{LL}$），接触角仍保持不变。$W_{SL} = \gamma_{L}$，则θ为90°。当接触角为180°时，$W_{SL} = 0$，表明液体和固体之间没有黏着作用，然而由于两相间多少存在一些黏着作用，所以接触角等于180°的情况从未发现，最多只能获得一些近似的情况，例如160°或更大一些的角度。

3. 临界表面张力　由于固体表面张力几乎无法测量，为了了解固体表面的可润湿性，有人测定它的临界表面张力（接触角恰好为0°时，该液体的表面张力可采用外推法求得）。临界表面张力虽然不能直接表示该固体的表面张力，而是表示$\gamma_{S} - \gamma_{LS}$的大小，却

能说明该固体表面被润湿的难易。但是应该注意的是,测定临界表面张力是一种经验方法,并且测定的范围也十分狭小。表 10 - 2 列出几种物质的临界表面张力。

表 10 - 2　某些物质的临界表面张力

物质的基本组成	临界表面张力($\times 10^{-5}$N/cm)	物质的基本组成	临界表面张力($\times 10^{-5}$N/cm)
—CH$_2$—	31	—CF$_2$—CF$_3$	17
—CF$_2$—CH$_2$—	25	—CF$_3$	6
—CH$_3$	23	纤维素	>72
—CH$_2$—CH$_3$	20	水	72(表面张力)
—CF$_2$—	18		

由表 10 - 2 可看出,除纤维素外,其他物质的临界表面张力都较水的表面张力小,所以它们都具有一定的拒水性,其中以—CF$_3$ 最大,—CH$_2$—最小。显然,用有较大接触角或较小临界表面张力的物质做拒水整理剂,都可以获得较好的拒水效果。

二、影响拒水效果的因素

影响拒水效果的因素很多,包括织物本身的特性、整理剂的性能、操作工艺及所适用的环境等。以下这三方面是比较主要的影响因素。

1. 拒水剂的选择　不同拒水剂有不同的拒水效果,其耐久性也不同。用石蜡—铝皂法整理加工成的纺织物是非耐久性的拒水整理产品。而主要由脂肪酸的金属络合物、脂肪酰胺的季铵化合物、脂肪酰胺的 N - 羟甲基氨基树脂衍生物、脂肪烃基环次乙基脲、有机硅以及全氟有机物等拒水剂整理加工的拒水纺织品为耐久性拒水纺织品。这些整理剂有些效果很好,有些则操作工艺简单、价格低廉,应按客户的不同要求、不同用途选择不同的拒水剂。

2. 拒水剂在织物上的排列状况　用任何拒水剂整理后,其拒水剂分子在纤维表面上的分布不可能完全整齐有序,而是有一定缺陷的,如图 10 - 2 所示。

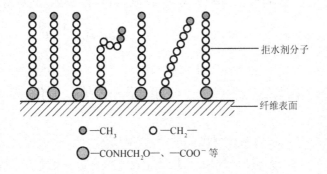

图 10 - 2　脂肪长链拒水剂在纤维表面示意图

如图 10 - 2 所示,有些拒水剂分子有规则地整齐排列着,分子末端—CH_3 都在外层,其拒水效果好;有些整理剂分子成弯曲状,甚至倒伏在纤维表面,以至某些亲水性极性基暴露出来,使拒水效果下降。因此,在使用拒水剂时,应尽量使拒水剂在纤维表面的浓度稍高一些,以加强它的拒水效果。

3. 织物的组织结构 织物结构也是影响拒水性好坏的关键因素。拒水整理剂整理到织物上以后,所能获得的接触角将较整理剂本身所组成的光滑平面接触角大些,而且织物的结构在一定程度内越是松散,接触角越大,越有利于水滴的滚动流失,然而必须注意到织物越松散越容易产生透水问题。因此,纤维和编织密度选择得是否合适也是影响织物拒水效果和服用效果的很重要的因素。另外,对于纤维素纤维织物来说,在干燥状态下让织物中纱线之间有足够的空隙,使湿气得以散发,使穿着者有舒适感。在润湿状态下,纤维膨胀,织物结构处于堵塞状态,水分子不能通过纱线和织物的空隙。

三、拒水整理剂

目前用做拒水整理的整理剂有很多种。用石蜡—铝皂整理的纺织品的耐久性差,但价格低廉,主要用在不经常洗涤的工业用布中。为了使整理的纺织品具有一定的耐久性,必须使拒水剂能和纤维的官能团发生化学反应,从而牢固地与纤维结合在一起。这种拒水整理剂称为反应性拒水剂,如硬脂酸铬络合物、吡啶季铵盐衍生物、有机硅乳液、羟甲基类等。

1. 石蜡—铝皂 石蜡—铝皂较早就广泛应用于非耐久性拒水整理,它属于石蜡—金属盐中的一种。铝盐之所以能作防水剂是因为经加热,在织物上产生了具有防水性的氧化铝。

铝皂法拒水整理按铝皂形成的步骤分为一浴法和二浴法。

$$Al(CH_3COO)_3 + 3H_2O \longrightarrow Al(OH)_3 \downarrow + 3CH_3COOH$$

$$2Al(OH)_3 \xrightarrow{\triangle} Al_2O_3 + 3H_2O$$

（1）二浴法。织物经肥皂作分散剂的石蜡乳液浸轧、烘干,肥皂和石蜡沉积在织物上,再经醋酸铝溶液浸轧,织物上的肥皂与醋酸铝反应生成不溶性的铝皂。反应式如下:

$$Al(CH_3COO)_3 + 3C_{17}H_{35}COONa \longrightarrow Al(C_{17}H_{35}COO)_3 \downarrow + 3CH_3COONa$$

多余的醋酸铝在烘干过程中会发生水解和脱水反应,生成不溶性碱式铝盐或氧化铝等化合物,与铝皂、石蜡共同沉积在织物上起拒水作用。此外,氧化铝还有阻塞织物中部分孔隙的作用。

二浴法乳液容易制备,但其过程比较复杂,目前已较少使用。

（2）一浴法。一浴法是将醋酸铝和石蜡肥皂乳液混合在一起使用,但如直接混合,则将发生破乳现象,因此,需要预先在乳液中加入适当的保护胶体(如明胶等),才能使乳液稳定。乳液一般组成如下：

硬脂酸	0.5%
松香	2%
石蜡	5.6%
烧碱(300g/L)	0.36%
明胶	1.2%
醋酸铝(3～4°Bé)	31%
甲醛	1%

织物在常温或55～70℃下，先浸轧冲淡后的上述乳液（20g/L，调节pH至5左右），再经烘干即可。在上述乳液中，其反应机理与两浴法相同，只是加入保护胶体——明胶。但值得注意的是明胶是亲水性蛋白质，其用量越多，乳液虽越稳定，但整理品的拒水效果会降低，所以用量要适当。此外，织物前处理要充分，布上不能含有较多的碱性、酸性或亲水性表面活性剂等物质，它们的存在有的会降低拒水效果，有的会降低乳液的稳定性。

用石蜡乳液和铝盐进行的拒水整理不耐水洗。此外，也可用氯化锆、醋酸锆、碳酸锆等锆盐代替铝盐，锆盐能与纤维素分子上的羟基络合形成螯合物，同时，氢氧化锆能吸收石蜡粒子，可改善整理效果的耐久性，但成本较高。

2. 硬脂酸铬络合物类拒水整理剂　某些金属皂具有拒水作用，也有一定的耐久性，如防水剂CR（国外同类产品名为福博坦克斯CR）。它是三氯化铬和硬脂酸在异丙醇中反应制得的。用水稀释或提高pH或加热后，铬上的氯原子能发生部分水解形成羟基，再经焙烘可缩合成CR—O—CR键，最后形成不溶性缩聚物沉积在纤维上。上述缩聚物可能与纤维素上的羟基形成氢键结合，也可能发生缩合反应，因而耐久性比石蜡—铝皂好。由于三价铬化合物在焙烘时会有大量盐酸放出，需加六亚甲基四胺作缓冲剂，否则容易损伤纤维。三价铬化合物呈绿色，会使织物略带绿光。因此，此法不适合用于白色、浅色和薄织物的加工，多用于工业用品的整理。

拒水剂CR属于阳离子型整理剂，为绿色澄清溶液或绿色浓稠液，可与水混溶，呈微酸性。耐无机酸至pH为4（除甲酸外），不耐其他有机酸，不耐碱，不耐大量硫酸盐、磷酸盐、铬酸盐等无机盐，会产生沉淀。不耐高温，易水解。可与阳离子活性剂、非离子活性剂及氨基树脂初缩体混用，但不能与阴离子化合物混用。

拒水剂CR浸轧液配方：

拒水剂CR	7%
六亚甲基四胺($C_6H_{12}N_4$)	0.84%
加水至	100%

整理工艺：浸轧（40℃以下，轧液率60%～70%）→烘干（60～70℃）→焙烘（110℃，5min或130℃，3min）→皂洗→水洗→烘干

拒水剂 CR 可用作棉、麻、丝、黏胶纤维、锦纶、腈纶等织物的拒水整理。

此外，拒水剂 AC 亦属于金属络合物类。拒水剂 AC 是脂肪酸铬铝化合物，可作为维纶、棉、丝织物及皮革制品的拒水整理用剂。拒水剂 AC 使用方便，工艺简单，不需特殊设备，且无毒，无特殊气味，拒水性能也较好。

在处理织物时，拒水剂 AC 水溶液发生离解和水解与纤维形成配位键结合，生成不溶性物质，以起到拒水效果。

拒水剂 AC 浸轧液配方：

拒水剂 AC	12%
加水至	100%

整理工艺：四浸四轧（拒水剂 12%，40～50℃）→水洗→中和（醋酸钠 0.8%，室温）→烘干→焙烘（150℃，3～5min）

织物经拒水剂 AC 浸轧后，必须经过水洗，使拒水剂在织物上水解，这是生成不溶性物质的必要条件。但水洗需控制适当，否则易导致拒水效果下降。若在浸轧后先经汽蒸然后水洗，则拒水效果更好。这是因为汽蒸能加速其本身的水解，但整理后手感较硬。用拒水剂 AC 整理维纶，水洗后可免去用醋酸钠中和。这是因为维纶较棉纤维耐酸，拒水剂 AC 的 pH 对其强力影响不大。

3. 吡啶类拒水整理剂　吡啶衍生物作为拒水剂，开创了耐久性拒水整理的新纪元。它主要用于棉织物的拒水整理。这种拒水剂首先由英国 ICI 公司于 1937 年以 Velan PF 为商品牌号推出，在 20 世纪 40～50 年代享有很高的声誉。近年来，由于其整理织物有时会放出有毒气体（吡啶），应用已显著减少了。

Velan PF 的化学名称是硬脂酸酰胺亚甲基吡啶氯化物，其分子式如下：

$$C_{17}H_{35}CONH—CH_2—N^+ \bigcirc Cl^-$$

Velan PF 属于阳离子型，为浅棕色或灰白色浆状物。有吡啶臭味，水溶液呈微酸性。耐酸、耐硬水，但不耐碱，不耐大量硫酸盐、磷酸盐等无机盐，不耐 100℃ 高温。可与阳离子活性剂、非离子活性剂及氨基树脂初缩体混用，但不能与阴离子化合物混用。

在整理过程中，Velan PF 的活性基团能与纤维素反应，生成纤维素醚，从而赋予织物耐久的拒水性和一定的柔软性。

其反应式如下所示：

$$C_{17}H_{35}CONH—CH_2—N^+ \bigcirc Cl^- \xrightarrow{H_2O} C_{17}H_{35}CONHCH_2OH + N\bigcirc + HCl$$

$$Cell—OH \downarrow \triangle$$

$$C_{17}H_{35}CONHCH_2O—Cell$$

在整理时,会生成副产物亚甲基二硬脂酸酰胺$[(C_{17}H_{35}CONH)_2CH_2]$附着在纤维上,使 Velan PF 的拒水耐久性受到一些影响。在 Velan PF 整理过程中,有氯化氢和吡啶释出,在配方和设备两方面都要予以注意。

工艺配方如下。

A 溶液:

Velan PF	60g
酒精	60g
加水至(45℃)	250mL

B 溶液:

醋酸钠(结晶)	20g
加水至(40℃)	250mL

将 B 溶液徐徐加入 A 溶液中,最后补充水至 1L。

工艺流程:

二浸二轧(40℃,轧液率 70%)→烘干(<100℃)→焙烘(150℃,3min 或 120℃,5～10min)→皂洗(肥皂 2g/L,纯碱 2g/L,50℃)→水洗→烘干

整理时,工艺上应注意如下事项。

(1)Velan PF 配制的工作液,遇硫酸盐、磺酸盐、硼酸及其盐、纯碱、磷酸钠和氢氧化钠等会影响其稳定性,但氯化物对它则无影响。

(2)Velan PF 在高温时可与纤维素反应或自身缩合沉积在纤维上,也可与水反应,从而失去与纤维素反应的能力,降低耐久性,所以焙烘前要充分烘干。

(3)Velan PF 在热处理时会放出难闻的吡啶气体,故烘干温度不宜超过 100℃,高温焙烘时,一定要注意焙烘机的排风量,最好在织物进出口处装吸风罩,以减少吡啶气体散逸,以免影响环境卫生。

(4)织物经焙烘后,务必经充分皂洗和净洗,以保证清除产品上的吡啶和肥皂等洗涤剂。

(5)在棉织物上,只要有 2% 的硬脂酸酰胺亚甲基吡啶氯化物与纤维素反应,就有良好的拒水效果。

(6)醋酸钠主要是作缓冲剂,以减少整理过程中释放出的氯化氢对棉织物强力的损伤。

4. 羟甲基类拒水整理剂　在羟甲基类拒水剂中,最简单的是羟甲基硬脂酸酰胺($C_{17}H_{35}CONHCH_2OH$),其商品牌号是 Velan NW。由于它是水分散液,储存不够稳定,所以实际上应用较多的是醚化多羟甲基三聚氰胺与硬脂酸、十八醇和三乙醇胺以不同物质的量的比进行改性的两种组分与石蜡拼混的拒水剂(简称羟甲基三嗪型拒水剂)。其中两种改性组分的结构式如下:

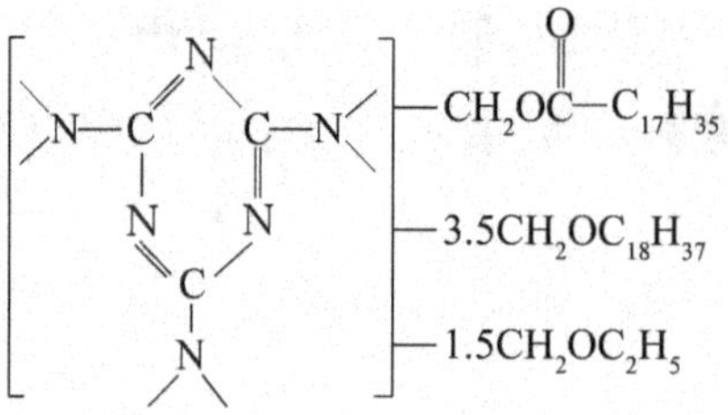

组分 A

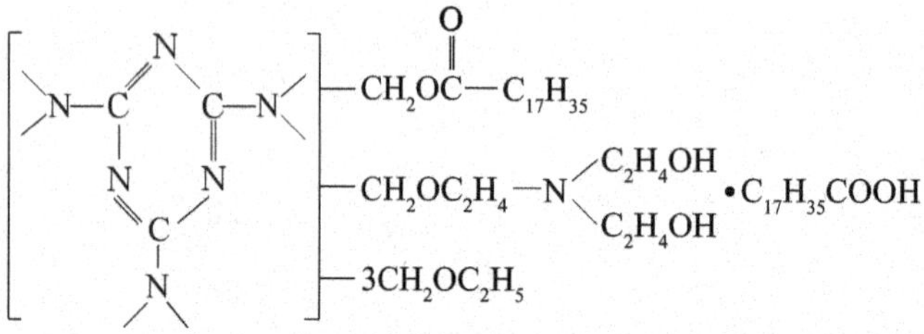

组分 B

这类拒水剂由于拼混石蜡,其抗渗水性较吡啶类拒水剂为好,在整理过程中无难闻的气体和腐蚀性气体逸出。

这类羟甲基三嗪型拒水剂早在 1953 年就用于纤维素纤维织物,不但拒水效果良好,耐久性符合要求,而且手感较厚实。据介绍,它也可用于合纤织物的拒水整理。此外,它可与拒油剂或有机硅类拒水剂以及防缩防皱整理剂拼用。

这类拒水剂——Phobotex FTG 用于棉织物整理的工艺流程、处方和注意事项如下。

(1)工艺配方。

Phobotex FTG	60g
醋酸(40%)	15mL
热水(95℃左右)	x(熔融乳化)
温水	y(而后加入化好的硫酸铝)
硫酸铝(结晶)	3～4g
水	z/溶解
最终加水至	1L

(2)工艺流程。

二浸二轧(30～50℃,pH=4.5～5.5,轧液率60%～65%)→烘干→焙烘(155～160℃,3～3.5min)→水洗→烘干

(3)注意事项。

①Phobotex FTG 为浅黄色蜡状片状物,其软化点在 50℃以上,溶解时,先用少量热水充分搅拌蜡状物,使其熔融,在搅拌下加入醋酸,使之乳化,再在搅拌下加入适量的热水(60～70℃),稀释至浓度为 12%～15%乳液备用。

②浸轧液的温度可控制在 30 ~ 60℃，与防缩防皱整理剂（如 TMM 或 DMEU 等）混用或与拒油剂（如 Asahiguard AG—710、Scotchgard FC—208 等）混用时，温度以不超过 30℃ 为宜。浸轧液的 pH 以不超过 5.5 为妥，否则会影响乳液的稳定性。

③这类拒水剂在纤维素纤维织物上，增重 3.5% ~ 4.5% 已有良好的拒水效果，对合成纤维织物，以增重 1.5% ~ 2.5% 为宜。

④在拒水整理处方中添加防缩防皱整理剂，可进一步改善其耐洗性能，若增加用量，可获得拒水和防缩防皱两种功能。

⑤将整理后织物放置 24h 后方具有最佳拒水效果。

5. 有机硅类拒水整理剂　有机硅是 20 世纪 50 年代发展起来的以线型含氢聚甲基硅氧烷为基础的耐洗拒水整理剂，反应性能比较活泼。应用时，将有机硅拒水整理剂和辛酸锌或钛的有机化合物等催化剂配制成乳浊液浸轧织物，烘干后在 150℃ 焙烘数分钟，再进行水洗。在焙烘过程中，含氢聚甲基硅氧烷在纤维上形成网状聚合物。甲基在纤维表面做垂直的密集定向排列，使织物具有良好而且较耐洗的拒水性能。这类拒水剂可用于各种纤维织物，并能增加织物的撕破强力，改善织物的手感和缝纫性能。

有机硅类拒水剂在分子结构中含有一定的反应性基团，整理过程中在催化剂的作用下，通过氧化、水解或交联成膜，或与纤维素上的羟基进行化学结合，使之达到不溶于水和溶剂的耐久性拒水效果。其反应可以含氢硅氧基来说明，如下式所示：

$$\text{氧化}\quad R{-}\underset{\underset{O}{|}}{\overset{\overset{O}{|}}{Si}}{-}H + H{-}\underset{\underset{O}{|}}{\overset{\overset{O}{|}}{Si}}{-}R \xrightarrow[\triangle]{O_2} R{-}\underset{\underset{O}{|}}{\overset{\overset{O}{|}}{Si}}{-}O{-}\underset{\underset{O}{|}}{\overset{\overset{O}{|}}{Si}}{-}R + H_2O$$

$$\text{水解}\quad R{-}\underset{\underset{O}{|}}{\overset{\overset{O}{|}}{Si}}{-}H + H_2O \xrightarrow{\text{催化剂}} R{-}\underset{\underset{O}{|}}{\overset{\overset{O}{|}}{Si}}{-}OH + H_2 \uparrow$$

$$R{-}\underset{\underset{O}{|}}{\overset{\overset{O}{|}}{Si}}{-}OH + HO{-}\underset{\underset{O}{|}}{\overset{\overset{O}{|}}{Si}}{-}R \longrightarrow R{-}\underset{\underset{O}{|}}{\overset{\overset{O}{|}}{Si}}{-}O{-}\underset{\underset{O}{|}}{\overset{\overset{O}{|}}{Si}}{-}R + H_2O$$

含氢聚甲基硅氧烷经热处理后，能使螺旋状结构的硅氧烷分子打开，促使较多硅氧烷链与纤维表面接触，并在其上产生铆接作用。再加上 Si—H 键与纤维素上羟基的结合，说明含氢硅氧基的存在是有机硅类拒水剂具有耐久性拒水效果的主要因素，也说明在整理工艺中热处理的重要性。

为了使有机硅类拒水剂整理织物有良好的手感，通常是将两种不同结构的聚硅氧烷混用，一种是有反应基团的聚甲基含氢硅氧烷，其示意式为：

$$R-\underset{\underset{R}{|}}{\overset{\overset{R}{|}}{Si}}-O\left[\underset{\underset{H}{|}}{\overset{\overset{R}{|}}{Si}}-O\right]_n\underset{\underset{R}{|}}{\overset{\overset{R}{|}}{Si}}-R$$

式中：R—— —CH$_3$。

另一种为聚二甲基硅氧烷，其示意式为：

$$(HO)R-\underset{\underset{R}{|}}{\overset{\overset{R}{|}}{Si}}-O\left[\underset{\underset{R}{|}}{\overset{\overset{R}{|}}{Si}}-O\right]_n\underset{\underset{R}{|}}{\overset{\overset{R}{|}}{Si}}-R(OH)$$

式中：R—— —CH$_3$。

两者的比例视含氢量不同可为40:60~60:40。

有机硅类拒水剂整理时，织物要经充分洗净，不能有其他助剂残留。其增重达1%~2%就可获得良好的拒水效果。在处方中选用适当的催化剂，可降低焙烘温度并缩短焙烘时间，对织物的断裂强度也有好处。

有机硅类拒水剂在合成纤维织物上的拒水效果及其耐久性均较好，而在棉和粘纤织物上稍差。

此外，有机硅类拒水剂中的含氢硅氧烷乳液的稳定性对应用有重要意义。因此应在较低温度条件下保存，其乳液的颗粒要在1~2μm，介质的pH应在4~6，而且乳化技术对稳定性也有一定影响。所以，这类商品的储存期为3~12个月。

国产有机硅织物拒水整理剂有北京洁尔爽有限公司的拒水剂SH，其为非离子型整理剂，由SH-B和SH-C两组分组成。它的稳定性很好，以3000r/min旋转，30min不分层，这种整理剂主要用于纯棉、涤棉和化纤织物的拒水整理。

（1）工艺配方。

SH-B	10g/L
SH-C	10g/L

如加工较厚的篷盖布，其用量要适当加大。

（2）工艺流程。

一浸一轧（轧液率在75%左右）→预烘（100~110℃，1~3min）→焙烘（160~190℃，6~20s）→成品

这种拒水剂使用工艺简单操作方便，它不仅赋予织物优良持久的拒水效果和柔软滑爽的手感，也能改善织物的撕破强力和耐磨性；使织物富有回弹性。是目前国内比较理

想的有机硅类拒水整理剂。

四、拒水整理剂的实用性与安全性

在纺织品加工过程中,几乎每道工序都离不开化学品,使纺织品一方面受到环境恶化所带来的污染,另一方面,生产加工中由于三废排放又会对生态环境造成影响,在使用或穿着中也会对人体产生一定的毒性。纺织品印染或整理加工作为一个典型的化学处理过程,这个问题尤为突出。近年来,一些工业发达国家已经对纺织品提出各种生态和毒性等方面的环保要求。常见的纺织品生态毒性物质有甲醛、防腐剂及杀虫剂、重金属和某些可能还原出致癌性芳香胺的偶氮染料。

游离甲醛可对人体呼吸道黏膜和皮肤产生强烈刺激,引发呼吸道炎症和皮炎,而且可能诱发癌症。某些痕量金属在浓度较高时对人体有毒,如 Cu、Cr、Co、Ni、Zn、Hg、As、Pb、Cd 等,这些金属被人体吸收后倾向于积累在肝脏、骨骼、肾脏、心及脑中,积累到一定程度会对健康造成巨大损害。有机氟类则严重污染环境。

拒水剂中的一类含长碳链脂肪烃的氨基树脂初缩体,是用高级醇和高级脂肪酸将氨基树脂初缩体的部分羟甲基醚化和酯化后的产物。未反应的羟乙醚与纤维素反应或自身进行缩聚,能获得较耐久的拒水效果。Phototex FTC、Ptototex FTG 即是这类拒水剂,还有国产拒水剂 AEG、MDT、MWZ,它们是以三聚氰胺与甲醛制成六羟甲基三聚氰胺,然后与乙醇作用制成乙醚化的六羟甲基三聚氰胺,再与硬脂酸、十八醇和三丙醇胺分别反应制得。由于制造六羟甲基三聚氰胺时,三聚氰胺与甲醛的摩尔比为 1:8,因此经其拒水整理的织物上残留一定量的甲醛,应慎用。

脂肪酸铬络合物,如拒水剂 Phototex CR、Perlit DW、Cerolc、拒水剂 CR 等,它们是由硬脂酸与三氯化铬在甲醇溶液中生成的铬络合物,在织物上有优异的拒水性。但是 Cr^{3+} 的含量超过了允许极限值,因此已禁止使用。

氟树脂拒水剂应用效果很好,但全氟辛酸(PFOA)具有持久性、生物蓄积性和毒性,会对环境和人类健康造成严重和不可逆转的影响。欧盟在其官方公报上发布(EU)2017/1000,新增 REACH 法规附件 XVII 第 68 项关于全氟辛酸(PFOA)的限制条款,正式将 PFOA 及其盐类和相关物质纳入 REACH 法规限制清单。目前,市场上已有环保六碳氟树脂拒水剂供应,如北京洁尔爽高科技有限公司的 FCG－606、赫特国际集团的 HS1800,以及无氟防水剂洁尔爽 JLSUN® SH、德国 HERST® HS1600,但也要慎用。

有机硅类拒水剂是端羟基二甲基硅氧烷和含氢甲基硅氧烷的聚合物,既有良好的拒水性、耐洗性,又有良好的手感,对生态无不良影响,是较为理想的拒水整理剂。

第四节　拒水拒油整理

拒油整理和拒水整理机理极为相似,都是改变纤维的表面性能,降低织物的表面张力

σ_c。但是对于表面张力较小的油（20～40mN/m），必须使表面改性后纤维的 σ_c 降得更低，才能产生较大的接触角，达到拒油效果。现有的全氟烷丙烯酸酯聚合物都具有很低的 σ_c 值，既能防水又能拒油。作为纺织品防水拒油整理剂的含氟共聚物，在结构上应对两种不同性能的液体都有较低的临界表面张力。拒水、拒油整理前后的润湿状态如图10－3所示。

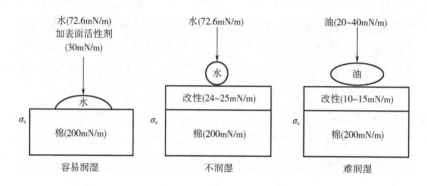

图10－3　棉纤维和改性棉纤维整理前后在水和油中的润湿状态

近年来，含氟化合物在织物拒水、拒油、防污整理方面的应用正在发展中，有机氟整理剂的"三防"整理效果明显优于其他拒水拒油整理剂，成为当今拒水拒油整理剂的主流。而且有机氟整理剂整理的织物可以在拒水拒油的同时使水蒸气顺利地通过织物排出，所以具有这种防水拒油性能的织物正在扩展应用到越来越多的纺织品中。经整理后的纺织品几乎不改变原有的风格，颇受消费者的欢迎。

一、含氟拒油拒水整理剂的特性

有机氟系列多功能织物整理剂可以使被整理织物表面具有非常低的表面张力，能赋予织物优异的拒水、拒油、拒污等特殊性能，除此之外，还具有良好的化学稳定性和热稳定性。同时这类整理剂低能高效，可以保持织物良好的柔软手感和优异的透气性、透湿性。和有机硅、烃类整理剂相比，含氟整理剂在拒水拒油性、防污性、耐洗性、耐摩擦性、耐腐蚀性等各方面都有着不可比拟的优势。这些性质是由其结构决定的，也就是与氟原子的特性有很大的关系。

1. 氟原子的特性　氟元素是化学世界的狂怒之神，从元素周期表中可以发现，氟原子的最外层电子结构是 $2s^2 2p^5$，价层无空轨道，但具有最小的原子半径，它的极化率小，电负性最高，因此，氟具有最强的氧化性，容易得到一个电子形成稳定的 －1 价结构。氟原子的共价半径为 0.72 Å，略大于氢原子，相当于 C—C 键长（1.31Å）的一半，因此氟原子可以把碳链很好地屏蔽起来，保持高度的稳定性。同时，由于 C—F 键的极化率小，键距短，因此含有大量 C—F 键的化合物分子间凝聚力小，表面自由能降低，形成了对各种液体很难润湿的独特性质。碳氟单键的键能和键长分别随着同一碳原子上取代的氟原子数目的增加而增大和缩短,如 CH_3F 的 C—F 键能为 448kJ/rnol,键长为 138.5pm;而 CH_2F_2 的 C—F 键能为 459kJ/mol,键长为 136.0pm;CHF_3 的 C—F 键能为 480kJ/mol,键长为 134.0pm。C—F 键比 C—H 和 C—C 都要稳定得多,当含氟烷基化合物受到高温热刺激时,分子中发生断裂的首先是 C—C 键而不是 C—F 键。而且,含氟烷基中的 C—C 单键与烷烃中 C—C 单键相比,其键长缩短,键能增加。如通常烷烃分子的 C—C 单键键长为 154pm,而在含氟丙烷的 C—C 单键键长为 147pm,同时键能也由 371kJ/mol 增加到 421J/mol。结果使得含氟烷基中的 C—C 键也较烷烃中的 C—C 键难以断裂,含氟烷基化合物的热稳定性提高。另外,和直链烷烃一样,直链全氟烷基的骨架也是呈锯齿形的碳链,碳骨架被氟原子严密包住。这种空间屏蔽使含氟烷基部分受到周围氟原子的良好保护,即使最小的原子也难以楔入,而且由于氟原子的特大电负性造成 C—F 键的强极性,共用电子对强烈地偏向氟原子,使氟原子带有多余负电荷,形成一种负电保护层,而使带负电的亲核试剂由于同性电荷相斥的原因难以接近碳原子,从而使含氟烷基部分很难发生化学反应。因此,在化学稳定性和热稳定性已相当高的烷烃结构中引入氟原子后,不但形成了牢固的 C—F 键,还使 C—C 键变得更加牢固。因此,含氟烷烃化合物的热稳定性和化学稳定性都比烷烃更高。

2. 含氟化合物的表面特性　基于 Langlnuir 独立的表面作用的原理,Shafrin 等人指出,有机物表面润湿性能由固体表面原子和暴露的原子团的性质和堆积所决定,而与内部原子和分子的性质和排列无关。由于物体的表面性能仅取决于固体表面与外界表面接触的界面性质,因而人们更注重于界面的研究。当固体表面被表面活性剂等吸附或化学试剂改性后,固体表面的润湿性能也将取决于表面活性剂或化学改性剂的结构和性能。—CF_3 的表面组成能使临界表面张力低,且临界表面张力的降低和 C—F 键的取代程度有关。—CF_3、—CF_2H、—CH_3 临界表面张力依次上升。而氯取代氟或氢后,临界表面张力同样大幅度提高。另一方面,—CF_2—CF_2— 的临界表面张力比—CF_3 提高了 3 倍,其原因可能是—CF_3 占有较大的体积,结果使单位面积的作用力降低,从而具有较低的表面能。同时,由于—CF_3 比—CF_2—CF_2— 多一个 C—F 键,故而与碳相连的三个氟原子在空间排列较—CF_2—CF_2—紧,所以结构更加紧密,导致表面张力降低更多。

二、拒水拒油整理工艺

由于工业、国防以及民用对防油污的要求,促使了拒油防污整理的发展。油性污垢,是指液体或固体的油脂及其所粘附或溶解的某些物质对服装或其他纺织品的沾污。对于这种油性污垢,必须采用化学方法改变纤维表面的性能,以提高纤维表面的拒油性。要使织物具有不易被油性污垢沾污的性能,一般采用氟有机化合物进行拒油整理。

单独使用拒油剂的整理一般不多,原因有二,一是原料价较高,二是其拒水效果尚不够理想。因此,拒油剂一般与耐久的拒水剂或防缩防皱整理剂混合应用。视整理织物的用途,有两种可供选用的处方。

	配方 1	配方 2
拒油剂	2%（owf）	0.7%（owf）
耐久性拒水剂		
（如吡啶类）	2%（owf）	1% ~ 1.5%（owf）
氨基树脂（如 MF）		1% ~ 1.5%（owf）

试验结果表明,在拒油剂中添加耐久性拒水剂后,不但不会影响其拒油性能,且其拒水效果、耐洗涤和耐干洗性都有提高,这就是一般拒油整理中添加耐久性拒水剂的缘故。例如,棉横贡缎织物用配方 1 整理后,连续淋雨 7 天（降雨量 2.54cm/h）,洗涤 15 次后,其拒水效果仍不低于耐久性拒水剂整理织物的下机水平。耐久性拒水剂不但可提高整理织物的拒水性能,对浸轧液中拒油剂的分散体也有稳定作用。因此,拒油拒水整理往往是同时进行的。

从工艺原理来看,织物的拒水和拒油整理属于纤维表面化学改性的范畴。因此,它必然要求整理的织物前处理要充分,使之具有良好的吸收性能。同时,织物上要尽可能地减少表面活性剂、助剂和盐类等残留物,织物表面应呈中性或微酸性,为拒水和拒油整理取得良好效果提供有利条件。此外,整理时要使拒水剂和拒油剂能在织物或纤维表面均匀分布,并与纤维产生良好的结合状态,其官能团以处于密集定向的堆砌形式为好。

三、有机氟拒水拒油整理剂的结构、合成及应用

1. 有机氟拒水拒油整理剂的结构

（1）氟碳链。提供拒水、拒油性。

（2）缓冲链。通常由—CH_2CH_2—SO_2NH—、$\left(CH_2\right)_n$ 等组成,具有提高分子稳定性的作用。

（3）高分子链。通常由含有双链的单体聚合而成。

（4）改性基团。如羟基、羟甲基、羧基、氨基、季铵阳离子单体等,提供亲水性、抗静电性、易去污性、耐久性等。

2. 结构式举例

（1）丙烯酸全氟醇酯聚合物。

$$R_FCH_2O-\overset{\overset{O}{\|}}{C}-\left(\overset{|}{\underset{R_1}{C}}-CH_2\right)_n$$

式中：R_F——全氟烷基；

　　　R_1——CH_3—，H—；

n——1、2、3、4…整数。

它是以全氟醇与丙烯酸反应制成丙烯酸全氟醇酯,然后用引发剂进行乳液聚合而得。

(2)全氟烷基磺酰胺衍生物。

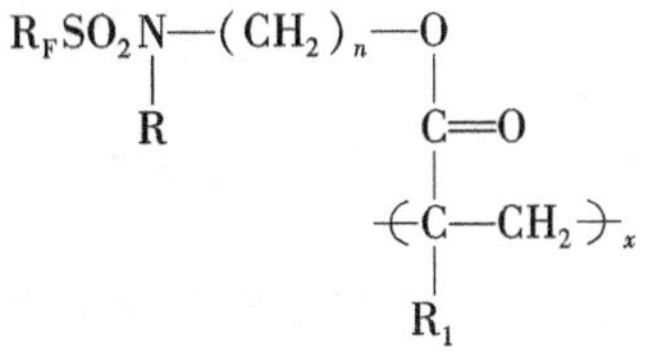

$$R_F SO_2 \underset{R}{N}-(CH_2)_n-O-\underset{\underset{R_1}{\overset{|}{C}}}{\overset{C=O}{\overset{|}{C}}}-CH_2 \xrightarrow{}_x$$

式中:R_F——全氟烷基;

$\quad$ R——烷基、羟乙基等;

$\quad$ R_1——CH_3—,H—。

如 3M 公司的 Scotchgard FC 208:

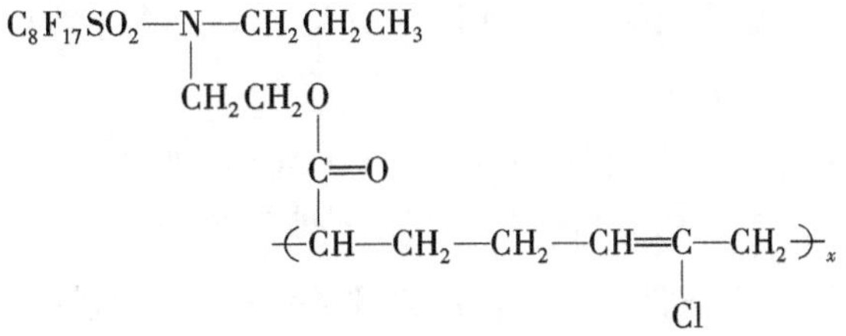

$$C_8F_{17}SO_2-N-CH_2CH_2CH_3$$
$$|$$
$$CH_2CH_2O$$
$$|$$
$$C=O$$
$$(CH-CH_2-CH_2-CH=C-CH_2)_x$$
$$\qquad\qquad\qquad\qquad Cl$$

(3)含叔胺基全氟烷基化合物。

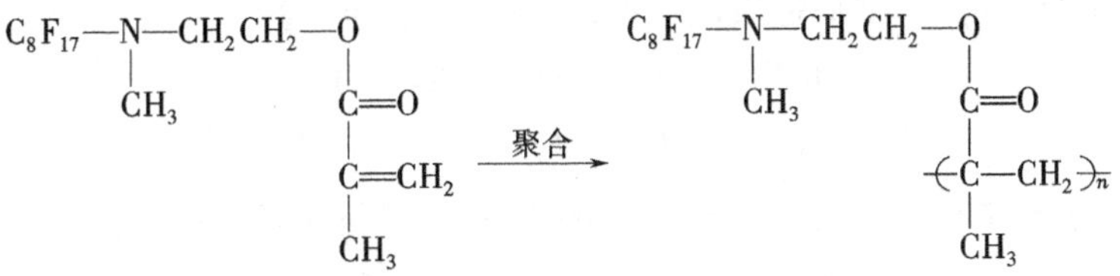

$$C_8F_{17}-N-CH_2CH_2-O-C=O \xrightarrow{\text{聚合}} C_8F_{17}-N-CH_2CH_2-O-C=O$$
$$\quad CH_3 \qquad\qquad C=CH_2 \qquad\qquad CH_3 \qquad\qquad (C-CH_2)_n$$
$$\qquad\qquad\qquad CH_3 \qquad\qquad\qquad\qquad\qquad CH_3$$

叔胺基的引入可提高其抗静电、防缩、防皱性等。

(4)含芳烃的全氟高聚物。这类高聚物的典型结构式为:

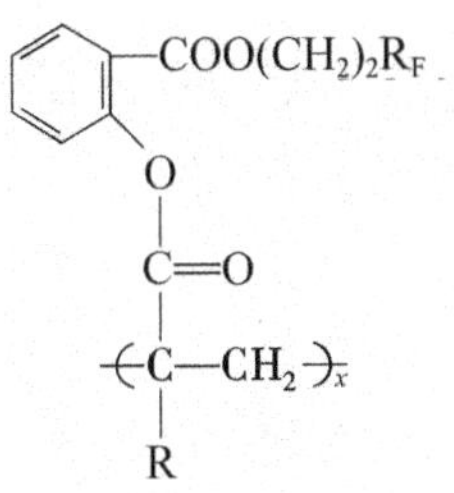

$$\qquad\qquad 及$$

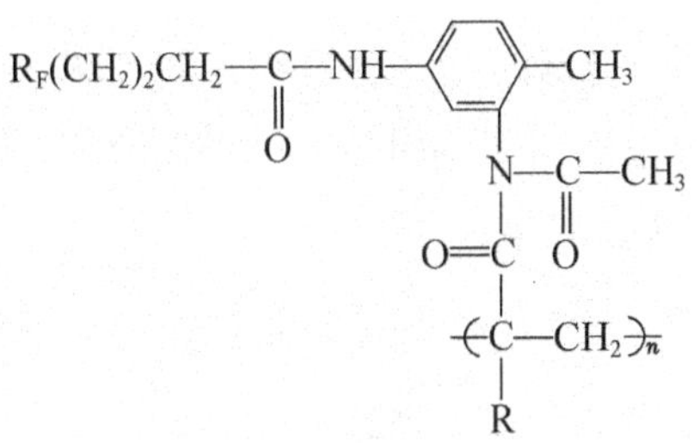

式中:R_F——全氟烷基;

$\quad$ R——CH_3—或 H—。

具有芳香烃的整理剂其整理效果比脂肪烃好。

3. 含氟织物整理剂的合成方法 含氟织物整理剂的合成方法的简单过程如图 10 - 4 所示,主要包括含氟基化合物的合成、含氟单体的合成、含氟聚合物的共聚。

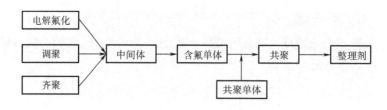

图 10 - 4　含氟织物整理剂的制造过程示意图

（1）含氟烷基化合物的合成。目前，含氟烷基化合物的合成大多采用电解氟化法、调聚法和齐聚法三种方法。

①电解氟化法。Simons 发明了在无水氟化氢中对羧酸进行电化学氟化法，制得了全氟酰化物：

$$C_nH_{2n+1}COOH + (2n+2)HF \longrightarrow C_nF_{2n+1}COF$$

但当酰卤或磺酰氯代替羧酸进行电化学反应时，可以得到产率更高的全氟化合物。如：

$$nC_7H_{15}COCl(\ +HF) \longrightarrow\ +nC_7F_{15}COF$$
$$nC_8H_{17}SO_2Cl(\ +HF) \longrightarrow nC_8F_{17}SO_2F$$

②调聚法。调聚反应是在自由基聚合催化剂的作用下，端基物（调聚剂）与含不饱和双键的单体发生的加成聚合反应。以 CF_3I、C_2F_5I、$(CF_3)_2CFI$ 等全氟烷基碘调聚四氟乙烯、全氟丙烯等全氟烯烃，制得低聚调聚物，其反应式如下：

$$R_FI + nCF_2{=}CF_2 \longrightarrow R_F(CF_2CF_2)_nI$$
$$R_FI + nCF_3CF{=}CF_2 \longrightarrow R_F(C_3F_6)_nI$$

全氟烷基碘不能与亲核试剂如 OH^-、NH_3 等直接进行亲核反应，但可以与乙烯反应：

$$R_F(CF_2CF_2)_nI + CH_2{=}CH_2 \longrightarrow R_F(CF_2CF_2)_nCH_2CH_2I$$

在烷基碘分子中，碘原子经过亚甲基—CH_2—与全氟烷基隔开，很容易和亲核试剂发生反应，转化为含氟单体。

③齐聚法。齐聚反应合成法是把四氟乙烯、全氟丙烯等全氟烯烃，以氟化钾、氟化铯等为催化剂，在乙腈、二甲基甲酰胺等极性溶剂中进行聚合，制得低聚物。如全氟丙烯齐聚，生成二聚体和三聚体：

（2）含氟单体的合成。含氟丙烯酸酯单体的合成的主要方法是通过上述的含氟烷基化合物和一些物质反应生成相应的中间体后，再和丙烯酸或丙烯酰氯反应得到丙烯酸多氟酯。如全氟辛烷基磺酰氟可通过以下几步反应合成全氟烷基磺酰胺衍生物的雨烯酸酯类。

$$C_8F_{17}SO_2F + H_2NCH_2CH_3 \longrightarrow C_8F_{17}SO_2NHCH_2CH_3 + H_2O$$

$$C_8F_{17}SO_2NHCH_2CH_3 + CH_2 = CHCOOH \longrightarrow C_8F_{17}SO_2NCH_2CH_3 + H_2O$$
$$\underset{COCH=CH_2}{|}$$

（3）含氟聚合物的共聚方法。目前，市售的含氟织物整理剂有水性和溶剂型两种类型，水性（乳液）的需求量较大，大多为含固量为 14%～30% 的分散体。溶剂型是在氟类或氯类溶剂内溶解 7.5%～15% 的聚合物而成。

①溶剂聚合。以溶剂状态存在的含氟聚合物在应用时不需要高温处理，因此应用较为广泛。在溶剂聚合中，一般含 40%～70% 的含氟烷基（甲基）丙烯酸酯，5%～15% 的（甲基）丙烯酸脂肪醇酯，10%～20% 的氯乙烯、偏氯乙烯、苯乙烯或丙烯腈单体，以及 2%～3% 的含羟基或氨基基团的丙烯酸单体。引发剂种类有过氧化物，如过氧化月桂酰、过氧新戊酸叔丁酯，偶氮类化合物，如偶氮二异丁腈（AIBN）。溶剂可为酮（如丙酮、甲基异丁基酮）、醇（如异丙醇、乙醇）、酯（如乙酸乙酯、乙酸丁酯）、醚（如乙二醇甲醚、四氢呋喃）、氯代烃（如三氯甲烷、二氯乙烷）、含氟烃（如 1,1,2 - 三氯三氟乙烷）等。使用混合溶剂效果更佳。但用溶液聚合合成的含氟共聚物，由于溶剂的存在，给应用带来了很多不便。例如，相对较低的闪点就要求特别的预防措施和安全保护，而且有些溶剂挥发性很大，容易损耗。

②乳液聚合。为了避免溶剂聚合的缺点，人们开始研究乳液聚合，并取得了一定的进展。不同的乳液聚合体系大量出现，使含氟整理剂乳液不断朝着高效和稳定的方向发展。在水乳浊液中进行聚合反应，单体的组成和含量与溶剂聚合中基本相同，但较好的引发剂是水溶性的化合物，如过硫酸盐类及偶氮二异丁腈。而且乳化剂的选择也很重要。乳化剂可采用阳离子、阴离子或非离子表面活性剂。阳离子表面活性剂：脂肪族胺的季铵盐，如十二烷基三甲基氯化铵、十二烷基三甲基醋酸铵、苄基十二烷基二甲基氯化铵等；阴离子表面活性剂：长链烷基磺酸的碱金属盐和磺酸芳烷基碱金属盐。非离子乳化剂：乙烯氧化物与脂肪族醇或烷基酚的缩合产物。如 C_{12}～C_{16} 链烷基硫醇、脱水山梨醇单（C_7～C_{10}）脂肪酸酯或 C_7～C_{10} 烷基胺的缩合产物。最好采用复合乳化体系。同时，为了控制共聚产物的相对分子质量，体系中需加入链转移剂。常见的链转移剂为烷基硫醇，如十二烷硫醇、十六烷硫醇等。但很快人们又发现乳液分散体虽使用较为方便，但需要相对较高的氟含量以保证其防水防油效果，而且易造成处理底材表面的固化。最近又出现了一种合成具有高效率防水防油性的织物整理助剂的方法，该方法可使含氟聚合物

以水分散体系存在而无需用乳化剂。该方法所用的共聚单体包括 60% ~90% 的含氟单体,1% ~35% 的丙烯酸脂肪醇酯单体,4% ~25% 的聚乙二醇的丙烯酸酯和 1% ~15% 的丙烯酸二甲胺乙酯或其季铵盐。聚合时,先在溶剂中形成共聚物,然后加入水,再抽除溶剂得到稳定的水分散剂。

四、含氟织物整理剂的应用和发展

1. 含氟织物整理剂的应用　含氟聚合物可应用于各种家用纺织品、工业用布、军服及其他特殊用途的织物上,经含氟聚合物整理剂整理的织物具有拒水拒油、防污、易去污及抗静电等多种功效。目前,含氟聚合物又在涤纶织物深色加工这一新领域中崭露头角,并可望得到更加广泛的应用。含氟聚合物织物整理剂可分为乳液型和溶剂型两大类,且以乳液型为主。含氟聚合物整理剂既可单独使用,也可与其他助剂,如拒水剂、交联剂及树脂整理剂等混拼使用,以进一步改进加工效果。整理中采用浸轧—预烘—焙烘工艺,亦有采用浸轧—汽蒸和喷雾工艺的。

经含氟树脂整理的织物具有较高的拒水拒油和耐水压性能,是制作雨衣、帐篷等用品的优良面料。目前有机氟拒油拒水剂主要牌号有 Scotchgard（美国 3M 公司）、Zony 1（美国 Dupond 公司）、Pluvion（德国 Bohome 公司）、Nuva（德国 HERST 公司）、Tinotop（瑞士 Ciba 公司）、Unidye（日本大金公司）、Sumifcoil（日本住友公司）等,其中 Asahguard AG－480 是日本旭硝子公司制造的一种含氟聚合物整理剂,FG－910、FG－921 是北京洁尔爽高科技有限公司生产的氟碳类拒油拒水剂,经其整理的涤棉织物具有良好的拒水拒油及耐水压性能。

使用含氟整理剂过程中还应注意以下问题。

（1）精练或染色布一定要清洗充分,布上不要残留精练剂、匀染剂、分散剂、渗透剂等助剂,以免影响整理效果。

（2）干燥、焙烘温度应均匀,焙烘温度不宜过低,应在 140℃ 以上。

（3）对于高密度、渗透性不良的织物,要使用均匀轧车,并注意经常清扫轧辊、轧槽,应选用渗透性高的拒水剂并拼用渗透剂。

2. 含氟织物整理剂的发展历程　近年来,人们对织物的拒水整理已经相当了解,但对拒油整理的了解较少。含氟织物整理剂作为拒水拒油整理剂,不仅具有良好拒水拒油防污性,还具有显著的热稳定性和化学稳定性,即使在很苛刻的条件下仍然可以应用,它们对酸、碱、氧化剂和还原剂甚至在相对高的温度下都很稳定。经含氟织物整理剂整理后的织物能显示出普通拒水整理剂所不能达到的性能。含氟织物整理剂和普通拒水整理剂的比较见表 10－3。

表 10 – 3　含氟织物整理剂和普通拒水整理剂的比较

性能	氟树脂	硅酮树脂	氮苯系	石蜡系
拒油性	优良	差	差	差
拒水性	优良	优良	优良	优良
耐洗性	优良	优良	优良	差
手感	优良	优良	差	差
机械稳定性	优良	一般	差	差
染色摩擦牢度	优良	差	差	差

20 世纪 70 年代以后，人们开始研究含氟烷基丙烯酸的聚合物，并且进一步研究了有机氟聚合物的作用机理。对有机氟化合物的表面特性进行了一系列的研究，得出—CF_n（$n = 1, 2, 3$）是降低表面张力最有效的基团，分子结构中氟含量的提高会引起聚合物的表面张力降低，其中带有含氟烷基侧链的聚丙烯酸氟烷酯的表面张力最低，即它具有优异的疏水疏油性。70 年代，研究种类呈现多样性，如含硅氧烷的有机氟防水防油剂、含氟聚氨基甲酸甲酯。丙烯酸聚合物具有良好的成膜性，这类防水防油剂可以很好地和皮革等牢固结合，耐水性增加，但是仍需溶于有机溶剂。70 年代，美国在有机氟防水防油剂的研究已达到世界领先地位。同时欧洲著名化学公司也推出有机氟防水防油剂产品参与世界竞争。日本从 20 世纪 50 年代后期开始起步，到 80 年代，在某些方面已经赶上或超过了西方国家，其年生产能力已占世界总生产能力的 25.75%。80 年代，乳液聚合方法在含氟丙烯酸酯聚合物的制备中得到应用，由于环保要求，人们纷纷开发了含氟丙烯酸酯和非含氟的烷烃丙烯酸酯的乳液聚合的水溶性防水防油剂，这类产品对环境和人体危害小且成本较低。90 年代，国外的知名化学公司纷纷申请了国际专利。美国 3M 公司申请了一种含氟烃类缩合物的皮革防水防油剂，它由轻甲基化胺或环氧基化衍生物，至少含 6 个碳原子的醇、酰胺或脂肪酸和含氟碳链的乙烯基单体这三类单体缩合而成。日本大金工业株式会社申请了一种具有耐摩擦性能的水分散型有机氟皮革防水抗油剂的专利，它是一种含氟碳链的乙烯基单体和非含氟单体的共聚物，用含氟类阳离子表面活性剂进行乳化分散而形成，还开发出 Asahi Guard 氟系防水防油剂，具有低温焙烘性。德国巴斯夫公司也申请了一种用羧基以梳状方式官能团化的聚硅氧烷皮革防水防油剂，此产品也是水溶性的，聚硅氧烷的羧基通过多个亚甲基或—NR—或—COO—基团连接在聚合物的主链上。

从 20 世纪 60 年代中期开始，我国中科院有机化学研究所与上海有机氟材料研究所立题共同研制含氟织物整理剂，确立了调聚法、电解氟化法及全氟丙酮三条技术路线。70 年代中期，上海有机氟材料研究所和上海纺织科学研究院、上海第二印染厂等单位协作，以改善油井下作业工人劳动保护条件为课题，研制油井下作业透气、防油、防水劳动保护服材料,经过三年多努力,制成了以含氟丙烯酸酯为主体的共聚乳液。经它处理后的劳动保护服满足了透气、防油、防水的要求,穿着舒服,在一定程度上改善了油井下作业工人的劳动保护问题。70年代末期到80年代初期,中科院有机化学研究所曾与上海市永星雨衣厂协作研制防水防油剂。80年代中期,上海市科委张榜招标攻关,试图使含氟织物整理剂生产实现国产化,当时迫于经费等问题没能如愿。80年代后期,上海有机氟材料研究所再度和武汉长江化工厂意向立题攻关,但也是不了了之。如今,国内对含氟纺织整理剂的需求日趋扩大,而且完全依赖进口。因此,进行这方面的研究开发,将会有广阔的应用前景。

3. 含氟织物整理剂的发展趋势及方向　目前,含氟织物整理剂应用的重点是防雨外衣织物、服装、窗帘、工作服、地毯等。随着经济的发展和人们生活水平的提高,对具有高性能织物整理剂商品的需要也更加迫切,对含氟织物整理剂的研制工作也提出了新的挑战,主要介绍如下。

（1）多功能化助剂。随着国内外纺织品的发展和人们生活的需要,人们对开发新型、高效的织物整理剂的呼声也越来越强烈。人们不再仅仅满足于单一功能的织物整理剂,开始寻求多种性能合一的产品,即在具有拒水和拒油功能的同时又具有耐洗性、耐磨性、抗污性、易去污性或阻燃性等功能。目前,工业上要得到多功能的织物通常是分别对织物进行多次整理。但是多种整理剂的合用不得不面临整理剂相容性的问题。最终的产品性能可能与单独整理时不同,化学物质间,化学物质与织物间可能发生作用,从而改变织物本身的性状。另外的解决方法就是合成多功能的整理剂。在拒水、拒油和阻燃多功能整理剂的研究方面,国外已经有相关的报道,Tsafack等通过等离子体聚合涂膜的方法,将阻燃单体与含氟丙烯酸酯单体在织物表面聚合成膜,从而赋予织物阻燃、拒水和拒油的良好的多重效果。

（2）开发低温（室温）固化型产品。目前,大多数织物经含氟整理剂整理后,需要在较高的高温下处理才能产生较好的耐久性。这对工业应用极为不利,开发"低温干燥"产品,即在室温下干燥也不会对整理效果有任何影响的产品。这样可以减少能耗。

（3）拓宽应用领域。即研制通用型产品,开发一剂多用的多功能产品,开发除能用于织物整理外,还能用于纸张、皮革、玻璃等领域的表面整理剂,其有重要的意义。

第五节　易去污整理

与天然纤维相比,涤纶等化学纤维强度高、布面质感好、色泽艳丽、价格适宜、易处理加工,但由于涤纶属于疏水性纤维,尽管纤维制造商对纤维形态结构不断进行改进,但很难达到透气透湿、吸水速干的性能,而且抗污渍沾污性、抗静电性差,在穿着时极易吸附灰尘,加之摩擦产生的静电使衣物紧贴皮肤,给人以不爽之感。随着染整水平的提高以及亲水易去污整理剂的问世,使上述问题有了很好的解决方法,易去污整理剂可以将人体排出的汗液吸收至衣物表面,并快速蒸发,使人保持干爽、舒适的感觉,同时还具有易去污、防沾污、抗静电等特性,可保持衣物长久地光洁如新。

除了灰尘的沾污之外,这里所指的污垢主要是油性污垢,它是液体或固体的油脂(外界或人体分泌)及其所黏附或溶解的某些物质。对于这种油性污垢,必须采用化学整理方法来改变纤维的表面性能,以提高纤维的防油性。这种防油性是指使织物具有不易被油性污垢沾污的性能。而易去污整理是指经过整理后的织物具有污垢容易脱落、防止洗涤过程中的污垢重新沾污织物的性能。

一、易去污整理的机理

排除洗涤液的组成条件和机械力等因素,织物在洗涤过程中,污垢是否易于洗涤掉,主要决定于织物表面的性质。在织物表面引进亲水性基团或亲水性聚合物,降低水/纤维相界面张力值和提高油/纤维相界面张力值,就可以提高织物的易去污性能。

亲水易去污整理剂的主要成分为特殊聚酯类高分子树脂,由疏水性聚酯成分和亲水性聚氧化烷撑酰胺构成,可像染料一样在一定的工艺条件下,被涤纶吸收,其聚酯结构对涤纶有较强的亲和力,因而具有耐久的亲水性。

把污渍或重油人工沾污到已经过易去污整理的织物上,将该织物泡入水中,易去污整理剂的亲水成分可促使水分子进入油污和纤维之间,使大块油污面产生缩聚,成为大小不一的油珠,油珠继而呈卷离状态脱离织物,如果此时在水中加入洗涤剂并施于机械洗涤条件,污渍脱离织物的速度更快,效果也更佳。因经易去污整理的涤纶的亲水性极佳,所以脱离织物或浴中悬浮的污物也不易对织物产生再次沾污。

二、易去污织物生产实例

1. 含氟聚合物与丙烯酸酯共聚物的拼混整理

含氟聚合物整理剂用于织物的防污及易去污整理效果显著。例如,用表 10 - 4 中的浸轧液整理的织物具有如图 10 - 5 所示的去污性能。

表 10 - 4　浸轧液组成

组成	含量(%,owf)	组成	含量(%,owf)
含氟聚合物	0.15 ~ 0.5	酸性催化剂[$Zn(NO_3)_2$]	0.2 ~ 2.0
丙烯酸酯共聚物[1]	1.0 ~ 3.0	聚醚衍生物[2]	4.0 ~ 8.0
DP 树脂(2D)	5.0 ~ 10.0		

①85% 丙烯酸乙酯与 16% 丙烯酸聚合物乳液。
②聚乙二醇单油酸酯。

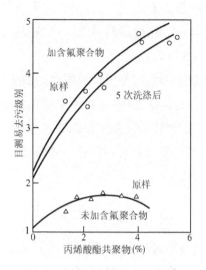

图10-5　含氟聚合物与丙烯酸酯
共聚物的拼混效果

图10-3还表明,单独使用丙烯酸系聚合物整理的织物易去污性甚微,而拼用含氟聚合物后,其易去污性及耐久性都有很大程度的提高。

2.FG-921易去污整理剂　拒水拒油整理剂FG-921是最新研制开发的超耐久型含氟拒油、拒水易去污整理剂。它具有如下特点。

（1）能够赋予涤纶、锦纶等合成纤维、棉等天然纤维及其混纺及交织物良好的拒油、拒水易去污效果。

（2）能与其他纺织品处理剂一起使用,如抗菌、阻燃、抗静电整理剂。

（3）不损害纤维原有的手感,对于染色织物的牢度、色光几乎无影响。

使用FG-921注意保持溶液pH在5~7,如pH大于8,则加少量醋酸调节。另外,加入交联剂FGA可以显著提高耐洗涤牢度。

FG-921的应用工艺流程为:

浸轧FG-921整理液（FG-921　10~50g/L,FGA　1~3g/L,轧液率65%）→干燥（110℃,2~3min）→焙烘（160℃,1min）

浸轧（轧液率70%）→干燥（110℃,2~3min）→焙烘（180℃,1min）

第六节　其他防水整理纺织品

从概念上来说,下列几种防水整理并不属于拒水的范畴,但其结果相似,即同时具有防水兼透气、透湿的功效。

一、防水透湿涂层整理

防水透湿涂层整理并非拒水整理,但它同样具有防水兼透湿、透气功能,而且操作简单,因而应用广泛。

近年来,各种具有防水、透湿性的膜不断开发出来,这些膜大多可用于服装面料。防水透湿膜透湿机理中最重要的是微孔膜机理,即利用水蒸气分子和雨滴体积的巨大差别来实现防水和透湿两种矛盾的统一。一般将微孔直径控制在0.2~20μm,达到允许水蒸气透过,而阻止水滴的通过。

世界上公认的最先进的防水透湿织物 Gore—Tex 是利用聚四氟乙烯(PTFE)微孔膜与织物复合而成,但由于制备该微孔膜需要特殊的设备与工艺,产品加工难度大、成本高、价格昂贵,在很大程度上限制了它的推广应用。

人们很早就向往织物能同时具备防水(和防风)和透湿功能,经过多年的不断开发,这种会呼吸的织物(Breathable Fabrics)正应用在我们身边。

从宏观的物理学来说,只要使涂层布的微孔直径控制为 $0.2 \sim 5 \mu m$ 即可。当微孔(一般小于 $2\mu m$)涂层膜的两面存在气压差和温度梯度时,空气和水蒸气则可由贯通的微孔渠道通过。

近年,国内的休闲装和便服面料中使用有呼吸功能的层压织物(如针织或梭织物与薄膜黏合)或涂层织物明显增加。在防水透湿织物中,是以多微孔聚四氟乙烯薄膜(简称PTFE 膜)、共聚酯(简称 PE 膜)和聚氨酯薄膜(简称 PU 膜)与织物复合(或黏合)为主流;还有以微孔聚乙烯或乙烯—醋酸乙烯共聚膜与非织造布复合的产品,后者主要供医药用。

1. 微孔 PTFE 薄膜   颗粒状聚四氟乙烯树脂经加热、延伸、热处理制成多微孔膜结构,在专利上已有详细介绍。据称,该膜厚度为 0.0254mm,孔隙率为82%,孔径呈蜘蛛网状,其最大孔径为 $0.2\mu m$。最小水滴是它的5000~20000倍,故不能通过。而水蒸气分子是孔径的1/700,可以自由通过。

PTFE 具有高度疏水性、耐热稳定性、优良的耐化学品性和绝缘性,广泛应用于过滤、垫料、医疗及复合分离膜等领域。它与织物通过点状黏合层压制成著名的 Gore—tex 织物。其第二代产品由原来的疏水性多微孔 PTFE 膜和有机氟拒油整理构成的复合织物,它是除水蒸气分子外,能阻止其他一切液态、气态物质通过的选择性高分子膜,又能克服人体分泌物的污染和洗涤表面活性剂引起的防水性下降,从而提高了防水透湿能力和使用的耐久性。

不同防水织物的耐水压性(防水性)见表 10 – 5。

表 10 – 5   不同防水织物的耐水压性

几种防水透湿织物	耐水压(Pa)
锦纶塔夫绸聚氨酯涂层	1.96
锦纶塔夫绸透湿聚氨酯涂层(四种)	7.9、4.9、2.9、2.9
锦纶重平组织/第一代 PTFE 膜/非织造织物	3.9
锦纶塔夫绸/第二代 PTFE 膜/经编织物	117.8

经过几年的研究,我国针对 PTFE 薄膜表面光滑、极性小、黏合困难等问题,研制开发了聚酯热熔黏合剂和耐低温有机硅黏合剂,使层压织物的低温柔软性优于美国 Gore 公司产品;二是采用电晕辐射处理 PTFE 薄膜,改善其黏着性能。微孔 PTFE 薄膜已于1997 年

年底投产。

2. 无孔聚氨酯薄膜　继多微孔 PTFE 复合织物的问世，一些化学品公司纷纷开发了无孔复合织物投放市场，如美国杜邦公司的 Hytrel、B. D. Goodrich 公司的 Estane、日本帝人的 Polusk Ⅲ、东洋纺的 Isofilm 和旭化成的 Corpolan Ⅰ 以及台湾省台茂的 DIA - Film 等。

无孔聚氨酯薄膜由热塑性聚氨酯（TPU）弹性体材料制成，属于 AB 型线型共聚物。其主链由较长的柔性链段构成，柔性链段通过与刚性链段以共价键尾—尾连接。柔性链是由二异氰酸酯连接低熔点的聚酯或聚醚链组成。刚性链段是由一个二异氰酸酯与两个聚酯或聚醚分子生成双氨基甲酸酯链桥，它们是异氰酸酯与少量二醇扩链剂反应生成的较长的高熔点氨基甲酸酯链段。

在聚氨酯的链段运动中，重复的氨基甲酸酯刚性链段由于强大的极性相互吸引、聚集，有序地形成结晶区和次结晶区。由于体系内氨基甲酸酯上的大量氢原子、羧基和醚氧基的存在，其间会形成大量的氢键，限制了氨基甲酸酯链段在该区内的运动。聚合物芳环结构上 π 电子的缔合作用是另一种结合力。在足够长的彼此相互缠结的聚合物链的所有部位都存在范德华力，这是一种更微弱的分子间吸引力。

热塑性聚氨酯薄膜的上述物理状态，表现出了线型聚氨酯链段的假交联状态，即在实际使用温度下，呈现出一种较明显的橡胶状硫化体。这种假交联是热可逆和溶剂化可逆的，因此可进行热塑加工。

热塑性聚氨酯薄膜的透湿原理，首先是其亲水性链段吸收人体体表散发的湿气，借亲水性链段的运动，将湿气由内部迅速向外层扩散（即由高压向低压扩散），然后将湿气向外界大气中蒸发。即利用热塑性聚氨酯的特殊分子结构，由亲水性基团将水分子逐一传递出去，达到高透湿性的目的。其次，由于其无孔，雨水风雪不能渗入。一般耐水压可达 10000mm（水柱）以上，可水洗，耐低温可达 -30℃，质地轻软，是一种理想且价格不高（与 PTFE 比）的层压薄膜材料。

荷兰 AKZO Nobel 公司开发的共聚酯薄膜，由含 20% ~50% 聚环氧乙烷和对苯二甲酸丁二酯共聚酯，经融熔挤压成薄膜，商品名为 Sympatex，其标准膜厚为 5μm，超薄及超厚膜为 5~100μm，其软化点为 200℃，熔融温度为 220℃，密度为 1.27g/cm³。其层压织物广泛用于各种服装、运动服。

3. 薄膜与织物（复合）层压　采用层压工艺制得的复合织物具有良好的柔软性，薄膜高聚物不会渗透到织物的纱线之间，薄膜是预先制得的，可用溶剂型或热熔型黏合剂以及相应的层压设备来生产防水透湿织物。

溶剂型黏合剂的应用方法有刻纹辊法、光辊法和喷淋涂布法。经过拒水整理的织物，会使薄膜的结合力受到影响。因此，必须改变黏合的表面张力，或添加含氟润湿剂，或添加特殊交联剂等措施来增加黏着强度。

4. 形状记忆聚氨酯 形状记忆聚氨酯在纺织中的应用方式既可以通过纺丝得到纱线并赋予纱线有记忆功能;也可作为织物涂层剂进行织物功能性涂层处理;还可作为整理剂对织物进行形状记忆功能性整理。形状记忆聚氨酯在 T_g 范围变化区,其透湿、透气性有显著的改变。将 T_g 设定在室温,则涂层织物能在低温时($<T_g$)具有较低的透湿、透气性,起到保暖作用;在高温时($>T_g$),具有高透湿、透气的散热作用,起到降温效果。因其薄膜的孔径远远小于水滴的平均直径,因此具有防水性,从而使织物在各种温度条件下具有良好的穿着舒适性。日本三菱重工公司用形状记忆聚氨酯涂层的织物 Azekura 不仅可以防水透气,而且其透湿、透气性可以通过体温控制,达到调节体温的作用。

5. 调温功能聚氨酯 近年来,人们正致力于开发一种新型的聚氨酯材料,除防水透气外,还兼有调温功能,从而进一步提高穿着舒适性。最初美国农业部南方实验室的 Vigo、Frost 等人发现,经聚乙二醇(PEG)浸渍的面料具有储存热的功能,即受热时吸收热量,遇冷时放出热量。这种技术应用于聚氨酯织物涂层上,PEG 作为聚氨酯的一种组分,通过选择 PEG 的聚合度和含量,使 PEG 构成的软段玻璃化转变温度处于人体感觉舒适的温度范围,这样,环境高于临界温度时,高聚物发生相变吸热,体积膨胀,亲水基团空间体积增大,热运动加剧,使透湿、透气量增加,排热、排汗加快,使人感到凉爽;当环境温度低于高聚物临界温度时,PEG 链段结晶,高聚物相变放出热量,同时布朗运动减小,使透气性能降低,起到挡风、保温作用,透湿、透气性与温度调节同时发挥协调作用。这样穿着者在环境温度多变或人体发热出汗等情况下,都会感到舒适。

二、纳米技术

纳米技术应用于拒水拒油整理是基于"荷叶效应"原理。大自然赋予荷叶出淤泥而不染的品行,但荷叶表面并不是非常光滑的。在显微镜下可以看到荷叶的表面具有双微观结构,一方面是由细胞组成的乳瘤形成的表面微观结构;另一方面是由表面蜡晶体形成的毛茸纳米结构。乳瘤的直径为 $5\sim15\mu m$,高度为 $1\sim20\mu m$,荷叶效应主要在于它的微观结构。它是一种类似于海绵或鸟巢的孔状组织结构,空气填充在裂隙中,防止了水或污物吸附于固体。

纳米表面处理技术可以直接对任何织物进行处理,使纤维表面形成特殊的几何形状互补的(如凸与凹相间)界面纳米结构,由于纳米尺寸低凹的表面可以吸附气体分子,并且使其稳定附着存在,所以在宏观织物表面形成了一层稳定的气体薄膜,使得油或水无法与织物表面直接接触,从而使材料的表面呈现出超常规的双疏性。这时水滴或油滴与界面的接触角趋于最大值,实现纤维织物的超疏水、超疏油功能。

纳米材料拒水、拒油纺织品有以下特点。

1. 拒水性 有防雨效果及拒水溶性污垢。

2. 优良的拒油污性 油、水及污垢都不易渗透进纤维,使布面长时间保持清洁,可减少洗涤次数。不会改变被处理织物原有的性能、颜色和手感。

3. 防污性 灰尘及污物可轻易抖落或刷去，使织物保持清洁。

4. 透气性 拥有优良的透气性，穿着舒适，无异样感觉。

随着纳米技术的不断发展与完善，这种材料制成的拒水、拒油纺织品将逐步得到广泛应用。

参考文献

[1]商成杰. 新型染整助剂手册[M]. 北京:中国纺织出版社,2002.

[2]王菊生,孙铠. 染整工艺原理(第二册)[M]. 第4版. 北京:中国纺织出版社,2001.

[3]陶乃杰. 染整工程(第四册)[M]. 北京:中国纺织出版社,2003.

[4]刘洪凤. 织物的拒油整理[J]. 上海纺织科技,2002(4):49.

[5]谢孔良,高殿权. 反应性有机氟防水防油整理剂的协同效应研究[J]. 纺织学报,2004(2):173-176.

[6]C. D. Gabbutt, et al. Synthesis and Photochromic Properties of Some Fluorine-containing Naphthopyrans[J]. Dyes and Pigments,2002(1):79-93.

[7]A. Ghosh, et al. Dielectric Properties of Silicone Rubber and Etraflouroethyiene/Propylene/Vinylidene Fluoride Terpolymer[J]. Polymer,2001(9):849-853.

[8]金鲜英,宋延林,江雷. 纳米界面材料在纺织领域的新进展[C]. 第四届功能性纺织品及纳米技术应用研讨会论文集,2004.

[9]王尚美. 纳米三防整理的原理与实践[C]. 第四届功能性纺织品及纳米技术应用研讨会论文集,2004. 31-33.

[10]杜文琴. 荷叶效应在拒水自洁织物上的应用[J]. 印染,2001(9):36-43.

[11]李淑华. 涤纶织物防水透湿与拒水拒油整理的发展[J]. 纺织学报,2002(5):506-508.

[12]赵玉萍. 拒水拒油整理剂AG—480在涤/棉织物上的应用[J]. 染整技术,2004(4):37-41.

[13]董明东. 织物防水、防油整理[J]. 染整技术,2003(12):30-31.

[14]久保元伸. 含氟防水防油剂——关于防水防油性能的机理[J]. 印染,1995(12):37-42.

[15]靳云平. 防静电抗油拒水织物的研究与开发[C]. 第三届功能性纺织品及纳米技术应用研讨会论文集,2003.

第十一章 免烫防皱纺织品

第一节 概述

近年来,随着人们的生态环保意识的增强,在服饰方面更加崇尚天然纤维面料,棉、麻等天然纤维素纤维织物越来越受到人们的青睐。棉织物作为天然纤维素纤维,具有优异的吸水、透气、吸汗及生物降解等特性;但它们存在弹性差、易起皱、穿着不挺括、不美观等缺点。天然纤维中的毛纤维和真丝纤维等蛋白质纤维虽然比纤维素纤维好一些,但其湿弹性和耐久定褶性能,以及湿热条件下的防皱性都不如合成纤维。因此,这一类服装在穿着水洗后非常容易起皱,需要熨烫,给穿着者带来很大的麻烦。随着现代生活节奏的不断加快,人们每天都在匆匆忙忙之中度过,因此没有时间仔细熨烫和打理衣物。因此,为符合现代人追求健康、舒适、方便、环保生活的多方面需求,可提高天然织物的防皱性,在织物的染整加工中,进行免烫防皱整理,使棉、麻、毛、丝等天然织物成为免烫服装或"洗可穿"服装,这种免烫服装逐渐成为服装消费中的热点。

免烫防皱整理也称耐久轧烫、形状记忆或永久定型整理,它是使织物通过树脂整理后达到防皱防缩、耐久压烫的目的,并同时赋予织物穿着舒适、柔软等特性。经过免烫整理的纺织品可以达到穿着或使用中无折皱产生、洗后无需熨烫的洗可穿性能。织物或服装经免烫整理后,具有能够赋予织物良好的平滑性和抗折皱保持性;洗后免烫;使织物具有良好的防缩性能;提高织物色牢度,减少起毛及表面变形等特点。市场上的免烫防皱纺织品有衬衫、裤料、工作服等服装,以及床单、枕套、窗帘、台布等日用纺织品。

目前,棉织物使用的免烫整理剂大多为 N – 羟甲基酰胺类化合物,如二羟甲基二羟基乙烯脲(DMDHEU,简称 2D 树脂)等,这类整理剂虽然具有良好的耐久压烫效果,但在整理加工和穿着过程中会释放出对人体和环境有害的甲醛。随着各国对纺织品甲醛释放量的限制越来越严格,降低乃至完全消除织物上的甲醛释放已成为免烫整理的重点。从环境的角度看,无甲醛整理是免烫整理的发展方向。

目前无甲醛整理剂主要有多羧酸类和戊二醛等(属于二醛系)。多羧酸的研究在 20 世纪 60 年代中后期已进行,但或因其效果不佳,或因其成本较高等各种原因,进展不大。例如,在 80 年代后期,由于采用次磷酸钠($NaH_2PO_2H_2O$)作为催化剂取得成功,1,2,3,4 – 丁烷四羧酸(BTCA)在棉织物上获得很好的整理效果。无论 DP 级(4.5 级以上)、白度、耐洗牢度、抗强力保留率等指标都比较满意，但由于价格昂贵（在国际市场上，BTCA的价格约是 DMDHEU 的 10 倍）而不能被接受。而价格低廉，又比较安全的柠檬酸（CA）则存在着整理品泛黄、耐洗牢度差等缺点。

近期内，国际上多元羧酸抗皱整理剂有了较大发展，并已成为主要的发展方向。国内也已成功合成 BTCA，使之成本有大幅下降。北京洁尔爽高科技有限公司研制生产的无甲醛免烫整理剂 DPH 主要组分为 BTCA 类多羧酸化合物，外观为白色固体，pH = 1 ~ 2，易溶于水，不含甲醛，不燃、不爆。同时还研制了与无甲醛防皱整理荆 DPH 配套使用的催化剂 SHN，外观为白色固体，不燃、不爆、无毒。除 DPH 外，还研制了无甲醛免烫整理剂 FS，主要组分为多元羧酸化合物，外观为浅黄色透明液体，阴离子，易溶于冷水，不含甲醛，不燃、不爆，为安全品。

第二节　免烫防皱整理基础

一、免烫防皱整理的发展概况

人们通常所讲的不皱、洗可穿、形态安定、形状记忆、免烫等词语含义基本相同，都是指织物或服装经过特定的整理达到了耐久压烫的整理效果，具备了洗涤后不皱或保持褶缝的性能。

1926 年，Foulds、Marsh 和 Wood 通过对化学整理赋予棉织物抗皱性能的研究，提出了一个重要的概念，即树脂整理剂必须分布在被整理织物的纤维内部，而不能在纤维表面，只有在纤维内部的树脂才能够产生抗皱效应，表面树脂只能使纤维变得僵硬。这一点后来被众多事实证明是正确的。如果从那时算起，免烫防皱整理至今已经有近 80 年的历史了。它的发展经历了四个阶段，即防皱、免烫、耐久压烫和低甲醛或无甲醛免烫防皱。

1. 防皱整理　早在 20 世纪 50 年代就已开始对棉织物进行防皱整理。最早使用的棉织物抗皱整理剂是甲醛，因为其整理后棉纤维的强力损失过大，不能使用，因此，后来又研究用树脂整理黏胶短纤维织物。但实际上，真正树脂整理棉织物成为商品是在第二次世界大战以后，即合成纤维刚从军用品转为民用品的时候。20 世纪 70 年代以来，我国对纤维素纤维织物防皱整理的研究和生产取得了较大的发展，有棉、黏胶纤维、涤/棉、涤/黏等一般防皱整理的纺织品。主要应用二羟甲基乙烯脲、三羟甲基三聚氰胺树脂整理棉织物，提高了织物的防皱性能和产品的外观质量水平，当时被称为"随便穿"（Easy - Wear）。但经过这些树脂整理的产品的断裂强度、撕破强力、耐磨性能都有所下降。

2. 免烫整理　由于国际市场要求经过树脂整理的棉织物，既要有良好的干防皱性能，还要有良好的湿弹性，经过洗涤不必熨烫仍有平整的外观，称为"洗可穿"（Wash - Wear）或免烫整理（Non - Iron）。这时，研究人员将注意力主要集中在提高湿回弹性上，以达到洗涤后免烫的目的，同时需要有耐氯树脂，以供漂白府绸的整理。于是出现了醚化六羟甲基三聚氰胺、二羟甲基乙基三嗪酮、氨基甲酸乙酯甲醛等树脂初缩体。在工艺处方中,进行不同树脂的组配。如二羟甲基乙烯脲与醚化六羟甲基三聚氰胺混用,或采用氨基甲酸乙酯甲醛树脂生产耐氯免烫的整理产品。

3. 耐久压烫整理　20 世纪 70 ~ 90 年代是防皱纺织品发展的第三个阶段。这时的防皱整理被称为耐久压烫整理,简称 PP 整理(Permanent Press)或 DP 整理(Durable Press)。织物经过树脂整理后具有良好的干、湿防皱性能,湿织物具有良好的弹性和平整的外观。而且,这种织物制成服装后,再经过适当的压烫整理,便能获得清晰持久的褶裥,具有不走样的特性。即使只经过洗涤,不再熨烫,仍能保持原样。PP 整理广泛应用在涤棉混纺织物上。整理加工的方法主要有两种:延迟焙烘法和预焙烘法。

(1)延迟焙烘法。延迟焙烘法是将轧有整理剂的织物烘干后,制成服装,然后再根据服装的要求进行压烫、焙烘,通过发生交联反应,获得耐久压烫效果。织物在烘干后至压烫、焙烘间所经过的时间较长,因此要选择适当的整理剂和催化剂,使整理剂在压烫、焙烘之前,尽量少地与纤维发生反应,并且游离甲醛量要少。

(2)预焙烘法。该工序比较简单,在我国大量应用。预焙烘法就是织物在加工完毕后再制成服装,然后再压烫、焙烘,此时棉纤维中已形成的交联和氢键在湿、热、压的条件下,可能发生部分的断裂与重建,因此具有耐久压烫效果。使用的树脂为二羟甲基二羟乙基乙烯脲树脂(简称 2D 树脂),由于 2D 树脂的初缩体十分稳定,因此在 130℃ 以下反应速率很低,而在 150℃ 时则有较高的反应速率。合成时不需要特殊设备,方法比较简单,2D 树脂对一些染料的日晒牢度也无影响,因此是一种较好的耐久压烫整理树脂。

4. 低甲醛树脂整理　甲醛是令人讨厌和具有刺激性的化学品。如果免烫服装整理剂中的甲醛含量超标,在穿着的时候,甲醛会随着衣物和人体的摩擦渗透或挥发出来,引起呼吸道疾病、皮炎、鼻炎、支气管炎、过敏性皮炎等病症;如果长时间穿甲醛超标的服装,会导致胃炎、肝炎、手指及指甲发痛等症状,还可能诱发癌症。早在 1974 年,日本政府就对甲醛在纺织品上的限量做出了规定。直到 20 世纪 90 年代,随着环保纺织品的兴起以及有关国家法律法规的出台,我国才把对甲醛限制的认识提高到与禁用染料相同的高度,研制可以替代可能释放甲醛的助剂的新型产品才成为国内关心的热点。目前,我国对纺织品中甲醛含量的限量有了规定,如不接触皮肤衣服的甲醛含量规定在 300mg/kg;接触皮肤的衣服为 75mg/kg;床单、婴幼儿纺织品是 20mg/kg。

国内外近年来对低甲醛或无甲醛整理剂研究很多,目前控制甲醛释放量的主要方法是将 N - 羟甲基酰胺类整理剂醚化或改性,另一种方法就是使用多元羧酸与纤维素发生酯化反应。这种整理剂的开发和应用将逐步取代原有的含甲醛的整理剂。

二、棉纤维的形态结构、分子结构及超分子结构

1. 棉纤维的形态结构　棉纤维是从棉籽表皮上细胞突起生长而成的,每根棉纤维就

是一个细胞。从棉籽上轧脱下来的棉纤维是一个上端封闭、下端截断的管状不完整的细胞，正常成熟棉纤维的纵向成扁平带状，并具有天然扭曲，一般6～10捻/mm，纤维越细，天然扭曲越多；而横截面呈腰子或耳状，是由较薄的初生胞壁（含有大量的天然杂质）、较厚的次生胞壁（纤维的主体部分）和中空的胞腔所组成。不成熟的棉纤维次生胞壁较薄，胞腔较大，截面呈"U"字形，纵向缺少正常的天然扭曲，它们的力学和染色性能与正常棉纤维也有很大的区别。

（1）角皮层。角皮层是棉纤维极薄的最外层。关于它的组成尚未完全确定，大概是由油蜡和果胶物质所组成。虽然角皮层生长过程中紧包于纤维的初生胞壁上，但不属于该胞壁的一部分。在纤棉维生长初期角皮层以油状薄层存在，在初生胞壁形成时，角皮层逐渐硬化。

（2）初生胞壁。初生胞壁厚$0.1～0.2\mu m$，与纤维的宽度（约$20\mu m$）相比是较薄的一层。初生胞壁主要是纤维素的网状组织，但也发现有一定的杂质，如果胶、油蜡等存在。

（3）次生胞壁。次生胞壁是由纤维素组成，是棉纤维的主体部分，占整个纤维总重量的90%以上，是由纤维素在初生胞壁内沉积而成的原纤网状组织。由于棉纤维在生长期间受到光照和温度的差异，因而在纤维的截面上，形成25～40层的同心圆日轮，每层厚$0.1～0.4\mu m$，其厚薄视品种和生长期的长短而异。即使在同一棉株和同一棉铃内的纤维，其日轮的厚薄亦有差异。日轮层中的原纤绕纤维轴呈螺旋状。在次生胞壁中又大体可分为三个部分，即外层、中心区域和内层。若外层的原纤走向为S形螺旋时，则中心区域各层按Z形螺旋排列，但内层的原纤的走向又与外层相同，而各层中的原纤沿着纤维长度走向会出现多次转折。上述纤维的天然扭曲是发生在原纤的转折处，但两者的方向并不一致，因为原纤的转曲频率要比纤维的转曲频率高。虽然棉纤维中原纤绕纤维轴的螺旋角因品种而异，但是在扣除了纤维天然扭曲的影响之后，为20°～23°，这意味着各种棉纤维的原纤螺旋角在纤维干缩以前基本上是相同的。

（4）胞腔。纤维在棉籽表皮突起生长的初期，是细胞延长生长阶段，形成薄壁小管，管内充满原生质。当次生胞壁逐渐加厚时，胞腔便也逐渐缩小，所以成熟棉纤维的胞腔便较小，而不成熟的则较大。当纤维干燥后，原生质的残渣便黏附在细胞的内壁上，所以胞腔中含有蛋白质、矿物盐以及一些色素等。在胞腔内的原生质逐渐失去水分，纤维的纵向便产生了天然的扭曲。

总之，根据用一般光学显微镜观察棉纤维结构的结果，认为次生胞壁是棉纤维的主体部分，具有不均一的组织，分成若干同心圆层，层中与层间都是由原纤交叉衔接起来的网状组织。原纤呈长丝状，绕纤维轴作螺旋排列。

2. 棉纤维的分子结构　棉的基本组成物质是纤维素。纤维素是一种多糖物质，主要是由很多葡萄糖剩基联结起来的线性大分子，分子式可写成$(C_6H_{10}O_5)_n$。至于纤维素的结构式，通常认为纤维素是$\beta - d -$葡萄糖剩基彼此以$1,4 -$苷键联结而成的大分子，在

结晶区内,相邻的葡萄糖环相互倒置,糖环中的氢原子和羟基分布在糖环平面的两侧,可表示如下:

其中,左端葡萄糖剩基上的数字表示碳原子的位置。

从上述纤维素的结构式中还可以看到以下几个特点。

(1)纤维素分子中的葡萄糖剩基(不包括两端的)上有自由存在的羟基,其中2,3位上是两个仲醇基,6位上是一个伯醇基,它们具有一般醇基的特性。

(2)在左端的葡萄糖剩基上都含有四个自由存在的羟基,但实际上在右端的剩基中含有一个潜在的醛基。按理来说,纤维素也应具有还原性质,但是由于醛基数量甚少,所以还原性就不显著,然后会随着纤维素相对分子质量的变小而逐渐明显起来。

3. 棉纤维的超分子结构 所谓棉纤维的超分子结构,也称微结构,实际上就是指次生胞壁中纤维分子互相排列的情况。纤维素相对于棉纤维来说是更为细长的物质,棉纤维的分子是比较长的,大约是1/200mm。天然纤维素纤维的超分子结构可以用边缘原纤模型来描述,根据这个模型,纤维中仍然是存在着结晶部分和无定形部分,但是在某种意义上来说是将原纤视为纤维的一种结构单元,而纤维则是原纤的网状组织。边缘细胞和边缘原纤这两种结构可以视作互为极限的情况。也就是说,细胞扩大到一定程度可视作是原纤,而原纤缩小到一定程度后又可视作为微胞。

三、折皱产生的原因

人们穿着的服装或者其他纺织品,尤其是棉织物等天然纤维在受到折压或水洗后,织物上易产生折痕或折皱,影响它的美观和整洁,必须经过熨烫才能回复其平整或挺括的外观。要找到可以防止织物上产生折皱或服装上已定好的褶裥经水洗后不消失的方法,首先要了解折皱是怎样产生的。

各种纤维本身都有一定的防皱性,即受力后都会有一定的回复,只是不同的纤维由于其本身的性质以及所受外力作用的大小和时间各不相同,回复的程度也不同,通常用回复角表示织物回复能力的大小。

取一定尺寸的矩形布条,对折,并用重锤压一定时间,然后拿走重锤,并设法使折缝两侧的一翼与地面垂直,待回复一定时间后,测定折缝两翼间的夹角,这个夹角就被称为折皱角或回复角。也有用回复角或两翼间最大距离对180°或试样原长的百分率表示织物的防皱性,称为回复度。织物的回复角越接近180°,或两翼间的距离越接近试样原长,防皱性越好。例如，未经处理的棉织物的回复角一般为 80°~85°，但经整理后，回复角有了不同程度的提高，可以达到 110°~130°。随着测定方法的不同，回复角的大小有一定差异。

其实可以简单地把纤维的弯曲看作直棒弯曲。纤维中心区域不受影响，外层受到拉伸，而内层则受到挤压。随所受应力的不同，纤维内的各区域会发生不同程度的拉伸或压缩变形，拉应力和压应力的方向相反，但导致纤维中基本结构单位的变化是相似的。由于纤维的品种、外力的大小以及作用时间的长短不同，当外力去除后，纤维的形变就会发生不同程度的回复。研究发现，纤维弯曲状态的回复性能与它的拉伸回复性能有着某种对应关系。以纤维素纤维织物进行的实验表明，织物的防皱性与纤维被拉伸 5% 后的应变回复率间存在着近乎线性的关系。

因此可以近似地以纤维的拉伸应力—应变性能来衡量织物防皱性的高低，而纤维的应力—应变性能，则与纤维的化学结构和超分子结构有关，即织物的防皱性能主要决定于纤维本身的性能。其他一些因素，包括纤维的形态（如长度、细度、卷曲度等）以及纱线和织物的结构，对织物的防皱性也有一定的影响。纤维内部大分子或基本结构单位间的相互关系直接影响纤维的变形与回复性能。纤维素纤维侧序度较高的区域中存在着氢键，它们共同承受外力的作用，因此一般只发生较小程度的形变。若要使其中某大分子与相邻的大分子分离，则必须有足够的应力，以克服其间所有的分子间引力。因此，在侧序度较高部分发生分子间移动的机会极少（不超过弹性极限），即由这部分提供的形变主要是普弹形变。在侧序度较低的区域，氢键在经受外力作用时并非同时受力，而是沿着外力的方向先后受到外力作用而形变。由于强度不同，逐渐会发生氢键的断裂和基本结构的相对位移，这就解释了为什么纤维中侧序度较低的区域除产生普弹形变外，还可能产生强迫高弹形变或永久形变。换句话说，在纤维受到拉伸时，由于纤维素分子上有很多极性羟基，纤维素大分子或基本结构单元取向度提高或发生相对移动后，能在新的位置上重新形成新的氢键，如图 11-1 所示。

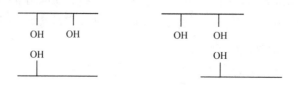

图 11-1 氢键的拆散与重建

当去除外力以后，由于存在着纤维分子间未断裂的氢键和分子的内旋转，就存在着将系统拉回到原来状态的趋势。但因已经在新的位置上形成了新的氢键，这个氢键会对这种回复产生阻滞作用，使系统不能立即回复，往往要推迟一段时间，这就形成了蠕变回复。如果拉伸时分子间氢键的断裂和新的氢键形成已达到很剧烈的程度，这时新的氢键已有相当的稳定性,则蠕变回复速度逐渐减慢,便出现了永久形变,这就是折皱产生的原因。

以棉纤维为例,棉纤维有晶区和非晶区,非晶区决定纤维的柔曲性。在外力的作用下,纤维弯曲变形,非晶区内部分氢键断裂,纤维晶区产生相对位移。当外力消除后,系统发生蠕变回复;但当外力足够大且长时间作用时,消除外力后纤维未能完全复原成原来的状态,部分形变就不能恢复,产生永久变形,形成折皱。

四、免烫防皱机理

防皱的含义包括下述两种性能。一是抗皱性,即织物需要较大的外力,才能使其产生折皱的性能。抗皱性主要通过提高纤维的初始模量(刚性)实现。二是织物从折皱中回复原状的性能,即加速纤维的回复速率,提高其弹性。这两种性能都表现在加强纤维内部的侧向作用力上。

在一般情况下,可以认为折皱主要是由回复速率很慢的高弹形变或永久形变造成的。如果将已经被拉伸而具有某种程度永久形变的纤维经过加热和溶胀处理,会使纤维中部分分子间的吸引力减弱,从而减小新氢键的阻滞作用,有利于回复。为了提高纤维素纤维的弹性,普遍采用在纤维素大分子或基本结构单元间进行适当共价交联的防皱整理方法,即提高纤维素纤维弹性模量的方法。

早期的防皱原理存在两种不同的观点。

1. 树脂沉积论 树脂沉积论出现于防皱整理早期,多适用于缩合型的树脂,如 U—F、M—F 整理剂等,它们都是多官能团化合物。这类整理剂处理到织物上,经焙烘,初缩体进一步缩聚后形成网状结构,沉积在纤维的无定形区或原纤之间。沉积的树脂通过物理—机械作用,改变了纤维素纤维中大分子或基本结构单元的相对移动性能,即靠机械摩擦作用或氢键改变了纤维的流变性能。

2. 共价交联论 共价交联论适用于交联型整理剂。这种整理剂在一定条件下一方面自身缩聚,但也不排除与纤维素上的—OH 发生反应,它可以与两个纤维分子发生共价交联反应,将它们连接起来,加强了纤维间的侧向作用力,减少了纤维分子间的滑移和运动,使织物不易变形,即使变形后,也易于恢复,从而达到防皱目的。在 DMEU 整理剂出现以后,这种理论更令人信服。被人们广泛接受的也是这种理论。

以上两种理论有一点是共同的,即经过整理后,纤维素纤维的弹性模量提高了。从热力学的角度来看,纤维在拉力的影响下,发生了内能和熵的变化,两者的变化程度因纤维品种和拉力的作用条件而异,因此回复时也是两者共同作用的结果。据研究,纤维素大分子比较僵硬,并且又受到邻近分子间的较强吸引力,所以纤维在拉伸、回复过程中主要是内能的作用,即纤维素纤维的弹性与橡胶的弹性(橡胶发生形变回复时主要是熵的变化)不同,而类似于弹簧。由此可见,使纤维素分子间交联数增多,或产生新的、键能更大的交联,就加强了纤维在形变时内能的储存,从而能够提高纤维的弹性。

纤维素纤维的大分子或基本结构单元间建立起共价交联后,理论上说,无论在干燥或潮湿状态下都应具有良好的防皱性,但是经轧—烘—焙工艺整理的织物,它的湿防皱性要比干防皱性低一些。例如用 DMEU 及 TMM 处理后的棉织物的湿、干回复角之比为0.9。产生这种现象的原因与水和初缩体在纤维中的可及度不同有关。在轧—烘—焙加工过程中,浸轧时纤维发生溶胀,水比整理剂更容易透入纤维中侧序度较高的区域,而且在干燥过程中,整理剂分子还有向更低侧序度区域移动的倾向;当纤维烘燥后变得干瘪时,整理剂仅存留在侧序度较低的部分,焙烘时就在该区域发生交联作用,而在较高侧序度处,交联很少,甚至没有。但在干燥状态下,存在着大量的氢键,因此整理品的干防皱性较佳。当润湿时,未发生共价交联而水分子能进入的那部分侧序度较高区域内的氢键被拆散,所以湿防皱性略差。

总之,纤维素织物免烫的机理在于经过防皱(耐久压烫)整理后,大大提高了织物的折皱回复能力,即提高了织物的弹性。织物在特种整理剂处理后,整理剂便以单分子或缩聚物的形式在无定形区的分子键间生成共价交联,犹如整理剂单分子伸出了两只强有力的"大手"紧紧抓住无定形区的分子链,在纤维分子链间产生牵制和固定的作用,使其不能产生相对位移,这样就减少了不立即回复的形变,从而提高了纤维的形变回复能力。

五、影响防皱性能的因素

经防皱整理剂整理后的织物,其防皱性能的好坏不仅取决于整理剂的品种,还与织物的性质、整理工艺等有着密切的关系。

1. 织物本身的性状 织物的防皱整理效果会随织物品种、纤维长度、纱线捻度、成纱结构以及织物的结构参数的不同而有所差异。

2. 整理前的织物 在整理之前,织物应经过退浆、煮练和漂白处理,较好地除去织物上的浆料和杂质等,使织物具有较高的吸湿性。织物一般应经丝光加工,有条件的还可采用液氨处理;染色布在染色时可先用树脂进行防皱整理的测试,确定是否有色光变化,以便及时调整配方;染色后的布面应保持洁净,没有杂质,并具有较高的吸湿性,pH 应控制在 5.5～7.0。印染厂在整理前应对织物进行预缩处理,以降低成衣缩水率,保证剪裁尺寸的准确。

3. 树脂的质量 严格选择树脂是确保织物强力和甲醛含量合乎要求的关键。目前比较普遍采用的是低甲醛含量的改性 2D 树脂和无甲醛防皱整理剂 JLSUN® DPH,有时还要添加一些有机硅等,用以调整织物的手感。应根据交联程度制定整理剂的配方,如果交联过度,则会使织物的强度和耐磨牢度降低很多,最终影响服装等的使用寿命;反之,若交联不够,则不能达到缩水率、布面平整性和褶裥保持性等性能指标的要求。

4. 催化剂的选择 选用催化剂时,要从多方面进行考虑,如交联速率、浸轧液的稳定性、催化剂本身及整理后的织物不具有气味,白色织物不泛黄,染色织物不改变色光,对纤维没有损害及用量要少等。

5. 焙烘设备与工艺 对焙烘设备的要求是确保焙烘箱内前后、左右、上下的温度一致。采用温度和时间的全自动化控制仪表,并采用传动式的连续焙烘箱,不仅可以提高整理的质量,还可以提高产量。

6. 服装的缝制质量和辅料的选用 为了确保服装的质量和防皱免烫的效果,缝纫线的缩水率应很小,一般宜采用涤/棉缝纫线并用单针缝合,针距和张力适当,以保证缝制后的服装不变形。服装的各种衬里的缩水率应与面料一致。

第三节　N-羟甲基酰胺类防皱整理剂

用做免烫防皱的纺织品整理剂应具备几个特点:可与纤维发生作用,能加强纤维间的侧向作用力;与整理过程中所使用的其他助剂、染料相容性好;价格低廉。

防皱整理剂种类很多,但是工业上普遍应用的是以 N-羟甲基作为活性基团的酰胺—甲醛类,或称 N-羟甲基酰胺类的防皱整理剂。它们是酰胺和甲醛在一定条件下反应生成的化合物,其通式可以下式表示:

$$\overset{O}{\underset{R}{\overset{\|}{-C}}}-N-CH_2-OH$$

一、N-羟甲基酰胺类化合物的分类

N-羟甲基酰胺类化合物的分类见表 11-1。

表 11-1　防皱整理中常用的 N-羟甲基酰胺类化合物

名称	化学结构式	与甲醛形成初缩体后的简称
脲(U)	$H_2N-\overset{O}{\overset{\|}{C}}-NH_2$	DMU
环次乙基脲 简称乙撑脲(CEU 或 EU)	结构式	DMEU

名称	化学结构式	与甲醛形成初缩体后的简称
二羟基环次乙基脲 简称二羟基乙撑脲（DHEU）	$\begin{array}{c} O \\ \parallel \\ C \\ HN\quad NH \\ \mid \qquad \mid \\ HC\!-\!CH \\ \mid \qquad \mid \\ HO \quad OH \end{array}$	DMDHEU 或 2D
环次丙基脲 简称丙撑脲（PU）	$\begin{array}{c} O \\ \parallel \\ C \\ HN\quad NH \\ \mid \qquad \mid \\ H_2C\quad CH_2 \\ \searrow\ \swarrow \\ C \\ H_2 \end{array}$	PU—F DMPU
三聚氰胺（M）	$\begin{array}{c} NH_2 \\ \mid \\ C \\ N\ \ \ N \\ \mid \qquad \mid \\ C \qquad C \\ H_2N\ \ N\ \ NH_2 \end{array}$	M—F TMM、HMM 等

在含甲醛的免烫整理剂中，应用最多的是 N – 羟甲基酰胺类树脂，其中最重要的是二羟甲基二羟基乙烯脲树脂（DMDHEU，简称 2D 树脂）。2D 树脂整理效果好，合成工艺简单，使用方便，但存在织物强力损失严重和甲醛释放量大的缺点。

2D 树脂具有四个羟基，可与纤维素反应生成网状交联，有较好的耐久抗皱效果。N – 羟甲基化合物属于 N – 半缩醛结构，其 N—C 键的键合强度比一般胺类中的 N—C 键弱，因此在水溶液中 N – 羟甲基化合物会发生一定程度的离解。二羟甲基二羟基乙烯脲与纤维素的反应主要发生在伯羟基上，而纤维的交联则作用在纤维结构的高度无定形区。反应过程是交联剂与催化剂浸轧入织物纤维内，干燥后交联剂分子向纤维内扩散。当受到 150~160℃温度的焙烘时，纤维收缩，交联剂在膨化区产生缩聚与交联作用。当羟基被交联后，纤维素的交联度增加，塑性变形降低，故缩水率减小，弹性提高。从反应时间来看，交联剂是在焙烘时与纤维素分子反应形成交联，但温度不能过高，时间不能过短，否则交联剂在纤维上的泳移会造成交联不均匀分布，使织物的断裂伸长降低。两者在交联中，—NH 基的羟甲基反应是一种亲核取代反应，即亲核的氮原子上未键合的电子对于甲醛中羰基上碳原子的反应。如果在—NH 基邻近有吸电子基团，N 原子上的电子云密度就会降低，甲醛和—NH 基的亲和力就会变小，从而产生甲醛的释放。

2D 树脂在酸性催化剂的作用下，N – 羟甲基的羟基和 N – 烷氧基甲基的烷氧基都可以被 o - 纤维素残基取代,产生脲甲基 - (碳鎓 - 氧鎓)离子。该离子与纤维素羟基发生反应而交联,从而获得洗可穿性。但是由于甲醛释放量大,故又开发出了醚化 2D 树脂,以降低甲醛的释放量。2D 树脂用甲醇部分醚化的产品甲醛含量低。甲醚化二羟甲基脲是二羟甲基脲树脂中的羟甲基被醚化,但反应性比 2D 降低。因为 2D 树脂的 4、5 位上均为羟基,容易发生换位反应,形成不稳定的中间体,转化为与纤维素交联的乙内酰脲,这种化合物结构的不对称性是引起交联键水解,使树脂稳定性发生变化,导致甲醛释放量增高的原因。若 4、5 位的羟基被烷氧基取代后,则可阻止转位反应的发生,提高交联键的稳定性。方法是用乙醇代替甲醇对 2D 进行醚化,生成较高醚化度的混合醚化 2D,整理后的游离甲醛含量较低。

二、整理剂与纤维素纤维的反应

1. 整理剂在纤维上的分布 整理剂在纤维平面和垂直方向上的分布都是不均匀的。因为整理剂的渗透性差,很难渗透到纤维内部,所以防皱整理通常采用浸轧法。此外,在整理的时候还要加入渗透剂,以改善整理剂在纤维上分布的不均匀性。

2. 整理剂初缩体与纤维素纤维的反应 酰胺—甲醛整理剂与纤维素间可能产生的结合方式很多,比较复杂。整理剂可能在纤维素分子间形成交联或枝链产物,例如:

$$纤维素—O—CH_2—N \underset{H_2C——CH_2}{\overset{\overset{O}{\parallel}{C}}{\Big\langle}} N—CH_2—O—纤维素$$

$$纤维素—O—CH_2—N \underset{H_2C——CH_2}{\overset{\overset{O}{\parallel}{C}}{\Big\langle}} N—CH_2—O—CH_2—N \underset{H_2C——CH_2}{\overset{\overset{O}{\parallel}{C}}{\Big\langle}} N—CH_2—O—纤维素$$

一般焙烘条件越剧烈,越有利于初缩体与纤维素的交联反应,也就能直接影响整理品的防皱性和耐洗程度。

第四节 低甲醛及无甲醛免烫整理剂

加入 WTO 以后,我国的纺织行业获得了前所未有的发展机遇。通过对产品质量的改进,我国的纺织品和服装在国际市场上的占有率得到稳步提高。但与此同时,也面临着巨大的挑战——欧美各国纷纷设置一些非关税壁垒,尤其是绿色壁垒,通过制定技术标准、颁布技术法规和指令、推行环保标签等手段,对纺织品服装中的一些有害物质进行限定,如德国的"危险品法"（Hazardous Substances Ordinace）和"食品及日用消费品法"（German food and Consumer Article Law）、奥地利的 BGBL Nr. 194/1990、日本的 Law 112 等法规;欧盟的 Eco－label、Oko－Tex Standard 100、荷兰的 Milieukeur、北欧国家的 White Swan 等标准和标志都对纺织品中某些有害物质进行了监控或限量要求。

纺织品上的甲醛含量是纺织品重要的安全卫生指标之一。免烫纺织品与甲醛有很大的关系,现已逐渐引起厂家、商家和消费者的重视,尤其是出口纺织品,对甲醛含量的要求更加明确。

甲醛是一种无色的刺激性气体,易溶于水、醇和醚,其40%水溶液称为"福尔马林"。据大量文献记载,甲醛对人体健康的影响主要表现在嗅觉异常、免疫功能异常等方面。当空气中的甲醛浓度达0.06～0.07 mg/m³ 时,儿童会发生气喘;达到 0.1mg/m³ 时,就会产生异味和不适感;浓度再高,可引起眼睛流泪、咽喉疼痛、恶心、呕吐、咳嗽、胸闷和肺气肿。长期接触低剂量甲醛,可引起慢性呼吸道疾病、女性月经紊乱、新生儿体质下降、染色体异常,甚至引起鼻咽癌等许多疾病。甲醛对人们的身体健康有着极大的危害,因此常被人们称为游离"杀手"。

免烫服装上的甲醛问题已经影响到了免烫服装市场。调查表明,已经有相当一批消费者不愿意再购买免烫服装,而其原因之一就是穿含甲醛的免烫服装会引起过敏。开发无甲醛整理剂来取代传统的有害整理剂,已成为必然的发展趋势。

为了控制纺织品游离甲醛的含量,首先要了解纺织品中甲醛的来源。甲醛主要是在织物整理中应用了整理助剂而携入的,其来源大致分为以下几种。

（1）由于羟甲基化或缩醛等反应,产品中存在游离甲醛是无法避免的。

（2）与织物交联后,未反应的羟甲基在储存或使用过程中可以不断游离出甲醛。

（3）交联形成的缩醛键等遇潮湿空气,特别是在酸、碱条件下水解而重新生成甲醛。

各类 N－羟甲基树脂防皱效果良好,价格便宜,用量很大。尤其是 2D 树脂,是迄今性能最为优良的一类树脂整理剂。但是在织物整理、服装制作、仓库储存和穿着过程中都会释放出甲醛。

由于生成的 N－羟甲基酰胺属于 N－半缩醛结构,在水溶液中会发生分解,因此酰胺与甲醛的加成反应是一个可逆反应:

$$\underset{R}{-C}\overset{O}{\underset{\|}{}}-N-H + HCHO \Longleftrightarrow \underset{R}{-C}\overset{O}{\underset{\|}{}}-N-CH_2-OH$$

为了保持平衡关系,在最后的织品中通常都保留一定量的游离甲醛,以 DMDHEU 最少,MF 次之,TMM 及 HMM 最多。在 HMM 的合成过程中,甲醛与三聚氰胺的摩尔比高达8:1。这种 N－羟甲基酰胺的半缩醛键,特别是在高温高湿的状态下,容易水解,使甲醛有再释放的倾向。N–羟甲基之所以容易释放甲醛,是因为 C—N 键的键能(304.7kJ/g)较低所致,而 C—O 键和 C—C 键的键能分别为357.9kJ/g 和 345.8kJ/g。

目前控制甲醛释放量的主要方法是使用甲醛捕集剂或将 N–羟甲基酰胺类整理剂醚化或改性。而无论甲醛的释放量怎样控制,还是或多或少地有甲醛释放出来,因而人们就对无甲醛防皱整理剂进行了研究与开发。除了下面即将介绍的前两种为低甲醛免烫整理剂外,目前开发的新型无甲醛防皱整理剂有双甲基二羟基乙烯脲树脂(DMeD HEU)、乙二醛、戊二醛、双羟乙基砜、壳聚糖、环氧树脂类、多元羧酸及水溶性聚氨酯等。应用最广泛的为多元羧酸防皱整理剂。

一、低甲醛防皱整理剂及其整理工艺

1. 低甲醛防皱整理剂

(1)甲醛捕集剂。利用甲醛接受体降低甲醛量早就有过相关报道,通常把这类物质称为甲醛捕集剂。所谓甲醛捕集剂即为选取某种极易与甲醛反应的物质,这种物质可以起到收集多余甲醛的目的。其中一类为带有═N—H 基团的化合物,因为该基团可以与甲醛反应而起到清除作用,其中不含羰基的化合物较之含羰基的更为有效(前者在1%浓度就可达到后者3% ~4%才能达到的清除效果)。但有些化合物因溶解度小(如苯并三唑)或可能引起色变(如吲哚)而难以应用。这类化合物中较有应用价值的是碳酰肼。

一个有效的甲醛捕集剂必须是水溶性的,能渗透到纤维内部进行反应。此外,捕集剂在焙烘条件下必须是不挥发的,且捕集剂必须是非碱性的,不会钝化催化剂,也不能使织物 pH 降低,以免交联树脂水解释放甲醛。

碳酰肼(H_2N—$NHCONH$—NH_2),商品名为捕醛剂 CH、FINETEX FC、CU—72。它是由碳酸乙酯与水合肼反应而成。反应如下:

$$H_5C_2O-\overset{\overset{\displaystyle O}{\|}}{C}-OC_2H_5 + 2H_2N-NH_2 \cdot H_2O \longrightarrow H_2NHN$$

$$-\overset{\overset{\displaystyle O}{\|}}{C}-NHNH_2 + 2H_2O + 2C_2H_5OH$$

碳酰肼与甲醛形成加成物,是不可逆的,反应如下:

$$H_2NHN-\overset{\overset{\displaystyle O}{\|}}{C}-NHNH_2 + HCHO \xrightarrow{-H_2O} H_2C=N-HN-\overset{\overset{\displaystyle O}{\|}}{C}-NHNH_2$$

生成的是希夫碱(Schiff Base),因亚甲基键而发生缩聚反应,形成聚合物,结构式如下:

$$-\!\!\left(\!H_2C-NHNH-\overset{\overset{\displaystyle O}{\|}}{C}-NH-NH\!\right)_{\overline{n}}$$

此种物质只能在整理时临时施加到树脂整理的工作液中,现配现用,稳定性可在8h以内,在此时限内,碳酰肼的效果随时间的增长而降低。使用结果参考表11-2。

表11-2 碳酰肼在2D树脂中释放甲醛的量

项目	2D树脂与碳酰肼反应(5h)				在工作液中加入碳酰肼			
2D树脂(40%)(%)	15	15	15	15	15	15	15	15
$MgCl_2 \cdot 6H_2O$(%)	1.5	1.5	1.5	1.5	1.5	1.5	1.5	1.5
碳酰肼(%)	0.3	0.5	0.8	1.0	0.3	0.5	0.8	1.0
甲醛释放量(mg/kg)	450	380	340	300	300	260	160	130

但是在甲醚化DMDHEU原液中加入碳酰肼后,能够长时间保持稳定,多元醇醚化2D树脂初缩体内加入一定量的碳酰肼,其甲醛释放量很低。

除了碳酰肼外,另一类可降低甲醛的化合物具有活性亚甲基,其代表性物质是1,3-丙酮二羧酸二甲酯。

(2)DMDHEU醚化改性物。通过醚化反应制得低甲醛树脂整理剂是一个重要的改性方法。常用的醚化2D树脂是用2D树脂与低碳醇反应,使N-羟甲基烷基化形成N-烷氧甲基,可以提高N—C键的稳定性,这时未反应的游离甲醛也可与醇反应生成缩醛或半缩醛,从而降低甲醛的游离和释放量。一般常用的醇有甲醇、乙醇、乙二醇、聚乙二醇等。主要有DMDHEU的甲醚化、乙醚化和多元醇醚化改性,用醇将DMDHEU的羟甲基和4,5羟基醚化。用醚化的2D树脂对纺织品进行防皱整理,甲醛释放量可减少到100mg/kg以下。例如六羟甲基三聚氰胺树脂的游离甲醛大于1%,整理后织物上游离甲醛量达660mg/kg;经过醚化后,游离甲醛量小于0.6%,织物上游离甲醛量为225mg/kg。

醚化2D树脂的分子结构通式为:

$$R-O-CH_2-N \overset{\overset{\displaystyle O}{\underset{\displaystyle \|}{C}}}{} N-CH_2-O-R$$
$$HC\overset{}{}CH$$
$$OR \quad OR$$

另一种方法是用多元醇和甲醛进行缩合,再烷基化而生成$R'O \pm RCH_2O \pm_n R_1$,由于此反应不可逆,故游离甲醛低,只有2D树脂的10%,称为FP树脂。另外一种途径是在2D工作液中加入1%~3%的多元醇,或用2D树脂加硝基烷醇,都可使2D改性而降低游离甲醛的释放量,称为PS树脂。PS和FP分子式同为$R'O \pm RCH_2O \pm_n R_2$,式中FP的R'代表低碳烷基,而PS的R'是高碳烷基和聚氧乙烯基,R_1是环氧基。经测定由PS整理的织物的游离甲醛量在30mg/kg以下。

目前已有的商品如北京洁尔爽高科技有限公司的 M2D,巴斯夫公司的 Fixapretcoc（甲醚化 DMDHEU）、住友公司的 Sumitex Resin、汽巴—嘉基公司的 Knittex FPM、赫斯特公司的 SRD787 及美国 Sun Chem 公司的 Ppermafresh UFL（多元醇醚化）等。以上产品均可获得优良的免烫性能,整理织物上甲醛释放量低,耐氯牢度好。

DMDHEU 醚化改性物的合成方法有两种,即两步法和一步法工艺。两步法合成是将环乙烯脲(DMEU)的羟基醚化后,再经羟甲基化,然后将羟甲基进行醚化,使 DMDHEU 的四个羟基全部都进行醚化。

一步法改性工艺是将 DMDHEU 醚化,由于 N – 羟甲基的羟基活性大于环上 4,5 位羟基,因此 N – 羟甲基首先进行醚化,4,5 位羟基不一定全部进行醚化。

经过改性后的 DMDHEU 整理的织物,游离甲醛明显降低,特别是 DMDHEU 进行全部醚化改性后效果更明显。实验结果见表 11 – 3。

表 11 – 3　DMDHEU 醚化改性后整理织物的性能

树脂整理剂	甲醛释放量 （mg/kg）	折皱回复角 $(W+T)$（°）	氯损（%）
空白	—	154	2.4
DMDHEU	295	249	62.4
4,5 – 二乙醚化 DMDHEU	137	220	77.5
1,3,4,5 – 乙醚化 DMDHEU	32.9	224	11.4
4,5 – 二甲醚化 DMDHEU	174	241	6.21

由表 11 – 3 可看出,经醚化后的 DMDHEU 树脂整理的纺织品,甲醛释放量明显减少,尤其是全部醚化的 DMDHEU,但防皱性能略有降低。

甲醚化的 2D 树脂可进一步降低甲醛释放量。以氯化镁作催化剂在 170～200℃高温下焙烘180s,可获得耐压烫 4 级,游离甲醛 200～400mg/kg。而用氯化镁与柠檬酸混合催化,150℃、20s 焙烘也可达耐压烫 4 级。同样的树脂,相同的整理工艺条件,黏胶纤维织物的免烫指标要低一些(3~4 级),而强力损失不明显,但甲醛释放量与棉布相同。

需要注意的是:

①以上这些醚化改性树脂整理剂都有配套的催化剂。

②一般随着树脂用量的增加,抗皱性能逐渐增强,弹性回复角逐渐增大,但织物强力却随之降低。织物经免烫整理后,纤维分子链之间由于化学键的存在而增加了脆性,这就导致了整体强力的下降。强力对织物服用性能的影响较大,强力下降过大,将使织物失去服用性。因此,在对织物进行免烫整理过程中加入一定量的纤维保护剂,使得织物在经过一系列的处理之后强力仍然能够保持在一定的范围内,符合国家的标准。

③随着整理剂用量的增加,织物上存在过多的交联树脂,影响织物的手感。在免烫整理液中加入柔软剂不但可改善织物手感,还可以提高织物的撕破强力。

2. 低甲醛防皱整理剂整理工艺 以北京洁尔爽高科技有限公司的超低甲醛免烫整理剂 M2D 为例介绍其使用工艺。此种整理剂不仅释放甲醛量非常小,而且较传统 2D 树脂强度降低得少。

(1)焙烘工艺。此工艺操作简单,生产效率高,可得到平挺的外观和免烫效果,但制成衣服后熨烫无永久性的褶裥和折缝。

①工艺配方。

树脂 JLSUN® M2D	80~150g/L
柔软剂 S960	20~25g/L
催化剂	35~55g/L
渗透剂	0.5~1g/L
纤维保护剂	40~50g/L

②工艺流程。

织物→二浸二轧上树脂(轧液率 70%~80%)→烘干(100℃左右,保湿率 6%~8%)→焙烘(150~160℃,1.5~3min)→制衣→熨烫

(2)后焙烘工艺。

①工艺配方。

树脂 JLSUN® M2D	80~150g/L
柔软剂 S960	20~25g/L
催化剂	35~55g/L
渗透剂	1g/L
纤维保护剂	30~40g/L

②工艺流程。

织物→二浸二轧上树脂(轧液率 70%~80%)→烘干(100℃左右)→制衣→蒸汽熨斗烫平→焙烘(140~150℃,8~12min)

二、无甲醛免烫整理剂

使用甲醛捕集剂或将羟甲基用低级醇醚化并不能根除甲醛的危害,只能减少甲醛的释放量。由于低甲醛免烫整理剂在生产或使用过程中的微小偏差都可能使最终产品的甲醛含量超标,造成索赔问题。因此,目前纺织品生产商和贸易商都倾向于使用无甲醛免烫整理剂。而要彻底根除甲醛问题则必须使用不用甲醛生产的产品(包括不用由甲醛反应生成的原料生产的产品)。

国内外近年来对无甲醛整理剂研究很多,如环氧树脂、双羟乙基砜等和最近研究开发的多元羧酸无甲醛整理剂。多元羧酸用于棉织物的防皱整理可追溯至20世纪60年代初期,但直到20世纪90年代初,Welch等人研究出用磷酸盐作为多元羧酸和纤维素分子酯化反应的催化剂,才使得多元羧酸作为无甲醛防皱免烫整理剂取得了突破性进展。在众多的多元羧酸整理剂的研究中,人们的注意力主要集中在以丁烷四羧酸(BTCA)、柠檬酸(CA)和马来酸(MA)为代表的小分子多元羧酸上,其中以BTCA的整理效果最好,但BTCA的价格相对比较昂贵。目前,聚合多元羧酸,如聚马来酸酐(PMA)、柠檬酸等也被用于防皱免烫整理。

(一)乙二醛

乙二醛又名双甲醛、草醛,它是一种简便易得的非甲醛试剂。乙二醛系列树脂耐水解性优良,其分子结构式为:

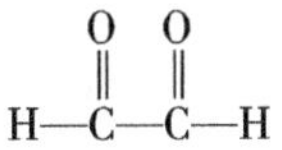

$$\underset{H}{} \overset{\overset{O}{\|}}{C} \overset{\overset{O}{\|}}{C} \underset{H}{}$$

乙二醛是一种双醛交联剂,它可以与纤维中的羟基反应,在纤维分子链之间形成半缩醛式交联,从而增加织物的抗皱性。国外从20世纪80年代初开始研究乙二醛在免烫整理中的应用。由于乙二醛在合成和价格上的优势,将使它在耐久压烫整理上发挥重要的作用。

1. 乙二醛在水中的状态 乙二醛分子很容易与金属离子形成五元螯合物,它在水中主要以螯合单体(1)、二水解单体(2)、二水解二聚体[(3)和(4)]、二水解三聚体(5)的形式存在,如图11-2所示。

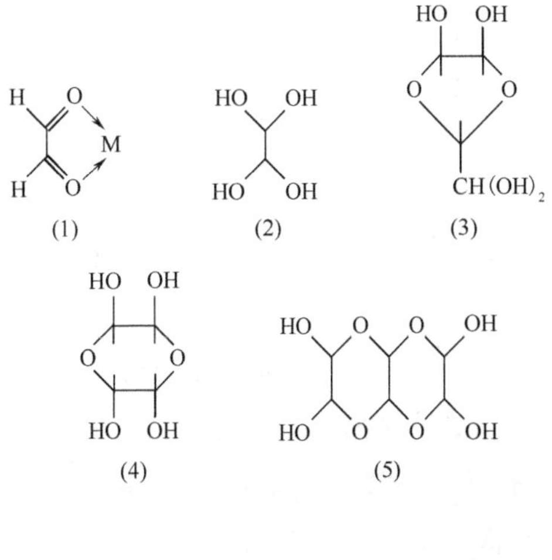

图11-2 乙二醛在水中存在的形式

2. 乙二醛与纤维的反应　乙二醛与纤维素的反应机理为亲核反应。它特殊的螯合状态使得反应比较复杂。当没有其他共反应剂时，可以认为在预烘时，首先形成半缩醛或缩醛化合物：

$$\text{Cell—OH} + \underset{\underset{\text{CHO}}{|}}{\text{CHO}} \longrightarrow \text{Cell—O—CHOH—CHO}$$

或

$$\text{Cell} \underset{O}{\overset{O}{\diagup\hspace{-0.3em}\diagdown}} \text{CH—CHO}$$

高温焙烘时，乙二醛与纤维素能充分反应，形成二缩醛化合物：

$$\text{Cell—OH} + \underset{\underset{\text{CHO}}{|}}{\text{CHO}} \longrightarrow \text{Cell} \underset{O}{\overset{O}{\diagup\hspace{-0.3em}\diagdown}} \overset{O}{\underset{O}{\diagdown\hspace{-0.3em}\diagup}} \text{Cell}$$

或

$$\begin{array}{c} \text{Cell—O} \quad \text{O—Cell} \\ \diagdown \quad \diagup \\ \text{CH} \\ | \\ \text{CH} \\ \diagup \quad \diagdown \\ \text{Cell—O} \quad \text{O—Cell} \end{array}$$

但也有人认为在预烘时产生如下反应：

$$2\text{Cell—OH} + \underset{\underset{\text{CHO}}{|}}{\text{CHO}} \xrightarrow{\text{预烘}} \text{Cell—O—} \underset{\underset{\text{HO}}{|}}{\text{CH}} \text{—CH—O—Cell} \atop \underset{\text{OH}}{|}$$

当添加共反应剂（如乙二醇）并在较高浓度下处理时，发生如下反应：

$$\underset{\underset{\text{CH}_2\text{OH}}{|}}{\text{CH}_2\text{OH}} + \text{Cell—O—}\underset{\underset{\text{HO}}{|}}{\text{CH}}\text{—CH—O—Cell} \atop \underset{\text{OH}}{|} \xrightarrow[\text{催化剂}]{\text{焙烘}} \begin{array}{c} \text{Cell—O} \quad\quad \text{O—Cell} \\ \diagdown\quad\quad\diagup \\ \text{CH —CH} \\ | \quad\quad | \\ \text{O} \quad\quad \text{O} \\ \diagdown\quad\diagup \\ \text{CH}_2\text{—CH}_2 \end{array}$$

用于丝绸整理时，乙二醛主要与丝肽中的羟基和氨基反应，形成半缩醛、缩醛、半缩氨、缩氨。

3. 乙二醛整理工艺　为达到不同的目标性能，可采用不同的工艺方法整理织物。

（1）浸轧—预烘—焙烘工艺。这是使用最为广泛的工艺方法，一般轧液率为70%～80%，也有高达108%～110%的；预烘在85℃左右烘干，110～120℃焙烘2min，再热水（50℃）洗涤30min，最后在85℃下烘干。

（2）乙二醛—D工艺。根据不同的催化系统，乙二醛—D工艺有以下几种不同方法。

①醋酸催化的轧堆法。

②氯化镁催化的轧堆法。

③醋酸催化的浸渍法。

④硫酸铝催化的浸渍法。

织物浸轧后打卷,用聚乙烯薄膜包覆,防止浸轧后织物上的乙二醛挥发,堆置时间从 0.25~24h 不等,然后用水冲洗织物 1h,晾干。织物浸渍时间从 0.25~24h 不等,而后用水冲洗织物 1h,晾干。

4. 乙二醛整理中其他助剂及工艺条件的影响

(1)催化剂。乙二醛整理剂中,催化剂的选用非常重要。很多用于耐久压烫整理的金属盐作为路易斯酸催化剂,同样也可以用来催化乙二醛的交联反应;此外,还有布朗斯特—洛里酸和少数特殊催化剂。催化剂的用量一般为 1%~2%(重量或体积)。常用的催化剂有 $Al_2(SO_4)_3 \cdot 16H_2O$、$AlCl_3 \cdot 6H_2O$、$Al(OH)_5Cl$、$Al(H_2PO_4)_3$、$ZnSO_4 \cdot 7H_2O$、$Zn(NO_3)_2 \cdot 6H_2O$、$ZnCl_2$、$MgCl_2 \cdot 6H_2O$、$MgCl_2 \cdot 6H_2O$—$HOCH_2COOH$、$MgCl_2 \cdot 6H_2O$—柠檬酸、$H_3PO_4$、$H_2SO_4$、$NaHSO_4$、$Al_2(SO_4)_3$—$NaHSO_4$、$Al_2(SO_4)_3$—$H_3BO_3$ 等。

在上述催化剂中,H_2SO_4 的活性最强,但它会造成织物深度泛黄和严重的强力损伤;铝盐的催化活性比锌盐、镁盐和 H_3PO_4 强。$MgCl_2$ 与少量乙二醛或酒石酸混合,在125℃时仅仅是中等活性催化剂,被称做热型催化剂,若用于甲醛、N-羟甲基整理剂时,在此温度会表现出很高的活性。当温度达到135℃时,能特别有效地催化乙二醛,但会引起织物泛黄。一般水性路易斯酸金属盐都是很强的催化剂,虽然 $NaHSO_4$ 只是中等活性催化剂,但若与 $Al_2(SO_4)_3$ 混合使用,则可以提高 $Al_2(SO_4)_3$ 的活性,更能减少织物的泛黄。

通过加入强碱弱酸盐缓冲剂来研究金属盐的催化活性,结果表明,金属铝的催化活性不仅仅源于离解的氢离子,金属离子也直接参与催化反应。

(2)助催化剂。研究表明,α-羟基酸是很好的助催化剂。研究人员对酒石酸、羟基醋酸、柠檬酸、苹果酸、琥珀酸、环戊烷羧酸、磷酸等助催化剂进行研究,用量一般在 0.5%~0.6%(重量或体积)。在助催化活性剂存在下,能有效地提高弹性回复角,但会造成织物的泛黄和强力的大幅度下降。相对来说,酒石酸和柠檬酸是最有效而副作用较小的助催化剂。对于丝绸而言,α-羟基酸并不能提高弹性回复角,但能增加织物的白度。由于织物中存在少量残留的碱(0.10%~0.15%),它和碱金属离子一样都会形成钠、钾明矾,从而影响催化剂的正常功能。因此,要提前用少量的酸中和残留的碱。醋酸可以提高白度,无机酸、硫酸则可以直接加到处理液中。由于硫酸使丝绸纤维溶胀,从而能获得均匀、理想的交联效果,既能提高弹性回复角,又能保留较高的强力和丝绸白度。X 衍射显示 β-晶体的取向没有改变,反应主要发生在无定形区。

(3)缓冲剂。由于催化剂的酸性对纤维素的破坏极大,加入缓冲剂可以降低催化剂的有效酸性,但又不会破坏它的活性。例如,用柠檬酸铝、酒石酸铝作为缓冲剂,织物整理后能保持很高的弹性回复、耐久压烫等级及保留强力。

（4）共反应剂。未反应的醛基会造成织物的色泽问题。加入二元醇与醛基反应形成缩醛，能防止氧化和醛催化的泛黄反应。此外，加入二元醇还能提高耐久压烫等级和织物的保留强力。常用的共反应剂是乙二醇、二甘醇、三甘醇、1,3 - 丙二醇、4 - 丁二醇。二甘醇比乙二醇能够获得更高的耐久压烫等级。

（5）柔软剂。柔软剂能增加织物的弹性回复角、耐久压烫等级和织物的增重。柔软剂主要包括两大类，即有机硅和聚乙烯。反应性有机硅的综合效果是最好的，但它仍会造成织物的润湿性能下降。为了克服这一缺点，可以混合使用脂肪酯类的柔软剂。非反应性有机硅仅仅稍微提高耐久压烫等级，而聚氧乙烯则会严重影响乙二醛的反应效果，从而降低耐久压烫等级。

由于反应性有机硅能通过硅醇基团与乙二醛反应，在织物表面上形成接枝交联的弹性薄膜，这就大大提高了织物的保留强力。

（6）反应温度。常用的焙烘温度为 115～125℃，交联条件比较温和。但由于反应中的各种添加剂不同，也可以采用不同的焙烘条件。如低温焙烘（110～120℃）、中温焙烘（145～160℃）和高温焙烘（170℃）。

反应温度过高会引起纤维机械性能大幅度的降低，从而导致织物强力下降。因此，高温反应则要求时间相对缩短。采用高温短时间焙烘，可以获得较高的保留强力（62%～64%）。

（7）浓度的影响。低浓度乙二醛整理剂一般会造成很大的强力损失，而当乙二醛浓度提高到 10%～15% 时，撕破强力将大幅度提高。这可能是因为在交联反应中可以消耗更多的酸性催化剂，从而使纤维素分子链的降解较少，也可能由于乙二醛在表面聚合，成为改善织物强力的一个附加因素。

5. 乙二醛反应型树脂在真丝织物抗皱整理中的应用　丝纤维分子中含有羟基（丝氨酸、酪氨酸）、氨基（赖氨酸、精氨酸）等基团，可与乙二醛发生如式（11 - 1）和式（11 - 2）的反应，在分子链之间形成半缩醛式或氨醇式结构的交联，减少了分子之间的滑移，在宏观上表现为抗皱性增强。

乙二醛与丝氨酸和酪氨酸的反应：

$$2\text{Silk—OH} + \underset{\overset{\|}{O}\ \overset{\|}{O}}{\text{HC—CH}} \xrightarrow{H^+} \text{Silk—O—}\underset{\overset{|}{HO}}{\text{CH}}\text{—}\underset{\overset{|}{OH}}{\text{CH}}\text{—O—Silk}$$

半缩醛（Ⅰ）

$$(Ⅰ) + 2\text{Silk—OH} \longrightarrow \text{Silk—O—}\underset{\overset{|}{\text{Silk—O}}}{\text{CH}}\text{—}\underset{\overset{|}{\text{O—Silk}}}{\text{CH}}\text{—O—Silk}$$

（11 - 1）

乙二醛与赖氨酸和精氨酸的反应：

$$2Silk—NH_2 + \begin{matrix} HC—CH \\ \| \quad \| \\ O \quad O \end{matrix} \xrightarrow{H^+} Silk—NH—\begin{matrix} CH—CH \\ | \quad | \\ HO \quad OH \end{matrix}—NH—Silk$$

氨醇（Ⅱ）

$$（Ⅱ）\xrightarrow{-H_2O} Silk—N=CH—CH=N—Silk$$

亚胺

$$（Ⅱ）+ 2Silk—NH_2 \xrightarrow{H^+} \begin{matrix} Silk—NH—CH—CH—NH—Silk \\ | \quad | \\ Silk—HN \quad NH—Silk \end{matrix}$$

$$(11-2)$$

乙二醛反应性树脂的浓度在 10% 以上，这在树脂整理中属于用量较大的情况，这与丝纤维中反应基团的数量有关。交联一般发生在非晶区，丝素非晶区中丝氨酸和酪氨酸的含量为 24.69%，精氨酸和赖氨酸的含量仅为 1.9%，即丝素非晶区中可供反应的基团数量较少。因此，要达到明显的抗皱效果，必须增加乙二醛的用量。

经乙二醛反应型树脂整理的丝织物，外观色泽无发黄现象，手感比整理前变得挺爽，但无发硬感，整理品的拉伸强力、撕破强力和耐磨性未出现明显劣化。

耐磨性的数值表明：整理后单根丝线的耐磨性比整理前提高，而织物整体耐磨性则有所下降。这是由于抗皱整理后，乙二醛的交联作用和树脂的沉积作用使单丝结构变得紧密，虽然单丝的耐磨性增强，但整理后丝线之间的相互作用增强，变形能力下降，织物通过形变以缓冲外力磨损的能力下降，因而织物整体耐磨性降低。

由于自身的合成和价格优势，乙二醛可能成为很有前途的无甲醛免烫整理剂。现阶段，人们对乙二醛的研究仍处于探索阶段，但对棉织物的研究应用已经比较成功。为了提高整理效果，有人将乙二醛与其他整理剂一起使用，如接枝淀粉（MAA）、BTCA等。但对于丝织物还存在许多不足，如弹性回复角不高等。有鉴于此，有必要对乙二醛以及添加剂影响因素做更为深刻的机理研究，以求获得更为完善的工艺和免烫整理效果。

（二）戊二醛

戊二醛也是一种双醛交联剂。早在 20 世纪 60~70 年代，美国就开始进行戊二醛抗皱性能的研究。研究表明，经戊二醛抗皱整理的织物的抗皱性、弹性、耐磨性和耐氯损牢度好，手感丰满。

1. 织物整理 织物于室温下浸轧含有整理剂和催化剂的溶液，二浸二轧，轧液率 100% ±2%，80℃预烘 3min，最后于 160℃焙烘 3min。

2. 反应机理 Earl B. Whipple 给出了戊二醛在水溶液中的水解方程式：

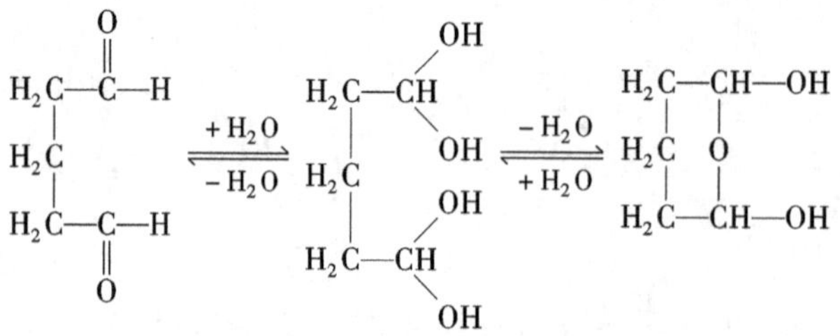

戊二醛溶液中含有相等数量的半水合物、二水合物和环状半缩醛。一个戊二醛分子有两个醛基，可以和纤维素大分子上的羟基形成半缩醛和缩醛，从而提高织物的回复性能。

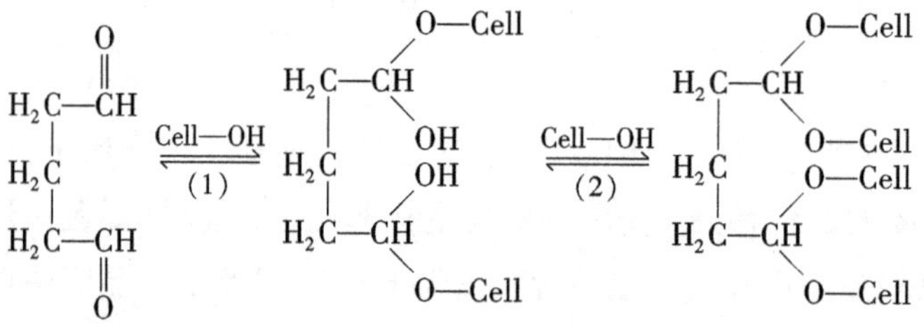

3. 影响因素

（1）催化剂。

①不同催化剂浓度的影响。作为戊二醛与棉纤维交联反应的催化剂，$MgCl_2$ 的浓度对整理织物的效果有较大的影响。$MgCl_2$ 浓度在0.25%~2%时，随催化剂浓度的提高，织物的耐久压烫等级和折皱回复角呈增加趋势，而强力呈降低趋势，同时织物白度也随之降低。这说明在选定的整理剂浓度下，催化剂用量多，则催化效率高，整理剂固着率高。综合考虑折皱回复性及强力损失，$MgCl_2$ 的用量约为 0.75%（owf）时，性能较佳。

②混合催化剂浓度的影响。用酒石酸代替部分 $MgCl_2$，改变不同混合比。在使用混合催化剂时，催化效率发生变化。随着酒石酸用量的增加，在 0.025%~0.063% 范围内，折皱回复性反而降低；继续增加酒石酸，折皱回复性提高，但织物的强力也随之降低。可以推断：整理液的 pH 在 3.0~4.0 不利于戊二醛和纤维素的交联反应。

③不同种类混合催化剂的作用比较。选择柠檬酸和酒石酸与 $MgCl_2$ 混合作为催化剂，比较它们的催化作用。柠檬酸的酸性比酒石酸强，因此整理液 pH 要低，两种活化剂得到的折皱回复性差不多，但耐久压烫等级均不如单独使用 $MgCl_2$ 的效果，且织物强力损失加大。因此，单独使用 $MgCl_2$ 作为催化剂的效果比较理想。

（2）不同 pH 的影响。用 Na_2HPO_4 和 NaH_2PO_4 调节整理液的 pH 在 3~6。整理液的 pH 对整理剂与纤维的交联反应有影响，在 pH 为 4~4.5 时，交联效率较高，且织物各项性能比较均衡。

实验表明，戊二醛作为免烫整理剂是可行的，免烫性能良好，物理机械性能基本可以达到服用要求。但是戊二醛含有刺激性,整理后的织物泛黄严重,价格也较高。因此需要对其进行改性研究,研制可大大减少环境污染、降低成本、改善白度的改性戊二醛。

(三)β–羟乙基砜(树脂名 BHES–50)

20 世纪 60 年代开发的 β–双羟乙基砜抗皱整理剂,整理后织物的耐洗性优于 2D 树脂。整理方法是将 BHES–50 和碱性催化剂浸轧→干燥→焙烘(160℃,2~3min)→皂洗。可赋予织物与 2D 整理相似的耐久形态稳定性,且可同时提高干、湿回复角,整理后手感较好。但由于应用了碱性催化剂,经高温焙烘后织物易泛黄,若经复漂处理,则工艺烦琐,强力损失也较大,仍需进一步改进。还有人提出,在整理液中添加硼氢化钠来抑制泛黄,但由于成本太高而无法实现工业化。

(四)二甲基二羟基乙烯脲树脂(DMeDHEU)

二甲基二羟基乙烯脲是乙二醛与 N,N'–二甲基脲的缩合物。这是一种最先出现的无甲醛树脂整理剂,国外商品有 BASF 公司的 Fixapret NF、Ciba 公司的 Knittex FF、HERST 公司的 SDME7611、Sun Chem 公司的 Permafresh ZF、大日本油墨公司的 Beckamine NFS 等。

这类树脂整理剂是先由异氰酸甲酯与甲胺合成二甲基脲,再和乙二醛反应制得。它主要是通过 4、5 位上的羟基与纤维素羟基反应。该反应的活化能为 92.84kJ/mol,要高于常用的羟甲基交联剂,但反应速率较慢。

与 2D 树脂相比,由于采用 N,N'–二甲基脲代替了尿素,不必再使用甲醛而无甲醛释放问题,但也因此只有两个羟基可用来交联,所以性能较差,不仅需要高效催化剂,而且用量大,加工价格也较昂贵。催化剂可用 $ZnCl_2$、$ZnSO_4$,如用 $Zn(NO_3)_2$ 或 $Zn(BF_4)_2$ 作为催化剂,效率较高,可降低焙烘温度,折皱回复角也可提高。单独使用 DMeDHEU 的折皱回复性不如 DMDHEU,但如果用 DMeDHEU 10%,添加 4% 的混合有机硅树脂(羟基二甲基聚硅氧烷 + 甲基含氢聚硅氧烷),防折皱性能可与 DMDHEU 相当。整理后织物白度下降,整理时还会产生气味,与有机硅或丙烯酸树脂共用可改进效果。

(五)环氧类树脂整理剂

多元醇或多元胺经环氧氯丙烷处理,可在缩合反应的同时引入活性环氧基。环氧化物整理剂是最重要的、也是最早出现的非甲醛性整理剂之一,早在 20 世纪 50 年代中后期,抗皱棉织物在市场上大量涌现时,便同时出现环氧化物整理剂。1956 年,Schroeder 和

Condo 在美国全国棉花理事会化学整理会议上已报告了使用水溶性二缩水甘油醚作为棉织物的抗皱剂，随后取得了专利权。此后陆续有人研究和使用各种各样的环氧化物用于棉织物防皱。环氧树脂整理对棉织物的抗皱效果不如 2D 树脂，但整理后织物耐水解稳定性和防缩性较好，湿抗皱性突出；在整理后对各种洗涤都是稳定的；不会保留氯，没有氯损问题；不会有游离甲醛和氨臭。其缺点是手感不佳、稳定性较差、价格高，尚需进一步研究改进。

环氧化物整理剂的结构可用一般式表示如下：

$$H_2C\underset{O}{-\!\!\overset{}{CH}\!\!-}CH\!-\!G \tag{11-3}$$

式中：$G=-\underset{O}{CH\!-\!CH_2}$、$-CH_2Cl$、$-CH_2OH$、 $-CH_2OCH_2$

$-CH\!=\!CH_2$、$-CH_2O\!-\!\overset{O}{\overset{\|}{C}}\!-\!R_1(R_1\!=\!H、-CH_3)$、$-CH_2OROCH_2\underset{O}{CHCH_2}$

抗皱剂的抗皱效果和交联有关，而和化学本质无关。式（11-3）中 G 越小，环氧值越大，相对分子质量越小，抗皱效率越高，即单位重量抗皱剂产生的抗皱效果越大。因此丁二烯双环氧化物（BDO）是高效抗皱剂。用 BDO 处理，1%～2%增重率则可显著改善棉织物的抗皱性。例如，用 11.91%（质量浓度）BDO 和 1.35%（质量浓度）$Zn(BF_4)_2$ 的甲醇溶液浸轧棉织物，在 125℃ 焙烘 10min，增重率为 2.2%；湿回复角为 254°，干回复角为 291°。但 BDO 制备困难，单体成本高，又由于 BDO 易挥发（沸点 138℃），浸轧后干燥时大量散逸出来，有毒，且使整理成本更高，因此难以在生产中应用。

为了克服 BDO 的缺点，Mcreivey 等人试用 BDO 的母体 2,3－二氯丁二醇（1,4）和 1,4－二氯丁二醇（2,3）代替 BDO 作为棉织物的抗皱整理剂。二氯代醇比 BDO 便宜得多，而且挥发性和毒性又小。研究人员设想使二卤代醇在棉织物上脱卤化氢闭环，就地开环和纤维素分子交联，从而获得抗皱性。首先用二卤代醇的水溶液浸轧织物，在 105℃ 烘干，然后用 NaOH 无水乙醇溶液浸轧，在 25℃ 焙烘 17～24h，或在 110℃ 焙烘 6min；或用饱和 NaCl 的 Na_4SiO_4 浓溶液浸轧，在 120℃ 焙烘 5min。经这样处理的棉织物的抗皱性得到改善，干、湿回复角在 220°～250°。

研究人员曾用不同浓度的 NaOH 稀溶液（4%～8%）在 25℃ 浸轧棉织物，轧液率为 100%，然后和表氯醇在 25℃ 反应 24h 或在 80℃ 反应 0.5h，织物增重率为 1.4%～7.5%，湿回复角可达 260°～315°，干回复角没有变化。他们认为在这种情况下表氯醇用作单环氧化物。有专利报道，棉织物在拉伸态（拉伸率 1%）用 23% NaOH 溶液浸渍 0.5h，然后在室温下在表氯醇中浸渍 2h，不但可获得抗皱性，而且可改善染色性能。当棉织物用饱和 NaCl 的 NaOH 溶液预处理，然后和表氯醇反应时，可同时提高干、湿回复角，例如棉织物在 25℃用饱和 NaCl 的 8% NaOH 水溶液预处理,然后在 85℃和表氯醇反应 10min,增重率为 5.7%,干、湿回复角分别为 255°和 262°,如果在 155℃进行热处理,干、湿回复角还可进一步提高。当棉织物用 $Na_3PO_4 \cdot 12H_2O$、Na_4SiO_4 或 Na_2SiO_3 浓溶液预处理,然后在 80℃和表氯醇反应 0.5h,也可以同时提高干、湿回复角(干回复角在 250°左右,湿回复角在 250°以上),并且织物具有鲜艳的色泽和光泽。研究人员认为,在大量 NaCl、Na_3PO_4、Na_4SiO_4 或 Na_2SiO_3 存在下,表氯醇用做双官能团化合物交联纤维,因而赋予了棉织物干、湿抗皱性。

1,3 – 二氯丙醇(1)(DCP)是表氯醇的母体,在碱性条件下也可以看成双环氧化物。V. B. Chipalratti 等人曾用 DCP 和 DCP 的乙酰、丙酰、丁酰酯处理府绸和窗帘布,研究取代酰基对交联反应的活性、回复角和织物其他性质的影响。DCP 和纤维素的反应如下:

$$ClCH_2CHCH_2Cl + NaOH \longrightarrow CH_2CHCH_2Cl + NaCl + H_2O \quad\quad (11-4)$$

$$CH_2CHCH_2Cl + Cell\text{—}ONa + H_2O \longrightarrow Cell\text{—}O\text{—}CH_2CHCH_2Cl + NaOH$$
$$(11-5)$$

$$Cell\text{—}O\text{—}CH_2CHCH_2Cl + NaOH \longrightarrow Cell\text{—}O\text{—}CH_2CHCH_2 + NaCl + H_2O$$
$$(11-6)$$

$$Cell\text{—}OCH_2CHCH_2 + Cell\text{—}ONa + H_2O \longrightarrow$$
$$Cell\text{—}OCH_2CHCH_2O\text{—}Cell + NaOH \quad\quad (11-7)$$

DCP 也可以不经过环化步骤而直接通过端基氯和纤维素反应:

$$Cell\text{—}ONa + ClCH_2CHCH_2Cl \longrightarrow Cell\text{—}OCH_2CHCH_2Cl + NaCl \quad\quad (11-8)$$

$$Cell\text{—}OCH_2CHCH_2Cl + Cell\text{—}ONa \longrightarrow Cell\text{—}OCH_2CHCH_2O\text{—}Cell \quad\quad (11-9)$$

对于 DCP,通过环化和纤维素进行交联反应是主要的,对于 DCP 的酯,只能通过端基氯直接和纤维素进行交联:

$$Cell\text{—}OCH_2CHCH_2O\text{—}Cell$$

式中：R = —CH₃、—CH₂CH₃、—CH₂CH₂CH₃。

DCP 比它的酯反应活性大，而且随着取代酰基的增大，反应活性减少，对改善湿回复角和湿增量有不利影响，但对减少强度损失有利。

缩水甘油是单环氧化物，不能使天然纤维素交联获得抗皱性，但可使改性棉织物（例如羧甲基棉织物、乙二基氨基乙基棉织物或氨基化棉织物）交联获得抗皱效果。有文章和专利报道，在减压下，用缩水甘油气相整理改性棉花可同时改善干、湿回复角。

乙烯基环己烯二环氧化物（VHCD）是最早使用的环氧化物整理剂之一，商品名为 UCET Textile Finish 11—74，用 $Zn(BF_4)_2$ 为催化剂可改善棉织物的干、湿回复角，但 VHCD 极易水解，使用时必须同时使用稳定剂。

烯丙基缩水甘油醚（AGE）是单环氧化物，不能交联纤维获得抗皱性，但 AGE 的初缩体（AGEP）和聚烯丙基缩水甘油醚（PAGE）是多环氧化物，在 $Zn(BF_4)_2$ 存在下能交联纤维，赋予干、湿抗皱性。用 PAGE 整理和用 1,4-丁二醇二缩水甘油醚（RD-2）整理的织物比较，湿回复角相当，干回复角前者不及后者，但用 PAGE 整理的织物干、湿回复角优于用 RD-2 整理的织物。通过调节 AGE 的聚合度，可以调节干、湿回复角，而且斑点分析和红外光谱表明，用 AGEP 或 PAGE 整理的织物上存在不饱和度，亦即存在反应中心，可以通过接枝进一步对织物进行改性。

多元醇多缩水甘油醚是最早使用且至今仍广泛应用的一类环氧化物整理剂，其中有些已商品化生产。这类环氧化物整理剂的结构可用一般式表示如下：

$$\underset{O}{CH_2CHCH_2}OROCH_2\underset{O}{CH_2CHCH_2} \tag{11-10}$$

式中：R = —CH₂CH₂—、—CH₂CH₂O$\left[\!\!-CH_2CH_2O\!\!-\right]_n$、—CHCH₂—CHCH₂CH₂—、

$$\qquad\qquad\qquad\qquad\qquad\qquad\qquad\qquad\underset{OH}{\mid}$$

—CH₂CH—、—CH₂CH₂CH₂CH₂— 等。
$\quad\underset{CH_3}{\mid}$

其中，甘油二缩水甘油醚和 1,4-丁二醇二缩水甘油醚已经商业化生产，商品名分别为 Eponite100 和 Araldite RD-2。从 20 世纪 50 年代中期至今，不断有应用这类环氧化物进行纺织品抗皱防缩整理的报道。

R. R. Benento 等人曾用 E-100 和 UD-2 为交联剂，以 $Zn(BF_4)_2$ 为催化剂，水或甲醇为介质，整理棉印花布，研究焙烘方式以及环氧化物：$Zn(BF_4)_2$：AGU（脱水葡萄糖单元）的摩尔质量比对织物抗皱性和强度的影响，发现用紫外线焙烘不但可获得高度的干、湿抗皱性，而且干回复角大于湿回复角；85～110℃低温焙烘也可获得高度干、湿抗皱性，而且强度损失小。

D. M. Soignet 等人曾研究过环氧化物的种类、焙烘温度、溶剂以及棉花含量对棉和涤/棉织物抗皱性和强度的影响,发现棉/涤(50/50)织物,以 E-100 或 UD-2 为整理剂,水或甲醇为溶剂,低温焙烘,整理效果最好,干、湿回复角可达 300°左右,断裂强度和耐曲磨度超过纯棉织物。

本官达也曾用这类多元醇双环氧化物在酸性和碱性条件下整理棉织物,进行"洗可穿"研究。他使用的双环氧化物有二缩水甘油醚(DGE)、乙二醇二缩水甘油醚(PEG-DG)、RD-2 等;使用的催化剂有 $Mg(BF_4)_2$、$Zn(BF_4)_2$、$Mg(ClO_4)_2$、$Al_2(SO_4)_3$。各种催化剂的抗皱效果如下:$Mg(BF_4)_2 > Zn(BF_4)_2 > Mg(ClO_4)_2 > Al_2(SO_4)_3$。各种环氧化物的抗皱效果如下:DGE > E-100 > PEGDG > EGDG > RD-2 > DEGDG。他认为,DGE、E-100 和 PEGDG 是水溶性环氧化物,可以渗透到纤维内部进行交联反应,而 EGDG、RD-2 和 DEGDG 是疏水性环氧化物,难以渗透到纤维内部进行交联,因此前者的抗皱效果比后者高。同时,无论水溶性或疏水性环氧化物,环氧基间碳原子数少的环氧化物比环氧基间碳原子数多的环氧化物抗皱效果好,说明分子量小的双环氧化物抗皱效率高,单位重量的环氧化物产生的效果大。他还研究了各种酸催化剂的浓度、热处理温度和反应率及回复角的关系。在上述各种酸催化剂存在下,用上述各种环氧化物整理棉织物,处理时间越长,催化剂浓度越大,热处理温度越高,反应速率越大。在 100℃ 以下低温处理时,低的反应率则可获得高的干、湿回复角,湿回复角大于干回复角;在 100℃ 以上高温处理时,高的反应率达到高的干、湿回复角,干湿回复角的差距减少。

多元醇双环氧化物的母体也可以作为棉织物的抗皱整理剂,例如有用 1,3-二(-2-羟基-3-氯丙氧基)-2-羟基丙烷、1,2-二(-2-羟基-3-氯丙氧基)乙烷和 1,2-二(-2-羟基-3-氯丙氧基)-1-甲基乙烷作为棉织物抗皱整理剂的报道。

(六)水溶性聚氨酯(WPU)

具有热交联反应性的水溶性聚氨酯树脂(简称 WPU)是近年来发展的织物整理剂,它是由柔性链段(高分子量的聚醚)和刚性链段(低分子量的氨基甲酸酯基)嵌段共聚构成的弹性高聚物。经常使用的二异氰酸酯有六亚甲基二异氰酸酯(HDI)、甲苯二异氰酸酯(TDI)、二苯基甲烷二异氰酸酯(MDI)等。聚氨酯通常是由二异氰酸酯和多元醇反应制得,多元醇主要有聚醚多元醇和聚酯多元醇。聚醚多元醇有聚氧乙烯醚和聚氧丙烯醚等。聚酯多元醇是由各种二元酸(如己二酸、苯二甲酸等)与二元醇(如乙二醇、丁二醇等)经过缩聚反应制得。一般聚酯相对分子质量在 1000~3000 之间。聚氨酯有其独特的结构,两端有一个异常活泼的异氰酸酯基(—NCO),此基团能和许多类型的化合物(醇、酸、氨基酸、水等)反应,也可发生自身聚合反应。反应的强烈程度可以根据自己的需要通过控制反应条件而控制。聚氨酯品种繁多,纺织用聚氨酯(PU)有溶剂型和水系型两大类。应用于整理剂的一般是反应性水系聚氨酯。反应性水系聚氨酯也称热反应型水性 PU,主要依靠活性度很高的异氰酸酯基(—NCO)与纤维反应交联,形成三维网状结构。由于聚氨酯可同两个或多个纤维素分子进行反应,反应的结果形成了部分交联键。这些部分交联键成为纤维素分子结构的骨架,起着支撑和固定的作用,从而提高了织物的挺括性,降低了易皱性。由于是化学反应的结合,处理后的织物耐洗性、柔韧性、透湿性、耐磨牢度等都很好。聚氨酯预缩体的合成通常是利用二异氰酸酯与端羟基的聚醚或聚酯二醇进行加成聚合而成。当二异氰酸酯适当过量时,即可获得端基为—NCO 的 PU 预聚体。端基—NCO 的存在赋予预聚体很高的反应活性,因此只有对其进行封闭处理（通常采用低温封闭剂 $NaHSO_3$）才能获得水溶液或水分散液。在应用时,通过高温解封后,释放出的端基—NCO 使 PU 重新获得反应活性,从而与大豆蛋白纤维上的活性基团发生交联反应,而使其获得良好的回复弹性和耐久性。

国外在 20 世纪 60 年代开始用聚氨酯树脂对纺织品进行抗皱整理,采用的聚氨酯树脂基本都是溶剂型及乳液型,存在不易乳化、稳定性差和有毒性等缺点。20 世纪 70 年代,逐步应用水溶性聚氨酯树脂,化学稳定性好,污染小,使用方便,能以任何比例与水混合,具有较好的成膜性和弹性。抗皱整理剂能够明显提高织物的回弹性、耐磨性和织物强度,而且手感滑爽、丰厚。赫特国际集团的 HERST® SRD780 就是该类水溶性聚氨酯树脂。

但聚氨酯树脂整理的织物耐久压烫效果差,而且耐高温（>180℃）稳定性差,易产生泛黄现象,通用的芳香族聚氨酯尤为严重,因此不宜对漂白织物进行加工。此外,它的制备比较复杂,因此并未得到广泛应用。

（七）反应性有机硅

带有反应性基团(如硅醇基、乙烯基、环氧基、氨基等)的有机硅不仅可以赋予织物抗皱性,而且可以改善手感和透气性,提高织物抗撕破强力、断裂强度和耐磨性。一般交联程度较高整理织物的弹性和抗皱性较好,但单独用有机硅整理,目前尚不能达到耐久压烫的要求,而且成本高。若采用双醛与多元醇制成半缩醛作为交联剂与聚醚、环氧聚醚改性硅油配合,在较温和的条件下对棉织物进行整理,可以得到防皱性能优良、强降较小且柔软亲水的免烫整理织物。

常用有机硅整理剂可分为三类。第一类是非反应型,以聚二甲基硅氧烷为基础,这类聚合物具有防水和柔软作用,但耐洗性差;第二类是常规反应型,如甲基羟基硅氧烷或具有羟基末端的二甲基聚硅氧烷,这些聚合物能在纤维上形成交联网状结构,因此,能提高纤维表面的耐久性;第三类是有机活性型,如活性氨基聚二甲基硅氧烷或具有羟端基和氨基侧链的二甲基聚硅氧烷,它们广泛应用于纺织工业,提高了耐洗性,具有柔软、滑爽感富有弹性手感,还提高易保管性。

作为织物防皱整理剂的有机硅必须是反应性的,即带有硅醇基、乙烯基、氨基、环氧基等活性基团的改性有机硅化合物,这类有机硅可通过两方面达到防皱整理效果。其一是整理工作液中低分子有机硅初缩体进入纤维内部,利用有机硅分子上的活性官能团和蛋白质分子进行交联,交联程度越高,整理织物弹性越好;其二是整理工作液中高分子有机硅在纤维表面形成高弹性分子膜,从而在改善织物手感、增加织物柔软性和滑爽的同时,也提高了织物的抗皱性能。

(八)甲壳质与壳聚糖

甲壳素是一种天然多糖。1811 年,法国人 Braconnot 从菌类中提取出一种类似纤维素的物质,因其大量存在于低等动物特别是节肢动物(如虾、蟹等)的甲壳中,故称甲壳质,又称几丁质。在地球上存在的天然有机物中,甲壳素仅次于纤维素,也是除蛋白质外含氮量最高的天然有机物,足见其是一种取之不尽、用之不竭的再生资源。

壳聚糖则是甲壳素经浓碱水解脱乙酰基后生成的水溶性产物,是甲壳素的一种重要衍生物。从结构上看,甲壳素的化学结构与天然纤维素相似,不同之处是纤维素在 2 位上是羟基,甲壳素在 2 位上是乙酰胺基,而壳聚糖的 2 位上则是氨基。甲壳素是许多 N - 乙酰基 - D - 氨基葡萄糖以 $\beta(1 \rightarrow 4)$ 糖苷键连接起来的直链高分子多糖。甲壳素、壳聚糖和纤维素的分子结构如图 11 - 3 所示。

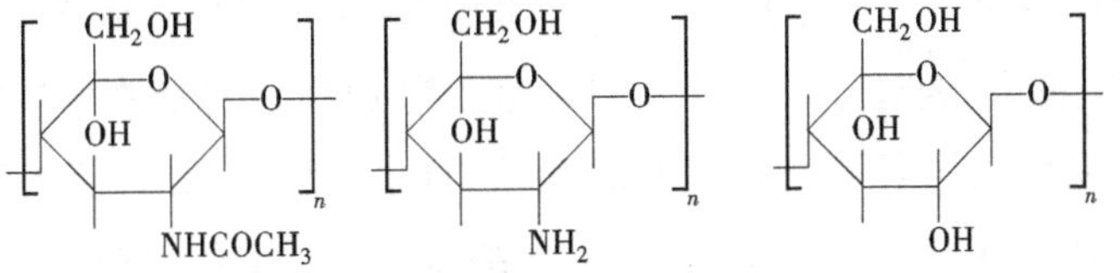

图 11 - 3　甲壳素、壳聚糖和纤维素的分子结构

壳聚糖成膜性强,且与纤维素化学结构相似,它们有很好的吸附和相容性。壳聚糖的羟基、一部分氨基可与纤维的羟基形成众多的分子间氢键,壳聚糖的溶剂稀酸也可作为两者的交联剂,使得壳聚糖整理能起到防皱的效果。壳聚糖用于棉织物防皱整理,无毒、无环境污染且效果明显。经过整理后织物强力损失较小,上染率高,而且有抗静电的功能。但是整理后织物的手感较硬,易泛黄,润湿性下降。

有报道称,降解壳聚糖用于棉织物抗皱整理,回弹性有较大提高,但由于壳聚糖降解会导致颜色加深,布面温度高时甚至会变焦。即使整理时降低焙烘温度,泛黄现象仍比未降解壳聚糖明显。壳聚糖浓度低时,手感尚可;浓度高时,则发硬、粗糙。

利用壳聚糖的可溶性与成膜性以及壳聚糖与甲壳质化学结构可相互转换的特点,采用乙酸酐作为壳聚糖到甲壳质转型的固化剂而制得的抗皱整理剂,既保留了甲壳质天然高聚物的优点,又保证了整理剂与整理工艺无毒无害,也可使棉织物的干折皱回复角提高 70% 左右,并具有较好的耐洗性。研究表明,整理后织物的断裂强度几乎不受影响,只是透气性稍有下降。

(九)多元羧酸类整理剂

前面介绍了许多新型的无甲醛免烫整理剂,但最引人注目的还是多元羧酸类整理剂，目前已开发用于织物免烫整理的有十多个品种。其中研究最多、整理效果最好的是1,2,3,4-四羧酸丁烷（BTCA），其耐久压烫等级、白度、耐洗性以及强度保留率都令人满意，某些指标甚至超过了 2D 树脂，只是价格太高，约为 2D 树脂的 8 倍，因此只有部分高档纺织品采用了这类整理剂。其次是 2-羟基丙烷-1,2,3-三羧酸—柠檬酸（CA）整理剂，CA 可以由天然柠檬酸纯化而得，也可由糖发酵制备，原料易得，成本低廉，但整理效果不及 BTCA，整理后织物泛黄和色变较显著，耐水洗牢度较差，且强力下降明显。多元羧酸还有 PTCA（1,2,3-三羧酸丙烷）、PMA（聚马来酸）等，它们的整理效果都不如 BT-CA 和 CA。

除了 BTCA 以外，对于柠檬酸（CA）、衣康酸（ITA）、马来酸（MA）、1,2,3-三羧酸丙烷（PTCA）、1,2,3,4-四羧酸环戊烷等近 20 种多元羧酸都有人进行了不同程度的研究。下面就对主要的多元羧酸类抗皱整理剂进行简单介绍。

1.1,2,3,4-丁烷四羧酸（BTCA）　美国和日本对多元羧酸整理剂进行大量研究，结果证实，丁烷四羧酸的免烫整理效果最好。且加入催化剂的整理液不会自聚，故可长期存放。按全棉衬衫 BTCA 免烫整理计算，成本为 2~3 元/件，已具有初步的商业价值。

BTCA 为白色粉末，相对分子质量为 234，熔点为 192℃，能够在水中溶解。其在高温下与纤维素纤维交联，必须采用次磷酸盐（NaH_2PO_2）作为催化剂，亚磷酸盐（Na_2HPO_3）效果次之，两者均用于白色织物，磷酸盐和多磷酸盐则用于染色织物。

下面以无甲醛抗皱整理剂 JLSUN® DPH 为例，对免烫织物的生产实例进行说明。

无甲醛防皱整理剂 JLSUN® DPH 适用于棉、麻、黏胶及其混纺织物的防皱和耐久压烫整理。经其整理后的织物具有良好的形态记忆和耐洗涤性，无游离甲醛，防缩防皱，外观挺括，手感丰满、柔软，耐洗、耐磨性好，高温下不泛黄，没有色变现象。弹性可提高 70%~90%，强力保留率为 70%~80%，平挺度在 3.5 级以上。织物穿着舒适，洗涤后不需再熨烫，压线能长久保持。

（1）工艺配方。工艺设计中使 JLSUN® DPH，SHP = 1∶0.7。

防皱剂 DPH（100%）	120~180g/L
催化剂 SHP	80~120g/L
柔软剂 S-960	30~50g/L

（2）工艺流程。

①预焙烘。织物（布面 pH 为 6.5~7）→浸轧整理液（轧液率 60%~80%，液温为室温）→烘干（80~100℃）→焙烘（160℃，3min，或 150℃，6min）→成品

注意事项：

a. 织布最好经过水洗，使布面干净，干湿度一致，不带碱。

b. 最好采用热风烘干，如果采用烘桶烘干，开始几只烘桶不宜过烫，以免泳移、结壳、手感发硬。

c. 焙烘温度和时间由织物的厚度和密度决定。如焙烘温度在 160℃ 时，18.2tex 以下的纯棉织物焙

烘150~180s,18~28tex 的纯棉织物焙烘160~210s,28tex 以上的纯棉织物焙烘180~240s。

d.考虑到织物品种、最终用途、设备和温度计误差等因素,建议先进行小样和大样实验,再确定生产工艺。

②延迟(后)焙烘。织物浸轧整理液→烘至规定的含湿量→打卷(外面包塑料薄膜,防止运输或放置过程中失去水分)→服装制造者裁剪成衣→高温压烫(175~185℃压烫30~40s,按要求使其平整或产生褶缝)→焙烘房焙烘(160℃,3~6min,或150℃,6~12min,或140℃,12~30min,焙烘时间由织物的厚度和密度决定)

a.优点。织物平整,尺寸稳定,能产生耐久褶缝,缝线处可能起皱,但极少。

b.缺点。服装焙烘成本高。打卷后的织物在运输、制衣前的放置过程中易发生早定形,导致布卷中已存在的皱纹难以去除,且压烫形成的褶缝保持能力差。

③成衣整理。染色后的服装浸渍整理液→离心脱水(回收残液)→转鼓烘干(60~80℃,烘干至含潮率20%左右)→蒸汽熨斗烫平→压烫机压烫(175~185℃,压烫30s)→焙烘(160℃,3~6min,或150℃,6~12min,或140℃,12~30min,焙烘时间由面料的厚度和密度决定)→冷却(成衣出焙烘箱后,在室温中自然冷却)→包装。

a.优点。制衣工厂的加工对象是未经处理的面料,不像延迟焙烘工艺中加工对象是敏化的面料,不用担心发生过早定形现象。

b.缺点。成本高,加工过程的控制难度更高。

2.柠檬酸(CA) 除了四元羧酸外,三元羧酸也可用于纤维素纤维的防皱整理,如柠檬酸。柠檬酸为2-羟基丙烷-1,2,3-三羧酸,可以由天然柠檬酸醇化制备,原料易得,成本低廉,处理后的织物,免烫性能虽不及BTCA,但也有明显的作用,具有一定的实用意义。

柠檬酸是一种多元羧酸,其分子结构中含有三个羧基。在其与蛋白质分子发生交联时,首先在分子内发生脱水(反应式Ⅰ),生成一个酸酐,然后再与蛋白质分子发生交联反应(反应式Ⅱ)。第一次交联发生后,由于又有一个酸酐形成,故一次交联的产物还能与蛋白质纤维分子发生再一次的交联(反应式Ⅲ),反应式为:

$$2HO{-}\underset{\underset{CH_2{-}COOH}{|}}{\overset{\overset{CH_2{-}COOH}{|}}{C}}{-}COOH \longrightarrow HO{-}\underset{\underset{CH_2{-}C}{|}}{\overset{\overset{CH_2{-}COOH}{|}}{C}}{-}C\diagdown\diagup \qquad (I)$$

$$HO{-}S + HO{-}\underset{\underset{CH_2{-}C}{|}}{\overset{\overset{CH_2{-}COOH}{|}}{C}}{-}C\diagdown\diagup \longrightarrow HO{-}\underset{\underset{CH_2{-}COOS}{|}}{\overset{\overset{CH_2{-}C}{|}}{C}}{-}C\diagdown\diagup \qquad (II)$$

$$HO—S + HO—\underset{\underset{CH_2—COOS}{|}}{\overset{\overset{CH_2—C}{|}}{C}}\underset{}{\overset{}{C}} \longrightarrow HO—\underset{\underset{CH_2—COOS}{|}}{\overset{\overset{CH_2—COOS}{|}}{C}}—COOH \qquad (Ⅲ)$$

式中,S 代表大豆纤维。

整理过程中,在抗皱整理所必须的高温下,柠檬酸分子中的羟基和邻位上的氢受热后结合成水脱去,生成了乌头酸,另有部分失去二氧化碳和水变成衣康酸,这两种不饱和酸会引起织物明显的泛黄。

表 11-4 列出 BTCA、CA 与其他树脂整理剂整理织物的性能比较。

表 11-4　多元羧酸整理织物性能比较

防皱整理剂	催化剂	折皱回复角 $(W+T)(°)$	强力保留率(%)	
			撕破	断裂
BTCA	NaH_2PO_2	285~300	61~67	41~59
	Na_2HPO_3	286	63~66	59~72
	NaH_2PO_4	282~304	51~59	50~55
	Na_2HPO_4	267~285	65~73	55~76
CA	NaH_2PO_4	240~268	62	50~61
DMDHEU	$MgCl_2$	303	49~57	44~66
	$Zn(BF_4)_2$	254~271	43~51	59~73
	$Zn(NO_3)_2$	249~265	64	82
	$MgCl_2—CA$	241~249		45

用柠檬酸对织物进行免烫整理后,效果不如 BTCA。而且由于酯化、脱水、缩合、异构等反应而存在泛黄问题。整理的织物耐洗牢度差、强力下降严重。因此,目前的许多研究都集中在降低 BTCA 的整理成本以及改善 CA 整理的缺点两个方面。

曾有人研究表明,BTCA 和 CA 混合整理剂具有较高的免烫等级和较高的强力保留率,而泛黄轻微,成本降低。

在柠檬酸整理液中添加三乙醇胺、硼酸、四硼酸钠等,可以减少泛黄程度,但由于这些助剂会降低酯交联程度,所以在改善白度的同时免烫效果也降低。如果用氯乙酸处理柠檬酸三钠,使柠檬酸的羟基转化为不易消除的羧甲氧基,也可减少泛黄。

有研究发现,用浓度为 7% 的柠檬酸整理的织物,在空气中暴露 11 天后泛黄可消失,若在整理时添加 1,1′,1″-三羟甲基丙烷(TMP),则可在 1 天内获得满意的白度。

3. 聚马来酸(PMA)　如前所述,作为无醛整理剂,BTCA 效果佳,但价格昂贵,柠檬酸价廉但又有泛黄问题,近年来应用不饱和酸的多聚体,如聚马来酸(PMA)等都是研究的对象。聚多元羧酸类免烫整理剂 PMA 是一种无甲醛、环保型的新一代免烫整理剂，和以 BTCA 为主体的免烫整理剂相比，其成本可以降低 20% 左右。使用 PMA 整理剂在适当的条件下，对棉织物进行免烫整理可获得良好的整理效果。

以马来酸酐为主要单体、水为介质，在适当的反应条件下以过氧化物做引发剂，通过溶液聚合可得到聚马来酸酐水溶液。

（1）PMA 的合成。196 份马来酸酐、75 份水和 0.01 份硫酸铁胺催化剂组成物常压加热至沸（135℃），滴加 210 份 27.5% H_2O_2 引发剂，3h 内滴加完毕。继续在沸腾状态下，搅拌反应 1h 后结束（每摩尔马来酸加入 28.9g H_2O_2 引发剂）。

把聚马来酸（PMA）和 CA 结合起来使用，也可以得到较好的免烫效果。以马来酸酐为原料，合成聚马来酸 PMA，再与柠檬酸进行酯化反应，封闭其羟基形成一种无醛免烫多羧酸整理剂 PMA/CA。但 PMA/CA 本身带有棕红色，不适宜于浅色和漂白织物，其整理成本也略高于改性 2D 树脂。用马来酸—丙烯酸的共聚物与 CA 复配，对棉织物进行整理，其抗皱性显著提高（92°～95°），强力保留率在 61%～53%，白度指数变化不大。

（2）PMA/CA 的合成。220 份含估量 50% 的 PMA 与 21 份 CA，搅拌下升温沸腾，保温反应 4h。但 PMA/CA 本身带有棕红色，不适于浅色和漂白织物整理。其整理成本略高于改性 2D 树脂的整理成本。

马来酸（MA）与衣康酸（IA）共聚物的整理效果与其他常用抗皱整理剂相比，显示出相当优势。即在获得较高的耐久压烫等级和干、湿折皱回复角的同时，其他指标均能满足国际市场对耐久压烫整理的要求。

（3）整理工艺。织物二浸二轧（PMA 或 PMA/CA 80g/L，NaH_2PO_2 40g/L，pH 为 2.8，轧液率 85%）→预烘（60～70℃，7min）→焙烘（170℃，2min）

经过上述整理后，织物的弹性回复角在 260° 以上，以厚织物棉卡其的整理效果最佳，织物强力达到一等品水平。其整理成本略高于改性 2D 树脂整理。

到目前为止，免烫整理效果最好的多元羧酸还是 BTCA，但其昂贵的价格阻碍了工业化推广应用。目前针对 CA 易泛黄和水洗牢度差的研究还没有突破性进展。因此 Welch 等人建议用 BTCA 和 α－羟基羧酸混用来降低成本，用这种混合多元羧酸来处理织物，可以得到和 BTCA 几乎完全相同的免烫效果。混合羧酸处理织物的机理可能是 BTCA 与 α－羟基羧酸上的羟基发生反应，得到结构更加复杂的多元羧酸，然后该羧酸再与纤维素大分子发生酯化反应。同样基于这一机理，还有研究人员用聚马来酸和 CA 混合物处理织物，也得到了免烫效果好、耐洗牢度高的免烫织物。另外，用不饱和二元羧酸、聚马来酸和衣康酸处理织物，加入自由基引发剂，采用在位聚合技术，得到免烫棉织物，而且强力保留也得到了改善，尤其是曲磨牢度更好。

由此可见，今后多元羧酸免烫整理剂的研究可能会向复配型、低成本的方向发展，有关这方面的研究还将不断深入。

（十）液氨整理剂

1963年，挪威开发的液氨整理是一种高档的后整理手段。它起源于"液氨丝光"，在发达国家称为Sanforize法。20世纪90年代以来，纯棉液氨整理在日本等国发展很快，我国也有成套设备在使用。

液氨的黏度和表面张力都小于水，渗透性强，会使棉纤维中心的纤维充分膨胀，改变原来的氢键和晶体结构，平衡并减少内部应力，从而使织物不易吸水变形，平滑柔软，降低了缩水率，提高了抗皱性能。目前，经液氨处理的衬衣价格可达数百元。

液氨处理纯棉织物的特点是可以提高织物的强力、断裂伸长率、柔软性、耐磨性和弹性，但还不能达到耐久压烫效果。若将纯棉织物先经液氨处理，再进行树脂整理，则弹性回复角可达270°~280°，强力保留率大于80%。然而由于液氨本身的毒性、价格、安全、环保、回收等一系列问题，使液氨处理工艺的广泛应用受到限制。

第五节　棉织物常规免烫防皱整理工艺

针对织物产生折皱的原因，其免烫整理的工艺路线主要有以下两种。

一、前焙烘法

前焙烘法，即织物平幅浸轧树脂，平幅焙烘等全部工序由印染厂完成。这是传统的工艺路线，分为干态交联法、湿态交联法、潮态交联法、温和焙烘法和两次焙烘法等。其不足之处是给服装加工带来一定的难度，很难赋予服装某些褶裥和造型，故它仅适用于布匹的整理加工。

（一）干态交联法

干态交联法是免烫整理使用最广，也是最基本的使用工艺。经过此法整理的纺织品，其干折皱回复性较好。

干态交联法的一般过程为：

浸轧整理液→预烘→焙烘→（后处理）

防皱过程看上去并不复杂，但半织品的质量以及各过程的控制恰当与否，与被整理纺织品的质量有非常密切的关系。先以棉布的一般整理为例，对工作液和工作条件与质量的关系做简要的讨论。

1. 工作液

整理剂

三羟甲基三聚氰胺（TMM）	40~80g/L
双羟甲基二羟基环亚乙基脲（DMDHEU）	35~45g/L
氯化镁（以初缩体固体含量计）	12%
柔软剂VS	20g/L

润湿剂 JFC　　　　　　　　　　　　　　　　　　　8g/L

工作液中初缩体的用量,通常根据纤维类别、组织结构、初缩体品种、整理要求、加工方法以及织物的吸液率等有一定的变化,要求能使整理品的防皱性和其他服用力学性能之间取得某种平衡。在棉织物的防皱整理中,整理剂的用量大致控制在表 11-5 所示范围内。对于黏胶纤维织物来说,防皱剂的用量大约是棉织物的 2 倍。

表 11-5　各整理剂在棉织物上的含量

整理剂	棉织物上整理剂的含量(%)
脲—醛	5~10
三聚氰胺—甲醛	4~8
乙撑脲—甲醛	4~6

为了使初缩体在焙烘过程中迅速发生必要的反应,在工作液中还需要加入适当的催化剂。在 N-羟甲基酰胺作防皱整理剂时,通常可采用酸性催化剂,如柠檬酸、酒石酸、弱酸性的铵盐(如 NH_4Cl 等)。但是由于初缩体在酸性条件下不稳定,有进一步缩聚成亚甲基化合物使分子变大的倾向,从而不易进入纤维内部,这不仅降低了整理效果,而且会产生有害影响,情况严重时,甚至使浸轧液浑浊而不能使用。鉴于以上原因,生产上都采用金属盐类作催化剂,这样浸轧液于常温时,能获得较长时间的稳定,而在高温焙烘时,才发生必要的催化作用。金属盐的种类很多,但为防止环境污染,能被采用的金属盐有钠、钾、镁、钙和铝盐。其中使用较多的是氯化镁、硝酸铝、碱式氯化铝等。根据节约能源的要求,倾向于采用催化能力较强的金属盐,或者使用复合型催化剂,也就是具有协同效应的混合催化剂,它们是金属盐与柠檬酸、草酸或磷酸的复合物,如 $MgCl_2$/柠檬酸的催化效力就比较高。由于所使用的催化剂系统不同,焙烘条件也随之不同。

工作液中加入添加剂的目的,主要在于改善或提高整理品的质量,如调节手感、提高耐磨性、降低强降等。常用的添加剂主要有脂肪长链化合物、有机硅和热塑性树脂等。比如柔软剂,它能使织物的手感变得柔软,并能提高织物的撕破强力和耐曲磨性。添加剂虽然不是防皱整理的主要用剂,但对整理的品质有很重要的影响。

润湿剂除了要求具有良好的润湿性能外,还要与整理液中的其他组分相适应,既不影响整理液的稳定性,又能保持其自身的稳定。生产上多用非离子型表面活性剂作为润湿剂。

2. 浸轧　纺织品在浸轧防皱整理剂之前,要求匹布具有优良的吸水性,并且要求不带碱性和有效氯,这主要是为了避免妨碍催化剂(酸性)发挥有效作用,避免使整理剂产生吸氯现象,影响整理效果。对于花色织物,要求所使用的染料经防皱整理后,不发生色光改变和耐日晒牢度降低等问题。

浸轧一般采用一浸一轧两次或两浸两轧工艺进行。第一次浸轧的目的是去除织物内的空气；第二次浸轧则是为了使整理剂分布、渗透均匀。一般将轧液率控制在70% ～ 80%。

3. 预烘　预烘过程对整理品的品质有很大的影响。浸轧处理后，织物上所带的浸轧液一部分进入纤维内部，大部分则存在于纤维及纱线之间的毛细管中，需要依靠干燥过程中由表面水分蒸发所形成的浓度梯度，而使初缩体扩散到纤维内部。适当的预烘条件将使绝大部分初缩体扩散至纤维内部。否则，初缩体有可能会随着水分的蒸发移向受热面，因产生这种泳移现象而积聚，也可能发生过早的缩聚，从而使较多的整理剂残留在织物表面或纱线、纤维的间隙内，形成所谓的表面树脂。表面树脂多的整理品不但防皱性能差，手感粗糙，而且会出现发脆现象。为了使初缩体能充分扩散到纤维内部，尽量减少表面树脂，应在水分蒸发速率和初缩体向纤维内部的扩散之间取得某种平衡。此外，织物在预烘中要求平整无皱，并将织物的幅宽控制到符合成品的要求，并尽量降低张力。

4. 焙烘　焙烘是防皱整理工艺中非常关键的一道工序，它决定了整理剂能否和纤维发生交联反应。焙烘过程的主要目的是加速初缩体与纤维素反应，并生成稳定的共价交联，从而使整理品具有满意的防皱性能。焙烘的温度和时间一般决定于预缩体的性质和催化剂的类型，如采用氯化镁为催化剂，常采用的焙烘条件为：150 ～ 160℃、2 ～ 3min。在采用同一催化剂的情况下，温度高则焙烘时间可短一些，温度低则焙烘时间要长一些，这符合时温等效的规律。另外，焙烘温度越高，交联的程度也就越大。在 20 ～ 180℃的温度范围内，温度每升高 10℃，反应速率可提高 0.5 ～ 1 倍。为了保持所需织物的尺寸和状态，在焙烘过程中不应该使织物受到较大的张力。烘房温度要求均匀，各部分温度差异不能大于5℃，以便获得良好的焙烘效果。焙烘过程中通常会有甲醛和水释出，因此烘房要具备良好的通风设备。

5. 后处理　焙烘织物上往往会残留一些尚未反应的化合物、副产物、催化剂和表面树脂等，因此后处理就是对整理后的织物进行洗涤，以除去上述物质。一般经热水洗（60℃）→皂洗→水洗→烘干。如果清洗不彻底，会有残留的甲醛，其刺激性气味对人体有害。此外，如有催化剂残留在织物上，整理剂发生水解，不但影响整理品的防皱性，而且会增加氯损。若纤维素发生水解，强度则受到很大损失。另外，织物经焙烘后，可能会产生难闻的鱼腥味，这主要是三甲胺的气味。通常也是采用碱洗和充分水洗去除。

（二）湿态交联法

为了使织物或服装无论在穿着过程中还是在洗涤后都具有优良的弹性，同时也为了提高纺织品的湿折皱回复性能，发展了湿态交联，称为湿态交联法。这种方法是将织物在水溶胀状态下进行交联，典型的湿态交联工艺是以盐酸作为催化剂，织物经 DMDHEU 工作液浸轧后，在20 ～ 25℃下打卷处理15h，然后洗去未反应的交联剂和催化剂。另外，也可采用其他交联剂在碱性介质中进行湿态交联，如环氧氯丙烷或二氯丙醇、乙烯砜和硫化物等。经湿态交联后,织物具有手感柔软,湿防皱性能高和耐洗性良好的优点,但干防皱性极差。这是由于纤维在溶胀的状态下,交联反应主要发生在中等侧序度区域,而低侧序度区域的交联极少,干燥后,纤维干瘪,存在于中等侧序度区域的交联处于较松弛的状态,而低侧序度区域又缺少较稳定的共价交联,因而织物的干防皱性不可能得到有效的提高。

(三)潮态交联法

织物经浸轧后,烘至一定的含水量(一般棉织物为 6% ~ 12%,黏纤织物为 10% ~ 15%)打卷,外包聚乙烯薄膜保温堆置,处理 24h 后水洗。整理品的耐磨性较好,手感柔软,但干防皱性与湿防皱性均一般。

(四)温和焙烘法

织物浸轧工作液后,在低温烘干过程中给予充分溶胀、部分溶胀或干瘪状态等一系列纤维结构的变化,在此过程中逐步完成交联反应。

(五)两次焙烘法

织物经干、湿两次交联处理,从而使织物获得较佳的干、湿防皱性。

二、后焙烘法

此法现在广为流行,根据浸轧树脂的方式不同,又可分为坯布浸轧和服装浸渍两种。两者的共同点是在服装成形以后有部分或全部免烫整理,因而采用这种方法进行免烫整理可以灵活而有效地控制产量,在整理前还可以灵活地进行某些特殊整理(如砂洗整理),从而达到处理的多重性和功能多样性,可以大大提高服装的档次和穿着的舒适性。

(一)坯布浸轧后焙烘法

坯布浸轧后焙烘法为纯棉织物在印染厂浸轧树脂后并烘干,但树脂交联反应则留在服装缝制后放入焙烘箱焙烘才完成。

后焙烘加工的工艺过程为:

织物→浸轧树脂→烘干→制衣→熨烫→焙烘

该加工最早由 Koret 公司 1961 年提出,即 Koretron 加工法。后焙烘加工方法需在树脂中添加缓冲系统,以利于延迟焙烘。

(二)服装浸渍后焙烘法

服装浸渍后焙烘法是用服装浸泡整理液或用喷枪喷洒后再进行烘干和焙烘的免烫防皱整理方法。服装经过焙烘后,交联树脂便使服装的褶裥和平整的外观固定下来。服装经穿着洗涤后,纤维总是力图回复到交联时的状态,这就是所谓的"形态记忆"功能。服装经耐久压烫整理后,具有手感柔软、褶裥持久等特点。

成衣防皱整理是近年来防皱整理发展的一个新的加工工艺,其加工流程为:

成衣→上防皱整理液→脱水→转鼓烘干→熨烫→焙烘

成衣上整理剂大多采用浸渍法。最近又发展了一种颇具特色的设计——喷液施加法。该法采用喷液系统，通过计算机精确控制，将所需整理液定量喷在成衣上。该方法具有无浪费、无污水排出、无整理浴污染等优点。

在纯棉织物的防皱整理中，也可以先进行液氨处理，然后再经防皱整理剂整理。无水液氨是棉纤维的一种优良的溶胀剂。棉织物经液氨处理后，织物尺寸的稳定性和抗皱性能明显提高，物理力学性能获得较大的改善，手感柔软。经液氨处理后的织物，再经低甲醛树脂整理，可使织物达到绿色免烫整理的水平。

由表11-6可知，经液氨处理的织物与未经液氨处理的织物相比，在同一免烫整理的工艺条件下，具有较低的甲醛释放量、较高的干折皱回复角和强力保留值。

表11-6 织物经液氨处理与未经液氨处理几项效果的指标

织物	回复角($W+T$)(°)	甲醛释放量(mg/kg)	强力保留率(%)
液氨处理	286	52	75.2
未经液氨处理	251	94.4	60

三、VP 整理

VP 可简称为气相，VP 整理就是气相整理或气体整理。这种整理方法是一种新的加工法，它将以往在坯布阶段进行的防缩及防皱整理等形态稳定整理直接在缝制后的制品上完成。VP 整理是和传统树脂整理完全不同的一种加工方法，是一种用甲醛气体对棉进行改性的加工。详细地说，VP 整理是在甲醛气体中处理棉织物，在加热下，通过酸性催化剂进行化学反应，在非结晶部分进行交联，达到防缩和防皱的效果。

在 VP 整理上，因为甲醛产生的交联是强度极大的亚甲基键，所以这种交联是耐久性的。这种交联即使使用任何一种树脂整理剂，都是根本不可能产生的。此外，甲醛进行的是亚甲基键反应，所以几乎不产生残留甲醛的问题，这也是一个特征。由于其不用树脂整理剂，所以手感极为柔软。VP 整理产品具有以下特点。

（1）防缩性好。

（2）防皱性好。

（3）保形性好。

（4）风格保持性好。

（5）速干性和吸水性优良。

（6）外观质量好。

除了反应体系外，通过改良原棉的超长棉、纺织革新技术、机织及针织技术、染色加工技术等，使 VP 整理用的底布最佳化。即 VP 整理的基础是从原料直至坯布整理各个工序中的生产质量。VP 整理的效果还依赖于缝制,因为 VP 具有极佳的形状记忆能力,所以如果缝制质量良好,它仍能保持这种良好的缝制质量,反之亦然。

第六节 其他织物的免烫整理

一、苎麻织物免烫整理

苎麻织物具有穿着凉爽、透气性好、悬垂性好等性能,在当今崇尚自然、重视环保、提倡绿色产品的时代,越来越受到广大消费者的青睐,是人们夏季特别喜爱的高档天然纺织面料。但苎麻织物也有其自身的缺陷,其中之一就是抗皱性差。目前,苎麻织物的免烫整理在国际上研究得很少,国内在这方面也落后于对其他纺织面料整理工艺的研究。

苎麻纤维与棉纤维都属于天然纤维素纤维,其化学成分基本一致,但各成分含量及超分子结构却有较大差别。苎麻织物与棉织物免烫整理效果不同,是因为两者纤维的组成及超分子结构存在着差异,因而两者的抗皱机理不同。在整理前,通过用 NaOH 对苎麻织物进行处理以及在免烫整理液中适当加入免烫整理添加剂的方法,可以有效地改善苎麻织物的免烫整理效果。棉、苎麻纤维的化学成分及结构、性能的比较见表 11 – 7、表 11 – 8。

表 11 –7　棉和苎麻纤维各成分含量的比较

成分	纤维素(%)	果胶(%)	水分(%)	蜡质(%)	灰分(%)	水溶物(%)
棉	94.00	0.90	0.90	0.60	1.20	0.84
苎麻	66.22	12.70	10.15	0.598	5.63	10.34

表 11 –8　棉和苎麻纤维性能及超分子结构比较

纤维	聚合度	密度(g/cm³)	结晶度(%)	回潮率(%)	纤维长度(mm)	断裂强度(cN/tex)	断裂延伸度(%)	线密度(tex)	取向度(%)
棉	1000 ~ 15000	1.54 ~ 1.56	70 ~ 80	7 ~ 8	13 ~ 70	26.46 ~ 38.28	3 ~ 7	0.11 ~ 0.22	40 ~ 80
苎麻	25000 ~ 30000	1.50	89	12 ~ 13	60 ~ 250	~57.33	1.8 ~ 2.3	~0.69	72 ~ 86

由表 11 –8 可以发现,与棉纤维相比,由于苎麻纤维有着较高的结晶度和取向度,使得可供整理剂分子进入并与纤维素分子发生交联反应的空间较少。据此可以认为,棉纤维的抗皱作用主要依靠纤维素分子上大量的反应性基团与整理剂交联,限制了结构单元之间的相对位移得到的。苎麻纤维的抗皱作用主要是依靠在纤维晶区之间及分子链之

间,以整理剂与纤维分子上的部分反应性基团形成的具有较高内能的交联键取代了原来能量较低的氢键,增加了纤维大分子链及结构单元间的回复弹性而得到的。

由于苎麻和棉纤维两者化学成分的含量及超分子结构上的差异,导致了苎麻织物在免烫整理工艺中表现出的性能与棉织物有很大的不同。

正因为存在着抗皱机理上的差别,所以,尽管棉织物的免烫整理工艺已相当成熟,但苎麻织物的免烫整理一直未取得突破性进展。在同样的整理条件下,苎麻织物的抗皱性较棉织物差,而其强力损失却较棉织物大。

1. 催化剂用量对苎麻织物免烫整理效果的影响 在生产中,可以采用 β - 双羟乙基砜型免烫整理剂对苎麻织物进行免烫整理。催化剂的用量与所用整理剂的品种有密切的关系,是免烫整理工艺中重要的工艺参数之一。以浓度范围为 2% ~ 18% 的催化剂 $MgCl_2$ 对苎麻织物进行整理,其整理效果见表 11 - 9。

表 11 - 9　催化剂浓度对苎麻织物整理效果的影响

$MgCl_2$ 量(相对于整理剂)(%)	2	6	8	10	14	18
回复角($T + W$)(°)	120	154	183	194	208	190
断裂强度损失率(%)	5	14.9	49.9	54.0	63.4	76.2
撕裂强度损失率(%)	42.1	63.0	80.2	82.5	85.6	88.8

由表 11 - 9 可知,随着 $MgCl_2$ 浓度的提高,苎麻织物的回复角增加,但断裂强度及撕裂强度损失率也不断上升。由于苎麻纤维的超分子结构的规整性很高,故当 $MgCl_2$ 用量较低时(如用量 6%),所生成的质子化的整理剂离子的数量不够多,与纤维素分子碰撞的机会少,形成的交联键数量亦少,故此浓度下,苎麻织物的回复角提高率不大,而由于所形成的交联键较少,所以断裂强度及撕裂强度损失率也较小。当 $MgCl_2$ 用量高到足以能形成足够多的质子化整理剂离子,与纤维素分子发生交联反应,并能有效地提高织物的回复角时,由于所形成的共价交联键分布极不均匀,导致苎麻织物的断裂强度及撕裂强度损失率急剧上升。

考虑到既要使苎麻织物有较好的回复角,而断裂强度及撕裂强度损失又不宜过大,催化剂 $MgCl_2$ 的用量应在 4% ~ 10%(相对整理剂量)之间选取。

2. 焙烘温度及焙烘时间对苎麻织物免烫整理效果的影响 整理剂在催化剂作用下与纤维分子的交联反应是在高温下完成的,而在高温下,若工艺控制不当,极易使纤维受到损伤。焙烘的时间又与所选择的温度密切相关,过高的焙烘温度、过长时间的焙烘,将使纤维受到极大的损伤而焙烘温度过低,焙烘时间过短,整理剂与纤维分子的交联反应进行得不完全。因此所选择的焙烘温度及与之相应的焙烘时间应保证整理剂能与纤维分子发生较完全的交联反应。对苎麻织物进行免烫整理,其整理效果见表 11 - 10、表11 - 11。

表 11 – 10　不同焙烘温度对苎麻织物整理效果的影响

焙烘温度(℃)	140	150	160	170
回复角($T+W$)(°)	151	152	210	217
断裂强度损失率(%)	30.0	25.8	48.5	54.8
撕裂强度损失率(%)	34.0	35.8	42.3	47.6

注　整理剂用量80g/L,催化剂 $MgCl_2$ 用量8%(相对整理剂量),焙烘时间 4min。

表 11 – 11　不同焙烘时间对苎麻织物整理效果的影响

焙烘时间(min)	2	3	4	5
回复角($T+W$)(°)	150	163	210	225
断裂强度损失率(%)	15.0	20.2	48.5	55.4
撕裂强度损失率(%)	28.2	31.7	41.8	49.3

注　整理剂用量80g/L,催化剂 $MgCl_2$ 用量8%(相对整理剂量),焙烘温度160℃。

可见,在整理剂及催化剂用量不变的条件下,升高焙烘温度,有助于提高苎麻织物的回复角,但断裂强度及撕裂强度损失率也呈上升趋势。焙烘时间的延长有助于提高苎麻织物的回复角,但断裂强度损失率也有所增大。

3. 碱处理条件对苎麻织物整理效果的影响　由于苎麻纤维具有规整性相当高的超分子结构,大量具有反应活性的基团(如羟基等)被封闭,各类化学试剂与其进行化学反应非常困难。如能在进行免烫整理前,通过某些物理的或化学的方法,对苎麻纤维进行活化处理,改变其超分子结构,增加其微孔的孔径和活性表面积(打开内表面,使具有反应活性的基团外露),提高大分子链之间的可及度,将能增加整理剂分子与纤维分子的交联量,从而改善其免烫整理的效果。

烧碱溶液是改变纤维素纤维超分子结构的溶胀剂之一。Na^+ 本身半径较小,且有着极强的水合能力。随着体积较小的 Na^+ 的渗透、扩散进入纤维分子链和结构单元之间的间隙,并带入了一定量的结合水分子,使紧密结合着的纤维网状结构产生不可逆的溶胀。分子链的间距和结构单元间的空间增大,氢键的强度被削弱,甚至断裂,增加了可供整理剂分子进入的空隙的体积和数量。同时,烧碱溶液也能部分地渗入纤维的结晶区内,使纤维的结晶度和取向度下降,提高纤维分子与整理剂分子的反应活性。

将苎麻织物在室温下浸渍不同浓度的 NaOH 溶液(浸渍时间为8min),处理后织物的性能见表 11 – 12。

(1)工艺流程。

浸渍 NaOH 溶液(室温,8min)→水洗→酸洗(3g/L H_2SO_4)→水洗→烘干→二浸二轧整理液→预烘→焙烘(160℃,3min)

(2)整理液组成。

整理剂   80g/L

$MgCl_2$ 8%（相对整理剂量）

表 11－12 不同浓度 NaOH 溶液处理对苎麻织物整理效果的影响

NaOH 溶液浓度(%)	回复角($T+W$)(°)	断裂强度损失率(%)	断裂延伸度(%)
0	201	47.7	5.0
5	198	57.0	5.4
10	205	52.5	6.8
15	203	60.6	11.3
20	214	55.6	15.5
25	227	50.4	19.3
30	232	47.4	18.7

由表 11－12 可知,在苎麻织物的免烫整理中,用 NaOH 溶液进行前处理有助于织物回复角的提高,且随着 NaOH 溶液浓度的提高,苎麻织物回复角的提高幅度也随之增大。这是因为,经 NaOH 溶液处理后,纤维结构单元之间的空间增大,结晶度下降,整理剂分子可进入的空间体积增大且数量增加,可与更多的纤维分子反应,生成的交联键数量增多,NaOH 溶液的浓度越高,结构单元间的空间体积越大,数量越多,可与整理剂分子反应的活性基团越多,所以苎麻织物的回复角随 NaOH 处理液浓度的增大而增加。随交联键数量的增多,纤维结构单元及分子链之间的可移动性变差,纤维受外力作用时应力集中现象增加,所以苎麻织物的断裂强度损失率有一定程度的上升,断裂延伸度与经 NaOH 溶液处理但不经整理液整理的织物相比也有所下降。

大量的实验表明,为使苎麻织物具有较理想的免烫整理效果,在整理前先用 NaOH 溶液对织物进行处理,可获得较高的回复角,并能有效地增加织物的断裂延伸度;在整理液中除使用整理剂外,再配以适当的添加剂(氨基有机硅、反应性聚硅氧烷等),可改善苎麻织物免烫整理后的整理效果(提高织物的回复角,减少织物的撕裂强度损失率)。

二、毛织物免烫整理

毛织物是人们非常喜爱的一种天然蛋白质纤维。虽然它有较好的从折皱中回复的性能,但是,比较轻薄的和在温热条件下服用的毛织物,并不具有高标准的防皱性能。

毛织物在一般的湿、热条件下压烫而成的折缝不耐久,在服用过程中或经洗涤,折缝会消失,因此也需耐久压烫整理。其耐久压烫整理与棉织物的耐久压烫整理要求相似,基本途径如下。

(1)阻止羊毛大分子的硫醇基与二硫键(—S—S—)之间的交换。毛织物定形中采用还原剂(如 $NaHSO_3$)时,会形成—SH 基,定形过程中多缩氨酸大分子间发生重排,其中

包括—S—S—的拆散与重建,也就是—SH/—S—S—发生如下式所示的交换:

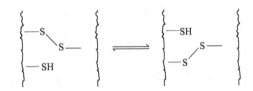

定形效果的消失与上述定形机理相似,即发生—SH/—S—S—的交换。因此,为了取得稳定的定形效果,可通过对已经定形的纤维中的—SH 进行氧化、封闭或交联,以阻碍它们再度发生—SH/—S—S—的交换。可用的试剂有碘酸钾、甲醛,其他单或多官能团的醛、二环氧基化合物、二异氰酸酯和多 N – 羟甲基(或醚化的)酰胺化合物等。

(2)采用羊毛防粘缩整理中的预聚体进行处理。一般认为该法使定形效果稳定的机理是属于机械性的,主要是使纤维与纤维之间"黏结"起来,而达到稳定的效果。

三、真丝织物防皱免烫整理

作为一种天然蛋白质纤维,真丝纤维素素有"纤维皇后"的美称,它具有吸湿透气、穿着舒适、柔软滑爽、光泽柔和等独特风格,且对人体有一定的保健功能,深受人们的欢迎。但是,真丝绸产品具有易缩水、易褪色、易皱、弹性差等缺陷,为了改善其服用性能,真丝的防皱免烫整理也一直是人们研究的课题。

我国的研究者们在分析国内外各类环保抗皱整理剂的基础上,采用高温高压精练法膨化纤维,提高抗皱整理剂进入纤维内部的深度和数量;以松式染整工艺保持纤维良好的原始状态,以双组分复合抗皱整理剂、两种整理工艺进行复合整理。通过对精练、印染、化学整理系统工程的研究攻关,产品防缩抗皱性能、外观风格、内在质量均取得了突破性进展。

真丝绸之所以缺乏抗皱性,特别是湿弹性差,根本的原因是丝蛋白质大分子的盐式键、氢键、范德华力容易被破坏,尤其当纤维吸收水分并膨化时,赋予纤维干态折皱回复性的作用力被破坏了,形变无力回复,表现为湿弹性较差,导致宏观上真丝绸湿状态的皱印。人们用化学整理方法提高和改善真丝的抗皱性能,就是在真丝纤维蛋白质大分子之间引入交联剂,并与蛋白质分子发生反应,形成交联。

我国从 20 世纪 70 年代末,相继用环氧化合物对真丝双绉、柞丝绸等织物进行了整理研究,并取得了一定效果。浙江地区采用丙三醇缩水甘油醚处理真丝双绉,可使织物的干、湿回复角提高到 280°以上,其整理后的织物被称为"防缩抗皱"产品。丹东地区采用环氧化合物做柞丝绸整理,可赋予织物良好的防缩性能。

真丝纤维的非结晶区约占 50%,其干、湿态下的起皱、收缩都发生在非结晶区,交联反应一般也在非结晶区发生。但丝素非晶区中丝氨酸和酪氨酸含量为 24.69%,精氨酸和赖氨酸含量仅为1.9%。非晶区比例虽大，但可供反应的基团数量却较少。因此，要达到优异的抗皱效果，光靠大分子间的交联是不够的。整理剂经焙烘后会在非晶区形成网状结构而沉积下来，通过物理机械作用，改变了丝纤维中大分子或基础单元的相对移动性能，提高了抗皱能力。

同其他纤维一样，真丝纤维在进行防皱免烫整理时，其整理剂的浓度、烘干及焙烘的温度与时间等对免烫效果、手感风格、绉效应的指标平衡起着至关重要的作用。此外，干、湿弹性是一对矛盾，湿弹性好了，干弹性往往不高。基于这一情况，在首先选择整理剂、催化剂和焙烘条件，让整理剂与丝蛋白大分子充分反应，最大限度地提高湿弹的同时，通过选择柔软剂，尤其是氨基有机硅和机械整理来提高干弹性，以解决手感与湿弹性之间的矛盾。

针对目前抗皱整理存在的问题，抗皱整理剂研究开发的重点应向着开发新型的无甲醛免烫整理剂，改进免烫整理剂的合成与应用工艺，降低整理成本，克服抗皱整理织物的泛黄和强力损失等缺点的方向努力。

绿色环保型免烫整理剂是新技术、新品种。为了保证面料、服装的免烫效果，以及手感、织物强力三者达到最佳，必须针对不同的免烫整理形式如服装免烫、面料免烫、不同的免烫设备（定形机、封闭式焙烘机、开放式焙烘机），在工艺（整理剂用量、工艺流程、焙烘时间、焙烘温度等）应用上与免烫整理厂密切配合，使环保型免烫整理剂得到真正推广。

随着整理技术的不断发展和新型整理剂的开发，新一代防皱免烫纺织品在环保以及外观、手感、性能等方面都获得较大进步，其生产加工更符合生态的要求，防皱产品必将成为全球性服装的焦点，并有不可阻挡的发展趋势。

参考文献

[1]王菊生,孙铠.染整工艺原理(第二册)[M].北京:中国纺织出版社,2001.

[2]陶乃杰.染整工程(第四册)[M].北京:中国纺织出版社,2003.

[3]商成杰.新型染整助剂手册[M].北京:中国纺织出版社,2002.

[4]陈荣圻,王建平.禁用染料及其代用[M].北京:中国纺织出版社,1998.

[5]毛志平.DP整理纯棉织物物理性能的损失[J].纺织学报,2003,24(1):74-76

[6]汪曾祈,林伟忠,何勤,等.非甲醛树脂整理剂文献综述(一)[J].杭州化工,1983(4):29-34.

[7]李维贤,赵耀明.乙二醛型抗皱整理剂在真丝织物上的应用[J].印染助剂,2000,14(7).

[8]张济邦.多元羧酸BTCA免烫整理现状和发展趋势[J].印染,1999(5):42-46.

[9] 巩蔚. 醚化2D 树脂的合成及应用[J]. 染整技术,2001,23(5):34-36.

[10] 顾东民,吴春明,倪沛红. 重视免烫纺织品的甲醛问题[J]. 纺织化学品,2001(5):127-130.

[11] 曹万里. 多元羧酸无甲醛防皱整理面临的问题与对策[J]. 印染助剂,2001,18(1):1-3.

[12] 杨小方,陈水林. 乙二醛———一种非甲醛免烫整理剂[J]. 印染,2000(9).

[13] 余燕平,李琼,陈益人. 棉织物的乙二醛防皱整理[J]. 四川纺织科技,2000(6).

[14] 陈真光,韩永翠,棉及黏胶纤维织物的免烫整理研究[J]. 纺织导报,1999(2).

[15] 杨静新,章忠秀,曹平. 改性 DMDHEU 树脂的合成与应用[J]. 印染助剂,1998,15(1).

[16] 聚合的羧酸和柠檬酸对棉织物的酯交联作用[J]. 印染译丛,1997(5).

[17] 房宽峻,贾新选,马洪,等. 新型无甲醛免烫整理剂 PC[J]. 印染助剂,2001,18(2).

[18] 胡逊. 多元羧酸:一种无甲醛免烫整理剂[J]. 印染助剂,1998,15(5).

[19] 权衡,杨彦军,添加剂对棉织物耐久定性整理品质的改善[J]. 染整技术,2003,25(6).

[20] 石红,杨伟忠,张小英,等. 纺织产品抗皱性能测定方法研究[J]. 染整技术,2003,25(2).

[21] 王彦生. 纺织品中甲醛的来源及其检测[J]. 纺织标准与质量,2003(4).

[22] 李明,徐秀雯. 棉织物多元羧酸整理后强力损伤的研究[J]. 印染,2001(3).

[23] 黄玲,吕艳萍,李临生. 棉织物抗皱整理剂的进展(二)[J]. 印染,2003(9).

[24] 纪俊玲,鲁晓梅. 织物整理过程中游离甲醛的控制[J]. 印染,2003(7).

[25] 高华,王巍,蒋宏明,等. 棉织物免烫整理新工艺[J]. 印染,2004(1).

[26] 赵文斌. 超低甲醛树脂在成衣免烫整理中的应用[J]. 印染,2004(18).

[27] 陈克宁,贾炳颖,王超. 次磷酸钠在 CA 整理体系中的催化作用分析[J]. 印染,2002(7).

[28] Welch C M, Andrews B K. Catalysts and processes for formaldehyde-free durable press finishing of cotton textiles with polycarboxylic acids:EP, US 4975209 A[P]. 1990.

[29] Chao T H. Urea-glyoxal-formaldehyde cellulose reactant:US, US 4016335 A[P]. 1977.

[30] Gardner R R, Scheper W M, Sivik M R. Durable press treatment of fabric:WO, US 6841198[P]. 2005.

[31] Martin E R, Ansel D S, Manis P A. Textile finishing with durable press resin composition:US 4551350[P]. 1985.

第十二章　抗静电纺织品

第一节　概述

　　静电学是人们熟悉的一门古老学科,有丰富的实验基础和较完整的理论体系。人们对静电现象的研究,具有悠久的历史。从大量历史资料中可知,关于静电现象的最早观察应归功于古希腊人。公元前 600 年,希腊哲学家泰勒靳(Thales)曾叙述过织衣者所观察到的现象:用毛织物摩擦过的琥珀能够吸引细小的物体。在古代中国,也有不少关于静电现象的记载。西晋张华的《博物志》中有"今人梳头,解著衣,有随梳解结,有光者,亦有咤声"的记载;唐代殷成式发现了用手抚摩活猫会有静电火花产生;唐代张邦基曾发现孔雀毛的静电感应现象;明代的都邛在《三余赘笔》中曾记述了"吴绫出火,吴绫为裳,暗室中力持曳,以手摩之良久,火星直出"的摩擦起电现象。

　　随着科学技术的发展,静电学从实验阶段走向实际应用,静电除尘、静电喷涂、静电植绒、静电分离、静电复印等一系列静电技术的发展,为现代静电技术的应用奠定了基础。1953 年在英国伦敦召开了第一届国际静电会议,我国于 20 世纪 60 年代才开始进行相关的研究工作。人们利用静电,发明了电子照相、静电存储、静电分选、静电喷涂、静电纺纱、静电植绒等技术。静电虽然可以造福人类,但同时也会带来严重的灾害。

　　在化纤工业中,化纤丝和金属部件发生摩擦而起电,带电的化纤丝相互排斥而松散,产生乱纱,给生产带来麻烦。印刷车间,纸张由于跟机器和油墨摩擦而带电,常常吸在铅板或印刷机的滚筒上,影响连续印刷。在煤矿中、橡胶生产中、石油加工运输中,静电产生的微弱火花可能会引起燃烧爆炸,危害着人类的生命和财产安全。还有像航空、电子、交通、通信等行业,静电带来的不良影响和危害也无处不在。从医学上来说,它的危害更不可小看。根据试验证明,静电对人体的危害有如下几点:吸附空气中的灰尘、花粉等脏东西,刺激皮肤,改变皮肤的酸碱值(pH),进而引发过敏、骚痒等皮肤疾病;影响人的新陈代谢平衡,从而影响人体的自律神经平衡,造成头晕及性情急躁等不良现象;消耗体内的热能,加速体力的流失;引起人体钙质的流失,会让人容易性情急躁及产生疲倦感;造成体内血糖的增加,加剧人体热能的消耗;造成维生素 C 的严重流失,让人容易产生精神紧张及忧郁等症状。

近些年来,合成纤维由于其优良的特性(如高产、高强、耐磨、高弹、价低等)而不断发展,并且其使用范围也迅速扩展,合成纤维已应用到人们生活的各个方面。但是,在相互接触和摩擦中,有静电现象产生,给人们的生活带来不便,给人类的健康带来危害。为解决这种矛盾,改善合成纤维在生产和服用中的不利因素,使其向着大众需求的环保生态、健康舒适的方向发展,人们经过不断的研究与实践,开发了各种改善和消除织物上静电的方法,因而各种抗静电织物应运而生。其中比较先进的抗静电技术是北京洁尔爽高科技有限公司研制的镀银尼龙导电纤维。

第二节　静电的产生及抗静电的方法

一、静电的产生

1. 静电产生的原因　静电是一种不流动的电荷,几乎任何两个物体的表面相互接触、摩擦和分离都有静电现象。产生静电的原因比较复杂,一般应从物质材料的内部特性和外界条件的影响进行分析。

(1)分子是保持物质性质的最小微粒,分子是由原子构成的,而原子又是由带正电的原子核和核外带负电的电子组成的。通常原子核带的正电与电子带的负电数量相等,内外电量相互抵消,原子呈电中性。但不同物质原子的外层电子脱离物质表面所需要的能量不同,当两种不同物质紧密接触时,在接触表面发生电子转移,逸出功小的物质容易失去电子而带正电,逸出功大的物质表面则增加了电子从而带负电。因此,不同物质电子逸出功不同是产生静电的基础。

(2)静电的积聚与物质的导电性能有关。以电阻率表示时,电阻率小的物质导电性能良好,静电不易积聚。当材料的电阻率小于 $10^6 \Omega \cdot cm$ 时,因其本身具有良好的导电性能,静电很快泄漏。材料电阻率大于 $10^{16} \Omega \cdot cm$ 或小于 $10^9 \Omega \cdot cm$ 者也不易产生静电;而电阻率为 $10^{12} \Omega \cdot cm$ 的材料最易产生静电。

(3)两种不同物质在紧密接触、摩擦而又迅速分离时,电子从一个物质转移到另一个物质,因此摩擦、剥离、撞击都会产生静电火花。

(4)带电物体能使附近与它不接触的另一导体表面出现极性相反的电荷,称为感应起电。

纤维与纤维或纤维与其他固体摩擦,都会产生静电。但不同的纤维织物表现出不同的带电现象,这主要是由于各种纤维的表面电阻不同,产生静电荷以后的静电排放不同造成的。纺织材料通常是电的绝缘材料,比电阻很高,吸湿性较差的涤纶、腈纶等合成纤维在一般大气条件下,质量比电阻高达 $10^{13} \Omega \cdot g/cm^2$ 以上。在加工织物和服装穿着过程中,尤其在比较干燥的环境中,由于各种摩擦产生静电,使纤维带电。几种纤维的表面电阻及其半衰期,见表 12 – 1。

表 12 - 1　几种纤维的表面电阻与半衰期

纤维制品	经向表面电阻（Ω）	半衰期（s）	纤维制品	经向表面电阻（Ω）	半衰期（s）
棉	1.2×10^9	2.5×10^{-2}	涤纶	$>10^{15}$	2.6×10^3
羊毛	5×10^{11}	3×10^0	腈纶	1×10^{14}	6×10^2
真丝	4×10^{14}	6×10^2	锦纶	1×10^{15}	1.2×10^3

总之，如何科学地解释静电起电的微观机理问题，仍然是当前该领域研究的疑难问题之一。

2. 静电产生的过程　静电的产生是一种很复杂的物理过程。对于静电产生机理的研究，目前这方面的理论还尚不成熟，有各种各样的假说。概括起来，产生静电有三条途径，第一种是在没有外电场时，原来不带电的物体相互作用而带电；第二种是带电体和非带电体间的电荷转移；第三种是存在外电场时使物体带电。目前完全一致的观点认为，两个不同的物体接触、分离或摩擦后，就会产生静电。

按照接触带电理论，静电问题是一个涉及面极广的重要问题。整个过程可以分为四个阶段，即接触过程、分离过程、耗散过程和积累过程。

（1）接触过程。当摩擦时两物体接触表面间层距小于 2.5nm 时，从定性角度理解，由于分子内部原子核对彼此的电子产生吸引作用，界面两侧的分子就会相互吸引，吸引电子能力强的那种物质的原子核，会使界面另一侧的部分电子偏向界面移动，同时使它原来吸引的部分电子被排斥到离开界面的方向。这样，在界面两侧形成集中了相反电荷的吸附层。在离开界面的方向上，分布着各自界面一侧电荷相反的离子扩散层，随着电子移动，伴随着离子化，形成偶电层。影响偶电层形成的主要因素有接触面之间的"隧道效应"，接触时材料的"压电效应"，摩擦时的不对称性导致的两材料的温度差，这些都将引起电荷转移。

从量子力学角度分析，自由原子中的电子具有完全固定的能级，并由一定的禁带互相隔离，物体的静电序列是由物体原子核对电子吸引力大小即能级高低决定的。当两物体摩擦接触并且接触间距小于一定值时，就会产生热激发作用，赋予能量，使电子从高位能向低位能方向移动，即对电子吸引力强的物体将对电子吸引力弱的物体的部分电子吸引通过隔离层中隧道效应，从而使吸引力弱的物体带上正电荷，吸引力强的物体带负电。

（2）分离过程。在分离过程中，外力所作的功转变成电能，使带电物质的电位逐步上升。在这一过程中，同时伴随着放电和电荷的泄漏，使一部分电荷耗散。通常所说的带电是纤维不断发生的电荷量与散失电荷量的差，即达到平衡时的残留电荷量。

在两物体接触并达到平衡后，界面形成被隔离层隔开的双电位层，其中正电荷量与负电荷量相等。当接触面积为 A，接触面上电荷密度为 q_0 时，接触面带电荷（正电荷或负电荷的）量为：

$$Q_0 = A \times q_0$$

在两种物体分离时,将产生两种作用。

①对外作功使两面分离,所作的功转变成电能(电位)。

②外力做功使两界面分离过程中,此极板间的电位猛增,导致电荷传导耗散中和而使电荷面密度降低。

(3)耗散过程。静电现象一般是指纤维带电(由感应、接触—分离、摩擦、外加直流电场等引起)后停止外源后的状态。由此时刻开始,由于位移、充电、吸收、传导过程的进行,电流中和,荷电流减少,电场强度(电位)将下降。

任何两种物体,由于化学组成不同,或物理状态相异,两者相互接触时,会在界面上发生结构内部电荷的重新分配,分离后,会产生静电。静电的产生,可以用功函数来解释,不同物质原子核对核外层电子的束缚能力不同,以物体外表面的电子与物体相内之间的能量差作为功函数。两种聚合物相接触时,因为功函数的差别,也会引起电子的转移,功函数小的带正电,功函数大的带负电。功函数差异大者,则电荷转移较多,静电现象也就明显。当两界面分离时,外力做功转变为电位,可能产生高达数万伏以及更高的电位。

(4)积累过程。当材料具有很高的电阻时,不能迅速排泄或中和所产生的电荷时,则电荷就会积累起来。当电荷的积累达到一定的程度,就会表现出静电。

二、防止静电的方法

静电带给人们很多的不便和危害,因而防止产生静电是人们努力研究和解决的课题。防止静电的方法很多,但其作用原理主要是以下两点。

(1)防止产生静电。

(2)导去产生的电荷。

表12-2列出了防止静电的一些方法。

20世纪50年代后期,国外已经开始了纺织品抗静电技术的研究。

表12-2 防止静电的方法

作用原理	防静电作用	防止静电的方法
防止产生静电	利用不同的电荷	将带不同电荷的物体一起应用
	降低摩擦	应用润滑油剂
	纤维间隙中物质的介电性能	提高纤维间隙中物质的介电性能
导去已产生的电荷	表面电导、表面电阻	纤维表面形成导电性膜层(抗静电油剂、抗静电树脂),增加环境的相对湿度,降低纤维的介电性能
	体积电导	提高导电性
	空气中放电	利用电晕放电方法 利用放电性物质或放射线
	接地	将导电性物质接地,以泄漏电荷

从纺织角度来说,抗静电的方法主要有两方面。一方面是减少摩擦或降低摩擦程度,以控制电荷的产生;另一方面是降低纤维的电阻率,提高纤维的导电性能,以加快电荷的泄漏。在加工和使用中避免摩擦是不可能的,因而要获得良好的抗静电效果,提高材质的导电性能才是应该采取和研究的有效方式。

水具有相当高的导电能力,只要吸收少量的水,就能显著提高聚合物材料的导电性。水也能为电荷提供转移介质,促进离子向相反的电极移动。天然纤维和合成纤维都是电的绝缘体,但是天然纤维,如棉、羊毛和蚕丝等,都是亲水性纤维,它们能够从周围的环境中吸收一定水分,从而降低纺织品的电阻率,加快电荷逸散,使静电积累减少;而涤纶、腈纶等合成纤维为疏水性纤维,其吸湿性很差,很难通过加入水而减少静电。

早期的合成纤维抗静电整理是以提高织物的吸水性为目的的。用表面活性剂对纤维或织物进行亲水性处理,提高纤维的吸湿性,从而降低纺织品的电阻率,加快电荷的逸散;或者是对成纤高聚物共混、共聚合、接枝改性添加亲水性基团。疏水性合成纤维采用亲水性的物质处理后,提高了纤维表面的吸湿性,表面的比电阻大大降低,从而具有了抗静电作用。但这些整理后的纤维及织物仍存在着不足,尤其是在低湿度环境中它的抗静电效果不明显。随着科学技术的不断发展,新的抗静电方法不断问世,其中导电纤维的产生与发展为纺织品拥有永久和高效的抗静电性能提供了科学合理的途径。

总的来说,纺织品的抗静电加工方法通常有以下几种。

1.表面处理法　一种机理为采用表面活性剂对纤维或织物进行亲水化处理,提高纤维的吸湿性,从而降低纺织品的比电阻,加快电荷逸散。此类方法的抗静电效果难以长久保存,耐洗涤效果差,且在低湿度条件下不显示抗静电性能。此外,为减少静电荷的产生量,在纺织材料界面上涂敷的抗静电油剂使材料之间不能充分、直接的摩擦、接触,从而减少了电荷的转移。另一种机理为表面活性剂分子疏水端吸附于纤维表面,亲水性基团指向空间,形成极性界面,吸附空气中的水分子,降低纤维或织物的表面比电阻,加速电荷逸散。这是大多数抗静电剂发挥作用的主要方式。抗静电剂起作用的另外一种方式是离子化,离子化的抗静电剂本身具有良好的导电性,这种油剂分子在表层水分子的作用下,发生电离,显著提高纤维表面的导电性,同时,可通过中和表层电荷的方式消除带电。抗静电整理剂根据其化学结构可分为阳离子型、阴离子型和非离子型,按使用目的可分为耐久型和非耐久型。

2.化学改性法　对成纤高聚物进行共混、共聚合、接枝改性,引入亲水性极性基团,或在纤维内部添加抗静电剂,制取抗静电纤维,其共同特点是提高纤维的吸湿性能,加快电荷的散逸。由抗静电纤维制造纺织品或混用较高比例到普通合成纤维中,可消除加工和使用中的静电问题,但仍以高湿环境作为电荷散逸的必要条件。

3.导电纤维的混纺或嵌织　导电纤维与其他普通纤维混纺,使导电纤维随机分布在纱线中,当混入量较少时,主要以导电纤维电晕放电起作用;当混入量较多时,纤维在纱体中首尾相连,纱线的加捻作用使其衔接在一起,起到导通的作用。导电纤维的嵌织也是类似,其是将导电纤维以等间距地置入织物中(包括经向配置、纬向配置、网状配置),利用导电体的静电诱导、电晕放电、泄露等综合作用,在织物中构建起静电泄露和逸散的通道,增加电荷逸散速度,得到一种性能优异且能够快速消除静电的功能织物。

4. 利用静电序列进行混纺或交织 利用静电序列的不同,进行不同纤维的混纺或交织,达到降低静电的目的,此种方法可以有一定作用,但局限性比较强,应用受到限制。

在上述四种方法中,导电纤维的应用和开发是抗静电产品开发的方向,目前越来越受到人们的关注和重视。但是在应用中有许多问题还需要进一步深入探讨,如导电纤维嵌织的抗静电机理、含有导电纤维织物的抗静电性能的评价方法等。

三、影响织物抗静电效果的主要因素

1. 比电阻的影响 材料的比电阻是织物抗静电设计中必须要考虑的一个重要因素。材料的比电阻除了和材料本身的种类有着非常密切的关系之外,还受到回潮率的影响。而材料的吸湿性能主要取决于材料的自身结构,取决于纤维表面和内部的亲水基团的多少及排列情况。因此,只要设法降低材料的比电阻,就能加快静电荷的泄漏,降低其危害。采用导电纤维嵌织和交织的方法,其最终的目的是降低材料的表面电阻,加快电荷的泄漏和中和。表面电阻和织物抗静电性的关系见表 12 - 3。

表 12 - 3　表面电阻和织物抗静电性的关系

$\lg\rho_s$	抗静电性	$\lg\rho_s$	抗静电性
>13	无	10~11	较好
12~13	低	<10	很好
11~12	中等		

2. 摩擦材料的影响 不同材料摩擦可以产生不同的结果。根据静电摩擦序列,按照柯恩(Coehn)法则,总是序列中前端(介电常数较大者)带正电,后端的(介电常数较小者)带负电。带电量可按公式计算:

$$Q = k \times (\varepsilon_1 - \varepsilon_2)$$

式中:Q——带电量;

k——比例系数;

$\varepsilon_1,\varepsilon_2$——分别是参与摩擦的两种材料的介电常数。

根据公式,材料的选择应考虑材料在静电序列中的位置,达到降低静电的目的。

3. 摩擦条件的影响 摩擦次数、摩擦速度、摩擦力对产生的静电都有显著影响,在实际研究和设计时,应给予考虑和关注。总之,设法降低或削弱摩擦条件,一定程度上可以

达到抗静电的目的。

4. 环境条件的影响　周围环境的温度和湿度,对静电的产生和泄漏都有显著的影响。在高温、干燥的环境条件下,静电的产生和积累将更加严重和明显。在我国的北方,尤其是在冬季,静电现象就非常严重。另外,空气中的离子化程度对静电也有影响,如果存在相反极性的电荷,将有利于静电荷的泄漏;如果存在相同极性的电荷,将不利于静电荷的泄漏。

第三节　抗静电纺织品

抗静电纺织品从纤维的生产方式上大体分为表面整理剂整理型、纤维化学改性型、应用导电纤维型三种。

一、表面整理剂整理型抗静电纺织品

表面整理剂整理型抗静电纺织品从其耐久性上又有非耐久性抗静电整理和耐久性抗静电整理之分。前者操作简单,经济有效,但不耐水洗;后者较耐水洗。但两者存在的最大问题为此类纺织品的抗静电效果与周围环境湿度有密切关系,当环境湿度不同时,其抗静电效果差异很大,甚至没有什么抗静电效果。此外,抗静电剂还应不影响织物的原有风格,不存在再沾污等问题;对其他树脂具有良好的相容性,不影响树脂整理的效果;用量少,效果好,与其他助剂拼用时不互相影响;不降低染色织物的各项牢度;无泡沫或低泡性;不腐蚀加工机械;无臭味,对人体皮肤无刺激、无伤害。

1. 非耐久性抗静电整理剂整理的纺织品　传统的或早期的抗静电织物,仅仅是对纤维或织物的表面进行抗静电整理。所用的表面抗静电剂,主要是表面活性剂,它在纤维表面形成一层薄膜,一方面可以降低纤维的摩擦系数,使静电产生减少;另一方面可以增强纤维表面的吸湿性,降低纤维的表面电阻,使已经产生的静电易于逸散,缩短电荷的半衰期,从而达到抗静电目的。然而这种方法的抗静电作用,只有当空气中的相对湿度足够大时,纤维表面附着的表面活性剂才能充分发挥作用;并且,这种方法的抗静电作用难以持久,随着时间的延续和洗涤次数的增加,附着在纤维表面的抗静电剂逐渐消失,随之失去了抗静电性能。这种抗静电织物不能适用于对抗静电性能要求很高的石油、煤炭、电子、通信、医疗等行业。

阴离子中的烷基磺酸盐、烷基酚聚氧乙烯醚硫酸酯盐和磷酸酯类都有较好的抗静电效果。脂肪族的季铵盐衍生物是目前应用最广泛的阳离子抗静电剂,该类抗静电剂的活性离子带有正电荷,对纤维的吸附能力较强,具有优良的柔软性、平滑性、抗静电性,既是抗静电剂又是柔软剂,并且有一定的耐洗性,但是容易使染料变色,降低织物的耐晒牢度。非离子中的脂肪醇聚氧乙烯醚、脂肪酸聚乙二醇酯、聚醚等抗静电剂抗静电性能较

好,毒性小,对皮肤刺激小,是合纤油剂的重要组分。

抗静电剂 SN 是一种阳离子型表面活性剂,学名为十八烷基二甲基羟乙基季铵硝酸盐,国外同类商品名为"卡特纳克 SN",其外观为红棕色粘稠物,易溶于水,5% 水溶液 pH 为 6~8,一般用量为 10g/L。用其整理的织物经浸轧烘干即达抗静电目的。处理后织物具有滑爽感,并能提高织物的耐曲磨性。抗静电剂 SN 主要用于消除合成纤维纺丝时的静电和塑料制品膜的静电。抗静电剂 TM 也是阳离子型表面活性剂,学名为三羟乙基甲基季铵硫酸盐,外观为淡黄色黏稠物,易溶于水,具有优良的消除静电效果。其用法基本与抗静电剂 SN 相同。抗静电剂 TM 用于涤纶、锦纶、腈纶纺织品的抗静电整理工艺如下。

整理液组成:

抗静电剂 TM　　　　　　　　　　0.2%~0.5%(owf)

工艺流程及条件:

浸渍工作液(60℃,20min)→甩干→烘干→热定形

非耐久性抗静电剂的整理效果虽然耐久性差,但整理剂挥发性低,毒性小,而且织物不易泛黄,腐蚀性较小,纤维纺丝和纺织用油剂多用非耐久性抗静电剂。地毯等装饰物应用的抗静电剂主要为非耐久性阳离子型抗静电剂。

表 12-4 列出了涤纶、腈纶织物经非耐久性抗静电剂处理前后在不同相对湿度下的表面电阻值。

表 12-4　不同相对湿度下的表面电阻值

相对湿度(%)	25	45	65
涤纶未经抗静电处理	$>10^{13}$	$>10^{13}$	$>10^{13}$
涤纶经非耐久性抗静电处理	$10^{11}\sim10^{12}$	$10^{10}\sim10^{11}$	$10^{9}\sim10^{10}$
腈纶未经抗静电处理	$>10^{13}$	$>10^{13}$	$>10^{13}$
腈纶经非耐久性抗静电处理	$10^{10}\sim10^{11}$	$10^{9}\sim10^{10}$	$10^{8}\sim10^{9}$

由表 12-4 可以看出,涤纶、腈纶织物经抗静电剂处理后,表面电阻值都有下降,因而有抗静电效果,但在不同相对湿度下其表面电阻值不同,当相对湿度较大时,抗静电效果较好;当相对湿度较小时,抗静电效果并不明显。随着洗涤次数的增加,这种抗静电纺织品纤维表面的抗静电剂逐渐消失,抗静电性能随即消失。

2. 耐久性抗静电整理剂整理的纺织品　耐久性抗静电整理剂是含有离子性和吸湿性基团的高分子化合物或聚合物通过交联作用在纤维表面形成不溶性聚合物的导电层。整理剂的吸湿性越高,导电能力越强,耐洗性降低,所以应该使整理剂保持适当的吸湿性,降低其在水中的溶胀和溶解能力。

耐久性抗静电整理剂也分为阳离子型、阴离子型和非离子型化合物,在生产中应用较广泛的是非离子型和阳离子型整理剂。聚环氧乙烷与聚对苯二甲酸乙二酯的嵌段共聚物是聚酯纤维织物应用较多的抗静电和易去污整理剂。聚合物分子结构中含有聚氧乙烯醚键,可在聚酯纤维表面形成连续性的亲水薄膜,富有吸湿性,减少静电现象。聚合物分子含有可以结晶的聚酯链段,它和聚酯纤维的基本化学结构相同,因此对聚酯纤维有较好的相容性,通过高温焙烘整理可以和聚酯纤维产生共溶共结晶作用,使整理织物有较高的耐久性。含有聚氧乙烯基团的多羟基多胺类化合物是在涤纶、锦纶、醋酯纤维等合成纤维织物上最早应用的非离子型抗静电整理剂。

耐久性抗静电整理剂在分子结构中都含有吸湿性聚氧乙烯基团和反应性基团,如羟基和氨基。它的抗静电性由聚醚的亲水性产生,耐洗性则由它的相对高分子质量与反应性基团产生。耐久性抗静电整理剂可用做腈纶和涤纶等合成纤维的抗静电剂。国产抗静电剂 XFZ-03,是由多乙烯多胺与聚乙二醇反应制得,用于涤/腈中长织物的抗静电整理;中国纺织科学研究院的 FK-221 型抗静电剂属非离子型,主要适用于涤纶织物的永久性抗静电整理;北京洁而爽高科技有限公司的 SE-1 型非离子型抗静电剂,处理织物后可使织物表面电阻由原来的 $10^{13}\Omega$ 数量级降至 $10^8\Omega$ 数量级,它可用于合成纤维及其混纺织物的耐久性抗静电整理。

整理工艺有如下两种。

(1)涤纶织物浸轧法。

浸轧→(SE-1 40~60g/L,轧液率70%)→干燥(100~110℃)→热定形(180~190℃,30s)

(2)仿真丝织物浸轧法。

浸轧(SE-1 100g/L,轧液率70%)→烘干(95~100℃)→焙烘(155~160℃,2~3min)

由这种耐久性抗静电整理剂整理后的纺织品,其抗静电性相对耐久,但是与非耐久的抗静电整理剂相似,在环境湿度较低时,其抗静电效果并不明显。

二、纤维化学改性型抗静电纺织品

纤维改性型抗静电纺织品是通过化学整理剂对纤维分子进行共混、共聚合和接枝改性整理,改变原分子结构,达到抗静电效果。由这种纤维加工而成的纺织品具有耐久的抗静电性能。

共混、共聚合和接枝改性型抗静电纺织品的共同特点为在成纤高聚物中添加亲水性单体或聚合物,提高吸湿性,从而获得抗静电性能。在 PA、PAN、PET 等基体中添加聚亚烷基二醇类聚合物进行共混纺丝的研究始于 20 世纪 60 年代。PET 与聚氧乙烯醚的嵌段共聚物 PET 共混纺丝,可显著提高 PET 的抗静电性能。硫酸铜混入腈纶纺丝液中,纺丝凝固成形后再经含硫还原剂处理,可提高纤维导电性能的耐久性。除普通成纤高聚物与亲水性聚合物共混的典型共混纺丝方式外,还有聚合过程中加入亲水性聚合物、形成微多相分散体系的共混方式。例如,将聚乙二醇加入到己内酰胺反应混合物中,聚乙二醇以原纤状分散于 PA6 中。同时聚乙二醇也有少量端羟基与己内酰胺开环后生成的氨基乙酸中的羧基反应,提高了抗静电性能的耐久性。

表 12 - 5 中列出了当聚乙二醇的加入量不同时,其纤维及洗后纤维的静电半衰期。

表 12 - 5　聚乙二醇的加入量和纤维半衰期的关系

聚乙二醇的加入量(%)	PA6 纤维的静电半衰期(s)	经 20 次皂洗后纤维的静电半衰期(s)
0	73600	73600
2	16	36.3
5	5.2	18.3

由表 12 - 5 可以看出,这种共混方式的纤维有明显的抗静电效果,并且经多次水洗后,抗静电效果依然明显。但研究发现,当聚乙二醇加入量超过 6% 时,效果渐不明显,且影响聚合物体系的流变性,纺丝困难。

用共聚合的方式将亲水性极性单体聚合到疏水性合成纤维的主链上,例如在 PET 大分子中嵌入聚乙二醇,也可提高纤维的吸湿性和抗静电性能。在 PP 中嵌入 4.5% ~ 5% 的高分子季铵盐,可使 PP 纤维的平衡回潮率提高到 5.9% ~ 7.1%,电阻率下降 6 个数量级,使 PP 纤维的抗静电性达到纤维素纤维的水平。

采用化学引发、热引发、高能射线和紫外线辐照引发的接枝改性方法,将亲水性单体接枝于纤维表面,可有效地改善合成纤维的吸湿性,且亲水性单体的用量远少于其他方法,耐久性好。例如,PE 纤维以二氯甲烷为膨胀剂、表面接枝丙烯酸后可提高吸湿性能、抗静电性能和染色性能。聚酯纤维通常采用乙烯基吡啶、丙烯酸、丙烯酸钠、甲基丙烯酸、甲基丙烯酸钠、甲基丙烯酸羟乙基酯等单体或聚乙二醇二甲基丙烯酸酯、聚乙二醇二丙烯酸酯等活性低聚物进行接枝改性,形成抗静电纤维。接枝率通常在 10% 以下。

通过此种方法得到的抗静电织物,仍以提高织物纤维的亲水性来加速电荷的泄漏,虽然它的耐久性很好,但是在相对湿度低于 40% 的干燥环境中抗静电性能仍受损失。

三、应用导电纤维型抗静电纺织品

为了使织物具有耐久的和适应各种环境的抗静电性能,不再以依靠水来达到传导电荷的方式防止静电。人们通过长时间的研究与实践,寻找到很多方式,其中最行之有效的方法是直接使用导电纤维。

导电纤维尚未形成公认的定义，通常把电阻率小于 $10^7\Omega\cdot cm$ 的纤维定义为导电纤维。通过这种纤维加工制得的纺织品不再受环境湿度的限制，并且可通过控制织物中加入导电纤维的量来决定其导电性能，以适应或满足对导电性不同用途的要求。

用于纺织品的导电纤维应具有适当的细度、长度、强度和柔曲性，能与普通纤维有良好地抱合，易于混纺或交织；具有良好的耐摩擦、耐屈曲、耐氧化及耐腐蚀能力，能耐受纺织加工和使用中的物理机械作用；不影响织物的手感和外观；导电性能优良，且耐久性好。

导电纤维通过电子传导和电晕放电消除静电，其电阻率一般小于 $10^7\Omega\cdot cm$，甚至小于 $10\Omega\cdot cm$，因而它的电荷半衰期很短，显示出极优良的抗静电性。这种纤维在空气相对湿度极低的条件下，也能发挥很好的抗静电作用，而且抗静电作用是永久的。它是特种抗静电功能服装的优选纺织材料。

导电纤维现有品种的主要类型有金属纤维（包括不锈钢纤维、铜纤维、铝纤维等）、碳纤维和有机导电纤维。有机导电纤维又包括普通纺织纤维镀金属；普通纺织纤维镀碳；炭黑、石墨、金属或金属氧化物等导电性物质与普通高聚物共混或复合纺丝制成的导电纤维；导电高分子直接纺丝制成的有机导电纤维。这些导电纤维从其结构可分为导电成分均一型、导电成分被覆型、导电成分复合型三类。

1. 金属导电纤维　金属导电纤维出现在20世纪60年代，最早由美国 Bekaert 公司推出商品化不锈钢纤维"Bekinox"。金属纤维主要有不锈钢纤维、铜纤维、铝纤维等。

制备金属纤维的方法有很多，如成束拉丝、单根拉丝、刨削、剪切、熔纺、熔融挤出和拉伸铸造法等，把不锈钢做成直径 $4\sim16\mu m$ 的纤维材料（长丝或短纤），然后混入常规纺织材料。也可以金属纤维复丝和普通纺织纱线并合加捻或包缠制成复合纱线。最常用的金属纤维复丝规格有 $12\mu m$（单纤直径）/91F、$25\mu m$/91F、$8\mu m$/812F。

典型金属纤维的截面见表 12-6。

表 12-6　典型金属纤维截面示意图

生产工艺	纤维截面(示意图)	生产工艺	纤维截面(示意图)
普通拉丝		剪切	
成束拉丝		熔纺	
刨削		熔融挤出	

采用金属纤维生产抗静电纺织品,纤维一般采用混纺的方法。金属纤维必须事先做成规定克重的金属纤维条子,与普通纤维条在并条机上进行多次并条,使金属纤维在纱线中混合均匀。其纺纱与织造工艺基本与普通纱线及纺织品相似。

金属纤维抗静电织物的抗静电性能取决于金属纤维的含量和均匀性。当金属纤维含量大于0.5%时,该织物具有一定的抗静电性能;当纤维含量为2%~5%时,该织物具有良好的抗静电性能;当金属纤维含量大于8%时,该织物除具有抗静电性能外,还具有一定的电磁波屏蔽性能。金属纤维含量与抗静电性能的关系见表12-7。

表12-7　金属纤维含量与抗静电性能的关系

金属纤维含量(%)	表面电阻(Ω)	电荷面密度(μC/m²)	电磁波屏蔽(dB)
0.5~2	$10^7 \sim 10^9$	<2	
2~5	$10^6 \sim 10^7$	<1	
8~25	$10^7 \sim 10^{-2}$	<0.5	20~40

一般金属纤维的抱合力小,纺纱性能差,成品色泽受限制,多用于地毯和工作服面料,但混有高细度不锈钢导电纤维的导电纱织成的织物,不受酸、碱和其他化学药品的影响,染色可采用常规方法,由于织物中不锈钢纤维含量较低,几乎不影响织物的外观和手感。不锈钢纤维导电性能优异、稳定,且能经受纺、织、染等过程的工艺条件,不会改变性能。但是其柔韧性较差,洗涤、揉搓过程中会少量脆损,使产品性能下降,并且价格昂贵。

2. 碳素导电纤维　黏胶基、PAN基、沥青基碳纤维均为良好的导电纤维,其电阻率通常为$10^{-3} \sim 10^{-4}\Omega \cdot cm$,且高强、耐热、耐化学药品。但纤维模量高、缺乏韧性、不耐弯折、无热收缩能力,不适合织造纺织用品。碳短纤维可添加于地毯胶乳中,赋予其导电性。

3. 有机导电纤维

(1)有机导电纤维的性能与发展。金属纤维和碳纤维有很多不适合纺织品使用的弊端,而有机导电纤维中由聚乙炔、聚苯胺、聚吡咯、聚噻吩等高分子导电材料直接纺丝制成的有机导电纤维纺丝困难,价格更高,也难以在纺织品中使用。从目前的应用经验来看,被覆型和复合型有机导电纤维最适合织造永久抗静电的纺织品。从其组成来说,被覆型和复合型有机导电纤维又分为金属化合物复合有机导电纤维和炭黑涂敷或炭黑复合有机导电纤维。前者为白色,适用于民用各种染色性能的纺织品;后者为灰黑色,适用于特殊功能纺织品(无尘无菌防爆工作服、电磁屏蔽织物等)。

有机导电纤维产品是从20世纪60年代开始发展起来的,最早的制造方法是在织物表面涂覆炭黑制造出抗静电纤维。世界上最早出现的有机导电纤维产品有日本帝人公司和德国BASF公司制造的抗静电纤维。此类产品由于是利用炭黑涂布的方式在纤维表面形成一导电通路,因此具有良好的抗静电性能和导电性能,此种抗静电纤维的最大缺点是当纤维受到外力摩擦或扭曲时,其表面附着的炭黑容易脱离纤维表面,使抗静电效果大幅下降,故此种技术在当时并不看好。直到1974年,美国杜邦公司采用复合纺丝技术制造出以炭黑为芯的复合导电纤维——锦纶 BCF 纱 Antron Ⅲ,大大改变了人们的看法。从此,各大化纤公司纷纷开始投入以炭黑为导电成分的复合纤维的研究与开发。如日本 Kuraray 公司的 Kuracarbo、日本尤尼吉卡公司开发的 Megana Ⅲ 导电纤维、美国孟山都公司的并列型 Utron 导电纤维、日本钟纺公司开发的 Belltron 导电纤维、东洋纺织 KE - 9 导电纤维等,使炭黑复合型导电纤维得到了广泛的发展。到了20世纪80年代末期,日本复合型导电纤维的年产量达到 200t 左右。但由于此种导电纤维以炭黑为导电成分,因此纤维通常为灰黑色,故只能应用于黑色纱。解决办法是在纤维制作过程中尽量不使炭黑露出来,并于鞘屑间的聚合物增加 TiO_2 含量,以提高白度。

20世纪80年代开始了导电纤维的白色化研究。普遍采用的方法是用铜、银、镍和镉等金属的硫化物、碘化物或氧化物与普通高聚物共混或复合纺丝而制成导电纤维。如 Rhone - poulence 公司利用化学反应制成 CuS 导电层的 Rhodiastat 导电纤维;帝人公司制成表面含有 CuI 的导电纤维 T - 25;钟纺公司制成 ZnO 导电的 Belltron 632、Belltron 638;尤尼吉卡公司开发了 Megana。以金属化合物或氧化物为导电物质的白色导电纤维的导电性能较炭黑复合型导电纤维差,但其应用不受颜色的影响。

国内对导电纤维的研究与开发比较晚。80年代开始生产金属纤维和碳纤维,但产量很小。不锈钢丝等金属纤维在油田工作服、抗静电工作服等特种防护服面料中有较广的应用。近年来,国内各高校及科研单位也开发成功了多种有机导电纤维。例如,表面镀 Cu、Ni 的金属化 PET 导电纤维、CuI_2 导电的腈纶导电纤维、CuI_2/PET 共混纺丝制成的导电纤维、炭黑复合导电纤维等。以上导电纤维效果最优异的产品当属镀银纤维,其中镀银尼龙纤维用于防静电和防电磁辐射,镀银芳纶纤维主要用于航天和军工,该类产品技术由美国和德国所垄断,并且列为限制对华输出的高科技产品。2000年,北京洁尔爽高科技有限公司率先打破打破其垄断,开发出了各种规格的镀银尼龙纤维和镀银芳纶纤维,并且引导出了全球最大的防辐射孕妇装市场。目前镀银尼龙纤维是国际比较先进的抗静电纤维。

以下选取8种国外各厂家的有机导电纤维进行分析与比较,了解常用有机导电纤维的构成、性能及使用。其规格及导电物质见表 12 - 8,其截面形状、物理机械性能见表 12 - 9、表 12 - 10,导电丝织入后织物的电荷面密度见表 12 - 11。

表 12 - 8　8种有机导电纤维的规格及其导电物质

编号	规格(dtex/f)	基体	导电物质	颜色	生产厂商
1	20/3	PA66	碳	深灰	美国首诺
2	26.7/4	PA66	碳	深灰	美国首诺
3	22.2/3	PA6	碳	深灰	日本钟纺

编号	规格(dtex/f)	基体	导电物质	颜色	生产厂商
4	21.7/6	PET	碳	黑	日本钟纺
5	22.2/3	PET	金属化合物	白	日本钟纺
6	22.2/3	PA6	金属化合物	白	日本钟纺
7	27.8/3	PA6	碳	浅灰	日本帝人
8	24.4/1	PA6	碳	黑	美国巴斯夫

表 12 - 9 8 种有机导电纤维的截面形状

编号	截面形状	编号	截面形状
1		5	
2		6	
3		7	
4		8	

表 12 - 10 8 种导电丝的物理机械性能

导电丝编号	电阻率($\Omega \cdot cm$)	单丝直径(μm)	单丝线密度(dtex)	断裂强力(cN)	强力 CV 值(%)	沸水收缩率(%)
1	3.77×10^1	33.6	10.5	15.13	3.77	—
2	1.74×10^2	29.3	6.7	11.75	13.28	3.8
3	6.50×10^2	34.4	7.4	21.53	2.81	8.8
4	5.88×10^3	21.3	3.7	12.20	6.04	8.9
5	3.89×10^3	28.4	7.2	22.77	7.33	9.9
6	1.53×10^4	33.1	7.9	29.42	8.07	8.5
7	4.29×10^2	33.8	9.3	17.99	11.44	9.0
8	2.86×10^0	57.8	23.7	108.01	5.86	6.1

表 12－11　导电丝织入后织物的电荷面密度（平均值／最大值）　单位：$\mu C/m^2$

导电丝编号	初始	洗 10 次	洗 30 次	洗 50 次
无导电丝	>20	14.6/16.8	9.2/11.4	15.3/15.9
1	2.0/2.6	2.7/3.1	2.7/3.6	3.4/3.9
2	2.5/3.1	2.6/3.1	2.9/3.6	3.3/4.2
3	3.0/3.8	2.9/3.4	3.3/3.9	3.6/4.6
4	8.9/9.7	9.4/9.9	9.8/10.3	9.9/10.7
5	2.5/2.9	2.7/3.2	3.1/3.6	4.4/5.0
6	3.3/3.8	4.4/5.2	4.0/4.7	5.0/5.8
7	2.8/3.5	2.6/3.1	3.2/4.0	3.9/5.1
8	1.0/1.3	2.3/2.7	3.2/4.1	3.3/4.2

由上述实验可知，被覆型和复合型有机导电纤维有优良的物理机械性能和耐化学试剂性能，可适应常规纺织染整加工，染色性能良好。以纯涤纶平纹织物为基布时，沿一个方向加入有机导电丝后即有良好的抗静电效果，并且有极佳的耐久性。炭黑涂敷型、炭黑复合型、金属化合物复合型有机导电纤维的各种性能均可适应纺织品加工。

有机导电纤维在纺织品中的应用非常广泛，根据用途不同，其外观和性能要求也不尽相同。炭黑涂敷型有机导电纤维有良好的导电能力，电阻率达 $1\Omega\cdot cm$，适合于防静电工作服面料，但耐久性稍差；炭黑复合型导电纤维的导电能力及持久性好，电阻率为 $10\sim100\Omega\cdot cm$，适用于中等抗静电要求的纺织品。一般炭黑复合型导电纤维以2.5cm间距经向嵌织时，亦能满足防静电工作服的性能要求。以炭黑为导电物质时，导电纤维不易在浅色薄型织物中隐藏，因此较适合对颜色要求不高的纺织品。金属化合物复合型导电纤维的导电性能稍差，电阻率为 $10^3\sim10^4\Omega\cdot cm$，纤维为白色，适合于生产浅色民用纺织品。

（2）有机导电纤维的应用实例：由于有机导电纤维尚需进口，而且价格很高，通常将有机导电纤维与其他纤维混纺，即以导电纤维为芯，其他纤维（涤纶、腈纶、毛纤维等）包绕在其表面，利用这种具有导电性能的纱线或经向、或纬向嵌段编织，使织物具有永久抗静电性。

①涤棉混纺纱与导电纤维嵌织，导电纤维可选用以下几种。

a. 包芯导电丝（芯用28tex/5f 炭黑型涤纶基质复合纤维，为了掩盖导电丝的黑色外观，外包涤棉混合纤维）。

b. 捻合导电丝（芯用28tex/5f 炭黑型涤纶基质复合纤维，为了增加导电丝的编织强度，再用13tex 涤棉混纺纱一起并捻，捻度为6~8 捻回数/cm）。

c. 普通纤维（13tex 涤棉65/35 混纺纱）。

②利用针织大圆机,进行几种不同嵌入方式的加工。所得织物的各项抗静电指标见表 12 - 12(22℃,相对湿度 38%,按 GB/T 12703—91 纺织品静电测试方法)。

表 12 - 12　导电丝嵌入方式与抗静电性

导电丝嵌入方式	导电丝的间距 (cm)	纬向电荷面密度 ($\mu C/m^2$)	经向电荷面密度 ($\mu C/m^2$)	平均电荷面密度 ($\mu C/m^2$)	最大电荷面密度 ($\mu C/m^2$)
包芯导电丝平针嵌入	1.5	2.16	5.1	3.60	6.31
捻合导电丝单面添纱嵌入	1.5	1.36	4.13	2.70	4.60
捻合导电丝衬垫嵌入	1.5	1.08	4.67	2.80	4.90
无导电丝嵌入	—	7.08	7.65	7.40	9.90

由表 12 - 12 可看出:

a. 加入导电丝的织物的电荷密度明显低于无导电纤维嵌入的织物,显示出导电纤维的存在对电荷迅速逸散起决定性作用。

b. 包芯导电丝嵌入法由于导电纤维外包普通纤维,所以其导电性能不如捻合导电纤维。织物正反两面都无灰黑色导电丝外露,可进行正常染色。

c. 捻合导电纤维为衬垫嵌入式,缺点为织物表面有灰黑色导电丝的星点外露,略影响外观。因其是衬垫嵌入,没有参与成圈,所以导电丝的使用量少于单面添纱嵌入方式,节约成本。

d. 单面添纱嵌入的优点为织物正面无外露纱,可以进行常规织物的染色加工,缺点为导电丝的用量较多。

开发和生产抗静电织物时,应根据织物的用途和抗静电性能的要求,选用最佳导电纱的品种、用量以及编织方式等。这样既可以得到所需求的抗静电性能,又可以降低成本。

四、纳米技术在抗静电纺织品上的应用

纳米科技与纳米材料的发展,为抗静电产品的开发提供了新的途径与思路。纳米材料特殊的导电、电磁性能,超强的吸收性和宽频带性,为导电吸波织物的研究开发创造了条件。如利用纳米技术生产导电纤维,日本已研制出了纳米级的导电纤维,仅有一个分子粗细,将其混入普通纤维中,可取得良好的防护和抗静电作用,又不会影响织物原有的手感和外观,而且可将织物做得既轻又薄。

利用纳米技术开发导电胶和导电涂料,对织物进行表面处理,或在纺丝过程中加入纳米金属粉体,可使纤维具有导电性。如涤纶用抗静电剂——纳米锑掺杂在二氧化锡

（ATO）整理剂中,选用合理的稳定分散剂,能使粒子呈单分散状态,用该抗静电整理剂处理涤纶织物,织物表面电阻从未处理的大于 $10^{12}\Omega$ 的数量级降低到小于 $10^{10}\Omega$ 的数量级,洗涤 50 次,抗静电效果基本不变。

随着纳米技术的不断开发与完善,更多的纳米技术将会应用到纺织行业中,更先进更完美的纳米抗静电纺织品将真正应用到人们日常生活中。

第四节 纺织品抗静电性能测试方法

一、纺织品静电性能测试方法和仪器

正确评价抗静电纺织品的抗静电性能,必须采取和规定相关的静电性能的测试方法和标准。纺织品静电性能的测试方法和仪器很多,按其检测类型大致分为以下几种。

（1）按测试精度,大体可分为定性和定量两大类。一些便携式仪器可反映出带静电的程度而不能给出具体物理量,实验室用仪器则必须给出精确的物理量,以衡量样品的静电性能。

（2）按测试对象,可分为纤维、纱线、织物、铺地织物、人体、在线检测等检测方法和仪器。

（3）按产生静电的方法可分为摩擦式和电晕放电（感应）式。

（4）按测试结果的表示有电阻、带电量、电压、半衰期等。

二、感应式静电测试法

感应（电晕放电）式静电测试法,是将试样夹在高速旋转的试样台上,利用针尖电晕放电原理使试样带电,仪器另一侧装有电压探极,以检测感应静电压,静电压达到稳定时做记录并停止放电,记录静电压衰减至原值1/2 时的时间,即半衰期,以此评价纺织品的抗静电性能。

感应式静电测试法受外界影响小,重现性好,操作简便,可观察和记录静电压衰减过程,是国内外使用较多的一种方法,并以采用定时法为主。

三、摩擦式静电测试法

摩擦式静电测试法与实际静电产生机理比较接近,可在一定程度上反映实际使用情况,但也存在试验结果受外界因素影响大、试验结果波动大等不足。摩擦式静电测试有许多方法,各有侧重。电荷面密度和带电量的测定是最常用的方法,前者适用于服装面料,后者适用于整件服装;回转式摩擦静电测试适用于在快速摩擦状态下使用的纺织品,如送风袋、过滤布等;摩擦静电吸附测定可以反映反复穿脱或离合时的静电性能;行走试

验是考核人在铺地织物上行走时,鞋底与铺地织物不断摩擦而产生静电荷的性能。摩擦法测定的关键在摩擦材料,不同材质的摩擦材料可能会使测试结果不同。不同方法不同标准规定的摩擦材料有所不同,常用的有锦纶、丙纶、涤纶、黏胶纤维、棉布等。

四、电阻或比电阻测试法

电阻或比电阻测试法是间接考核材料静电效应的一种方法,它是与静电衰减速度直接相关的物理量。静电效应不但取决于其所产生的静电量,更取决于静电荷散失的能力。导电性能好的材料,比电阻低,静电衰减速度快,即使其静电量大,静电效应也不显著,反之亦然。纺织材料的比电阻常用表面比电阻、体积比电阻、质量比电阻表示。

以上主要介绍了实验室静电测定方法,便携式和生产现场静电测试方法和装置还有很多,这类仪器方便、快捷,主要反映静电极性和程度,精确度不是很高。

五、静电测试条件

材料的静电性能取决于其导电性能,导电性能好的材料,比电阻低,静电衰减速度快,静电效应则不显著,反之亦然。纺织纤维是吸湿性材料,环境温湿度直接影响其导电性,因此纺织材料的静电性能对环境温湿度非常敏感,故纺织材料静电性能测定对环境温湿度的要求非常严格。环境空气的相对湿度较高时,纺织材料的静电现象不明显或差异不大,不能正确评价其静电性能;而相对湿度较低时,纺织材料的静电现象比较明显,因此国内外标准中都规定了较低的相对湿度,一般规定温度为 20℃,相对湿度为 25% ~ 35%。

六、静电性能的评价

由于纺织材料的静电性能比较复杂,对其进行准确评价是非常困难的。因此虽然静电性能的研究已很广泛和深入,测试方法也很多,但评价标准并不多。目前只见到日本有两项产品标准对相关纺织材料的静电性能提出了要求,我国也参照制定了相关标准。日本标准 JIS T 8118《防静电工作服》中,规定工作服的带电量不得超过 $0.6\mu C$/件,整件工作服的带电量采用转鼓式摩擦—法拉第筒带电量测定法测定,并规定测定前要对被测样品进行 5 次洗涤程序。我国防静电工作服标准 GB 12014 是参照日本标准 JIS T 8118 制定的,除洗涤程序不同外,其余都与日本标准相同。该标准规定洗涤程序分两类,A 级洗涤 33h(相当于 100 次),B 级洗涤 16.5h(相当于 50 次)。日本静电安全指南中,规定面料的电荷面密度不得超过 $7.0\mu C/m^2$,检测采用摩擦—法拉第筒测定法。国内外静电性能的测试方法标准都是比较完善的,相关标准有几十个,主要方法也比较统一。

七、我国测试纺织品静电性能的相关标准

我国现行纺织工业国家标准中与纺织品抗静电功能有关的产品标准有 GB/T 12014—2009《防静电服》，与纺织品静电性能有关的测试标准有 GB/T 30131—2013《纺织品　服装系统静电性能的评定　穿着法》、GB/T 33728—2017《纺织品　静电性能的评定　静电衰减法》、GB/T 12703.1—2008《纺织品　静电性能的评定　第1部分：静电压半衰期》、GB/T 12703.2—2009《纺织品　静电性能的评定　第2部分：电荷面密度》、GB/T 12703.3—2009《纺织品　静电性能的评定　第3部分：电荷量》、GB/T12703.4—2010《纺织品　静电性能的评定　第4部分：电阻率》、GB/T 12703.5—2010《纺织品　静电性能的评定　第5部分：摩擦带电电压》、GB/T 12703.6—2010 纺织品　静电性能的评定　第6部分：纤维泄漏电阻》、GB/T 12703.7—2010《纺织品　静电性能的评定　第7部分：动态静电压》、FZ/T 01042—1996《纺织材料　静电性能　静电压半衰期的测定》、FZ/T 01044—1996《纺织材料　静电性能　纤维泄漏电阻的测定》、FZ/T 01059—2014《织物摩擦静电吸附测定方法》、FZ/T 01060—1999《织物摩擦带电电荷密度测定方法》、FZ/T 01061—1999《织物摩擦起电电压测定方法》。上述标准与 ISO、AATCC、ASTM、BS、JIS、DN 等国际上同类标准非常相似。

GB/T 12703 系列国家标准对纺织品的静电性能评定提供了 7 种测试方法：

1. 静电压半衰期法　用10kV 高压对置于旋转金属平台上的试样放电 30s，测感应电压的半衰期（s）。FZ/T 01042—1996《纺织材料　静电性能　静电压半衰期的测定》与之完全相同。此法可用于评价织物的静电衰减特性，但含导电纤维的试样在接地金属平台上的接触状态无法控制，当导电纤维与平台接触良好时电荷快速泄漏，而接触不良时其衰减速率与普通纺织品类似，同一试样在不同放置条件下得出的测试结果差异极大，故不适合于含导电纤维织物的评价。

2. 电荷面密度法　试样在规定条件下以特定的方式与锦纶标准布摩擦后用法拉第筒测得电荷量，据试样尺寸求得电荷面密度（$\mu C/m^2$）。除在摩擦布规格、试样预处理、摩擦棒直径、摩擦次数等方面略有变化外，FZ/T 014060—1999《织物摩擦带电电荷密度测定方法》与之相同。电荷面密度法适合于评价各种织物，但测试结果与试样的吸灰程度有较密切的相关性。由于试样与标准布间的摩擦起电是人工操作实现的，故测试条件的一致性、测试结果的准确性和重现性易受操作手法的影响。

3. 电荷量法　用内衬锦纶标准布的滚筒烘干装置（50r/min ± 10r/min）对工作服试样模拟穿用状态下（扣上扭扣或拉链）摩擦起电 15min，投入法拉第筒测得工作服带电量（$\mu C/$件）。此法与 GB/T 12014—1989《防静电工作服》产品标准所规定的电荷量测量方法基本一致，适合于服装的摩擦带电量测试。其技术实质与电荷面密度法一致。

4. 电阻率法　电阻率法规定了纺织品体积电阻率和表面电阻率的测试方法。测试

时,试样的形状不限,只要能允许使用第三电极以消除表面效应或体积效应引起的误差即可。测量体积电阻率时,在被保护电极与保护电极间的试样表面上间隙应有均匀的宽度,在不引起测量误差的前提下使间隙较窄,通常1mm的间隙为切实可行的最小间隙。测量表面电阻率时,电极的间隙宽度应为试样厚度的2倍,通常1mm的间隙为切实可行的最小间隙。最后通过测得的体积电阻、被保护电极的有效面积和试样平均厚度计算得到体积电阻率。通过测得的表面电阻、被保护电极的有效周长和两极间距计算得到表面电阻率。

5. 摩擦带电电压法 试样(4块,2经、2纬,尺寸4cm×8cm)夹置于转鼓上,转鼓以400r/min的转速与标准布(锦纶)摩擦,测试1min内试样带电电压的最大值(V)。除了磨料规格、试样数等稍有差别外,FZ/T 01061—1999《织物摩擦起电电压测定方法》的其他条件都与之相同。此法因试样的尺寸过小,对嵌织导电纤维的织物而言,导电纤维的分布会随取样位置的不同而产生很大差异,故也不适合于含导电纤维纺织品的抗静电性能测试评价。

6. 纤维泄露电阻法 取2g被测纤维放入试样筒内,用压砣压实,测试时记录仪表从零点移至满刻度时所用的时间。所记录的时间与测试时预选挡级指数10n的乘积即为该试样的泄露电阻。

7. 动态静电压法 采用直接感应式静电测试仪(测量范围为0~±100kV),根据静电感应原理,将测试电极靠近被测体,经电子电路放大后推动仪表显示出被测体的相应数值。

比较现有纺织工业国家标准和行业标准的各种静电测试方法发现,电荷面密度法是测试含有导电纤维织物抗静电性能最适宜的方法,其他方法由于测试条件、测试方式、测试相关材料的使用等方面未做严格的统一,影响了测试数据的准确性和严密性,但却从多方面反映了织物在多种条件和状态下的静电特征。因此各种指标的集合就是全面描述抗静电织物抗静电性能的总体评价。

参考文献

[1]王菊生,孙铠.染整工艺原理(第二册)[M].北京:中国纺织出版社,2001.

[2]商成杰.新型染整助剂手册[M].北京:中国纺织出版社,2002.

[3]陶乃杰.染整工程(第四册)[M].第四版.北京:中国纺织出版社,2003.

[4]郝新敏,张建春,王锋.含有机导电纤维仿毛织物的多功能整理[J].印染,2003,4(2):26-28.

[5]Unitika. new conductive polyester fiber[J]. Chemical fibers international,2003,53(9):7.

[6]Asher P P, Lilly R L, Davenport G L, et al. Process for making electrically conductive fi-

bers：US，US5698148［P］. 1997.

［7］Mallette J G，Márquez A，Manero O，et al. Carbon black filled PET/PMMA blends：Electrical and morphological studies［J］. Polymer Engineering & Science，2000，40 （10）：2272－2278.

［8］施楣梧. 纺织材料抗静电技术的回顾和展望［J］. 中国个体防护装备，2001（3）：12－15.

［9］施楣梧. 有机导电纤维的结构和性能研究［J］. 毛纺科技，2001（1）：5－8.

［10］沈云. R-Stat：新型导电纤维［J］. 国际纺织导报，2001（4）：57.

［11］陈慕英，陈振洲，陶再荣. 用导电纤维开发针织面料及抗静电性能研究［J］. 针织工业，2002（3）：38－41.

［12］S. K. DHAWAN，N. SINGH，S. VENKATACHALAM. Shielding effectiveness of conducting polyaniline coated fabrics at 101GHz［J］. Synthetic metals. 2001，125（3）：389－393.

［13］锡环. 电子纺织品新成果［J］. 国内外信息，2003（1）：48.

［14］华靖乐，陶再荣. 复合型导电纤维的性能特点［J］. 产业用纺织品，1999（4）：24－25.

［15］王彬，赵志强. 导电纤维［J］. 济南纺织化纤科技，2001（1）：17－19.

［16］王树根，马新安. 特种功能纺织品的开发［M］. 北京：中国纺织出版社，2003.

［17］陈运能，范雪荣，高卫东. 新型纺织原料［M］. 北京：中国纺织出版社，1998.

［18］陈振洲，陈慕英，陶再荣. 耐久性抗静电针织产品的研究与开发［J］. 上海纺织科技，2002，30（5）：53－54.

第十三章　防电磁辐射纺织品

第一节　概述

21世纪,人类进入信息社会,电磁波是传递信息的快捷方式,大量的电视发射台、广播发射塔、移动通信基站、卫星通信站、微波中继站,以及可移动的发射装置如雨后春笋般出现。由于电磁波看不见、摸不着,人们短时间内接触不会产生不适感觉,一旦积累成疾,很难治疗,因而科学界称之为"无形杀手"。电磁波污染已成为继空气、水、噪声污染之后的第四大污染源。

一、国外对防电磁辐射纺织品的研究

电磁辐射的危害逐渐被人们所认知,为了减少或消除电磁波辐射对人体造成的危害,各种防辐射服装也就应运而生,并得到迅速的发展。早在20世纪20年代,英国、日本、加拿大、瑞典、美国、德国、法国等一些发达国家就开始进行特种防护服装与织物的研究。60年代,国际上关于电磁辐射防护标准建立后,金属丝和服饰混编织物这样的屏蔽材料便随之出现,其后又出现了金属纤维混纺织物、电镀织物、化学镀织物等。这些材料都是以反射作用为主,存在环境二次污染,且不适于穿着。到了80年代,美国北美航空公司成功研制出了为防止雷达探测被发现的防护衣和头盔,这种防护衣与头盔是由微波吸收材料制作而成。80年代后期到90年代初期,英国、法国、德国、瑞典、美国等国家,掀起了主妇穿屏蔽围裙、屏蔽大褂以及青少年穿屏蔽马甲、屏蔽西服的热潮。这些屏蔽服主要是针对家用电器带来的辐射危害,如微波炉、电磁炉、电脑、吸尘器等。从此,防电磁辐射屏蔽服装开始走入家庭,成为民用服装。

二、我国对防电磁辐射纺织品的研究

我国对防电磁辐射材料和防护服的研究和开发起步较晚。20世纪60年代初才开始研究电磁辐射防护服装,70年代开始正式生产铜丝与柞蚕丝混纺制成的屏蔽织物。进入80年代后期,一些科研单位和企业随着国际防电磁辐射材料和服装的发展,相继开展了金属化纤维防护织物的研究,并研制成功了不锈钢软化纤维织物与服装、特殊工艺镀膜屏蔽织物与服装,进而又开始研究用于从事雷达、微波加热、微波理疗、卫星地面站、微波

通信等系统操作人员的防护服装。进入20世纪90年代,由于我国电子和通信事业的迅猛发展,电磁危害日益严重,一些较成熟的防电磁辐射产品问世。如北京洁尔爽高科技有限公司开发出系列电磁屏蔽面料、纱线、服装、导电纤维等多种防辐射产品,可反射吸收电磁辐射99.9999%以上,电磁波屏蔽效能可高达60dB。同时,还具有防静电、防射线及紫外线、抗菌等功能。

目前,市场上已出现各种品牌、各种款式的防电磁辐射服装,并且逐渐在丰富。从款式上看,不仅有常见的裙装、裤装、肚兜、风衣、衬衫、马甲和毛衣,连内衣、内裤、帽子和袜子都有。也就是说,防辐射服装几乎涵盖了所有的服装类型。随着各种功能防护服的开发和应用,新闻媒体有关电磁波对人体影响的报道的增加,以及人们自我保护意识的加强,防电磁辐射服装已经开始走向民用市场并得到消费者青睐,电磁屏蔽织物的需求将会越来越大。

第二节 电磁辐射的基本概念

直到19世纪末,人们才对电磁学这门科学有了比较明确的认识,在众多科学工作者辛勤工作的基础上,电磁学的应用在20世纪得到长足的发展。

据统计,全世界空间电磁能量平均每年增长7%~14%。在空间和频率资源有限的条件下,由于各种电子、电气设备的数量与日俱增,使用的密集程度越来越大,电磁辐射越来越严重。为了更好地研究与了解电磁污染,防止电磁辐射的危害,创造一个无污染的环境,就要学习电磁的基本理论,加强对电磁的了解,以更好地利用它、控制它。

一、电磁波的产生

19世纪60年代,英国物理学家麦克斯韦在总结前人研究电磁现象成果的基础上,建立了完整的电磁场理论,预言了电磁波的存在。现在粗略地介绍一下麦克斯韦理论。

1.麦克斯韦理论 在变化的磁场中放置一个闭合电路,在这个闭合电路里要产生感应电流。麦克斯韦研究了电磁感应现象,认为在变化的磁场周围的闭合电路里能产生感应电流,是因为变化的磁场产生了一个电场,这个电场驱使导体中的自由电子做定向移动。麦克斯韦进一步把这种用电场描述电磁感应现象的观点推广到不存在闭合电路的情形,他认为,在变化的磁场周围产生电场是一种普遍现象,与闭合电路是否存在无关。

人们都知道,电流的周围存在着磁场。麦克斯韦研究了电现象和磁现象的相似性和联系,从理论上预言了变化的磁场可以在周围空间产生电场,那么任何变化的电场也可以在周围空间产生磁场。

根据麦克斯韦理论,在给电容器充电的时候,不仅导体中的电流会产生磁场,而且电容器的极板间周期性变化着的电场周围也会产生磁场。

麦克斯韦根据自己的理论进一步预言：如果在空间某区域中有周期性变化的电场，那么这个变化的电场就会在它周围空间产生周期性变化的磁场；这个变化的磁场又在它周围空间产生新的周期性变化的电场。可见，变化的电场和变化的磁场是相互联系的，形成一个不可分离的统一体，这就是电磁场。这种变化的电场和变化的磁场总是交替产生，并且由发生的区域向周围空间传播，电磁场由发生区域向远处的传播，就形成了电磁波。

2. 周期和频率　研究电磁振荡时常常用到周期和频率这两个概念。

电磁振荡完成一次周期性变化需要的时间叫做周期。1s内完成的周期性变化的次数叫作频率。

振荡电路中发生电磁振荡时，如果没有能量损失也不受其他外界因素的影响，电磁振荡的周期和频率叫做振荡电路的固有周期和固有频率，简称振荡电路的周期和频率。

振荡电路的固有周期和固有频率决定于电路中线圈的自感系数和电容器的电容。因此，适当地选择电容器和线圈就可以使电路的固有周期和固有频率满足人们的需要。当需要改变电路的固有周期和固有频率的时候，可以通过改变电容器和线圈的参数来实现。

3. 闭合电路和开放电路　在普通的L/C振荡电路中，电场主要集中在电容器的极板之间，磁场主要集中在线圈的内部，在电磁振荡过程中，电场能和磁场能主要在电路内部相互转化，辐射出去的能量很少，不能用来有效地发射电磁波。这种电路就被称作闭合电路。

研究表明，要有效地向外界发射电磁波，振荡电路必须具有足够高的振荡频率，振荡电路单位时间内辐射出去的能量与频率的四次方成正比。同时振荡电路的电场和磁场必须分散到尽可能大的空间，才能有效地把电磁场的能量传播出去。

因此，为了把无线电波发射出去，就要改造L/C振荡电路，必须增大电容器极板间的距离，减小极板的正对面积，同时减小自感线圈的匝数，以便减小 L、C 值，增大振荡频率。同时使电场和磁场扩展到外部空间，这样的振荡电路叫开放电路。

二、电磁波的特点

1. 电磁波的传播　根据麦克斯韦的电磁场理论，电磁波的电场方向和磁场方向相互垂直，电磁波在与两者均垂直的方向传播。电磁波是横波，与机械波一样，能产生反射、折射、衍射、干涉等现象。

麦克斯韦从理论上预见，电磁波在真空中的传播速度等于光在真空中的传播速度，即 $3.0 \times 10^8 \text{m/s}$，这个预见后来得到了证实。

从场的观点来看，电场具有电场能，磁场具有磁场能，电磁场具有电磁能。电磁波的发射过程就是辐射能量的过程，电磁波在空间传播，电磁能就随着一起传播。

在机械波中，振动传播需要具有弹性的介质，而电磁波则不需要任何介质，在真空中也能传播,这是由电磁波产生的机理决定的,因为电磁波传播靠的是电和磁的相互"感应",而不是靠介质的机械传递。

2.射频电磁波 任何交流电路都会向其周围的空间放射电磁能,形成交变电磁场。当交流电的频率达到射频频率（$30MH_2 \sim 4GH_2$）时,交流电路的周围便形成了射频电磁场。

射频电磁场为非电离辐射,根据电动力学原理,任何射频电磁场的发生源周围均有两个作用机理的作用场存在着,即以感应为主的近区场（又称感应场）和以辐射为主的远区场（又称辐射场）。它们的相对划分界限为一个波长。

近区场与远区场的划分,只在电荷电流交变的情况下才成立。一方面,这种分布在电荷和电流附近的场依然存在,即感应场;另一方面,又出现了一种新的电磁场成分,它脱离了电荷电流,并以波的形式向外传播。换言之,在交变情况下,电磁场可以看作有两个部分,一个是分布在电荷和电流周围,当距离 R 增大时,它至少以 $1/R^2$ 衰减,这一部分场是依附着电荷电流而存在的,这就是近区场,又称感应场。另一个是脱离了电荷电流而以波的形式向外传播的场,它从场源发射出去以后,即按自己的规律运动,而与场源无关,它以 $1/R^2$ 衰减,这就是远区场,又称辐射场。

（1）近区场。以场源为零点或者中心点,在一个波长范围内的区域,统称近区场。由于作用方式为电磁感应,所以又称感应场,感应场受场源距离的限制,在感应场内,电磁能量随着离开场源距离的增大而比较快地衰减。

近区场的特点如下。

①在近区场内,电场强度 E 与磁场强度 H 的大小没有明确的比例,总的来看,电压高、电流小的场源（如天线）,电场强度比磁场强度大得多;电压低、电流大的场源,磁场强度又远大于电场强度。

②近区场电磁强度要比远区场电磁强度大得多,而且近区场电磁强度比远区场电磁强度衰减速度快。

③近区场电磁感应现象与场源密切相关,近区场不能脱离场源而独立存在。

（2）远区场。对于近区场而言,一个波长之外的区域称作远区场。它以辐射状态出现,所以也称辐射场。远区场已经脱离了场源而按自己的规律运动,其电磁辐射强度衰减比近区场要缓慢。

远区场的特点如下。

①远区场以辐射形式存在,电场强度与磁场强度之间具有固定关系,即

$$E = 120\pi H \approx 377H$$

②E 与 H 相互垂直,而且又都与传播方向垂直。

③电磁波在真空的传播速度为 $3.0 \times 10^8 \mathrm{m/s}$。

三、电磁波场源分析

在现代社会中,人工杂波及其产生场源很多。人工杂波产生于电磁场场源,这些场源有在设备内部的,如脉冲发生器等;有在设备外部的,如放电杂波、电流开关通断时所产生的杂波、无线电设备以及各种电气设备所引起的电磁辐射等。电子设备或者电气装置工作时,由它们所发出的电磁杂波,轻者干扰无线电通信、导航与自动控制等,重者危及人体健康。

1. 污染源种类 电磁污染源主要包括两大类,一种是自然型电磁污染,另一种是人工型电磁污染。自然型电磁污染来自于自然界,是由自然界的某些自然现象引起的。在自然型电磁污染中,以天空放电所产生的电磁污染最为突出。由于自然界发生某些变化,常常在大气层中引起电荷的电离,发生电荷的蓄积,当其达到一定程度后引起火花放电。火花放电频带很宽,它可以从几千赫一直到几百兆赫,乃至更高频率。人工型电磁污染源产生于人工制造的各种系统、电子设备与电气装置。人工型电磁污染源按频率不同又可以分为工频场源与射频场源。其中工频场源以大功率输电线路所产生的电磁污染为主,也包括若干种放电型污染场源。射频场源主要指无线电设备或者射频设备工作过程中所产生的电磁感应与电磁辐射。电磁污染的分类与来源见表13-1、表13-2。

表13-1　自然型电磁污染的分类以及来源

分类	来源
大气与空电污染源	自然界的火花放电、雷电、火山喷发
太阳电磁源	太阳黑子的活动与黑体放射
宇宙电磁场源	银河系恒星的爆发、宇宙间电子移动

表13-2　人为型电磁污染源分类

分类		设备名称	污染来源与部件
放电所致污染源	火花放电	电气设备、发动机等	发电机、放电管等
	辉光放电	放电管	白光灯、高压水银灯
	电晕放电	电力线	由于高电压、大电流而引起静电感应、电磁感应、大地电流泄漏造成
	弧光放电	放电管、开关等	发电机、整流装置、点火装置等
工频辐射场源		电气设备、大功率输电线	高电压、大电流的电力线、电气设备
射频辐射场源		应用设备(治疗机等)	医学用射频利用设备的工作电路与振荡系统
		电子设备(无线电发射机、雷达等)	电视、广播的振荡与发射系统
		电气设备(加热设备、微波干燥机等)	工业用射频利用设备的工作电路与振荡系统
建筑物反射		高层楼群以及大型金属构件	墙壁、钢筋等

2. 射频辐射场源　明确射频辐射发生源及其主要特点，对于开展电磁波研究与治理技术是非常必要的。

（1）射频辐射源。

①高频感应加热设备。特别是大功率的高频感应加热设备，当其工作时，电磁感应场和辐射场是非常强大的。据悉，30～100kW 的高频加热设备，其操作部位和其他距离较近的地方，其电磁场空间强度均在卫生标准以上，严重者超过十几倍甚至几十倍之多。

②高频介质加热设备。主要有塑料热合机、高频干燥处理机和介质加热机等，它们的工作频率比较高，在 20～40MHz 之间。高频介质加热设备的主要场源有振荡回路、输电线等。以热合机为例，操作部位场强在每米几十伏上下，超过标准倍数较高。其对环境的污染范围较大，信号干扰半径可达 1～2km。

③广播电台或者通信发射台。电磁辐射中比较严重的是发射机的辐射，其中短波辐射大于中波辐射，干扰辐射大于广播辐射。

通过研究，确定了广播电磁辐射场源为振荡回路、工作电路、发射天线等。一般发射机房大厅空间场强在每米几伏至二十多伏不等。个别的地方场强甚至可以达到每米几十伏到几百伏。在定向工作状态下，所造成的环境污染半径可以达到几千米。

④微波加热与发射设备。微波辐射是强大的电磁污染源。其主要污染场源包括雷达天线、工作电路、磁控管、敞开的波导管及加热器的开口等，由于天线系统的旋转，会使周围环境受到比较大的污染。

⑤汽车火花干扰场源。特别是城市里，交通事业发展，随之而起的是汽车火花等干扰场源逐步出现，成为名副其实的环境场源之一。

⑥射频溅射。射频溅射设备的工作频率为 10～13MHz 不等，这类设备的主要场源有电源箱、变压器、操纵机构以及馈线等。当射频溅射设备工作时，会由上述场源辐射电磁能量，从而污染环境。

⑦射频理疗与起搏器。由于短波理疗、超短波理疗等应用设备的广泛应用以及心脏起搏器的使用，其所引起的不同频率的射频辐射足以构成对某些相关人员的身体健康的危害，干扰某些通信联络以及控制信号。

（2）传播途径。电磁辐射造成环境污染的途径大体可以分为空间辐射、导线传播和复合污染三种。

①空间辐射。当电子设备或者电气装置工作时，会不断地向空间辐射电磁能量，设备本身就是一个多型发射天线。

由射频设备所形成的空间辐射分为两种：第一种，在半径为一个波长的范围之外的电磁能量传播，是以空间放射方式将能量施加于敏感元件。第二种，以场源为中心，半径为一个波长范围内的电磁能量传播是以电磁感应方式为主，将能量施加于附近的仪器仪表、电子设备和人体上。

②导线传播。当射频设备与其他设备共用一个电源供电时,或者它们之间有电器连接时,那么电磁能量(信号)就会通过导线进行传播。

此外,信号的输出输入电路、控制电路等也能在强电磁场之中捕捉信号,并将捕捉到的信号再进行传播。

③复合污染。它是当同时存在空间辐射与导线传播时所造成的电磁污染。

(3)辐射干扰与传播。电磁场的空间传播以及感应,都是由于电场与磁场相互作用的结果。

当有交变电流通过导体时,则相应地在导体附近的周围空间产生交变的电场与磁场。这个变化的电磁场在空间的传播被定义为电磁波。

如果将金属导体等放在场源的附近空间内,则会由于电磁感应使金属导体产生感应电动势,当导体沿电源电路置于电源电路很近的部位时,感应电动势通过电源电路对电子设备形成干扰。

谈到近场干扰时,还应该提出由接地系统引致的干扰问题。当射频设备的专用接地系统与其他电子设备的接地系统很近时,那么射频电流在地线阻抗上行成干扰电压而加到电子设备上引起干扰危害。倘若共用一个公共接地系统时,这种干扰危害就会很大。

在射频设备的某些强辐射部位,比如高频变压器的附近,会由于感应作用而使日光灯管发亮或者金属板与金属板碰撞打火等,所以高频近场感应问题是十分突出的。

而对于远离场源的空间,干扰主要来源于远场辐射。也就是说,在距场源或者与场源相连接的导体较远的空间里,存在着自由的电磁波。

空间传播的干扰,主要是由辐射电磁场产生的,它们以场源的电源电路、信号的输入输出电路、控制电路等导线作为辐射天线。此外,当场源的外壳有高频电流时,那么整个设备本身就是一个大辐射天线。

在远场之中,电灯线、架空导线、控制线等都具有天线效应,皆可以辐射、接收以及传播电磁波。由于电磁辐射引起电灯线、控制线等的感应作用,从而产生干扰。

第三节　电磁辐射对人体健康的危害

在众多电器设备应用给人类带来莫大利益的同时,也难以避免地使生产环境和生活环境受到电磁辐射的污染,并对人体健康造成一定影响或危害,这一重要问题在很多方面还没能被人认识,需要解决和研究的课题还很多。

一、电磁辐射对人体健康的影响

一个世纪之前,科学家们就发现电磁波对人神经系统的作用。如果在强磁场环境中工作,人对声、光、味觉的灵敏度都会发生改变,视觉运动反应时间明显延长,有的视觉反应时间延长可达 11%，对光线适应缓慢，手脑协调性变差，对数字记忆速度减慢，出现错误较多。由此造成的工伤、交通事故增加。电磁辐射对人行为影响最为突出的是对记忆力的影响，表现在记忆力衰退，尤其是短时记忆力减退还使人情绪反常，烦躁易怒，产生睡眠障碍，注意力不集中；久而久之，出现头痛、耳鸣、肌肉和关节疼痛或发痒等症状。长期接触短波的人，其性欲减弱。女性长期接触短波致使胎儿先天素质较差，出现缺陷或痴呆。当停止在这样的环境中工作时，不舒适的感觉就会慢慢消失。电热毯、电动按摩器、电动剃须刀、移动电话、微波炉、电子计算机等是目前人们应用最普遍的电器，它们都能产生电磁波。就连人们每天离不开的电视机也会辐射电磁波。国内外有关资料报道，电磁辐射可导致如下病症。

（1）中枢神经系统机能障碍和植物神经紊乱。以头昏脑涨、失眠多梦、疲乏无力、记忆力减退、心悸等最为严重；其次是头痛、四肢酸痛、食欲不振、脱发、体重下降、多汗，有些人发生心动过速、血压升高，也有些人出现心律不齐等变化。长时间、大强度照射电磁波，部分人员出现脑生物电流的改变，白细胞有可能增加或减少，变化呈极不稳定状态。

（2）眼睛、睾丸损伤。眼睛是人体对微波辐射较敏感和易受伤害的器官，其晶状体可能出现混浊或水肿，严重时可出现白内障以至造成视力全部丧失。

微波辐射对睾丸的损害也是比较严重的。由于微波能抑制精子的产生，所以可以使男性患暂时性不育症，辐射过强，则会引起永久性不育。

生物电磁学的研究表明，人体的眼睛和睾丸是最容易受到热效应危害的组织，因为它们相对缺少有效的血液循环以驱散过多的热量（血液循环是人体处理过多热量的最主要机制）。生物实验表明，高功率射频辐射（100～200mW/cm）短期照射（比如1.5h）会导致兔子患白内障。当睾丸暴露在高功率射频辐射（或其他产生当量温度上升的能量形式）下，热效应使精子数量和运动能力改变会导致暂时不育。

（3）诱发癌症或免疫缺陷性疾病。关于诱发癌症的机理在当今医学界争论激烈，但电磁辐射是诱发癌症的重要因素已是学术界的共识。

（4）精神病增加。美国精神病专家指出，近几年来精神病患者显著增加，与周围的电磁场强度愈来愈大有明显的关系。原因是人体大脑内也有各自微小的电磁场，它与外界的电磁场必须相适应，否则，就会由于失调而影响人的行为。有的学者提出这种行为改变是下丘脑—垂体—肾上腺或交感神经—肾上腺系统机能紊乱所致。

（5）Andrea 等人（1986 年）报道大白鼠长期受射频辐射，其行为效应的阈值在0.14～0.7W/kg。为了阐明辐射效应在神经系统方面的潜在机制，Lai et al（1989 年）等人研究认为，大脑中类胆碱能和内源性神经传递素与微波辐射引起的空间记忆缺失有关。Sanders 等人（1985 年）报道大白鼠暴露于 SAR 为0.1～0.5 W/kg 的脉冲微波后，其大脑皮层的 ATP、CP 含量明显下降，并认为辐射降低了线粒体的电子传递功能。Chiang 等人（1984 年）亦观察到在 SAR 等于或大于 0.5W/kg 时，小白鼠暴露于脉冲微波后，线粒体

452

标志酶 SDH 和 MAO 减少。对于健康来说,免疫系统是非常重要的。俄罗斯曾报道了一系列长期辐射暴露对免疫系统影响的实验研究。通过补体结合试验、嗜碱细胞脱颗粒、溶血空斑形成等试验发现,大白鼠、豚鼠、兔子等暴露于 $50\mu W/cm^2$ 或 $500\mu W/cm^2$、2450MHz 的微波后,引起了大脑蛋白结构的损害和抗细胞毒素抗体的产生,随后发生了自身免疫过程(Vinogradov and Dumanskij,1975;Shandala 等人,1985)。Vinogradov 等人把暴露动物的免疫活性细胞转到另一只大白鼠身上,进一步证实长期暴露于 $500\mu W/cm^2$ 的微波下,可导致自身免疫反应。Shandala 等人 1982 年报道:$500\mu W/cm^2$ 微波可导致孕鼠自身免疫的发生,并观察到丝裂原诱导的淋巴母细胞转换受到明显抑制。

(6)电磁辐射的强度大于 $10mW/cm^2$ 时引起机体体温升高,使生物组织在电磁场作用下产生"位移"电流、电解质振动和局部感应涡电流而引起的组织产热,即致热效应。低于 $10mW/cm^2$ 的低强度电磁辐射长期作用,虽不出现体温升高,但可引起共振频率(引起全身吸收率接近最大值时的频率),共振频率的频带与生物体的体长有关,标准人(身高 175cm)为 70MHz、1 岁婴儿为 150MHz。有研究认为,电磁辐射的致病效应随频率的增大而增加。动物实验发现,在 $1mW/cm^2$ 电磁辐射的作用下,可出现神经介质水平、血脑屏障通透性增加、钙从脑组织溢出和脑电图等发生变化。动物在 $3mW/cm^2$ 强度作用下,出现心率和心电图变化。在 $1\sim10mW/cm^2$ 强度作用下,对血液系统(外周血象)和免疫系统(兴奋或抑制)都有相当程度的影响。流行病学研究发现:长期接触电磁辐射的人群容易出现头晕、疲乏、记忆力衰退、食欲减退、烦躁易怒、血压变化、白细胞减少等症状。女性可发生月经不调,个别男性有性功能衰退现象,可导致畸胎以及某些脏器癌变。手机是一个小型的电磁波发生器,对人体有致畸作用。长期、高频率使用手机,使脑的胶质细胞发生 DNA 电力损害,引起细胞癌变,还会引起视力下降,甚至白内障等。尽管相关专家对某些观点不尽相同,但电磁波对人体能产生一定的危害已经达成共识。

二、电磁辐射对人体危害的作用机理

电磁辐射对人体的危害是由不同种类的电磁波能量的粒子造成的。当这类高能粒子穿透人体时,会改变或摧毁人体细胞的分子机制。若辐射强度较低,受损的蛋白质和其他分子通常都能修复;高强度的辐射会直接杀死细胞。即使强度较低,若辐射影响到细胞中产生蛋白质的 DNA,仍会对机体产生重大影响。辐射能直接影响 DNA,破坏其分子构造,还留下一系列离子化的水分子,而且,这样产生的高度活跃的氢氧离子能改变重要的基因,使细胞致残或死亡。但由于人体内有数十亿个细胞,低度辐射所造成的损失影响不大。然而,如果控制生长的基因受损,细胞就有可能分裂失控,成为潜在的致命肿瘤。

生物系统受到某种刺激后一旦产生可以测量的改变,就会产生生物效应。射频能导致组织受热引起的生物效应一般称为"热效应"。人们很早就认识到,射频能可以快速加

热生物组织,高频射频照射会使人体组织受损,因为人体无法处理产生的过多热能。在特定条件下,暴露在功率密度为 $1 \sim 10\text{mW/cm}^2$ 或稍高的射频场中可以产生可测的生物组织受热(但并不足以导致组织受损)。受热程度取决于辐射频率,受辐射物体的尺寸、外形、极化方向,辐射周期,环境条件和散热效率等参数。

研究表明,普通公众一般面对的环境射频功率水平远远低于产生显著放热和导致体温升高的射频功率。但是,在一些靠近高功率射频源的特殊工作环境中,射频能可能超过了人体安全照射限值。在这种情况下,应采取严格措施保证射频被安全利用。

尽管一般观察不到,在特定的频率、信号模式和强度条件下,微波会产生"听觉"效应,此时动物和人类可能会感觉到射频信号发出的嗡嗡声或滴答声。对此,一种假设是,微波信号在头内产生热弹性压力,被耳内的听觉组织感觉为声音。这种效应并不会危害健康,而且一般来说普通公众感觉不到。

目前,国内外将电磁辐射对人体产生危害的作用机理分为三方面,即热效应、非热效应、累积效应。

1. 热效应 高强度的电磁辐射对生物体系统的作用主要是热效应。生物体受到强电磁辐射会使生物体物质产生极化和定向弛豫现象,分子产生热运动,而摩擦则促使生物体温度升高,称为热效应。

热效应是高频电磁波直接对生物肌体细胞产生"加热"的作用,电磁辐射的生物效应已在医学界大量的动物实验中得到证明,生物体在接受电磁辐射后产生变化,接受辐射后体内的极性分子随着电磁场极性的变化做快速排列运动,分子相互碰撞、摩擦而产生巨大热效应。单靠体温的调节无法把这些热量散发出去,则肌体升温,所以往往肌体表面看不出什么,而内部组织已严重"烧伤"。微波炉就是根据这一原理加热食物的。显然,由热效应引起的肌体升温,会直接影响人体器官的正常工作,它对心血管系统、视觉系统、生育系统等都有一定的影响。

当热效应温度超过体温调节能力时,人体温度平衡功能失效,并由此产生生理功能紊乱和病理变化等各种生物效应。例如局部组织或者体温明显上升,当微波功率密度为 10mW/m^2 时,人的体温将上升约1℃,当功率密度更强时,体温升得更高。因而人将产生高温反应,表现为昏迷、抽搐和呼吸障碍。波长为 1.25cm 的微波辐射,强度为 150mW/m^2 时,足以使小白鼠死亡;频率为 1200MHz 微波辐射,强度为 330mW/m^2 时,15min 内能使 50% 的狗死亡,同时容易使人的眼睛形成白内障,还会对神经造成危害,容易引起反应迟钝、疼痛、痉挛等,使人体血液中的白细胞和红细胞减少。

2. 非热效应 长时间低频的电磁辐射会产生电磁生物效应,即非热效应。热效应与非热效应的分界线并非很明确,不过可以引入一个电磁辐射生物剂量单位,称为比吸收率。比吸收率表示生物体每单位质量吸收的电磁辐射功率,单位为 W/kg。一般比吸收率大于 1W/kg,为热效应;小于 0.1W/kg,为非热效应;介于两者之间为模糊区,热效应和非热效应兼而有之,但详细作用机理目前尚不清楚。低频电磁波对人体产生影响,人体被电磁波辐照后,体温并未明显升高,但已干扰了人体的固有微弱电磁场,从而使人体处于平衡状态的微弱电磁场遭到破坏,使血液、淋巴液和细胞原生质发生变化,造成细胞内的脱氧核糖核酸受损和遗传基因发生突变而畸形,进而诱发白血病和肿瘤,还会引起胎盘染色体改变,并导致婴儿畸形或孕妇的自然流产。2000 年 6 月,国际癌症研究所(IARC)将低频电磁场(工频电磁场)列为可疑致癌物。

3. 累积效应 热效应和非热效应已经作用于人体,当人体尚未及时自我修复之前,如果再次受到电磁辐射,其伤害程度就会发生累积,对长期接触电磁辐射的群体,即使功率很小,频率很低,也可能会诱发意想不到的病变,久而久之,最终将造成永久病态乃至危及生命。

第四节　电磁屏蔽

一、防电磁辐射织物的屏蔽原理

有效的抑制电磁波的辐射、泄露、干扰和改善电磁环境主要以电磁屏蔽为主。电磁屏蔽实际上是为了限制从屏蔽材料的一侧空间向另一侧空间传递电磁能量。

1. 电磁波传播的衰减过程 依据 Schelkunoff 电磁屏蔽理论,当电磁波传播到屏蔽织物表面时,主要依据三种不同机理进行衰减。

(1)在入射表面的反射衰减 R。这是由于电磁能从屏蔽金属纤维表面反射而引起的反射损耗,这种反射作用是由于电磁波在自由空间的波阻抗与织物的阻抗不同造成的,反射作用的大小与织物的厚度无关,而与织物表面的导电性有关,导电性越好,反射作用越大。

(2)没有被反射的电磁波进入屏蔽织物的内部被吸收衰减 A。主要是由于金属纤维中的电偶极子受电磁场作用而产生涡流,涡流可产生反磁场来抵消原磁场,并产生热损耗,消耗了电磁能,起到了减弱电磁辐射的作用。

(3)在电磁波屏蔽织物的内部多次反射衰减 B。这主要由于电磁波在金属纤维内部多次产生反射,造成电磁波的能量损失。

含不锈钢纤维织物电磁屏蔽效果主要取决于反射衰减 R。电磁波在织物中的传播过程如图 13 − 1 所示。

2. 屏蔽效应的计算 电磁波通过屏蔽织物的总的屏蔽效应可按下式计算:

$$SE = R + A + B$$

式中:SE——电磁屏蔽效能,dB;

　　　R——表面单次反射衰减值,dB;

  A——织物内部吸收衰减值,dB;

  B——织物内部多次反射衰减值,dB。

  SE 的值越大表示织物的屏蔽效能越好。当 *SE* > 10dB 时,*B* 值很小,可以忽略不计,则上式可变为:

$$SE = R + A = \left[50 + 10\lg(\rho \cdot f)^{-1}\right] + 1.7d(f/\rho)^{1/2}$$

式中:ρ——体积电阻率,$\Omega \cdot cm$;

   f——频率,MHz;

   d——屏蔽层厚度,cm。

  由上面的公式可以看出,当 f、d 一定时,ρ 值决定屏蔽层的屏蔽效能。体积电阻率越小,材料的电导率越高,屏蔽层效能越高。

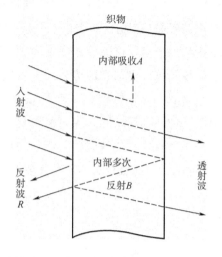

图 13 – 1　电磁波在织物中的传播示意图

二、电磁屏蔽的类型

  在结构屏蔽的基础理论中,按屏蔽的电磁场性质分类,通常分为三大类,即电场屏蔽、磁场屏蔽及电磁场屏蔽。

  1. 电场屏蔽 主要是利用金属屏蔽体的电场屏蔽作用来防止静电场和恒定磁场的影响,其屏蔽机理是将电场感应看成分布电容间的耦合,这种屏蔽需要完善的屏蔽体和良好的接地。

  2. 磁场屏蔽 主要用于防止交变电场、交变磁场及交变电磁场的影响。当一束电磁波碰到屏蔽体时,会在表面感应出电流。屏蔽的一个作用就是将这些电流在最小扰动的情况下送到大地。因此,电磁屏蔽不但要求良好的接地,而且要求屏蔽体具有良好的电连续性,最好不能有导体穿过屏蔽体。其基本原理是利用高磁导率的金属屏蔽体进行磁场屏蔽。

  3. 电磁场屏蔽 其原理主要是基于电磁波穿过金属屏蔽体时产生波反射和波吸收的机理。反射主要取决于波阻抗与金属的阻抗之比,比值越大,反射越大。因此,对于高阻场(电场)主要是反射,低阻场(磁场)几乎没有反射,这就是低频磁场屏蔽十分困难的原因。在高频段,为平面波,其波阻抗固定为 377Ω。电磁波在金属材料中传输会发生衰减,衰减程度取决于材料的导磁率、导电率。对于电场,导电率高的材料衰减大;对于磁场,导磁率高的材料衰减大。显然,材料越厚,衰减程度大,屏蔽效果好。用能将磁通分流的高导磁率铁磁性材料可以屏蔽 200kHz 以下的低阻抗波。反过来,用能将电磁波中电矢量短路的高导电性金属能够屏蔽电场波和平面波。入射波的波阻抗与屏蔽体的表面阻抗相差越大,屏蔽体反射的能量越多。

三、影响织物屏蔽效能的因素

影响屏蔽效能的因素要从电磁波的特征(强度、频率)和屏蔽体的特征(与辐射源的距离、材质磁导率和电导率、形状等)两方面考虑。对防护织物而言,影响屏蔽效能的因素可归纳为以下几点。

(1)屏蔽效能与屏蔽体到辐射源的距离有关,距离越大,屏蔽效能越好。特别是在远场(距离 $\lambda/2\pi$ 以上时)中,屏蔽效能远远好于近场。

(2)当辐射电磁波的频率较高时,主要是利用低电阻率的不锈钢长丝所产生的反射、涡流、耦合作用对外来电磁波进行衰减,从而达到屏蔽的效果。

(3)当辐射电磁波的频率较低时,主要利用不锈钢长丝较高的导磁率,使磁力线限制在屏蔽织物的内部,防止扩散到屏蔽的空间去。

(4)同一种屏蔽材料对电场波的屏蔽最高,对磁场波的屏蔽最低,即磁场波最难屏蔽,同时,注意屏蔽材料在不同频段的特性有所不同。例如,铁磁性材料在低频时的磁导率高,吸收损耗大,所以,低频屏蔽体一般用铁磁材料,但到高频时,铁磁材料的相对磁导率随着频率的升高而下降,而屏蔽材料的反射损耗随着频率的升高而变大,所以,高频时选用良导体为屏蔽体。由于不锈钢材料兼具导磁、导电两种特性,且成本较低、物理化学性质稳定,因而成为理想的屏蔽材料。

(5)对于频率高于 1000MHz 的电磁波,使用吸收材料是种可行的选择。它们是通过吸收能量并将其转换成热量来降低辐射。由于它们要转换电磁能量,所以这些材料不应接地。只要阻断电磁场的通道,或者处在电磁场的通道中,它们就会降低场的电磁能量。但使用这种材料时,要注意吸波材料对吸收电磁波的波长具有选择性,即只对某一频段的电磁波有效,同时还要注意材料的熔点温度,并注意与皮肤的隔离,防止意外强辐射时灼伤皮肤。

(6)织物的经纬密度特别是不锈钢长丝在织物中的排列密度直接影响屏蔽效能。在一定范围内,织物的经纬密度大,织物中含有的不锈钢长丝会相对增加,对电磁波的反射作用增强。但经纬密度的增加有一定限度。过大的经纬密度会导致不锈钢长丝在织物中屈曲增加,织物的表面电阻值会增加,使屏蔽效能下降。

(7)织物中不锈钢长丝构成的网格(孔洞)尺寸与织物的经纬密度直接相关,对屏蔽效能影响很大。特别在电磁波频率较高的场合,由于电磁波的波长较小,很容易穿过孔洞。当波长接近于孔洞的尺寸时,这些孔洞的尺寸就会降低屏蔽的效能。为此,在织物设计时,要考虑不锈钢长丝网格的尺寸(对角线长),小于要屏蔽电磁波波长的 1/100 时,孔洞的影响可忽略不计。

第五节　防电磁辐射织物

一、金属丝防电磁辐射织物

目前市场上销售的防电磁辐射纺织品主要是金属丝防电磁辐射织物。金属丝防电磁辐射织物具有抗静电、电磁辐射衰减率大、耐洗涤、耐磨、耐腐蚀、柔软、轻薄、保健等多种功能。20世纪90年代初，北京洁尔爽高科技有限公司发明了屏蔽电磁波混纺织物，此产品是采用特殊工艺和专门技术将金属纤维、远红外保健材料、棉纤维等有机结合在一起，反射和屏蔽电磁波，并发射对人体非常有益的远红外线，从而达到防护、保健功能。该产品属国内首创，处于国际领先水平，经中国人民解放军卫生监测中心、北京市劳动保护研究所、中国人民解放军总装备部航天医学工程研究部等权威单位检测证明：该产品具有优良的屏蔽性能，屏蔽效能达30dB以上，电磁辐射衰减率达96%以上，屏蔽带宽500kHz～6GHz，远红外辐射率大（85%以上），高效抗菌，穿着舒适，耐洗涤，强度好，防静电，具有透气性、柔软性好等特点，是工作、生活在电磁辐射环境人群的理想保健产品。深圳康益保健用品有限公司采用上述织物生产的防电磁辐射孕妇装和防护服等的市场前景看好。

屏蔽织物由金属丝和服用纱线混编或混纺而成。金属丝主要有铜丝、镍丝和不锈钢丝，特殊场合采用镀银铜丝。屏蔽织物的屏蔽效果尚好，唯一缺陷就是织物厚、重、硬、不耐折。为了改善它的服用性，一方面，采用较细的金属丝；另一方面，把金属丝轧扁，同纱（线）并绕，以提高柔性和弹性，减少服压感。改进的金属丝混编织物，许多领域都在使用。在0.15MHz～20GHz范围内屏蔽织物屏蔽效能达60dB以上。

（一）涤纶金属丝网布的织制

采用多臂多梭箱织机织制纱罗网眼织物。经纱在织物中不是平行排列，而是绞经和地经两组经纱相邻间隔排列，并有规则地相互扭绞，使织物表面呈现清晰而有规则均匀分布的纱孔，且将金属丝在经纬向以一定的间隔均匀分布，即组成网状结构。因而，该织物不仅透气性好、自身重量轻、强度高，且金属丝的织入对织物的成衣和服用性能的影响小，对特殊用途更为合适。

1. 织物的主要技术规格　涤纶金属丝网布的技术规格见表13-3。

表13-3　涤纶金属丝网布的技术规格

坯布	经向	甲经165dtex×2涤纶丝	经密	76.5根/10cm
		乙经165dtex涤纶丝		
		丙经0.3mm铝丝		
	纬向	甲纬165dtex×2涤纶丝	纬密	74根/10cm
		丙经0.3mm铝丝		

成品	布幅	110cm	长度	80m
	经密	78 根/10cm	定重	177g/cm^2
	纬密	75 根/10cm	每匹重	15.6kg
	断裂强力	经向 1010N	表面电阻	>11Ω
		纬向 800N	隔离度	>95%（8000～10000MHz）
	撕破强力	经向 90N		
		纬向 80N		

注 经向密度 4 根绞花（3 根涤纶丝,1 根铝丝）,以 1 根计算;纬向密度 2 根并列（2 根涤纶丝,1 根铝丝）,以 1 根计算。该织物中含铝丝 20%。

2. 织造工艺流程

经纱: 165dtex×2涤纶丝 → 加捻→络筒→整经┐
　　165dtex涤纶丝→加捻→络筒→整经──┐
　　0.3mm铝丝→络筒→整经──────穿综筘┐
　　　　　　　　　　　　　　　　　　├→织造
纬纱:165dtex×2涤纶丝→卷纬──┐　　　┘
　　0.3mm铝丝→卷纬─────┘

3. 织物的屏蔽效能　经测试,该织物对各种频率的微波具有表 13-4 所示的屏蔽效能,屏蔽效能以微波透过织物的透过量 P_1 和入射量 P_2 的相对值的对数表示,即:

$$L = 10 \times \lg\frac{P_1}{P_2}$$

式中:L——屏蔽效能,dB;

P_1——微波透过织物的功率;

P_2——微波入射功率。

表 13-4　隔离度

频率（MHz）	屏蔽效能（dB）	电磁波能量屏蔽率（%）
10	20.9	99.2
100	20.5	99.0
1000	14.8	95.8
2000	12.1	92.2
5000	26.2	99.5
8000	14.6	96.7
12000	13.8	96.7

从表13－4的数据可知,当织物的屏蔽效能为20.5dB时,相当于入射的微波通过此织物后还剩不到1%,即99%以上的能量已衰减。

由研究分析可知,屏蔽效能是考核涤纶金属丝网布的重要指标。微波频率在300～30000MHz,其中的8500～10700MHz频段用于通信。由表13－4可知,涤纶金属丝网布对这一频段微波的隔离度达95%以上。

4.工艺参数的影响

（1）织物中金属丝的含量是决定它对电磁波屏蔽性能的主要因素,金属丝含量越高,它的屏蔽效能也越高,但金属丝含量过高会使织造困难,而且会显示出"金属手感"。一般来说,在达到使用要求的前提下,金属丝含量以小为好;此外,金属丝的含量由其在织物中的密度、粗细而定。

（2）织物中其他纱线的粗细、密度、结构和分布状况,均需视织物的用途决定。例如铝丝丝质轻且带有柔性,反射性能好,具有良好的导电性,价格低廉,且有一定的可织性。为了减轻织物的重量,又不失织物的牢度,织物可采用纱罗组织。因此这种网布作为海上搜救用的探知物不失是一种最佳选择。织物中铝纤维含量的大小,视屏蔽的要求而定。当然,金属纤维的粗细及在织物中的分布情况等也很重要。

总之,网布选用何种金属材料及其粗细和含量、织物结构等均需综合考虑其使用的场合及其性能要求、金属丝织制的难易程度、屏蔽的效果等条件。

（二）金属丝混纺织物

为进一步改善屏蔽织物的服用性,把金属丝抽成纤维状,同服用纤维混纺成纱,再织成布。这种屏蔽织物所选用的金属纤维,主要是镍纤维和不锈钢纤维两种,其直径有 $10\mu m$、$8\mu m$、$6\mu m$、$5\mu m$、$4\mu m$。在一般情况下,金属纤维的混合比例在5%～30%,如有特殊环境需要,还可低于5%或高于30%,直到金属纤维纯纺。

由于金属纤维具有良好的导电性、导热性和耐高温性,又有较高的强度,因此在功能纤维迅速发展中,金属纤维也异军突起。目前金属纤维已引起人们的高度重视,特别是直径为 $4\mu m$ 的纤维,现已被列入新材料的行列。

与金属丝混编织物相比,这种屏蔽织物在性能、质地上有很大改进,其物理性能与一般织物相似,手感柔软,色谱较多,但金属纤维在浅色织物中会突现出来,影响色泽。虽然如此,这种屏蔽织物的数量在现有的屏蔽织物中已占到70%～80%。

金属纤维虽然柔性类似于纺织纤维,但因密度大、刚性强、弹性差、摩擦系数大,抱合力较小,所以纺制9.7tex以下的细特纱还有困难,至今纺制的多为14.6tex、15.3tex、19.4tex、27.8tex。织物的屏蔽效能在0.15MHz～3GHz内达15～40dB以上。

金属纤维的存在会影响双氧水的分解。温度高分解快,易损伤棉纤维,所以适合进行低温处理,应采用冷轧堆,加大稳定剂的用量,减少双氧水的用量。

1. 工艺流程

冷轧堆→水洗→预定形→烧毛→氧复漂→丝光→氧复漂→染色→柔软→定形

加工屏蔽布,应尽可能减少工序。湿热加工时间尽可能短,以免产生横档印,这是因为金属丝的存在,使布身较硬而没有韧性所致。

2. 工艺条件

(1)冷轧堆。冷轧堆工艺配方见表13-5。

表13-5 冷轧堆工艺配方　　　　　　　单位:g/L

用剂 ＼ 织物	冷轧堆一步法	
	涤/棉织物	纯棉织物
高效渗乳剂 M	8～10	12～14
氧漂稳定剂 SK	11	13
NaOH(100%)	20～24	30～35
H_2O_2	14～16	18～20

(2)平洗。洗去冷轧堆反应物,如降解浆料、烧碱、残留双氧水等,必须保持布面平整,下机织物 pH 为 7～8。

(3)预定形。确保烧毛前布面平整,以免造成褶皱。定形温度低于涤纶的软化点温度即可,时间 20s。拉幅工序中,金属纤维的平面滑动会产生对其他纤维的剪切力,使纤维断裂脱离,花毛增多。因此在布面平整的情况下,尽可能减少拉幅。

定形条件:165℃,25s。

(4)烧毛。电磁屏蔽织物用于高温机台的加工工序应特别注意。例如在烧毛过程中,由于金属纤维的存在,吸热升温快,温度高会造成金属丝表面氧化,使织物变硬,破坏涤纶织物,或将布匹打包使折皱变为死皱。因此一般应采用后烧毛,使织物平整后烧毛,烧毛时火力不宜太强,采取一正一反或者两正一反,采用车速为 110～120m/min 的弱烧毛,不通过刷毛箱,以免产生擦伤。

(5)丝光。

烧碱浓度	220～240g/L
丝光时间	55～60s
布铗扩幅	152～153cm
三冲三吸	50～70℃
落布 pH	7～8
落布门幅	147～148cm

(6)氧复漂。电磁波屏蔽织物本身带有灰色,很难漂白,一次漂白只能改善白度以及织物亮度,并起到进一步精练的作用,提高织物的渗透性能。金属纤维的存在会影响双

氧水的分解。温度高分解快,易损伤棉纤维,所以宜采用冷轧堆,应选用高效稳定剂(如JLSUN SK),并加大稳定剂的用量,减少双氧水的用量。氧复漂工艺配方见表 13-6。

表 13-6　汽蒸一步法氧复漂工艺配方　　　　　　　　单位:g/L

织物 用剂	汽蒸一步法	
	涤/棉织物	纯棉织物
高效渗乳剂 M	8~10	12~14
氧漂稳定剂 SK	11	13
NaOH(100%)	13~15	17~19
H_2O_2	11~12	14~15

(7)染色。由于电磁屏蔽织物中存在金属纤维,加工的半制品为灰白色。采用氧漂与氯漂可获得相同的效果,故此类织物难以生产漂白及颜色鲜艳品种,产品大多是暗色系列。一般采用分散/士林染料染色或采用分散/活性染料染色。由于高温机台易引起金属丝的氧化,使织物硬脆无韧性,影响屏蔽效果,加工过程中应尽可能减少高温和折叠堆置加工。

(8)柔软定形。

①工艺流程。

浸轧(轧液率70%~75%)→烘干→定形(165℃,20s)→成品

②工艺配方。

JLSUN 氨基硅微乳柔软剂 S—960　　　　　　　　　　　　　20~40g/L

3. 成品各项物理指标　测试结果表明,成品布的强力、断裂伸长率、干摩擦牢度、湿摩擦牢度、皂洗牢度等各项物理指标均达到国家标准。

二、化学镀织物

化学镀织物是一种金属化织物,由于其具有导电性和可塑性,可制成电磁波屏蔽帐、帘和墙布或服装、手套和围裙等,使人们免受电磁波的伤害。

(一)化学镀

化学镀是一种古老的镀金属工艺,其源头可追溯到古埃及制镜技术。近代,化学镀技术应用在塑料上以后才引起大家的注意;在此之后,纺织品的化学镀技术研究才逐步开展。目前,纺织品的化学镀以镀铜、镀镍和镀银为主。据有关资料报道,上海市纺织科学研究院在 20 世纪 70 年代就着手在选定的基布上进行化学镀银工艺的研究,之后进一步发展化学镀铜、镀镍以及镀铜、镀银的复合工艺。

化学镀和电镀有相似之处,因为是在水溶液中进行加工,故又称湿法。电镀是应用电流使溶液中的金属离子还原,而在被镀基材表面形成金属膜。化学镀是采用还原剂,

使金属离子还原沉积形成金属膜。电镀一般适用于各种金属导体材料;而化学镀不论导体还是绝缘体均可施镀,无须整流器等电源设备,且不论被镀物的形状如何,均能获得均匀镀层。化学镀根据不同镀层要求,可选择不同工艺条件。

具有相同电磁波屏蔽效果时,与金属箔复合产品相比,化学镀金属的金属耗用量在1%以下。化学镀与真空镀和溅镀相比,具有可实现连续生产、效率高、镀层厚度容易调节、控制较简便的优点。其最大缺点是产生含重金属离子的污水,处理困难。其次,化学镀铜或镍时,过去大多数采用把贵金属作为活化促进剂,由于其价格昂贵,因此降低成本的研究已引起关注,文献上已有用银盐的介绍。

在化学镀产品中,铜的导电率仅次于银,其电磁波屏蔽性能良好,但在空气中铜容易氧化而影响其耐久性。因此,一般都需要经后处理,防止其氧化。如日本三菱人造丝公司开发在聚酯纤维上化学镀铜或镀镍的产品(Diamex 商品),为了防止金属氧化影响各项性能,最后经树脂涂层处理。由扫描电镜观察证实,该商品每根纤维上镀金属层厚度为 $0.06 \sim 0.15 \mu m$,在所有纤维上都覆盖了金属涂层。

化学镀金属化织物中,以镀铜或镀镍最多,其中主要基材是涤纶、芳族聚酰胺、玻璃纤维和碳素纤维。20 世纪 80 年代,北京洁尔爽高科技有限公司等单位开始以各种织物为基材,经化学涂层、电镀、真空镀、化学镀等技术将金属以粉末或原子、分子、离子状态,由直接或间接方式集聚于织物表面,使织物不仅能保持原来的风格,而且具有其他一些特殊性能。织物经金属化整理后,具有一些特殊性能,如抗辐射性、抗静电性、导电性、电磁屏蔽性、降噪性、抗油、抗菌、对紫外线和红外线具有反射及吸收等性能。但在研究过程中发现,金属化织物在洗涤后,各方面的性能明显下降,并且生产投入大,使用成本高。因此人们开始对金属编织物进行研究,并且取得了一定成果。

1. 化学镀的基本原理　织物化学镀镍是在镍盐的水溶液中加还原剂(如次亚磷酸盐、硼氢化合物),使金属镍析出镀在纤维表面。

化学镀的原理目前尚无定论,但在酸性溶液中,下列反应是存在的:

$$NiSO_4 + 2NaH_2PO_2 + 2H_2O \xrightarrow{\text{催化剂}} Ni + 2NaH_2PO_3 + H_2 \uparrow + H_2SO_4 \qquad (13-1)$$

$$NaH_2PO_3 + H^+ \longrightarrow P \downarrow + NaOH + H_2O \qquad (13-2)$$

由于式(13-1)进行反应,使溶液中硫酸镍浓度降低并使 pH 下降,式(13-2)会产生磷的析出。

2. 工艺流程

脱脂→水洗→中和→水洗→催化→水洗→活化→水洗→化学镀→水洗→烘干→后处理→成品

(1)脱脂。待化学镀的织物,必须经过充分前处理,以去除油脂、污垢等杂质,使纤维表面呈多孔状。如是合成纤维，则其表面尚需粗糙化处理（如涤纶的碱减量处理），以提高镀层与基材的附着牢度。因化学镀只是金属与被镀基材之间的物理结合，故称锚固效果。

（2）催化处理。将织物浸入催化剂溶液中（如氯化亚锡等），并使每根纤维都能均匀吸附，为活化处理奠定良好的基础，作为以后化学镀析出金属的核心。

（3）活化。一般是加入促进剂（活化剂），如氯化钯等金属的溶液，与纤维上的氯化亚锡反应，使氯化物还原成微粒吸附在纤维表面。活化处理后的水洗要妥善控制，水洗不足，活化溶液带入化学镀液会引起自然分解；水洗过分，部分促进剂被洗去，给化学镀造成困难或使镀层不匀。其主要反应为：

$$Sn^{2+} \longrightarrow Sn^{4+} + 2e \tag{13-3}$$

$$Pd^{2+} + 2e \longrightarrow Pd \tag{13-4}$$

（4）化学镀。化学镀溶液由金属盐、还原剂、络合剂、缓冲剂和稳定剂等组成，其还原反应是由还原剂将金属离子还原成金属原子或分子沉积在纤维表面，而原先吸附在纤维上的贵金属[如反应式(13-4)所示]则起催化作用，从而形成金属膜。今以镀铜为例简述如下：

化学镀铜溶液中，甲醛为还原剂，二价铜离子被反应为金属铜，而甲醛自身则氧化为甲酸根，其反应式为：

$$Cu^{2+} + HCHO + 3OH^- \longrightarrow Cu + HCOO^- + 2H_2O \tag{13-5}$$

反应式(13-5)不是自动催化的，即生成的铜不具催化作用，而由贵金属进行催化，还有另一反应式为：

$$HCHO + OH^- \xrightarrow{\text{Pd、Au或Ag}} HCOO^- + H_2 \uparrow \tag{13-6}$$

反应式(13-5)和反应式(13-6)相加即得：

$$Cu^{2+} + 2HCHO + 4OH^- \longrightarrow Cu + 2HCOO^- + 2H_2O + H_2 \uparrow \tag{13-7}$$

反应式(13-7)是自动催化反应，即在贵金属催化引发下，反应生成铜的沉积能继续自动催化反应进行。由此可以认为，在化学镀过程中，反应式(13-5)和反应式(13-7)同时存在，以反应式(13-7)占优势。

在化学镀过程中，一是要保持镀铜溶液的稳定性；二是要控制好铜的析出速度。所以，优化化学镀溶液的组成和严格掌握化学镀的工艺技术条件至关重要。所用化学品纯度、水的含杂等的影响也不容忽视。

据称，由化学镀生产的金属化涤纶短纤维，其每根纤维上金属镀层厚度一般为0.01~0.5μm，以0.2~0.3μm厚度为主。如果换算成薄型织物（如巴里纱之类），则每平方米镀铜约为30g、镀镍为6g。化学镀可根据不同用途要求，改变工艺控制以获得所需的金属镀层厚度。

(二)化学镀织物的分类

1. 镀银织物　20世纪70年代初,利用古老的"银镜反应"技术研制成了化学镀银织物。该织物质地轻薄,柔软透气,耐蚀抗菌,屏蔽电磁波安全可靠。这种屏蔽织物很快就被广泛用于防电磁辐射领域。

在织物上化学镀银,是用甲醛或还原糖与银氨络盐进行氧化—还原反应,在织物表面沉积一层白银。化学镀银溶液由银盐和还原剂两种溶液组成,银盐基本上都使用银氨络合物溶液;还原剂可以使用糖类、酒石酸盐、甲醛和肼类等不同种类。其中,葡萄糖和酒石酸盐的还原能力较弱,甲醛和肼类虽还原能力较强,但对环保不利。化学镀银不是自催化反应,一次施镀,仅能镀一薄层。如果镀层厚度不够,性能达不到要求,可以反复施镀几次,直到满足要求。化学镀银织物的屏蔽效能在0.15MHz~20GHz,达60dB以上。

2. 化学镀铜织物　化学镀铜的原理是通过自催化氧化还原反应,使二价铜离子还原成金属铜而沉积在织物表面。织物化学镀铜前需进行去油、粗化、敏化和活化等前处理工序,制备过程中可以通过控制反应物的浓度、温度或pH来控制反应速率,控制反应时间来控制织物镀铜层的厚度和织物导电性能。化学镀铜通常使用硫酸铜做主盐,可以选择的还原剂包括甲醛、次亚磷酸钠、二甲胺基硼烷等。目前大量工业应用的仍是传统的化学镀铜工艺,以甲醛为还原剂,乙二胺四乙酸钠和酒石酸钾钠为单独或混合络合剂。目前研究和开发无甲醛化学镀铜技术将在电子产品制造领域具有广大的市场需求,其中对以次磷酸钠为还原剂化学镀铜技术的研究最多。

E. G. Han等人采用甲醛作还原剂化学镀铜制备的镀铜织物屏蔽效能在100MHz~1.8GHz频率范围内可达到35~68dB。韩国E-Song公司和日本SEIREN公司均采用甲醛为还原剂化学镀铜方法制备导电涤纶织物,其表面电阻可达到10Ω以下,电磁屏蔽效能在100MHz~20GHz频率范围内可达到90dB以上。该类织物的主要特点是屏蔽电场效能高、质地轻柔、透气性好、价格低廉。但由于铜在空气中很容易被氧化,抗腐蚀性能差,也可采用复合镀,增加其屏蔽效能和使用寿命。例如傅雅琴、刘绍芝和邹建平等人就是采用先甲醛为还原剂化学镀铜后化学镀镍的方法制备导电织物。

(1)化学镀铜的主要难点。

①镀浴的稳定性不好,这是由于二价铜离子被还原成为零价铜时,中间要经过一个转化一价铜离子的过程。一旦控制不当,就会出现亚铜粒子,造成镀浴分解。影响镀铜层质量的因素较多,既与铜离子的浓度、络合剂的配伍、还原剂的种类和用量、pH的高低有关,又与反应温度、稳定性的种类和添加量等有关。

②镀层和织物的结合牢度较差,必须借助树脂涂层加以保护。镀铜织物手感较硬、易折皱、不透气、服用性能不好。镀铜织物的屏蔽效能,在0.15MHz~20GHz内,达50dB。由于化学镀铜织物的性能和化学镀银织物相似,并且价廉物美,因此很快就取代了化学

镀银织物。

（2）化学镀铜工艺探讨。实验采用经过练漂前处理的涤棉混纺（T65/C35），14.6tex×14.6tex，433根/10cm×299根/10cm漂白府绸，14.6tex×14.6tex，433根/10cm×354根/10cm纯棉漂白府绸和锦纶长丝织物。

工艺流程：

织物前处理→敏化→活化→镀铜→后处理

①敏化。工艺配方及工艺条件见表13-7。

表13-7 敏化工艺配方及工艺条件

棉织物	工艺配方	碱性敏化液： 　　二氯化锡 　　锡粒 　　酒石酸钾钠 　　苛性钠	100g/L 少量 175g/L 100g/L
	工艺条件	浴比 温度 时间 织物敏化处理后，先用冷流水循环，再用去离子水或蒸馏水洗净	1:10 常温 10min
合纤织物	工艺配方	酸性敏化液： 　　二氯化锡 　　锡粒 　　浓盐酸（37%）	10g/L 少量 40mL/L
	工艺条件	浴比 温度 时间 敏化处理过程与棉织物敏化工艺相同	1:10 常温 10min

②活化。

a. 工艺配方。

氯化钯　　　　　　　　　　　　　　　1~3g/L

pH　　　　　　　　　　　　　　　　　3~5

操作：将氯化钯加入水中，加冰醋酸调节pH，整个溶液呈透明，即可使用。

b. 工艺条件。

浴比　　　　　　　　　　　　　　　　1:10

温度　　　　　　　　　　　　　　　　常温

时间　　　　　　　　　　　　　　　　5min

活化处理后,先用冷流水洗去活化液,再用稀甲醛液浸泡,甲醛(37%)∶水 = 1∶9,浴比1∶10,室温浸泡1min,然后用水充分洗净,以防止活化液带入镀铜液中。

③化学镀铜及镀后处理。

a. 镀铜液处方。

甲液:

硫酸铜	12g/L
硝酸镍	4g/L
甲醛(37%)	53mL/L

乙液:

酒石酸钾钠	45.5g/L
苛性钠	9g/L
碳酸钠	4.2g/L
表面活性剂 AS	0.05%

选取甲液一份,与乙液三份配合使用。

b. 镀铜操作。已活化处理的织物按下列工艺条件进行镀铜。

浴比	1∶10
温度	30℃

根据金属铜在不同温度时的沉积量掌握镀铜时间,镀铜完毕,洗去织物上残留的镀铜液,脱水后在0.5%葡萄糖液中浸渍片刻后干燥,以防止织物上镀铜层在空气中迅速氧化。为提高镀层的耐洗性和耐氧化性,将镀铜织物在聚氨酯溶液中浸轧、干燥,使织物表面获得一层匀薄的树脂膜。

(3)影响化学镀铜的因素。

①镀液内化学药剂浓度的影响。镀液内起主要反应的化学药剂为铜化物及甲醛,表达该反应速度如下式:

$$v = K[Cu^{2+}] \cdot [CH_2O]$$

上述反应为二级反应,增加其中任一物质浓度,均可加快氧化还原反应速度。但反应过快则导致金属铜析出过快,所以应严格按照工艺配方执行。

②温度的影响。化学反应中,反应的温度每升高10℃,分子碰撞频率增加约2%,某些普通分子在增加反应温度时,可获得能量成为活化分子,从而增大了活化分子的百分数,大大加快了反应速度。一般来说,在一定条件下,温度上升10℃,反应速度增加2~3倍。

③镀液pH的影响。当镀液pH>13时,部分甲醛将发生歧化反应,降低了还原性,增加了甲醛的消耗。在镀液中加入适量碳酸钠,可以保持镀液pH相对稳定。

3. 化学镀镍织物 由于化学镀铜织物美中不足的是耐蚀性较差,尤其是在潮湿的海洋性气候条件下使用，很容易被腐蚀而失效。因此，化学镀镍织物，也就随化学镀铜织物之后出现了。以往的化学镀镍浴，都是在高温、酸性条件下施镀。所得镀层中含磷较高，镀层较硬，不适合在织物上施镀，工艺条件必须改变。对织物施镀，一定要在碱性、低温条件下，才能获得低磷（3%）的镀层织物。

化学镀镍和化学镀铜一样，都是自催化反应。在织物表面获得的镀层，不是纯镍，而是镍磷合金。含磷量的多少，不仅影响织物的手感，还会影响防电磁性能。所以，如何控制镀层内的含磷量至关重要。

化学镀镍浴虽然比化学镀铜浴稳定，便于操作，但是要想在低温、碱性和低磷条件下获得理想的镀镍织物并非易事。一定要严格控制镍离子和还原剂的重量比、pH 的范围、络合剂配伍、温度波动，还要添加适量的稳定剂，才能达到理想的效果。镀镍织物的屏蔽效能，在 0.15MHz ~ 20GHz 范围内可达 40 ~ 60dB 以上。

（1）锦纶织物的镀镍工艺。实验选用锦纶织物为待镀织物，经表面粗化、胶体钯溶液活化及解胶处理后，在下列镀液组成和工艺条件下进行化学镀镍。

$NiCl_2 \cdot 6H_2O$	20 ~ 40g/L
$NaH_2PO_2 \cdot H_2O$	10 ~ 25g/L
NH_4Cl	50g/L
$Na_3C_6H_6O_7 \cdot 2H_2O$	40g/L
ST – 2 稳定剂	20mL/L
pH	3 ~ 10
温度	30 ~ 60℃

①镀层组成对镀镍织物导电性能的影响。镀镍织物的导电性能与许多因素有关，如镀层厚度、镍的纯度及织物的结构等。在一定的条件下，随着镀层厚度的增加，镀镍织物的导电性提高，但过厚的镀层使织物柔软性降低，影响其使用效果。因此，在适当提高镀层厚度的同时还应注意织物的柔软性。镀层厚度相同时，镀镍织物导电性能与镀层组成的关系是随着镀层含磷量的增加，电阻值增大，镀镍织物导电性下降，这也可从镀层电阻率与镀层含磷量成正比的关系得到反映。因此，为了提高镀镍织物的导电性能，应控制工艺条件，获得含磷量较低的镍镀层。

②镀镍织物导电性能与其电磁屏蔽效果的关系。当镀镍织物用于电磁屏蔽时，其屏蔽效果的大小可用下式表示。

$$S = 20\lg \frac{E_0}{E_1}$$

式中：S——电磁屏蔽效果，dB；

E_0——电磁干扰源场强，$\mu V/m$；

E_1——施加屏蔽后测得的场强，$\mu V/m$。

对于纺织材料的屏蔽效果,通常需经实测才能获得,然而可以通过电磁屏蔽理论定性地分析影响屏蔽效果的因素,从而找到提高屏蔽效果的途径。

根据 Schelkunoff 理论,一般金属体被电磁波辐射时,电磁屏蔽效果可用下式表示:

$$S = A + B + M$$

式中:A——吸收损失;

B——反射损失;

M——多重反射损失。

从电磁学的有关知识,可以推出吸收损失、反射损失、多重反射损失的计算公式,其中吸收损失的计算公式为:

$$A = 131.4t(Gf\mu_r)^{0.5}$$

式中:A——吸收损失,dB;

t——金属层厚度;

G——以铜为基准的相对电导率;

f——电磁波频率;

μ_r——以铜为基准的相对磁导率。

从吸收损失的计算公式可知,镀层电导率和磁导率以及镀层厚度的增加,都有利于加强对电磁波的吸收效果,被屏蔽电磁波频率的增加也使吸收损失增大。镀层电导率的增加还有利于提高对电磁波的反射效果。除了镀层性质对电磁屏蔽效果产生影响外,对于编织材料,屏蔽效果还与其编织结构有关。通常网孔越细,纱线越粗,屏蔽效果越大。总之,对于一定的织物来说,镀层导电性能的改善和镀层厚度的增加,有利于提高其屏蔽效果。

③镀层含磷量及厚度对镀镍织物力学性能的影响。通过对镀镍织物进行拉伸试验,得到镀镍织物在不同镀层厚度和含磷量时的最大拉力和延伸率,见表13-8。

表13-8 镀层含磷量及厚度对镀镍织物力学性能的影响

厚度(mg/cm^2)	含磷量(%)	断裂强度(N/cm^2)	断裂延伸率(%)
0	0	145	16
5.0	3.1	165	12
5.0	3.5	163	10
5.0	4.5	163	7
5.5	4.0	172	6.2
7.5	3.5	199	4.0
5.5	4.5	196	3.5

从表 13 - 8 的数据可见,织物经化学镀镍后,其断裂强度随镀层厚度增加而提高,而镀层含磷量对其影响较小。镀镍织物的延伸率不仅受镍层厚度的影响,而且还与镀层中磷含量有关。镀层对织物力学性能的影响也可从拉伸试验的记录表上得到反映,当没有镍层时,随着拉力的增加,试样长度的变化较大。观察拉伸试验后样品的断口,发现织物中每根纱线断裂的位置是随机的,断口呈现不规则形状,说明织物的结点较为松散。在拉伸试验时,每根纱线都承受一定的拉力,它们之间的相互影响较小。但织物经化学镀镍后,镀层不仅覆盖着每根纤维的表面,而且对织物结点的固定也产生了一定的作用,使纱线之间的影响有所加强。在拉伸试验后,纱线的断口位置较为集中,在拉伸试验曲线上表现为拉力逐渐增加时,试样长度变化较小。

镀层中磷含量的降低,有利于改善镀镍织物的导电性能,提高其电磁屏蔽效果。镀层含磷量的增加对其强度影响较小,而使延伸率有所降低。随着镀镍层的加厚,织物强度得到提高而延伸率受到影响。

（2）涤纶织物的镀镍工艺。

①工艺流程。

碱减量→敏化→水洗→活化→水洗→镀镍→水洗→烘干→回潮→称重→计算减量率

②工艺参数对产品性能的影响。

a. 碱减量时间对织物减量率的影响。取四种不同厚度退浆后的涤纶平纹织物,用同一碱减量工艺处理,所得结果如图 13 - 2 所示。

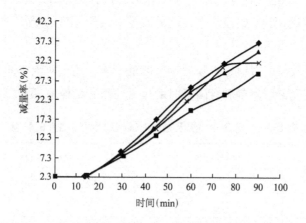

图 13 - 2　碱减量时间对织物减量率的影响

◆ $\rho = 78.19\text{g/m}^2$　　■ $\rho = 55.22\text{g/m}^2$

▲ $\rho = 73.01\text{g/m}^2$　　✕ $\rho = 51.37\text{g/m}^2$

如图 13 - 2 所示,四种织物的减量率均随碱减量时间的增加而增加,但当碱减量时间为 90min 时,定重为 78g/m² 的涤纶织物已经开叉,因此碱减量时间不宜过长,即减量率不宜过高。

b. 织物的减量率对镀镍增重率的影响。为了分析涤纶织物的减量率对镀镍增重率的影响,将具有不同减量率的涤纶织物用同一镀镍工艺处理,其增重结果如图 13 – 3 所示。

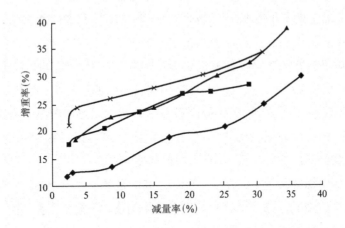

图 13 – 3　织物的减量率对镀镍增重率的影响

◆— $\rho = 78.19 \text{g/m}^2$　■— $\rho = 55.22 \text{g/m}^2$
▲— $\rho = 73.01 \text{g/m}^2$　✕— $\rho = 51.37 \text{g/m}^2$

涤纶织物的增重率随减量率的增加而增加。这是由于随着减量率的增加,涤纶织物表面凹坑加深,为金属镍粒子沉积提供了较多的机会和位置。当织物的减量率为 20% 时,其增重率在 20% ~30%;减量率为 30% 时,增重率在 25% ~34%。

c. 织物的镀镍增重率对导电性的影响。为了证实增重率与导电性的关系,分别测试了 4 种织物(增重率在 18% ~30%)的电阻,结果见表 13 –9。

表 13 –9　增重率与导电性的关系

织物 1		织物 2		织物 3		织物 4	
增重率(%)	电阻(Ω)	增重率(%)	电阻(Ω)	增重率(%)	电阻(Ω)	增重率(%)	电阻(Ω)
18.76	1.75	20.49	1.60	18.76	1.00	21.02	1.38
20.62	1.55	23.58	1.58	19.15	0.75	24.04	1.33
24.77	1.38	26.79	1.38	24.22	1.15	26.10	1.13
29.92	1.10	28.35	1.45	30.07	0.95	27.88	1.05

从表 13 –9 可见:当涤纶镀镍织物的增重率在 18% ~30% 时,其电阻随增重率的增加略有减小,但变化不大(在 0.7 ~0.8Ω)。这是因为镀镍织物上形成的是镍—磷合金层,但其导电性是由镀层中的镍完成的。随着镀镍反应的进行,织物的增重率增加而镀

层中的镍含量未成比例增加,使织物的电阻变化不大。由于表13-9中的电阻均能满足电磁波屏蔽要求,又因增重率大于25%时既耗药品,成本又高,且织物手感太硬,故应将增重率控制在25%以内。

退浆后未经碱减量处理的镀镍涤纶织物的纤维直径较大,即表面积较大,电子可在导体表层流动。经过碱减量处理的涤纶随着表面凹坑增多而提高增重率,但因镍的增量未随增重率的增加而成比例地增加,故与仅退浆的涤纶镀镍织物的电阻相差不多。

d. 碱减量对于防电磁波织物性能的影响。减量率较低对均匀度有利,如减量率在17%以下的均匀度都为4级。这是因为此时纤维表面的凹坑较浅,故使镀层较均匀。当减量率大于19%后,纤维表面出现大量较深凹坑,镀镍后虽形成较厚的连续镀层,但镀层表面仍凹凸不平,故使镀镍织物的均匀度降低,测定亮度可以反映织物的外观。随着减量率的提高,织物的亮度有所降低,其原因与均匀度相同。

总之,随着涤纶织物减量率的增大,镀镍的增重率增加,导电性有所降低,但幅度不大,且均匀度和亮度降低。综合织物的减量率与均匀度、亮度的关系,建议将电磁波屏蔽织物的减量率控制在7%～18%之间。

4. 复合镀金属织物 复合镀金属织物又称合金镀层织物,它是北京洁尔爽高科技有限公司和深圳康艺保健用品有限公司等单位合作开发出的,其目的是为了提高化学镀织物的综合性能,取长补短、节约原材料、满足市场需要。铁的消磁性好,银的导电性好,钴具有铁磁性,又有较好的光亮度。现今织物上的合金镀层,主要有锡、铜、铁、镍、银、磷、钴等。还可根据环境和用户的要求,进行金属种类和含量的选择。例如,银—铜复合镀层,既能节约昂贵的白银,又能满足市场,此工艺现已工业化。还有铜—镍复合镀层,铜导电性好,不耐蚀,镍耐蚀,又有铁磁性,而导电性不如铜,两者复合,优势互补。所以,复合镀层织物,具有独特的优点,发展非常迅速,应用领域日渐扩大。今后很有可能取代单一金属镀层织物。

（1）铜镍复合镀织物。涤纶织物经碱减量粗糙化处理后,再经敏化和活化处理,然后在银盐催化下,镀铜液中铜离子在银的催化作用和还原剂作用下,沉积在织物表面;然后,在镀镍液中镍离子在铜的催化作用下,重新在铜层上形成镍层。

①工艺条件及工艺配方。

a. 镀铜。

水合硫酸铜	15g/L
EDTA	25g/L
甲醛	10mL/L
聚乙二醇	5mL/L
pH	12.5
温度	60℃

时间	5min
浴比	1:100

b. 镀镍。

水合硫酸镍	22g/L
柠檬酸钠	30g/L
次亚磷酸二氢钠	20mL/L
硼砂	5mL/L
pH	10
温度	60℃
时间	10min
浴比	1:100

②工艺参数对产品性能的影响。化学镀后,经碱减量粗糙化处理,断裂强力下降,但化学镀后强力上升到400N以上,但透气性稍有下降,其柔软性和悬垂性基本无变化。

铜—镍复合镀与镀铜的导电性和织物上金属含量成正比,当织物上金属含量达4.8%以上时,织物表面已基本建立了连续的金属膜,织物的表面电阻迅速下降,其质量比电阻为$10^{-2}\Omega \cdot g/cm^2$;当金属含量达12.5%时,表面电阻下降趋于平缓;当金属含量为16%时,镀铜与铜—镍复合镀的表面电阻已趋稳定。

铜—镍复合镀织物的耐磨性和耐洗性高于镀铜织物,表面铜—镍复合镀的镀层结合牢度良好,稳定性也有较大的提高。

(2)化学镀铁磁体织物 。人们已对低频磁场的危害有所重视。生活中所使用的工频(50Hz/60Hz)电器,即属于这个范畴。20世纪70年代初,原苏联学者首先报道了暴露在低频电磁场的人员,会出现中枢神经系统、心血管系统的功能紊乱,并且会影响肌体的多个系统,其中包括内分泌系统。

铁、钴、镍以及它们的合金是良好磁导体,是有效的磁场屏蔽材料,设法把它们镀在织物上,制成磁场屏蔽织物,很有现实意义和经济价值。这种镀层织物,现在国内外还处于试验室阶段。

三、其他防电磁辐射织物

(一)涂层防电磁辐射织物

1. 金属化涂层　用涂层整理技术使织物金属化,是在涂层整理剂中添加一定的金属粉末(片状)。通常用的铝粉为片状,它在涂层浆中的含量可达50%以上,经涂布后,能使织物表面产生铝的光泽。一般情况下,任何一种织物都可以作为金属化织物的基布。不同的基布可以用不同的涂层工艺,最简单的是直接涂层工艺。选择一次涂布还是多次涂布,可视产品质量要求而定。如果基布对张力敏感(如针织品),则应采用转移涂层工艺。为保持金属光泽,尤其是铝、铜等易于氧化变色,最后应在表面涂一薄层,并且以透明性极好的涂层剂作为保护层。

涂层法生产的金属化织物,其金属光泽不如层压整理的好,但它有很好的粘结性、挠曲性、耐磨性和耐化学药品性,这些取决于涂层剂的性能、涂层工艺的技术条件。

从产品的使用温度来看,涂层法金属化织物的基布可分成如下几种:一般用途的产品,其基布是棉、涤/棉、高湿模量黏胶纤维、锦纶和涤纶等;使用温度较高的产品,可用玻璃纤维,可以 Kevlar 等芳族聚酰胺纤维为基布。同时,涂层剂也要选用相应耐高温的品种。这类金属化织物主要用于热辐射屏蔽材料、烫衣板面料、高温管道包扎、绝热防护服以及热气球等。

若在涂层法金属化织物的涂层上再植入紧密排列的高折射率玻璃微珠,以金属层(如铝)为反射层,可制成高亮度的反光织物,用作安全防护材料。在黑夜可以增加汽车前灯、火光或探照灯光的反射强度,使佩戴此材料的人员或目标易被觉察,从而减少事故发生或方便组织救援等。

金属光泽要求高的产品,一般用由真空镀或溅镀的金属薄膜与织物层压加工制成。根据用途和特性要求,所用薄膜通常是涤纶薄膜,也可以是聚乙烯或聚酰胺薄膜。金属则以铝为主,其价格便宜,加工方便。为防止铝在空气中氧化变色,大多要进行表面保护性涂层处理。

层压用的镀金属涤纶薄膜,其厚度为 0.25 ~ 0.5mm,而其上的金属沉积厚度小于1mm。透光率可达75% ~ 85%,金属沉积厚度可根据最终用途而定。镀金属涤纶薄膜可与任何基布层压,如机织物、针织物和非织造。其纤维也包括高科技的芳族聚酰胺纤维、碳素纤维和聚苯并咪唑纤维等。

层压生产的金属化产品大量用于生产墙纸、装潢标签、汽车装饰及太阳能控制薄膜。近年来又在食品的微波加热包装材料方面找到了新的应用领域。

另一种常见的金属化方法,是将转移镀金属薄膜,经热(压)转移到织物上,其过程如图 13 – 4 所示。

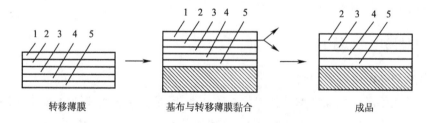

图 13 – 4 转移镀金属薄膜流程

据称,利用转移镀金属化生产的产品具有良好的坚牢度,可以开发各种色泽的有金属光泽的时尚面料,且透气性和保湿(保冷)效果良好。

2. 纳米管状聚苯胺织物涂层　聚苯胺是一种导电高聚物材料,因为其具有优异的易掺杂、易制备及导电性和环境稳定性高等特性,在许多领域都得到广泛研究和应用。利用不同制备方法得到的聚苯胺的形态并不相同,且存在非常大的差异。在一般条件下合成的聚苯胺为球形颗粒,呈不规则、多分散团聚体结构。Vincent 等人利用各类水溶性的聚合物,如聚乙烯甲醚、聚乙烯醇、甲基纤维素为稳定剂合成出米粒状、面条状的聚苯胺。Yang C. Y 等人利用十二烷基苯磺酸钠(DBSA)作为乳化剂和掺杂剂,通过乳液聚合合成了纤维状的聚苯胺。人们尤为关注的是管状的聚苯胺的合成,因为一维结构使其分子具有"类似金属"的导电性能,并且由于克服了金属岛的结构缺陷,使得材料的导电性能大大提高,同时该材料对微波具有较强的吸收和屏蔽作用。因此,在电磁波屏蔽材料的应用方面具有广泛的前景。

为积极开发具有导电、抗电磁波功能的纺织产品,近年来有关科研单位开展了一系列相关的研究工作。在前期研究中,通过对碳纳米管进行的纯化和化学切割实验形成开口状态碳纳米管,利用开口碳纳米管作为模板与苯胺单体混合,并进行氧化聚合形成纳米管状的聚苯胺。利用合成的聚苯胺—纳米管复合材料,通过对普通无定形聚苯胺、掺杂碳纳米管、有机黏合剂、整理材料用量等因素进行 MINI—TAB 优化工艺实验,形成性能优异的导电、抗电磁波整理剂,将该整理剂应用于导电、抗电磁波织物的涂层整理,取得良好的应用效果。

(1)导电涂层整理材料性状。纳米管状聚苯胺为墨绿色膏状物,微观形态为管状结构,内径为3~20nm,外径为 30~40nm;普通盐酸掺杂聚苯胺为紫绿色膏状物,微观形态为无定形态;多壁碳纳米管(MWCNT)为黑色粉末,微观形态为碳原子石墨层卷曲的多层管状结构,内径为 2~30nm,外径为5~60nm。

(2)加工过程。

①工艺流程。采用涤纶织物进行涂层整理,整理的工艺流程为:涤纶织物→涂层整理剂稀释→喷压→涂层→烘干→焙烘→导电、抗微波织物。

②工艺配方。

纳米管状聚苯胺	30%
碳纳米管	6%
聚丙烯酸酯黏合剂 JLSUN ® SP	30%
去离子水	34%

取一定量纳米管状聚苯胺、普通盐酸掺杂聚苯胺、黏合剂及掺杂剂,与确定质量的去离子水混合,经超声波分散处理形成涂层整理剂。然后按确定的整理剂用量进行织物涂层处理,对织物进行烘干后,进行焙烘过程。

(3)涂层织物性能测试。将涂层后的织物在恒温恒湿(20℃,65%)的条件下静置48h,进行织物表面比电阻测试。

①织物表面比电阻。用重量 200g 的两个特制铜电极，电极的长度为 $L(\text{cm})$，将电极放置在织物的表面，两电极间的距离为 $W(\text{cm})$，利用 SUNWA YX - 960TR 万用电表测出电阻 R，则可计算出织物的表面电阻 ρ。

$$\rho = RL/W$$

式中：ρ——导电织物表面的宽度和长度都为 1cm 时的电阻，Ω。

②织物微波屏蔽效能 SE。电磁波测试采用 HELETT PACKKATRD Agilent S - Parameter NETWORK Analyzer 8720ES 网络分析仪，测试波导管传输线采用的微波波段为 250~2650MHz。

$$\begin{aligned} SE &= 20 \times \lg|E_0/E_1| \\ &= 20 \times \lg|H_0/H_1| \\ &= 10 \times \lg|W_0/W_1| \end{aligned}$$

式中：E_0、H_0、W_0、E_1、H_1、W_1——通过织物前后（入射和透过）的电场、磁场、电磁场。

（4）影响涂层织物导电性的因素。

①聚苯胺材料对织物导电性的影响。通过试验可见，聚苯胺是对织物导电性影响最显著的因素，聚苯胺材料用量选择尤为重要。通过试验测试，纳米管状聚苯胺在相同用量条件下，表面比电阻是普通盐酸掺杂聚苯胺的 10%，说明由于克服了岛结构的缺陷，纳米管状聚苯胺应用于织物导电整理时，具有显著的优越性。纳米管状聚苯胺的最佳用量为 30% 左右。

②掺杂剂 CNT 用量对表面比电阻的影响。通过实验发现，无论采用纳米管状聚苯胺，还是普通盐酸掺杂聚苯胺，添加只有聚苯胺重量 5% 的碳纳米管作为掺杂剂时，涂层织物的表面比电阻将提高 200% 左右，其原因因为碳纳米管材料在混合涂层材料中，与聚苯胺分子间形成了良好的共轭结构，有利于电子的输送。这对于实现在低用量条件下达到优异导电性能具有重要的应用意义。掺杂剂 CNT 的用量在所选水平范围内，对表面比电阻的影响次于聚苯胺材料，但它与聚苯胺的交互影响因子不容忽略。所以碳纳米管用量应在 6% 左右。

③黏合剂 SP 用量对表面比电阻的影响。黏合剂用量对涂层材料的附着牢度及耐洗性能会产生决定性的影响，所采用的黏合剂通常为高分子材料，材料交联固化后几乎不导电，因此从理论上讲黏合剂用量增大，涂层织物的表面比电阻就会增大。但如果选用黏合剂用量较低，对整体涂层材料的导电性不会产生明显的影响。但为了保证导电材料与纤维的附着性能，黏合剂用量应在基本保证整体涂层材料导电性的前提下，适当增加用量。丙烯酸酯黏合剂用量应在 30% 左右。

④整理剂用量对表面比电阻的影响。整理剂对织物用量以及它与聚苯胺的交互作用因子对涂层织物的表面比电阻均会产生较显著的影响。纳米管状聚苯胺材料用量增加 200% 时，表面比电阻降低 30%，而普通盐酸掺杂的聚苯胺用量增加 200% 时，表面比

电阻降低 50%，说明不同材料间的导电机制并不完全相同。

采用目前生产中常规使用的整理设备和工艺条件，整理后织物的导电性能可以达到的最佳表面比电阻为 16Ω，微波段电磁波屏蔽率为 48dB。

（二）真空镀防电磁辐射织物

真空镀膜技术是 20 世纪初期开发的，最初将金属沉积在玻璃纸上，用于礼品包装。随着科学技术的发展，真空镀膜成本逐步降低，由于精密控制金属沉积厚度新技术的开发，为它在推广应用方面奠定了良好的基础。

真空镀技术的特征如下。

（1）利用真空的压差产生物理能量（易于蒸发）。

（2）在真空中，释放的金属原子的飞行距离增大（在真空中，减少了释放的金属原子与气体分子碰撞的能量损失）。真空容器内的压强 $P(\text{Pa})$ 与气体原子或分子的平均自由行程 $\lambda(\text{cm})$ 之间的关系为 $\lambda = \dfrac{3}{4P}$。如果压强为 1333.2Pa，则 λ 约为 10m。即从标靶飞出的金属原子或分子，在与容器的气体碰撞后，能飞行 10m。

（3）释放出的金属原子不与气体分子碰撞，从而防止产生化学反应（与空气碰撞会发生氧化或氮化）。

（4）保持被镀物体表面洁净，可改善金属原子与纤维的附着牢度。

真空镀的金属膜比最薄的金属箔要薄得多，如真空镀铝层的厚度仅为 0.04 ~ 0.05μm。如果要求较高的导电性和反射率或不透光性，可提高真空镀金属层的沉积厚度。通常以镀铝为多。若要更高的导电性或耐腐蚀性，可以镀银或镀其他金属。真空镀膜装置中蒸发室的截面如图 13 – 5 所示。

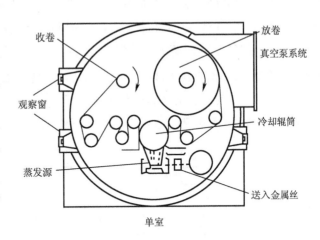

图 13 – 5　真空镀膜装置中蒸发室的截面图

真空镀金属织物一般由基布底涂、真空镀铝和表涂组成。若基布含有一定水分，会使真空度下降，经防湿处理或底涂后，还可以增加金属沉积附着牢度。真空镀铝在高真空条件下进行，属于物理金属沉积，而在表涂中则可添加着色涂料，可增加彩色效果，还可以防止镀铝层氧化和提高耐化学药品性能。另外，表面涂层如要印花，则要注意选择涂层剂品种。

真空镀铝织物纤维表面附着的铝层极薄，其光泽耐久性和附着牢度是质量的重要问题。由真空镀膜技术生产的金属化织物，不论是再经层压或是金属直接沉积在织物上的产品，在国外主要用于百页窗帘、各种电磁波屏蔽产品、防熔融金属飞溅的防护服、墙纸、消防和化学领域的防护服、食品输送袋、包装料、游泳池和游乐场凉棚、充气结构薄膜、农用遮光罩、反射性地面覆盖物以及绝热材料和建筑材料、防晒布（如遮光外套和服装内衬）、装饰织物、商标、气球和压敏胶标签等。

（三）溅镀防电磁辐射织物

在高科技应用开发中，真空技术水平的提高和应用领域的扩大人所共知。其中半导体工业迅猛发展就与高真空技术的应用直接相关，而金属、机械加工、玻璃和胶卷等工业生产中的表面处理，也离不开高真空技术的应用，并促使真空技术由高真空向超高真空和极高真空水平发展。

真空是指容器中的压强比周围大气压低的程度。其分级为：低真空技术（~133.32Pa）、中真空技术$[(10^{-1}\sim10^{-4})\times133.32Pa]$、高真空技术$[(10^{-4}\sim10^{-7})\times133.32Pa]$、超高真空技术$[(10^{-7}\sim10^{-14})\times133.32Pa]$和极高真空技术（$10^{-14}\times133.32Pa$以上）。

在染整生产中的真空干燥和真空脱水，只是低真空水平而已，即使是低温等离子体技术也是在中、低真空条件下实现的，而金属的溅镀只有在高真空条件下才能实现。

1. 溅镀处理 织物溅镀可在直流二级溅镀装置中进行。先将装置内压强抽至$(5\times10^{-6}\sim5\times10^{-5})\times133.32Pa$，然后在真空装置内注入少量氩气（惰性气体），使其真空度达$(0.1\sim0.01)\times133.32Pa$范围。通电流使两极之间的直流电流和电压调节至100~1000V和10~200A，此时两极间会放电，使氩气形成正离子（Ar^+）作为电子载体，由阳极向阴极上的金属标靶表面飞行。由于金属标靶表面的垂直磁场作用，使电子呈现摆线状高速旋转加速，当与阴极上金属标靶碰撞，由于Ar^+的碰撞，能使金属标靶表面的金属以原子（或分子）状态溅涂附着在织物表面。溅镀加工装置示意图，如图13-6所示。

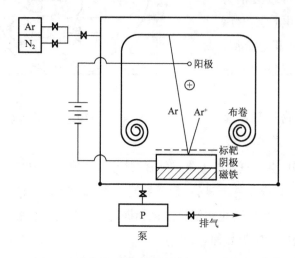

图13-6　溅镀加工装置示意图

众所周知,金属原子(或分子)的结晶能在 5eV 左右,而在溅镀中,Ar^+ 的碰撞能 ≥ 10eV。由此可知,金属在织物上附着牢度,要比真空镀好,调节金属膜厚度方便,但其成膜速度较慢。若抽真空后,注入反应性气体(如 N_2),金属标靶将释放出原子(或分子)与反应性气体反应,形成陶瓷膜,又称反应溅镀。

溅镀除用直流方式外,还有高频(RF)和磁控管(MG)等方式。不同方式运作的真空度要求稍有差异,见表 13 – 10。

表 13 – 10 不同溅镀方式的工作真空度

方式	工作真空度(Pa)
直流(DC)溅镀	二级 $10 \sim 10^{-1}$ 三级 $10^{-1} \sim 10^{-2}$ 四级 $10^{-1} \sim 10^{-2}$
高频(RF)溅镀	$\sim 10^{-1}$
磁控管(MG)溅镀	$\sim 10^{-1}$
溅镀枪(S 枪)	$\sim 10^{-1}$
离子轴溅镀	$10^{-1} \sim 10^{-2}$

2. 溅镀处理中有关问题

(1)纤维种类的影响。对涤纶、棉和黏胶纤维三种织物,采用磁控管(MG)和高频(RF)两种方式溅镀铝和铜的试验表明,涤纶织物易于溅镀,且磁控管方式比高频方式更适宜。在棉和黏胶纤维织物溅镀后,镀铝的呈灰色,而镀铜的变成青铜色,表示均有金属光泽消失现象。这可能与纤维的标准含湿率有关。涤纶的标准含湿率为 0.4%,棉为 8%,黏胶纤维为 11%;在真空放电时会受到水分子的干扰。其实,这一现象早就被指出,耐热性低和含亲水基团的纤维会影响镀膜。此外,纤维中产生的气体以及氩气中含不纯物也会影响成膜。

(2)收缩与泛黄问题。溅镀时,真空度与收缩率的关系是,MG 溅镀时。真空度在 $(1 \sim 7) \times 10^{-3} \times 133.32Pa$ 范围,对收缩率几乎无影响,在真空度较高的情况下,对泛黄影响甚小,可认为最适宜的真空度为 $(1 \sim 3) \times 10^{-3} \times 133.32Pa$;RF 溅镀时,对收缩率最适宜的真空度为 $7 \times 10^{-3} \times 133.32Pa$,且不会泛黄。

MG 溅镀时间为 5min,收缩率和泛黄度均良好。

RF 溅镀时,电流功率与真空度对涤纶织物收缩率和泛黄度的影响与热能有关。其基质表面温度据测定可高达 200℃,这是金属标靶发出的热辐射及其受电子轰击所产生的热量所致,而涤纶的软化点和熔融温度较低。

(3)各种金属的成膜速度。根据铝、铜和不锈钢(SUS)的成膜厚度与溅镀时间,可计算出其成膜速度。镀铝时,MG溅镀的成膜速度比RF溅镀快。在高真空度中,RF溅镀会收缩和泛黄;而真空度为$1 \times 10^{-3} \times 133.32Pa$ MG溅镀处理,可提高成膜速度,纤维损伤也较小。各种溅镀处理条件的成膜速度见表13-11。

溅镀的成膜速度为Cu>不锈钢>Al。文献上称溅镀率与金属原子序数有同样的依存关系,X射线衍射分析结果表明,溅镀的铜膜和铝膜属结晶态的铜和铝,而不锈钢膜是Fe、Cr、Ni非晶态。

（4）溅镀产品的特性。以涤纶为基材的织物,由不锈钢、铜、铝等金属溅镀处理后,其各项性能可归纳如下。

表13-11　各种溅镀处理条件的成膜速度

试样	真空度(Pa)	电功率(W)	成膜速度(nm/min)
Al	$1 \times 10^{-3} \times 133.32Pa$	150	48
Al	$1 \times 10^{-3} \times 133.32Pa$	150	25
Al	$1 \times 10^{-3} \times 133.32Pa$	150	5
Cu	$1 \times 10^{-3} \times 133.32Pa$	200	18
不锈钢	$1 \times 10^{-3} \times 133.32Pa$	200	9

①风格。涤纶织物经溅镀铝、铜及不锈钢后的风格,可由其透气性和刚柔性变化表示。未溅镀涤纶织物的透气性为$32 \sim 34cm^3/(cm^2 \cdot s)$,在试验的镀膜厚度范围内,未见膜厚对透气性的影响。这与金属膜包裹在每根纤维表面,而不是附着在纤维的间隙处有关。溅镀织物的刚柔性与未处理织物之比,其变化范围为4%~24%,即稍有发硬的倾向。与一般的树脂整理和热定形处理织物的变化相仿。金属给人的印象很硬,而$0.1\mu m$厚的金属膜附着在纤维上,不仅对透气性没有影响,对织物的风格影响也不大。涤纶织物溅镀各种金属后的风格见表13-12。

表13-12　涤纶织物溅镀各种金属后的风格

试料	透气性[$cm^3/(cm^2 \cdot s)$]	刚柔性[mm(%)]	膜厚(μm)
PET(0)	33.6	54	—
Al(5)	33.5	64(18)	0.12
不锈钢(10)	34.1	56(4)	0.09
Cu(5)	33.2	67(24)	0.09
Cu(10)	33.8	63(17)	0.18
Cu(15)	32.3	63(17)	0.23
Cu(30)	33.5	62(12)	0.48

注　1.试料栏中括号内表示溅镀的时间(min)。

2.刚柔性移动长度为毫米,百分率是对未溅镀试样的比率。其数字在括号中。

②导电性。溅镀铜的涤纶织物的导电性,以其表面电阻和体积电阻的测定结果表示,见表 13-13。

表 13-13　溅镀铜涤纶织物的导电性

试样	表面电阻(Ω)		体积电阻($\Omega \cdot cm$)
	正面(溅镀)	反面	
PET	10^{15}	10^{15}	10^{15}
PET Cu(5)	10^{15}	10^{15}	10^{14}
PET Cu(10)	10^{15}	10^{15}	10^{14}
PET 两面溅镀	10^7	10^7	10^7
PET	10^2	10^2	10^3
一面填料层两面溅镀			
PET 薄膜	10	10^{15}	10^{12}
纸	10^2	10^2	10^{10}

注　各种基材溅镀铜5min,电阻在100Ω以上,直流电压100V[超高电阻计],电阻在100Ω以下,直流电压1V。

涤纶织物是绝缘体,其表面电阻和体积电阻都在10^{15}水平,经溅镀铜、铝或不锈钢后,其导电性几乎没有变化。但是,玻璃表面溅镀同样的金属后,会由绝缘体变成导电体。涤纶织物镀金属后仍不具导电性,可能是$0.1\mu m$左右厚度的金属膜尚不足以使由涤纶长丝组成的经纬纱之间消除空隙,但涤纶织物经两面溅镀以及涤纶薄膜和纸溅镀后,则有导电性。

③化学品的耐久性。涤纶非织造布溅镀$0.04\mu m$不锈钢(SUS304)后,其耐化学药品性能的试验结果见表 13-14。

表 13-14　化学药品的耐久性

化学药品(浸24h)	涤纶非织造布($300g/m^2$)	化学药品(浸24h)	涤纶非织造布($300g/m^2$)
水	无变化	酒石酸($100g/L$)	无变化
食盐($30g/L$)	无变化	盐酸($100\,g/L$)	无变化
硫酸($50g/L$)	无变化	硝酸($100\,g/L$)	无变化
冰醋酸($300g/L$)	无变化	氢氧化钠($100\,g/L$)	金属显著脱落

溅镀不锈钢的非织造布耐酸性良好,但在氢氧化钠溶液中,可能是氢氧化钠使涤纶产生水解"剥皮"效应,致使金属脱落。

溅镀铝、铜和不锈钢的涤纶织物,其耐光(电弧法)、耐洗涤和摩擦牢度测试结果见表 13-15。

表 13 – 15　溅镀织物的染色牢度

牢度（级）	溅镀		
	Al	不锈钢	Cu
耐光（照射 20h）	4 ~ 5	4 ~ 5	4 ~ 5
褪色	4 ~ 5	4 ~ 5	1 ~ 2
干摩擦	2	1 ~ 2	2
湿摩擦	4	4 ~ 5	4

溅镀金属膜的耐光牢度照射 20h 后仍良好，洗涤后几乎不沾色，镀铜的易变色，湿摩擦牢度较干摩擦牢度好。

3. 溅镀与其他织物金属化工艺参数的比较　织物金属化处理是改变织物（纤维）表面性能的工艺技术，属于材料科学中广泛应用的表面处理范畴。织物经金属化处理后，不仅未改变纤维原有的特征（如刚柔性、服用性、可裁剪和缝纫性等），还增加了一些新的功能（如电磁波干扰屏蔽、吸热蓄热性等），可扩大织物适用的领域。金属化织物除为服饰和室内装饰方面增添了新的产品外，在各产业部门已开拓了广阔的应用前景。其主要用途为，各种要求的防护服（防热辐射、防金属飞溅等）、遮光和节能窗帘、隔热罩、焊工安全屏、管道包扎物、热气球、安全标志、包装材料、微波加热包装袋、电磁波和射频干扰屏蔽材料、红外线反射材料、雷达反射材料、防窃听以及太空和军事等方面的应用。

织物的金属化处理技术，是将金属粉末以其原子或分子状态，由直接或间接方式附着在织物的表面，其附着牢度与加工时的工艺技术条件直接相关。化学镀、涂层（层压）、真空镀和溅镀，其基本原理可视作涂层整理，因此有人称溅镀为电子涂层。

在当今织物金属化处理的产品中，以能大批量生产的涂层（层压）和化学镀加工为主。化学镀生产过程中会产生含重金属离子的污水，受到环境保护的制约。从产品综合性能上看，溅镀产品有良好的发展前景。真空镀和溅镀都是在真空状态下加工，金属以原子或分子状态会产生偏重金属在织物（冷却）表面上沉积堆砌成膜。

溅镀能将不同的金属、合金及金属氧化物分层或混合层溅镀，并能在一次加工过程中形成独特的组合层，这是真空镀膜无法做到的。在织物金属化加工应用方面，两者的比较见表 13 – 16。

表 13 – 16　真空镀和溅镀金属化的比较

比较内容	真空镀	溅镀
真空度（Pa）	$(10^{-3} \sim 10^{-4}) \times 133.32$	$(10^{-5} \sim 10^{-6}) \times 133.32$
金属靶	单一金属	单一金属或合金
附着牢度	一般视基材的表面状态	良好

续表

比较内容	真空镀	溅镀
粒子附着动能	0.1eV 至数电子伏特	10eV 至数电子伏特
膜厚	视蒸发速度	最薄
生产效率	高	低
成本	较低	较高
装置	便宜	价高
加工纤维类别	天然纤维、合成纤维	合成纤维
用途	广	开发前途广阔

由上述可知,两种技术对于待溅镀织物的纤维种类都有一定要求,即耐热性低的纤维分子结构中是否含有亲水性基对溅镀具有一定的影响。凡含亲水性基的纤维应在限定的条件下加热,去除纤维中在氢镀过程中形成的结合水。在真空容器中水的沸点降低,水分容易排除。基于以上情况,基材是涤纶、丙纶和聚乙烯纤维没有什么问题,而芳族聚酰胺和聚酰胺等则有相当的麻烦。

(四)硫化铜防电磁辐射织物

硫化铜织物是 20 世纪 80 年代初发展起来的一种新型织物,当时主要用做抗静电,后来也加入了屏蔽电磁波的行列。

该织物是利用铜盐和聚丙烯腈纤维大分子链上的氰基,借助还原剂、硫化剂等发生整合形成的。1980 年,首先由日本五味渊礼提出,而最早申请专利者却是波兰的 Okonievskin 等人。随后,该项技术发展很快,先后发表了许多专利和论文。从形成的金属化合物来看,主要是银、铜、锡等金属的硫化物和碘化物,属于具有 P 型半导体性质的导电体。以硫化铜织物为例,经分析,在硫化铜织物内除含有零价铜以外,还有一价铜和二价铜。其中一价铜的含量最多,大多数以五硫化九铜的形态存在。硫化铜织物的导电性,是由于织物内含有很多不稳定的一价铜离子,它周围的一个电子趋于流向二价铜离子,使一价铜离于变为二价铜离子,从而形成了电子的跃迁,而不是零价铜电子的流动。

在硫化铜织物内,零价铜的含量极少,形不成连续状态,不显示金属镀织物的导电性能。由于一价铜在织物内有一个饱和态,因而它的导电性不会无限制地提高。另外,经实验,硫化铜织物的导电性,是随温度的升高而降低,这是 P 型半导体导电特征的体现。

由于一价铜离子和氰基的整合作用,生成的整合物耐洗、耐摩擦、耐日晒、可熨烫,对导电性的影响不大。该织物仍保留原织物的风格,质地轻薄,柔软透气,吸湿防污,杀菌消臭,能平衡人体电位等。

这种屏蔽织物已广泛应用于抗静电、防电磁辐射和保健领域。在 0.15MHz ~ 3GHz 范围内,屏蔽效能达 12 ~ 25dB。

但是现在的电磁辐射防护织物防护功能还不理想,当电磁波辐射到织物上时,主要是反射、吸收和散射;还有少量透射出去。反射、散射会使环境产生二次污染。防护效果的可靠性主要取决于透射量的大小。

电磁辐射防护织物今后的发展方向如下。

（1）减少反射,尽可能避免二次污染。

（2）减少透射,最好透射为零,使用安全可靠。

（3）增大吸收值,这是电磁辐射防护的主要途径。

不锈钢纤维织物是当今世界上最先进的高效屏蔽织物,由此制成的屏蔽织物及服装具有优良的防电磁辐射效果,耐腐蚀,耐洗涤,并具有良好的服用性能和普通织物的外观效果。屏蔽电磁辐射的安全可靠性、服用性、耐盐雾腐蚀性、耐洗涤性等主要技术指标达到国内外同类产品领先水平,能有效地保护人体免受微波及高频辐射的危害,亦可以防止信号干扰与破坏。

第六节　防电磁辐射的测试标准及方法

目前,国内现行的与纺织相关防电磁辐射标准主要有 GB 8702—2014《电磁环境控制限值》和 GB/T 33615—2017《服装　电磁屏蔽效能测试方法》。

一、表征织物防电磁辐射屏蔽性能的指标

防电磁辐射的效果通常用屏蔽效能（Shielding Effectiveness）来定量评价屏蔽体的性能,其指标为屏蔽效率（Shielding Effectivity）,简称 SE,单位为分贝（dB）。屏蔽效率定义为空间某点上未加屏蔽时的电场强度 E_0（或磁场强度 H_0 或功率 W_0）与加屏蔽后该点的电场强度 E_1（或磁场强度 H_1 或功率 W_1）的比值的对数,或定义为能量损耗比例数的对数,即:

$$SE = 20\lg\left|\frac{E_0}{E_1}\right| = 20\lg\left|\frac{H_0}{H_1}\right| = 10\lg\left|\frac{W_0}{W_1}\right|$$

SE 值越高,表示屏蔽效果越好,见表 13 – 17。

表 13 – 17　电磁波衰减分级标准

SE(dB)	0	<10	10~30	30~60	60~90	>90
衰减程度	无	差	较差	中等	良好	优

防电磁辐射产品的性能还可以采用反射率 R、透过率 T 和吸收率 A 来衡量和评价。

反射率:$R = \dfrac{E_{1r}^2}{E_0^2} = \dfrac{H_{1r}^2}{H_0^2} = \dfrac{W_{1r}}{W_0}$;

透过率：$T = \dfrac{E_{1t}^2}{E_0^2} = \dfrac{H_{1t}^2}{H_0^2} = \dfrac{W_{1t}}{W_0}$

吸收率：$A = 1 - R - T$

二、防电磁辐射的检测方法

纺织品防电磁辐射可能的测试方法比较多，但许多测试方法均不是针对纺织品专门设计的。目前，主要有以下四种方法。

1. 波导管测试法　波导管测试方法可以分为矢量和标量两种测试方法。

(1)矢量测试方法。可以获得材料的电场和磁场的矢量表达式、材料的电容率(即介电常数)的实数项与虚数项、导磁率的实数项与虚数项，并推算出损耗角及损耗因子。利用公式还可以推导出吸收率、透过率，若只测透过率或反射率的二者之一，结构比较简单；若同时测，必须加波导管的双向 T 接续器并详细设计和调整所有零部件之间的距离，但测试时，按电容率或导磁率的实数项计算的反射率、透过率、吸收率必须经波导参数的一系列复杂修正，且每台仪器的修正条件均不相同，且经常出现三者之和大于 1 的结果。此法比较适用于对材料电磁参数的研究，整个测试系统费用较高。

(2)标量测试方法。该方法可以直接测量织物或材料的反射率、透过率，并估计吸收率，指标比较直观，容易被大多数人理解和接受。其反射率和透过率测试结果的校正比较容易，故测试结果比较可信。测试系统费用较矢量方法要低一些。

2. 微波暗箱测试法　微波暗箱测试装置，利用标量网络分析仪，采用特制的微波暗箱，网络分析仪的发射信号源经信号发射传感器在暗箱中发射，除直通信号外均被暗箱内壁楔形吸收壁吸收，并吸收全部发射波的旁瓣。直通的微波主瓣经试样后到达接受传感器，由网络分析仪接收处理并显示，可以比较方便地测试各种指标，如反射率、透过率，并估计吸收率。微波暗室测试法一方面可以经济地达到和专业微波暗室相似的效果；另一方面，可以用来测试比较大面积材料的真实效果，和实际情况较接近。尤其可以定量地测试防电磁辐射纺织品及服装的使用效果，试样面积尺寸比波导管可以大几十倍，可克服波导管测试方法试样面积小的缺点。同时，也可以与同波导管测试方法同时对比使用。但微波暗箱法受暗箱尺寸和楔形吸收壁尺寸的限制，只能测波长较短和波谱范围较狭窄的电磁波的屏蔽性能。

3. 旷野测试法　在旷野中高空区域中建信号发射器及天线集束，使旁瓣在旷野中散逸，避免反射；被试棒反射的微波束到达接收器检测。当试样处放置平面反射率极高的对比样品作对比测试时，可以测到雷达侦察的有效的反射率，并按反射信号强弱折算相当于正常反射物的截面尺寸(称反射截面)。

4. 反射板衰减法　反射板衰减法源于飞机防雷达侦视减少反射截面的原理。由于研究对象为雷达波，故发射源、接收装置对试样的距离一般在 1m 左右。由于发射距离、驻波位置、反射波与入射波相位移引起衰减等多原理的衰减,很难测出材料的反射率及吸收率。

参考文献

[1] 刘立华. 电磁辐射与防电磁波辐射的纤维和服装[J]. 北京纺织,2003,21(6).

[2] 王亚君. 电磁辐射的评价与防护[J]. 电力环保,2004,20(1).

[3] 李雅轩. 电磁辐射对人体的伤害以及预防[J]. 工业安全与环保,2003,29(9).

[4] 黎国栋. 电磁辐射的危害及防护[J]. 上海劳动保护技术,1999(4).

[5] 电磁辐射防护规定,UDC 614.898.5 GB 8702－88 (1988 年 3 月 11 日 国家环境保护局批准 1988 年 6 月 1 日实施).

[6] 商思善. 电磁屏蔽织物的产生和发展[J]. 技术创新,2003(1).

[7] 杨栋樑. 金属织物的金属化处理及其产品的应用前景(一)[J]. 印染,2001(9).

[8] 罗以青. 织物金属化整理[J]. 江苏丝绸,2004(2).

[9] 傅汝珍. 锦纶织物化学法镀铜[J]. 成都纺织学报,2000(3).

[10] 张碧田. 镀镍织物性能研究[J]. 电镀环保,1997,(17):3.

[11] 江澜. 电磁波屏蔽织物的碱减量对相关性能研究[J]. 纺织学报,2003,24(3).

[12] 杨栋樑. 织物的金属化处理及其产品应用前景(二)[J]. 印染,2001(10).

[13] 江日金. 涤纶金属丝网布的制作工艺及其用途[J]. 产业用纺织品,2003(4).

[14] 程明军. 抗电磁辐射织物屏蔽效能的测试方法[J]. 印染,2003(9).

第十四章　磁疗保健纺织品

第一节　概述

用磁治病在我国历史悠久,许多医学名著中都有详尽的记载。2000多年前,《抱朴子》中就记载了磁石可与其他矿石混合煎煮内服治病。我国东汉时期的第一部药学专著《神农本草经》中也记述了磁石的特征和可治疗的疾病。西汉的《神农本草》和陶弘景的《名医别录》,唐代医学家孙思超在《千金方》,北宋时何希影的《圣惠方》,南宋时的严用和的《济生方》,明代的李时珍的《本草纲目》,在这些著名的医学名著中,都对磁石治病有详细的论述。我国近代对磁石的应用记载也很多,1935年出版的《中国药学大辞典》中记述了磁石的种类和主治的疾病,1963年出版的《中华人民共和国药典》中记载了磁石的重要成分、药物功能和主治疾病。

国外对磁疗的认识也很悠久。公元5世纪,古罗马医生用磁石治疗痛风、惊厥等症。公元11世纪,阿拉伯医生用磁石治疗肝、脾脏病和脱发。15世纪,瑞士医生用磁石治疗疝气、水肿、黄胆病等。20世纪,英国、日本和美国等国家研制出了一系列磁疗器械,从而把磁学、生物学、医学联系起来,形成一个崭新的边缘学科——磁医学。

目前认为,地球本身就是一个巨大的磁石,地磁场的大小一般从20000nT到70000nT不等,基本规律是两极大,赤道小;地面大,空中小。地磁场像阳光、空气、水分、营养一样是地球生命体赖以生存的不可缺少的基本要素,地磁影响人体内神经电信号的传递、体液成分的变化和褪黑素的释放,从而改变睡眠和其他生理过程。一个地区的地磁强弱与当地居民的健康息息相关,长寿地区的地磁场强度普遍较高,如广西巴马的地磁场强度明显高于同纬度的其他地区,当地百岁老人比比皆是。城市里的高楼大厦结构形成了磁屏蔽室,破坏了人类赖以生存的正常地磁人居环境,人们极易出现注意力不集中、疲劳、头晕、失眠、神经衰弱、记忆力减退、体质虚弱、血液粘稠等亚健康症状,严重的还会诱发心脑血管疾病、神经功能紊乱、内分泌失调、糖尿病等疾病。这就是人们常说的"大楼综合症",也叫"磁饥饿症"。

血液中含有大量水分和很多能导电的电解质(如氯离子、钠离子、钾离子、亚铁离子)。血液的45%是血细胞,血细胞主要包含三个部分,红细胞:其中含33%血红蛋白(含铁的蛋白质),主要的功能是运送O_2,排出CO_2和废物。白细胞:主要扮演了免疫的角色,当病菌侵入人体时,白细胞能穿过毛细血管壁,集中到病菌入侵部位,将病菌包围后吞噬。血小板:止血过程中起着重要作用。由上所述,血液实际上是一个复杂导体,人体内密密麻麻的血管组成了复杂的闭合电路,这是磁疗的物质基础。在磁场作用下,通过神经体液系统,发生电荷、电位、分子结构、生化性能和生理功能方面的变化,从而提高机体的调整能力和抗病能力,有利于病理过程向正常方向转化,促使疾病好转或痊愈。

根据磁源的种类,磁疗产品主要分为永磁型产品(静态磁疗)和电磁型产品(动态磁疗)。一般的磁疗器具是以静态磁疗法为主,它是把永久磁铁直接作用于患病部位或相关穴位。电磁型产品通过电磁感应产生动态磁场,动态磁场的磁疗器具往往是使用直流电或交流电源的专门器具,例如,旋磁机、磁疗椅、振动磁疗按摩器、脉冲磁疗机等,可以产生强大的磁场强度。笔者认为,静态磁疗(或永磁型产品)没有电流存在,不产生对人体有害的高能电磁波,在一定的磁感应强度下对人体是有益的,并且是安全的,而动态磁疗器通常是在电流作用下产生的,在治疗的同时会产生电磁波,而高能量的电磁波或电磁辐射是对人体有害的。故动态磁疗器(或电磁感应型磁疗产品)只适用于以治疗疾病为目的的用途,不适用日常的保健养生。

随着磁疗技术与卫生保健事业的发展,具有磁疗功能的保健品已经受到社会的重视,市场上各种磁疗用品相继进入百姓之家,包括磁性项圈、手链、磁疗枕、理疗裤等。其设计原理是在单一原料的面料中加入固体磁片、磁丝等,碰性织物手感较硬,穿着舒适性较差,不易洗涤,磁性效果及耐久性无法保证,且产品针对显性疾病患者使用,成本较高,应用范围小。而磁性纤维的应用可以很好地弥补上述不足。日本、英国都曾报道过该种纤维,并将这类具有一定磁场强度的磁性纤维织成织物,制成服装等,不仅穿着舒适,而且有抗炎消肿、降压、改善血液黏滞度及微循环等。近年来以日本生命集团(Japan Life Group)、深圳市康益保健品有限公司、南京中脉科技发展有限公司和江苏爱思康高科技有限公司为代表的国内外知名公司在磁疗床技术的基础上相继开发出抗菌、防螨、防霉、远红外、负离子、磁疗床垫多功能磁疗系列产品。其中,康益多功能磁疗床垫的基本思路是"把巴马长寿村的生态环境移到家",模拟"长寿村"的生态环境,让城市居民享受到长寿村的阳光、空气、地磁场,回到生态平衡的大自然的怀抱,把每天1/3的时间用于保健养生。这种康益多功能磁疗床通过远红外、负离子、立体磁场多种功能的共同作用,为人体"充磁、充电、充氧",促进人体血液循环,活化细胞,解除疼痛,缓解疲劳,提高机体免疫力,使人们在舒适的睡眠之中享受保健,同时还配有具有美肤康体作用的抗菌防螨有机硒锗多功能床单,满足了消费者对于高品质生活的需求。

第二节　磁疗纺织品测试标准

一、概述

磁性织物是近几年发展起来的一种新型功能纺织品,对于其磁场性能检测方面的研究基本属于空白,目前国外没有相关标准。由中纺标(北京)检验认证中心有限公司和北京洁尔爽高科技有限公司负责起草《FZ/T 01116－2012 纺织品 磁性能的检测和评价》。该标准的制定为消费者、生产厂家、质量检测机构、研究机构等提供一个科学手段和统一的评价指标,从而起到规范磁性纺织制品市场、保护广大消费者利益的作用,促进磁性纺织产品的健康发展。

二、试验方法原理

磁性织物表面磁场是非线性的不均匀磁场,表面磁场在各个方向的大小并不相同。现将各个方向的磁场分解为水平分量和法向分量。由于织物穿着时与人体贴身接触,对人体有作用力的磁场主要为垂直织物表面的法向分量。所以该标准确定测量目标参数为织物表面磁感应强度的法向分量,简称织物表面法向磁感应强度。

目前磁学领域内普遍使用的表面磁感应强度测试仪是霍尔效应原理的特斯拉计,测试方法的原理是,在规定的试验条件下,利用特斯拉计感应永磁材料在织物表面产生的磁场,测试值为被测位置点处的法向磁感应强度,在织物上均匀地测试一定数量的位置点,织物磁场的测试结果以测试数据的均值表示。

三、测试装置

特斯拉计的几项性能参数。

(1)仪器分辨力。由于测量目标磁场较弱,部分织物表面磁感应强度接近地磁场$(0.03 \sim 0.07\text{mT})$,为了保证测量值的精确性,特斯拉计的分辨力应不低于$1 \times 10^{-3}\text{mT}$。

(2)具有相对测量模式。目前特斯拉计用于消除背景磁场的方式是采用相对测量模式,其中相对测量模式是指仪器测量目标磁场时首先将探头放置在测量环境中进行系统校零,使仪器在测量环境中的初始值为零。

(3)霍尔元件平面与探头测试面(即端面)距离。霍尔元件平面与探头测试面的距离越小,所测得数据越大,且越接近织物表面磁场的实际值。规定该距离宜不大于$0.5\text{mm} \pm 0.05\text{mm}$。

四、对磁性织物磁场强弱评价

①当$0.02\text{mT} \leqslant \text{B} < 0.10\text{mT}$时,织物具有磁性。

②当 B≥0.10mT 时,织物具有较强磁性。

第三节　磁疗原理及作用

一、磁场对人体作用机理的探讨

地球是一个磁场包围的球体,人类靠地磁保护生存与进化。如果没有地磁,来自宇宙的射线会烧尽地球上的所有东西,地球会和月球一样连水都不存在。磁场作用在人的体内,促进血液新陈代谢,所以人和一切生物一时一刻也离不开磁场。

1. 电动力学理论　一切磁现象都是由于运动电荷所产生的,磁现象的本质就是电荷的运动。磁场对电荷,一磁场对另一磁场,都会产生作用力。磁场对运动电荷产生劳伦兹力;对载流导体产生安培力;磁场能改变原子和分子的轨道磁矩和自旋磁矩的方向;通过电磁感应作用,磁场还能使导体产生感应电动势和感应电流。从人体生物物理学观点看,生物在磁场中会受到磁场的各种作用而产生各种效应。

(1)产生微电流效应。人体中各种体液都是电解质溶液,属于导体,在交变磁场中,磁力线做切割导体的运动,将产生感生电流;随着心脏的收缩与舒张,血管也在不停地运动,而且血液也在不断地流动。虽是恒定磁场,由于血管和血流的运动造成对磁力线进行切割,也将在体内产生电流。进行磁疗所产生的感生电流是很弱小的,即微电流。微电流的产生可对体内生物电活动发生影响,从而影响各器官和各组织的代谢功能。例如,在交变磁场作用下,Na^+、K^+、Cl^- 等离子的活动能力加强,改变了膜电位,增强了细胞膜的通透性,促进了细胞膜内外物质的交换,达到调节功能、增强免疫和改善新陈代谢的目的。也就是说,食物在人体内产生了生物能,使我们的心脏有动力驱动血液流动,每一个血液细胞是一个小导体,当血液流过磁场时将产生电流——生物电,使血液富有能量,增加了血液细胞的活性,提高了血流通透性,加快了血液循环和新陈代谢,加快了毒素废物的排泄和营养成分的输送,从而实现"一通百通,强身健体",这就是磁疗的基本原理。

(2)磁场对生物电的作用。人体内有各种生物电流,如心电、脑电、肌电和神经动作电位等。生物电是生理活动的重要组成部分,在磁场作用下,生物电流将受到磁场力的作用,即磁场将对生物电流的分布、电荷运动形式及其能量状态发生作用,因而引起有关组织器官的功能发生相应的变化。此外,在生物体氧化还原反应过程中,发生电子的传递;磁场可能对电子传递过程产生作用而影响生化反应过程。

2. 酶学说　酶是一种"生物催化剂",它是微生物通过代谢作用产生的具有催化能力的高分子蛋白质,能降解特定的高分子材料。酶是在细胞内生成的,其化学本质属于蛋白质的生物催化剂。有些酶类的催化活性除需要蛋白质,还需要金属离子,金属离子是酶活性中心的组成部分。有些酶的分子中虽不含有金属,但需要金属离子激活。磁场可能通过对金属离子和非金属离子的作用影响酶的催化活性,而对人体产生作用。有报道认为,磁场有镇静、止痛、降低血压和减轻炎症等作用,是同磁场能提高单胺氧化酶、组胺酶和激肽酶的活性有关。

3. 经穴学说 许多疾病的磁疗是磁场作用于穴位而产生疗效的。例如磁片贴敷大椎、肺俞、膻中治疗喘息性气管炎;旋磁作用神阙,有显著止泻疗效。现代仪器检查证实,穴位经络存在电活动现象。穴位比周围皮肤有较高的电位,当某脏器功能亢进时,相应经络穴位的皮肤电位增高或电阻值下降;当某器官活动功能减弱时,相应经络穴位的皮肤电位也随之降低,而电阻值则升高。因此推测,磁场影响经络的原因是由电磁活动过程引起机能调节作用的结果。

4. 神经内分泌理论 磁场作用于全身时,各系统参与反应的程度可按下列顺序排列:神经、内分泌、感觉器官、心血管、血液、消化、肌肉、排泄、呼吸、皮肤、骨骼。神经和体液系统对磁场的作用最为敏感,磁场对机体的作用中,神经和内分泌系统起重要作用。在磁场作用时,神经既能参与原始反应的快速感受系统,也参与其缓慢感受系统,当弱磁场作用较长时间时,也能引起缓慢系统的反应。内分泌系统也明显参与机体对磁场作用的反应,在磁场作用下,可以观察到动物某些激素分泌增加的现象。

二、磁场对生物、人体的影响

1. 磁场对微生物的影响 微生物的种类很多,其中大部分是对人体有益的,只有一小部分对人体有害。如果把微生物放在50mT以上的磁感应磁场中,即使抵抗力很强的大肠杆菌,也会死掉。目前国内外都有利用磁场对饮用水和液体食物进行消毒的报道,但是对比较小的病毒,在磁场中的生存情况,尚未弄清楚。

2. 对小生物的影响 小生物是指肉眼能看到的一些生物,如昆虫、蚕、蝌蚪之类。试验证明,一定范围的磁场能延长小生物的生命。磁感应强度在50～150mT的磁场处理,可以伤害微生物,但对比微生物大几万倍的小生物却是有益的。

3. 磁场对人体的影响 强磁场对生物体和人体有益还是有害,取决于磁场强度、梯度、体积和受到磁场影响的生物体积、体质大小而定,笼统地说强磁场对人体有害还是有益都是片面的。

三、磁疗作用

1. 磁场对经络的作用 "经"是指十四经穴,"络"是指经的分支。"经"是竖于人体的经脉,比较粗大,"络"是横于人体内经脉分布出的支脉,比较细小。"经"和"络"像网一样纵横交错,遍于人体全身。而"穴位"则如同这个联络网上的个个据点。一种观点认为,在人体上敷上磁铁,磁场即可通过经络电荷的传递,使机体发生变化。例如有人患失眠,在患者的穴位放几块磁铁,会有好的疗效,而在患者身上任何部位随便放几块磁铁,那不一定会有好的疗效。另一种观点认为磁场进入经络,可使人体组织内物质的原子核起旋转作用,这样人体组织内放射出一种高频交替着的微弱的生物电流,这是一种有益于人体并能抗击外来疾病侵袭的因素。根据文献记载,从人体体外输入电流,一般不超过300μA,而磁场敷于经络引起的生物电流,则只有几十微安,而且对人体的效应也较缓慢。

2. 磁场对神经系统的作用　根据近年来解剖观察,穴位各层组织中,往往具有丰富的神经末梢、神经丛和神经束,对磁场作用最敏感的是神经系统,而其中又以丘脑下部和大脑皮质最为敏感。磁场对动物条件反射活动主要是抑制作用,脑电图表现为大脑个别部位慢波和锤形波数目增加,在行为中伴有抑制过程占优势。在磁场作用后观察动物脑髓的超微结构,发现神经细胞体的膜结构,突触和线粒体有变化,而轴突的结构较稳定。

3. 磁场对体液的作用　当磁场作用人体时,体液中的电子自旋运动和绕核轨道的运动受到磁场作用的影响,改变其角加速度。由于电子运动的改变,使体液中水分子的正负电极发生了变化,从而改变了体液的电荷状态。体液中粒子带有电荷,粒子界面往往是双电层结构,磁场有助于粒子的界面的双电层形成和稳定。

磁场对体液中水分子的缔合形态也有影响,并使某些矿物质的结晶状态发生变化。关于磁场作用于水的说法很多,较多是认为磁场能改变离子的水化作用,从而引起水特性的改变。

4. 磁场对血沉、血脂及血压的影响　资料报道,红细胞在磁场影响下做圆周运转,也即围绕着自身轴在运转,因而沉降减慢。

另据报道,使用磁疗产品可使胆固醇和甘油三脂下降,磷脂/胆固醇比值升高,对降低血脂的作用明显。

磁场治疗高血压病是通过磁场作用于经络穴位,加强大脑皮层的抑制过程,刺激了神经末梢纤维,通过调节神经系统机能,改善血管伸缩功能,减少外周血管阻力,使肌体微循环功能加强,使血压下降。

5. 磁场对皮肤肌肉的作用　处于磁场影响下的皮肤、肌肉都可能发生一些变化,据临床观察,有一部分肌肉萎缩的患者经"磁疗"后萎缩的肌肉有所改善,也有一部分患者反映敷贴磁铁的肌肉后,皮温增高。对皮肤干皱、瘙痒、过敏的患者,磁疗产品也有一定的疗效。

6. 磁场对细菌的作用　据报道磁场有杀菌作用,其杀菌效应的大小取决于磁场的强度、时间等因素。其原因可能是磁场的作用导致电子传递,可使细菌细胞获得或丢失某些电子,从而改变其电子层结构,从而达到杀菌的目的。但是磁场对病毒作用如何尚待研究。

7. 对内分泌系统和组织代谢的作用　强磁场可引起机体应激素反应,伴有 ACTH 和11-羟皮质酮的释放。下丘脑—垂体—肾上腺系统、胰岛、甲状腺、性腺等都对磁场的作用有感受性。

在磁场作用下,体内许多过程和机能活动发生改变。例如,某些酶的活性、细胞的机能活动、生物膜通透性、内分泌功能以及微循环的改善等,因此引起组织代谢变化。

8. 镇痛作用　有人认为,疼痛有来自细胞破坏、分解,释放出钾离子、组织胺、蛋白质分解形成缓激肽以及 5 - 羟色胺、酸性代谢产物等致病物质,当这些致痛物质达到一定浓度时则引起疼痛。在磁场微扰作用下,能使其浓度扩散,减轻疼痛。

磁疗法的镇痛作用比较明显,且镇痛效果的发生比较迅速。有些病人磁疗后数分钟内疼痛就缓解或消失。磁疗的镇痛作用是多方面的,如磁疗能改善血液组织营养,因而可以克服由缺铁、缺氧、炎性渗出、肿胀压迫神经末梢和致痛物质聚集等原因引起的疼痛;磁场作用使体内的甲硫氨酸脑腓肽(MEK)浓度升高,进而产生镇痛作用。这种镇痛物质甲硫氨酸脑腓肽(MEK)是由于磁场作用于局部或穴位而使之分泌出来的,这种镇痛作用是一种全身性反应。磁场作用可以降低感觉神经的兴奋性,减少对外界的感应性及传导性,因而疼痛减轻,疼痛刺激所引起的反应也随之减弱或消失。磁场对某些致痛物质的活性具有抑制作用。磁场作用机体后,使血管扩张,血液循环改善,可以起到稀释致痛物质、使其浓度降低从而减轻或消除疼痛的作用。

9. 消炎消肿　炎症的病因有生物性和非生物性两种。生物性炎症是由细菌、病毒、寄生虫引起的;非生物性炎症则是由低温、高温、各种毒性、机械创伤等引起的。一般来说,磁疗对非生物性和生物性的慢性炎症作用较好。因为磁场可以使局部血液循环加强,组织通透性改善,有利于渗出物的消散、吸收;加之磁场还能提高肌体的非特异免疫力,使白细胞活跃,吞噬能力增强,故而有消肿消炎作用。磁场可改善病灶局部血液循环:在磁场作用下,血管扩张,血流加快,血液循环旺盛,使抗体、白细胞及营养物质输入到病灶部位的速度加快,促进炎性物质的吸收与消散,加速炎性化学物质的清除;由于改善血液循环,输送到炎症部位的氧气增加,使缺氧及酸中毒现象得到改善和纠正。磁场可降低局部炎症的渗出过程,因而有利于炎症的控制与消散。磁场可增强机体免疫功能,明显提高细胞免疫力。磁场可能加速局部组织中蛋白质的转移。蛋白质和各种酶含有铁、镁、钴、镍、铜、锌等原子或离子,它们是顺磁性物质,很容易受到磁场作用而发生变化,进而改变了蛋白质和酶的活性。实验发现旋磁处理可加快血浆蛋白的吸收,局部组织中蛋白质减少,其渗透压相应降低,血管内水分渗出减少;同时磁场还有促进组织间隙水分重新吸收的作用,因而能起到消肿作用。

应用磁疗法治疗肌肉劳损、肌纤维组织炎、骨关节病、肋软骨炎、肩关节、外伤性血肿、前列腺炎、肛门疾病、骨折延迟愈合、骨折后疼痛、跟骨刺、颈椎病等,收到了较好或有一定效果。

10. 镇静作用　磁疗法的镇静作用主要表现在促进入睡,增加睡眠时间、改善睡眠状态。解痉作用主要表现在对胃肠痉挛、面肌痉挛有较好的缓解作用,实验表明磁场有双重作用,既解痉镇静,也有增强肠道活动的作用。

11. 其他作用　据介绍磁疗具有明显的抗衰老作用,磁疗对良性和恶性肿瘤均有一定的抑制作用。磁疗还具有止泻作用,磁疗对内脏、血管、气管的疾患具有一定疗效。其原因可能是磁疗作用于经络、体液、血液后,间接对内脏等产生影响的结果。

第四节　磁性材料

一、磁性材料的基本知识

1. 磁体　物体能够吸引铁、钴、镍及其合金等物质的性质称为磁性,具有磁性的物体叫磁体。地球的核心是由铁、镍溶浆形成的,因此具有磁力。将圆柱形磁铁放入铁屑中,取出后可以看见铁屑在磁铁两端最多,中间最少,说明磁铁磁性两端最强,中间最弱。人们把磁性最强的两端称为磁极。磁极分为南极(S 极)和北极(N 极)。

磁石是一种矿石,主要成分为四氧化三铁,又称磁铁。但磁铁并不是磁场的唯一来源,电流也能产生磁场。这样磁体就可以分为两种,一种为磁铁,另一种为电磁铁。电磁铁是将铁心插进线圈,再通以电流,在线圈周围产生磁场,使铁心磁化。

在医学临床上两者都经常使用,但是磁性保健品都以磁铁为原料,磁疗机则多以电磁铁为主。

2. 磁力线　磁铁与磁铁之间、电流与磁铁之间以及电流与电流之间的相互作用,是通过磁场实现的。即任何磁铁、电流周围空间里都存在着磁场,它们之间的相互作用实际上是磁场间的相互作用,是磁场力的具体体现。

磁力作用通常是由一定的磁场作用产生的,磁场的作用范围由磁力的强弱确定。磁体内部由磁极 N 极发出,通过空间进入磁体 S 极,之后又在磁体内部从 S 极回到 N 极,形成封闭的曲线,这就是磁力线。

3. 磁场强度与磁感应强度　磁场强度 H 表示磁场中各点磁力的大小和方向,其单位是安[培]每米(A/m)。

磁感应强度是表示磁场强弱的物理量。磁场越强,磁感应强度就越大。

4. 磁导率　磁导率是衡量物质导磁性能的参数,根据物质磁导率的不同,可将物质分为 3 类,即抗磁性物质、顺磁性物质以及铁磁性物质。

二、常见磁疗用材料与应用

1. 永磁材料的分类　常见磁疗用材料为永磁材料,永磁材料一般分为三大类,第一类是由铝、镍、钴、铜、铁、钛等材料铸造的永磁材料,此类材料由于不宜制成薄片而很少采用。第二类是铁氧体永磁材料,此种材料具有矫顽力较高、易加工成形、成本较低等优点,尽管最大磁能积较低,剩磁感应强度较低,但在磁疗中应用较多。第三类是指稀土永磁材料,是由高科技研制的第三代钕铁硼材料,磁能积已达 40MGs 以上(归制),是铁氧体的 10 倍以上。

2. 磁场强度对磁疗效果的影响　磁场强度是一个固定的物理指标,应用于人体治疗时还需要了解影响磁场强度的诸多因素,才能全面地衡量磁疗的效果。目前,许多学者都认为,同样的磁场强度,由于磁体与人体之间的距离不同,磁体表面积大小以及患者个体差异等因素的影响,会对磁体发生的磁场的磁力线产生发散效应,因而磁疗现象也就不尽相同。影响磁场强度的因素如下。

(1)磁体与磁极面积。

①相同磁场强度的磁体或者磁片,面积大者对人体的影响大于面积小者,主要因为前者接触皮肤面积较大所致。

②磁体面积大者的磁场磁力线发散少于面积小者。

③大面积磁片的磁场强度较同样大小总面积的几片小磁片的磁场强度要大。

④大面积磁片的磁场穿透力较小面积磁片的磁场穿透力深。

磁场强度越大,其穿透力越强。当旋转磁疗机电动机开启后,其旋转磁场为390Gs,在距离为20mm处测得其磁场强度为20Gs。当用磁片为200Gs强度时,在20mm处测得的强度为15Gs,在25mm处测得的强度为零。当用双磁片对置时,一个磁片的穿透力达30mm,比单磁片大10mm。

在治疗疾病时,应考虑磁场的强度以及其穿透力,一般病变较浅时,或者通过经穴感觉器发生作用时,可采用永磁体;病变较深时,则建议使用电磁体较适宜。

(2)个体差异。每个人由于神经组织的敏感性不同,对各种刺激的反应程度也不尽相同,对磁场的强度以及耐受性同样也存在着个体差异。例如,年老体弱者或幼儿对磁疗的耐受量就可能较身强力壮的年轻人要低些;孕妇对磁疗的敏感性较高,一般都不宜使用磁疗。

(3)组织的差异。磁场通过各种组织时,会发生衰减效应。实验证明,磁场对皮肤、皮下脂肪组织、肌肉的穿透力较强,对软骨、骨骼的穿透力较弱。用2000Gs的磁片贴于皮肤上,在经过皮肤、皮下组织以及肌肉共33mm的厚度后,测得磁场强度为15Gs,经过30mm脂肪组织后,测得磁场强度为18Gs。

(4)距离的影响。磁体与皮肤之间,若放置有隔垫或衣物等,会影响到磁场的穿透力。隔垫物越厚,距离越大,其发散越多,其磁场强度与距离的平方成反比($B\approx1/r^2$,B磁场强度,r为磁体与磁疗点之间距离)。有人用1500Gs的永磁片,通过涤棉布、纱布(胶布上)、普通纱布、白布、绒布、塑料布及棉毛衫各1~10层,结果,随着层数的增加,磁场强度则随之递减。至第十层时,磁场强度分别为1050Gs(70%)、800Gs(53.3%)、600Gs(40%)、470Gs(33.1%)、200Gs(13.3%)、28Gs(1.9%)。

3. 磁疗的剂量以及分级　磁疗剂量是指包括治疗部位多少、磁感应强度、面积、场型、梯度、时间、间隔等指标,其中以磁感应强度最为重要。磁感应强度一般分为小、中、大三个级别,小的场强在50mT以下,中场强在50~150mT,高场强在150mT以上。应用场强大小应视病情而定,一般可依据下列几点。

（1）病人情况。对年老体弱、久病、儿童、过敏体质等群众,开始先用小的场强进行治疗,根据具体情况再做适当提高。而对年轻体壮者可直接用中或大的场强进行治疗。

（2）病变性质。急性疾病患者开始时可用小或中场强治疗,慢性疾病患者开始即可用中或大的场强直接治疗。

（3）治疗部位。头、颈、胸部治疗开始时可用小场强,腰、腹、四肢及深部治疗开始即可直接用中或大的场强。

磁疗的时间一般每次 20 ~ 30min,每日或隔日 1 次。磁片贴敷可连续进行,根据病情定期复查,一般贴敷一周后休息 1 ~ 2 天再贴。某些慢性病如高血压、慢性结肠炎等须长期贴敷。

三、磁场强度的分级

1. 磁体表面的磁场强度分级　目前以磁体表面的磁场强度分为三级。

（1）小剂量或者低磁场每片磁片的表面磁场强度为200 ~ 1000Gs。

（2）中剂量或者中磁场每片磁片的表面磁场强度为1000 ~ 2000Gs。

（3）大剂量或者强磁场每片磁片的表面磁场强度为 2000Gs 以上。

2. 以人体对磁场接受的总磁场强度分级

（1）小剂量或者低磁场磁片的总磁场强度为 3000Gs。

（2）中剂量的中磁场磁片的总磁场强度为 3000 ~ 6000Gs。

（3）大剂量或者强磁场磁片的总磁场强度为 6000Gs 以上。

3. 动磁场的磁场强度分级　上述两种磁场强度分类适用于恒定磁场,对脉冲磁场、交变磁场等动磁场,一般采用以下分类法。

（1）小剂量或者低磁场磁场强度为 1000Gs 以下。

（2）中剂量或者中磁场强度为 1000 ~ 3000Gs。

（3）大剂量或强磁场,磁场强度为 3000Gs 以上。

第五节　磁疗治疗方法与相关设备

一、磁疗的作用

磁疗操作简单,一般不需特殊的设备,只需用几块磁铁即可随时随地为患者治疗。即使磁针应用也不复杂,施针者只要按图示穴位找到治疗点,用手把负压针体一捏,吸在治疗穴位,即实现了施针,而且疗效显著、适应症广。磁疗对内、外、妇、儿、五官、皮肤等科,均有广泛适应症,不少疾病的治疗有效率达90%以上。如应用哈慈五行针治疗一般痛症,10 ~

15min 就能见效。一般适应症治疗几个疗程即会显效,无论是虚症、寒症、热症都适合。

磁疗可兼治多种疾病,还可与药物疗法同时并用对多种疾病综合治疗。如磁疗足三里、三阴交等穴,可对关节痛症、胃痛、高血压等症兼而治之。如果用磁疗法与中西药物同时为患者施医,非但没有矛盾,若配合得当,还可缩短疗程并提高疗效。

磁疗具有无创痛、安全可靠的特点,磁疗不会对患者造成创伤和痛感及心理压力,尤其适合于儿童和老人,对磁疗不适应的患者极少。因此磁疗是十分安全的方法。

随着人们对磁疗认识的逐步深入,磁疗方法有很大发展,各种各样的磁疗器具也应运而生。从应用磁场的形态来看,磁疗可以分为静态磁疗和动态磁疗。一般的磁疗器具是以静态磁疗法为主,它是把永久磁铁直接作用于患病部位或相关穴位。磁疗器具按形状来分有磁片、磁珠、磁针等,其中磁珠主要用于耳穴疗法。动态磁疗法按其波形可分为:交变磁场——磁场强度的大小和方向随时间作周期性变化;脉动磁场的磁场强度大小随时间作周期变化,而其方向不变;脉冲磁场——磁场强度不随时间作连续的变化、中间呈断续变化。动态磁场的磁疗器具往往是使用交流电源的专门器具,如旋磁机、磁疗椅、振动磁疗按摩器、脉冲磁疗机等。

静态磁疗没有电流存在,不产生对人体有害的高能电磁波,在一定的磁感应强度下对人体是有益的,并且是安全的,而动态磁疗器通常是由电流作用下产生的,在治疗的同时会产生电磁波,而高能量的电磁波是对人体有害的。故动态磁疗器在一般情况下不要使用。

二、磁疗操作方法及注意事项

1. 磁疗操作方法　磁疗操作方法很多,常用的有以下三种。

(1)磁片贴敷法。即是用胶布或其他方法将磁片固定在治疗部位进行治疗的一种方法。根据病情可贴敷一块或多块磁片,常用异极对置法贴敷。由于磁片与皮肤距离越大,作用于组织的磁场强度就越弱,因此,常将磁片直接贴在皮肤上或在磁片与皮肤之间只垫一层薄的纱布,从而达到一定的疗效。磁片贴敷法操作简便,病人不需要经常到医院,在家庭环境就可以完成磁疗操作,只是需要根据病情定期到医院复查即可(图 14-1 ~ 图 14-3)。

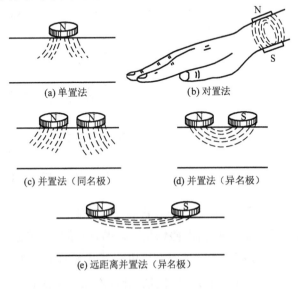

(a) 单置法　　(b) 对置法

(c) 并置法（同名极）　　(d) 并置法（异名极）

(e) 远距离并置法（异名极）

图 14-1　异极旋转磁疗器磁片排列

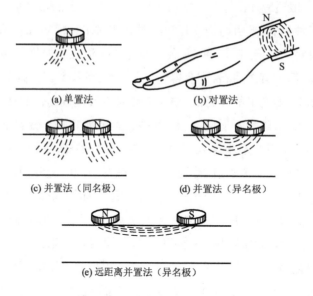

(a) 单置法　　　　　　　　(b) 对置法

(c) 并置法（同名极）　　　　(d) 并置法（异名极）

(e) 远距离并置法（异名极）

图 14-2　同极旋转磁疗器片排列

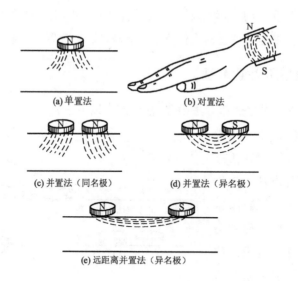

(a) 单置法　　　　　　　　(b) 对置法

(c) 并置法（同名极）　　　　(d) 并置法（异名极）

(e) 远距离并置法（异名极）

图 14-3　磁片不同极性不同放置法的磁力线分布

（2）旋转磁疗法。用旋转磁疗器的磁头对准治疗部位进行治疗，磁头贴着治疗部位。如用同极旋转磁疗器，磁场是脉动的，用异极旋转磁疗器，磁场是交变的。

（3）电磁疗机。这是利用电磁感应原理制成的磁疗机。电流形式不同，所产生的磁场形式也不同，可以是静磁场、交变磁场和脉冲磁场。这种磁疗法同时有热的作用，注意要防止烫伤。

2.临床应用范围及禁忌症

（1）适应症。

①内科疾病：喘息性支气管炎、支气管哮喘、高血压、冠心病、急慢性胃炎、慢性结肠炎、胃十二指肠溃疡和类风湿性关节炎等。

②外科疾病：急慢性软组织损伤、血栓闭塞性脉管炎、变形性骨关节病、肋软骨炎、肩关节周围炎、网球肘、腱鞘炎、纤维瘤、冻疮、前列腺炎、血肿、颈椎病、滑囊炎和残肢痛等。

③神经科疾病：神经官能症、三叉神经痛、面肌抽搐、血管性头痛、神经炎等。

④小儿科疾病：单纯性婴幼儿腹泻、遗尿等。

⑤皮肤科疾病：硬结性红斑、毛细血管瘤、神经性皮炎等。

⑥五官科疾病：中心性视网膜脉络炎、单纯性青光眼、急慢性咽炎、眶上神经痛、下颌关节功能紊乱综合征、牙痛、慢性非化脓性腮腺肿大和冠周炎等。

（2）禁忌症。磁疗法目前尚未发现有绝对禁忌症，但下列情况一般不用磁疗。

①白细胞总数在 4.0×10^9 个/L 以下者。

②出血或有出血倾向者。

③体质衰弱或过敏体质者。

④孕妇。

有时在磁疗过程中出现一些副作用，主要症状有心悸、心慌、恶心、呕吐、胃内减退、无力、头昏、胸闷、白细胞减少、皮炎等。停止磁疗后副作用可迅速消失，不留任何后遗症。

第六节　磁性纤维的开发和应用

磁性功能纤维是纤维状的磁性材料，由磁性纤维织造成的机织物和针织物已经应用于各种款式的保健服装和保健制品中，受到人们的青睐。使用群体反馈信息表明，磁性纺织品具有效果显著，理疗作用强，而且具有舒适、柔软、易洗涤、易清理等特点，深受人们的青睐。

在磁性纤维中均匀排列着含有永久磁铁的微粒材料，所以织物表面存在着具有 N 极、S 极的磁场。这些磁微粒产生的磁力线由 N 极到 S 极构成磁性回路，这些紧靠织物纤维边缘无数磁性微粒产生的许多 N、S 磁回路及发射出的磁力线，交织成一层看不见的立体磁力线网。这种网膜能对贴近的肌肤进行全方位的立体刺激和按摩，使肌肤表面处于微运动状态，激活细胞代谢能力，促进身体微循环。这些与肌肤穴位紧贴的磁微粒发出的磁力线可以穿透穴位，这一束束看不见、无感觉的磁力线起到如中医针灸同样的作用，因此能随时随地的进行理疗。这种疗法也常被称为"无痛理疗"法。

一、磁性纤维的制备方法

磁性纤维可分为磁性纺织纤维和磁性非纺织纤维，磁性非纺织纤维主要用于制造磁性复合材料、磁性涂层材料、磁性纸等。纺织工业需要的是磁性纺织纤维。它应是一种兼具磁性和纺织纤维特性的材料，既具有其他纺织纤维所没有的磁性，又具有其他磁性材料所没有的物理形态（直径几微米到几十微米，长度一般大于 10mm）及性能，诸如柔软、有弹性等，磁性纤维可加工成纱线、织物或非织造布及各种形状的制品。

由于磁性纺织纤维的研究生产起步较晚，目前尚未形成规模生产，市场上看到的磁性纺织纤维的产品很少。最早开发磁性纺织品是以服装、饰物作为磁场、磁粒、磁片的载体，把磁性材料镶缀在织物上，出现了用含有磁粉的树脂对织物涂层的办法和把磁粉掺加到面料中的办法，但这类服饰既不方便，也不舒适。20 世纪 80 年代，英国、日本将这类具有一定均匀磁场强度的磁性纤维织成织物，制成服装，不仅具有良好的疗效，而且穿着舒适。在我国，北京洁尔爽高科技有限公司等开发了磁性丙纶纤维、深圳康益保健用品有限公司开发了磁性服装和磁性寝具，具有明显的镇痛和改善睡眠效果。

所用的磁粉可以是任何赋予磁性的物质。可以选用铁、钴、镍等金属以及这些金属和铝、钛、铜、铂中一种以上物质组成的合金。还可以选用以氧化铁、铁氧体为主要成分的金属氧化物或铁、钴、镍和稀土类元素的化合物。磁微粒粒径最好在 $2\mu m$ 以下，粒径分布范围越窄越好，这样可以保证纤维磁性稳定，纤维强度也不受影响。

根据基体纤维的材料，磁性纤维可分为金属（或合金）磁性纤维、有机磁性纤维（基体为有机纤维）和无机磁性纤维（基体为无机纤维）。金属磁性纤维的力学性能与对应的基体纤维相仿或稍低一些。有机磁性纤维的力学性能（如强度等）一般比对应基体纤维低，其差异随制备方法不同和纤维中磁性微粒的含量不同而不同。

从文献和专利报道中可知，磁性纤维（包括纺织纤维和非纺织纤维）的制备过程大致分两个途径：一是通过直接成形制备磁性纤维，二是通过基体纤维的化学、物理改性制备。

1. 磁性纤维的直接成形法　直接成形法可应用于制备金属或合金磁性纤维以及各种磁性有机纤维。按纤维成形和加工方法可分为三种。

（1）金属纤维传统制造法。磁性金属纤维或磁性合金纤维的制备起步较早，一般是通过类似制造金属纤维的某些方法制造，诸如拉伸法、熔融挤出法、射流冷却法、熔融萃取法、切削法、须晶法等方法制备的。从 20 世纪 70 年代后期开始，金属磁性纤维大多用于制备复合材料，也有用于制备磁性涂料的。

①拉丝法。将金属丝在 400~600℃ 温度下，以适当的速度或张力做冷延伸，使之形成所需细度，拉丝法分为单丝拉丝法与集束拉丝法两种。单丝拉丝后卷成轴，可供丝线复合加工用或直接织造成布。集束拉丝法因同时将数根金属丝延伸变细，为便于操作，

不致使金属丝延伸断裂或相互黏结,可加入有更大延展性的外装材料或被覆材料,待延伸后再将外装材料与被覆材以物理或化学方法去除。

②纺丝法。纺丝法是将金属丝原料在1400~1450℃温度下熔解,由熔融挤压法,将挤压出的金属丝在气流或液流中成形,或采用熔融喷射急冷法等制成高品质金属纤维。

③切削法。目前比较实用的金属短纤切削法有Wire切削法与高频微振动切削法两种。Wire切削法即是切削器将运动中的钢丝切削成金属短纤维。高频微振动切削法,是利用一般旋削法,以高频微振动的弹性切削器切削,可有效地产出所需细度的金属短纤维,是生产效率较高的一种制造方法。

④其他纺丝法。其他有代表性的纺丝法还有熔融液纺丝法、PDME法与CME法等。

(2)有机金属络合物分解法。这是制备金属或合金磁性纤维的方法之一。欧洲专利中介绍,将金属铁、钴等在旋转金属原子反应器中,在高真空中加热,使金属原子逸出与低温的甲苯等反应成为甲苯的零价金属络合物,如二甲苯铁的甲苯溶液。然后将置于低温和氮气保护下的二甲苯铁的甲苯溶液流过一置于外加磁场中的加热管道,使二甲苯铁分解,并导致形成含磁铁纤维的淤浆。这种方法制成的磁性金属纤维的直径可控制在$0.1~100\mu m$,纤维的长径比为100~10000倍。将这种含磁性金属纤维的淤浆经球磨和适当处理后,可涂在聚酯薄膜上,制成磁记录材料。

(3)共混纺丝法。共混纺丝法制备磁性功能纤维是最简便、可靠的方法之一,用这种方法可以制备大多数磁性有机纤维。将粒径小于$1\mu m$的磁性物理粉体经包覆、分散处理后制成磁性母粒,再混入成纤聚合物中进行熔融纺丝制成磁性初生纤维,再经过拉伸、变形后加工工序制成弹力丝,广泛用于针织、机织纺织品。

1990年,波兰Krzysztof Turek and Januaz Opila报道了将磁性合金$SmCo_5$和溶于甲苯中的聚苯乙烯混合,在甲苯部分蒸发后,将混合物沿外加磁场方向拉伸成丝,制得直径0.5nm的有柔韧性的磁性纤维。以磁性物质熔铁氧体微粒与聚酰胺共混纺丝制成磁性聚酰胺纤维。

日本专利JK6—184808.1994曾经报道用1%~5%粒径小于$1\mu m$的天然或永磁性物质组成分散体系的成纤聚合物熔体通过置于外磁场中的喷丝头高速熔纺制成磁性纤维。

日本新井正志和山本俊博的专利(JP2—264013·1990)中报道,将粒径小于$1\mu m$的磁性粒子$\gamma—Fe_2O_3$、$SrO\cdot6(Fe_2O_3)$等先分散在二甲基甲酰胺(DMF)中,再和丙烯腈共聚物的DMF溶液充分混合,使纺丝原液中磁性粒子的含量在5%~30%。采用湿法纺丝,凝固浴为20℃的60%DMF水溶液。初生纤维经拉伸、水洗、上油、干燥、卷曲、湿热定形和充磁后制成磁性腈纶。

在共混纺丝法的基础上,1994年日本专利(JK6—158473·1994)曾有制备芯—鞘型和三层并列型(三明治型)两种磁性复合纤维的报道。前者芯层具有磁性,后者中间层具有磁性。芯层和三层并列型的中间层均采用共混的方法,将平均粒径 $0.05\mu m$ 的钴铁氧体混入聚酰胺 6。鞘和三层并列型的外层均为 PET。芯—鞘型磁性复合纤维成品为 533dtex/20F,可织在布边或散织在布的某些部位,以便布料在后加工的过程中能实现自动生产管理和记录。

共混纺丝法的优点是:混入纤维的磁粉可以是硬磁材料,可以是充磁效果良好的锶铁氧体,组合随意性强,添加量也可以根据要求改变。可以采用熔纺,也可在某些湿纺或干纺场合下应用,甚至可以制备磁性复合纤维或异形纤维。缺点是:混入磁粉的量通常在18%以下,如在磁性聚酰胺纺丝过程中,当混入的磁粉为13%时,磁性聚酰胺纤维的强度只有原聚酰胺纤维的50%左右,还会影响纺丝过程的顺利进行,甚至增加废丝量。此外,当在喷丝头处外加强磁场时,会使纺丝设备复杂并可能造成磁污染。

2. 以纤维为基体的化学、物理改性法 这种方法适用于制备磁性有机纤维和磁性无机纤维。根据基体纤维的特点,又可采用下述具体方法。

(1)腔内填充法。该方法主要用于磁性木质纤维素纤维的制备。因为木材纤维有胞腔,胞腔间的壁上又有通道,所以可通过物理方法将磁粉微粒填入木材纤维的胞腔中制成磁性纤维,还可用于制造磁性纸等。原则上,具有类似结构特征的纤维都可以用该方法制成相应的磁性纤维。

20 世纪 90 年代初,美国专利报道了将 $0.1\sim1\mu m$ 磁性物质微粒悬浮在水介质中,加入木材纤维后剧烈搅拌一定时间,使磁性物质微粒填充到木材纤维胞腔。再充分水洗除去纤维表面的磁性物质,然后干燥。这样制得的磁性纤维的表面很清洁,纤维强力损失少,可用这种方法生产磁性纸。

(2)表面涂层法。即以适当方法将磁性物质涂布在各种纤维表面制成磁性纤维。采用表面沉积涂布法可制成磁性钛酸钾纤维。其制造方法是将亚铁盐水溶液与碱溶液在适当条件下先后加入钛酸钾纤维分散在水介质的体系中,经水解和空气氧化,生成的磁性氧化铁沉积在纤维表面,制得暗褐色磁性钛酸钾纤维,用于制造磁性复合材料。

(3)定位合成法。利用某些纤维中可进行阳离子交换的基团,使亚铁离子与其发生交换,然后再经过水解和氧化,转化为具有磁性的 $\gamma—Fe_2O_3$ 或 Fe_3O_4 (统称铁氧体)而沉积在纤维的无定形区中。所生成的磁性物质(微粒)在纤维中所处位置受制于原来纤维中能进行阳离子交换基团的位置,故而称为定位合成法。由于磁性微粒是在空间很小的无定形区中形成,其尺寸通常很小,一般在 $2\sim60nm$。通常纤维表层形成的铁氧体较多,由于生成的铁氧体的尺寸小,故能表现出超顺磁性。

如果基体纤维无阳离子交换基团,则可以借助纤维化学变性的各种方法,首先将阳离子交换基团引入基体纤维,然后再使用定位合成法。但这样做的结果是磁性纤维的强度下降较多。某些纤维甚至会低到只有基体纤维强度的50%~60%。纤维经历了化学变性和定位合成两次处理,每一次处理都会引起强度下降。

加拿大 Rechard 和 Marchessault 等人在 20 世纪 90 年代初先后报道了在羧甲基纤维素中和磺化木质纤维（磺化纸浆）中，以定位合成法引入铁氧体，获得磁性纤维进而制成磁性纸。而后在 1993 年又报道了将黏胶轮胎帘子线经羧乙基化和磺乙基化后以定位合成法引入铁氧体，制成磁性粘纤丝。

磁性纺织纤维起步较晚，虽然国内一些厂家在不断地开发磁性纺织品，但尚未形成规模生产，市场上见到的磁性纺织纤维产品也很少。无论是制造工艺，还是应用领域都有待进一步开发。

二、磁性纺织纤维的主要性能

虽然用共混纺丝方法开发磁性纤维的技术已经成熟。但是，这样得到的磁性纤维磁力较弱，磁通量密度仅在 0.01T 左右。由于磁力过低，不能满足医疗保健的需要。针对这一情况，磁性纤维的开发技术需要不断改进。新改进包括两个方面，一方面是在纤维结构上改进，如开发芯—鞘结构，在芯层掺入过量磁粉，而在鞘层不掺入磁粉。另一方面是对着磁工艺进行改进，就是首先对磁性纤维初生态进行初着磁，然后脱磁，并再度着磁。这种两次着磁工艺，能使纤维的磁力提高，磁通量密度可提高到 0.05 ~ 0.15T，这种磁性纤维可以单丝使用，可以集束使用；可以剪成短纤维使用；可以卷曲加工，也可以不卷曲加工；可以混纺成纱，也可以纯纺成纱，这些磁性纱线可以织成特定要求的织物。用这种织物可以制成磁性护膝、磁性背心等磁疗服装和用品。此类磁性产品既可用于高血压、风湿性关节炎等患者的医疗和正常人的保健；也可以制成磁性拉链、磁性罩单、磁性过滤材料以及磁性检测元件、布状磁石等一系列工业用磁性制品。

下面主要以丙纶为例介绍磁性纤维的主要性能。

1. 磁性纤维的形态结构　芯—鞘结构的磁性纤维由于其芯层添加了高含量的磁粉，对纤维的结构与力学性能影响很大。含磁粉的芯层料有许多结构缺陷，并有一定的空隙，随着磁粉含量的增加，芯层空隙率逐渐增大，结构趋向松散。由于聚合物结构的大幅度变化，磁粉与磁粉之间靠高聚物的黏结性能下降。这样虽然有利于提高纤维的磁性能，但导致纤维力学性能下降。

2. 磁性纤维的热力学性能　对不同磁粉含量的 3 个样品的测试，结果如图 14 - 4 所示。从图 14 - 4 可以看出，随着温度的升高，不同磁粉含量的磁性纤维的力学性能均逐步下降，在温度较低时，下降的幅

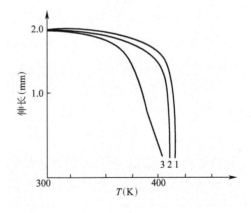

图 14 - 4　温度与磁性纤维力学性能的关系

磁粉含量：1—60%　2—70%　3—80%

度比较小,随着温度升高,纤维的热力学性能下降较快,并出现一个拐点,经过拐点后,几乎完全丧失了热力学性能,且磁粉含量越高,热力学性能越差。

产生这种现象的原因是线型结构的热塑性高聚物具有较高的热熔性,而磁粉是由无机金属氧化物组成的混合物,其热熔性差,由高聚物与磁粉组成的复合材料,其热力学性能主要由高聚物决定,当升温负荷等条件相同时,不同磁粉含量的磁性纤维对热力学作用表现出不同的变化,即磁粉含量较低时,能承受较强的热力学作用。因为磁粉热熔性差,在相同热力学条件下,磁性纤维中高聚物含量越高,更能承受升温时的负荷。温度对高分子热运动具有两方面的作用,一种作用是使运动单元活化,另一种作用是使高聚物发生体积膨胀,加大分子运动空间。高聚物含量越高,纤维结构越紧密,分子间作用力越大,需要较高温度才能使运动单元活化并使体积膨胀。反之,高聚物含量低的磁性纤维,结构比较松散,空隙率较大,只需较低温度就可以使运动单元活化并使体积膨胀,容易在热力学作用下发生形变。

3. 不同磁粉对磁性纤维磁性能的影响　用不同种类的磁粉进行纺丝对比试验,并对其磁性能进行研究的结果表明,在磁粉含量、皮芯比均相同的情况下,磁粉的种类不同,纤维的磁性能也不尽相同。使用钡铁氧体、铝铁氧体及稀土类3种磁粉进行测试,含有3种不同磁粉的纤维的磁性能依次是:

稀土 > 铝铁氧体 > 钡铁氧体

这说明磁性纤维的磁性能主要由所填充的磁粉粒子的磁性能决定。为了获取较高的磁性能,可以填充稀土类磁粉纺制磁性纤维。但是目前稀土类磁粉的研制技术不成熟,不能大批量生产,且造价太高。相比之下,锶、钡铁氧体磁粉造价低廉,添加到聚合物中后纤维的可纺性也比较好,并且纤维的磁性可以基本满足需要,所以目前使用较多的是这类能批量生产的磁粉。

4. 磁粉含量对纤维力学性能的影响　磁性纤维的磁性能与纤维中磁粉含量密度相关,纤维中磁粉含量越高,则经充磁后的磁通密度就越大,但磁粉含量不可能无限地增加,当磁粉含量达到一定比例时,会引起纺丝性能下降。采用复合方法纺丝,纤维芯层材料中磁粉含量一般较高,有利于增加磁通密度,但对纤维的物理性能很不利。选择芯层料磁粉含量不同的3个样品的4倍牵伸丝做对比研究,其结果如图14-5、图14-6所示。

随着磁粉含量增加,纤维的强力下降很大,纤维的伸长率也下降。这是因为在复合纤维材料体系中,其力学性能是由皮层和芯层高分子材料构成的,在皮层材料一定的情况下,芯层材料磁粉含量对纤维力学性能影响很大,聚合物交织的网状结构承受着芯层拉伸应力,随着磁粉含量的增加,聚合物含量的降低使这种结构变得脆弱,导致纤维的力学性能下降,由于磁粉是刚性无机粒子,没有延伸性,因此纤维的伸长率也降低。

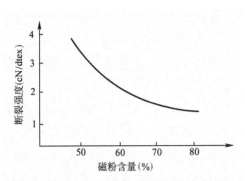

图 14-5 磁粉含量对纤维断裂强度的影响

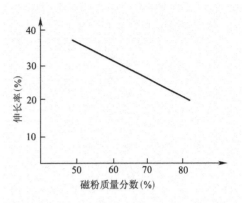

图 14-6 磁粉质量分数对纤维伸长率的影响

5. 磁粉含量对磁性纤维磁感应强度的影响 磁粉含量是决定磁性纤维磁感应强度大小的很重要的因素。图 14-7 描绘出了磁粉含量对磁性纤维磁感应强度的影响。由图可以看出,磁性纤维的磁感应强度随着纤维中磁粉含量的增大而增大。在磁性纤维中,聚合物的作用是黏结磁粉,且使它们的黏结体具有必要的流动性,以保证它能够

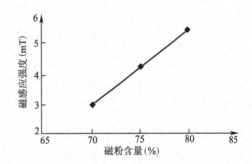

图 14-7 磁粉含量对纤维磁感应强度的影响

被纺制成丝。但从磁性能的角度出发,聚合物被看作磁性体中的"杂质",它的含量增多,将导致磁性纤维的磁性能降低。因此,尽量提高磁粉含量,降低聚合物含量,能有效地提高磁性纤维的磁性能。但是磁粉含量不能过高,因为磁粉本身为刚性粒子,不易变形,加到聚合物中增大了体系内部摩擦力和流动阻力以及材料的模量,因而导致熔体黏度上升,从而使熔体流动性能变差。因此,在保证材料必要的流动性能及机械力学性能的情况下,应尽可能地提高磁粉含量,从而得到磁性能较理想的纤维。

6. 拉伸对磁性纤维磁感应强度的影响 由于卷绕成型的初生纤维结构为无序状态,物理机械性能较低,必须经拉伸、热定型等后处理工序才具有实用价值。实验过程中,在一定温度下对磁性纤维的初生丝进行了 2~5 倍的拉伸处理。为了研究磁性纤维磁感应强度随着纤维拉伸的变化情况,在相同条件下对纤维样品做了充磁实验。经过对纤维样品在 2 倍、3 倍、4 倍、5 倍拉伸后的磁感应强度值作图得到如图 14-8 所示的一条下划线,磁感应强度随着纤维拉伸倍数的提高而下降。

产生这种现象的主要原因有三方面。

(1)随着纤维拉伸倍数的提高,纤维越来越细,线密度越来越低,这导致纤维中磁粉的堆积度不断下降,从而使纤维的磁感应强度降低。

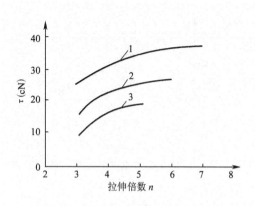

图 14-8 不同磁粉含量纤维的拉伸性能

磁粉含量:1—60% 2—70% 3—80%

（2）聚合物的大分子和磁粉熔融混合时,高分子长链和磁粉黏结缠绕,形成空间微弱的网状复合结构体系。这时磁粉会有一定的堆积,有利于磁感应强度的提高。而纤维被拉伸后,高分子长链由卷绕状态伸长成连续的直链,被其黏结的磁粉粒子也随之分散开,这种现象会导致纤维磁感应强度下降。

（3）纤维拉伸后,无定形区减少而结晶区增加,使磁粉与聚合物间的作用增强,这会使磁粉粒子在外加磁场作用下的取向更困难,从而使纤维的磁感应强度下降。

总之,为了得到磁性能较高的纤维,在保证纤维必要的物理机械性能的前提条件下,应尽量降低后拉伸倍数。

7. 磁性纤维的热性能 磁性纤维经 DSC 检测的有关数据列于下表中,从下表可以看出,随着纤维中磁粉质量分数增加,磁性纤维的结晶度、熔点降低。这是因为磁粉以粒子的形式存在于聚合物中,当聚合物熔融时,其分子链的热运动在空间上受到磁粉粒子的摩擦、碰撞等阻碍作用,这种作用减缓了晶体的生长速度,随着磁粉质量分数的增加,这种阻碍作用逐渐增强(表 14-1)。

表 14-1 不同磁粉质量分数对纤维热性能和结晶度的影响

磁粉质量分数(%)	熔点(℃)	熔融热(J/g)	结晶度(%)
50	218.7	37.9	20.1
60	218.0	36.3	19.2
75	216.9	35.1	18.4

8. 水洗对纤维磁感应强度的影响 纤维及成纤高聚物与低分子液体物质的相互作用,可能引起大分子结构的变化。决定性的因素是聚合物和低分子物质官能团的性质及其极性。当成纤高聚物放在水中时,主要看成纤高聚物是否具有高亲水性基团。水洗磁性纤维的过程,也就是纤维对水分子的吸附过程,发生纤维的溶胀,导致塑化作用,同时伴随着纤维物理—机械性质的变化。在实验过程中,对充磁后的磁性纤维样品水洗 5 次,每次 10min,测得磁感应强度如图 14-9 所示。从图 14-9 可知,水洗后纤维的磁感应强度有所下降,这是因为水洗过程中纤维的溶胀导致纤维中磁粉堆砌密度降低,故使

纤维的磁性能略有下降。

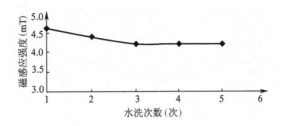

三、磁性功能纤维的充磁

磁性纤维不仅要具有常规纤维的各种基本性能,更重要的是其必须具有满足使用要求的磁性能,尽管磁性纤维中含有磁性材料,但它还是准磁性纤维,还没有磁性,所以要对织好的磁性纤维面料进行充磁,充磁工艺过程是磁性纤维加工的重要步骤之一。选择最佳的充磁工艺可以保证磁性织物保持适当的磁通量,以达到磁疗的目的。

1.充磁实验过程　用经充分干燥的共混物切片通过皮芯式纺丝得到含磁性材料的聚丙烯纤维。根据需要将纤维制成多组厚度一定的约5cm见方的待测样品。

在不同条件下,用U5-10型电磁铁分别给各组纤维样品充磁,并用PG-5型特斯拉计测定各个样品充磁后的磁性能。每个样品均测定其表面多个固定位置点的磁感应强度,求出平均值作为该纤维样品的表面磁感应强度。

2.充磁工艺条件的探讨　对磁性纤维充磁效果的影响,由以下因素引起。

(1)外加磁场强度对纤维磁性能的影响。新纺丝成形的磁性纤维并不具有磁性,只有经过充磁之后,才会有一定的磁感应强度。常用的充磁方式有两种,即直流充磁和脉冲充磁。实验中采用直流充磁的方式。由于所通电流的强弱会引起外加磁场的变化,分别在不同的磁场强度下对纤维样品进行充磁实验,结果如图14-10所示。

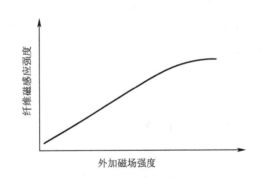

由图14-10可见,随着外加磁场强度的提高,充磁后磁性纤维的磁感应强度增大。这是由磁粉粒子本身的特性所致,在磁粉粒子的磁性能达到磁饱和之前,它的磁性能会随着外加磁场强度的增大而增大,直到磁饱和后不再增大。这也就表现为磁性纤维的磁感应强度随外加磁场强度的增大而提高。

(2)充磁时间对纤维磁性能的影响。由于聚合物是粘弹性体,其力学行为与时间相联系。对磁性纤维样品进行了不同时间的充磁实验,而后分别测定其磁感应强度,结果得到如图14-11所示的曲线。

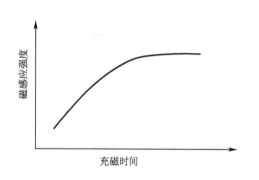

图14-11　纤维磁感应强度随充磁时间的变化曲线

由图14-11可见,磁性纤维样品经很短时间的充磁即可达到较理想的效果,而后随充磁时间的延长,磁感应强度略有增长。出现这种现象是由于在纤维的芯层物料中磁粉含量很高,在熔融纺丝的过程中,呈片状的磁粉必有部分沿纺造过程的方向取向,另外必然还有部分磁粉在聚合物中分散不匀从而产生堆积。对于

已规则取向的磁粉来讲,在充磁的瞬间即可着磁,与充磁时间没有太大关系。而在聚合物中因分散不匀而堆积的磁粉在外磁场的作用下,经一定时间会沿磁场方向取向排列,从而使纤维的磁感应强度有所增强。至于被聚合物包覆的磁粉粒子,由于受到聚合物的黏滞阻力较大,在磁场作用下不能扭转取向,故对纤维磁感应强度的增长起不到什么作用。所以在充磁过程中,充磁时间一般控制在1~3min。适当地延长充磁时间,会使纤维的磁性能有所提高。

（3）样品厚度对纤维磁性能的影响。实验发现,样品的厚度不同,其充磁后磁感应强度差异很大,它们之间变化的关系如图14-12所示。

磁性纤维的磁感应强度随着样品厚度的增加而加大,可以把多层样品看作是多个单层样品的复合,在同一个磁场中被磁化时,各单层样品获得的磁感应强度方向一致,大小基本相同。根据

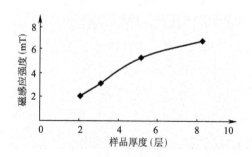

图14-12　纤维磁感应强度随样品厚度的变化曲线

磁场叠加原理,多层样品的磁感应强度为各单层样品磁感应强度的加合。由图14-12可看到,当层数少量增加时,样品的磁场强度基本符合磁场叠加原理。当层数增加较多时,样品的磁场强度增加缓慢。产生这种偏差的可能原因是纤维中磁粉含量分布不均,实验过程中人工缠绕的样品厚度不十分均匀。由于纤维充磁后遵循磁场叠加原理,所以可以制作厚薄不同的织物来调节其磁性能的高低,从而满足不同应用场合的需要。

（4）热处理对纤维磁性能的影响。磁性纤维在高温下的充磁效果好于常温充磁。这是由于温度升高,一方面运动单元热运动能量提高,另一方面由于体积膨胀,分子间距离增加,运动单元活动空间增大。纤维中的聚合物处于高弹态或黏流态,这时充磁则磁性粒子的取向增强,充磁后纤维的磁性能也必定会优于常温充磁纤维的磁性能。以下常

温、高温充磁的对比实验可以说明这一点，充磁时间5min，高温充磁热处理温度分别为100℃，130℃处理时间为20min，外加磁场强度为1.2T，其结果如图14-13所示。

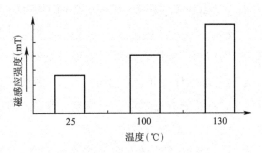

图14-13 纤维磁感应强度随热处理温度的变化

由图14-13可见，纤维样品充磁后的磁感应强度随着热处理温度的升高而增大。说明经高温热处理后，纤维中的高聚物运动单元获取了更多的热运动能量而被活化，其热运动加强，从而对磁粉粒子的黏滞阻力削弱，有利于纤维中磁粉粒子在外加磁场的作用下取向；同时高聚物在高温下体积膨胀，分子间距增大，为磁粉粒子提供了更大的运动空间，也有利于磁粉粒子的取向。

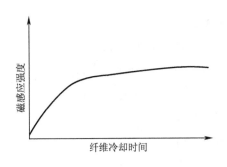

图14-14 高温充磁纤维磁感应强度与冷却时间的关系

(5)高温充磁后纤维磁感应强度的变化。在对纤维进行高温充磁的实验中发现，经高温充磁的纤维磁感应强度随纤维冷却时间的延长而变化，其结果如图14-14所示。

由图14-14可见，高温充磁后纤维的磁感应强度随冷却时间的延长而提高，待纤维完全冷却后，磁性能就不再变化。经高温处理的纤维样品刚充完磁时温度下降很快，其磁感应强度相应有较快的增长速度，但随着纤维的逐渐冷却，其磁感应强度增长变慢直至最终不再变化。产生这种现象的原因如下。

①磁粉粒子本身在高温下磁性能减弱，经冷却后，磁性能逐渐恢复。

②随冷却时间延长、高聚物体积收缩时，磁粉的堆积变得越来越紧密，从而使纤维的磁性能增强。待纤维冷却至常温后，这些变化不再发生，纤维的磁感应强度也就趋于稳定。

四、磁性纤维的发展前景

随着纺织科技的进步，我国功能纺织品开发和应用除了在纺织领域外，正在向化工、轻工、交通、军事、医学、保健、建筑等多行业、多领域、多学科方向发展。功能纤维之一的磁性纤维不断开发和应用，满足了人们医疗保健的需要。由于其他种类的功能纤维织物加工技术已经成熟，所以如何把各种功能有机地结合为一体，是功能纤维的发展方向。

随着人们对于生活质量的要求不断提高，消费者对纺织品的要求不再继续停留在对服饰个性时尚的要求层面,开始更多地重视它的舒适性和功能性。而跨学科交叉的研究也已经成为一种新的发展趋势,使得纺织品不同功能性的获得越来越成为一种可能。在此环境下,新型保健用纺织品的开发必然会不断加深,新产品被不断开发出来。

　　当前对磁性保健用纺织品的研究大多在纤维性能研究方面。随着社会市场的不断发展,今后此类研究必然会得到应有的重视。例如,对天然纤维的磁性性能赋予,即通过各种前期或后期整理手段使得具有较好舒适性能的天然纤维或其织物得到磁性保健功能;对磁性纤维纱线的新型纺纱技术的研究,使得其磁性不再成为阻碍新型纺纱技术应用的因素;开发新型的磁性保健织物,选用不同的工艺、组织结构、风格特征制得不同的保健织物,进而获得更加成熟的一套磁性保健织物生产体系,使其成为具有不同档次的保健功能和舒适性的面料,以适应更广泛的需求。

参考文献

[1]黄次沛.磁性功能纤维[J].合成纤维,2005,29(3).

[2]齐鲁等.丙纶磁性纤维充磁条件的探讨[J].石油技术与应用,2003,21(1).

[3]黄德恩.磁场疗法治疗挫伤716例疗效分析[J].生物磁学,1993(3/4):37.

[4]杨瑞.交变磁场治疗软组织扭担挫伤426例[J].生物磁学,1999(3/4):55.

[5]朱长远.磁疗与保健[J].生物磁学,1999(3/4):35-37.

[6]黄次沛.磁性功能纤维[J].合成纤维,2000,29(3):20-22.

[7]叶建忠,齐鲁,等.磁性纤维的实验研究[J].纺织学报,2004,25(1).

[8]叶建忠,齐鲁,等.磁性纤维力学性能探讨[J].合成纤维工业,2001,24(4).

[9]叶建忠,齐鲁,等.磁性纤维性能的分析[J].东华大学学报,2003(6).

第十五章　医用卫生纺织品

第一节　概述

随着社会经济的不断进步和生活水平的日益提高,健康已成为人类社会最为关注的热点问题之一。健康的生活环境、发达的医疗保障体系成为现代社会的基本需求。生物医用纺织材料作为与人类生活密切相关的基本物质,在维护人类健康、解除疾患、提高生活质量的医疗保障体系中占据举足轻重的地位。一方面作为防护材料,为人类的生活创造出安全健康的微环境,保护人类不受病毒、细菌以及其他有害物质的侵扰;另一方面作为一种多孔的柔性材料,与生物组织有着天然的相容性,已经成为治疗人类疾患必不可少的材料。特别是随着现代医疗技术水平的发展,在恢复、修补、更换或替代受到侵害或损伤、病变或可能产生病变的人体组织方面,已经起到了至关重要的作用,成为现代临床医学的重要物质基础。随着医疗手段、纺织工程的不断进步,医用纺织品发挥着其他物品无法替代的作用。

医用纺织品是指以医学、卫生应用为特色的一类纺织品的总称,是纺织技术与医学科学相结合而形成的一个新的领域,在产业用纺织品中占有重要的地位。这类纺织品用途特殊,它所具有的使用安全性和保护性能是其最为与众不同的特点,因此这类纺织品需要使用特定的加工工艺、特定的纤维、特定的整理方法以保证它的安全性与功能性,确保医务人员不被感染,保护病人之间不交叉感染,维护人们日常生活的清洁卫生。根据性能和用途可将医用纺织品分为普通医用纺织品和高性能医用纺织品。普通医用纺织品包括医疗护理用布、病人及病房用布、医护人员隔离服和手术室用布等。高性能医用纺织品一般是指采用高技术纤维材料制成的,具有不同功能的医用纺织品。

一、医用纺织品

医用纺织品主要包括手术衣、手术帽、口罩、手术罩布、鞋罩、病号服、病床用品、纱布、绷带、敷料、胶带、医疗器械罩布、人工人体器官等。

1.医用纺织品的分类　从简单的床单到绷带,从智能纺织品监测装置到高科技含量的移植器官,纺织品在改善患者健康状况、保障患者和医生的健康方面发挥着越来越重要的作用。

医用纺织品根据应用领域的不同可以分为3类。

（1）卫生保健用品。主要包括床上用品、病号服、手术服、防护服、揩拭物等，血浆分离、过滤、采集和浓缩装置等。

（2）外科用纺织品。

①非移植材料。非移植材料可在体外使用，主要有伤口敷料、绷带、膏药等。

②移植材料。用于人体伤口的缝合线及血管移植物、人工关节等。

（3）人造器官。如人工肾、人工肝、人工肺等。

除了以上分类方法外，也可以根据性能和用途分为普通医用纺织品和高性能医用纺织品。普通医用纺织品包括医疗护理用布、病人及病房用布、医护人员隔离服和手术室用布等。高性能医用纺织品一般是指采用高技术纤维材料制成的、具有不同功能的医用纺织品。它可以分为保健类（杀菌、防臭服装及鞋帽等）、治疗类（止血、止痒纺织品、抗病毒用纺织品）、人造器管类（人造血管、人造气管、人造食管、人工肾）和防护类（各种防辐射服装）4大类。

2. 对医用纺织品的性能要求

（1）耐消毒性。医用纺织品在消毒过程中不能发生物理及化学变化。医用纺织品常用的消毒方法见表15-1。

表15-1　医用纺织品常用的消毒方法

消毒方法	消毒条件	消毒方法	消毒条件
蒸汽消毒	134℃,3.5min	环氧乙烷消毒	干燥后用环氧乙烷熏蒸
干热消毒	160℃,1h 或 180℃,14min	辐射消毒	Co^{60} 或紫外线

（2）安全性。医用纺织品无论是植入体内、接触血液或是仅与皮肤接触，都可能因织物性能而引起诸如慢性炎症、皮肤过敏、形成血栓、感染坏死等人体局部反应。因此其安全性尤其重要。

（3）功能性。不同用途的医用纺织品对功能性的要求也不同，主要有以下三方面。

①有效性。即在医疗应用中必须有特定功效。这种功效包括吸水、吸血、吸药、吸脓等吸液性；止血、止痛、防感染和具体疗效等治疗性；缝合、包覆、固定、隔离等机械性；通透、分离、吸附、输送等选择性。

②方便性。即在确认医用纺织品特定治疗性的前提下，改进其使用方式，减少患者的麻烦和痛苦，提供便利的使用条件。这种方便性包括绷带的防水性、防滑性、自粘性、弹性等；纱布的药效性、不粘性和可开合性等；缝合线的光滑性、易拆除性和生物吸收性等。

③舒适性。即进一步改进医用纺织品的性能，使患者感到舒适。这种舒适性包括蓬

松、纤细、柔软的触感和透湿、透气、干爽的不闷感,也包括抗菌、消臭、防污等卫生性能。

二、卫生材料

卫生材料主要包括尿布、卫生巾、成人失禁产品、婴儿护理揩布、清洁揩布、餐饮用湿巾等。近年来,随着人口老龄化的发展以及人们健康保健意识的提高,市场对保健型纺织品的需求呈现出日益增长的态势,而"非典"等公共卫生事件的发生又使这一发展趋势进一步显现,这为保健型纺织品提供了更广阔的发展前景。

发展中国家对保健型纺织品的需求以都市化年轻人及品牌意识较强的人为主,这些人对用即弃式吸水型纺织品有较高的需求。特别是女性卫生用品的需求呈快速增长势头。

近年来,世界各国也开发了许多新型抗菌纺织品。新型纤维、新型聚合物、新型加工工艺及许多新的卫生保健处理方法的应用,能更有效地消灭细菌。如法国将接枝技术应用到医用纺织品上,称为"生物纺织品",它是在纺成纤维之前,在粒状聚合物中加入抗菌剂,使其进入纤维结构中,并与纤维活性官能团发生反应,从而获得永久性抗菌性能。将杜邦涤纶中空纤维制成枕头、被子,被称为会呼吸的床上用品,具有防霉及防过敏的优点。

第二节　医用纺织品的主要品种

一、纱布

纱布是典型的医用纺织品,根据其不同的使用目的分为手术用纱布、敷贴用纱布、包覆用纱布、擦拭用纱布和浸药用纱布。纱布的制作和选用有严格的规定,除给定的裁剪尺寸外,安全性和实用性要符合药典规定的要求,部分产品还要求有特定的治疗功能。纱布必须纯净、白色、无气味,水煮时溶出性物质要限定在指定的范围内,做到无毒、无污染、无放射性,确保对人体安全无害。实用性是指容易吸收血液和其他体液,湿润时有保形性,干燥时有柔软的触感,能耐多种消毒方法,且使用方便,不开线、不起毛,易剥离。

功能性纱布主要有止血纱布、不粘纱布和摄影纱布等。

1. 止血纱布　止血功能是纱布发展中的一个动向,它采用黏胶纤维针织物经特殊的氧化处理制成,不使用任何药物,只是把可溶性基团接枝到纤维结构上,构成羧基,生成氧化纤维素,具有凝集血小板的化学止血作用,进入人体后能降解为低分子物质而排出体外。

2. 不粘纱布　使用一般脱脂纱布给患者伤口换药、包扎,由于创面血液和分泌物的渗出,致使血肉和纱布粘连在一起,干固结痂,影响伤口愈合。尤其在换药时,从创面撕下血肉粘连的纱布时，给患者带来极大的痛苦和恐惧心理。

为了解决纱布与伤口创面粘连的问题，许多国家开展了研究。1987年，中国专利介绍了一种不粘性纱布的制作方法。在纤维素浆粕中加入酸酐，在少量硫酸作用下酯化，可纺成二醋酯纤维素纤维。这种纤维呈白色，柔软、蓬松，无毒无味，不刺激皮肤，在20℃，相对湿度65%下其回潮率为6%～7%，与棉纤维的回潮率接近（棉的回潮率为7%）。这些纤维可以直接代替脱脂棉，也可以加工成纱布和绷带。

这种不粘性纱布用于感染渗液伤口及出血伤口，吸湿性强，不与血液及脓性分泌物粘连，因此避免了换药时因撕脱干固结痂给病人带来的痛苦及其对伤面产生的再次创伤，为伤口早日愈合创造了条件。这类纱布比较先进的品种是北京洁尔爽高科技有限公司开发生产的镀银尼龙不粘纱布，该产品不粘结痂，并对绿脓杆菌等致病微生物具有极强的杀灭能力，适用于烧伤、溃疡、脓肿及任何外伤。

3. 摄影纱布 外科手术时，将吸血用纱布块和手术器械遗忘在患者体内的事故屡见不鲜。其发生不仅使患者受二次手术之苦，心理、生理上产生很大压力，而且医院也要承担很大的责任。为解决这一问题，最早曾将夹有铅纤维的纱布用于手术，以便于术后检查。摄影纱布即X射线摄影纱布。这是一种手术用纱布，在纱布中夹有摄影纱。这种产品是将具有能被X光检测出来的材料附于织物上，在手术后缝合伤口之前，进行一次X光检测，一旦发现将纱布留在体内，则可马上取出。

开发摄影纱布有很多方法，所用纤维材料为聚丙烯、聚酯、聚氯乙烯等。现在防X射线透过材料一般使用硫酸钡。最早使用黏附法，把粉状硫酸钡直接黏合在纤维上，以后生产方法不断改进。英国推出一项专利，其纤维结构为包缠型，芯部使用黏附大量硫酸钡粉末的束状聚丙烯纤维，外部包缠扁平的聚酯纤维。聚酯纤维不含硫酸钡，但它包缠在芯部之外，不仅提高了摄影纱布的模量和强度，并且可以增加硫酸钡的附着牢度。常规包芯纱采用的包缠纤维约占50%，但这一专利采用低于20%的包缠纤维，使这种摄影纱的防辐射效果达到最佳。在这种纱线中，硫酸钡含量最低为54%，最高可达80%，通过试验确认，含硫酸钡70%最合适。

此外，还可以在普通黏胶纺丝液中掺加硫酸钡微粉，共混纺丝，纺出5.55dtex的纤维，硫酸钡含量可达55.6%，这种纱布具有优良的摄影性能。

X射线摄影纱布目前只用于制作外科手术纱布块，今后还将会开发出X射线散射防护材料、X光机的屏蔽材料等新型制品。

二、手术服

手术服是一种主要的医用纺织品，它在要求具有无菌、无尘和耐消毒性的基础上，还要求具有隔菌性和舒适性。

用棉织物制作手术服已有相当长的历史。这种传统织物在耐消毒性、耐洗涤性、抗静电性、抗撕裂性和舒适性等方面均能满足使用要求,但缺乏至关重要的隔菌性。棉制手术服的孔隙大,绒毛多,不拒水,挡不住细菌污染,其表层绒毛还有收集细菌的作用,细菌扩散可危及伤口。因而新型手术服的开发正向着淘汰棉制手术服的方向发展。

新型手术服伴随纺织技术的进步而进步。自非织造布技术应用于医疗领域以来,非织造手术服的使用率不断增加,其中,用即弃产品占有越来越大的比重。在重大手术中大多已采用用即弃手术服。非织造物表面绒毛少,织物柔软,布面摩擦噪声小。用聚酯纤维或聚酯混纺物制作的非织造布,经拒水整理后完全符合手术服的要求。其不足之处是抗拉伸力较低。

在用即弃非织造手术服发展的同时,各种耐用型高性能手术服也相继出现。日本开发的高密度塔夫绸、美国开发的高密度聚酯机织物都已用于制作手术服。这类织物除结构紧密外,还要进行后整理,使其附着拒水剂、阻燃剂等功能整理剂,并于干燥后进行高温轧制,使其不仅具有隔菌性和防水透湿性,而且还具有美观性和其他功能。用这类织物制作的隔菌性手术服,能经受反复水洗、干燥和高温消毒,可将血渍100%洗掉,滤菌率高达95%。涂层型手术服是对织物进行涂层,使涂层面产生微孔,用以防止手术污染和提供汗气移出的通道。

1. 高密度涤纶手术服　北京洁尔爽高科技有限公司深圳卫生服装厂生产的 JLSUN®高密度涤纶手术服能够满足医用要求,具有拒油拒水性和抗微生物性。因为织物紧密,隔离率高达95%。织物结实、耐用,耐磨性好,经数十次水洗、干燥和高压消毒,仍能保持各种性能的有效性。对这种织物进行抗污性检验,将污物留在织物上24h后水洗,能清洗掉100%血渍和97.5%硝酸银污迹。这种手术服的突出特点是轻薄、舒适,人体的汗气能透过高密织物的微孔逸出,没有闷的感觉。另一方面,又因进行了拒水整理,手术中的血液及冲洗液不会使手术服浸湿。

这种高密度机织物的加工工艺是:采用特定规格的涤纶长丝机织成符合密度要求的织物,然后再对织物进行加工整理。所用整理液中有拒油拒水剂 FG – 910、阻燃剂 ATP、抗静电剂 SE 以及抗菌整理剂 SCJ – 891 等。整理后的织物在干燥后通过一对钢制热压辊,温度在150~210℃。经过轧辊高强度的热挤压之后,织物表面平整、结构紧密、孔隙微小,因而具备防水透气性能。

2. PTFE 复合手术服　织物的防水性和透湿性是创造服装内气候舒适性的两个根本的但又互相矛盾的条件。从 20 世纪 70 年代开始,防水透湿织物得到迅速发展,用微孔薄膜与织物进行层压已成为一种主要加工形式。这类产品的典型代表是 PTFE 复合面料。

防水透湿织物虽然不是以医学应用作为开发目的,但它的舒适性和防护性非常适用于手术服,许多薄膜层压织物都把手术服、手术巾作为主要产品。

PTFE 复合面料为三层结构,中间层为 PTFE 膜,两边分别是尺寸稳定和不稳定的织物,通过点状黏合层压在一起。外层织物的作用主要是在高温高压消毒、熨烫或其他处理过程中保护戈尔膜的外侧。这种织物由100％化纤长丝织造而成,无绒线脱落,能避免手术中绒毛落入患者的伤口或刀口引起感染。尺寸不稳定的内层是针织物,多为经平组织、两相配合,整个面料悬垂性良好。用PTFE复合布作为手术衣,能有效地防水、透气并阻止细菌通过,可以达到防止伤口感染的目的,其制品经过几十次洗涤、干燥及高压灭菌处理而不损其使用性能,使用周期长。这类制品的推广将提高医用纺织品的档次,改善医疗条件。目前深圳康益保健用品有限公司又开发了新型的抗菌PTFE复合手术衣及防护服。

3. 涂层织物手术服　制作既防水又透湿的手术服是医疗技术进步的一个重要方面,开发防水透湿织物不失为一条捷径。涂层技术目前主要使用浆辊涂层法、刮刀涂层法、喷雾涂层法以及转移涂层法等。防水透湿涂层织物分为两种,一种是微孔涂层,另一种是无孔涂层,区别关键在于涂层剂的不同。

（1）微孔涂层。微孔涂层的防水透湿机理和PTFE膜一样,它是在织物的涂层面上形成细微孔隙,使汗气透出但能防止外部水滴浸入。形成涂层微孔的涂层剂有很多种,主要是聚氨酯。除了聚氨酯之外,日本已在世界上率先推出微孔聚氨基酸涂层材料,用于医疗外科领域。美国一家公司也开发出聚偏氟乙烯涂层材料,涂层膜微孔平均直径仅有 $0.1\mu m$。这些涂层织物通过微孔形成防水透湿的功能,并且加涂拒水剂,赋予抗污性。这样就使得隔菌性、防浸性以及舒适性充分地发挥出来。

（2）无孔涂层。无孔涂层虽然在膜面没有微孔,但同样具有透湿的效果,其奥妙在于涂层剂的分子结构。涂层剂中的聚合物由无数柔软的分子链组成。分子之间靠各种强的化学键和弱的吸引力结合在一起,分子链上有许多利于水分子迁移的化学基团,人体汗气中的水分子可以与这些基团结合,使之溶解于其中。当涂层膜的两表面形成较高的湿度差的时候,水分子就沿分子链从高湿度表面向低湿度表面迁移扩散,最后向低湿度区逸出。汗气的这种传递能使着装者感到舒适。

4. 微纤夹心手术服　微纤非织造布作为高密度织物的一种,经拒水整理后,具有理想的隔菌性和透湿性,同时悬垂性好。但是这种材料一般比较轻薄,强度不足,当手术人员弯曲臂肘时,容易造成破裂。为了改进微纤非织造布的使用性能,人们做了许多探索。在一些新的设计方案中,多采用夹心的办法,把微纤非织造布夹在两层织物间进行层压。

微纤夹心非织造布的结构是:两外层为非织造布,夹芯层是微细纤微层。三层之间以筛网印花形式进行点状热压黏合。微细纤维采用疏水性不导电纤维,纤维直径 $0.1 \sim 10\mu m$,纤维层重量为 $0.5 \sim 60 g/m^2$,理想的重量在 $1 \sim 30 g/m^2$。两外层非织造布重量最好在 $7 \sim 50 g/m^2$,要求其悬垂性好,并且具有防水性,其中一层可以部分地或全部由疏水性纤维组成。所用黏合剂为防水性黏合剂。点状黏合中黏合点的结构呈"T"字形,具有弹性。这种织物表面呈波纹状,柔软、舒适,能充分满足隔菌和透湿功能的需要,同时机械强度好,不脱层,不破裂,无微细纤维脱落。用这种材料制作手术服、手术巾成本并不高,多为用即弃型。

三、缝合线

缝合线是指医疗中供外科手术缝合的线材。因为缝合线直接接触人体组织,所以除了要求其具有耐消毒性和必要的力学性能外,对生物安全性的要求非常严格。作为缝合线用纤维,其拉伸强度、结节强度要大,对炎症、异物反应要小,没有毒副作用和致癌性,要有均匀的重量和便于手部操作的性能。

从古至今,选用和开发缝合线涉及的材料从马尾、麻线、棉线的原始应用到天然纤维和合成纤维的推广;从羊肠线的开发到一系列生物吸收性纤维的问世,缝合线推陈出新,不断增加品种,提高质量。无论在缝合皮肤、器官的一般手术中,还是在脑血管、心血管和断植等显微手术中,新型缝合线的应用对于手术成功起了重要的作用。

1. 传统手术用缝合线 早期使用的缝合线多为棉线和丝线,丝质缝合线具有良好的使用价值,沿用至今。这类缝合线有捻制线和编织线之分。与捻制线相比,编织线质地柔软,粗细均匀,抗张强力高,不易绽线,不易引起人体组织反应,因而仍作为缝合线的主要品种在国内外广泛使用。合成纤维缝合线于20世纪40年代开始应用。合成纤维缝合线比天然纤维缝合线强度高,不易断线,吸湿性低,消毒方便,感染率低,且能与缝针一体化。这类缝合线分为单丝和复丝,其选用的材料有锦纶6、锦纶66、聚酯纤维、聚氨酯纤维、聚乙烯纤维、聚丙烯纤维、聚四氟乙烯纤维等,为提高其光滑性,多用氟树脂和硅树脂进行涂层。国内缝合线较多采用锦纶和聚酯纤维。在要求细线缝合时采用锦纶6和锦纶66单丝,线密度为0.5~0.9dtex;在要求粗线缝合时,采用33dtex/12f、56dtex/18f、78dtex/24f等聚酯复丝。国外开发合成纤维缝合线多采用聚丙烯纤维,并制成中空型。这种缝合线强度大、重量轻、不吸水、抗酸碱、无异物反应,且表面光滑,缝过的组织流畅,缝线留在人体内非常稳定。

2. 新型吸收性缝合线 基于手术初期保持高强度和术后不必拆线的需要,各种生物吸收性缝合线相继出现。

(1)羊肠线。最早使用的生物吸收性缝合线是羊肠线,它由羊肠黏膜内的胶原加工而成。但这种缝合线柔韧性欠佳、组织反应大,在消化液或感染环境中抗张强力很快降低,甚至断裂,因而逐步被新型生物吸收性缝合线替代。

(2)胶原线。胶原缝合线是美国20世纪60年代开发的产品,它不同于制取人工皮肤的胶原纤维,而是要求具有更高的纯度。人们采用牛腱为原料,用酶消化法水解,制成高纯牛腱分散液,经过挤压湿法纺丝而成纤维。这种胶原纤维经加捻和交联剂作用,制成胶原纤维束,烘干则为胶原缝合线。这种缝合线性能非常好,生物适应性很高。同羊肠线比较,胶原线纯度高,已除去所有非胶原材料,故组织反应小,术后伤口反应可以减至最轻,并可在短时期内被人体吸收,吸收速率均匀。这种缝合线不仅伤口愈合好、疤痕小,且结节性好、操作方便,尤其适用于五官科、口腔科、眼科等面部精细手术。

（3）甲壳素类缝合线。甲壳素是多糖的一种,其分子结构是由氨基乙酰基置换纤维素葡萄糖残基中的羟基而构成。这种多糖类物质广泛分布于甲壳类、昆虫类低等动物体和霉菌细胞壁中。日本于 20 世纪 90 年代将这一材料纺成纤维,制成缝合线。

甲壳素缝合线是可吸收性缝合线。当其埋入人体内时,可在溶菌酶等作用下逐渐分解,生成二氧化碳排出体外,生成糖蛋白被组织吸收。这种缝合线无色而具有光泽,有蚕丝的手感,能在五日左右被人体吸收,因而创面愈合好。这种缝合线还对胰液、胆液等碱性消化液有良好的耐力,更适用于这些部位的手术。

（4）羧甲基化黏胶纤维长丝缝合线。作为植物性生物材料,纤维素的医用缝合线效果也同样受人关注。俄罗斯曾报道了开发羧甲基化黏胶纤维长丝缝合线的情况。这是一种可吸收性缝合线,安全性好,无毒,不会引起任何变态反应和其他副作用,它极易打结,结节牢固,长期不变。这种长丝还富有弹性,强度较好,粗细一致,并且具有毛细作用、膨润性等一系列医用功能,是一种很有希望的缝合线。

四、绷带

绷带类似于纱布,制成卷状,用于包覆创伤和包缠人体。三角巾、吊带之类也属于这类产品。广义讲,还包括用于骨折固定的绷带。绷带的共性是具有透气性、吸湿性、保温性,能防滑脱、防止外部冲击和摩擦,要求包缠于患部时固定性好,有适当张力,且耐热、耐洗、耐消毒,使用方便,成本不宜过高。

制取绷带以棉纱为原料,其加工工艺与纱布相同,也是将织坯经退浆、脱脂、漂白制成成品。绷带与纱布的不同之处在于,其经纱细度低于纬纱细度,纬纱密度低于经纱密度。

在绷带织造工艺上,有切割边绷带和坚固边绷带之分。

切割边绷带是先制成宽幅织物,整幅漂白,不得施加荧光增白剂,然后卷成 10m 或 4.5m 的布卷,用切条机割成短段。这种绷带没有坚固的布边,外观不整洁,容易脱边。

坚固边绷带属于窄幅产品,一般可用窄幅有梭织机、织带机和拉舍尔机织造。需先对纱线脱脂、漂白后再进行织造。其优点是织出的绷带外观好,边缘整齐,不乱丝,不脱线。缺点是生产效率低,成本偏高。

常用的绷带主要有弹性绷带、自粘型弹力绷带、防滑脱绷带、特殊部位包扎绷带、层压弹性绷带、聚氨酯矫形绷带、乙烯基聚合物矫形绷带、压槽非织造布绷带等。

五、防护服

医生在治疗如 HIV、SARS、MRSA、库雅氏症（疯牛病）、肝炎和严重的急性呼吸综合症患者时,也有被感染的危险。传统的医用纺织品,如医生和护士的工作服以及医用床单,均应采用具有阻隔性的纺织品,以保护医护工作者。

由于医护人员可能接触到有毒、有害的气体或气溶胶,有害的血液或体液以及一些有害或传染性病毒和微生物等,因此就需要用防护口罩、防护服装、防护眼镜和防护手套等进行必要的保护。可以说,医用防护涉及医疗领域的所有层面,贯穿着医疗工作的整个过程。

1. 防护服应具备的特点 医用防护服应具备以下一些特点。

(1)需要避免病毒飞沫、痰迹、血污等沾染织物表面。

(2)带有一定压力的脏污或血液喷射时,病毒不易穿透织物。

(3)病毒污液或血液、化学助剂等即使沾污在织物表面也不能渗透到织物内部。

(4)具有优异的阻隔气溶胶和病毒的性能。

(5)为了防止发生燃烧伤人和静电火灾,防护服应具有良好的抗菌、抗静电、阻燃功能。

(6)防护服装必须具有较高的透湿性才能达到穿着舒适,这在夏季尤为重要。

(7)应当耐消毒和杀菌处理,还应当具有耐洗涤、耐老化、耐热性能。

(8)对于医用口罩而言,除具有良好的防护性能外,气流阻力应当小,以便呼吸顺畅,满足使用需要。

2. 医用防护服面料的生产 按制作材料分,传统的医用防护服主要有 3 类,即普通非织造布、橡胶或涂层面料、闪蒸法一次成型滤材制作的防护服。非织造布产品经过功能整理后具有拒水、拒油、抗酒精等特点,隔离性好,吸湿透气,穿着舒适。一次性医用防护服多由普通非织造布制成,但是普通非织造布的防护效率低,只有 40% 左右,不能满足国家标准对防护效率的最低要求,而且牢固度差,易撕裂。闪蒸法一次成型制作的滤材,其防护性能较好,但是其面料的防护均匀性不好,同一块面料有的部位过滤效率高,有些部位却很低。橡胶或涂层面料制作的防护服,其防护效果较好,但其透气透湿性能很差,无法满足医务人员在夏季酷热条件下的穿用需要。

国家对卫生防护面料有一系列技术要求,如液体阻隔功能、抗静电性、阻燃性和抗菌性等,并规定了表面沾水、抗静水压、损毁长度、表面电荷密度、透湿量和机械强度等具体指标。因此,卫生防护面料属于多功能复合型整理面料。

(1)涂层防护面料。以非织造布或机织面料为基布,通过浸轧与涂层相结合的方式,可生产各项指标都能达到国家卫生防护服要求的防护面料。这种医用防护服克服了传统防护服无法将防护性与舒适性兼顾的不足,具有隔离细菌性好、透气性好的特点,是较理想的防护产品。

①基布的选择。

a. 非织造基布。非织造布具有质地轻薄、透气性好、价格低等特点,是一次性防护品的首选材料。几种棉质水刺非织造布、涤纶纺粘法非织造布、丙纶纺粘法非织造布的性能特点见表 15-2。

表15-2　几种非织造布的性能

非织造布材料	性能特点
棉型水刺法非织造布	手感好,与纤维平行方向强力低,遇水后结构解体
涤棉纺粘法非织造布	强力高,手感好,易燃烧,静电大
丙纶纺粘法非织造布(20g/m²)	手感柔软,质地轻薄,强力适中,在涂层转移时黏合剂易透过基布
丙纶纺粘法非织造布(30g/m²)	手感柔软,质地轻,强力高,转移工艺较易控制
丙纶纺粘法非织造布(40g/m²)	手感偏硬,舒适度较差,强力高

由表15-2可看出,30g/m²规格的丙纶纺粘法非织造布质轻、手感好、强力适中,因此该规格的丙纶纺粘法非织造布宜用做基布。

b. 机织物基布。以涤棉混纺织物作为基布的防护材料经消毒、灭菌处理可以多次使用,可降低成本。医院衣被有特殊的消毒洗涤方法,一般衣被(无明显污染及无传染性)洗涤方法是:棉质衣被用1%洗涤剂溶液,70℃以上温度;化纤衣被只宜40~45℃,在洗衣机内洗25min,再用清水漂洗。传染病和烧伤病患者的衣被,必须用1%~2%洗涤剂,在90℃以上洗30min或用含有效氯500mg/L的消毒液,在70℃洗涤30~60min,然后用清水漂洗。

医院洗涤要求严格,对衣物的损伤很大。可以选择涤/棉线绢作为医护人员服装面料,病员服采用色织全棉布。医院是细菌和病毒滋生、交叉传染很严重的地方,对基布进行防水、防油及抗菌整理是非常必要的。

②功能整理。

a. 工艺流程。

● 先浸轧、后涂层工艺:

基布→浸轧防油、防水剂FG-910、抗菌剂SCJ-2000、阻燃剂JLSUN® ATP→烘干→涂层→焙烘

此工艺采用前防水方法,对经前防水的基布再进行涂层,可有效防止涂层胶背渗,控制涂层膜的厚度,保证面料的手感和透湿量。

● 先涂层、后浸轧工艺:

基布→涂层→浸轧防油、防水剂FG-910、抗菌剂SCJ-2000、阻燃剂JLSUN® ATP→烘干→焙烘(160℃,2min)

该工艺以后防水为特点,目的是保证涂层面的表面沾水性能符合标准要求,以解决通常采用水性涂层胶存在的涂层面拒水效果差、表面沾水等级不高的缺点。

b. 涂层剂的选择。卫生防护服对各类粉尘、微粒,甚至细菌、病毒的阻挡要求较高,普通机织面料必须经过涂层才可能达到相关要求。涂层剂的性能直接影响着防护服材料的技术指标。涂层一般分为面涂和被涂两种方式,考虑到织物符样的可能性,通常采

用被涂方式。涂层厚的面料普遍存在透气、透湿性能差的缺点,因此合理筛选涂层剂进行涂层,达到既能有效隔离,又能满足穿着舒适性的要求,是生产技术的关键之一。

目前常用的涂层剂有聚丙烯酸酯、聚四氟乙烯、聚氨酯、聚氯乙烯。聚丙烯酸酯透湿性差,低温手感发硬。聚四氟乙烯作为涂层剂的防护材料具有优异的性能,但成本高,工艺复杂。聚氯乙烯透湿性差,手感硬,耐温性能差。聚氨酯弹性好,手感柔软,耐老化,成本适中。因此,宜选用无孔型防水透湿聚氨酯涂层剂。这种无孔型防水透湿涂层剂能确保防护服对粒子(病毒)的阻隔性能,并能通过化学阶梯机理产生透湿作用。这类涂层剂中最著名的是 JLSUN® ATFT,它除了具有普通防水透湿聚氨酯涂层剂的特性外,还具有优异的阻燃性能。

透湿性是防护服材料穿着舒适性的一个重要因素,聚氨酯虽然具有较高的透湿性,但距标准要求还有一定距离。聚乙二醇具有很多亲水性基团,与聚氨酯混合后可进一步提高涂层剂的透湿性。在涂层剂中加入一定相对分子质量的聚乙二醇后,透湿量明显提高。通常,聚乙二醇的用量为涂层剂重的 10%。

(2)医用 PTFE 复合膜防护服材料。耐久医用防护服隔离层应当阻隔病毒或血液等的渗透,即要求隔离层无孔或孔隙很小,但又能够透湿,能满足此条件的耐久隔离层只有聚氨酯、聚四氟乙烯微孔膜等。

①微生物的大小及过滤方法。气体中存在的各种微粒、分子的大小可以相差五个数量级,见表 15-3。采用从微滤到反渗透等不同的膜才能将这些物质彼此分开。从分离原理上讲,防护服用隔离膜可采用非对称多孔膜或复合膜。由于单纯 PTFE 微孔膜的粒径较大,通常大于 $0.1\mu m$,部分病毒在一定压力下可能吸附渗透进服装内部。但 PTFE 复合膜因具有较小的孔径,保证了对病毒的阻隔性能。

表 15-3　小微粒、分子、离子的表观尺寸

物种	尺寸(nm)	物种	尺寸(nm)
酵母菌和真菌	1000~10000	酶(相对分子质量 $10^4 \sim 10^5$)	2~5
细菌	300~10000	常见抗菌素(相对分子质量 300~1000)	0.6~1.2
油乳滴	100~10000	有机分子(相对分子质量 30~500)	0.3~0.8
胶体颗粒	100~1000	有机离子(相对分子质量 10~100)	0.2~0.4
病毒	30~300	水(相对分子质量 18)	0.2
蛋白质/多糖(相对分子质量 $10^4 \sim 10^6$)	2~10		

②PTFE 薄膜的结构特点。PTFE 膜于 1971 年由美国一家公司开发,当时称为戈尔膜(Gore-Tex)。它是以聚四氟乙烯为原料,通过轧延和热处理生成的具有无数微细孔径的薄层,膜厚为 0.0254mm,孔隙率为 82%,孔径相连成蛛网状,平均孔径为 $0.2\mu m$。水

蒸气能通过微孔逸出，但是水滴是这种孔径的 5000～20000 倍，并且膜不浸湿，所以水不能透过。因此，将其制成手术服和手术巾，能保证舒适性，又能防水，减少沾湿造成细菌侵入和繁殖的条件，又可避免术后感染。

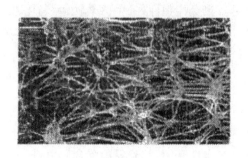

PTFE 膜表面电镜照片

PTFE 膜良好的透湿性是由其特殊的形态结构决定的，从扫描电镜观察可以看到（下图）：PTFE 微孔薄膜的表面具有蜘蛛网状的微孔结构。微孔形态为常规纤维节结构。PTFE 微孔薄膜属于非对称性膜，膜的正反面微孔尺寸有差异，膜的截面是一种网络结构，在孔的三维结构上有网状连通、孔镶套、孔道弯曲等非常复杂的结构，可能由多个微孔组成一个通道，也可能一个微孔与多个通道相连（照片中白色为 PTFE 纤维束和结节，黑色为孔洞）。薄膜的厚度在 20～35μm 之间。

病毒隔离、防血液（体液）渗透与透湿是相矛盾的两个问题。为了得到更好的使用性能，达到两者的有机统一，即具有较好的病毒隔离效果、防止体液渗透，又具有透湿、舒适的性能，PTFE 复合膜的一侧存在微孔，平均直径约为 0.25μm，有利于透湿；另一侧为封闭层，不能看到微孔，有利于病毒隔离和防水，但由于封闭层很薄，不会对透湿影响太大。因此，这种复合膜既保持了 PTFE 膜的原有特点（耐水压高、透湿量大），又提高了耐洗涤性能和力学性能，同时对各种微小病毒具有很好的阻隔性。

③聚四氟乙烯薄膜防水透湿机理：如前所述，PTFE 薄膜厚度为 20～30μm，孔径 0.2～0.3μm，每平方厘米含有 14 亿个微孔，因此具有较好的防水性能。每个微孔比水滴小 2万倍，比水蒸气分子大 700 倍，再加上聚四氟乙烯较低的表面张力，因此，PTFE 膜具有较高耐水压，同时微孔能畅通地排出汗气，又能遮挡住潮气及冷风的侵入，从而获得高度的舒适性。

尽管 PTFE 微孔膜具有良好的透湿和防水性能，但由于病毒尺寸较小（如冠状病毒直径为 80～200μm），这样 PTFE 膜孔径仍比病毒尺寸大，会造成病毒的渗透。此外，由于 PTFE 膜具有亲油性，在洗涤和使用中性能下降较大，也会影响其隔离性能。因此，普通 PTFE 微孔膜作为耐久医用防护服隔离层仍存在问题。目前深圳康益保健用品有限公司开发出了新型的抗菌防病毒 PTFE 复合织物，这对广大医护人员来说是一大福音。

六、体内用医用纺织品

医用纺织品不仅能够保护和加速伤口愈合，还可以用于患者体内。纺织品越来越多地被用于植入性医学材料。适用于作植入器官的纺织材料是聚酯纤维，因为它不会降解,而且具有生物学惰性,因此受到普遍欢迎。有些纤维(如锦纶)则不能用于植入器官,这是由于它会在人体内降解。

1. 人造血管 随着血管外科手术的发展,血管病变、硬化、栓塞等症状都能使用异体血管或人造血管进行移植或修复。1952年开始将高分子材料制作的人造血管进行动物实验,现在它已成为广泛用于临床的材料,在医疗中起着重要的作用。作为输送血液的管道,人造血管除了要具有必要的生物安全性、耐消毒性外,还要求其物理化学性能稳定、网孔度适宜,有一定的强度,易弯曲,不吸瘘、耐体内弯曲和压力;做移入手术时,要求缝合性好,能与人体组织迅速结合。当人造血管与人体血管缝合后,人造血管内壁在血液流通中能附着各种血液成分,逐渐形成具有血液相容性的假内膜,其外壁也因逐渐形成人体结缔组织而被固定。这种结构与人体血管的内膜、外膜结构非常相似。人造血管具有合理的孔隙度,对其内膜、外膜的生长非常重要。孔隙度过大,血液渗出量大,容易造成休克;孔隙度过小,不利于血液渗入,影响假内膜的生长和外膜营养的供应。

人造血管所用的纤维材料有桑蚕丝、聚酯长丝、聚酯高收缩丝、聚四氟乙烯纤维等。人造血管有直管型、分叉型和多支型。所用织造方法涉及机织、针织和非织造技术。机织物孔隙率小,孔径均匀,内表面平滑,处理成蛇腹状,能适应人体的伸缩性。经编人造血管的外观比较粗糙,其表面有规律性的凹凸圈状结构,弹性好,重量轻,管壁比机织物略厚,具有不脱散的稳定性。缝制时扭曲现象少,手术成功率高,特别是分叉人造血管,其分叉接头处可以用多把梳栉轮流编织,能使其既牢固又光滑,也能提高致密度,减少漏血量。非织造人造血管为毛绒外观,有利于白蛋白附着,能促进假内膜生成。选用生物吸收性材料进行浸渍或涂层,或在织造中掺入生物吸收性纤维,能使植入的人造血管初期渗血少,然后某些部位随生物吸收性材料被降解,使孔隙增大。

2. 人造韧带 人造韧带也称人造筋,系指为修复伤残韧带而制作的代用假体。因这类假体需植入体内,接触血液和组织,因此对生物安全性要求很高。同时,由于疲劳、磨损和骨质切割,对强度要求也较高,加之需与骨关节牢固地固定住而防止滑脱,还需进行特定的结构设计。

能制造人造韧带的纤维材料有聚四氟乙烯纤维、聚酯纤维、高强聚乙烯纤维以及芳纶等生物稳定性纤维,也包括碳纤维、聚氨酯纤维等生物亲和性纤维。这类纤维经过特定的纺织制作技术制成条带结构,两端多有环状物,有利于用皮质骨螺钉固定在骨体上。人造韧带随人体组织长入条带结构的纤维间后与人体结合为一体,因而可以充分发挥韧带的功能。

碳纤维是开发人造韧带的适用材料,其性能稳定,生物亲和性好,直径小,有利于促进细胞长入。英国在20世纪70年代就开始进行碳纤维的整形试验,用碳纤维修复羊的足跟腱,1个月后羊即能行走,且在碳纤维周围长出了筋腱组织。80年代末,我国医学专家召开碳纤维医用临床学术研讨会,充分肯定了碳纤维用于人造韧带的价值。聚氨酯长丝具有优良的弹性和生物亲和性,具有类似于韧带的功能,也较多地用于人造韧带材料。美国人采用聚醚型聚氨酯纤维开发人造韧带,并在纤维中加入硫酸钡,使之具有 X 射线检测性,为试用中的观察和分析提供了便利的条件。

开发人造韧带也较多地使用双组分纤维材料。英国一专利介绍一种碳纤维和聚酯纤维的复合线型材料,这种材料以碳纤长丝为芯体,由至少分成两股的聚酯纤维螺旋覆于芯体之上,这种结构使碳纤维表面尽量暴露在外,有利于与新生组织长成一体。

3. 体内用医用纺织品的新发展 目前,纺织材料和生物医学领域之间还没有很好的联系桥梁,科学家们一直努力用纺织工业的科学技术改进医用材料,寻找纺织工业中可以用于医学领域的材料。如 Auburn 大学的 Sabit Adanur 和 Irsale 将编织物植入动脉内作缩窄支架;Ellis 利用专利绣花技术和缝合技术,采用缝合线制作可植入的医学器械,该类产品包括用于血管外科手术的植入性材料以及可以为肩部恢复提供支撑的材料。Rhode Island大学的 Martin Bide 和 Phaneuf 一直在研究包括纺织品植入材料在内的一些课题等。

由于人体具有排异性,所以至今无法接受即便很小的人造动脉。Phaneuf 从纺织技术中借鉴了一种解决方案,他们采用现有的技术——涤纶电力纺技术将胶原质和聚酯做成双组分复合材料,这种生物复合型材料更容易被人体接受,用它做人造动脉(针织涤纶中空管)的感染率仅为6%,因此适于作骨架关节的表面。

七、其他医用纺织品

1. 生命 T 恤衫 VivoMetrics 曾推出一种医学装置——生命 T 恤衫。它是基于"呼吸感应城乡"技术设计而成的。可以像 T 恤衫一样穿着,该装置可以测量患者的心跳、呼吸、体征、活动、血压、血红蛋白氧饱和度,还可以用于收集其他记录。这些数据被收集在一张数据卡内,可以上传到计算机内或通过互联网发送给人们,用于监测或分析这些数据。

2. 尿布及卫生巾 最早使用的尿布是简单的棉布片,利用其吸湿性容留尿液。目前常用的是用即弃型超吸水尿布。它具有三层基本结构:接触皮肤的一层为透液层,中间层为尿液吸收层,底层为防渗层。大多使用聚丙烯纤维、聚乙烯/聚丙烯复合纤维制成非织造布,可以采用纺粘法非织造布,也可采用射流成网法非织造布,还可以采用热黏合非织造布,定重一般在 $24 \sim 55 g/m^2$。其中以聚丙烯非织造布最好,其柔软舒适且价格低廉。尿布的尿液吸收层为吸湿芯,具有很强的吸液性,能使尿液快速地透过表层而吸入其内。这里所使用的高吸水材料分颗粒型和纤维型两种,主要有交联聚丙烯酸盐、羟甲基纤维素等。它可吸收自身重量 400 ~ 1000 倍的液体,而且吸进的液体不会被重新压出来。尿布的底层为微孔薄膜,借助于微孔的透气性,可以减缓尿布内的闷热感,减少物理、化学刺激,降低尿疹的发生率。微孔薄膜以聚四氟乙烯为好,但价格较贵。也可用聚乙烯微孔薄膜,它也具有很好的透湿性和使用强度,制作成本较低。

妇女用卫生巾是我国消费量比较大的卫生用产品之一。新型卫生巾为中厚周薄型吸水体,中间为吸水芯材,由高分子加复合吸水材料组成;外层是柔丝网面。

目前市场上已出现抗菌防臭型卫生巾及尿布,它们是以 JLSUN®抗菌防臭剂处理作为透液层的非织造布或柔丝网面,也有采用抗菌丙纶等生产的非织造布。在阴暗潮湿的部位使用抗菌材料,有助于提高卫生性,防止尿疹、阴部瘙痒和其他妇科病。这是该类产品未来的发展趋势。

除了以上介绍的品种外,医疗卫生用纺织品还有防褥疮垫、床单、各类保健织物、口罩、人工肾、人工肝、机械肺等。纺织品在医疗卫生领域的应用范围还在逐步扩大,随着新型纺织材料、纺织技术和医疗水平的不断发展,纺织品的应用将会更加广泛。

第三节　非织造布在医疗卫生领域的应用

医用纺织品最早广泛使用棉、毛、麻、丝等天然纤维。随着纺织、化学等领域的技术发展,随后又大量使用了锦纶、涤纶、腈纶、黏胶纤维等化学纤维。随着非织造技术的推广,化学纤维的应用幅度进一步扩大。

常见保健和卫生用纺织材料和其制造方法分别见表 15－4 和表 15－5。

表 15－4　保健和卫生用纺织材料

产品用途		纤维种类	制造方法
手术服	大衣	棉、聚酯纤维、聚丙烯纤维	非织造、织造
	帽子	黏胶纤维	非织造
	面罩	黏胶纤维、聚酯纤维、玻璃纤维	非织造
手术覆盖布	披盖布	聚酯纤维、聚丙烯纤维	非织造、织造
	盖布	聚酯纤维、聚丙烯纤维	非织造、织造
床上用品	毯子	棉、聚酯纤维	机织、针织
	床单	棉	织造
	枕套	棉	织造
衣服	工作服	棉、聚酯纤维	织造
	防护服	聚酯纤维、聚丙烯纤维	非织造
尿布	包覆面料	聚酯纤维、聚丙烯纤维	非织造
	吸收层	绒毛浆、超吸收材料	非织造
	外层	聚乙烯纤维	非织造
揩拭布		黏胶纤维	非织造
手术用针织布		聚酰胺纤维、聚酯纤维、弹力纱、棉	针织

表 15 - 5　非移植用纺织材料

产品用途		纤维种类	制造方法
伤口护理	吸收纱布块	棉、黏胶纤维	非织造
	伤口接触层	蚕丝、聚酰胺纤维、黏胶纤维、聚乙烯纤维	针织、机织、非织造
	基材	黏胶纤维、塑料膜	非织造、织造
绷带	非弹性/弹性	棉、黏胶纤维、聚酰胺纤维、弹力纱	机织、针织、非织造
	轻度支撑	棉、黏胶纤维、弹力纱	机织、针织、非织造
	压缩性	棉、聚酰胺纤维、弹力纱	机织、针织
	整理外科	棉、黏胶纤维、聚酯纤维、聚丙烯纤维、聚氨酯膜	织造、非织造
膏药布		黏胶纤维、塑料膜、棉、聚酯纤维、玻璃纤维、聚丙烯纤维	针织、机织、非织造
纱布		棉、黏胶纤维	织造、非织造
外科用绒布		棉	织造
塑料		黏胶纤维、棉短绒、木浆	非织造

由表 15 - 4、表 15 - 5 可以看出,非织造布在医用卫生方面使用较为广泛。目前美国非织造布的 60% ~70% 都用于医用卫生及生活用品。在西欧,医用纺织品的 75% 是非织造布产品,而其中的 30% 为用即弃产品。

和织造类纺织品相比,非织造布(主要是水刺法和纺粘法非织造布)具有以下几条优点。

(1)非织造布加工简单、成本低,可以较好地满足医用卫生用品的一次性使用,从而防止细菌传播和交叉感染。

(2)能有效地屏障细菌的穿透或减少术后感染的危险。国外一些专家比较了每分钟穿过 $1cm^2$ 织物的细菌数量,一层织物为 122 ~2945 个,双层织物为 65.1 ~2014.9 个,而采用非织造布的细菌穿透数为 0。因此,采用非织造布可防止和减少术后感染的危险。有研究表明,在 3152 例使用织造纺织品的手术中,伤口感染率为 1.11%;在 3236 例使用非织造布的手术中,仅有 0.43% 发生感染;在 1000 例使用非织造布的手术中,败血症发生率为 2.27%,而1153 例使用织造纺织品的手术中,败血症发生率达到 6.43%。

(3)非织造布纤维网状结构松软、透气,吸湿效果好,且卫生性优于纱布。

(4)非织造布减少了尘屑和短绒的脱落,可提供最佳的手术环境。0.5μm 以下粒径的尘埃依附有细菌,1g 灰尘可以携带相当于其重量 10% 的细菌,这是手术后伤口感染的一个主要因素。采用非织造布外科用品时,手术室内空气中悬浮尘埃数量可减少 43%,极有利于改善手术室内空气的洁净程度,减少术后伤口感染的发生。

据全国卫生产业协会1994年的统计,国内医院外科材料重复使用感染率为8%,而重复性感染所耗费的治疗费用平均每人高达2000元。由此可见,推广使用非织造布外科用品,是防止和减少交叉感染的有效途径之一。隔离服、防护服、口罩、头套、手套、脚套等必须能有效地防止接触感染者的体液,以达到隔离和防护的目的。由于纯棉织物具有良好的舒适性,人们普遍习惯使用棉制品,然而普通棉布不但不能阻止污染粒子侵入,而且未经抗菌整理的棉织物还可能增加污染程度,所以应当提倡人们改变消费习惯,在非常时期最好使用一次性防护用品。

生产医用卫生非织造布所用的原料,占第一位的是聚丙烯纤维,其次是聚酯纤维,其他还有黏胶纤维、木浆纤维及抗菌纤维等。

一、医用卫生非织造布的品种

非织造布的品种繁多,性能各异,可通过各种加工手段生产出不同性能的、符合要求的医用卫生制品。医用卫生非织造布按其用途的不同可做如下分类。

(1)医用非织造布。非直接医用品包括手术衣帽、口罩、帷帘、床单、医用过滤材料、防护服等;直接医用品包括纱布、绷带、敷料、膏药、人造血管、人造皮肤、人造内脏等。

(2)卫生用非织造布。包括即用尿布、妇女用卫生巾、卫生用清洁材料。

1. 用即弃非织造布 婴儿尿布、妇女用卫生巾、成人失禁用品等用即弃卫生材料,全世界的需求量每年增加6%~8%。用即弃非织造布有如下质量要求。

(1)有一定的强度。

(2)透水性能好,使液体能很快地进入吸水体。

(3)返湿力低,液体不易从吸水体返回到人体能接触的表面。

(4)本身吸水性小,使皮肤感觉干爽。

(5)网面均匀、洁白,符合卫生要求。

(6)柔软性、透气性好,感觉舒适。

根据以上质量要求,卫生用非织造布的原料可采用黏胶纤维、涤纶、丙纶以及它们的混合材料。日本的婴儿尿布大多采用聚酯纺粘法非织造布和聚烯烃类双组分纤维的热轧、热风黏合非织造布。如 Chisso 公司开发的 ES 纤维(线密度为 1.67~3.33dtex 皮芯型或偏皮芯型聚乙烯/聚丙烯两组分纤维),可将 ES 纤维混以黏胶纤维、聚酯纤维或常规聚乙烯纤维使用。在美国,多使用聚丙烯纺粘法非织造布,在某些情况下也使用聚酯纺粘法非织造布作面料。

作为尿布或卫生巾面料的非织造布,需轻薄柔软,产品质量控制在 15~18g/m² 。为了提高非织造布的透水性,可对其进行亲水化改进,如采用烷基磷酸酯钾盐等阴离子表面活性剂与聚醚—硅氧烷等多种组分复配,对丙纶纺粘法非织造布进行亲水整理,以获得透水时间小于 3~4s、透气、柔软、爽滑的面料。为了使用和携带舒适、方便,婴儿尿布和妇女卫生巾等制品越来越趋于轻薄化。

2. 手术衣　开发非织造布手术服涉及各类非织造技术，湿法、干法因其工艺落后被新型工艺所取代，目前开发非织造手术服，以射流成网技术为主。由于高压喷射作用，织物表面绒毛减少，纤维缠结没有黏合点，织物柔软，布面摩擦噪声小。纺粘法非织造布也具有良好的应用前景，特别是高密度纺粘法非织造布，不仅纤维细，手感柔软，孔隙小而均匀，而且绒毛少，甚至比射流成网非织造布的绒毛脱落量还低。熔喷非织造布的纤维直径仅有 $0.5 \sim 4\mu m$，加之结构紧密，可形成良好的隔菌性和防水透湿性。其不足之处是抗拉伸力较低。

作为手术衣，要求对病人和医生都具有安全性，既要求具有抗菌性，还要求质地柔软、贴身、穿着舒适、能透气透湿、不闷热，并便于医生的手术操作。最近，用于制作手术衣的非织造布主要有水刺法非织造布、纺粘法非织造布、湿法非织造布和丙纶 SMS 非织造布（纺粘法—熔喷法—纺粘法三合一的非织造布），产品规格为 $40 \sim 50 g/m^2$。由于用水刺法和纺粘法非织造布制成的手术衣穿着较为舒适，因此用量较大。特别是加入木浆纤维的水刺法织造布，由于其卫生性和穿着性好，近年来销量迅速增加，在发达国家中拥有 80% ~ 90% 的市场占有率。将木浆纤维气流成网技术与水刺技术结合起来，生产性能优良的纤维/木浆产品是近年来开发的非织造布新产品。

3. 手术覆盖布　手术覆盖布是为了保持手术区域的清洁和无菌而使用的，因此最重要的性能是抗菌性和无尘性，而且要求使用方便。例如，覆盖布与病患者的接触部位要贴身，不易滑动、不发生声响。所以，手术覆盖布一般需经无菌和防滑处理。

手术覆盖布大体分为两类，即拒水类和吸水—防水类。使用拒水类手术覆盖布的目的是使从病人手术部位流出的血液等污染液能及时流走，以保持手术区域周围的清洁。它使用的非织造材料是经拒水加工的水刺布。吸水—防水类手术覆盖布的作用是使从手术区域流出的污染液被布的吸水表面吸收而不能穿透到覆盖布的背面，以免造成污染液的扩散。吸水—防水类非织造布一般是由吸湿性较好的非织造布与聚乙烯薄膜或其他非透水材料复合而成。在实际应用中，对有感染症的病人使用吸水—防水类手术覆盖布，可以防止污染液的扩散和感染。对于泌尿器官或眼科手术，由于手术时有大量的液体流出，因此若使用拒水类手术覆盖布，并且在布的周围装配上集液袋子，便可以及时收集手术时流出的污液，保持手术区域的干净和清洁。

4. 口罩及面罩　医用口罩、面罩可防止医生与病人之间的相互传染，它要求具有高度的抗菌性和透气性。过去的口罩多采用多层纱布或用 $25 \sim 30 g/m^2$ 的非织造布折叠而成；也有用模压成形织造布的，但其滤菌性能不高，透气性差。现在制作口罩的材料多采用水刺法非织造布或中间夹有熔喷法非织造布的复合材料，它们具备柔软、透气和过滤性好等优点。如以丙纶熔喷法非织造布为过滤材料的口罩，其细菌过滤效率可高达 95% 以上。此外，在为高感染症患者做手术时，为了防止污染液流入眼中，开发了屏蔽型面罩,即在面罩的上部装上经防雾处理的透明树脂,以保护实施手术者的安全。

5. 帽子 帽子的作用是防止从头发上掉下头屑、灰尘等细菌污染物。随着使用对象和应用场合的不同,帽子的结构也不相同。用于制作帽子的材料一般有干法和湿法非织造布、丙纶纺粘法非织造布和水刺法非织造布。可根据帽子的作用、服用性能及样式等加以选用。

6. 病人服 病人服可分为长期使用和短期使用两种。一般住院的病人服或孕妇分娩服使用时间较长,因此要求穿着舒适、不透明、不易沾污。此外,对衣服的颜色和样式设计都有一定的要求。在服装材料方面,以选用水刺法、锦纶纺粘法、干法以及丙纶SMS复合非织造布为主。短期使用的制品,如进入X射线室的检查服、病人做手术时所穿的手术衣,由于它们是一次性用品,故对穿着的舒适性要求不高,但必须不透明且价格便宜。病人服所用的材料以水刺法和纺粘法非织造布居多,预计今后使用湿法或熔喷法复合非织造布的也会逐渐增多。

7. 消毒用包布 消毒包布主要作为医疗器械(如手术刀、剪、钳、针筒)消毒时的包盖布。因此,要求在消毒过程中能耐热;蒸汽或气体能顺利通过,使被消毒的内容物保持无菌;有一定的强度和柔软性,能与被包盖的器械较好的贴合。此外,断裂延伸率不能过大,以防止使用过程中包布发生变形破裂,使防菌性降低。因此,消毒包布所选用的非织造布材料应以湿法和丙纶SMS复合非织造布为好,也有采用闪蒸法非织造布的。

8. 医用防护服 欧美国家医用防护衣帽多以黏胶纤维为原料,采用浸渍黏合法、泡沫浸渍法、热轧法或湿法等工艺生产的薄型产品,一般都要经过消毒、杀菌处理,定重为$15 \sim 50 g/m^2$。其特点是手感柔软,抗拉强力良好,透气性良好,是用即弃型。这种医用防护衣帽克服了传统防护衣帽多次使用后灭菌不彻底而易引起交叉感染的缺陷。

二、医用卫生非织造布的生产方法

直接医用类非织造布主要采用黏胶纤维、黏胶纤维/聚酯混合纤维、棉纤维以及其他功能纤维,采用纺粘法、短纤热轧法、针刺法和射流喷网法等工艺加工。卫生用非织造布多采用纺丝成网、热轧黏合等工艺加工。

1. 水刺法生产非织造布 水刺法又称水力缠结法、水力喷射法和射流喷网法,它是一种独特的、新型的非织造布加工技术。它利用高速高压水流对纤网的冲击,促使纤维相互缠结钩合,而达到加固纤网的目的。水刺技术的加工特点是无环境污染,不损伤纤维;产品无黏合剂,不起毛、不掉毛、不含其他杂质。产品具有吸湿、柔软、强度高、表观及手感好的特点,因此发展迅速。

水刺中由高压水流形成"水针","水针"冲击纤网造成纤维之间的缠结,并形成水刺非织造布。其工艺流程为:

纤网成网→预湿→正反面多道水刺加固→花纹水刺→脱水→(预烘干)→后整理

（印花、浸胶、上色、上浆等）→干燥定形→分切→卷绕→包装

医疗卫生用品是水刺法非织造布最主要的应用领域，包括手术用品和医护用品等，其中最常规的产品有手术衣、手术罩、绷带及医疗敷料等。发达国家较多采用的是具有拒水性的木浆/聚酯纤维水刺布。但由于其价格相对较高，仍被有一定的市场被价格相对较低的 SMS 复合非织造布以及由纺粘法、湿法成网等非织造布占据。

对手术罩布的基本要求是具有较好的柔软性、悬垂性、吸水性/防水性和拒水性。目前国外多采用以木浆纤维与聚酯纤维经水刺复合的产品或在开口周边附加高吸水性材料。我国近年来对该类产品也有应用，但鉴于价格因素，多以经拒水处理的黏胶纤维/聚酯纤维水刺布来取代。伤口敷料多采用机织的脱水纱布，原料以纤维素纤维为主，柔软而不存在化学污染，而普通非织造布产品无法做到这一点，因此难以满足对伤口的防护要求。水刺法非织造布产品所具有的独特优点不仅能满足对伤口的防护要求，而且在某些技术指标上优于脱脂纱布。因此，目前国外的医疗卫生行业以之广泛代替了脱脂纱布。纱布、绷带和医用敷料以 70/30 的黏胶纤维和聚酯纤维混纤经水刺加固制成，一般为 $30 \sim 60 \mathrm{g/m^2}$。70/30 这种配比的材料最接近棉质纱布的特性。目前，医疗用品在国际上取得了很多新发展，例如采用抗菌性甲壳质纤维制成的水刺布，用来制成手术帽、口罩等，用后可在热水中处理掉，迎合了环保要求。此外，医用床单、口罩、过滤及开口内裤等护理用品也都普遍使用水刺法非织造布。

加入木浆纤维的水刺法非织造布，由于其防菌性和穿着性好，近年来销量迅速增加，在发达国家中拥有 80% ~90% 的市场占有率。将木浆纤维气流成网技术与水刺技术结合起来，生产性能优良的纤维/木浆产品是近年来开发的非织造布新产品。

木浆纤维气流成网与水刺工艺相结合技术主要是采用气流成网方法将纤网直接铺撒在纺织纤维网上。由于输送带下的抽吸装置形成负压，使从成网头送出的木浆纤维吸附在纤维网上，然后再通过高压细小的水流对纤维网穿刺，使纺织纤维网与木浆纤维复合起来而形成非织造布。该产品在高吸收性医用纺织品方面的应用正在不断扩大。

2. 热黏合法生产非织造布　高分子材料大都具有热塑性，即加热到一定温度后软化、熔融，变成具有一定流动性的黏流体，冷却后又重新固化成固体材料。利用高分子材料的这种热塑性，给纤维聚合物材料施加一定热量，而使纤维聚合物材料部分软化、熔融，再冷却后固化，使纤维相互黏合加固，用这种方法生产的非织造布叫热黏合非织造布。这类产品主要用于医用卫生、手术衣帽等领域。

热黏合加固与其他方法相比有以下特点。

（1）生产效率高。

（2）能耗低。

（3）产品不带任何化学试剂，对人体无害。

（4）运用灵活。

3. SMS复合法生产非织造布　运用不同工艺生产的医用非织造布有各自的特点。湿法非织造布生产效率高,产品均匀度好,纤维分布各向同性,且价格低廉,适合于用即弃产品。湿法非织造布主要用来做消毒包布、外层包布、面罩、帽子等。纺粘法非织造布具有强力高、纵横向性能优良等特点,现广泛应用于医用卫生领域。但是与传统的机织布相比,上述非织造布的某些医用性能仍然达不到理想效果,如屏蔽性能等。

SMS复合法非织造布与水刺法和热黏合法非织造布相比,具有绒屑少、安全性好、屏蔽性好的特点。因此在医用卫生领域的应用日益增加,它与水刺法、湿法非织造布一起成了目前用即弃、屏蔽性医用非织造布的主流。

SMS复合法非织造布是十多年前首先由美国的两家公司开发的。熔喷法非织造布具有优良的过滤性能、吸收性能及阻菌效果,但本身强力差,难以单独使用;而纺粘法非织造布是由连续长丝构成的,因而有很高的强力和耐用性,但其缺点是吸附性差,过滤性和阻菌性差。SMS复合法非织造布充分利用了两者的优势,而克服了两者的缺陷,使产品既有良好的强力,又有良好的吸附性、过滤性和阻菌性。该产品可通过在线复合,即采用三喷头,使得纺粘法非织造布和熔喷法非织造布在没有完全冷却前就通过自黏合或热轧达到加固的目的。

医用的SMS复合法非织造布一般定重为 $40 \sim 60 \mathrm{g/m^2}$,以保证在安全可靠的情况下,达到一定的舒适效果。

无绒毛脱落和拒水性能也是SMS复合法非织造布的一个优点。由于SMS法复合非织造布表面层是纺粘法非织造布,是由长丝构成的,所以热轧后经有限摩擦也不会因产生绒毛脱落而造成伤口感染。拒水是因为SMS法复合非织造布基本上是以丙纶为原料,原料本身不吸水,从而使SMS法复合非织造布不会受到水的浸渍。由于液体的黏附性使细菌极易繁殖和扩散,所以拒水性是SMS法复合非织造布阻菌的一个必要条件。

国外利用双组分纤维生产出的纺粘法非织造布和熔喷法非织造布在柔软性方面有所改进,从而有望解决其柔软性差的问题。

第四节　医用纺织品的生产技术现状与市场发展趋势

一、医用纺织品的生产技术现状

技术进步是产品开发的前提,医用纺织品的发展与其采用新技术息息相关。它不仅选择性地使用传统纺织技术,而且更多地利用最新技术成就实现本身的创新。

1. 采用新型纤维材料　医用纺织品的进步首先归功于纺织织新纤维的开发,采用医用功能纤维是创造新型医用纺织品的前沿技术。对此,采用生物基材料已开发出一系列纤维素、甲壳素、胶朊质、海藻酸盐及其衍生物纤维；采用合成材料已开发出聚乙交酯、聚二氧杂环乙酮、羟基磷芯石、含氟聚合物等新纤维；并且对于传统天然纤维和化学纤维，采用接枝改性法、复合纺丝法、表面处理法、熔融共混法、溶液共混法等方法，使其品种不断增加、功能不断丰富。正是凭借这些功能性纤维，医用纺织品才有今天这样的发展水平。

2. 采用新型织造技术 传统医用纺织品多采用机织技术，而新型医用纺织品总是伴随着最新技术的发展。比如，针织物不仅可以开发网状绷带、针织敷布，适应人体体位变化，而且便于组织内膜长入，适宜制作人工假体，可以用来制作像连裤袜那样有分支的人工血管和管状针织物构成的人工韧带。近年内，作为最新织造技术的立体网状编织技术已应用于纤维复合材料的开发，采用这一技术编织出复杂形状的人工骨强化骨架。另外，医用纺织品大量应用非织造技术实现自身的革新。目前，国外发展已多采用纺粘法和射流成网法非织造布，如这一技术普及后将使多种医用非织造布提高到一个新档次。

3. 采用后整理技术 作为纺织行业的一种高附加价值加工方法，后整理技术也是医用纺织品的开发手段之一。现已采用抗菌剂、芳香剂、消臭剂、防紫外线剂等后整理剂，通过浸渍、喷淋、涂敷等方法开发出品种繁多的卫生保健织物。对于医学应用，这一技术还涉及生物化学处理。采用肝素、血朊、胶朊、前列腺素等与人体亲和性良好的物质，对人工假体或生体分离用中空纤维装置进行处理，可以提高制品的生体适应性，防止发生凝血反应和排异反应。

4. 采用层压加工技术 针对医学应用，单一的纺织品很难达到多种功能，只有将不同织物之间或者织物与薄膜之间进行层压加工，才能实现功能的叠加。这种方法是纺织工业中一项新兴的技术，在新型医用纺织品的开发上有很高的实用价值。这一类产品很多，诸如"戈尔"布、聚氨酯弹性绷带、网状层压纱布、层压型人工皮肤、层压型手术织物和保健织物等，都是通过织物和最新材料的复合来体现产品先进性的。

5. 采用功能纤维组合技术 对于采用功能纤维的特殊医用纺织品，还涉及功能纤维的组合技术。比如，内窥镜中上万根纤维要按一定规则进行排列，人工肾、人工肺的中空纤维装置也需要使所用的中空纤维有序化。这类使功能纤维按特定规则排列的技术，称为"纤维组合技术"。这一技术在纺织行业尚待加强，其开发将具有重要意义，并将对纤维型医疗装置的发展产生很大的影响。

二、医用纺织品市场的发展趋势

医用纺织品作为大纺织中的一个小分支，正表现出一种蓬勃发展的势头。它在迅速发展的各类产业用纺织品中，按发展速度讲，占第三位；按发展数量讲，占产业用纺织品的22%；按发展潜力分析，是最有发展潜力的一类。世界经济的持续发展与和平时期的延续,使人民生活水平提高,文明不断进步,从而对生命价值愈加重视,对健康舒适性提出了更高的要求。另外,随着高新技术的发展和纺织新材料的涌现,又为这一领域的兴旺发达提供了必要的准备。因此,在这种需求的引导和技术保障之下,医用纺织品的发展引人注目,表现为以下三个发展方向。

1. 医用纺织品从传统产品向功能化、多样化和用即弃化方向发展 医用纺织品的现代发展,正使其本身发生巨大的变化。其一是功能化,功能化包括方便性、舒适性、卫生性和医药性等。比如,针对方便性,已开发的有筒形绷带、网状绷带、自粘绷带、开合式敷布、不粘性敷布等新产品;针对舒适性,已开发的有吸湿绷带、弹力绷带、防水透湿绷带、舒适性手术服、喷水成网非织造布用品等新产品;针对卫生性,已开发的有抗菌绷带、消臭敷布、防尘手术服以及各种吸湿性用品;针对医药性,已开发的有止血纱布、防褥疮垫、缓释药物敷布、含药缝合线以及许多新型贴附剂制品。医用纺织品的多样化是由其应用扩大化、细分化、功能化和材料技术的发展而形成的。在一种功能之下,可以选用不同的纤维材料、织造技术和复合方法;一种应用方向又有不同规格、不同功能、不同结构之分,因而形成更详细的分类。医用纺织品中的部分产品也从反复使用型向用即弃型发展,这在发达国家日益普及,而在我国,也正逐渐成为一种趋向。非织造布由此成为热门产品,并因其成本低廉和应用性能较高而逐步被社会所接受。这类产品已涉及敷布、绷带、擦布、手术服、病员服以及各类包布等。

2. 医用纺织品向卫生保健领域扩展 随着保健医学、预防医学和卫生事业的发展,传统的医护工作不仅在向提高医疗卫生水平方向努力,而且也逐步与日常生活相结合,使医用纺织品形成一类独具功能的卫生保健用纺织品。近年来,这种发展趋势非常明显,已涌入市场的产品有抗菌织物、消臭织物、高吸水材料、防污织物、磁疗织物、热疗织物、芳香织物、远红外织物和防紫外线织物等,其最新开发领域涉及含有机锗、含放射元素、含驻极体、含动物骨粉等的一系列保健织物。作为高消费的一种动向,纺织品的这种卫生保健功能正在以高档纺织品的形式出现。其中,抗菌织物、芳香织物、远红外织物和防紫外线织物于 20 世纪 80 年代末兴起,正在适应社会上追求享受的需求,为时代所推崇。

3. 医用纺织品支撑着生物医学工程的进步 医用纺织品因其纤维具有与人体结构的相似性而成为生物医学工程的主要材料。特别是生体功能性纤维和分离功能性纤维的应用,对生物医学工程的进步起到了一种支撑作用。采用生体吸收性纤维制成的缝合线和生体修补织物,使现代医疗水平迅速提高,不仅减少了体内手术缝合中二次开刀的痛苦,而且解决了器官移植中的固定以及脏器破裂、体膜缺损时的救治等医学难题。近年内,采用光导纤维和中空纤维的新型医疗装置已经发挥了巨大作用,诸如内窥镜、光纤手术刀、人工肾、人工肺、血液分离器等,发展了医疗诊断技术,使医学攻克了尿毒症、慢性关节炎、重症肌无力、巨红细胞血液病、多发性骨髓肿等疑难病症,使医学诊断达到了直接观察和治疗体内病变的新水平。人工假体的开发是生物医学工程的一个重要方面，日前已开发的有义齿、人工骨、人工韧带、人工血管、人工气管、人工脑膜、人工心脏瓣膜等。现代医学不仅采用生体功能性纤维，使人工假体适应生体环境，并与生体组织牢固结合，而且已进入人体细胞与纤维材料共同构成半生型人工脏器的阶段。仿制人体结构与器官是生物医学工程的宏伟目标，医用纺织品向这一领域的发展，充分体现了纺织品的新价值。

参考文献

［1］Maria C. Thiry. 从外到内——医用纺织品无处不在［J］.国际染整工业商情，2005（8）:28－30.

［2］杨栋樑.织物防水透湿整理技术近况（一）［J］.印染，2003（6）:42－45.

［3］杨栋樑.织物防水透湿整理技术近况（二）［J］.印染，2003（7）:38－42.

［4］方治齐.聚乙二醇在织物涂层中的应用［J］.印染助剂，1997，14（1）:31－34.

［5］张建春，黄机制，郝新敏.织物防水透湿原理与层压织物生产技术［M］.北京:中国纺织出版社，2003.

［6］王湛.膜分离技术基础［M］.北京:化学工业出版社，2000.

［7］瞿金清，陈焕钦，水性聚氨酯涂料研究进展［J］.高分子材料科学与工程，2003（2）:29－32.

［8］Marcel Mulder. 膜技术基本原理［M］.李琳，译.北京:清华大学出版社，1999.

［9］XU YONG. China leather industry has entered the new period of second pioneering stage ［A］. The 4th Asian International Conference of Leather Science and Technology［C］.1998. 1－8.

［10］DELPECHA M C,COUTINHO F M. Waterborne anionic polyurethanes and poly（urethane－urea）s:influence of the chain extender on mechanical and adhesive properties［J］. Polymer Degradation and Stability,2000（70）:57－62.

［11］JHON Y K,CHEONG I W. Chain extension study of aqueous polyurethane dispersions ［J］. Colloids and Surfaces. A:Physicochemical and Engineering Aspects,2001,（179）:76－83.

［12］陈荣圻，王建平.禁用染料及其代用［M］.北京:中国纺织出版社，1996.

［13］杨彩云，杨俊霞.产业用纺织品［M］.北京:中国纺织出版社，1998.

［14］岳卫华，胡冬梅，张汉琪，等.GB19082—2003医用一次性防护服技术要求［P］.北京:中国标准出版社，2013.

［15］杨晓红.防水透湿植物发展趋势［J］.四川纺织科技，2003（6）:23－25.

[16]董瑛,刘伟,李传梅,等.卫生防护服面料生产工艺[J].印染,2004(11).

[17]霍瑞亭,杨文芳,戴晓红,等.医用防护服材料的研究[J].针织工业,2005(2):23-24.

[18]徐红梅,沈建萍.洁润丝医护防护服[J].印染助剂,2004(12):37-41.

第十六章　军用纺织品

第一节　概述

随着军需装备水平的不断提高,材料、能源、信息越来越成为当代军事科学技术的三大重要支柱。军事用纺织品作为军需材料之一,在产业用纺织品中所占比例并不大,但是,对于军队来说,它却具有举足轻重的作用,是仅次于钢铁材料的第二大军需装备品,是保证战斗力的基础。

现代战争高技术化的发展,使兵力虽有所下降,但装备水平却不断提高,对装备材料要求也越来越高。目前军需的纺织材料除应满足一些基本的要求之外,还应该顺应军事领域尖端产品的需求,具备一些功能性。对于军服、作训服及单兵装备,针对自然环境伤害,要求其应该具备防风、防寒、防水透湿等性能,并能减轻单兵的负荷量,可以大幅度减少士兵在行军打仗中的体力消耗,提高单兵的机动灵活性;针对武器装备伤害,要求其具备防核生化、防弹、防火阻燃等功能;针对防侦视伤害,要求其具备防微光夜视、防红外、防雷达、防激光等功能。随着核生化武器、自动武器和侦视器材的快速发展,提高军服的综合防护性能已成为军需保障的重要发展方向。世界各国的军服材料正向着高性能、多功能、复合化和智能化方向发展。为适应高技术条件下现代局部战争的需要,世界发达国家都把新材料的研究与开发作为提高军服功效的重要突破口。1986 年美军为极寒地区的部队装备了 Gore - tex 层压织物作战服,1987 年美国陆军装备了新式迷彩作战服,1990 年美军为驻欧洲部队的坦克部队配发了 Nomex 防火服。现阶段新型军用纺织材料的层出不穷,可以将其应用到未来的高科技战争,一个新兴的产业——智能服装材料将在 21 世纪崛起。特殊军用纺织材料将朝着智能化、生物工程化、超常规化方向发展,将促进利用高新技术带动传统纺织产业升级的步伐。

通常军用纺织品大体包括军装的"通装"和"特装"。"通装"部分包括礼服(军官礼服、"两团一队"礼服)、常服(夏常服,如衬衣、夏裤;春秋常服;冬常服,含大衣)、作训服(迷彩作训服、阻燃作训服)、工作服(普通工作服、阻燃工作服)、鞋靴、帽子等;"特装"部分包括防酸工作服、耐高温阻燃工作服、高空飞行服、跳伞越野服、防爆毯、排爆服、排雷服、防割手套、防割服、防寒服、防毒衣、防毒斗篷、防毒靴套、核辐射防护服、核污染防护服等。此外,卫生急救用遮盖布、运输用纺织品(如车篷、直升飞机避尘罩、邮品袋)、单兵防护装具(如救生衣、防弹品、纱布、绷带、三角巾、担架布)、枪械用纺织品(如炮衣、弹药袋、擦枪炮揩布、防弹背心、防弹头盔、避雷靴、降落伞等)都属军用纺织品的范围。

军用纺织品的生产加工过程中所用纤维种类繁多,包括天然纤维(棉、麻、毛),化学纤维(如锦纶和涤纶)以及具有特殊性能的纤维(如芳纶)等。基于不同的性能要求,选择不同的纤维,如要求为抗微生物、机械强度、弹性、吸湿性、防水性、热压行为、光照稳定性、静电特性,那就要选择相应的不同纤维。

第二节　常用军用纺织品

无论是在训练或是在战场上,士兵暴露在室外环境的时间较长。因此军服不同于人们日常的服装,对其抵御外界环境的能力要求较高,要求军服具备某些特殊功能,以适应训练和战场上的需要。

一、军服分类

(一)通装

军服是军人制式服装的通称,是军队的识别标志之一,也是国威、军威和军人仪表的象征。

军服的根本作用是适应战争的特殊环境,有利于作战。在炮火硝烟中冲锋,军服必须具有一定的防火性能;在枪林弹雨中冲杀,军服必须具有防弹的特殊功能;在江河湖海中作战,军服要有一定的防水作用;在现代侦视器材的监控下行动,军服必须具有一定的"隐身"能力;在核、化、生条件下战斗,军服必须具有防原子辐射、防化学污染、防细菌侵害等用途。军服还应具有美观、调温防寒御冷、吸湿速干等功能,以保证士兵在各种气候条件下作战。因此评价军服的水平,不仅看军服的数量,更必须看军服的防伤害功能、适应各种环境的能力和是否便于行动等因素。

1. 军常服、军礼服　军常服、军礼服即军人在日常和庆典时穿着的军服。1988年起,全军统一穿着"八七"式军服,这时军服的面料基本上仍沿用60年代以来的棉织物、涤棉短纤维混纺或毛涤短纤维混纺织物,不仅耐磨性较差,抗皱保形性差,色牢度差,而且静电严重,夏服闷热,冬服组合复杂,大部分保暖量过剩,局部保暖量不足。1997年5月1日起,我军新一代服装首先在驻香港部队试穿。2000年春季,逐步配发全军。这时采用的基本面料叫作"特种变形化纤仿毛系列织物",虽是以化纤为主,但只要穿着者身上有一层内衣为纯棉品质,遇火时即不会被化纤熔化物烧伤。

2. 作训服　作训服是军人在作战、训练、劳动和执行军事勤务等特殊环境下穿着的制式服装。其主要特点是轻便耐用,具有良好的防护性能,适应战场活动和平时训练的需要。按类别分,有基本作训服和特种作训服;按保护色分,有单色普通作训服和多色组合迷彩作训服。作训服通常是采用合成纤维与棉纤维的混纺织物制作,也有用纯棉织物和经过特殊处理的纯化纤织物制作的。基本作训服主要是陆军各兵种穿着的服装,它有别于各类特种军服。

目前世界各国军队的作训服种类繁多,总数在100种以上,如防弹服、防寒服、防虫服、飞行服、密闭服、救生服、调温服、跳伞服、高空代偿服、通风服、液冷服、出海服、潜艇工作服、防护靴、防寒靴、毡袜等。

作训服的发展趋势是向增加品种或多功能合一,提高适用性和灵活性的方向发展。

迷彩服是作训服的一种基本类型,迷彩服也是伪装服中比较典型和常见的一种。

①迷彩服的色彩。迷彩图案、迷彩色斑和服装本身是迷彩服设计的三大要素,设计人员都围绕这三大要素做文章,其目的是使迷彩服穿着者与所处背景之间的光谱反射曲线尽可能一致,使其在近红外线夜视仪、激光夜视仪、电子形象增强器、黑白胶片、彩色胶片等器材和侦视技术面前混为一体,不易被敌方发现,以达到隐蔽自己、迷惑敌人的目的。迷彩图案主要应根据穿着者所处的背景和穿着现场的植被、土壤分布状态等进行设计,主要有森林型、荒漠型、雪地型、城镇型、山地型和海洋型等数种。色彩则有多种搭配,4色、5色、6色都有。面料一般为棉与涤纶或棉与锦纶混纺,这种面料不仅吸湿、舒适,而且结实、耐磨。有的迷彩服采用纯棉织物或经过特殊工艺处理过的纯化纤织物制成。

在花型设计上,现代迷彩服还可根据不同需要,用上述基本色彩变化出多种图案,但花型相对集中,常见的有斑点、豹纹、乱草、大枯枝、松叶、马赛克和岩石等。这些花型基本可以满足不同地貌环境的需求。英军20世纪80年代的温区、热区作战服和雨衣全是迷彩色的,体现了一服多用的特点,反映出目前国际上作战服装的发展趋势。日本的迷彩服由原来采用的白天可与矮竹很好融为一体的粗犷型四色迷彩图案的春、夏、秋三季通用图案改为新型迷彩服,采取细线条四色迷彩,分成春夏用和秋用两种色调,分别采用与季节的环境植物红外线辐射相等的面料,提高了反红外夜间侦视性能。这意味着由于有了夜视器材而暂时失去价值的夜间行动再次恢复了战术上的优势。由于采用特种纤维与处理技术,使其还增加了保暖、透湿、防水和阻燃性。冬用迷彩服则是在秋季迷彩服的表面套上紫外线反射率与雪相等的单层面料制作的白色罩衫,里面配有木棉汗衫、毛衣和棉衣,增加了吸湿、保暖功能,即使在−30℃气候条件下也可以发挥“防水御寒”的超高性能,具有良好的避水、防风效能。为了提高迷彩服的通用性,美军专门为其作训服研制了一种面料,其两面印染多种颜色,一面印有标准森林、陆地图案,另一面印有三色沙漠图案。与此同时,美军还为其防化服研制了专门的迷彩图案。

我国于20世纪70年代开始研制迷彩服,现有林地型、荒漠型、城镇型、海洋型、山地型等品种。使用较多的是林地型,为涤棉混纺织物,一般还经过阻燃处理,采用四色迷彩。在研制过程中,突破了应用概率统计理论和现代颜色理论两个技术关键,建立了一整套迷彩伪装理论。

a. 采用了"伪装面料图案设计与效果评估计算机智能系统"。借助于该系统可完成背景分析调查,建立背景数据库,确定单色样卡,对各种光谱反射、色度坐标、亮度因数等提出复制技术指标,从而确定迷彩服的颜色配比、斑点大小、形状及面积配比等设计参数,对伪装性能给出了定量和定性的评价方法,提出了近红外亮度层次配置的设想,适合于我国的植被条件。

b. 提出了"伪装染料红外荧光发色理论",为伪装染料的合成提供了科学依据。染料选择突破了模拟叶绿素的高反射拼绿染料和模拟阴影的低反射黑色染料的技术难题。解决了迷彩服专用系列染料和涂料,研制出军工蓝(CVB)、军工黑(COK)两种染料。它所模拟的颜色与相应背景颜色间存在的光谱差异在异谱同色检查的允许范围内,符合可见光、近红外线波段相互兼容的要求。

②冬季防寒迷彩服。冬季使用的防寒迷彩服除具备隐蔽性能外,其保暖性是相当重要的。冬季防寒迷彩服应具有的特点:一是结构上采用宽松式,既穿脱方便,又充分发挥材料的保暖性能;二是在配套上实行多层次结构,既利于发挥各单件服装的保暖潜力,又利于调节保暖量;三是保暖材料大多采用轻质化,既减轻了重量,又方便洗涤,提高了卫生性能;四是面料的颜色大多是迷彩色,具有较好的伪装效果,且经阻燃、防水处理。

如美军的冬季作训服是一种通用型冷候服系列,由4个层次组成。

a. 贴身层:该层为丙纶针织内衣。丙纶的吸湿率较低,人体产生的汗液可直接透过,因而不致使汗湿皮肤而受冷受冻。

b. 保暖层:该层由涤纶长毛绒制成。

c. 保暖调节层:该层为加强锦纶绸夹涤纶长丝,重量轻,保暖性好。

d. 罩衣层:该层的用料为戈尔泰克斯(Gore-tex)织物,并印有迷彩图案。

戈尔泰克斯织物是一种高技术复合织物,最外层为锦纶绸,最里层为锦纶针织布,中间层为聚四氟乙烯薄膜,用黏合剂将三层黏合成一体。这种织物的优点是可防雨,外面的雨水进不了内衣,人体散发的汗液却能透过聚四氟乙烯薄膜的微孔挥发出去。

制作时接缝和针眼用粘条密封。该套冬季作训服具有重量轻、保暖性好、卫生性能佳的特点,比较具有代表性。美军测定穿此服装的人落入海中比不穿此服装要多活7h。与戈尔泰克斯类似的产品在我国叫PTFE,已经有多家企业大量生产。

③迷彩面料印染工艺。常见迷彩面料以纯棉、涤棉和锦棉高密织物为主,主要采用活性、还原、分散/还原、分散/活性和涂料印花工艺。工艺的特点是流程长、工序多,需要控制的工艺点多。

大多数迷彩服面料中棉纤维含量较大,因此必须重视印染前处理的退浆、煮练、漂白这三个主要加工工序。利用冷轧堆加长车退、煮、漂工艺可取得令人满意的前处理效果。

根据花型的设计要求,大多数迷彩服面料在印花前染地。有关统计数据表明,迷彩面料需要染地的花版占总量的 80% 左右。采用还原染料或分散/还原染料染地工艺,可保证高染色牢度和颜色前后的稳定性,所染地色能满足迷彩印花的需要。

印花工艺在迷彩面料生产中最为复杂。涂料印花工艺中的主要问题是同色异谱,涂料色谱中的棕色、绿色和灰色是迷彩涂料印花同色异谱非常重要的色系,生产中必须搞清来样上的涂料种类,准确用料,达到与来样一致的颜色发射率,并合理选择印花黏合剂的用量,兼顾织物手感和牢度的要求。活性染料印花中的主要问题是色差,在生产中除了调节印花设备外,合理筛选染料和助剂非常重要。分散/活性染料印花中的主要问题是色差和水洗污染,应尽量选用对涤纶沾污小的活性染料。

后整理工艺除拉幅和预缩外,常见的有阻燃、防水、抗菌、防蚊和防紫外线等特种工艺。

（二）特装

1. 防护服（特种工作服） 以前军用防护服的主要功能是军事人员抵御雨、雪、风、严寒、酷暑等环境影响。随着化学、生物、热核等杀伤性更强的武器及小型侦视设备和传感系统的发展,对军用防护服的要求显著提高。

防护服按其功能,可分为特殊环境防护服和有害物质防护服两类;按其类别,可分为空勤类防护服、海勤类防护服、地勤类防护服。有的国家还专门制作用于防治各种昆虫对人体侵害的防护服。

防护服很早就有,但真正能起到保护作用,而又不对士兵造成伤害的防护服却几乎没有。战场上,子弹会杀人,炎热的气候同样具有强大的杀伤力。不同种类的新型防护服,可以让士兵适应不同的作战环境,大大提高他们的作战能力。

（1）诺梅克斯防护服（Nomax）。即用芳纶 1313 制作的防护服。在对阿富汗作战中,美军穿用了最新研制的防护服——诺梅克斯防护服。这是一种可以有效防御火焰的作战服,但由于该防护服造价高昂,因此只有少数航空兵飞行员和坦克手们有幸穿用。在火焰中,诺梅克斯防护服能使烧伤程度从 88% 减少到 8%。

国内已批量生产 Nomax,年产 3800t。目前我国已经解决了纱线染色和原液染色问题。此外,国内还研究出和 Nomax 性能相当的特安纶（TANLON）。特安纶具有高尺寸稳定性和化学稳定性,可耐 367℃ 高温,分解温度为 422℃。

（2）"人域网"防护服。这是一种数据链接作战服,士兵用特制手套试一试水,有关数据就能通过卷放在口袋里的键盘发送出去,织在面料里的天线能马上发送和接收有关方面给出的测定结果。这种称为"人域网"的服装不仅可以测试水的安全性,还可以探测生化毒剂,能进行敌我识别,以防止误伤自己人。

（3）冷却服。美陆军士兵系统司令部和俄克拉荷马州立大学共同研制出一种新型冷却服,给专门从事突发事件的应对者提供保护。这种技术是将一种冷却系统"织入"面料中,是专门为在容易发生核生化袭击地区执行作战任务的人员设计的。当发生紧急情况时,冷却服可以降低由于环境温度急速升高而导致的人体伤害。

（4）防生化服。美国使用渗透、半渗透材料系统来防生化武器。渗透系统使用活性炭作里布,可透湿且能防化学物质,是以锦纶经编织物为基布,涂覆含活性炭的聚氨酯泡沫,因此该表层可有效吸收化学气体物质。另外,还可以采用活性炭纤维（ACF）,由于它是多孔碳家族中具有独特性能的一员,具有比表面积大、微孔结构发达、孔径小且分布窄、吸附量大、吸脱速度快、再生容易等特点,所以活性炭纤维也具有良好的吸收化学气体的功效。将其通过表层处理可用于防液体渗透。采用涂层和覆膜形式的半渗透系统,可设计成具有各种孔径的微孔和超微孔材料,具有湿蒸气传递速率高、耐水压性好及防生化性能好的特点。

（5）防核服。核武器的影响与其大小、当量、类型有关,并随着爆炸高度、地形特征、环境情况等情况而不同。由于闪烁的时间较短,任何一种遮护体（薄金属片、服装或建筑物）都能有显著的防护性。闪烁造成的烧伤不只在身体的暴露部位,因而与服装的厚度有关,即使服装厚度增加不很明显,也会在灼伤与不烧伤之间产生较大的差异。防火焰的灼伤的首要要求是外层服装阻燃,并能够最大量的发散辐射热。当外层服装已吸收了辐射热并向内层服装传递时,防核服能够尽量长时间地在防护不可避免的辐射热时保持完整。

2. 防弹服　防弹服是指能吸收和耗散弹头、破片动能,阻止穿透,有效保护人体受防护部位的一种服装,多呈背心状。防弹服由防弹层和衣套构成。防弹层用防弹细板、防弹铝合金板、玻璃钢、防弹陶瓷、锦纶、芳纶1414、超高强高密聚乙烯纤维等硬质和软质材料单一或复合制作,使弹头、弹片弹开,并消释冲击动能,起到防护作用;衣套常用化纤织物制作,起覆盖和保护防弹层的作用。1965年,杜邦公司开发了高强度合成纤维 Kevlar（芳纶1414）,强度为同重量钢的5倍,成为目前防弹衣的主要材料。此外,高强高模 PE、防弹陶瓷材料、蜘蛛丝防弹材料等一些特殊的防弹材料,成为未来防弹衣的首选材料。"蜘蛛丝"纤维是目前强力最好的纤维,其强力比锦纶大5倍。用"蜘蛛丝"纤维制成的高防弹型军服能够抗击连续冲击,抗碎裂扩散,防止子弹近距离直射。

防弹服的防护机理很多,但基本机理都是把抛物体的动能在防弹服纱线的拉伸断裂中完全消耗掉。防弹服具有一定的防弹丸直射和防弹片击伤的能力,对人体的胸、腹部有良好的防护作用。防弹层的厚度可根据不同使用对象以及防护性能与穿着舒适之间的最佳平衡数确定。士兵穿着防弹服,能显著减少战地死亡率和负伤率。中国人民解放军研制的54型防弹服能有效防住2m外各种枪弹的撞击,与国外同类产品相比,具有重量轻、防护面积大、防护性能安全可靠等特点。

（1）防弹衣的历史。防弹衣经历了由金属装甲防护板向非金属合成材料的过渡,又由单纯合成材料（如锦纶、芳纶）向合成材料与金属装甲板、陶瓷护片等复合系统发展的过程。武器的发展迫使人体装甲必须有相应的进步。第一代防弹衣实际上是衬以坚硬的钢片,它笨重且防弹性能不强。第二代是发明了锦纶、玻璃钢、轻型陶瓷防弹衣,但还是没有突破陈旧的防弹方式。20 世纪 60 年代末 70 年代初,芳纶 1414 的问世,给防弹衣带来了革命性的飞跃。芳纶 1414 是对位芳香族聚酰胺纤维,其特点是密度低、重量轻、强度高、韧性好、耐高温、耐化学腐蚀、绝缘性和纺织性能好。1986 年,荷兰阿克苏公司(AKZO)发明了"特沃纶"(Twaron)。荷兰 DSM 公司生产了超高强度、超高密度聚乙烯纤维,并制成更轻、更防弹、更透气的超高相对分子质量的聚乙烯防弹衣。1998 年,英国科学家又发明了一种从液体水晶中提炼出来的高分子纤维材料,军方也立即采用了这一最新技术。不久后,英国军方发言人称"这种超强力纤维的防弹衣,是目前世界上最先进、最具防护力的"。在这种防弹衣的基础上,有的军事专家又添加了防静电的材料,制成了超级防静电防弹衣。它不仅能防弹,而且还能在清洗或进出飞机、舰艇、油库、弹药库这类最怕静电又最易产生静电火花的场所穿着,万一不慎发生爆炸,防弹衣也极具防护能力。一些新的复合型防弹衣还在不断问世。

(2)防弹服的设计。随着防弹衣研究水平的提高,人们已不满足于仅考虑防弹衣的防弹性能。无论从实用角度还是从商业角度考虑,轻型、舒适、方便是使用者和生产者共同追求的目标。因此防弹服的设计应从以下四方面考虑。

①挑选防弹材料。

②确定防护要求(枪支种类或子弹种类、口径、弹道)。

③军服的最终重量。

④穿着的舒适性和灵活性。

每种纤维或织物都有各自的防护特性,通常采用的是防弹复合材料或涂层防弹织物。当前世界上防弹衣缓冲层的设计变化很快,以海普隆(氯磺化聚乙烯)橡胶状弹性体为涂层材料,由它涂层的芳纶橡胶布用作防弹衣的缓冲层,涂层厚度保持最佳状态、橡胶布的层数选择适当,就可以起到良好的缓冲作用,抗外伤深度可以大大降低,能达到国际公认的标准。

目前,防弹衣的总重量随防护面积大小而变化,当今最著名的几种防弹背心的防弹面积为 $0.3m^2$,重量都成功地控制在 2.5kg 左右。作为一种防护用品,应既具有防弹性能,又有一定的服用性能。按防护服的级别不同、防护面积不同,防弹衣的重量从 2 ~ 6kg 不等。

(3)防弹衣的分类。目前已有很多种防弹衣,从使用上看,防弹衣可分警用型和军用型两类。按使用材料可分为软式防弹衣、硬式防弹衣及软硬复合式防弹衣三种。软式防弹衣的材料以高性能纺织纤维为主,这些高性能纤维的能量吸收能力远高于一般材料,能赋予防弹衣一定的防弹功能,并且由于这种防弹衣一般采用纺织品的结构,因而又具有相当的柔软性。硬式防弹衣则以特种钢板、超强铝合金等金属材料或者氧化铝、碳化硅等陶瓷材料为主体材料,由此制成的防弹衣一般不具备柔软性。软硬复合式防弹衣的柔软性介于上述两种类型之间,它以软质材料为内衬,以硬质材料作为面板和增强材料,是一种复合型防弹衣。

3. 防割服及防割手套　防割服由超高密度、超高强度聚乙烯纤维机织物和非织造布以合理配比制成防割层,防割能力达到欧洲标准 EN388,穿刺能力大于 500N。

防割手套采用超高强、超高密度聚乙烯纤维包覆不锈钢丝制成防割纱线,再由防割纱线织成防割手套。该手套有超乎寻常的防割性能和耐磨损力。

二、其他军用纺织品

军用纺织品除了军服外,还包括很多品种,有些是人们能明显看出来的,有些则并不一定为人们所知。有些起着主要作用,有些则只是辅助品。如卫生用品中的纱布、绷带、三角巾、担架布;枪械用的炮衣、弹药袋、擦枪炮揩布、炸弹遮盖布;运输用的车篷、直升机避尘罩;单兵防护装具中的救生衣、防弹背心、防弹头盔、避雷靴、降落伞等,以及充气帐篷、防电磁战术掩蔽所、刚性墙、油布、车罩、装备用带、睡袋、伪装网、充气船、救生筏、可携带式软油箱、燃油箱、降落伞等等都是与纺织品密不可分的。

这些用品同军服装一样,一定要适应战地的需要。这就要求织物对化学试剂、火焰、热辐射、弹道冲击和侦视等提供防护,环境要求织物防水、防风、防紫外线、防蚊虫、透气、隔热等,士兵的生理要求织物抗菌防臭,体积小重量轻,舒适度高,体能消耗少。例如,对宿营装备要求的是移动性,因此重量要轻,安装和展开方便快捷;对掩蔽所来说,最要紧的是在潮湿状态下能防止尺寸变化;对帐篷和隐蔽所的其他要求是抵抗环境因素的影响、抗化学/生物性、躲避红外和雷达侦察、防水、防腐烂、防霉变、不燃烧。纯棉帆布经防火、防水、抗霉变处理,可用做帐篷。合成纤维织物和混纺织物也可用于宿营装备。伪装网通常用锦纶短纤维制作,用于覆盖军车和武器。

第三节　军用织物

当前,世界各国军服及军用材料正向着高性能、多功能、复合化、智能化方向发展,我国在这方面发展也较快。

一、吸汗、透湿、快干织物

在国际上,军服一般采用毛料或毛涤混纺织物。由于我国的羊毛产量较低,因此我军士兵服装一直采用涤纶面料,这种面料存在着不透气、起静电等问题。

解放军总后勤部军需装备研究所用合成纤维代替羊毛,解决了化纤仿毛过程中极光、静电、起毛起球等难题,开发生产出适合中国国情的仿毛超毛的服装面料。他们根据战士作战、训练任务强度大的特点,增加了面料的导湿、排汗性,使面料易洗、快干并根据未来战争中高新武器对军服面料防静电要求高的特点,将特殊复合导电丝以适当的方式织入织物中,有效避免了静电的产生。

实际穿着对比和模拟物理测试的对比结果见表 16 - 1。该纤维在湿热条件下具有较好的导汗、快干、凉爽功能。

表 16 - 1　Coolmax 与化纤长丝交织的相似产品的对比情况表

性能	Coolmax 纤维织物	军港绸	军港呢	军港花呢
芯吸高度（cm/30min）	11.87	16.78	14.43	12.25
透湿率[g/(m² · h)]	159.82	158.84	153.46	156.23
汽蒸透过率[m/(m² · h)]	523.6	548.5	448.6	594.1
动态热湿比[W/(m³ · Pa)]	6.52×133.32	6.66×133.32	6.76×133.32	6.03×133.32
孔隙率（%）	66.54	72.24	65.00	60.88

二、耐高温阻燃织物

耐高温阻燃织物主要用于制作卫星发射中心消防人员、战略导弹部队、海军舰艇、空军飞行员等特种部队作战防护服,减少和避免各种热传递形式(包括战火和核爆炸)对指战员的伤亡,也应用于消防、冶金、航空航天、化学工业用耐热阻燃材料和热防护服装。

各种纤维的燃烧性能各不相同,以限氧指数(LOI 值)表示。LOI 值越大,表示越不易燃烧,其中 LOI < 20 为易燃纤维,LOI = 20 ~ 26 为可燃纤维,LOI = 26 ~ 34 为难燃纤维,LOI > 35 为不燃纤维。几种常用纺织纤维的限氧指数(LOI 值)见表 16 - 2。

由表 16 - 2 可知,有些纤维容易燃烧,如棉和腈纶就属于易燃纤维;有些纤维本身就有阻燃性,如芳纶即为难燃纤维。因此芳纶成为军用阻燃织物应用最广的纤维,通常使用芳纶/棉织物。

表 16 - 2　各种纤维的限氧指数

纤维名称	LOI 值	纤维名称	LOI 值
棉	17 ~ 19	羊毛	24 ~ 26
蚕丝	23	涤纶	20 ~ 22
腈纶	18.5	芳纶 1313	28 ~ 30
芳砜纶	33		

芳纶的全称是芳香族聚酰胺纤维(Aramid fibers),由于纤维大分子链中酰胺键和亚胺键位置的不同,芳纶得到各种命名,如芳纶 1313,它是间位芳香族聚酰胺纤维的商品名,最早由杜邦公司研制成功,1967 年工业化生产,商标 Nomex®。芳纶的结构导致其难以染。国际上对芳纶均采用原液染色的方法,颜色单调,成本高。我国对芳纶 1313 纯纺及其与棉纤维不同比例混纺织物进行了系统的应用研究,并对有关机理进行了详细探

讨。一方面对芳纶织物采用极性溶剂预处理和载体染色方法进行染色,织物颜色鲜艳,色牢度好,攻克了芳纶结晶度高、分子间结合力强、玻璃化温度高、织物不能染色的难题;另一方面采用独特的浸轧—烘焙工艺及合理的配方对芳纶/棉织物中棉纤维进行阻燃整理,改善了芳纶织物热收缩、碳化膜开裂的燃烧特征和"阴燃"现象,使芳纶/棉混纺织物的阻燃性优于纯芳纶织物,见表16－3。

芳纶/棉主要用于制作特种部队(空军、海军潜艇、装甲、卫星和导弹发射、消防等部队)作战服,也可制作公安、武警、冶金、化工、石油等行业的热防护服装,以提高其热防护能力,减少和避免各种热传递形式对指战员的伤害,获得逃生时间。

除了芳纶/棉织物外,我军还利用莱赛尔(Lyocell)纤维强度高、可做阻燃整理的特点设计试制了一系列含莱赛尔(Lyocell)纤维的军用作战服及工作服面料。经阻燃整理的莱赛尔/PET织物有良好的阻燃性,强度高,耐磨性能好。表16－4列出了几种军服的各项性能指标。

表16－3　芳纶及芳纶/棉织物整理前后的物理性能

项目		芳纶(100%)	阻燃纯棉	阻燃纯棉洗50次后	芳纶/棉混纺(50/50)	芳纶/棉阻燃整理后	芳纶/棉阻燃整理洗50次后
断裂强力(N)	T	1300	660	725	960	880	895
	W	930	410	430	740	660	650
撕破强力(N)	T	290	34	32	92.2	80.3	79.2
	W	164	21	20	46.4	40.5	40.0
撕毁长度(cm)		2.5	4.5	7.5	—	4.2	4.5
阻燃时间(s)		2.5	0	0	—	0	0
续燃时间(s)		0	0	0	—	0	0
燃烧特征		收缩开裂	炭化	炭化	全燃收缩	无明显收缩,不开裂	炭化,不开裂
抗弯长度(cm)		425	1610	1163	278	293	281
透湿量[g/(m² · d¹)]		7190	7410	—	7480	7313	—

表16－4　莱赛尔/PET织物的阻燃性能和主要力学性能

编号/织物名称	限氧指数	毁损长度(cm)	经向及纬向强度(N)	平磨次数(次)
L01/作战夏服	27.7	6.5	884/742	945
L02/作战冬服	28.6	6.0	925/804	1266
L08/阻燃工作服	30.8	5.0	949/756	1576
L09/作战服	29.5	6.5	874/768	1085

莱赛尔纤维是以 N - 甲基氧化吗啉为溶剂，用干法纺制的再生纤维素纤维。其强度接近 PET 纤维，莱赛尔纤维突出的高强特性、原纤化特性，可广泛应用于高强耐磨、阻燃、抗静电工作服和作战服等特种防护服方面。

三、防水透湿织物

防水透湿织物是指既能防雨水、冰雪，又具有透湿性，能迅速有效地散发人体排出的汗液的织物。若人体的汗液不能及时排出，织物内就会产生水蒸气而凝结，从而降低服装的保暖性。

聚四氟乙烯层压织物是目前各方面性能最好的防水透湿织物，有着广泛的用途，代表了目前世界上该领域的发展水平，已经用于极寒地区防护服、帐篷、登山服、宇航服、全天候运动服、运动鞋、手套、医用手术服等方面。

1. 聚四氟乙烯微孔薄膜　聚四氟乙烯防水透湿层压织物的性能优异、应用广泛。国内有关单位在剖析美军目前装备的由 Gore - Tex 层压织物制作的冬季迷彩作战服样品的基础上，运用现代分析测试手段，探讨了聚四氟乙烯微孔薄膜防水透湿的机理。在研究膜的形态结构，如膜孔尺寸、形状、分布范围、单位面积孔数、三维结构的基础上，建立了聚四氟乙烯层压织物防水透湿的模型，分析了影响层压复合织物防水透湿性能的诸多因素，如温度和蒸汽压差、膜的结构参数与透湿量和水压的关系等，提出了透湿性、防水性、防风性等的技术指标。通过聚四氟乙烯微孔薄膜双向拉伸工艺试验，摸索出了形成防水透湿微孔薄膜的工艺条件和设备参数，设计了双向拉伸聚四氟乙烯微孔薄膜生产线，并在卤素灯加热、激光测厚、计算机联动控制技术等方面有所创新。

2. 聚四氟乙烯防水透湿层压织物生产技术　国内有关单位针对聚四氟乙烯薄膜表面光滑性、极性小、黏合困难等问题开发了聚酯醚热熔黏合剂和耐低温的有机硅黏合剂，使层压织物的低温柔软性优于美国 Gore 公司的产品。此外，采用电晕辐照技术改善了聚四氟乙烯微孔薄膜的表面黏结性能。目前，国内有新乡、上海、宁波等多条层压织物的复合生产线。聚四氟乙烯层压织物性能对比见表 16 - 5。

表 16 - 5　聚四氟乙烯层压织物性能对比

检验项目	检验值		标准规定指标
	中　国	美　国	
质量（g/m²）	235	191	>250
透气量[m³/(m²·d)]	15.3	0	—
透湿量[g/(m²·d)]	10490	4750	>4000
耐静水压（kPa）	100	>200	>30
硬挺度（cm）	9.5	8.6	<10
剥离强度（N/2.5cm）	5.6/5.1	6.2/4.7	5.0/5.0

聚四氟乙烯层压织物可用于部队极寒、高寒地区的防护服、公安多功能服、南极考察服、海上油田作业服、海军出海服等。聚四氟乙烯微孔薄膜良好的除尘过滤和液体过滤性能还可应用于防化服和空气超净化方面。

四、防弹织物

防弹织物制作成的防弹衣是现代战争中士兵不可缺少的防护服。新技术与新材料对提高防弹织物的防弹性有着决定性的作用。Zylon 纤维又称蜘蛛丝,由于其具有较高的防冲击性能,已成为理想的防冲击材料,且可减轻防弹服的重量,提高防弹能力。

防弹织物一般用芳纶 1414,高强度、高密度聚乙烯等高性能合成纤维织成。其主要机理为以柔克刚,当枪弹击中时,防弹织物被拉伸而将冲击能量分散于织物的纤维中。此种防弹织物是一个整体,相当大的面积都能抵消枪弹的穿透作用,能有效终止枪弹前进。有的防弹织物由高效超薄防弹钢片或陶瓷片构成硬质防弹层和高性能合成纤维构成的软质防弹层共同组成,其防弹作用是由这两种防弹层共同完成的。当子弹撞击硬质防弹层时,由于其具有高强度和高韧性,消耗和分散了子弹动能的 92%,剩余的能量则转化成热能,该热能使子弹本身发生形变或碎裂,而后软质防弹层又对硬质防弹层所吸收的子弹能量做进一步的分散和消耗。

由于织物的结构不同,同样的高性能合成纤维的防弹性能有很大差异,以平纹组织的机织物防弹效果最佳。针织防弹织物虽在价格和制作防弹衣方面有优势,但对子弹的防护性能较差。针刺式非织造布的防弹效果也很好。为了达到一定的防弹要求,常利用各种复合技术将织物复合成形状各异的多层结构。

1. 防弹织物纤维的特点

(1)密度低,重量轻,具有穿着舒适性和灵活性。

(2)强度高。

(3)韧性高。

(4)断裂伸长率低。

(5)能量吸收性高。

(6)耐化学腐蚀性好。

目前,用于防弹织物的合成纤维主要有芳纶、高强高密聚乙烯纤维等。芳香族聚酰胺纤维中最有代表性的高强度、高模量和耐高温纤维是聚对苯二甲酰对苯二胺(PPTA)纤维。PPTA 纤维具有优良的物理机械性能,应用范围十分广泛,如工业上的轮胎帘子线、高强度绳索及耐压容器等;军事方面有防弹衣、防弹头盔、降落伞、装甲板等;航空航天方面有飞机结构和内部装饰材料,火箭发动机外壳等。

2. PPTA 纤维的特点

(1)强度高。PPTA 纤维实际强度约 22cN/dtex,具有优异的抗张性能。

（2）热稳定性好。PPTA 纤维的玻璃化转变温度约 345℃，在高温下不熔，收缩也很小。将其在 160℃ 热空气中处理 400h 后，纤维强度基本不变；在约 500℃ 以上，炭化速度明显加快；纤维虽可燃烧，但有自熄性。

（3）反复拉伸性能好。在有机纤维中，尺寸稳定性最佳，但弯曲疲劳性较聚酯纤维差。

（4）对普通有机溶剂、盐类溶液等有很好的耐化学药品性，但耐强酸、强碱性较差。

（5）对紫外线比较敏感，不宜直接在日光下使用。

（6）PPTA 纤维呈黄色，不易染色。

表 16-6 列出了几种纤维主要性能参数的比较。国外几种防弹织物的组织规格及防弹效果见表 16-7。

表 16-6　几种纤维的主要性能参数的比较

项目	Kevlar-29	Kevlar-49	E 玻璃纤维	聚酯纤维	聚酰胺纤维
密度(g/cm^3)	1.44	1.44	2.54	1.38	1.14
抗张强度(cN/dtex)	19.4	19.4	8.5	8.1	8.3
弹性模量(cN/dtex)	406	882	265	88	44
断裂伸长率(%)	3.8	2.4	4.0	13	19

表 16-7　国外几种防弹织物的组织规格及防弹效果

序号	纱线线密度(dtex)	织物密度（根/cm）		捻度（捻/m）		击穿层数
		经纱	纬纱	经纱	纬纱	
1	凯夫拉 1100	12.0	12.2	80	0	7~12
2	恩卡芳族聚酰胺 1260	11.8	11.6	0	0	8~10
3	恩卡芳族聚酰胺 1260	10.6	10.3	0	0	9~10
4	恩卡芳族聚酰胺 1260	12.0	12.0	130	130	18~25

注　织物采用平纹组织，并经拒水整理。使用直径 9mm 的子弹射击。

由表 16-7 可看出，无捻纱织成的织物比有捻纱织成的织物具有更好的防弹能力。并且织物采用多层才有防弹效果，一般防弹织物在 30 层左右。

此外，纺织油剂、浆料或其他润滑剂以及含有一定湿度都会影响防弹织物的性能，因这些助剂（包括水）的润湿作用有利于子弹穿过纺织品，因此必须精练织物，以去除油剂。还应通过拒水整理消除织物表面的水分。

五、防毒织物

防毒织物主要用于制作防毒服。防毒服可使在有毒环境中的战士免受有毒物质的伤害,使士兵免受毒气弹侵袭。防毒织物主要有隔绝型、吸附型和解毒型三种。

1. 隔绝型防毒织物 隔绝型防毒织物是橡胶涂层制品。尽管它能较好地保护皮肤免受毒气、毒液的危害,但穿着笨重,行动不便,并由于不透气,阻碍汗液蒸发,使人感到闷热、不舒服,因此其用途受到限制。

2. 吸附型防毒织物 吸附型防毒织物是使用活性炭等具有微细孔隙的物质对毒气、毒液进行吸附。这是物理吸附,并不能消除毒性。这种防毒织物品种多样,有的把活性炭纺在纤维里,有的把活性炭粉附在织物上,有的把活性炭粉分散在泡沫塑料里等。吸附型防毒织物的透气性好,重量轻,防毒效果优良。但也存在不足:一是活性炭的浸渍和混入易影响织物的柔软性,降低使用性能;二是需定期进行解吸处理;三是这种防毒织物受体液和皮脂的作用,易吸附其中的有机物,如脲和乳酸盐,从而降低防毒能力,甚至完全失去防毒性。此外,使用含活性炭的泡沫塑料易着火且火势难以扑灭,而且织物的强度也不高。

3. 解毒型防毒织物 解毒型防毒织物是让附着于织物上的化学物质与解毒剂发生化学反应,使其失去毒性而达到防毒目的。使用氯酰胺溶液对织物进行浸渍处理,防护作用明显。其不足在于,在潮湿状态下这种织物会逸出次氯酸盐,这不仅可引起皮肤过敏,还会使防毒作用失效,需经常进行再处理。还有一种用含铬络合物浸渍微孔聚氨酯材料制作的防毒织物,因其易燃、易破而不便使用。20 世纪 70 年代末期,美国推出微胶囊技术,使解毒剂微胶囊与织物表面黏合,形成防毒织物,使防毒织物的性能大为改观。目前国内正在研制含有纳米微胶囊的纤维,该纤维可用于防毒织物,或作为防毒服的一层絮片。20 世纪 80 年代中期,用微孔中空纤维织成的织物的防毒效果极佳。在该中空纤维的内层至少可以填充一种可抑制有毒化学和生物试剂的解毒剂。由于解毒剂包在微孔中空纤维的内层,因此,无论是固体的还是液体的解毒剂,其浓度常高于常规使用的浸渍织物中的解毒剂浓度,又由于微孔中空纤维的多孔性和大的表面积,使解毒剂与毒剂的接触面积增大,防毒效果好,且解毒剂的适用范围广。

上述中空纤维一般由惰性聚合物制成,如聚烯烃、聚酰胺、聚酯、聚氯乙烯等。选用何种聚合物由解毒剂的性质决定。若解毒剂是强氧化剂,就应选择抗腐蚀性高的聚丙烯或聚四氟乙烯聚合物。若解毒剂是非常不活泼的化学物质,可用的聚合物就很多,如醋酯纤维素和再生纤维素。若解毒剂是亲水性液体,就选择疏水性聚合物,以防止解毒剂泄漏。解毒剂可以是液态的,也可以是固态的。解毒剂主要通过与毒剂发生化学反应和物理吸附作用而达到解毒的目的。羧酸、金属络合物等物质都可作解毒剂。具有吸附功能的解毒剂常用活性炭。防毒织物的制备方法是使一种或多种解毒剂吸入微孔中空纤维内,然后把这种充满解毒剂的纤维端点用加热、声波或黏合方法封住,以防解毒剂泄漏,然后制成各种机织、针织或非织造布,制成防毒织物。

第四节 军用纺织品的性能要求及发展趋势

21世纪孕育着科技新巅峰时代的到来。随着我国经济不断发展，国际地位不断提升，人民生活质量日益向小康社会迈进，军队建设的步伐不断加快，新时期的国防建设发展目标对我军提出了更高的要求。中国在经济不断发展的基础上推进国防和军队现代化，是适应世界新军事变革发展趋势、维护国家安全和发展利益的需要。在未来的战争中，装备的功能将越来越多样化，作为装备之一的军服，其既是保障装置，又是战斗装备。

一、军用纺织品的性能要求

正是因为军用防护服使用环境的特殊性，使得它们不同于一般民用服装，在环境、物理、生理、战地、使用等方面均需要具有特殊功能和品质，具体要求如下。

1. 环境要求 当士兵在极端恶劣的环境中作战时，防护服需提供防水、防雨雪、防风、防蚊虫、透气和隔热等防护。

2. 物理要求 为了易于携带，防护服应该重量轻、体积小，还要防尘、易维护。

3. 生理要求 防护服需具有最低的热应激，同时还应该具有体积小、重量轻、透气（汽）、隔热等性能，使士兵在生理上感到舒适。

4. 战地要求 实地作战时，防护服需对化学试剂、火焰、热辐射、弹道冲击和侦视提供防护。

5. 使用要求 防护服战术动作适应性要强，为了降低成本，使用寿命要长，同时还要考虑后勤供应能力。

二、军用纺织品的发展趋势

随着现代战争作战方式的多样化、作战范围广及军事对抗强度高，军用防护服概念的内涵与外延都已经发生了很大的变化。当前，各国都在加紧对新一代军用防护服的研究与开发，以满足未来高技术战场上作战的需要。智能化、纳米化、超常规化是未来服装材料不衰的亮点，也是未来智能军服材料的发展方向。

纺织品是仅次于钢铁材料的军用物资。虽然军用纺织品的品种极其繁多，但是从社会需求、军事斗争准备需要和科学技术发展现状看，均遵循着一个共同的发展方向，即在生产加工方面致力于绿色环保，在资源利用方面致力于多元化可持续发展，在使用性能上致力于功能性和舒适性，并力图在高技术战场的各种伤害因素中尽可能给军人以更多的保护。

1. 军服向智能化方向发展 军服的智能化，首先应该是信息化，是穿戴式计算机的进一步缩微。运用信息感知和传输技术,使服装成为让后方实时掌握战士的生理状况,使战士及时获得后方指挥部提供的敌情信息和后方指挥部下达的作战指令的信息化装置。

其次,军服的智能化应该是军服轻量化的一种实现途径。例如,智能相变蓄热材料的应用,可以在一定的条件下实现保暖服装的轻量化;智能材料还可以控制和调节服装材料的透气性和热阻,实现智能化调温。此外,已经出现的实验装置已可利用高分子材料光学显示器件,采用身后远背景在服装上的适当缩放和显示,达到将人体轮廓消融于背景、消除人体外形轮廓,实现"隐身人"效果的目的。

据报道,美军正在实施智能化军服的研究计划。这种军服既可充当通信设备,还可根据环境的变化调整颜色,监视着装士兵的身体状况,进行激光瞄准。智能军服同时还具有化学保护功能,制成军服的纳米粒子具有杀毒疗效,可有效分解有毒化学物质。军服的智能化是未来高技术战争的需要,因此必定是今后的发展方向。

2. 战场防护服装向多元化防护功能发展 战场防护服装是军人与各种伤害因素之间的最后一道防线。除了防弹衣、防化服、导弹推进剂防护服、核生化沾染防护服 、防酸防碱工作服等特种专用防护服之外,通用战场防护服装和通用作战服也应具备阻燃、迷彩伪装、防静电、防电磁辐射、抗油拒水、防水透湿、防紫外线、耐脏防污、抗菌防臭、极端环境防护等防护效能,或者根据具体的使用岗位兼具几种必要的功能。外军服装的发展过程中,一种服装多种性能,一种系统三军通用的趋势越来越明显。在发展军用纺织材料方面,充分利用现代科学技术开发新型高性能纤维,使功能防护服趋向多功能兼顾,集多种防护功能于一体。例如,消防服不仅具有阻燃性、防水性,同时由于消防员还必须处理因化学药品喷溅、泄露等引起的火灾事故,所以还要具有抗化学药品性,同时为了穿着舒适,还应具有透气性。随着功能兼容技术的发展,未来的功能性服装将是多功能的载体,可以提供更全面的保护。

3. 军队常服向美观舒适健康便利发展 随着社会的进步和人民生活水平的提高,军人的服装也应该有更好的美观和舒适性能,能有利于官兵的身心健康,并在穿着使用和洗涤收藏方面具有更好的便利性。

(1)军服的美观是一种整体美,追求整齐划一,阳刚之美。因此,军服材料对颜色光泽的一致性的要求越来越高,对色牢度的要求也越来越高。另外,克服高原、低纬度地区强紫外线辐照导致的褪色现象,是未来军服的一个重要研究课题。

(2)军服在款式设计上应兼顾装饰性和实用性结构、兼顾适体性和易发放性,突出军人的威武雄壮之美。在服装结构设计上,要有适当的裕度、使用适当的弹性材料(如氨纶、PTT 等),使服装对人体有适当的压力,过高或过低的接触压力对人体都不舒适。

(3)舒适性包括热湿舒适性、接触舒适性、运动舒适性等多个方面。首先要求服装材料根据季节和用途具有适当的保暖防寒、透气透湿功能,使服装在特定的使用条件下,实现人体与环境之间的合理的热平衡和湿平衡；其次要求有良好的触觉，接触瞬间无骤冷感，接触时无刺扎感，不糙硬，对皮肤无不良刺激。

4. 生产过程向绿色环保发展　随着科学技术与工业的发展，生态环境造成了巨大的破坏，其中纺织品生产加工过程中也存在破坏环境的因素，特别是染整加工作为典型的化学处理过程，在环保方面的问题尤为突出。染料中的重金属离子和芳香胺、助剂中的含甲醛交联剂和有机卤化物、特种纺织品染色用 DMF 等有毒染色载体等均会对加工过程的接触者和最终产品的使用者造成伤害，并随着废水、废气的排放而伤害到更多的人群。如今，人们对纺织品尤其军用纺织品在人体健康和环境保护问题上提出了新的要求，例如，不能含有对人体产生危害的物质，或者这类物质不能超过一定的极限；不能含有穿着使用过程中可能分解而产生对人体健康有害的中间体物质，或者这类物质不能超过一定的极限；使用后不对环境造成污染。因此，符合环保可持续发展、对人体无害的生态纺织品已成为服用纺织品的发展方向。

5. 纤维资源的利用向多元化发展　服用纤维品种的选用经历了天然纤维、人造纤维、合成纤维、新合纤、多纤维混用的发展轨迹。20 世纪 60 年代，涤纶、锦纶、腈纶等合成纤维凭借资源、成本、性能和品种方面的优势，得以迅速发展。但是，随着生活水平的提高，人们渐渐认识到合成纤维制品的静电问题、吸湿性差的问题以及热湿舒适性差的问题。从而又开始重新垂青天然纤维的服用安全性和舒适性，形成了一股"天然纤维热"，并致力于"新合纤"的开发和应用。"新合纤"在性能上不仅逐渐具备并超过天然纤维的特性，而且往往还有其独到之处，如导湿、透气、阻燃、防紫外线、抗静电等，达到"仿真超真"的水平。天然纤维、化学纤维和合成纤维的科学结合，是使纺织品获得良好的服用性能的一条捷径。为了提高军用纺织品综合使用性能，以及避免石油资源减少造成的某些纤维品种采购困难，采用多种纤维混用的原料构成，是军用纺织品发展的又一个特征。

三、智能军服

以上概括了军用纺织品的未来发展趋势，下面具体探讨各类智能军服。

1. "净化军服"　美军的一种称为"目标力量战士"的军服，可能会在 10 年内研制成功。这是一种四季适用的防水服装，能根据士兵的体温自我调节温度，因而避免了更换服装的需要，无论是北极冰雪的寒冷还是赤道沙漠的炎热都能适应。这种军服的净化水装置还能保证战士随时随地有水喝。可以向装置中倒入地面上的脏水甚至汗水和尿，而从装置中倒出的将是可以喝的饮用水。虽然这种军服带有水净化系统，却相当轻便。

2. "食物军服"　对于未来士兵来说，最惊奇的事情也许是：一种称作"食物贴"的东西可以解决他们对吃饭或休息的需要。它的作用很像戒烟用尼古丁贴片，贴在身上的营养贴会释放必要的养分，虽然不是几道菜的大餐，但足以维持身体所需。士兵们将不吃不睡，即使面对最艰苦的条件，他们也能生存下来。

3."隐身军服" "被发现等于被消灭"已成为现代武器研制领域的箴言。军服伪装的终极目标不外乎是彻底隐身。具有隐身功能的智能军服无疑是部队在现代战争中保存战斗力的理想装备。所谓"隐身衣",有四种颜色的变形图案,这些图案是由计算机对大量丛林、沙漠、岩石等背景环境进行统计分析后模拟出来的。其色彩的种类、色调、亮度,对光谱的反射能力以及各种色彩的面积分布比例都经过精确的计算,使"隐身衣"上的斑点形状、色调、亮度与背景一致。穿上这种隐身军服,在可见光条件下,敌方目视难以发现。这样,着装者的轮廓发生变形,从近距离看,是明暗反差较大的迷彩;从远距离看,其细碎的图案与周围环境完全融合,即使在活动时也难以被肉眼发现。另外,随着微光夜视仪、红外夜视仪等夜视器材的大量应用,防红外追踪的"隐身衣"的研制成为军服开发的新视点。

据报道,近年来国外已研制出一种所谓"变色龙"型迷彩作训服,其材料采用一种光色性染料染色,可随着周围环境的光色变化而自动改变颜色。

4."超人战斗服" 正在研制中的美军"超人战斗服",具有防护、隐形以及通信等多项功能。士兵所戴的激光保护头盔将成为信息中枢,这种头盔由纳米粒子制成,装有微型电脑显示器、昼夜激光瞄准感应仪、化学及生物呼吸面罩等。军服材料中使用的纳米太阳能传导电池可与超微存储器相连,确保整个系统的能源供应。一种内置电子装置的智能夹克——个人局域网,是一个被织进夹克衫的电子线路,它由内嵌的纳米管和其他纳米设备制成超微计算机。和办公室的计算机局域网一样,衣服中的个人局域网也有数据传输、功率和数字信号,可以接入多个装置,通过一个配有小型显示器的遥控设备对这些装置进行集中控制。

此外,在这种纳米军服中还嵌有生化感应仪与超微感应仪,用以监视士兵的身体状况。前者可监视着装者的心率、血压、体内及体表温度等多项重要指标,后者则可辨识体表流血部位,并使该部位周边的军服膨胀收缩,起到止血带的功用。士兵的伤情数据也会向战地医生的个人电脑系统发送,军医可远程操控军服,令其释放出军服自备的抗菌材料或血凝素等,给士兵进行简单治疗。

5."肌肉军服" 据悉,美国科学家目前已研制成一条由青蛙肌肉推动的机器鱼,并打算用相同技术研制一种"肌肉军服",士兵穿上后,力量将大大增强,不仅越障攀登如履平地,甚至能够跳跃高楼大厦。五角大楼正斥资 5000 万美元,研发一款用人造肌肉制成的军服。美国国防高级研究计划局的发言人表示,这个设想将使士兵无论在体能、耐力和速度方面均增强不少,士兵只需穿上这套"肌肉军服",毋须任何操作程序,安装在军服上的微型计算机和通信装置就会自动发挥效能,大幅提高士兵的力量。"肌肉军服"由一台小型发电机驱动,可全天 24h 提供源源不绝的能量。美国密西根大学的科学家已成功研制出能保持数个月生命力的人造人体肌肉,他们还利用电力刺激一些已切割下来的人造人体肌肉在实验室内继续生长。这种人工培植的肌肉相信在不远的将来可用于"肌肉军服"上。在"肌肉军服"上加上弹力装置,可使士兵在跨跃6m高的障碍时如履平地。

6."纳米军服" 新一代"纳米军服"的每一根纤维都由30层特殊塑料和玻璃制品构成,其厚度仅有100nm,并具有特殊的红外功能。纳米军装共有六大功能。

（1）轻巧。以覆盖整套作战服装的防水层为例,其总重量只有0.45g,较之以前轻巧不少,而且透气性能极佳。

（2）智能化。内嵌在纳米防弹头盔内的超微计算机具有防护、通信、指挥、分析以及全天候火力瞄准等功能,军服材料中使用的纳米太阳能传导电池可与超微存储器相连,确保整个系统的能源供应。

（3）防护功能。由于纳米材料极高的强度和韧性,因此可以发挥防弹作用。此外,军装中的纳米传感器还可以感应空气中生化指标的变化,当有害气体或物质指标突然升高时,军装会立即将头盔和其他通气部分的透气口关闭,并释放生化武器的解毒剂,起到预防效果。

（4）治疗功能。该军装将使用一种特殊材料,能够在接收到纳米传感器发出的信号后,按照不同的情况,改变材料的物理状态。如果士兵意外受伤,这种材料可以当作石膏使用;如果士兵需要休息,材料就可以变得松软一些。此外,嵌在军装中的纳米生化感应装置可以监视士兵的心率、血压、体内及体表温度等多项重要指标,以及辨识体表流血部位,并使该部位周边的军服膨胀收缩,起到止血带的作用。士兵伤情数据也会向战地医生的个人计算机系统发送,军医可远程操控军服进行简单治疗。

（5）识别功能。纳米军装将用一种具有特殊的红外线功能的特制纤维作为缝制的主要材料。士兵穿上了这种军服,在激战中能很容易地辨认出自己的战友,从而最大程度地避免误伤事件的发生。

（6）隐身功能。这种军服的特种纤维中将大量掺入利用纳米技术制造的微型发光粒子,从而可以感知周围环境的颜色并做出相应调整,使军服变成与周围环境一致的隐蔽色,从而具备一定的隐身功能。

我国智能军服的研究鲜有报道,智能军服材料的研究也在探索和起步阶段,与发达国家,尤其与美国相比,仍然存在很大的差距。这种差距主要来自基础研究和应用技术研究方面。值得欣慰的是,在纳米科学和纳米技术研究领域,我国在世界范围内处于第二方阵,相信在未来世界智能军服和智能军服材料的研究领域内有中国一席之地。

未来智能军服将具备"防寒防热四季适用,视夜如昼能辨敌友,隐蔽出击出奇制胜,能食能睡自我救护"功能。智能军服将引导未来服装产业革命,智能军服材料将朝着智能化、纳米化、超常规化方向发展,一个新兴产业——智能服装材料将在21世纪崛起。

第五节　军用纺织品的评价标准

以各种纺织品为原料的军用服装,在减轻重量和提高防护等服用性能方面很多国家都取得了显著的成果。目前美国军用纺织品和军服的服用性能及产品标准已居世界领先地位。

一、美国军用纺织品、军服标准的现状和特点

美国是当今军事装备标准化处于领先地位的国家之一,早在第二次世界大战以前,就开始了军事装备的研究工作,充分确立了标准化在军事装备科研、生产和使用中的重要地位。美国军用纺织品标准,是根据最终用途及纺织品的特殊性能而制定不同的产品标准。现行标准包括美国军用规范和美国联邦规范两种纺织品标准,即实行军用标准和一部分国家标准。初步统计,现有军用纺织品标准108个,包括220类纺织产品。这些标准中,包括普通纺织品、特种纺织品(防火、防风、防水)、涂层纺织品和纺织品包装标准。这些纺织品是用来制做美国军用常服、礼服、宴会服、工作服、作战服和其他军用被装产品;美国军用纺织、服装产品标准一般经常进行补充或修订,以便更好满足军事活动的服用性能需要。美国军用标准的特点介绍如下。

1. 适用性　美军根据对纺织产品的性能特点要求,合理确定考核内容和指标,纺织品型号门类多,可满足不同性能要求服装的需要。美军的纺织品标准,为适应现代化战争和日常穿着需要,对纺织品标准的内容和指标,随织物用途的不同而变化,而且在每个纺织品标准中对其用途都做了明确严格的规定。不但在一个标准中如此,就是在一个产品标准中的两类产品也是如此,从而使织物用途达到合理经济,对特殊用途的产品,为满足服用的实际需要,考虑到生产技术上的可能,在标准中增加某些考虑内容。

2. 高标准性　随着世界科学技术的发展,战场上攻防技术和武器的进步,以及为了进一步满足军用服装在性能上要求越来越高的需要,美国军用纺织品标准的水平也在迅速提高。他们在标准制、修订中,强调坚持高标准严要求,尽一切可能满足实战和穿用需要。对普通军用纺织品的考核内容,增加了pH、非纤维材料含量、硫含量等内容。对各种处理剂和涂料等,规定禁止使用非经批准的各种处理剂,以便使织物整理特性满足标准所规定的要求。

3. 统一性　产品标准就是为了确保产品的适用性,对产品必须达到的某些或全部要求所制定的标准。美国军用纺织品标准,为了适应军服生产和满足穿用性能的要求,都是按最终成品用途质量要求为基本点;由于纺织品的用途专一、要求具体,所以产品标准对于材料、纱线、织造、印染、涂层和特种整理之间都能在同一标准中得到协调、衔接和统一,促使纺织品在生产中各道工序和环节的质量能有机统一起来。产品标准的内容细而

简练,要求严而具体,便于使用和管理。从而使纺织品的生产和使用更趋向合理化,更好地满足军队服用需要和服装加工生产的质量要求。

4. 标志性 美军根据官兵希望对军服的品质性能、使用方法和维护保管等方面知识有尽可能多的了解,在产品标准中将这方面的纺织品和军服的品质等有关情况,用标准的形式加以规定。在纺织品标准中,规定有一个标志签条,标出采购单位、货号、品名、幅宽、生产工厂、纤维含量、匹号、长度、总码数等内容。军用服装标准规定,每件军服上应有一个识别标签、一个规格标签和一个说明标签。标志对军服的性能特点和穿着使用中应注意的主要事项都作简要说明。由于在标准中,通过简明扼要的说明及特定的图案及符号,来表示纺织产品和军服的产品性能特点和穿着使用方法。这对保证部队官兵对军服的穿着服用性能要求,监督检验产品品质及保证军服质量起到了促进作用。

5. 匹配性 美国把军服看成是一个整体,要寻求军服各要素之间的最佳配合,尤其是军服的面料和其辅助纺织材料之间在性能上要配合适当,以达到军服穿用性能上的匹配。在美军的纺织品和军服标准中,对使用的辅助纺织品的性能特点也做了明文规定。如对军服的衬里材料、缝纫线、装饰线等都列入纺织品标准之中,使其与服装面料有机结合起来,达到服用性能上互相匹配。

二、我国军用织品、服装产品标准的现状和存在的问题

1. 现状 我国现有军用纺织品和被服产品标准中包括纱线、棉布、针织品、黏合衬、绳带和各种军服等。这些纺织产品标准中,大部分是参照国家标准和纺织部标准,根据军队实际服用要求,而自行制定的军用纺织产品标准,少部分是执行国家标准,并根据军用的特殊需要,制定了一些补充规定。军服的产品标准都是从20世纪50年代中期起,参照苏联军服标准制定的,这些产品标准对不断满足部队的需求起到了积极的作用。但在我军的实际穿用中也暴露出一些突出的问题,尤其对照美国等先进国家的军用纺织品和军服标准有较大的差距。

2. 存在的问题 我国军用纺织、服装产品标准存在的主要问题有如下四个方面。

(1)产品标准的质量水平不高。我国军用纺织品和服装产品标准的质量水平较低和标准的修订期较长是比较突出的问题,一些产品标准至今没有形成系列化。

(2)缺乏适用性。由于目前执行的军用纺织品和军服标准体系对产品的用途和使用人员的要求考虑得较少,加之考核内容和指标不尽合理,使纺织品缺乏多样性和灵活性;对纺织品标准,历来只强调断裂强度,而忽视了对军服穿着性能影响较大的撕裂强度、透气性以及硬挺度等性能指标;往往是由一个产品标准去要求和考核不同用途的纺织品。一种布可以有几种用途,缺乏适用性,使一些纺织品的生产和使用不尽科学合理,甚至造成生产和使用在某些方面的脱节。

(3)匹配性差。目前,部分军用纺织品尤其是一些辅助纺织品的各项性能质量的要

求尚未列入产品标准的考核范围,由于纺织品之间的各项性能内容和指标互不匹配,某些方面的过量投入纯属徒劳无功,反而会造成综合经济效益的降低。

(4)成品没有相关标志。目前,我国军服只是印有型号、生产工厂和生产日期的简单标记,各类军服都没有服装品质表示方法和使用方法的标志。目前应用新材料和新工艺较广泛,由于不正确、不适当地保管和穿着使用方法,或洗涤、熨烫、晾晒方法不当,从而降低了军服的使用寿命,或者发生收缩,严重变型而影响穿用和外观,甚至会造成军服立即损坏。

参考文献

[1]王浩,李全明. 军用防护服的种类及发展趋势[J]. 产业用纺织品, 2001, 19(9):4-6.

[2]孙建东,高继强,刘学强. 迷彩面料印染加工工艺[J]. 印染,2004,30(15):18-22.

[3]邱冠雄,姜亚明,刘良森. 反恐纺织品的发展和研究探索[J]. 天津工业大学学报, 2003,22(4):18-22.

[4]张建春. 军用功能纺织材料的研究与开发[C]. 2001功能性纺织品及纳米技术应用研讨会论文集. 2001.

[5]杨彩云,杨俊霞. 产业用纺织品[M]. 北京:中国纺织出版社,1996.

[6]霍琛. 我国军服变迁规律及发展趋势的分析研究[D]. 西安:陕西科技大学, 2015.

[7]谭立平. 智能军服材料与智能军服[J]. 棉纺织技术,2003,31(2):9-12.

[8]刘丽英. 新一代军用防护服的性能要求和发展趋势[J]. 中国个体防护装备,2006(6):15-18.

[9]陶中华,刘中杰. 光怪陆离的未来军服[J]. 国防科技,2006(4):10-15.

第十七章 护肤纺织品

第一节 概述

皮肤是人体最重要的安全屏障,随着工业的快速发展,环境污染日益严重,大气中的二氧化碳、氮氧化物和硫氧化物不断增加,这些污染物除了对人体的呼吸系统造成直接危害外,还会造成人体皮肤过敏,因此,维护皮肤健康十分必要。皮肤护理方式除了采用化妆品外,采用与人体直接接触的护肤纺织品作为皮肤的防护屏障,也是一种安全、有效的防护手段。随着消费者生活水平的提高和需要的多样化,对纺织品材料和服装提出了更高的要求,在追求美观、合体、舒适之外,也希望衣物能够有益于肌肤健康,甚至还能有防病、治病的功能,因此,纺织品的护肤保健功能性整理越来越被人们所重视。人类正在进入赋予织物具有真正护肤保健功能的新时代。

护肤织物,这是一个新的纺织产品群,其性能围绕护肤的功能,不断推陈出新。所谓护肤,一般来讲,是指在皮肤上涂抹化妆品,通过摄取其营养成分而使皮肤光滑润泽。人类的这种行为由来已久,在 20 世纪末发展较快。从商店里化妆品柜台的繁荣上看,从媒体对广告宣传的频度上看,化妆品已成为现代人类的必需品。护肤织物的开发正是建立在这一基础之上。确切地讲,护肤保健织物延伸了原有的概念,从面部护肤延伸到了全身护肤,从一般性营养皮肤延伸到了清洁卫生和舒适保健的水平。它是将与化妆品非常近似的护肤剂加工整理到织物上,穿着这样的服装,就可以实现对人体皮肤的全面护理。护肤织物的主要功能包括三点:一是保湿性好,使皮肤滋润,不干燥,不粗糙;二是有抗菌性,使皮肤清洁,但多使用天然抗菌剂;三是防过敏,防止皮肤瘙痒。从安全性考虑,目前使用的护肤剂多采用纯天然物质,已涉及许多动物性成分、植物性成分和一些矿物质。其中,动物性成分包括鲨烯、胶原、脱乙酰甲壳素、丝蛋白、羊毛脂、牛奶、透明质酸等;植物性成分包括甘草、芦荟、艾蒿、橄榄、蘑菇、灵芝等萃取物。

国内外许多研发机构应用高新技术,开发出了适用于纺织品的护肤整理剂,对织物进行护肤整理,并且取得了一定的进展。德国 HERST、日本 DAIWA 等国际公司开发了一系列纺织品护肤整理剂,北京洁尔爽高科技有限公司也开发出了多种护肤整理剂,如有机锗整理剂 GE、有机硒整理剂 SEN、瘦身素整理剂 MCL、辅酶 Q10 整理剂、天然精油整理剂 NAO、坚果油整理剂 ARG、乳木果油整理剂 SHEA、透明质酸护肤剂 TSD - A、氨基酸整理剂 TSDN、珍珠粉护肤剂 TGP、仙人掌护肤剂 TOD、Vc＋e 护肤整理剂、芦荟护肤整理剂 TSD、丝蛋白护肤整理剂 TSD－S、氨基酸护肤整理剂 TSDN、胶原蛋白护肤整理剂 TSD－C、仙人掌护肤整理剂 TOD 等。这些整理剂安全性很高，对皮肤无刺激，无过敏反应，使用方便，工艺简单可行，处理后的织物具有如同化妆品般的滋润、调理、保湿、抗污染性、抗氧化性、清洁皮肤以及其他一些特殊功能，使人们穿着的织物具有清洁、舒适、感性与便利的特性。护肤织物的出现，使人们对服装面料的要求趋向于天然性（即所用的原料都采用化妆品及天然原料提取物，对肌肤比较温和）、健康性（有滋润和调节湿度的效果，特别适合针织内衣等面料，使织物像会呼吸一样）和安全性（赋予织物护肤调理的功能，对人体和环境无害）。

护肤纺织品的加工方法主要有两种，一种是生产纤维，然后织造成纺织品；另一种是后整理的方式加工纺织品。目前，主要采用后整理方法赋予纺织品以护肤保健功能。

第二节　芦荟护肤纺织品

一、芦荟的活性成分及护肤机理

1. 芦荟的活性成分　根据研究报道，在芦荟中的主要化学成分包括蒽醌类化合物、糖类化合物、蛋白酶及氨基酸、有机酸、矿物质、维生素共六大类。

（1）蒽醌类化合物及其衍生物。蒽醌类化合物是酚类化合物，遇空气和阳光，这些酚类化合物极易被氧化成黑褐色。芦荟中的蒽醌类化合物是芦荟活性成分中最主要的部分，有芦荟大黄素苷（Aloin）、芦荟大黄素（Aloe－emodin）、芦荟大黄酚（Chrysophanol）、芦荟宁（Aloenin）等 20 余种，这类物质的结构式如图 17－1 所示。其中，芦荟大黄素苷为芦荟苷（Aloin A）和异芦荟苷（Aloin B）的混合物，存在于紧贴芦荟叶表皮内侧的薄层中。

（2）糖类化合物。芦荟中所含的糖类化合物主要有葡萄糖、D－葡萄糖、甘露糖、甘露聚糖、乙酰化葡甘聚糖、乙酰化甘露聚糖、阿拉伯糖、鼠李糖、半乳糖、果糖等，以葡萄糖和甘露糖为主，两者除可以单糖形式存在外，也可以多糖形式存在，此多糖为一线性聚合物，并在 1,4 位连线上，不同品种的芦荟中葡萄糖与甘露糖两者的比例不同。目前，从不同芦荟中分离出的不同芦荟多糖见表 17－1。

（3）蛋白酶及氨基酸。现已证明在新鲜的芦荟中存在多种有价值的蛋白酶或糖蛋白，如芦荟凝集素、淀粉酶、纤维素酶、过氧化氢酶等。芦荟凝集素是一种植物凝集素，而植物凝集素是一类非免疫起源的能够非共价地和糖类结合的简单蛋白质或糖蛋白，并且具有凝集细胞和沉淀复杂糖类大分子的作用。芦荟中也存在少量的的氨基酸，如谷氨酸、天冬氨酸、异亮氨酸、亮氨酸、色氨酸、赖氨酸、苯丙氨酸、丙氨酸等。

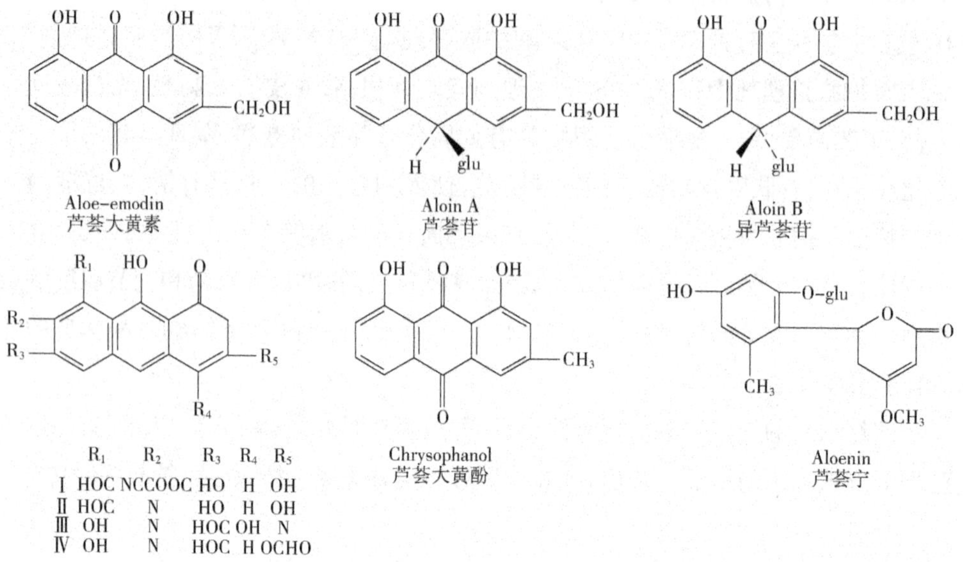

图 17-1　芦荟中的蒽醌类化合物的分子结构

表 17-1　从不同芦荟中分离出的不同芦荟多糖情况

多糖名称	组成	连接方式	来源
甘露聚糖	Man = 1	1 → 4	木立芦荟
乙酰化甘露聚糖	Glc：Man = 5：95	1 → 4	木立/库拉索芦荟
半乳糖醛酸 - 半乳聚糖	Gal：GalA = 25：1	1 → 4/1 → 6	库拉索芦荟
阿拉伯糖 - 鼠李糖 - 半乳聚糖	Arab：Rha：Gal = 1.2：0.6：1	1 → 4	好望角芦荟
葡萄糖 - 半乳糖 - 甘露聚糖	Glc：Gal：Man = 1：0.25：1.25	1 → 5	皂草芦荟
乙酰化甘露聚糖	Man = 1	1 → 4	中华芦荟

注　Glc：葡萄糖；Man：甘露糖；Gal：乳糖；Arab：阿拉伯糖；Rha：鼠李糖；GlaA：半乳糖醛酸。

　　（4）有机酸。芦荟中的有机酸大部分为脂肪族有机酸，很少有芳香族有机酸，这些有机酸大多以与钾、钠、钙等离子或生物碱结合为盐的形式广泛存在于芦荟植物的根、茎、叶中。芦荟中已经实验证实的有机酸有琥珀酸、苹果酸、乳酸、对香豆酸、酒石酸、卜二酸、异柠檬酸、柠檬酸等。

　　（5）矿物质。芦荟中还含有钾、钠、钙、镁、铝、铁和硅等矿物质元素。

　　（6）维生素。芦荟中还含有微量的维生素 A、维生素 B、维生素 C 和维生素 E 等。

　　2. 芦荟的药理作用　由于芦荟的化学成分极为复杂，具有生物活性的组分也不下100 种，因而芦荟具有丰富的生理活性与药理作用。根据国内外文献资料的分析，芦荟主要具有抗菌及抗炎、保湿美容、防晒及抗氧化等作用。

（1）抗菌及抗炎作用。国内外学者研究表明,芦荟中的蒽醌类化合物具有良好的抗菌作用,对很多细菌如大肠杆菌、金色葡萄球菌、变形杆菌等都有很好的抗性。其中,芦荟苷和芦荟大黄素抗菌能力最强,而且芦荟苷的抗菌活性明显高于芦荟大黄素。

芦荟的缓基态酶与血管紧张结合可抵抗炎症。尤其是芦荟的多糖类对体内任何疾病都赋于抵抗力,可增强身体的抵抗能力和消炎杀菌,对皮肤炎、慢性肾炎、膀光炎、支气管炎等慢性症可治愈。

（2）保湿美容作用。芦荟含有多种天然营养成分,其中的氨基酸和复合多糖物质构成了天然保湿因素,补充皮肤水分流失。这些营养成分具有恢复胶原蛋白的功能,能遏制面部皱纹的形成,使皮肤保持柔润、光滑、富有弹性。而且芦荟的凝胶中的多糖、多种微量元素、维生素和蛋白质,可以不同程度地被皮肤吸收,使松弛的皮肤提紧,毛孔收缩,保持面部皮肤滋润、柔软和白嫩,使皮肤更具有弹性,增加活力。

（3）防晒及抗氧化作用。芦荟中的天然蒽醌苷和蒽的衍生物具有很好的防晒和抗紫外线功能。芦荟叶皮中含有大量具有酚羟基和不饱和键的化合物,而许多天然抗氧化剂也是含酚羟基和不饱和键的物质,因此芦荟中具有活性较强的抗氧化成分。研究表明,芦荟叶皮提取物对活性氧自由基有清除作用,具有良好的抗氧化活性。

3. 芦荟的护肤机理　芦荟是一种多年生常绿肉质草本植物,其品种繁多,最具代表性和使用价值的是库拉索芦荟,即美国芦荟。芦荟含有 160 种以上的化学成分,其中有效成分达 72 种以上,主要有多糖、芦荟素、芦荟大黄素、有机酸、蛋白质、多肽、氨基酸以及多种微量元素、维生素等。芦荟的护肤功能突出体现在其具有优良的保湿性,而保湿是保证皮肤健康、延缓衰老的重要条件。

关于芦荟的护肤机理已有许多深入研究,较普遍的说法是:芦荟中含有的多糖、氨基酸、有机酸、维生素等可以构成天然保湿因子。在皮肤表面形成一层薄膜,这层薄膜不仅能补充皮肤损失的水分、增加皮肤保水力,防止皮肤因缺水而产生细小皱纹和干燥现象,同时其又能直接被皮肤吸收,起到护肤作用。另外,在芦荟保湿性的研究中发现,随着芦荟中多糖成分的增加,其保湿性相应提高,且在多糖质量分数为 30% 时达到饱和,氨基酸与保湿性之间的关系虽不是很明显,但也可以提高保湿性;芦荟中含有的维生素 A、B_2、B_6、B_{12} 等和金属离子化合物形成的生物原刺激物质具有增强组织生化过程的作用,也能产生护肤的效果。

二、芦荟在纺织品中的研究和应用现状

美国、日本、韩国及欧洲一些国家于 20 世纪 70 年代就相继掀起了"芦荟热",研究和开发了系列芦荟产品,主要有化妆品、日用化工产品、营养保健品、医药产品及芦荟原料等。美国是当今世界上芦荟产业最发达的国家之一,美国国际芦荟协会于 1981 年 1 月正式成立,简称 IASC;1987 年,日本也成立了跨行业芦荟协会。这些组织的成立都为芦荟产业的发展创造了良好的社会环境。目前，国外的芦荟产业发展迅速，芦荟的开发机制比较完善，具有广泛适用性的初级产品开发已趋完备，并已逐渐转向科技含量高的芦荟制品。

我国芦荟产业起步较晚，而且开发的芦荟产品多为化妆品、日用品和保健食品等。在纺织行业中，国外的一些染料研究机构正在进行芦荟染料系列产品研究。利用芦荟素、芦荟大黄素、芦荟蒽醌苷制成各种荧光染料、棉毛丝麻染料。德国拜耳公司研制和开发了一系列护肤织物，其 ALs 系列即是芦荟护服织物。它以芦荟萃取液为主要成分，配以鲨烯，制成白浊乳化液，对织物进行整理，固着在织物上，因其具有良好的保湿性和抗菌性，多用于制作内衣、睡衣和婴儿用品。美国 Home Source International 公司研究开发的 Solutions II 系列产品是经过芦荟处理过的床单和毛巾，具有拒水、拒污、排污、抗皱及抗缩功能。

我国有关芦荟对纺织品整理方面的研究也有报道。芦荟护肤整理剂 TSD 是由北京洁尔爽高科技有限公司开发，主要成分是芦荟提取物，安全性高，对皮肤无刺激，无过敏反应，不影响织物的强力、手感、透气性和再润湿性，具有良好的舒适性、优良的吸湿保湿性能，并具有吸湿快干和抗静电的效果，使用方便，工艺简单可行，适用于棉、毛、丝、麻、化纤织物的护肤整理。处理后的织物具有如同化妆品般的抗污染性、抗氧化性、调理保湿、清洁皮肤以及其他一些特殊功能。

三、芦荟纺织品的生产方法

1. 芦荟纤维的生产方法　芦荟纤维法是在化纤的纺丝阶段加入芦荟营养成分，用共混纺丝法生产出具有保湿等护肤功能的芦荟纤维，再用该纤维制成护肤织物。采用此法引入的护肤成分在纤维中分散较均匀，因此其护肤功能较持久，耐洗涤性较好。但共混纺丝法要求芦荟与化纤有良好的相容性和可纺性，芦荟在化纤中所占比例也是关键。要保证在不影响纤维原有品质的前提下，尽可能保证芦荟的添加量，这样才能保证有效成分的含量，最后还要兼顾添加成本。

目前市场上的芦荟护肤纤维主要有两种。一种是芦荟黏胶纤维，另一种是库拉丝芦荟纤维。

（1）芦荟黏胶纤维。以棉浆和芦荟全叶提取液为原料，在纤维素磺酸酯溶解时加入芦荟全叶提取液，经搅拌混合成芦荟黏胶纺丝液。再将其过滤，按常规黏胶纤维纺丝浴和黏胶纺丝速度进行纺丝。最后经洗涤、漂白、上油、烘干制成的一种新型护肤纤维。该纤维具有黏胶纤维的吸湿、易于染色等优良性能，同时具备芦荟的抗菌、保湿等保健功能。不同于面料后整理工艺的是：该纤维所含的有效成分具有永久性，不会因洗涤而消失芦荟黏胶纤维的物理化学性能。类似于现已被消费者认可的珍珠黏胶纤维。由于原料来源丰富，其价格只有珍珠黏胶纤维的一半。具体制备工艺流程如下：

芦荟→剥皮取胶→打浆均质(提取分离)→芦荟萃取液┐
浆粕→碱浸、压榨、粉碎→老化、黄化→溶解┘→混合→过滤→脱泡→

纺丝(湿法纺丝)→后处理→成品包装

其中,后处理包括水洗、脱硫、酸洗、上油和干燥等工序,从而防止纤维上残留的硫酸及盐类使纤维泛黄、手感差及干燥后易损伤。

(2)库拉丝芦荟纤维。是在纤维素纤维纺丝时加入超细芦荟粉而制成的一种功能性纤维素纤维。该纤维内外均匀分布着纳米芦荟微粒,其物理和化学性能类似于棉花。具有良好的吸湿性、放湿性、染色性和抗静电性。可纯纺也可与合成纤维或其他功能性纤维混纺。该纤维以 1.67dtex、38mm 的短纤维为主,也有其他规格的长丝。

芦荟纤维的化学和物理性能与棉花非常接近,具有良好的吸湿、放湿性,且染色性佳、手感柔软、悬垂好、外观亮丽,加之适宜的弹力,决定了该产品可广泛应用于内衣、衬衣、毛衫、袜子等领域。

2. 芦荟后整理织物的生产方法

(1)浸轧法或浸渍法。采用含有天然芦荟汁液的染整助剂,通过浸轧方式处理织物的一种加工方法。具体步骤是先将织物浸泡在一定温度的整理液中,经过一段时间后取出,在具有适当压力的轧车上轧挤,最后烘干处理使芦荟营养成分充分固着在织物上。如北京洁尔爽高科技有限公司生产的芦荟整理剂 TSD,外观为白色至淡黄色液体,弱阳离子,pH 呈弱酸性,易溶于任意的冷温水中,安全、无毒、不燃、不爆,对人体安全,符合环保要求。

①浸轧法工艺流程。

织物→漂染→烘干→浸轧护肤整理溶液(轧液率60% ~70% ,芦荟护肤整理剂 TSD 用量为 60 ~100g/L)→烘干(80 ~120℃ ,完全烘干)→拉幅(130℃ ,30s)

②浸渍法工艺流程。先将织物浸入 TSD 溶液[TSD 用量为 5% ~8% (owf),浴比为 1:10],再以 1 ~2℃/min 的速度将溶液升温至 50 ~70℃,然后保持恒温 30 ~40min,最后脱水、烘干。

(2)涂层法。指在涂层剂中加入一定量的芦荟营养成分,然后在织物表面进行涂层,经过烘干等热处理后,在织物表面形成一层养护皮肤薄膜,通过穿着过程中织物与皮肤的充分接触达到护肤的目的。用该方法得到的护肤织物经多次洗涤后其营养成分可能会丧失。

作为一种理想的多用途纤维,芦荟纤维把各种纤维的优良性能集于一身,丰富了芦荟的文化内涵,顺应了开发绿色纺织品的潮流,提高了纺织品的档次,增加了产品在市场上的竞争力,为功能纺织品的开发注入了新鲜血液。芦荟纤维原料也被业内人士誉为"未来最具有产业前景的健康纺织品"。总之,芦荟纤维作为一种天然护肤保健纤维,具有广阔的市场前景。

四、芦荟纺织品的检测方法

如何评价芦荟护肤整理织物的芦荟含量,这就需要找出其测试方法,才能有效控制护肤整理织物的质量。北京洁尔爽高科技有限公司在清华大学检测中心和有关专业检测机构的合作下,经过大量的摸索试验后,终于找出了简单、可行的检测方法,此方法为国内首创。

1. 织物中测试成分的萃取处理 将织物样品剪碎,称取一定量的样品,将样品及洁净容器称重。然后将剪碎的织物样品放入95%的乙醇中加热至40℃,震荡3min后,取出样品,放置48h后,用超声波萃取器萃取。

2. 织物中芦荟总含量的测试方法 将萃取液转移至三角烧瓶中,并用95%乙醇润洗三次。然后将样品烘干至恒重,冷却后称取容器及样品的质量。分析结果表示如下:

$$X = \frac{m_1 - m_2}{M} \times 100\%$$

式中:X——织物中芦荟的含量,%;

m_1——容器 + 烘干后样品的质量,g;

m_2——空容器的质量,g;

M——称取的样品质量,g。

允许误差:取平行测定结果的算术平均值为测定结果,平均测定结果的绝对差值不大于0.02%。

3. 织物中芦荟粗多糖含量的测定方法

(1)测试原理。相对分子质量1×10^4的高分子物质在80%乙醇溶液中沉淀,与水溶液中单糖和低聚糖分离,用碱性二价铜试剂选择性地从其他高分子物质中沉淀具有葡聚糖结构的多糖,用苯酚—硫酸反应以碳水化合物形式比色测定其含量,其显色强度与粗多糖中葡萄糖的含量成正比,以此计算芦荟中粗多糖的含量。

(2)仪器设备。分光光度计、离心机(3000r/min)、旋转混匀机、电子天平。

(3)分析步骤。

①沉淀粗多糖。准确吸取液体样品5.0mL置于50mL离心管中,加入无水乙醇20mL,混匀5min后以3000r/min离心5min,弃去上清液,反复操作3~4次。残渣用水溶解并定容至5.0mL,混匀后供沉淀葡萄糖。

②沉淀葡萄糖。准确吸取沉淀粗多糖溶液2mL置于20mL离心管中,加入100g/L氢氧化钠溶液2.0mL、铜试剂溶液2.0mL,沸水浴中煮沸2min,冷却,以3000r/min离心5min,弃去清液。残渣用洗涤液数毫升洗涤,离心后弃去上清液,反复操作3~4次,残渣用10%(体积分数)硫酸溶液2.0mL转移至50mL容量瓶中,加水稀释至刻度,混匀。此

溶液为样品测定液。

③标准曲线的绘制。准确吸取葡萄糖标准使用液 0、0.10mL、0.20mL、0.40mL、0.60、0.80mL、1.00mL（相当于葡萄糖 0、0.01mg、0.02mg、0.04mg、0.06mg、0.08mg、0.10mg）分别置于 25mL 比色管中，准确补充水至 2.0mL，加入 50g/L 苯酚溶液 1.0mL，在旋转混匀器上混匀，小心加入浓硫酸 10.0mL，于旋转混匀器上小心混匀，置沸水浴中煮沸 2min，冷却后用分光光度计在 485nm 波长处以试剂空白溶液为参比，1cm 比色皿测定吸光度值。以葡萄糖浓度为横坐标，吸光度值为纵坐标绘制标准曲线。

④样品测定。准确吸取样品测定液 2.0mL 置于 25mL 比色管中，加入 50g/L 苯酚溶液 1.0mL，在旋转混匀器上混匀，小心加入浓硫酸 10.0mL，于旋转混匀器上小心混匀，置沸水浴中煮沸 2min，冷却至室温，用分光光度计在 485nm 波长处以试剂空白溶液为参比，1cm 比色皿测定吸光度值。从标准曲线上查出葡萄糖含量，计算样品中粗多糖含量。同时做样品空白实验。

⑤结果计算。

$$X = \frac{(m_1 - m_2) \times V_1 \times V_3 \times V_5}{m_3 \times V_2 \times V_4 \times V_6} \times 100\%$$

式中：X——样品中粗多糖含量（以葡萄糖计），mg/g；

　　m_1——样品测定液中葡萄糖的质量，mg；

　　m_2——样品空白液中葡萄糖的质量，mg；

　　m_3——样品的质量，g；

　　V_1——样品提取总体积，mL；

　　V_2——沉淀粗多糖所用样品提取液体积，mL；

　　V_3——粗多糖溶液体积，mL；

　　V_4——沉淀葡萄糖所用粗多糖溶液体积，mL；

　　V_5——样品测定液总体积，mL；

　　V_6——测试用样品测定溶液体积，mL。

允许误差：准确度与精密度在不同样品中进行不同浓度的加标回收实验，回收率为 87.8% ~ 110.87%，不同实验对同一样品进行 10 次测定结果的相对标准偏差为 5.8%。

第三节　维生素护肤纺织品

维生素（Vitamin）是六大营养素之一，是人体健康的重要营养成分。维生素又是一类结构不同的化学性质不太稳定的有机化合物，不同的维生素其溶解度，对光、热、氧、酸、碱及重金属的稳定性各不相同。按溶解类型可分为脂溶性维生素和水溶性维生素。维生素 C 具有美白、抗皱等功能；而维生素 E 在人体内作用最为广泛，比任何一种营养素都大,故有"护卫使"之称,在身体内具有良好的抗氧化性,即降低细胞老化,保持红细胞的完整性,促进细胞合成,抗污染,抗不孕的功效。缺乏维生素 E,会导致动脉粥样硬化、血浓性贫血、癌症、白内障等疾病,形成疤痕,会使牙齿发黄,引发近视,引起残障、弱智,引起男性功能低下,前列腺肥大等。通过将维生素类药物制成微胶囊,可提高其稳定性、溶解性和生物利用度。

近年,国内外很多公司和研究机构已开始研究将各种维生素以前驱体或者微胶囊等形式添加到纤维中或整理到纺织品上,生产出含维生素的纺织品,这种纺织品可以随时随地为人们补充维生素,具有美白、保湿、延缓衰老等功效。朗盛(日本)化学、日本富士纺织公司、日本饭田纤工、国内的洁尔爽、德国的德思达等公司先后在维生素护肤整理剂及维生素纤维与纺织品开发方面取得了一定的成果。

维生素纤维及纺织品的生产方法一般是将维生素制成微胶囊型整理剂,通过特种方式整理到纺织品上。

一、维生素微胶囊的制备

1. 维生素护肤微胶囊的类型及其制备方法　维生素护肤整理微胶囊一般分为两种类型,一类是开孔型微胶囊,另一类是封闭型微胶囊。

(1)开孔型微胶囊。理想的开孔型微胶囊的壁壳上有许多微型小孔,当气温升高或穿着时体温作用使微孔扩大,维生素成分因受热而加速释放出来。反之,在人们不穿着这种护肤整理服装时,如在存放过程中,由于温度变低而导致微孔收缩或紧闭,囊芯材料释放速度变缓。

(2)封闭型微胶囊。这类微胶囊的壁壳上不含微孔,只有当人们穿着时与外界接触摩擦时,使囊壁破裂才释放出香味。这种封闭型护肤整理微胶囊通常采用明胶—阿拉伯树胶体系的复合凝聚法制备。制得的微胶囊如经过固化处理,则得到壁膜坚硬的封闭型护肤整理微胶囊,若不经过固化处理直接干燥,得到的护肤整理微胶囊不仅是开孔型的,而且可溶于温水,明胶壁膜溶化而放出维生素物质。封闭型护肤整理微胶囊也可用原位聚合法制备,利用尿素—甲醛或密胺—甲醛预缩体在维生素液滴周围形成封闭性良好的脲醛树脂或密胺树脂壁膜。这种维生素护肤整理剂是目前市场销售的主要产品,具有护肤整理期长久的优点。

2. 维生素的选用　参照化妆品的组成结构,维生素 C 和维生素 E 对皮肤有良好的抗氧化和促进新陈代谢作用,所以维生素 C 和维生素 E 为护肤整理的首选。

维生素 C 整理到织物上后有一个致命的弱点,就是易被氧化,这就造成了护肤整理织物在一定时间后,维生素 C 成分氧化,活性丢失,起不到维生素 C 应有的效能。另外,在后整理过程中,其他助剂的加入、烘干和定形温度等都会造成维生素 C 的加速氧化。如何保持维生素 C 的活性且不易被氧化成为研究的重点。经过大量的筛选试验,最后选定维生素

C 棕榈酸酯(别名 L - 抗坏血酸棕榈酸酯)作为微胶囊的芯料,并取得了理想的效果。如北京洁尔爽高科技有限公司开发的护肤整理剂 V_{c+e},该整理剂是以维生素 C 棕榈酸酯和维生素 E 为主要成分的封闭型微胶囊,通过挤压和摩擦等方式释放护肤的维生素 C 和维生素 E,是安全性很高的护肤整理剂,它对皮肤无刺激,无过敏反应,使用方便,工艺简单可行,处理后的织物具有如同化妆品般的抗污染性和抗氧化性、清洁皮肤及其他特殊功能。

二、维生素纺织品的加工工艺

一般微胶囊的壁材与纤维之间没有亲和力,整理过程中要加入固着剂才能使微胶囊与纤维结合,这是整理织物功能耐久的关键过程。所选用的固着剂必须满足以下条件,首先,固着剂需要选用低甲醛并且需要在低温条件下完成固化过程,使微胶囊和织物结合牢固。其次,在固化后具有良好的柔软性,织物不发硬,具有良好的手感。现以北京洁尔爽高科技有限公司生产的护肤整理剂 V_{c+e} 和固着剂 SCJ - 939 为例介绍其加工工艺。

维生素护肤整理剂 V_{c+e} 的外观为乳黄色浆状液体,pH 为 7,粒度小于 $1\mu m$,有效成分含量为 40%,可分散于水中。

1. 浸轧法 该法通常与柔软整理同浴进行。

(1)工艺配方。

护肤整理剂 V_{c+e}	30 ~ 60g/L
低温固着剂 SCJ - 939	30 ~ 60g/L
柔软剂 SCG	40/L

(2)化料操作。首先加入规定水量的 80%,将 V_{c+e} 加入少量的温水,搅拌成均匀的稀浆加入配料罐中,然后在搅拌中加入 SCJ - 939 和 SCG,搅拌均匀后,将水加到规定的刻度。

(3)工艺流程。

织物→浸轧整理液(轧液率 70% ~ 80%)→烘干定形(130℃)→ 成品

2. 浸渍法处理 该法通常与柔软整理同浴进行。

(1)工艺条件。

浴比	1 : (10 ~ 20)
处理温度	30 ~ 40℃
处理时间	30min
烘干温度	90 ~ 100℃
定形条件	120℃,30 ~ 40s

(2)工艺配方。

护肤整理剂 V_{c+e}	3% ~ 5%
固着剂 SCJ - 939	3% ~ 5%

　　　柔软剂 SCG　　　　　　　　　　　　　2%～4%

（3）工艺流程。

浸渍→脱水→烘干→定形→成品

三、维生素护肤纺织品的检测方法

　　如何评价经过护肤整理织物的维生素 C 和维生素 E 含量,这就需要找出其测试方法,才能有效控制护肤整理织物的质量。北京洁尔爽高科技有限公司在清华大学检测中心和有关专业检测机构的合作下,经过大量的摸索试验后,终于找出了简单、可行的检测方法,此方法为国内首创。

　　1. 织物中测试成分的萃取处理　将织物样品剪碎,称取一定量的样品,将样品及洁净容器称重。然后将剪碎的织物样品放入 95% 的乙醇中加热至 40℃,震荡 3min 后,取出样品,放置 48h 后,用超声波萃取器萃取。

　　2. 织物中维生素 C 棕榈酸酯含量的测试方法　取经过超声波萃取器萃取的试样 0.800g,加于由脱二氧化碳水 50mL、氯仿 50mL 和稀硫酸试液（ts－241）25mL 组成的混合液中。立即用 0.1mol/L 碘液滴定此混合液,确保充分振摇。加数滴淀粉试液（ts－235）作为指示剂,滴定至终点。每毫升 0.1mol/L 碘相当于抗坏血酸棕榈酸酯（$C_{22}H_{38}O_7$）20.73mg。取平行测定结果的算术平均值为测定结果,平均测定结果的绝对差值不大于 0.02%。

　　3. 织物中维生素 E 含量的测定方法　取经过超声波萃取器萃取的试样,按照 GB/T 5009.82—2003《食品中维生素 A 和维生素 E 的测定》中的方法测试维生素 E 含量。

　　维生素护肤整理纺织品具有广阔的市场前景。随着人们对保健意识的不断增强,崇尚自然、环保的理念的深入人心,现在不仅国外的客户大量的采购护肤整理织物,国内市场此类产品也开始不断增多,开拓了保健纺织品领域,满足了消费者对保健制品不断增长的需要。

第四节　丝胶蛋白护肤纺织品

　　桑蚕所吐的生丝由外层丝胶和内层丝素组成,丝素即是真正用作纺织纤维的真丝材料;丝胶存在于茧丝的外围,性状与动物胶相似,约占茧层质量的 25%,在蚕体内对丝素的流动起到润滑剂的作用,在茧丝中对丝素起到保护和胶黏作用。除含少量蜡质、碳水化合物、色素和无机成分外,丝胶的主要成分为丝胶蛋白（通常称为丝胶）。丝胶主要是由高分子量的球状蛋白质组成,是一种非常有益于皮肤保健的蛋白质,其资源丰富,作为整理剂,对人体无毒、无害、无刺激性,是一种具有"绿色"概念的新材料,有着巨大的应用前景。丝胶含有大量的极性基团,反应活性大,利用其对纺织品进行功能性整理,可起到抗皱、防缩、提高平整度等效果,能有效地提高纺织品的附加值及开创新型的环保产品。积极开发丝胶在纺织工业的应用,不仅十分迫切,而且意义深远。

一、丝胶蛋白的结构与功能

1. 丝胶蛋白的结构　丝胶是一种球状蛋白,相对分子质量为 1.4 万 ~31.4 万,由 18 种氨基酸组成,其中丝氨酸(Ser)、天门冬氨酸(Asp)和甘氨酸(Gly)含量较高,质量含量分别达到 33.43%、16.71% 和 13.49%。

通过对丝胶基因 Serl 进行序列分析,确定其 9 个外显子中有 2 个外显子含有由 114 个核苷酸(相当于 38 个氨基酸残基)为重复单位组成的构造,该重复构造中丝氨酸密码子约占 40.8%,其编码的肽极有可能形成 β 折叠和 β 转角,因此推测丝胶中也可能含有类似于丝素的结晶区。

著名的"A、B 丝胶论"认为,丝胶是由易溶解的 A 丝胶和难溶解的 B 丝胶构成的。A 丝胶多存在于茧丝的外层,而且可转化成 B 丝胶,B 丝胶多存在于茧丝的内层。这种观点在相当长的时期内曾被人们接受,在研究和认识丝胶的过程中起过特定的作用。

清水正德控制不同的时间将茧层加水煮沸,分离出溶解性不同的三部分丝胶。在最初 10min 内溶解的丝胶(约 40%),被称为丝胶 I;再煮沸 2h 后溶解的丝胶(40% ~50%),被称为丝胶 II;剩余的 10% ~20% 丝胶须经 5 ~6h 后才能溶解,被称为丝胶 III。从 X 射线衍射实验得知,丝胶 I 为非结晶物质,丝胶 II 和丝胶 III 含结晶部分,但具有不同的晶体结构。这三部分丝胶在丝素外围呈层状分布,丝胶 III 最靠近丝素,然后是丝胶 II,丝胶 I 在最外层。小松在清水正德

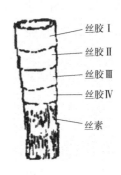

图 17 - 2　茧丝中存在的四层丝胶结构

的基础上通过进一步实验,提出茧丝中存在四层丝胶(分别称为丝胶 I、II、III、IV)的观点。小松也认为茧丝中的丝胶是层状分布,如图 17 - 2 所示,丝胶 I 在茧丝的最外层,丝胶 IV 最靠近丝素。通过实验得到各层丝胶含量的比率大体为丝胶 I:丝胶 II:丝胶(III + IV) =4:4:2。

2. 丝胶蛋白的功能　由于组成丝胶蛋白的 18 种氨基酸中有 8 种是人类必需的氨基酸,而且丝胶中还有高含量的丝氨酸、天门冬氨酸、甘氨酸及酪氨酸,因此不同相对分子质量的丝胶肽及其水解产物具有多种生理活性和功能。根据国内外的文献报道,丝胶蛋白的功能主要有保湿营养护肤功能、抗氧化功能、营养学及药学功能、抗菌功能等。

(1)保湿营养护肤功能。丝胶中的氨基酸组成是非常特殊的,其中丝氨酸的含量丰富,为 30% 以上。研究表明,其中的游离氨基酸是一种皮肤的天然保湿因子(NMF)。因

为 NMF 中的丝氨酸含量极高,与丝胶氨基酸组成相类似,所以,认为天然丝胶蛋白具有保湿、营养、护肤作用,能保持皮肤白皙、柔软、光滑、富有弹性。研究发现,水溶性丝胶蛋白的分子构象为无规卷曲型,空间松散无序,使丝胶的多肽链上的许多极性亲水基团（—OH、—COOH、—NH$_2$、—NH 等）处于多肽表面,它能使结构内的水分传递到皮肤角质层而与其结合。丝胶蛋白是一种天然的保湿因子,当外界气候发生变化时,起到调湿、保湿作用。丝胶蛋白具有抑制酪氨酸酶活性的作用,进而达到抑制皮肤黑色素的生成。丝胶蛋白的调湿、保湿作用,可使皮肤保持一定的水分,以防止皮肤干燥、瘙痒;丝胶蛋白中的氨基酸经皮肤吸收,起到补充皮肤营养的作用,使皮肤保持白皙、柔软、光滑、富有弹性。

（2）抗氧化功能。丝胶或其水解产物不仅具有抗氧化功能,而且其抗氧化能力可以与 V$_c$ 相媲美,能抵御紫外线、日光、微波、化学物质、大气污染物对皮肤的侵蚀,预防日晒后皮肤变黑、产生色斑,起到美白作用。此外,丝胶能很好地抑制活性氧的发生,防止皮肤起皱老化。

（3）抗菌、抑菌、止痒作用。皮肤瘙痒是老年人的一种常见皮肤疾病。利用天然丝胶蛋白的抗菌、抑菌、止痒作用,能防止人体皮肤干燥、发痒。根据日本专利介绍,经丝胶涂层的纺织品具有显著的抗菌效果,抗菌率达99%;又将该纺织品洗涤10次后再测定抗菌性,抗菌率仍为93%。研究表明,1%浓度的丝胶蛋白对大肠杆菌具有抑制作用,随着丝胶蛋白含量的提高,抑制大肠杆菌的能力增强,全丝胶培养液中的大肠杆菌几乎全部被抑制。

（4）营养学及药学功能。丝胶含有 18 种氨基酸,90% 以上的氨基酸能被人体吸收,含有人体所必需的氨基酸达 17% 以上,高于一般食品。丝胶还能促进肠道对锌、铁、镁、钙元素的吸收。最新的研究发现,丝胶及其水解产物对大肠癌和皮肤癌有很好的抑制作用。将丝胶或丝素经过硫酸处理后可以得到一种抗凝血剂,这种硫酸化的丝蛋白可以阻止艾滋病病毒与免疫细胞表面蛋白质相结合,具有一定的抗艾滋病作用。

二、丝胶蛋白的应用

丝胶蛋白分子所具有的吸放湿性对于皮肤表层的水分平衡控制有着重要的应用作用。研究人员发现,通过特定的交联剂可以把丝胶蛋白这种优良的特性固着在某些合成纤维内部的微孔或空隙中,使交联后的纤维织物在保持原有特性的基础上,增加特有的吸放湿、抗静电等性能,织制成的织物与人体皮肤接触,可以有效地改善皮肤对织物的舒适适应度。

合成纤维一般系疏水性纤维,吸放湿性能较差,因此用合成纤维制作的服装,穿着舒适度比不上天然纤维。丝胶含有大量具有亲水性侧链的氨基酸,吸放湿性能较好。在吸放湿性能测定上,可测定设想的室外空气温度为20℃、相对湿度为65% 条件下的吸湿率和衣服内出汗状态下的温度为40℃、相对湿度为90%条件下的吸湿率之差,这种差值越大,则吸收衣服内水蒸气(汗)并向衣服外散发的能力就越大,根据上述设定条件和方法,对涤纶、吸水整理的涤纶、固着丝胶的涤纶进行吸放湿性测定。一般吸水整理的涤纶和未整理涤纶在吸放湿性上几乎没有变化,而固着丝胶的涤纶的吸放湿性却有显著提高。

在丝胶溶液中加入一定量的交联剂(如戊二醛、树脂等)进行改性,降低丝胶的溶解性,并使其成为网状结构。将合成纤维浸渍在改性后的丝胶溶液中,或将丝胶溶液直接涂刷在织物上,即可得到改性纤维或改性织物。丝胶分子的引入,降低了纤维的表面电位,增加了纤维表面活性吸附活化中心,并降低了纤维结晶度,提高了比表面积,因此有利于水分子的吸附和扩散,使改性纤维或织物的吸放湿性能提高。北京洁尔爽高科技有限公司利用这种技术,已成功开发出多种面料,可应用于内衣、汗衫、尿布、床上用品等。经测定,改性后的织物吸水性可提高10倍以上,静电量可减到原来的1/10～1/5。此外,还具有显著的抗菌效果。随着人们保健卫生意识的不断增强,这类新产品的销量正在逐渐增长。

三、丝胶蛋白的提取

目前,丝胶蛋白的提取有两种途径。一种途径是以下茧、废丝为原料进行提取;另一种途径是从煮茧和精练的废液中提取。

1. 以下茧、废丝等为原料提取丝胶蛋白　以下茧、废丝为原料,除去杂质后,用高温高压水浴脱胶。然后将丝胶溶液浓缩、干燥,可制得固体粉末丝胶或先用温热的纯碱溶液浸渍,再高温脱胶,经提纯、脱色、降解、浓缩、干燥,可得到含杂质极少的易溶丝胶粉。早期有学者对高温高压水、尿素溶液和碳酸钠溶液煮沸的蚕丝脱胶方法作了比较研究,结果表明,蚕丝在高温高压条件下丝胶蛋白易于溶解,脱胶率高,获得的盐胶相对分子质量大;在碳酸钠溶液中煮沸脱胶,丝胶蛋白易于降解或水解,其回收的盐胶相对分子质量较小。

最近,有研究者以真丝生坯绸为原料,在不添加任何化学试剂的情况下试验高温脱胶。结果表明,真丝坯布在纯水高温溶解时,丝胶基本上是由外及内逐步脱落,即最先溶出的丝胶蛋白主要是大分子组分,之后才溶出小分子组分。同时,大分子丝胶蛋白质的水解稳定性较差,肽链中间的肽键水解概率较大,而相对分子质量较小的蛋白质相对较稳定。还有研究者采用非催化高温水解法,通过控制原丝与水的比例、反应温度、时间等条件来试验脱胶,所得可溶性的产物经冷却干燥后可获得丝胶和丝素颗粒。

2. 从煮茧和精练废液中提取丝胶蛋白　传统的六种方法主要有化学混凝法、酸析法、有机溶剂法、离心法、超滤法、冰冻法。目前高效、高纯度的回收方法是超滤法,但这种方法的缺点是设备成本高,并且要定期地进行膜清洗和更换超滤膜,故后期追加投资也比较大。近几年,国内外出现了许多新的方法。

有研究者采用了一种阴离子交换纤维来回收丝胶蛋白质的方法。该方法主要是利用蛋白的两性性质以及阴阳离子之间的静电作用力来回收丝胶蛋白。静电吸引作用力使带正电荷的阳离子纤维吸附碱性溶液中的丝胶蛋白，再用酸对阳离子纤维进行浸泡或淋洗，此时蛋白质在酸的作用下呈电中性。随着酸用量的增加，蛋白质带正电荷，并与纤维上的正电荷产生静电排斥作用，从纤维上解析下来，得到较高质量浓度的丝胶蛋白溶液。有研究者通过膜过滤和酶水解法研究了丝胶的提取方法。结果表明，提取后的丝胶废水中的 BOD 和 COD 含量相对于提取前的含量明显减少。另外有研究人员通过控制 pH 在丝胶的等电点附近，采用超滤和纳滤法来回收丝胶蛋白。实验发现，超滤法可部分回收丝胶蛋白，含量在 37% ~ 60%，这主要是由于非电性的丝胶氨基酸在丝胶等电点处含量的增加；而纳滤法则可回收丝胶蛋白含量高达 94% ~ 95%，包含相对分子质量较小的丝胶蛋白。

四、丝胶蛋白改性纤维的原理与生产方法

对于丝胶蛋白在纤维改性中的应用是近几年逐渐发展起来的。将丝胶蛋白通过特定的交联剂与涤纶、棉等纤维固着，使交联后的纤维织物在保持原有特性的基础上，增加了天然丝胶的功能，大大提升了织物的服用性能和价值空间。

丝胶蛋白的分子结构中含有大量的—COOH、—NH₂、—OH 等水溶性基团，是易溶于水的球状分子，为了提高丝胶改性后纤维的耐水洗牢度，需要将丝胶分子较牢固地固着在纤维分子上。为此，在用丝胶对纤维进行改性过程中，需要对纤维或者丝胶进行预处理，以使丝胶与纤维能更好地渗透接触，同时给予合适的交联剂、催化剂及必要的反应条件等。

1. 预处理

（1）涤纶等合成纤维的碱减量处理。在用丝胶对涤纶、腈纶等合成纤维进行改性时，由于其表面光滑，丝胶很难被吸附，因此要对这些合成纤维织物进行碱减量处理，使其表面凹凸不平，产生孔洞，以使丝胶进入纤维的孔洞中，较为容易地附着在织物上。碱减量处理选用较浓的 NaOH 溶液，在较高温度中处理织物。涤纶一般要 90℃，NaOH 用量为 6g/L，以苯扎氯铵作为碱减量促进剂。腈纶可入 80℃、质量分数为 8% 的 NaOH 溶液中进行碱减量处理。碱减量处理后，这些纤维变细，质量减轻，产生孔洞，使丝胶分子较容易地渗入纤维间隙，扩大接触面，促进交联反应的进行。

（2）棉等纤维素纤维的选择性氧化处理。未经处理的棉纤维不含有直接与丝胶分子反应的基团，不能形成牢固的化学键，在用丝胶液浸渍过程中会受到带酸性特征的丝胶液的侵蚀而失重；棉纤维经过选择性氧化处理后，羟基被氧化成醛基，不需要其他的交联剂就能与丝胶分子中的—NH₂发生席夫碱反应产生共价结合，使丝胶分子顺利以共价键的形式较牢固地结合在氧化棉纤维上。杨美贵等选用高碘酸钠对棉纤维进行选择性氧

化后,再用不加任何交联剂的丝胶液涂覆处理氧化后的棉纤维,经电镜扫描及红外光谱测试,丝胶分子与氧化棉纤维间形成了交联共价键。王浩等改进了高碘酸钠对棉纤维的选择性氧化,在用高碘酸钠对棉纤维的选择性氧化之前,先采用 NaOH 溶液预处理棉纤维,使棉纤维的醛基含量增加,从而可与更多的丝胶蛋白共价接枝,有利于棉纤维的丝胶涂覆。

(3)丝胶的预处理。水溶性丝胶直接固着在涤纶等合成纤维上比较困难,为使丝胶与纤维以共价键的形式结合,提高改性后纤维的耐水洗牢度,可以先将纤维进行预处理,再加上合适的交联剂与丝胶共价交联;也可以采用丝胶与其他树脂交联后,再用于涤纶的涂层处理。有研究者用二异氰酸酯交联丝胶,得到能溶于有机溶剂的改性丝胶,并用它作为涂层剂进行涤纶的改性处理,结果表明,这种改性后的丝胶即使不用树脂和黏合剂,也能有效地作为耐洗性好的涂层剂进行涤纶的改性。

2. 交联剂的选择　　丝胶进入预处理后的织物纤维空隙中,只是机械地附着在纤维上,并没有真正地与纤维产生交联反应,耐水洗牢度低。为了提高丝胶的固着率,使丝胶与纤维真正固着在一起,达到改性目的,需要根据丝胶和纤维的结构特征选择合适的交联剂。所选交联剂一般属于多官能团有机物,既要与丝胶的—COOH、—NH$_2$、—OH 等基团反应,又要与纤维上的活性基团顺利结合,起到丝胶与纤维间的桥联作用。例如,对于涤纶,可采用戊二醛、环氧类树脂等作为交联剂,另外,用二异氰酸酯作交联剂,先将丝胶改性,再用于涤纶的涂层剂。有研究者用蔗糖脂肪酸酯缩水甘油醚(SFEGE)作为腈纶织物接枝丝胶蛋白的交联剂,使接枝丝胶蛋白的腈纶织物的柔软度、褶皱弹性、吸湿性、透气性都得到有效改善。

对于棉等纤维素纤维常用丁烷四羧酸(BTCA)、戊二醛作丝胶的交联剂,有研究者用柠檬酸作为交联剂对棉布进行丝胶整理,并对加工棉布的丝胶附着量、撕裂强度、防皱性和吸水特性进行了研究。

利用丝胶进行涤纶的仿真丝改性,可提高涤纶织物的吸湿性和服用舒适性、织物档次和附加值。而棉纤维作为常见的天然纤维素纤维,在纺织材料领域具有优良的服用性能优势,用丝胶对其进行表面改性可以改善抗皱性差、易缩水变形等缺陷,大大提升棉织物的价值空间。

总之,随着经济的不断发展和物质生活水平的不断提高,人类的皮肤保健意识不断增强,因此对各种纺织品和衣料的要求也不断提高,开发高质量和高附加值的护肤功能纤维材料成为当今纤维与纺织行业的一个新的方向。同时,随着社会发展对环境保护意识的不断增强,在纤维与纺织行业的未来,护肤纺织品也必将得到更多的开发和利用,为经济、环保和人类健康事业的发展做出更多的贡献。

参考文献

[1]李时珍. 本草纲目[M]. 北京：人民卫生出版社，1999.

[2]赵寿经. 芦荟的国内外应用现状及开发前景[J]. 特产研究，2000，22(2):56－59.

[3]刘丽丽，马雅馨. 芦荟[M]. 中国中医药出版社，2001.

[4]柴云. 药用芦荟主要品种及无公害栽培技术[J]. 实用医技杂志，2006，13(23)：4176－4177.

[5]Beppu H, Kawai K, Kan S, et al. Studies on the components of Aloe arborescens, from Japan－monthly variation and differences due to part and position of the leaf[J]. Biochemical Systematics & Ecology, 2004, 32(9):783－795.

[6]Capasso F, Borrelli F, Capasso R, et al. Aloe and its therapeutic use[J]. Phytotherapy Research, 1998, 12(S1):S124－S127.

[7]邱薇，郭彦萍，范泉水，等. 芦荟的药用及其对皮肤创伤的治疗研究[J]. 中草药，2001，32(3):282－283.

[8]李云政，秦海元，王青华. 国内外芦荟应用研究进展[J]. 化工进展，2000，19(2)：19－22.

[9]回瑞华，侯冬岩，李铁纯，等. 库拉索芦荟中蒽醌类化合物的分析与结构鉴定[J]. 鞍山师范学院学报，2002，4(3):60－62.

[10]万金志，乔悦昕. 芦荟的化学成分及其研究[J]. 中草药，1999(2):151－153.

[11]肖崇厚，陆蕴如. 中药化学[M]. 上海：上海科学技术出版社. 1997.

[12]李萍. 生药学[M]. 北京：中国医科科技出版社. 2005.

[13]季宇彬. 中药有效成分与应用[M]. 哈尔滨：黑龙江科学技术出版社. 1994.

[14]王林丽，徐梦雪. 芦荟药理作用及临床研究进展[J]. 中国药业，2003，12(8):70－71.

[15]姚立华，何国庆，陈启和. 芦荟活性成分的生物学作用研究进展[J]. 科技通报，2007，23(6):812－815.

[16]米秋霞译. 芦荟叶中具药物活性的带 D－吡喃半乳糖支链的乙酰化－β－D－甘露聚糖的提取. 国外医学·植物药分册，1994.

[17]叶伊兵，张小华，李涵. 芦荟中蒽醌类化合物的提取、分离与结构鉴定[J]. 中国民族民间医药，1999(2):77－81.

[18]吕阳成，骆广生，戴猷元. 中药提取工艺研究进展[J]. 中国医药工业杂志，2001，32(5):232－235.

[19]樊黎生. 芦荟汁抗菌作用研究[J]. 食品与发酵工业，2001，27(8):38－40.

[20]田兵, 华跃进, 马小琼, 等. 芦荟抗菌作用与蒽醌化合物的关系[J]. 中国中药杂志, 2003, 28(11):1034-1037.

[21]邹翔, 汲晨锋, 高世勇, 等. 3种芦荟多糖抗肿瘤作用的比较分析[J]. 哈尔滨商业大学学报自然科学版, 2004, 20(1):14-17.

[22]赵寿经. 芦荟的国内外应用现状及开发前景[J]. 特产研究, 2000, 22(2):56-59.

[23]董银卯, 刘宇红, 王云霞. 芦荟保湿性能的研究[J]. 日用化学工业, 2001, 31(6): 35-36.

[24]张霞. 芦荟美容的生物学原理[J]. 湖南师范大学教育科学学报, 2000(5): 181-183.

[25]王霞, 马燕斌. 芦荟营养成分含量及保湿性的研究[J]. 现代农村科技, 2008(15): 49-49.

[26]邓军文. 芦荟的化学成分及其药理作用[J]. 佛山科学技术学院学报(自然科学版), 2000, 18(2):76-80.

[27]周瑜, 杨欣卉, 张玉莲. HPLC/DAD内标法测定纺织品中芦荟成分的含量[J]. 中国纤检, 2012(16):50-51.

[28]李静. 人体营养与社会营养学[M]. 中国轻工业出版社, 1993.

[29]曾翔云. 维生素C的生理功能与膳食保障[J]. 中国食物与营养, 2005(4):52-54.

[30]朱俊, 阳辉. 维生素E的不良反应及其机理[J]. 亚太传统医药, 2008, 4(12): 141-142.

[31]刘悍, 汤建国, 倪朝敏, 等. 天然维生素E的提取工艺与检测技术[J]. 化工时刊, 2008, 22(11):53-55.

[32]郭红菊. 维生素E功能的研究进展[J]. 天水师范学院学报, 2005, 25(5):44-46.

[33]崔旭海. 维生素E的最新研究进展及应用前景[J]. 食品工程, 2009(1):9-15.

[34]姚国萍. 维生素E微胶囊的制备及其对真丝面料的应用研究[D]. 浙江理工大学, 2012.

[35]Suzuki, Sasaki I. Cosmetic Skin Preparations Containing Ginkgo Extracts and Vitamins [P]. JP 06128138, 1994.

[36]Koide C, Sasaki I. Cosmetics for Rough Skin[P]. JP 04321616, 1992.

[37]桂冠华, 李学军. 维生素及矿物质白皮书[M]. 百家出版社, 2002.

[38]梁治齐. 微胶囊技术及其应用[M]. 中国轻工业出版社, 1999.